Buñuel. Todas las conversaciones

Buñuel. Todas las conversaciones

Volumen I. El hombre

Max Aub

Edición de Jordi Xifra

PRENSAS DE LA UNIVERSIDAD DE ZARAGOZA

1.ª edición, 2020

Director de la colección: Jordi Xifra (Universitat Pompeu Fabra)

Ilustración de cubierta: Fernando Lasheras y Peña Verón
Diseño de cubierta: Fernando Lasheras

Editan:
Prensas de la Universidad de Zaragoza
Editorial UOC (Oberta UOC Publishing)
Gobierno de Aragón

CBC
Centro Buñuel Calanda

Diputación de Teruel
Instituto de Estudios Turolenses

Impreso en España
Imprime: Servicio de Publicaciones. Universidad de Zaragoza
ISBN (PUZ): vol. I: 978-84-1340-060-0, vol. II: 978-84-1340-061-7, obra completa: 978-84-1340-051-8
ISBN (Editorial UOC): vol. I: 978-84-9180-698-1, vol. II: 978-84-9180-699-8, obra completa: 978-84-9180-700-1
Depósito legal: Z 691-2020

Introducción

Este no es un texto sobre el proyecto *Buñuel, novela* de Max Aub, sino el libro que recopila todas las conversaciones que el escritor tuvo con Luis Buñuel y sus allegados —familiares, amigos y colaboradores— para construir esa obra frustrada por su muerte. Editar de nuevo estas conversaciones es un paso más en el desarrollo del saber sobre la persona y obra de Luis Buñuel a través de este monumental ejemplo de historia oral conducido por Max Aub. La publicación en 1985 de la edición de Federico Álvarez, *Conversaciones con Buñuel*, convertida, desde su aparición, en la *entrevista* por excelencia a Buñuel, supuso un importante paso en el conocimiento del universo buñueliano. Sin embargo, en ella ni estaban todos los testimonios recogidos por Max Aub ni tampoco lo eran todos los allí recopilados.

Así las cosas, y en la medida de lo posible, este pedazo de la historiografía buñueliana debía ser actualizado, poniendo a disposición de los estudiosos y seguidores del cineasta de Calanda aquellos materiales que nunca fueron publicados, corrigiendo los errores y omisiones de la edición de 1985.[1] Pero, ¿cómo enfocarlo? El propio Aub nos dio la pista definitiva en su conversación con Gonzalo Menéndez Pidal: «Mi libro va a ser un montaje». Así, nuestra elección ha sido proceder cinematográficamente, esto es, trabajar como si estuviésemos en la sala de montaje, editando un documental. Ante la ingente cantidad de conversaciones —unas, publica-

1 Queremos dejar claro nuestro máximo respeto y admiración por el trabajo de Federico Álvarez, cuya edición nos acompañó como libro de cabecera, junto con las canciones de la movida madrileña, durante una inolvidable y añorada década de los ochenta.

das; otras, transcritas correctamente; otras, mal transcritas; unas, traducidas del francés; otras, no, y muchas, inéditas—, hemos *montado* todo este *metraje* de diálogos alrededor de la figura del protagonista de este libro: Luis Buñuel Portolés.

Nuestras fuentes han sido la documentación escrita y sonora que se encuentra en la Fundación Max Aub de Segorbe. Ahora bien, mucha de esta documentación ya estaba recogida en las ediciones anteriores, que se convirtieron desde el primer momento en las fuentes primarias a la hora de valorar la necesidad y posibilidad de realizar una edición *definitiva* —o casi— de las conversaciones que Max Aub llevó a cabo para la redacción de su proyecto. Estas ediciones son las siguientes:

— La ya citada de Federico Álvarez: «Max Aub: *Conversaciones con Buñuel*; Madrid: Aguilar, 1985»**.** Es la edición de referencia hasta la fecha. Con todo, además de no incluir todas las conversaciones con familiares, amigos y colaboradores del cineasta, contiene errores, al atribuir conversaciones a personas equivocadas. Incluso algunas partes de la conversación con Buñuel fueron obviadas por razones que desconocemos.

— Todas las carencias de la edición de Álvarez han sido puestas de manifiesto por el trabajo crucial realizado por Elisabeth Antequera en su tesis doctoral *Buñuel: novela, de Max Aub. Un testimonio generacional y un reto literario. Los materiales preparatorios para la obra* (Universitat de València, 2014). Este trabajo de investigación no solo analiza el proceso de elaboración del proyecto aubiano, sino que incorpora la práctica totalidad de las transcripciones de las conversaciones que quedaron grabadas y que se encuentran en los archivos de la Fundación Max Aub.[2]

— La edición inglesa de Julie Jones: «*Conversations with Buñuel: Interviews with the Filmmaker, Family Members, Friends and Collaborators*, Jefferson (NC), McFarland, 2017». Se trata de una versión abreviada de la original de Álvarez, pero con un valiosísimo corpus de notas a pie de página que nos ha sido de gran utilidad.

---

2 Como indica Antequera (t. II, p. 627), Federico Álvarez publicó prácticamente todas las conversaciones que Aub mantuvo con Buñuel entre 1969 y 1972. Las tres partes en las que se dividen esas conversaciones en la publicación de 1985 están compuestas de fragmentos que aparecían en el cuaderno C. 23-3, de los mecanoscritos y de las cinco grabaciones que realizó al cineasta.

— Finalmente, la edición de Carmen Peire: «Aub, Max: *Buñuel, Novela*; Granada: Cuadernos del Vigía, 2013», además de incorporar conversaciones entre Aub y Buñuel que no estaban en la edición de Álvarez, ofrece una estructura que nos ha ayudado en la elaboración de nuestra edición.

Esta última fuente incorpora los materiales sonoros de las conversaciones entre Buñuel y Aub que constituyen únicamente una pequeña parte de las mismas. Algunas de estas grabaciones fueron editadas y mecanoscritas por Aub. En estos casos hemos preferido priorizar la fuente sonora. De ahí que el lector detecte algunas diferencias de tono y registro en algunos momentos, que son aquellos en que se ha transcrito la grabación sonora y no el mecanoscrito.

Sumergirse en las conversaciones entre Aub y sus interlocutores es compartir vivencias con toda la serie de personajes, más o menos relevantes, que pueblan y deambulan por el texto. Con ánimo meramente aclaratorio, hemos querido precisar, en nota a pie de página, normalmente la primera vez que aparecen citados, quiénes eran o todavía son.[3] Para ello, además de la edición estadounidense de Jones, hemos recurrido a la exploratoria biografía de Ian Gibson: «*Luis Buñuel. La forja de un cineasta universal. 1900-1978*; Madrid: Aguilar, 2013». A esta monografía nos referimos algunas veces, así como a la de Román Gubern y Paul Hammond: «*Los años rojos de Luis Buñuel*; Madrid: Cátedra, 2009», obra fundamental que arroja toda la luz que hubiese necesitado Max Aub para desentrañar una de sus principales pesquisas: si Buñuel militó en el Partido Comunista francés. También nos ha acompañado en este viaje el impagable repertorio de Juan Miguel Bonet: «*Diccionario de las vanguardias en España. 1907-1936*; Madrid: Alianza, 2007, 3.ª ed.».[4]

En una de las dos conversaciones consigo mismo —que publicamos en el epílogo—, Max Aub se pregunta cómo piensa estructurar su libro; a lo que

---

3 En el índice onomástico, el lector encontrará, en negrita, la página donde se identifica al personaje citado. La gran mayoría se identifica la primera vez que aparece en el texto, aunque, por razones técnicas, hay excepciones y algunos personajes se identifican en el segundo volumen, una vez que han aparecido citados en el primero. Es el caso, sin ir más lejos, del periodista y secretario de Araquistáin, Ogier Pretecielle, de la cineasta Denise Tual, tan importante en la vida de Buñuel, o del periodista Paul Vaillant-Couturier. Por otro lado, salvo cuando no nos ha sido posible, hemos indicado el año de nacimiento y, si ha sido el caso, de la muerte.

4 Todas estas fuentes, en caso de citarse, se hacen con el nombre de sus autores y, si procede, el número de página; siempre en nota al pie.

responde: «Ya veremos. En eso también me parezco a Buñuel. Tengo una idea, ya veremos lo que sigue. Empiezo una escena, la acabo; luego, ya veremos. Por de pronto reproducir las conversaciones sin modificarlas, haciendo solo supresiones de repeticiones, divagaciones y de cosas que no se pueden decir. No hay por qué molestar a la gente si no vale la pena». Nuestro hombre tenía escritos diferentes índices de lo que iba a ser su novela, que hemos intentado sintetizar en el nuestro, aunque, al final ha sido el contenido de las conversaciones el que ha pautado nuestra estructura. No obstante, es importante subrayar que la estructura se ha establecido en base a la conversación entre Aub y Buñuel, no a las restantes, concluyendo con un epílogo misceláneo que incluye aquellos pasajes que ofrecen una panorámica general de su vida y obra además de la conversación del propio Aub consigo mismo, que es todo un manifiesto sobre su empeño y un colofón ideal al texto.

Una vez establecidos los capítulos, editamos las conversaciones con los protagonistas del entorno del calandino a partir de los periodos y temas establecidos, siempre bajo el principio de no crear ninguna categoría más, pues se trataba de ilustrar y complementar aquello que decía el protagonista, Luis Buñuel, con lo que aportaban sus familiares, amigos y colaboradores. Aun así, las cientos y cientos de horas de diálogo de Aub con sus interlocutores no son compartimientos estancos, por lo que el método adoptado tenía, de un lado, la limitación de aquellos contenidos ambivalentes, que podían servir para una categoría u otra y, de otro, el reto de gestionar con cierto criterio las digresiones y excursos sin tener que atomizar la conversación.[5] En esta línea, el lector encontrará, en casi todos los epígrafes, la conversación principal Aub-Buñuel que sincopa las del escritor con los próximos al cineasta.

El libro se divide en dos partes. En la primera, las conversaciones tratan del *hombre* Buñuel, mientras que la segunda lo hace del *artista* Buñuel y su

---

5 Así, sin ir más lejos, ¿dónde incluir las conversaciones con Salvador Dalí o Rafael Alberti? Podrían formar parte tanto del capítulo dedicado al periodo de Buñuel en la Residencia de Estudiantes como del que versa sobre las vanguardias artísticas y sus protagonistas. La elección ha sido considerarlos antes compañeros de aventuras del joven Buñuel que representantes de las vanguardias. Esto no obsta para que, por ejemplo, cuando Alberti habla de un proyecto o de una situación específica perfectamente ubicables en otro capítulo, la conversación se haya editado y distribuido consecuentemente. Este conflicto también opera en la conversación principal. Así, sin ir más lejos, nos ha parecido más pertinente incluir el relato del encuentro de Buñuel con Ramón y Cajal en el apartado relativo a su afición entomológica que en medio de la conversación sobre García Lorca, de la cual es una digresión.

obra. Si la primera parte sigue su biografía, por lo que es más descriptiva, la segunda trata de cuestiones relativas a su arte cinematográfico, así como de temas transversales que, siendo cuestiones personales —como sus ideas políticas, religiosas o, incluso, sus sueños—, sirvieron poderosamente en la construcción de una obra cinematográfica tan singular. Utilizando terminología historiográfica, podríamos decir que la primera parte responde a una aproximación desde la historia evenemencial, mientras que la segunda encajaría en la historia de las mentalidades. En cualquier caso, hay que salvar las distancias, pues las dimensiones humana y artística de un personaje como Buñuel son vasos comunicantes. Un buen ejemplo de esto es el capítulo dedicado a la política, que aparece en la segunda parte, aunque bien podría estar en el recorrido biográfico de la primera, dado el hincapié que hace Aub en indagar la militancia o no de Buñuel en el Partido Comunista francés, más que en la vocación política de sus películas. A pesar de estas dificultades, e inspirados por los proyectos de índice del propio Max Aub, hemos preferido distinguir entre los hechos de una biografía, a la que hemos añadido aquellas aficiones que recorrieron la vida del cineasta, y aquellas cuestiones que afectan a su profesión, incluyendo el contexto vanguardista en que fecundó esa vocación y al que Aub tanta importancia daba.

Respecto de la pléyade de personajes que pueblan este apasionante recorrido, hemos intentado identificarlos con una breve nota curricular a pie de página, aunque en algunos casos nos ha sido imposible encontrar la referencia. Por otro lado, hemos considerado que no hacía falta identificar a aquellos harto conocidos, como es el caso de los principales representantes de la generación del 27 o de cineastas de reconocida fama, sin ir más lejos. Somos, pues, los únicos responsables si algún lector se sintiere ofendido por haberle aclarado quién es tal o cual persona o, al contrario, por no haberlo hecho. Somos conscientes de que algunas veces habremos pecado de prudentes y otras de ligeros. Y es que un trabajo de este tipo, que se extiende durante meses, pasa por diferentes estados en los que los criterios de edición evolucionan y se modifican, entre ellos el de establecer la línea de si el lector debería o no conocer al personaje u obra citada —fílmica o literaria— que aparece en el texto; criterio que varía más de lo que uno cree.[6]

---

6 Así, sin ir más lejos, una vez cerrado el texto para impresión, hemos constatado que en la p. 136, página llena de personajes, no osamos afirmar que el tal Oliver era, casi sin ninguna duda, el doctor Eusebio Oliver, médico de la generación del 27. Ni caímos en la cuenta de que Valentín de Pedro era el escritor argentino que estuvo afincado en España

Una de las principales tareas ha sido adaptar las transcripciones a las normas gramaticales y sintácticas del castellano.[7] Lo hemos hecho siempre que no desvirtuásemos el sentido de las frases. Ha sido una labor muy ardua, ya que el alto nivel de fidedignidad de las transcripciones de las grabaciones en audio implicó sumergirse en una jungla onomatopéyica, a menudo espantosa, o en vaivenes, excursos y digresiones que rompían con los propósitos iniciales de una línea de conversación. Esperamos haber superado el reto satisfactoriamente y pedimos disculpas por si no hemos podado suficientemente algún brote lingüísticamente tóxico.

Recordemos que Max Aub pretendía ofrecer una concepción de toda una época a partir de uno de sus protagonistas, Luis Buñuel, como tipo representativo de un determinado contexto histórico y social. Desde esta perspectiva, hemos pretendido mantener las conversaciones completas, excepto en aquellos casos en que el contenido se alejaba hasta tal punto que no servía ni a nuestros propósitos, ni, seguramente, a los del escritor. Cuando esto ocurre —muy escasamente— se indica en nota al pie. Asimismo, y a pesar de que el título de este libro reza *«Todas las conversaciones»*, son todas las que están, pero no están todas las que son. Faltan tres por razón de su contenido. Una es con el periodista y ensayista mexicano José Alvarado, que versa exclusivamente sobre la obra de Octavio Paz. Otra es un sucinto testimonio de la por entonces —noviembre de 1969— presidenta de la Unión de Críticos Cinematográficos, Vera Volmane, sobre sus estancias en la Unión Soviética.[8] La tercera es una enigmática conversación («con Z y sus dos hijos» reza el encabezamiento) acerca de Guillermo de Torre, donde se hacen dos menciones tangenciales a *La Vía Láctea*, vinculando el film con el ultraísmo, idea que consideramos de sumo interés, ya

---

desde finales de la década de 1910 hasta 1940, ni que el tal Sancha era seguramente el ilustrador y caricaturista Francisco Sancha. O bien consideramos harto conocido al escultor Victorio Macho, por ser el precursor de la escultura española contemporánea, o no nos atrevimos a afirmar que Rafael Urbano era el escritor y helenista de la generación del 98. Asimismo, ¿por qué hemos identificado a Max Jacob y no a Blaise Cendrars? ¿Porque el segundo tuvo más relaciones con el cine? No es un motivo concluyente. Estos son solo algunos ejemplos de las pequeñas incoherencias que el lector esperamos entenderá y, si cabe, perdonará.

7 Respecto de los interlocutores mexicanos de Aub, hemos mantenido el dialecto mexicano excepto en aquellos casos en que el término o la expresión pudiera ser incomprensible o dar lugar a dudas.

8 Ambas pueden encontrarse en el trabajo de Antequera.

que siempre hemos considerado a Buñuel un ultraísta, además de surrealista —pero esa es otra historia—.

Esta última forma parte de seis conversaciones anónimas que hay en los archivos de Max Aub, donde nos ha sido imposible identificar al interlocutor. Teniendo en cuenta que tres de ellas, además de no tratar sobre Buñuel, son de extensión muy reducida, hemos considerado no reunirlas en esta recopilación. Las restantes las hemos incluido bajo el epígrafe «Conversación con desconocido». La primera, referida a la relación entre Buñuel, Pere Portabella y Domingo Dominguín, seguramente tiene como protagonista a Javier Pradera, pero nos falta información concluyente como para poderlo confirmar. La segunda, en el capítulo dedicado a las vanguardias artísticas y sus protagonistas, es una muy sugestiva reflexión sobre los vasos comunicantes entre las obras de Marcel Duchamp y Luis Buñuel.

Hay conversaciones en francés que nunca han sido traducidas o, cuando lo han sido, se han hecho con bastantes errores. Para esta edición, o bien las hemos traducido por primera vez, o lo hemos hecho de nuevo a partir de la audición del material original. Asimismo, no hemos incorporado las cartas de Juan Larrea a Max Aub que sí están en la edición de Álvarez, pues, a pesar de ser fruto de una conversación, carecen, por su naturaleza epistolar, del tono y registro propios de la proximidad y espontaneidad que caracterizan todas las charlas y pláticas de este libro.[9]

Estas largas conversaciones con el cineasta, que tuvieron lugar de 1969 a 1972, con el fin de culminar el proyecto literario *Buñuel, novela*, sirvieron a Aub para adentrarse en el complejo y ambiguo mundo buñueliano, a través del cual reavivó en los últimos años de su vida los sueños de una generación, la de la República, la de las vanguardias artísticas, la de la Guerra Civil y la del exilio, en un momento en el que grandes intelectuales iban desapareciendo del panorama cultural europeo y español,[10] al tiempo que, fascinado por su interlocutor, asumió el rol de investigador de algunas de las muchas zonas oscuras de la biografía de Buñuel, con menor éxito que el esperado. Esta mastodóntica labor compiladora está, sin embargo, pendiente de catalogación. Mientras no se catalogue exhaustivamente el corpus buñueliano de Max Aub, esta edición es un eslabón más del *work in*

---

9 Estas cartas pueden consultarse en las ediciones anteriores.

10 Antequera (t. I, p. 15).

progress que supone el intento identificador, delimitador y estructurador de dicho corpus. Seguramente sea el eslabón más alto del proceso. Nos gustaría que fuese su cima, pero pensamos que sin esa reclamada catalogación no podemos aventurarnos a aseverarlo, bajo riesgo de que el día de mañana aparezcan nuevos datos y documentos que acaben de pulir y perfeccionar nuestro esfuerzo.

Finalmente, hemos intentado evitar a toda costa hablar de entrevistas, en lugar de conversaciones. No es ningún eufemismo, aunque la estructura del diálogo a menudo esté más cerca de la entrevista que de la conversación; pero no así el tono y el registro que derivaban de la amistad que tenía el escritor con la mayoría de sus interlocutores. Con un amigo se conversa, no se le entrevista, aunque sea para recabar información. Además, si Aub hubiese querido realmente asumir un rol periodístico, no habría dejado en el aire muchas de las cuestiones que en algún momento plantea y luego deja sin resolver.

Este trabajo no hubiese sido posible sin el apoyo de todo el personal de la Fundación Max Aub. Primero, el respaldo entusiasta de su presidenta, Teresa Álvarez Aub, y de Francisco J. Tortajada, su director, y, luego, el de su archivera, María José Calpe, una excelente profesional. Un entusiasmo similar es el que nos transmitió Pedro Rújula, director de Prensas de la Universidad de Zaragoza, al comentarle la idea de llevar a cabo esta nueva edición de las conversaciones en el marco de esta colección que tan buena acogida tuvo por su parte y por la de Nacho Escuín, entonces director general de Cultura y Patrimonio del Gobierno de Aragón. A todos, mil gracias.

Jordi Xifra

Cartas preliminares

18 de julio de 1968

Querido Luis:

Para que te escriba al cabo de 60 años es necesario que crea que es importante. Anteanoche estuve cenando en casa de Antonio Ruano, de la casa Aguilar y me propuso hacer un gran libro sobre ti. Al principio me quedé extrañado, pero luego, hablando, vi que no era tan absurdo.

Evidentemente, el único que podría haber hecho un «gran» libro acerca de ti, fue Sadoul. ¿Quién si no? Y se me empezó a representar no exactamente lo que quiere Aguilar que es un libro con centenares de fotos y análisis de tus películas, sino una especie de *Jusep Torres Campalans* en serio englobando toda nuestra generación y nuestro tiempo. La noche siguiente vi el libro perfectamente armado, con tu niñez y juventud, la Residencia, Dalí y Federico, hasta tu ida a París, como primera parte. El surrealismo englobando las dos películas, como segunda. Tu transformación *Las Hurdes*, la República, como tercera. La guerra, el exilio, México.

Ahora bien, como es natural yo no puedo hacer este libro más que contigo. Es decir, hablando contigo, contando las cosas que sé —y no puedo contar sin tu consentimiento y las que no sé me tendrías que decir. No se trataría de sentarnos, diez, quince o las veces que hiciera falta frente a frente sino hablar después de comer, o antes, con tinto o con blanco, en México, en París o en Madrid (porque ya me han dado el visado).

Le he dicho esto —poco más o menos— a los de Aguilar en espera de tu contestación. Estoy escribiendo muchos libros a la vez, como de costumbre, y no tengo nada qué hacer. Me gusta bastante la idea del libro, por nuestro tiempo, el cine, la historia que hemos vivido lo mismo en España que en Francia o en México y luego de nuevo en París y en Madrid.

Hablé con Jeanne, sé lo ocupado que estás estos días. Ponme dos letras diciéndome sí o no. Si aceptas yo no tengo ningún inconveniente en que nos veamos donde te dé la gana y tampoco vamos a reñir por si es Burdeos o Beaujolais...

El abrazo de siempre

Max Aub
Euclides 5-3
México 55, D.F.

París, 25 de julio de 1968

Querido Max:

Acepto tu proposición, pero te prevengo que no estaré libre hasta el último día de rodaje o sea, más o menos, el 25 de Octubre. Entonces podemos vernos en París hasta el 20 de noviembre o en México a partir del 1° de Diciembre. Hablaremos y sobre todo beberemos. Comienzo a rodar el 20 de agosto.

Un abrazo

P.S: Voy estando hartito del trabajo cinematográfico

Luis Buñuel
232 Bld. Raspail
Hotel Aiglon. París 14

20 de septiembre de 1968

Querido Luis:

Como eres un hombre tan ordenado, debes saber exactamente el día y la hora en que acabarás tu película. Ponme dos letras, o pónselas a Jeanne, diciéndolo para que yo pueda proyectar el día de mi llegada a París. Vamos a ir, creo que el 19, a Londres, a ver a mi hija y de ahí cualquier día y a cualquier hora iremos a París, a lo mejor a tu hotel. Tienes una nieta y una nuera preciosas. Luis Miguel no tanto.

Nos vemos.

París, 30 de septiembre 1968

Querido Max: terminaré el film a fines de octubre. Por consiguiente, podríamos charlar —no demasiado, desde luego— los primeros días de noviembre. Tal vez vaya a España mientras la montadora organiza lo que a mí me cuesta solo una semana de trabajo. De todos modos esos son más la [...][11] de tiempo libre.

Abrazos

L.B.

P.S: calculo que daré la última vuelta de manivela el 22 de octubre a las 5 ½ de la tarde. Pero tengo que ir un par de días a Santiago a visitar a Prisciliano.

París, 6 de octubre de 1968

Querido Max: calculo que entre el 20 y 25 de octubre iré a filmar a Santiago los dos o tres días de rodaje clandestino que tengo en España. Regresaré a París y permaneceré aquí hasta el 10 de noviembre. Mientras me arreglan las mezclas volveré a España turísticamente para una semana.

Nada comentar sobre lo que ocurre en México. Veo su porvenir próximo PREÑADÍSIMO de amenazas.

Un abrazo

Luis

9 de octubre de 1968

Querido Luis:

Momentos después de que echaran la carta que te escribí ayer referente a mi imposibilidad física para reunirme contigo, me llega la tuya del 6 y quiero ponerte dos letras para tranquilizarte en cuanto a lo que ha sucedido aquí. Es lamentable, es triste, es imbécil, es cruel, es absurdo, pero no tendrá —por el momento, y por un momento muy largo— ninguna repercusión ni el ambiente está, como suponen en el resto del mundo debido a las informaciones, «preñado» de amenazas.

No te preocupes y hasta pronto. Un gran abrazo

---

11 Palabra ilegible.

30 de noviembre de 1970

Querido Luis:

Tengo las noticias más diversas acerca de tu paradero (Madrid, Toledo, Barcelona) por Jeanne, (Ginebra, Roma) por nuestros discípulos.

Hace la mar de días que te quería escribir por muchas cosas, que más o menos, he estado resolviendo. Dos quedan: seguro que se te ha olvidado las fotos que quiero del campo de Calanda (y si hubiera un plano viejo de la región, mejor que mejor). Por favor, que hagan las fotos y que me las manden. Lo segundo es para decirte que *La edad de oro* tuvo un enorme éxito. Que la copia era buenísima. No sé de dónde se la sacó el gordito. Y que en cuanto a tus temores, puedes dormir tranquilo: la gente acogió el «mensaje» con perfecto conocimiento de causa y efecto. Pero su reacción fue extraordinariamente sana: rieron como locos. Supongo que esto te alegrará porque mientras más viejo se hace uno, resulta más joven.

Salúdame a todos tus hermanos y sobrinos. Diles que les quiero, y a los amigos.

A ti, ¿para qué te lo digo? ¿Cuándo vienes? ¿O por fin vas a hacer una película? Aquí tendrías una fenomenal: «La vida de Agustín Lara» o «La divinización lo cursi». Evidentemente te matarían, lo llevaron a Bellas Artes y lo enterraron en la rotonda de los hombres ilustres.

El miércoles pasado vi *Susana...*, pasado mañana veremos tu *Don Quintín* de aquí. Como verás estamos mejor de lo que queremos. En vista de que no estás Sirol no me invita...

21 de diciembre de 1970

Querido Luis:

Mañana viene a comer Jeanne y Rafael. Supongo que tú comerás con tu yerna, tu nieta y Juan Luis. Como comprenderás esta carta no es ni para felicitarte la Navidad ni el año nuevo. Auténticamente es para que *me traigas* (aunque te joda) el libro de Gálvez.

Ya verás qué cosas he descubierto en *El Bruto*. Por fin, habló la esfinge Alcoriza, sin novedad digna de mencionar. Anteanoche vi la nueva película de tu discípulo Ripstein, en la Universidad (*La belleza*). Se armó lo que no quieras saber. No se perdió gran cosa: la filmó en un día. A pesar de todo no deja de tener cierto interés.

Ven pronto, las cintas amarillas. Saluda a los amigos.

Un abrazo.

4 de enero de 1971

Querido Luis:

Continuo con esta correspondencia a medias (te escribo, no me contestas). Sé de tus desplazamientos por Jeanne. Pasamos el fin de año en Veracruz. Antes vinieron a comer tu mujer y Rafael. Comprenderás que no te escribo para decirte esto.

Ripstein, el padre, me compró antes de que me fuera a Europa *Deseada*. Es la obra mía que menos me gusta. Le dije que no quería saber nada de la adaptación ni de la filmación. Me llamó. Encuentra demasiado melodramática la adaptación de Julio Alejandro. Me preguntó si yo quería volverla a hacer. Lo dejé en veremos, entre otras cosas porque quería hablar antes con Julio. Luego, en las amenizadas soledades de Veracruz pensé un poco sobre el asunto y decidí que, en principio, volviéndola del revés, podría ser un tema que te interesara. Acabo de decírselo a Ripstein que saltó de alegría y me pidió que te escribiera. Tendrías carta blanca. Le he pedido que me mande la adaptación de Julio. El problema —no sé si has leído la obra— es que se necesita una actriz como Deneuve o Moreau y una jovenzuela que pueda dar guapa y fe, doce y 18 años y un actor del tipo de Fernando Rey.

¿Te interesa en principio? Supongo que podrías hacerla aquí, en España o en París. Ignoro totalmente cómo es Ripstein como productor pero sé que está dispuesto a hacer una co-producción. Es una película barata y el drama sucede en un solo decorado. Si vuelves pronto aquí hablamos. Si no, ponme un telegrama, hasta recibirlo no haré nada. Aunque no te lo creas, he empezado la redacción del libro.

Un abrazo

Madrid, 13 de enero de 1971

Querido Max: Recibo y acojo con respetuoso silencio tus melancólicas misivas. Pero ahora lo rompo a pesar de que estaré en México a finales de este mes.

Tengo un ejemplar del Álbum Buñuelesco. No muy bien impreso por el loco de Losfeld y el ídem de Gálvez. Creo que lo van a mejorar. De todos modos es demasiado Buñuel.

Basta ya.

He mandado sacar fotos del paisaje calandino aunque no creo que las tenga antes de mi vuelta.

Me he resistido heroicamente a firmar contrato con nadie, y eso que tengo —he escrito (mejor dicho, lo ha escrito Carrière)— un guion que considero lo más personal y divertido que he hecho en cine. Silberman quería comenzar a filmarlo en Marzo. Me niego. Prefiero hacer guiones a realizarlos. Este se titula *Le charme discret de la bourgeoisie*. En cuanto al proyecto de Ripstein sobre *Deseada* ya hablaremos pero dudo que acepte. Por lo visto mi propósito de retirarme es definitivo y sincero. Tendré que aburrirme mucho para volver a las andadas. Abrazos a tu pariente y estupenda esposa.

Igual para ti.

Luis.

¿Qué descubriste en *El Bruto*? No será la pólvora.

Primera parte
EL HOMBRE

Infancia y adolescencia (1900-1917)

La familia

¿Tu padre pasó mucho tiempo en La Habana?

Sí, mi padre estuvo treinta años en La Habana. Es decir, de 1868 a 1898, que es cuando volvió a España y se casó y nací yo.

¿Qué fábrica era la que mandaba armas a tu padre en Cuba?

Smith.

Smith, el famoso Smith.

Creo que era Smith, y Remington también, los dos. Porque vendía armas, cosas para barcos, no sé. Breas, cuerdas y velas. Era una ferretería grande donde había un poco de todo, ¿verdad? Y le regalaban de vez en cuando, regalo de fabricante a vendedor, ¿no?, un revólver Smith con sus iniciales; luego, un rifle Winchester. No se abastecía de una sola marca, sino de varias.

Cuando vio saltar el Maine, ¿nunca te dijo nada de su impresión?

Sí, sí. Sí me contó. Porque él estaba en su despacho. La tienda estaba en Lamparilla, número 3. Era la calle donde se hallaba la ferretería que luego se llamó *Casteleiro y Vizoso*, que eran los dos socios de mi padre.

¿Una ferretería?

Sí, una ferretería y cosas de barcos. Creo que estaba en el puerto, una calle que estaba en el puerto mismo —yo no he estado nunca en La Habana—. Se ven los barcos, creo, y oyó la explosión del Maine. Y lo vio saltar. Fue una catástrofe de gran conmoción, y se prestó para que Cervera[1] dijera su célebre frase: «Prefiero barcos y no honra, que barcos con honra», o algo así: «Prefiero barcos con honra, o barcos hundidos con honra, que barcos sin honra», una cosa así.

Sí; pero eso fue en Santiago.

No, no. Creo que fue el almirante Cervera en la guerra de Cuba.

Sí, pero en Santiago de Cuba.

Bueno sí, no lo sé. [...]. Mi padre, cuando pensó que tenía bastante dinero, les traspasó el negocio a dos de sus empleados, y aún era famosa en La Habana la casa Casteleiro y Vizoso. El uno era gallego; y el otro, asturiano.

Por lo visto, tuvieron éxito con el negocio.

Comenzaron siendo dependientes. Hasta Castro, eran de las grandes fortunas de La Habana. También conocidísimos. Han debido de morir los contemporáneos de mi padre, pero los hijos tenían el negocio. [...]. ¿Quieres una taza de café?

Sí.

[Se levanta con ese su andar en el que le cuelgan un poco los brazos hacia adelante como arrastrando un poco los pies, hacia los adentros. Vuelve con el libro de Kyrou].[2]

Toma, te lo presto.

[Miramos un poco las fotografías: de soldado, frente a su retrato, hecho por Dalí en 1923. Toda una vida. Cómo se deshace uno. A las obras que valen la pena no les pasa lo mismo. ¿Por qué?].

---

1 Pascual Cervera y Topete (1839-1909) fue un destacado almirante de la Armada de España. El 3 de julio de 1898, durante la guerra hispano-estadounidense presentó batalla, en aguas de Santiago de Cuba, a la flota del almirante Sampson, superior en número y calidad de equipos, pero la escuadra española fue vencida tras un desigual combate.

2 Este libro es *Luis Bunuel* [*sic*], de Ado Kyrou, publicado en 1962 por la editorial francesa Seghers en la otrora imprescindible colección Cinéma d'Aujourd'hui. Es el texto que sirve de guía en buena parte de la conversación. Sin duda, y a pesar de los errores que el mismo Aub detectó, se trata de una obra de referencia de la bibliografía sobre Buñuel. Kyrou (1923-1995), de nombre Adonis, es el autor del libro más célebre sobre el surrealismo y el cine, *Le Surréalisme au cinéma* (1953), y fue director de una decena de películas, entre las que se cuenta la adaptación, en 1972, de la novela gótica de Matthew G. Lewis *El monje* a partir del guion que escribieron Buñuel y Jean-Claude Carrière y que finalmente el calandino no tuvo la fuerza o las posibilidades de llevarlo a la gran pantalla.

¿Qué historia es esa que tu padre estuvo presente en la muerte de Martí?[3]

¡Ah, qué santo! No, no. También dicen que formó parte del pelotón que fusiló a Rizal.[4]

Pero eso Carlos [Fuentes] no se lo ha inventado.

No. A lo mejor se lo dije yo.

Después de tanto tiempo de estancia en Cuba de tu progenitor, ¿no crees que puedas tener hermanastros allí?

No, no creo que tenga hermanastros en Cuba. Mi padre era como yo, pero dado a las mujeres.

Pero, ¿cuántos años estuvo tu padre en Cuba?

Treinta años...

¿Desde los diecisiete?

Sí.

¿Entonces?

Sí, claro. Pero no creo que fuera de los que se acostaran con negras o con mulatas. Ya sabes que soy racista *[guiña el ojo]*; pero treinta y cinco no, no me veo con hermanos mulatos. Por otra parte, tampoco era de los que se vuelven a casar y, mientras preñan a sus mujeres, se acuerdan de las indígenas. Como el padre de Ugarte.[5] Porque ese sí... Ugarte se reía cuando yo se lo decía.

¿Había una gran diferencia de edad entre tu padre y tu madre?

Cuando se casó, mi padre debía de tener cuarenta y dos años, y mi madre, diecisiete.

Ella era de Alcañiz, ¿no?

---

3 José Julián Martí Pérez (1853-1895) fue un político republicano creador del Partido Revolucionario Cubano y organizador de la guerra del 95 o Guerra Necesaria, llamada así a la guerra de Independencia de Cuba. Aub hace referencia a las afirmaciones que el escritor mexicano Carlos Fuentes, muy próximo a Buñuel, realizó en un ensayo titulado *Encuentros con Luis Buñuel*, aunque también comentan un ensayo anterior sobre el calandino que Fuentes publicó en el suplemento de *Siempre*, *La cultura en México*, el 22 de abril de 1970.

4 José Rizal (1861-1896) fue un médico, escritor, pintor, lingüista y político filipino. Es considerado el héroe nacional de Filipinas y fue fundador en 1892 de la Liga Filipina. Fue acusado de haber instigado la revuelta y de querer concitarse con los independentistas cubanos, y fusilado por ello.

5 Eduardo Ugarte y Pagés (1901-1955) fue un escritor, escenógrafo, guionista y director de cine español. Colaboró con la productora cinematográfica Filmófono, escribió con Buñuel el guion de la adaptación de Carlos Arniches (de quien era yerno) *Don Quintín el amargao*, así como de *Ensayo de un crimen*.

No, de Calanda. De una familia que venía del Alto Aragón. A mi padre le llamaban Weyler. ¿Te acuerdas?

Claro.

Mira que tiene gracia, soy hijo de Weyler.

No dejaría de tenerla si fuese verdad, aun como cuento: Luis Buñuel, hijo del general Weyler. [Reímos. Bebemos]. *¿Sabes que, con todo el interés que tiene el libro de Kyrou y lo exacto que es en cuanto de cine se trata, si se asoma a la vida, todas las fechas están equivocadas?*

No me digas, no es posible.

Lo que pasa es que tú no lo has leído.

Sí, hace mucho tiempo. No me fijaría. Pero no me extraña. Nunca hablamos en serio, sino que nos vimos varias veces y no recuerdo si tomó notas o no.

No tendría importancia si no fuese porque lo consideran publicado con su total aprobación y alguno que otro ha repetido sus inexactitudes.

¿Cuáles, por ejemplo? Porque te aseguro que o no me acuerdo, o lo más probable es que, como todos estos libros, lo haya leído muy por encima.

Empieza diciendo que tu padre fue a Cuba como militar y que puso su tienda luego, después de la guerra. Así que, si fuese cierto, serías cubano, ya que en esto no mienten las fechas. Oyó campanas, y no las de Calanda. Luego asegura que tu madre fue a La Habana, y que volvisteis definitivamente a Calanda en 1914.

¡Si mi madre nunca estuvo en Cuba!

Ya te digo que está lleno de errores garrafales en las fechas. Asegura que tu padre volvió allá en 1899.

Mi padre sentó plaza, con diez de Calanda…, pues debió de hacer ahora cien años. Sí, justo, 1868 más los treinta años que pasó allí, 1898, fecha de su vuelta a España; se casa el 1899, y el 1900 nazco yo. Además, ya te lo he contado, desde el balcón de su casa, sentado en una mecedora, vio cómo volaban el Maine. Y ya te digo, mi padre sentó plaza y se salvó de morir por su buena letra. Tenía una caligrafía magnífica. Aún tengo arriba cartas de él. Un pendolista, que decían. La cosa es que al escribir su solicitud dijo alguien: «Este chico tiene buena letra. Que se quede aquí en la plaza». Los otros nueve del pueblo se fueron al interior, a pelear con los mambises, y los nueve murieron de fiebre amarilla. Cuando le licenciaron debió de entrar en una ferretería y luego puso su casa propia.

¿Cómo se llamaba?

Leonardo. Quiso volver a La Habana en 1912. Olía que iba a pasar algo en Europa, seguramente la guerra, y quería dejar su dinero fuera. Pero volvió a los tres meses, desencantado y furioso porque sus exempleados no quisieron admitirle. Nunca le vi más desengañado.

No me extraña en absoluto.

Y así fueron las cosas hasta que decidió volver. No puso los pies en Cuba hasta 1912. Y volvió en seguida, cariacontecido, al cabo de unos meses.

Lo único cubano que hay en tu vida es el dinero que te dio tu madre para Un perro andaluz. *Y lo curioso es que posiblemente el dinero que aportó Picabia para todas sus fantasías dadaístas, y aun anteriores, también fuera cubano. Con lo que resulta que, en el fondo, sin Cuba —y sin España, claro—, ni el dadaísmo ni el surrealismo hubiesen sido lo que fueron. [...].*

Mi padre era un liberal del siglo XIX. Iba a misa para dar ejemplo, porque lo consideraba necesario, y decía que se acercaba «a los sacramentos del altar» una vez al año. Quién sabe.

¿Cómo trabajaste con Kyrou?

Jamás tuve una entrevista con Kyrou. Son conversaciones de amigo. Un día le hablo de esto, otro día hablo de caballos; al día siguiente, de astronomía, y él toma, después, de su recuerdo, las cosas que le interesan y, claro, las transforma porque no ha tomado notas ni había una intención de entrevista ni mucho menos.

Sigamos con tu familia ¿Tu madre era extremadamente religiosa?

Sí.

¿Y desde qué edad te empezó a hablar de las cosas divinas?

Mi madre hablaba por lugares comunes de las cosas divinas, de su devocionario, de lo que sabía, del cura... Pues desde pequeños. La oración nocturna antes de acostarme, hasta los seis años o siete. Los cuadros con el Ángel de la Guarda...

¿Y rezar el rosario?

Rezar el rosario, sí. Mientras mi padre estuvo en Cuba, a terminar todos sus negocios en 1912, rezábamos todas las noches el rosario. Era una cosa de familia española, que se hacía mucho. Para mi madre el viaje de mi padre a Cuba era como ahora los astronautas o peor. Y estuvo un mes de viaje o dos meses, ida y vuelta, casi un mes en barco, más un mes en La Habana. Dos meses, todas las noches el rosario con la servidumbre, los hijos, todos allá.

Eso fue en 1912, ¿no?

Año 12 o 13. Y yo ya me escabullía muchas noches. Me aburría un poco, aunque yo era muy creyente. Rezábamos el rosario, o sea que mi madre no hacía más que repetir todos los lugares comunes de la Iglesia, de los curas, de los devocionarios, etc. Pero tampoco era una obsesionada, hablando siempre de religión. Era normal, en ese sentido, muy normal.

Hablando de otra cosa, ¿vio tu madre tus películas?

No, ninguna.

¿Cuántos hermanos erais?

Siete. Yo era el mayor.

¿Te acuerdas de tu casa?

No faltaba más. Mi hermana Conchita tomó una fotografía estupenda. La reprodujeron en *Positif.*[6] Ya la buscaré.

Siendo niño, delante de tus hermanas, simulabas misas vistiéndote de cura.

Era un juego muy corriente, yo tenía ocho años, tenía ocho años y ayudaba a misa; a mi tío Santos, en Calanda, le ayudé. Entonces uno de los juegos era..., pues una casulla, imitar la misa con cositas pequeñas de liturgia, ¿no?: una custodia, un cáliz y me vestía de cura. Tenía ocho años y Pepito Sauras, mi amigo, se vestía de sacristán porque nos habían hecho una... una muchacha nos... nada, venían mis hermanas, o sea, un juego de...

Absolutamente normal.

Anormal, de niños, de niños.

¡Normal!, sí, sí, sí.

También hice de san Miguel Arcángel en los corazonistas cuando tenía seis años, que había una especie de diálogos o de autos sacramentales, de niños, y uno era el diablo, otro era el... Pero no tiene importancia ninguna, es un juego de niños en ese ambiente católico de Calanda, ¿verdad? de... La imitación de lo que ves, no tiene importancia ninguna. Ni era blasfemo, ni era profanatorio, ni era sincero. Era un juego de niños.

Bueno, esto es la otra cosa de la blasfemia. Tú no podías ser blasfemo siendo niño.

No, no lo era, en absoluto.

En absoluto.

---

6 Revista francesa mensual de cine. Conchita publicó un artículo sobre su hermano en el número 42, en 1961, titulado «Mon frère Luis».

Yo tenía fe hasta los trece o catorce años. Nada, que en absoluto era blasfemo, al contrario.

Eso quería ponerlo en claro porque es muy importante. Una cosa muy posible, ahí sí lo creo, es que robabas los juguetes de tus hermanas para regalárselos a otras niñas.

Alguna vez a mi hermana María, sí. Eso sí.

[Le hablo de la lista de los abonados al teléfono, de Buñuel, y de que allí aparece un Portolés].

Eres formidable. ¡La lista de teléfonos de Buñuel! [...] Los Portolés son de Huesca o Barbastro. ¡Pero en Navarra!

Lo que no puedo acabar de encontrar son noticias de un teniente-coronel Buñuel...

De la Cruz Roja.

No, del siglo XIX.

Chico, no sé.

Tampoco del Cristo que echaron al agua los de Calanda, en el Guadalope, y llegó a Alcañiz. Alguien me lo contó, lo apunté —creo— y no doy con la nota. Ahora nadie sabe nada.

MARÍA BUÑUEL[7]

M. A.: [...]. Le tenía un gran respeto a su padre, ¿verdad?

M. B.: Le tenía respeto, sí.

M. A.: ¿Y un gran amor a su madre?

M. B.: Y a su madre la quería muchísimo, sí, mucho, mucho, mucho.

M. A.: ¿Y es verdad que su madre prefería a Luis y luego a Alfonso[8] que no a las mujeres?

M. B.: Tenía más predilección. Quería a todos igual, pero más predilección tenía por los varones parece. Y también tenía un poco más de predilección por una hermana mía, Margarita. Aunque quería a todos mucho, ¿verdad? Pero un poco más de predilección tenía por los varones Luis, Alfonso, Leonardo... y Margarita.

LEONARDO BUÑUEL[9]

M. A.: De todas maneras, el genio de Luis ha transformado a la familia Buñuel, que ya de por sí no es una familia muy corriente. Es una familia bastante extraordinaria.

---

7 María Buñuel Portolés (1901-1999) era hermana de Luis Buñuel.

8 Alfonso Buñuel Portolés (1915-1961) era el hermano menor de Luis Buñuel.

9 Leonardo Buñuel Portolés (1907-1980) era hermano de Luis Buñuel.

L. B.: Pues ha influido en los dos hermanos, en mí y en Alfonso, y en Conchita y María. En los otros dos, absolutamente en nada, nada. Y en los sobrinos, también. Los hijos de Conchita, por ejemplo.

M. A.: En Margarita y Conchita, sí.

L. B.: En Margarita, tarde. Porque no ha convivido con él. Ha estado ..., no sé, quizás veinte años sin verlo.

M. A.: Pero yo he visto ahora a Margarita, y está totalmente *enluisada*.

L. B.: *Enluisada*, es verdad, es verdad. Creo que, por ejemplo, la película *El ángel exterminador* la va a ver ahora todas las semanas dos veces. Así que la ha visto diez o veinte veces.

M. A.: Bueno, sí, efectivamente. Y sería más razón de que Concha fuera a ver *Él*. Que, en fin, cuentan ... Ella misma cuenta, ¿verdad?, y él también me contó que la historia de *Él* se refería a la vida de su hermana.

L. B.: Sí, parece que está inspirada en nuestro cuñado; en el marido de Conchita.

M. A.: ¿Usted le conoció?

L. B.: Mucho, mucho, sí.

M. A.: ¿Y usted cree que era un paranoico o que Luis lo ha hecho paranoico en la película?

L. B.: Pues sí que era paranoico, sí.

M. A.: ¿Sí?

L. B.: Sí. Francamente paranoico, y se creía perseguido. Según él, nosotros nos burlábamos de él, lo despreciábamos. Era pequeño; de estatura normal, pero un poco más bajo que nosotros.

M. A.: Es una cosa que sucede con frecuencia, pero no es para tener celos de la mujer el ser pequeño.

L. B.: No, eso era aparte. Era celoso, pero no lo era por ser pequeño...

M. A.: ¿Qué le ocurrió a su padre en La Habana con José Martí, el poeta, al cual abofeteó en público? Luis me lo contó el verano pasado en París, en la Casa de España.

L. B.: No sé. Sería una de sus bromas.

M. A.: No, no. Él me lo relató, aunque en forma irónica, claro: que, estando su padre en un café de La Habana, un individuo joven, con barba pequeña, con aspecto de poeta, leía unos poemas con un coro de gentes alrededor, y que entonces preguntó don Leonardo Buñuel que quién era aquel. Y le dijeron: «Es Martí, Martí». Y entonces se levantó, le arrancó el papel de las manos y...

L. B.: Pero hombre..., pero hombre...

M. A.: Sí, sí. Me han contado cosas sobre su padre totalmente fantásticas y, además, cronológicamente imposibles. Son como una secuela de cierto espíritu colonialista, provinciano, que Luis convertía en *boutade* surrealista.

L. B.: Bueno, yo creo que eran simplemente mentiras. Como que había recibido un balazo en la guerra y solo era una cicatriz que tenía de un grano en la espalda. Y así. Pero lo que sí es verdad es que era de una ternura infinita con nosotros. Éramos siete hermanos, y nos dejaba comer, a veces, debajo de la mesa del comedor. Nos hacía como un restaurante, con libros grandes nos hacía mesitas debajo de la mesa y allí nos dejaba comer. Esa es la verdad. Volviendo con Luis, recuerdo sus fiestas en Calanda, cuando mi hermano tenía unos catorce años. No, menos. A lo mejor tenía diez. Ponían una mesa con *refrescos*, por ejemplo, aceite, vinagre, agua, azúcar... Y entonces, como si vendiese refrescos. A las chicas les daba agua con aceite, y a los chicos, agua con vinagre y azúcar. Recuerdos de infancia que hemos repetido mil veces.

M. A.: Sí, sí.

CONCHITA BUÑUEL[10]

M. A.: Bueno, ¿y por qué adoran tanto al dinero en Calanda?

C. B.: Pues como toda la gente del campo. Ahora parece que le dan menos importancia, pero en tiempos... Es eso del calcetín y el gato guardado. Después de la guerra esto se ha dado más. Cuando ha llegado alguien con dinero, se le ha adorado un poco más. En tiempos lo tomaban como una cosa de respeto. O sea, por ejemplo, a mi padre, que llegó con dinero de Cuba, le miraban con respeto, porque mi padre tampoco le daba importancia al dinero. Por ejemplo, las amas, las madres solteras o casadas, que tenían derecho a los ocho días o diez días primeros a tomar, en la carnicería, carne y en la lechería, leche gratis. O sea, que la daba mi padre, el administrador o quien fuera. Después, también, el matadero lo mandó hacer mi padre, cuando hubo la gripe, portando un vagón con leche condensada, chocolate, medicamentos. Y siempre hacía cosas de bien para el pueblo. Incluso regalar la procesión del rosario. *(Ríe).* Porque se la pidieron. Sin ser religioso, pero vamos, era un regalo para el pueblo.

M. A.: Sí.

C. B.: Igual podían haber sido unas bicicletas para ir de paseo, ¿verdad? Le regaló la procesión esta. Mi padre, no sé si te dijo Margarita, se escapó a los catorce años de casa.

M. A.: Sí.

C. B.: Y sentó plaza.

M. A.: Eso me lo contó Luis.

C. B.: Sentó plaza y estuvo de corneta, en Jaca. Y luego fue cuando marchó para Cuba. Y también tenía una letra muy bonita. Nunca ha sido guerrero.

---

10 Concepción Buñuel Portolés (1904-2000) era hermana de Luis Buñuel.

Recuerdo, la tengo en Zaragoza, de su puño y letra, una tarjeta que pone: «Patria es allí donde está tu mujer, tus hijos y tu casa».

M. A.: Entonces no tenía él ni mujer, ni hijos, ni nada de esas cosas.

C. B.: No. Pero por eso digo que, para él, patria no era precisamente decir: «España es mi patria», no.

M. A.: No.

C. B.: España era su patria, ya que era donde tenía su familia, sus hijos y todo. Aunque no sé si sería Cuba porque, después de nacer yo, creo que ya no volvió a Cuba. No, no volvió a Cuba.

M. A.: No, ya no volvió después. Pero fue en 1912 cuando fue allí.

C. B.: Sí.

M. A.: El 12 y el 13.

C. B.: No, no, 1912 no, ¡qué va!

M. A.: ¡Ah!, pues eso es lo que me dijo Luis.

C. B.: Bueno, pues sí porque...

M. A.: O el 11 y 12.

C. B.: Bueno, entonces... sí, es que claro, yo con ocho años, pues no recuerdo si... Como mi padre y mi madre viajaban mucho. Pero si fuese ocho años, creo que me acordaría. Debió de ser antes.

M. A.: Pues antes.

C. B.: Sí.

M. A.: Porque él fue allí y estuvo dos o tres meses y regresó muy...

C. B.: Muy disgustado. Sí, sí.

M. A.: ...muy enojado, muy disgustado.

C. B.: Es que habían hecho un asunto bastante sucio los Casteleiro y Vizoso.

M. A.: Sí.

C. B.: Que creo fueron luego de las primeras fortunas de América. A veces hablo de Casteleiro y Vizoso con cubanos y dicen: «¡Ay, sí! Las primeras fortunas». Y deben de ser ya nietos o...

M. A.: Sí.

C. B.: ...o biznietos de aquellos. Por cosas que he oído de cuando era niña, creo que debió de ser algo relacionado con una ferretería, muy grande, y tenía un barco que, por cierto, llevaba el nombre de mi madre, que hacía cabotaje o por lo menos iba a Estados Unidos. Y no quisiera yo decir una cosa falsa, pero me parece a mí que cuando él llegó, encontró que habían empleado su barco para llevar armas a algún sitio o para algo que no era honesto. Y entonces mi padre no quiso que figurase su nombre en ese sitio porque le parecía que le manchaba la reputación, porque era una cosa que humanamente no estaba bien. Políticamente no lo sé, pero humanamente, no. Y entonces fue cuando mi padre se separó.

M. A.: Y se vino aquí, es decir, eso era hacia el 98.

C. B.: No, no, ¡qué va! Esto fue un poco antes de la guerra europea, que fue cuando los Casteleiro y Vizoso.

M. A.: ¡Ah, ya! El 12 y el 13.

C. B.: Sí. Fue cuando los Casteleiro y Vizoso hicieron ya toda su fortuna, porque claro era...

M. A.: 1912, sí.

C. B.: ...era una casa muy importante y, al venir la guerra, pues seguramente podrían hacer más negocio.

M. A.: Tal vez con México, entonces empezaba la Revolución.

C. B.: No sé.

M. A.: No tengo idea alguna. Es la primera vez que oigo hablar de eso.

C. B.: Pero esto es una cosa que oí hablar de niña. Está algo unido con la guerra europea, o sea, que más bien las armas no debían ser para ningún sitio de América.

M. A.: Pues no, para aquí no, porque la guerra estalló el 14...

C. B.: Sí, sí.

M. A.: ...de pronto y nadie estaba preparado, ni pensaba en eso.

C. B.: Desde luego, era un asunto que no era honesto.

M. A.: Ahora háblame un poco de la familia de tu madre.

C. B.: Se puede decir que no ha tenido familia para nosotros porque su padre eran veinticuatro hermanos.

M. A.: ¿Y a eso llamas tú no tener familia?

C. B.: No. Pero su padre fueron veinticuatro hermanos, pero para mí eso es una cosa como de Felipe V *(ríe),* quiero decir, no existe para mí. Y tú, no sé si sabrás, que dicen que —esto lo dice mi hijo que lo ha leído en algún libro— cuando en España se tenían más de catorce, o doce, hijos, se les declaraba *hidalgos de bragueta*, ¿tú no sabías eso? *(Ríen).*

M. A.: No.

C. B.: Sí, o sea, que mi abuelo podía haberlo sido porque tuvo veinticuatro hijos. Mi abuelo, el padre de mi madre, era el más joven y ya todos habían ido desapareciendo; o sea, que yo nunca he conocido, ni siquiera a mi abuelo, que murió cuando yo tenía cuatro años. Y luego, la madre de mi madre murió de cólera cuando mi madre tenía meses; el cólera ese famoso que hubo en España. O sea que, nunca, quitando este tío sacerdote, que nos administraba en Calanda, que había sido escolapio, pero luego se salió y se hizo cura corriente, no sé cómo le llaman. Pues ese era tío de mi madre. Y luego también había otro tío de mi madre que era arzobispo —bueno, me parece que exagero la categoría—, obispo de Logroño. Y mi madre pasaba muchas temporadas en Logroño con este tío y su hermana. Fue entonces cuando mi madre aprendió piano, aprendió francés y esto ha hecho que se construya una especie de leyenda de que mi padre se casó con mi madre y que luego la llevó a un colegio, y no es cierto. Mi madre, el poquito francés que sabía y el piano, lo sabía de antes. Tanto que, cuando el viaje de novios —esto lo contaba siempre mi padre y lo han contado otras personas—, fueron a Algeciras, a un hotel maravilloso que había entonces, no sé si todavía existirá, y mi madre estaba tocando las únicas cosas que sabía, que era la *Oración de una virgen*, *El canto del ruiseñor*, algo de *Tosca*, otro poco de *Bohème* y otra así, de estas cosas. Y entonces el príncipe de Gales, pero el príncipe de Gales, no el duque de Windsor, sino su padre...

M. A.: No, no, Eduardo.

C. B.: Sí, este. Pues estaba en este hotel como de incógnito e hizo pedirle a mi madre que volviera a tocar el piano para él. O sea, que es para desmentir que mi padre la había llevado a un colegio. Que eso se dice por todos los sitios. También ha corrido que mi padre se llamaba Manuel y un día en el teatro, el protagonista se llamaba Leonardo y mi madre dijo: «Qué nombre más hermoso». Y entonces mi padre fue al Juzgado y se cambió el nombre. *(Ríe).* Eso también lo dicen. Y es que se llamaba...

M. A.: Leonardo Manuel.

C. B.: ... al nacer, Manuel, no Leonardo. Su padre le quiso poner Manuel, pero le puso el santo del día y le pusieron Leonardo Manuel. Y en el pueblo le llamaban Manuel, mientras fue niño, pero luego, cuando ya empezó a figurar oficialmente en documentos, figuraba su primer nombre y por esto, en el pueblo aún le llamaba mucha gente don Manuel, pero todo el mundo le conocía por Leonardo. [...].

M. A.: Cuéntame algo más.

C. B.: Pues, ¿qué podría contarte? *(Ríe).*

M. A.: Cuéntame cosas de Luis. De las relaciones de Luis y tu madre, por ejemplo. Tu madre sentía adoración por Luis, ¿verdad?

C. B.: Sí, era su predilecto. Mi madre adoraba a Luis, es verdad.

M. A.: ¿Y cómo se manifestaba esa predilección?

C. B.: Pues se manifestaba en mil detalles pequeños. Primero, la satisfacción que tenía de todo lo que hacía Luis y de todo lo que hablaba. Siempre estaba encantada. Y últimamente, me hace gracia, cuando Luis hizo *Él*, mandó una fotografía vestido de fraile. Y entonces mi madre, a quien le molestaba mucho, seguramente por las relaciones sociales, que Luis no fuera religioso, cuando recibió esta foto vestido de fraile, porque ya mi madre empezaba a flaquear un poco, pues se la enseñó a una amiga diciéndole: «Mira, mira, tanto que critican a Luis. Miradlo, miradlo». Y esta amiga dijo: «¡Jesús! ¡Qué sacrilegio!». Mi madre se quedó muy indignada. Ella creía que por el hecho de estar vestido de fraile ya iban a pensar que era una persona religiosa. [...]. Para mi madre fue su predilecto, lo adoraba. Y, además, lo de mi madre era muy curioso, porque mi madre sabía un poco de francés, pero cuando hablaban en un artículo de Luis, lo traducía como si fuese una traductora maravillosa, e incluso del inglés podía traducirlo. Y luego, cuando ya su cabeza empezaba a flaquear, lo primero que hacía todas las mañanas era cortar en el periódico la lista de cines. Iba encantada al cine, y todo era por mi hermano, que adoraba el cine. Tenía locura por él. Y luego ya, cuando empezó a flaquear este cariño a Luis, lo traspasó a Alfonso. O sea, que para ella Alfonso a veces era Luis, y otras veces era Alfonso.

M. A.: Bueno, esa igualdad de tu madre para con todos, ¿es igual que la igualdad que tiene Luis para con sus hijos? ¿Cuándo ha dado una cosa a uno ha dado lo mismo a otro?

C. B.: Claro. Sí. Sí, sí, igual. Únicamente que nosotros éramos siete y... Además, pues, por ejemplo, a Luis en una ocasión, cuando estaba muy mal, le mandó algún dinero. O sea, que a él se puede decir que se lo dio de vez en cuando, pero a nosotros era constantemente. Cuando venía a nuestras casas, que íbamos a tener algún hijo, ella lo pagaba todo. Todo el gasto de la casa, enfermera, médico, regalos. Todo lo pagaba ella. O sea, que mucha gente cree que Luis le ha costado dinero a mi madre, y yo creo que, si se contase, sería que menos. [...].

M. A.: Sí. Bueno, vayamos al viaje que hicisteis cuando vinisteis de Zaragoza a Madrid para dejar a Luis instalado en alguna pensión. ¿Qué pasó?

C. B.: Sí. Vinieron mi padre y mi madre; nosotras, no. Era lo corriente dejar en una pensión a los hijos que estudiaban. Pero mi madre se horrorizaba, le parecía que todas eran sucias, que en ninguna se comía bien, le horrorizaba dejarlo. Entonces alguien, no sé quién, habló de la Residencia de Estudiantes y fueron, y mi madre se encantó. Le pareció preciosa, hablaba mucho de las habitaciones, del jardín ... A mi madre, que era muy joven, le influyó más la parte exterior. Como cuando nos llevaron a nosotras al Sagrado Corazón o a los jesuitas. Nunca pensó en que la educación podía ser más o menos religiosa, no, solo conocía una clase de educación, la de la gente bien, la que se veía que era buena sin tener que preguntar.

M. A.: Bueno. ¿Y tu padre?

C. B.: Mi padre no debía de ser religioso, aunque nunca lo demostró claramente, no por la sociedad, sino por nosotros. Y creo que no le daría ninguna importancia, aunque se enterase luego de que era algo diferente.

MARGARITA BUÑUEL[11]

M. A.: De la familia de su madre, ¿qué me puede contar?

M. B.: Es que de la familia de mi madre no sé nada.

---

11 Margarita (1912-2001) era una de las hermanas de Luis Buñuel.

M. A.: Sí, bueno, que se había muerto, decía usted.

M. B: No, que se murió su padre, mi abuelo, antes de nacer yo. Pero no he oído hablar casi nada de mi abuelo. Y luego tenía un hermano que también murió antes de nacer yo, o sea, que no tengo familia de mi madre. Bueno, tenía unas sobrinas, pero que casi no nos vemos. Son hijas de un hermano de mi madre.

M. A.: ¿Y dónde vivían esas sobrinas?

M. B.: Eran de Calanda, sí. Tenían un hermano que murió. Entonces estas dos chicas quedaron un poco abandonadas y mis padres las protegieron, pero no puedo decirle nada más [...]. Mi padre no quiso estudiar, y entonces se fue a Cuba.

M. A.: Se han contado cosas verdaderamente fantásticas sobre él.

M. B.: Yo creo que eran muchas mentiras. Por ejemplo, de un grano en la espalda decía que era un balazo recibido en la guerra. Y luego me acuerdo que tenía una ternura infinita con nosotros. Porque éramos siete hermanos y nos dejaba comer a veces debajo de la mesa, nos hacía una especie restaurante con libros grandes, hacía unas mesitas debajo de la mesa y dejaba comer a mis hermanos en ellas, debajo de la mesa principal. A los chicos, por ejemplo, les daba chorizo, dos rajas de chorizo y a nosotras, las chicas, como éramos más delicadas, pues otra cosa.

M. A.: Ese es otro problema.

FEDERICO AMÉRIGO[12]

M. A.: Bueno, ahora explícame lo del jamón.

F. A.: *(Ríe).* Parece ser que era una costumbre en su casa. Él lo cuenta, Buñuel. Su papá guardaba el salchichón, el jamón, no sé, las cosas caras, él dice que en la caja fuerte. Sería en un armario *(ríe)* o en un... Y, cuando lo sacaba, partía la rajita de jamón, tomaba una rajita él y otra se la daba al hijo mayor. Los demás no comían jamón *(ríe)* ni comían salchichón.

M. A.: No me extraña.

F. A.: *(Ríe).* Pero, ¿no te parece sensacional? A mí me producía una risa enorme cuando me lo contó. Dice: «Así era. ¿Por qué no voy a seguir yo lo mismo?». Entonces, ya sabes que él te hace la siguiente faena: te invita a un *whisky* y dice: «Tú no eres bebedor». Entonces te saca un *whisky* de calidad inferior, y dice: «No, este *whisky* es para los que saben beber». ¿No te lo ha hecho a ti eso? *(Ríe).*

M. A.: No, porque yo soy bebedor. *(Ríen).* Bueno, pero vamos a ver, ¿qué sabes de la madre de Buñuel?

F. A.: Nada. Sé que... Bueno, yo sé que él tiene un gran respeto por la madre.

12 Federico Amérigo (1911-1971), jurista de formación, fue productor de cine. Produjo películas de Buñuel como *Él*, *Nazarín* o *Los olvidados*.

M. A.: Bueno, ¿qué más?

F. A.: Un gran respeto por la madre e incluso le molesta que las cosas que él hace puedan herir la sensibilidad de los padres. En película o en la vida privada, no le gusta que lleguen a oídos de la madre. Hay una anécdota característica de México. En cierta ocasión, ya hace muchos años, se hizo una pequeña fiesta en casa de Luis Alcoriza,[13] en donde todo el mundo se disfrazaba de fraile. Me llamó por teléfono invitándome a mí, y diciendo que yo tenía que ir de cura o de sacristán. «¡Estás loco! Yo voy a ir de... Yo no me disfrazo de cura ni...». «No, todo el mundo vamos a ir disfrazados». Entonces yo fui de traje civil corriente, con corbata, pero los demás fueron todos disfrazados. Se tomaron fotografías. Estaban los de Espresate, Ernesto García,[14] sus amigos de la Librería Madero,[15] creo que estaba también... había un grupo de amigos. Diez, doce personas, todos disfrazados. Se tomaron fotografías muy interesantes. Tres o cuatro días más tarde nos reunimos en la Librería Madero, y Ernesto García y Espresate nos enseñaron las fotografías. Entonces Ernesto García dijo: «Esto lo voy a mandar al pueblo para que lo vean». Buñuel puso el grito en el cielo. Dijo: «¡Tú no haces eso porque yo te parto la cara! ¡Yo no quiero que llegue a mi mamá, que yo me estoy burlando de la Iglesia!».

M. A.: Eso es absolutamente normal.

SANTIAGO ONTAÑÓN[16]

M. A.: ¿Qué sabes del padre?

S. O.: ¡Oh! El padre era un personaje divino. El padre tenía un sentido reverencial por la masculinidad *(ríe),* que dice que tenía, en una caja fuerte, embutidos y a la hora de la comida sacaba jamón, salchichón y lo daba solo a los

---

13 Luis Alcoriza (1918-1992) fue un guionista y director relevante del cine mexicano, de origen español. A partir de *El gran calavera* (1949) colaboró con Buñuel en diversas ocasiones.

14 Suponemos que se trata de Ernesto García Sánchez, de quien poco se sabe, excepto que Llegó a México a bordo del Nyassa en mayo de 1942, a los 31 años. En octubre de 1951 firmó un manifiesto que sería el origen de la constitución en enero de 1952 del grupo socialista "PSOE. Agrupación de Socialistas Españoles. Sección México" que presidió Ignacio Ferretjans.

15 La todavía existente Librería Antigua Madero, fundada en 1939 por el republicano español Tomás Espresate, se encuentra en Ciudad de México.

16 Santiago Ontañón (1903-1989) fue un pintor, escenógrafo y decorador español, responsable de la escenografía de *Bodas de sangre* y de *El Adefesio*. Tal y como indica Antequera (t. II, p. 451), durante la Guerra Civil colaboró con la causa republicana, sobre todo, a través del teatro itinerante dirigido por María Teresa León que realizaba representaciones en los frentes de guerra. Al terminar la contienda abandonó España y se exilió a Uruguay, Perú, Argentina, etc. En Chile fundó junto a Margarita Xirgu una escuela de teatro.

varones. *(Ríe).* Y a las mujeres, nada, sabes. Las mujeres no tenían derecho a esas excelencias, que se las daba solo a los hijos. Y Pepín me contaba cosas divertidísimas.

CONCHA MANTECÓN[17]

M. A.: Cuéntame algo sobre el padre de Buñuel

C. M.: Bueno, según me dijo mi madre, este señor llegó a Alcañiz y se hospedó en una posada que se llamaba Posada del Blanco. En esa posada había una muchacha que era muy bonita, que le agradó extraordinariamente. Entonces, como se enamoró de ella, la quitó de la posada y la mandó a un colegio. Lo que no estoy segura es si fue a un colegio en el propio Alcañiz o en Zaragoza, para que la educaran. Una vez educada y afinada o refinada, se casó con ella.

M. A.: Pero el padre de Luis hizo su dinero en Cuba, en una ferretería.

C. M.: Sí, según creo.

M. A.: ¿No te dijo tu madre por qué volvió a España?

C. M.: Porque se había hecho rico ya.

M. A.: O por razones patrióticas, de que no quiso quedarse allá.

C. M.: ¡Ah!, eso sí que lo ignoro completamente. Pero desde luego vino con mucho dinero. Mandó construir una casa delante de la iglesia,[18] pero no creo que antes de irse a Cuba tuviera él ninguna casa solariega en Calanda. Esa es la impresión que yo tengo por lo que me han contado.

CONCHA MÉNDEZ[19]

C. M.: El padre había trabajado en Cuba y ahí hizo fortuna; en Cuba, La Habana, y se volvió a España. Conoció en su pueblo a una muchacha muy inteligente, muy guapa.

M. A.: ¿En Calanda?

C. M.: Sí, en Calanda, que tenía diecisiete años y se casó con ella. Entonces nacieron varios chicos; Luis era el mayor. Luego vienen tres chicos, dos chicas, luego un chico (ese vive), luego otra chica y el pequeño, que creo que murió.

M. A.: ¿Y era gente rica?

C. M.: Rica. Gente rica.

M. A.: ¿Y reaccionaria?

---

17 Concha de la Torre Bayona era la esposa de José Ignacio Mantecón, amigo Luis Buñuel, y prima de Pilar Bayona, primera novia del calandino.

18 La iglesia de la Virgen de la Esperanza, en la plaza de España de Calanda.

19 Concepción Méndez Cuesta (1898-1986) fue una escritora y poetisa española. A raíz de su noviazgo con Luis Buñuel entró en contacto y entabló relación con los miembros de la generación del 27. Se casó con el poeta e impresor Manuel Altolaguirre, con quien creó la imprenta La Verónica, donde publicaron la revista *Nuestra España* (1939-1941).

C. M.: Pues, yo no sé si serían reaccionarios o qué. Muy amigos míos, siempre me quisieron mucho; después de romper relaciones y todo eso, siempre cariñosísimos conmigo, como si fuera una familia, ¿verdad?

JOSÉ REPOLLÉS[20]

M. A.: Ya. ¿Usted conoció a don Leonardo?

J. R.: Sí, yo conocí a su padre. Como si lo viese ahora, sentado en la puerta, en unos sillones de mimbre, vestido siempre de blanco, con esos trajes cubanos, su jipi, y fumando unos habanos... Impresionante. Yo lo conocí...

M. A.: Era el clásico indiano.

J. R.: El clásico indiano, exactamente, pero es que, además, era como un prócer. Era un señor que, además, como todos los Buñuel han sido hombres que han vivido estupendamente...

M. A.: ¿En qué año construyeron una acera para ...?

J. R.: ¿Para pasar a la iglesia?

M. A.: No sé. ¿Para pasar a la iglesia?

J. R.: Sí. Debió de ser en el año 1902. Luis no nació en esa casa. Exactamente Luis nació el 22 de febrero de 1900, en Calanda, claro, en una casa que hay en una placeta, que se llama así, la Placeta...[21]

M. A.: Sí, pero ya la tiraron, ¿no? Hay hasta una película tirando la casa. Y ahora hay un banco allí.

J. R.: Sí. Exactamente. Pero, claro, es que era muy vieja. Era la casa de la baronesa de Pueyo, la que estaba casada con Ranz, los famosos Ranz, que procedían de la parte de Alcañiz, como si dijéramos de la Orden de Calatrava. Al venir don Leonardo a Calanda, pues, en fin, vino rodeado de toda la opulencia que usted quiera, porque había ganado millones a espuertas.

M. A.: ¿Hasta qué punto es verdad eso que cuentan de que hizo trata de negros?

J. R.: No, no. Don Leonardo lo que hizo fue tratar con... hierros.

M. A.: ¿Con hierros?

J. R.: Sí. Tuvo unas ferreterías impresionantes...

M. A.: ¡Ah, bueno! Sí, en La Habana, en Lamparilla, número 13. Conozco el sitio. Allí también hay ahora una casa nueva.

J. R.: Bueno. Don Leonardo se limitó, pues, a traficar única y exclusivamente con hierros. Detalles no sé. Pero lo que sí le puedo yo a usted asegurar es

---

20 José Repollés Aguilar (1914-1975) fue un escritor y poeta calandino, amigo de Buñuel.

21 Actualmente es la plaza Manuel Larraz, aunque la casa estaba en la actual calle Mayor, 28, donde está la oficina de Ibercaja. Con todo, como dice a continuación Max Aub, la casa natal fue derribada para erigir el actual edificio en su lugar.

que don Leonardo trajo tanto dinero, que en aquellos tiempos era ya una fortuna de fábula, ¿comprende? Entonces fue cuando él quiso edificar una casa. Y ahora viene la fanfarronada, muy propia nuestra, porque, en fin, en todo el Bajo Aragón, a nosotros nos llaman los andaluces de Aragón, pues él quiso edificar una casa que fuera más alta que la iglesia. Esto lo sé bien. Y si usted la ve, la casa es más alta que la iglesia, cosa que usted observará que en todos los pueblos de España siempre la iglesia es más alta que cualquier otro edificio. La casa se hizo con fundamentos de piedra, porque Calanda tiene mucho sayón y es un suelo malo para edificar. Pues lo fundaron todo en piedra. Y encima de esta piedra quiso hacerlo todo con una cosa que entonces era de mucho lujo, el famoso ladrillo de Salamanca, que no sé si se habrá fijado usted … Todo el ladrillo que…

M. A.: Sí, sí.

J. R.: Bueno. Pues hubo un momento en que este ladrillo se terminó, y los obreros que estaban construyendo la casa se quedaron parados. Y entonces don Leonardo dijo: «Si no hay ladrillo de Salamanca, terminaremos la casa con onzas de oro puestas de plano». Da una idea del dinero que él sabía que tenía. En Zaragoza tenían también una gran propiedad, y don Leonardo no escatimó nada para educar lo mejor que pudo a sus hijos. Desde el primer momento les puso, vamos, institutrices, criadas…, en fin, allí lo tuvieron todo. Y el hombre de gran confianza que desde el primer momento tuvieron fue un tal Campos, que hacía de mayordomo y de chófer. Cosa curiosa, el primer automóvil que tuvieron los Buñuel fue en el año 1908. Y fue un Renault que, en Zaragoza, por suscripción, regalaron a un famoso poeta que se llamaba Alberto Casañal. Pero Alberto Casañal no quiso admitir aquel regalo porque no sabía conducirlo y, además, le daba miedo (ya sabe usted que a principios de siglo pues parecía que era el demonio aparecer en un automóvil). Y entonces llegó don Leonardo, que vivía en Zaragoza, y le compró a Alberto Casañal el vehículo. Vehículo que, por cierto, un día, yendo Luis con el tal Campos, pues se les metió una avispa. Total, que volcaron. Por un milagro se salvaron. Era un Renault del año 1908.

M. A.: Pero, ¿era una especie de cacique del pueblo?

J. R.: No, no, no. De cacique nada, qué va. Nada, hombre, nada. Don Leonardo compró unas fincas porque se llevaba bien eso de decir, para demostrar…, en eso me comprende, ¿no? Tampoco las tenía para obtener ninguna riqueza ni ningún beneficio de ellas. Y prueba de esto es que jamás estas fincas han producido nada a los Buñuel. Empezando por la Torre, porque, además, la única finca que pudiéramos decir que tenía algún valor, que era esta que decía yo de la Masada Arenas, ¿eh?, el Pozo del Vicario; era monte donde se cogía mucho trigo, cebada y demás. Como con la Fuensalada, donde podían coger algo de aceitunas y de almendras. Pero jamás le han concedido ninguna importancia al beneficio que pudieran producirles las fincas. Don Leonardo las compró, pues, como compró también unas casas en Zaragoza, o como compró otras cosas en otros sitios, ¿comprende?, para dar la impresión de que, en fin, de su poder, de su riqueza. Esto es lo que yo siempre he observado.

M. A.: Y de la madre, ¿qué sabe?

J. R.: La madre, la mujer más guapa que ha habido en Calanda. Desgraciadamente murió ahora hace poco, muy vieja. Una mujer de una hermosura, de una arrogancia, además, natural.

M. A.: Era la hija del dueño de la posada.

J. R.: Que había allí en la plaza. En la casa que hay al lado, es la hija. Pero ya le digo, hermosa.

M. A.: Él la conoció cuando ella tenía dieciséis años.

J. R.: Exactamente.

M. A.: Esto, ¿ella fue entonces a un colegio de monjas para casarse, o no?

J. R.: Sí, sí. Don Leonardo quiso que su mujer, pues claro, tenía que relacionarla. Y ella, pues, en fin, quiso. Era muy guapa, pero le faltaba, claro, esta educación que luego había de necesitar para poder alternar en los medios sociales que don Leonardo, su fortuna y su nombre y sus cosas, le exigían tener, tanto en Zaragoza como en Biarritz, donde iban cada verano, y en los distintos lugares y con las gentes con las que se relacionaban. Por eso quiso don Leonardo que la que había de ser su esposa tuviera ese mínimo de llamémosle cultura, que precisaba para esto. Y por eso pasó una temporada doña María en un buen colegio en Zaragoza, preparándose para este matrimonio.

M. A.: Y, entonces, don Leonardo se siguió ocupando de sus asuntos; pero él fue a La Habana el año 12 y 13.

J. R.: Fue varias veces hasta que liquidó el negocio. Yo, en realidad, no puedo serle muy exacto en cuanto a cifras y a fechas. Ahora, lo que sí que le puedo decir es que don Leonardo vino a España, pero luego volvió otra vez a América en varias ocasiones, hasta que dejó terminado el asunto este...

M. A.: No, no. Mire usted...

J. R.: O le pagaban unas...

M. A.: No, no. Él dejó su, su negocio...

J. R.: En manos de, de...

M. A.: A sus dos...

J. R.: Sí.

M. A.: ... dependientes, y cuando regresó después para no sé qué, para liquidar, le salió mal el asunto y volvió el año 1913, un poco antes de la guerra europea.

J. R.: Pues yo de esto ya no puedo saber.

M. A.: Yo sí, yo sí.

J. R.: Yo sé que él estuvo luego en América, liquidando.

M. A.: Porque yo he estado en Cuba.

J. R.: Precisamente, aquí tengo también otra de las fotos que está con otro cubano, otro que estuvo muchos años y también se enriqueció, un tal Agustín Campos, que ahora vive aquí. Y está aquí precisamente hablando con Luis en una de las fotos. Este vivió muchos años en Santiago, en Camagüey. Y, luego, hace muy poco tiempo que vive en Calanda un personaje que durante muchísimos años fue unos de los favoritos de Batista,[22] un chico que vive ahora en Calanda y que es enemigo acérrimo, porque lo cogió Fidel y lo quiso pelar. Vamos, según cuenta. Y es un chico que vive ahora en Calanda y ha estado más de cuarenta años en Cuba. Este me ha contado muchísimas cosas. Pero vamos, esto a mí no me interesa. A mí lo que me interesa es Buñuel.

M. A.: Sí.

J. R.: Concretamente, Luis y lo que hizo desde que nació hasta que en el año 1923 se marchó a París, o sea, casi hasta *Un perro andaluz*. De lo después, ya se sabe tanto, que a mí no me interesa. A mí me interesa lo que hacía cuándo venía a cazar; con quién se juntaba; con quién se relacionaba. Porque Luis siempre iba con la gente más humilde. La gente más humilde de Calanda y, precisamente, sus mejores amigos han sido los más humildes, como el Mudo o el Melena. Porque para eso ha sido muy espléndido, a pesar de que haya pasado el hombre sus circunstancias más o menos desfavorables en el sentido económico, pero siempre ha sido muy generoso, sobre todo, con la gente de Calanda, con estas gentes humildes con las que más se relacionaba. Como su hermano Leonardo, que parece el más apartado de la familia y vive con más, llamémosle, normalidad. Los otros hermanos…

M. A.: Sí, sí. Lo mismo Alicia que…

J. R.: Alicia es encantadora, es la mujer más maravillosa. Pero ella vive su vida. Ella va a su aire.

M. A.: ¿Y Conchita?

J. R.: A Conchita yo la he visto vivir y sufrir. Durante años con su famoso marido García Orcasitas. A Conchita la ve de espaldas y parece una jovencita. Pues igual era su madre. Tiene un tipo juncal, airoso, gallardo, esbelto y, además, en fin, oiga, estupenda. Pues así era su madre, así era doña María.

M. A.: ¿Y Alfonso?

J. R.: Alfonso, con el que he convivido durante muchísimos años, sentía las mismas aficiones, salvo su tendencia,[23] claro, ¡qué lástima!, ¿verdad?, pues sentía las mismas aficiones que su hermano. Lo mismo que le gustaba Wagner a Luis, le gustaba a Alfonso. Y nos encerrábamos muy a menudo con un toca-

---

22 Fulgencio Batista Zaldívar (1901-1973) fue un dictador cubano, derrocado durante la revolución castrista.

23 Se refiere a la homosexualidad de Alfonso Buñuel.

discos, allí, a oír *Los maestros cantores* o a oír, oiga, lo que fuera, pero siempre música de Wagner. Y el mismo terror a las arañas, y el mismo entusiasmo por otras cosas que le gustaban a Luis. Como, por ejemplo, los escurzones.

M. A.: ¿Los...?

J. R.: Escurzones. Los escurzones son unas serpientes de agua. Luis, como le digo, que tenía verdadero pánico a las arañas, por pequeñas que fuesen, se metía en esa piscina que usted conoce, de su finca, cogía esas serpientes acuáticas, se ataba la camisa, se las metía dentro de la camisa y la sensación de correrle las serpientes por la espalda y por el pecho, pues era uno de sus mayores gustos cuando tenía dieciséis o diecisiete años. Escurzones. Alfonso, igual.

M. A.: ¿Hay truchas en el río?

J. R.: Sí, pero en la parte de arriba. La trucha se cría ya en la parte de arriba del Guadalope. De la Central de Calanda para arriba, más hacia el nacimiento del río, en Pitarque, aguas más frías, es donde se cría trucha. Ahora lo han convertido en río truchero, porque van alimentándolo cada año con alevines. Pero es de la Central para arriba, o sea, ya de la parte de la finca de Luis, del puente del Estertillo.

M. A.: Del Estertillo.

J. R.: En realidad es el puente del Estrechillo, ¿sabe? Lo que pasa que se modifican las palabras.

M. A.: Yo entrevisté allí a uno que fue compañero de Luis en la escuela, que era herrero.

J. R.: Sí, sí.

M. A.: Que ahora tiene su hijo, que tiene un puesto de gasolina.

J. R.: Sí. Ya sé quién dice usted. Un tal [Miguel] Zapater.[24]

M. A.: Sí.

J. R.: Pues este Zapater era amigo y compañero de este otro que le digo que estuvo cuarenta años en Cuba, y que ahora se tuvo que venir, después de estar dos años o tres en la cárcel. Este era el representante del famoso Ron Bacardí.

M. A.: ¡Ah!, ya.

J. R.: Estuvo allí muchísimos años y me contaba algunas cosas, pero ya le digo, a mí concretamente me interesa lo de Luis. [...].

CARLOS VELO[25]

M. A.: [...]. ¿Qué más cosas puedes contarme?

---

24 Miguel Zapater era el dueño de la gasolinera de Calanda. Véase su entrevista en la p. 74.

25 Carlos Velo (1909-1988) fue guionista, director y productor gallego, exiliado en México.

C. V.: Su padre estuvo en la guerra de Cuba, del lado de España, y como heredero de su padre le quedó a Buñuel la idea, quizás no muy equivocada, de que la independencia fue una farsa, que era una cosa que no funcionaba, que era una tontería, y los muchachos se espantaron.

M. A.: Bueno, pero esa conversación con Alfredo Guevara y los directores del ICAIC,[26] ¿dónde fue?

C. V.: Se celebró aquí, en México.

M. A.: ¿Cuándo?

C. V.: No me acuerdo. Porque Guevara —este es un dato que te puede interesar—, Guevara aparece, creo, en los créditos de *Nazarín*. No estoy seguro, creo que aparece, porque Guevara trabajaba con Barbachano,[27] conmigo. Entonces dijo: «Quiero aprender a dirigir y a hacer cine». Y Buñuel lo llevó a *Nazarín*. Pero lo llevó como se puede llevar aquí a una persona, sentándolo en una silla. Estuvo durante la filmación y eso sirvió para hacerlo director del ICAIC. Porque él tiene el crédito de haber sido asistente de Buñuel. En realidad, fue asistente mío, allí, haciendo cortos y noticieros, reportajes y cine-verdad. Estas cosas fue lo que realmente hizo. Pero Federico Amérigo, muy amigo también de Buñuel, como tú sabes, lo llevó a la filmación de *Nazarín*. Y eso lo ha explotado y lo ha dicho por todos lados, a todos los festivales donde va. Y entonces Buñuel le gastaba esas bromas crueles que él gasta, diciendo que Martí era un negro, que Martí era… Cosas que espantaban terriblemente.

M. A.: ¡Si Martí era valenciano!

C. V.: Eso. (*Ríen*). Le decía unas fantasías tremendas, que me recordaban mucho las fantasías de Diego Rivera también, cuando hablaba del rey o: «Yo desciendo de esto o lo otro». Hablaba de sus cosas, también en broma, de su ascendencia, ¿verdad? De la importancia de su padre, que tenía un palacio, que tenía esto y lo otro. Yo me daba cuenta de que nos estaba mintiendo.

M. A.: No tuvo un palacio, sino una casa…

C. V.: Pero viviría muy bien, viviría muy bien.

M. A.: … muy grande, hecha en 1900.

C. V.: Y lo bueno es que yo pensé que ni su padre había estado en La Habana. Son esas bromas españolas. Pero esas bromas son más buenas cuando se basan en la verdad. «Mi padre tenía —les dijo— una tienda (me acuerdo de esto) en la calle tal, y esto y lo otro». Y claro, los otros se dieron cuenta que era verdad.

---

26 Alfredo Guevara (1925-2015) fundó el Instituto Cubano de Artes e Industrias Cinematográficas (ICAIC) y trabajó de ayudante de dirección en *Nazarín*.

27 Manuel Barbachano Ponce (1925-1994) fue un productor, director, guionista mexicano. Produjo *Nazarín*.

M. A.: Pero si esto es una de las cosas que Luis dice, que el sentido del humor español es un sentido muy peculiar, que las demás gentes no lo entienden.

C. V.: Estoy completamente de acuerdo. Cuantos disgustos. A ti te habrá pasado de gastar bromas a la gente de ese tipo, esas bromas españolas dichas muy en serio y ofenderse la gente, ¿no? En cambio, el español que es amigo tuyo, que lo entiende, se mata de risa y te cuenta otra broma peor.

RICARDO MUÑOZ SUAY[28]

R. M. S.: La impresión que tengo de Luis es que huye siempre. Esto, ¿es producto de una educación religiosa, es producto de una educación familiar?; el hecho cierto... es que encuentro que Buñuel es un hombre cuya obra, siendo una obra muy sincera —es paradójico lo que te voy a decir—, me parece insincera.

M. A.: Está bien. Y eso debe venir de parte de la familia de la madre. Y te diré el porqué. Luis tiene aquí un primo hermano. Y no sabe nadie que es primo hermano suyo, pero si tú te fijas ves, en tamaño un poco más reducido, un concepto de la vida, aunque haya sido falangista, muy parecido, que es Juan Ramón Masoliver.

R. M. S.: ¿Es primo hermano? ¿El de *Destino*?

M. A.: De *Destino*, no. De *La Vanguardia*. Ahora, Juan Ramón Masoliver es primo hermano de Luis.

R. M. S.: No lo sabía.

M. A.: Vamos, de la raíz Portolés, ¿verdad?

R. M. S.: Sí, sí, que es el apellido de la madre.

M. A.: Sí, el apellido de la madre es Portolés. Ahí tengo un problema que tengo que resolver algún día. Hablando con Juan Ramón Masoliver anteayer, me entraron mis dudas. Una persona muy cercana a ellos, que no te diré quién es,[29] me aseguró que la madre de Luis había sido moza del albergue que había en Calanda cuando regresó su padre de Cuba. Y me decía Masoliver que ellos solo habían sabido que su prima se había casado con un indiano. Pero ellos tienen un cuidado enorme, todos ellos, de no hablar de ello. Porque posiblemente los hijos no lo saben. Pero, en fin, espero poder aclarar este asunto que no tiene ninguna importancia, pero sí para mí. La madre, por cierto, parece ser que era guapísima.

R. M. S.: Sí, por lo que me han dicho.

M. A.: Además, el padre la sacó de allá a los diecisiete años, que tenía cuando la conoció. La metió en un convento y se casó con ella al año siguiente.

---

28 Ricardo Muñoz Suay (1917-1977), cineasta español y productor de *Viridiana*, era entonces un activista comunista y dirigente de la Federación Universitaria Escolar.

29 Se refiere a Concha Mantecón (véase la p. 40).

R. M. S.: Ya, ya, ya. No lo sabía esto. Yo sé que Luis se llevaba veinte años solamente con su madre.

M. A.: Sí, sí. Menos, diecinueve.

R. M. S.: O diecinueve años. Sí, sí, esto es cierto.

M. A.: Además, era guapísima como se ve por las fotografías; era como Concha o Margarita, que son unos tipos guapísimos.

R. M. S.: Sí. Todavía sí.

* * *

R. M. S.: [Conchita] me habla de la familia.[30] Son: Luis, María, Alicia, Conchita, Leonardo, Margarita y Alfonso, que murió. La madre todavía vive. Me dicen hoy: «Como sabes, nosotros hemos visto muchas veces la película de Luis *Diario de una camarera*. Y nos damos cuenta de que hay muchas cosas en ella que son recuerdos de nuestra casa. La cocina recuerda la que teníamos en nuestra casa de Calanda, que era finca de recreo. Lo del fogón y las ratas era de casa. También lo de la mujer que tiene manía por la limpieza y por los objetos, etc., es nuestra hermana María. Que es la única «aristocrática», entre comillas, de la familia. Y lo de los botines, son iguales a los que llevaba nuestra institutriz francesa. Lo de los caracoles es un recuerdo. Salíamos los hermanos al campo luego de llover, a recoger en una cesta los caracoles. Y llenábamos varias cestas. Años después, un criado —nosotros teníamos siete u ocho criados en la finca, entre criados, doncellas e institutriz, etc.— me confesó que nuestro padre le decía que llevara los caracoles al campo para que nosotros los encontráramos». Termina Conchita: «Muchas, muchas cosas que hay en la película son idénticas a las que nos sucedían a nosotros. Naturalmente, menos lo de la violación, por desgracia» —y se ríen—. Conchita dice que no tiene miedo a la muerte, que ella cree que la muerte debe ser como un día señalado y como si fuese un cumpleaños o el día de la comunión o el día del santo. Que hay que recibir ese día a la familia que lleva regalos: uno le puede llevar una almohada bordada para la cabeza, otra unos pasteles con unas calaveritas de dulce y cuando llega la hora, uno se mete en la caja, se despide de todos, cruza las manos y se muere. Margarita, en cambio, dice que le asusta la muerte, pero que está segura de que no morirá. Hablando de la madre, dice que Luis ya no quiere entrar a verla, pero que la ve a través de un espejo, reflejada. Bueno, esto es en general.

* * *

30 En la comida que celebraron Buñuel y su hermana Conchita en casa de Muñoz Suay, el 30 de julio de 1966.

R. M. S.: Vamos Nieves y yo a casa de Margarita, calle Balmes, número 252.[31] Nos ha preparado la familia una estupenda merienda. Están Margarita, Conchita, cada vez más graciosa con sus olvidos divertidos, Alfonso de Lucas, marido de Margarita, y la hija de Margarita, del primer matrimonio, y Alfonso, del segundo. Conchita nos cuenta de su hermana Alicia que es dama zaragozana y que solo está preocupada en jugar a las cartas. Desde que se levanta comienza a jugar con su hija al pinacle y luego tiene dos o tres mesas, por la tarde, con las aristócratas de Zaragoza. Que siempre ha tenido la costumbre de que cuando hace el pinacle se echa al suelo por las alfombras y da varias vueltas de alegría. Y cuenta que una vez, cuando la madre estaba todavía bien, en una fiesta se oyó un ruido y alguien dijo: «Es una señora que ha caído». Y la madre tranquila respondió: «¡Ah!, debe ser mi hija Alicia que ha hecho el pinacle». Pero, en realidad era que, en efecto, una señora se había caído. Dice que Alicia presidía una vez una mesa petitoria y que de improviso comenzó a barajar las estampitas que tenía delante obsesionada por los naipes. Margarita me enseña seis o siete fotos de Luis extraordinarias: cuando la primera comunión, de joven, etc., una foto en forma de postal de Luis, muy joven, que está dirigida al catedrático Amorós, de la Universidad de Barcelona, valenciano que aún vive, que estuvo casado con una prima hermana de los padres. Me cuenta que el padre de ellos era hijo de labradores, que tenían algunas tierras en Calanda y que a los catorce o quince años se hizo voluntario y se fue a Cuba. Que, como sabía escribir muy bien con letra clara, comenzó a comerciar en Cuba. Que sus negocios llegaron a ser muy buenos, pero que ya la madre había tenido a Luis y no quería quedarse sola en España, y el padre de Luis nombró a dos criados que tenía, gallegos, socios suyos en La Habana, y que ellos se llamaban... Aquí no recuerdo. Bueno: una de las firmas más importantes y más grandes de América, actualmente. Dice que el padre tuvo mucho dinero, pero que podía haber tenido más.

Calanda

Y hasta los catorce años ibais de vacaciones a Calanda.

Sí, y luego a San Sebastián. Yo era muy joven cuando fuimos a vivir a Zaragoza. La casa ya ha desaparecido. Era en el paseo de la Independencia, número 19, en la antigua Capitanía General. Hacía esquina, tenía dos pisos y muchos balcones a las dos calles. Si me pusiera a contarlos, me acordaría de cuántos había. El propietario se llamaba Rafael Pamplona.[32]

---

31 Esto ocurre en Barcelona, el 24 de enero de 1969.

32 Rafael Pamplona Escudero (1865-1928) fue un abogado, político y escritor, que llegó a ser alcalde de Zaragoza.

Tu pueblo no te gusta como pueblo, pero no puedes negar que lo quieres.

Calanda... Hace dos o tres años vinieron a verme unos muchachos de la Universidad de Zaragoza. Tres chicos y dos muchachas y un insensato que se paró frente a la puerta de mi casa. Me extrañó ver ahí al alcalde, al cabo de la Guardia Civil. Y el insensato gritando: «¡Mao nos va a enviar armas! ¡Y se va a armar la gorda! ¡Y el camarada Buñuel está con nosotros!». Le agarraron, claro. El alcalde protestaba: «El señor Buñuel es una persona muy respetada aquí». Entonces era cuando querían poner a una calle mi nombre —ya te lo he contado—, pero cuarenta vecinos se negaron a firmar. Y el gobernador de Teruel le escribió al alcalde: «Nada de calle por ahora. Además, el señor Buñuel es mexicano». Y resulta que ahora sí le han puesto calle de Don Luis Buñuel a un callejón que está al lado de la iglesia, cerca de la casa, al que llamábamos callejón de la mierda porque siempre había tres o cuatro mojones allí en medio. Es curioso cómo llama la atención; aunque no quieras, te atrae la mirada. Ahora, las cosas han cambiado mucho. En calles más principales no es raro que te veas la cagada de un borracho, o en un callejón a un guardia civil meando y cerrándose la bragueta. ¡El callejón de la mierda convertido en calle de Don Luis Buñuel! Y, claro, como me lo ha puesto el Ayuntamiento falangista, cuando cambien las cosas me fusilarán.

No llegarán a tanto, se contentarán con poner: «Calle de La edad de oro».

Sí, fue el único pueblo donde se proclamó oficialmente el amor libre. Con banda y trompetazo: «Por orden del Comité, desde hoy queda proclamado en el término de Calanda el año uno del amor libre...». ¡Figúrate a la primera que le metieron mano! ¡Hostia! ¡Y en la Torre![33]

JOSÉ IGNACIO MANTECÓN[34]

M. A.: ¿Fuiste a Calanda?

J. I. M.: Sí, yo estuve en Calanda. Di un mitin. Que si no les daba vergüenza. Porque allí habían proclamado el amor libre. El único lugar. Y el sitio era precisamente la Torre. La finca de los Buñuel.

---

33 Se refiere a la Torre Buñuel, en las afueras de Calanda, en dirección al pueblo de Mas de las Matas. En cuanto a la afectada, cualquier idenficación sería fruto de la intuición.

34 José Ignacio Mantecón Navasal (1902-1982) fue un historiador y político aragonés, amigo de Buñuel.

MARÍA BUÑUEL

M. B.: Les daba la comunión. Era como si lo hubiese hecho un sacerdote. Era un niño, pero procuraba imitar lo mejor posible.

M. A.: ¿Pero tenía una capillita?

M. B.: Nada, una cosita así.

M. A.: Sí, pero, ¿dónde? ¿En el último piso?

M. B.: En el último piso, sí.

M. A.: ¿Y es verdad que allí, en el último piso, durante las vacaciones, leía también novelas de ladrones y se ponía un antifaz?

M. B.: No, de eso no me acuerdo.

M. A.: Pero en esa época ya era aficionado a las bromas más o menos pesadas.

M. B.: ¡Ah! ¿Las bromas? Sí, sí, a él siempre le han gustado las bromas.

M. A.: ¿Me puede contar alguna?

M. B.: Pues es que no me acuerdo.

M. A.: ¿No? De esas de tomarle el pelo a la gente que ha hecho hasta hoy.

M. B.: A él siempre le ha gustado mucho la broma. A mí me ha gastado también muchas bromas Luis.

M. A.: ¿Cuáles, por ejemplo?

M. B.: Pues no sé, como yo soy muy religiosa, pues hablando de religión, me dice cosas para ver lo que le contesto.

M. A.: ¿Y qué le contesta usted?

M. B.: Pues mire, le contesto según lo que él me dice. Además, él lo hace con cariño, ¿verdad? Las bromas que me gasta son siempre en muy buen plan.

M. A.: ¿Y usted cree, como dicen muchos, que Luis, el día que se vea en una situación desesperada, llamará a un sacerdote?

M. B.: Yo creo que sí. A mí me parece que Luis ha de terminar así. No lo puedo asegurar, ¿verdad? Pero a mí me parece que lleva dentro una inquietud grande sobre todas esas cosas. Sobre el más allá, sobre la vida eterna…

M. A.: Bueno, él lo ha demostrado en todas sus películas. […]. Y aquí, en Zaragoza, cuando vivían ustedes en el paseo de la Independencia, ¿no recuerda ninguna fechoría del joven Luis?

M. B.: Pues se portaba bien en los jesuitas.

M. A.: ¿Sí?

M. B.: No, fechorías, no.

M. A.: Y una vez que él se fue a Madrid, ¿qué noticias le llegaban a usted de la Residencia?

M. B.: Pues nada en particular. Se portaba bien.

M. A.: ¿Eso cree usted?

M. B.: Me parece a mí.

M. A.: No, yo le aseguro que no.

M. B.: ¿No?

M. A.: Se portaba muy mal.

M. B.: ¿Sí? ¡Ah, pues no lo sé!

M. A.: Sí, ya lo verá el día que lea mi libro. *(Ríe).*

M. B.: Pues yo no lo sabía.

M. A.: Hacía muchas bromas, con un amigo suyo llamado Navaz,[35] que no sé si usted conoce.

M. B.: No.

M. A.: Que está hoy en San Sebastián.

M. B.: Cuando mi hijo —que ahora tiene cuarenta y seis años— era pequeñito le quería mucho y mi hermano, de repente, venía con una maleta, dejaba la maleta en el suelo, la abría y estaba mi hijo dentro. Me hacía cosas de esas, claro. Decía que yo tenía que tener cuidado con aquel niño. Me daba un susto de llevarlo encerrado completamente en la maleta, abrirla y encontrarme allí con el niño; me hacía cosas de esas.

M. A.: ¿Pero usted buscaba antes al niño o no sabía usted dónde estaba, o era así de buena?

M. B.: No, yo decía: «¡A ver, Fernando, que venga Fernando!», mi hijo. Y venía él con la maleta, la dejaba en el suelo, voy a abrir la maleta y estaba allí dentro. [...].

M. A.: ¿De qué discuten cuando hablan de religión?

M. B.: Pues no. A veces me dice cosas para que yo... Me dice: «María, Jesucristo tuvo hermanos». Digo: «Claro, porque en aquella época, en aquella tierra, pues a los primos se les llamaba hermanos. Y Jesucristo tenía primos, claro; les decían hermanos, pero no eran hermanos. Jesucristo no tuvo hermanos nunca». Claro. Y Luis me gasta esa broma para que yo le conteste; para que le diga: «¡Ay, qué horror!». Y no. Yo ya sé que no tuvo hermanos. Y le digo: «Yo estoy en la verdad».

M. A.: ¿Y usted cree, efectivamente, que está en la verdad? Porque eso de los hermanos de Cristo...

M. B.: No, pero no. Ahí, no. Por ejemplo, san Juan Bautista; pues claro, era primo de Jesucristo y se decían hermanos. A los primos se les llamaba hermanos. Cuando le contesté eso a mi hermano, se calló inmediatamente.

M. A.: ¡Ah!, ¿sí?

M. B.: Sí. Se calló, se calló.

35 José María Navaz (1897-1975), jefe del Departamento de Biología Marina del Instituto Español de Oceanografía, coincidió con Buñuel en la Residencia. Buñuel siempre le llama *Navás*.

M. A.: ¿Se calló Luis?

M. B.: Sí, sí, sí.

M. A.: Eso está bien.

M. B.: Y también yo, discutiendo con otra persona, le dije que la figura más grande del mundo había sido Jesucristo. Y esa persona, pues no parece que pensara igual, ¿verdad? Y entonces se lo preguntó a Luis: «Oye, Luis, ¿te parece que Jesucristo ha sido la figura más grande en toda la historia del mundo?». Y mi hermano dijo que sí. No diría precisamente como Dios, ¿verdad? Diría como hombre. Pero, claro, yo le ponía como hombre y además como divinidad: Jesucristo, Dios. Porque, claro, yo soy muy creyente. Profundamente creyente.

M. A.: ¿Y toda tu familia es creyente?

M. B.: Pues mi hermana Alicia, sí. Y yo. Pero los demás…

M. A.: ¡Ah!, ¿sí? ¡Ah! Pues yo creía que la única oveja negra de la familia era Luis.

M. B.: Claro que no, porque es bueno, tiene buen corazón, pero le falta religión. Le falta, pero a lo mejor la lleva dentro, ¿eh? Yo no sé, ese chico tiene una inquietud. Yo creo que tiene una inquietud espiritual grande. Respecto a lo sobrenatural, a todas esas cosas, tiene mucha inquietud. […].

* * *

M. B.: No he visto películas de mi hermano. Solo he visto dos *Los Olvidados* y….

M. A.: ¿Qué le pareció *Los Olvidados*?

M. B.: Bien, me pareció bien, sí. Una cosa demasiado triste, pero me pareció bien. Sí, me pareció bien, y luego vi *Robinson Crusoe*.

M. A.: Sí.

M. B.: Está bien.

M. A.: ¿Fue él quien le hizo ver *Robinson Crusoe*?

M. B.: No. Fui yo. No he visto más películas. Además, ahora estoy de luto, tampoco puedo ir al cine.

M. A.: Sí, claro. Me hubiera gustado mucho que hubiese visto *Nazarín,* es más triste.

M. B.: No he visto *Nazarín* porque me han dicho que no me gustaría. No la han puesto en Zaragoza. Si no, hubiera ido a ver *Nazarín*. […].

ALICIA BUÑUEL Y LEONARDO BUÑUEL[36]

A. B.: Tengo una voz horrible.

---

36 Alicia era hermana de Luis Buñuel.

M. A.: No importa nada. Además, es una voz muy bonita y me recuerda a Conchita Mantecón.

A. B.: Sí, algo he oído, pero es una voz horrible.

M. A.: No, no. Voz de fumadora...

A. B.: Es que yo he tenido esta voz porque cuando era joven me bañaba en el río, por la noche, y luego no me quitaba el traje de baño. Entonces agarré una afonía de las cosas brutales que...

M. A.: Y luego el tabaco.

A. B.: El tabaco no, porque he fumado, pero nunca me he tragado el humo. Así que...

M. A.: Bueno, referente a tragar o no tragar, dicen los médicos que no ayuda para nada.

A. B.: Yo, desde luego, fumo desde muy pequeña. Me acuerdo que a mi padre le quitábamos los puros habanos, los partíamos en cuatro y nos los fumábamos.

M. A.: ¿Los chicos o las chicas?

A. B.: No, nosotras.

L. B.: Todos, yo también le he robado tabaco a mi padre. Claro que las chicas... Pues yo llevo unos cincuenta años tragando humo, y voy tirando.

A. B.: Y mi hermano...

L. B.: Desde los diecisiete años o así.

A. B.: ¿Usted sabía que mi hermano, cuando era pequeño se pasaba la vida vestido de cura y diciendo misa arriba, en un granero?

M. A.: Sí; esto me decía.

L. B.: El altar aún lo he conocido.

A. B.: ¿Lo has conocido tú?

L. B.: Y la casulla.

A. B.: Sí.

L. B.: Hecha con tela de colchón y unas cosas doradas. Una casulla muy bonita.

A. B.: Sí.

M. A.: ¿Y qué fieles tenía?

A. B.: Pues sus hermanas, nosotras y unos primos, mi prima Araceli y Antonio, y Rafael Sauras, todos, íbamos a oír misa, cuando él decía misa.

M. A.: Pero él decía misa antes de ir a los jesuitas...

A. B.: Pues sí, sí, sí igual, porque a los jesuitas fue muy joven. Luis iría a los jesuitas a los seis años o siete.

L. B.: No, serán ocho o diez, que es cuando se empieza el bachillerato.

A. B.: Claro, primero fue a los corazonistas.

L. B.: Sí.

A. B.: Y luego fue a los jesuitas. Y luego sé una cosa, que también se la habrán contado, cuando robó un niño a la mujer del criado.

M. A.: ¿Qué?

A. B.: Resulta que había por aquí un bandido; un bandido que robaba niños. Y nosotros teníamos un tío sacerdote que era nuestro administrador. Entonces estaba la...

L. B.: En Calanda.

A. B.: Antiguamente esta casa era muy grande, porque ahora está toda arrugada y todo eso. Y en la parte atrás, por la cochera, era donde vivía nuestro cochero. Y su mujer estaba dando de mamar a un niño. Entonces mi hermano Luis se puso el manteo y la teja de nuestro tío, subió por la calle y le cogió el niño, se escapó y se escondió. Fue un susto horrible. Y luego otra cosa que hacía también, ahí donde tenemos la cocina —luego se le enseñaré—, en el cuarto de las amas, donde dormía mi hermana Margarita, que conoció usted en Barcelona...

M. A.: Sí, cómo no.

A. B.: Entonces las muchachas estaban cenando en la cocina, que les quedaba muy lejos y mi hermano Luis venía, despertaba a Margarita y entonces Margarita lloraba y él se metía debajo la cama. Y cuando subía el ama, le cogía de la pierna; y le teníamos que sacar la leche, y todos unos sustos horribles. *(Ríe).*

L. B.: Es que es malo Luis; era malo antiguamente.

M. A.: ¡No! Es que las bromas pesadas, cuanto más pesadas, más te gustan, ¿verdad? Está engañando a todo el mundo desde hace años.

A. B.: Sí.

M. A.: Haciendo creer que la religión para él... ¡no es verdad! Él es un ateo espantoso. *(Ríen).*

A. B.: ¿Usted cree que es ateo?

M. A.: Totalmente, todo lo hace para engañarles a ustedes, sobre todo a sus hermanas. *(Ríen).*

A. B.: A mi hermana María y a mí. *(Ríe).*

M. A.: A Luis empiezan a decirle que es un pesado con el tema de la religión *(ríe A.B.),* pero él ya tiene muchos años para empezar a cambiar ahora y ponerse a hacer películas de *funny girls* y cosas de esas. Pero, ¿qué opina usted de verdad de Luis? ¿Qué cree usted? ¿Que es bueno o que es malo?

A. B.: No creo que sea bueno; es buenísimo; tiene un corazón buenísimo. Pero Mussolini siempre: hay que acatar y hacer lo que él quiere; menos yo, que nunca le hago caso. Me acuerdo que teníamos el coche grande, ¿te acuerdas?, el Buick aquel, cuando íbamos a San Sebastián. «A las ocho en punto saldremos», decía; y el que a las ocho en punto no estuviese allí se iba él solo y nos dejaba a todos.

M. A.: ¡Si yo le contara! Su hermano es tan puntual que, en México, donde no se despiertan para nada, convidó a unos periodistas a tomar una paella hecha por él a la una y media, llegaron a las dos menos veinte, les abrió la puerta, cogió la paella...

A. B.: Y la tiró.

M. A.: ... y la tiró al suelo delante de ellos.

A. B.: Y en Nueva York volvió a hacer igual.

M. A.: Sí. No sé de dónde le ha venido eso. ¿Tiene usted alguna idea?

A. B.: Pues no sé, porque en casa mi padre no era así; ni mi madre.

M. A.: Entonces, eso lo aprendió él cuando estaba o en Italia con Mussolini o en...

A. B.: Pues seguro, yo siempre le he llamado Mussolini. El otro día vino y dice: «¡Aquí está Mussolini!», porque es Mussolini. Él manda. Yo no le hago caso, pero los demás están más supeditados. Ahora, bueno, buenísimo, es.

M. A.: Ahora comprendo por qué se puso los zapatos de su padre cuando falleció. [...]. Pero hay ahí una cosa en Luis, y eso ha hecho de él un gran director de cine, porque ha llevado ese don de mando a todas sus películas.

A. B.: Sí, pues puede que así sea. Cuando era pequeño también tenía aquí un teatro. ¿Tú te acuerdas de un teatro en juegos?

L. B.: Sí, le he explicado el teatro, sí.

A. B.: Sí. Tenía un teatro y nos hacía unas funciones preciosas.

L. B.: Con él he jugado yo después.

A. B.: Sí; y ataba las figuras, los personajes, en unos alambres.

L. B.: Personajes de papel y de cartón.

A. B.: Y nos hacía unas funciones muy bonitas.

L. B.: A mí no me dejaba entrar por pequeño.

A. B.: Luego también nos hacía jugar a cafés y entonces nos hacía...

L. B.: A bares, ¿no? Sería como un bar, un café.

A. B.: Como un café, nos hacía entonces unas cosas horribles con vinagre y con no sé qué, y nos las obligaba tomar.

L. B.: Sí, tenía un gusto...

A. B.: Un avinagrado.

L. B.: El vinado era el avinagrado y un aceitado también.

A. B.: Sí. Nos lo hacía tomar.

L. B.: Agua, aceite, por ejemplo, y azúcar. Pufff.

A. B.: Araceli se tomaba siempre el avinagrado. *(Ríe).*

M. A.: Eran ya los *buñuelonis* en potencia, lo que toma él.

L. B.: Sí, los *buñuelonis*. *(Ríe).*

M. A.: Para hacer los *buñuelonis* con cerveza y mezclando a ver si...

A. B.: Y luego, tenía también un amigo íntimo, Tomás Pelayo, y venían aquí y dormían los dos en ese cuarto, cuando tendrían diecisiete o dieciocho años.

Entonces organizaban un safari, y venía un carro de esos antiguos con tres mulas y entonces...

L. B.: ¿En febrero, quizás?

A. B.: Sí. Se iban dos, el criado nuestro y otro más, y entonces llevaban colchones. El carro aquel era como una carreta de esas del Oeste. Y estaban cuatro días cazando. Volvían sin haber cazado nada, todos llenos de manchas de vino, pero nunca cazaron nada. [...].

M. A.: No, eso ya lo sé. Pero, de su, digamos, intolerancia, porque es intolerante, ¿verdad?

A. B.: Muy intolerante, sí. Pero de pequeño Luis era mucho mejor que nosotras tres, que Conchita, María y yo. Nosotras éramos muchísimo más traviesas que él. Desde luego, mi madre siempre tuvo locura por él, tenía una predilección por él. ¿Sabe lo que nos hizo mi madre en la guerra? Era la Guerra Civil y había un bombardeo. Estábamos en Zaragoza, abajo, en el sótano, al lado de la calefacción, con unas bombas que caían y yo temblando. Entonces mi madre solo se le ocurrió decir: «Y el pobre Luis en París». Digo: «Pues que suerte tiene el pobre Luis de estar en París, mientras nosotras estamos aquí, bajo las bombas». *(Ríen).* Mi madre siempre tenía predilección por Luis, sí. Pero, en casa, éramos mucho más traviesas las tres hermanas, muchísimo más que él.

L. B.: En la excursión a la Cueva Morena tú no estuviste.

A. B.: Sí estuve yo.

L. B.: Estábamos Luis y yo.

A. B.: Sí, sí.

L. B.: Cuando os perdisteis en la Cueva Morena.

A. B.: Nos perdimos en una cueva.

L. B.: En Foz, en Foz Calanda. Vamos a ir a Foz ahora.

A. B.: ¡Ah!, vais a ir a Foz.

L. B.: Pues eso lo cuentas tú porque yo no me acuerdo.

A. B.: No, nos metimos con estos primos nuestros, con Araceli y Antonio.

L. B.: En una caverna.

A. B.: Conchita y yo. Una caverna, pero muy bien, donde había que entrar rampando así, y luego había... y nos perdimos.

L. B.: No encontraban la salida.

A. B.: No encontrábamos la salida, y entonces Luis nos dijo: «No os preocupéis, si nos quedamos aquí y tenéis hambre, me matáis a mí y me coméis a mí».

L. B.: ¿No era Conchita la que se ofreció?

M. A.: Fue Conchita la que se ofreció.

L. B.: Fue Conchita creo yo.

M. A.: Esa fue Conchita.

A. B.: Yo creo que no.

L. B.: Fue Conchita la que se ofreció, que era muy propensa a...

A. B.: Eso son fantasías moriscas. *(Ríen).* Fue Luis el que se ofreció, Conchita, no.

LEONARDO BUÑUEL

M. A.: Bueno, vamos a ver, doctor. Hábleme todo lo que quiera de Luis.

L. B.: ¡Qué difícil!

M. A.: No, de verdad. ¿Qué influencia tuvo Luis sobre todos ustedes, los hermanos?

L. B.: Bueno, ha de creer usted que soy muy poco hablador.

M. A.: No, ya sé que es muy poco hablador. Me lo dijo Luis. Pero, ¿usted no se acuerda, por ejemplo, de cuando decía misa? ¿En la casa?

L. B.: No, no, no. Luis me llevaba siete años; ya no me acuerdo.[37] Tenía un altar, sí. Se lo hizo un carpintero de Calanda. Tenía casulla y ornamentos sagrados, cálices y copones. Pero no lo vi. He conocido en casa el altar y la campana también, pero no le he visto nunca decir misa. Es mucha edad la que nos llevamos. Entonces yo era un niño, y no me dejaba estar en sus juegos.

M. A.: ¿Ni como público?

L. B.: Ni como público. Me acuerdo que hacía unas sesiones de…

M. A.: De espiritismo.

L. B.: No, de teatro. Tenía un teatro de niños.

M. A.: ¡Ah!, ¿sí?

L. B.: Un teatro pequeño en el que hacía funciones, y a mí no me dejaba entrar. Y hacía sombras chinescas con una linterna mágica, un poco de luz y una sábana. Una vez entré, nada más. Una vez.

M. A.: Y cuando se fue de Calanda, ya aquí, en Zaragoza, ¿tampoco tuvo usted ninguna relación con su hermano Luis?

L. B.: Sí. Dormíamos en la misma habitación cuando estudiaba el bachillerato. Le gustaba mucho la música, la ópera italiana.

M. A.: ¡Ah!, ¿sí?

L. B.: Ópera italiana, sí. Aprendía el violín.

M. A.: ¿Tocaba el violín?

L. B.: Me silbaba, me silbaba. Tocaba el violín entonces, aprendió a tocar el violín. Y me silbaba por las mañanas, me acuerdo, cuando nos levantábamos *(silba L.B.),* silbaba lo que fuera: «¿Esto qué es?». «Pues esto es *I pagliacci*», o lo que fuera. Yo me lo sabía de memoria, porque me silbaba las óperas italianas. Entonces me parece que Wagner todavía no le interesaba. ¿Qué tendría? A lo mejor trece o catorce años.

M. A.: Sí.

L. B.: Trece años debería tener.

---

37 Leonardo nació en 1910, por lo que era diez años menor que Luis Buñuel.

MATILDE BUÑUEL[38] Y LEONARDO BUÑUEL

M. B.: Fíjate cómo están los montes aquellos de Cantalobos o… ¿cómo se llaman esos?

L. B.: De Cantalobos de Foz.

M. B.: Están preciosos, ¡qué azules! Es que María madre decía que Calanda tenía unos montes azules.

M. A.: Matilde, antes me habló usted de que a Luis no le gusta la Torre. Ahora que hemos estado en la Torre, que es tan preciosa, ¿qué dice Luis que tiene para que no le guste?

M. B.: Pues a Luis intentamos decirle que la Torre era muy bonita y Luis decía: «A mí no me interesa la Torre, no me interesa para nada la Torre». Y yo le decía: «Pues, a ver, ¿qué tiene la Torre? Pues el campanario, pues tiene un paisaje precioso». «Pues sí, pero no, no sé…», y ya no sé decir nada, nada de lo que he dicho antes. Ya se me ha olvidado todo.

L. B.: Que no le interesaba el paisaje.

M. B.: «¡No me interesa el paisaje!». Y yo le decía: «Pero, fíjate ¿qué se puede hacer en la Torre? ¿A ver? Pues se puede pintar en la Torre». Decía él: «No me gusta pintar. No sé pintar». Decía yo: «Puedes bañarte en la Torre, en el río, el río está…». Decía él: «No me gusta bañarme».

L. B.: Tomar el sol.

M. B.: «Puedes tomar el sol…». «No tomo el sol, no me gusta tomar el sol». Y…

L. B.: Leer.

M. B.: «Pues leer». Y decía: «Ya leo en otros sitios». O sea, que nos demostró que efectivamente no le interesaba la Torre para nada. *(Ríe).*

M. A.: Pero, ¿usted cree que de verdad no le gusta?

M. B.: Pues yo creo que le gusta la Torre como le gusta todo lo de Calanda y que tiene recuerdos de sus padres y de su infancia. Me parece que sí, que le gusta mucho la Torre, aunque él dice que le encantaba una finca también de aquí, de Calanda. Él siempre parece que ha demostrado más predilección por esa finca, que es totalmente distinta a esta, está…

L. B.: Cerca de Alcañiz, un olivar seco.

M. B.: Es una gran finca donde solo hay olivos, y quizás algo de cereal, ¿no?

L. B.: Sí.

M. B.: Y había una especie de masada a la que Luis le tiene mucho cariño.[39]

---

38 La esposa de Leonardo Buñuel se llamaba Matilde, pero es curioso que Aub, que mantuvo el nombre de soltera a todas las esposas de interlocutores que participaron en las conversaciones, aquí no hiciese lo mismo; por lo que bien pudiera ser, no la esposa, sino la hija de Leonardo, también de nombre Matilde. Nos decantamos, sin embargo, por la primera opción.

39 Se refiere a la Masada del Vicario.

L. B.: Sí, de pequeños íbamos a tirar tiros, solíamos ir a tirar tiros por allí con las armas, a probar las armas. Era un sitio muy solitario, muy bueno para tirar tiros.

M. B.: Y esa finca siempre dice que le gustaba mucho.

M. A.: Así que le gustaba la finca porque podía tirar tiros.

M. B.: Sí.

M. A.: Pero sobre todo porque, creo, es una finca abierta con olivos, a diferencia de la Torre, que queda algo encerrada, ¿verdad?

M. B.: Sí, sí.

M. A.: ¿Y eso lo decía hace mucho o últimamente? ¿Lo de la Torre?

M. B.: Lo dijo hace poco, hace tres domingos.

M. A.: ¿De que no le gustaba?

M. B.: Que no le gustaba la Torre.

M. A.: ¿Y no será por lo del recuerdo de Alfonso?[40]

M. B.: Pues no sé exactamente, porque a nosotros nos gusta la Torre muchísimo, precisamente por el recuerdo de Alfonso. Pero Luis ya no ha vivido en esta época que Alfonso demostró tanta locura por la Torre que iba plantando todos esos árboles y todo eso, pues Luis no ha vivido esa época con nosotros. Él tiene otros recuerdos más antiguos, ¿verdad? con sus padres, con todos sus hermanos, pero esta época nuestra, pues realmente no la ha vivido.

M. A.: Pero, sin embargo, Luis vivió con Alfonso una época en Madrid.

M. B.: Sí, de eso…

L. B.: Poco tiempo, poco tiempo.

M. B.: No sé ya nada de eso.

L. B.: Poco tiempo vivió con Luis, porque sería inmediatamente antes de la guerra, cuando Alfonso estaba empezando la carrera de arquitectura en Madrid. Alfonso tendría sus diecinueve años. Poco tiempo han convivido. Conmigo, más, bastante más. Con Alfonso, muy poco.

M. A.: Pero, sobre todo, los amigos de Alfonso le recuerdan después de la guerra, naturalmente.

L. B.: ¿A Alfonso?

M. B.: Sí.

L. B.: Sí, luego Alfonso, después de la guerra, ya era arquitecto y se fue a vivir a Madrid y estuvo allí. Ha estado quizás diez años viviendo en Madrid. Y casi todos los que fueron amigos de Luis fueron luego amigos de Alfonso.

M. A.: Matilde, aunque le conozcas poco, ¿qué piensas de Luis?

M. B.: Conozco muy poco a Luis yo.

---

40 Alfonso Buñuel, el menor de los hermanos (nacido en 1915), falleció en 1961.

L. B.: Le tienes mucho respeto.

M. B.: Le tengo un respeto tremendo a Luis.

M. A.: ¿Le tienes miedo?

M. B.: Miedo, miedo, sí, sí, de verdad, miedo, sí. Le tengo *(ríe)* un respeto especial; no sé lo que es. Quizás eso, un temor con respeto a la vez, ¡vamos!; quizás por ser el mayor, no sé.

L. B.: ¿Le has visto enfadado alguna vez de verdad? Porque cuando se enfada luego se le pasa volando.

M. B.: Sí.

M. A.: A los diez minutos se le ha olvidado.

M. B.: Y luego, como realmente no se puede comunicar con Luis, ¿verdad?

L. B.: Por la sordera...

M. B.: O sea que yo no intento mucho hablar con Luis. Soy poco habladora, por lo general. Pero, claro, con Luis es un poco más difícil porque, además, da un poco de apuro acaparar la atención de Luis, aparte de su sordera, pues parece como si tuviese el tiempo así más... como si fuese muy importante Luis y los demás le tuviesen que decir cosas más importantes que las que le pueda decir yo, ¿comprende? Y parece que no es fácil comunicarse con él. Pero todos los hermanos tienen algo que decirle, ¿verdad? Algo, un recuerdo o una cosa de interés, claro. En cambio, siempre creo que no tengo nada que decirle.

M. A.: Bueno, ¿y en ningún sitio has encontrado rastros de cosas de tu tío, de Calanda y de todo eso, recuerdos? ¿No, no has encontrado?

M. B.: No.

CONCHITA BUÑUEL

M. A.: Vamos a ver, Concha, ¿tú recuerdas de Luis antes de nacer?

C. B.: Bueno, eso ya es un poco de exageración, como es mayor que yo, ¿verdad? Pero, sí. Recuerdo muchísimo todo desde cuando iba a los jesuitas. Pero todo esto ya lo dije en aquella carta que escribí y que luego publicaron.[41]

M. A.: Así que tus recuerdos de Luis son ya de Zaragoza, no son de Calanda.

C. B.: De Calanda, sí, porque entonces íbamos a pasar algunos días, en septiembre por lo general, a Calanda. Y mi madre siempre ha sido muy severa para ciertas cosas. O sea, que nunca nos dejaba jugar con mi hermano ni con sus amigos. Siempre jugábamos chicas separadas y los chicos juntos. Y algo que recuerdo de Luis es que tenía una escopeta [...].

---

41 Se refiere al artículo publicado en el número 42 de la revista *Positif*, a la que se hace referencia en la conversación entre Max Aub y Luis Buñuel (p. 30).

M. A.: ¿Cuándo recuerdas haberlo visto disfrazado por primera vez?

C. B.: Pues muchas veces. A veces, de lapón, cuando jugaba a cazar con sus amigos. Otras veces de guardia, y luego también para Carnaval, él y otros amigos se iban de eso que llamaban de destrozonas, a la plaza de toros, se ponían unas faldas muy viejas y una careta. Pero no recuerdo que en casa se disfrazase mucho.

M. A.: Y aquí, en Madrid, ¿no te han contado nunca de sus grandes aventuras de hombre disfrazado?

C. B.: *(Ríe).* No. Nunca.

M. A.: Ni de ujier, ni con este chico que vive ahora en San Sebastián y se llama Megaz[42] o algo así, que fue muy amigo de Luis aquí.

C. B.: Pues ni le conozco. Es verdad que su vida en Madrid era un mundo aparte del nuestro. No se hablaba. Cuando venía a casa, primero, era poco, y luego, pues se dedicaba a sus amigos íntimos, que eran dos o tres. Tomás Pelayo y otro que se llamaba Esteban Sancho, compañeros de colegio.

M. A.: Así, pues, ¿tú no le recuerdas más disfrazado?

C. B.: Pues, una vez me acuerdo que se disfrazó con... Eso sí, pero ya era un poco mayor.

M. A.: Con Vicens[43] o con...

C. B.: No, no. Entonces fue... Se disfrazó con... ¡Ah! Ya recuerdo, sí. Se vistió de cura una vez, pero en Calanda. Era muy joven, quince o dieciséis años. Se puso la ropa de sacerdote de este tío nuestro. Y la gente se sentaba a tomar el fresco, y había unas niñas que les llamábamos las gorditas, niñas de gente humilde de por allá, y él, como tenía costumbre de acariciar a esta niña, cogió esta niña de dos años y empezó a hacerla saltar, y empezaron a gritar creyendo que era un secuestrador, porque entonces se hablaba mucho del Sacamantecas.[44] Y *(ríe)* creyeron —como Luis ya era muy alto— que era el Sacamantecas y que quería robar a la niña. Pero esto era un juego de niños, ¿verdad? porque él tenía catorce o quince años. No he sabido nunca más sus gustos. No sabía que se disfrazaba.

---

42 Se refiere a José María Navaz.

43 Juan Vicens de la Llave (1895-1959) fue un bibliotecario español ligado a la Institución Libre de Enseñanza, vocal del Patronato de las Misiones Pedagógicas y gestor de bibliotecas en el Comité Nacional de Cultura Popular. Amigo íntimo de Buñuel desde Zaragoza hasta la Residencia de Estudiantes. Durante su exilio, fue el propietario de la Librería Española de París, donde la hermana de Jeanne Rucar (y la propia Jeanne) trabajaron.

44 El Sacamantecas es un personaje del folclore hispánico. Se le suele representar como un hombre que mata, principalmente a mujeres y niños, con el fin de extraerles la grasa corporal (las mantecas) para hacer ungüentos curativos o jabones. Más adelante; José Repollés contextualiza el asunto en referencia a un bandolero que actuaba por la zona, llamado El Floro, lo cual parece más creíble (véase la p. 85).

M.A.: Sí, sí. Aquí se disfrazó muchísimo, iban por los tranvías con este Megaz *(ríe)* haciendo las tonterías más *(ríe C.B.)* extrañas del mundo. Y algunas cosas realmente terribles, vamos, para jugar y demás.

C.B.: Sí. Y luego también, en casa de este Tomás Pelayo, cuyo abuelo era un general muy severo y los padres eran severísimos. Se vistió con ropas de mi madre, con velo y todo, y se fue allá. Y anunciaron que había una señora que esperaban, y salieron muy respetuosos y cuando ya estaban preguntándole qué deseaba, dijo que venía de parte de una parienta o no sé qué. Se quitó el velo, vieron que era Luis y casi le querían matar. *(Ríe).* Como el otro, como el del novio o la novia.

M.A.: Sí.

C.B.: Estoy exprimiendo mi memoria, no encuentro ya nada más. [...].

M.A.: De todas maneras, me interesa mucho que me cuentes lo que Luis tenía interés en que me contaras, que había estado un año en el seminario.

C.B.: Sí, es que me dijo: «Cuando venga Max, tú le dices que he estado un año en el seminario para que luego lo publique y yo poder decir que cuenta mentiras».

M.A.: ¡Ah! Me parece perfecto. Contaba muchas, además. Pero no, no por gusto, sino porque sencillamente no me quiere decir la verdad. *(Ríe C.B.).* Y tú tampoco, mucho tampoco.

C.B.: ¡Es que ha sido tan diferente nuestra vida de la de mi hermano Luis! Él se emancipó de un modo tremendo y mi madre le dejó; en cambio a nosotras nos ha tenido sujetísimas, no nos ha dejado nunca bailar, apenas nos ha dejado estar con amigas y luego nos hemos casado todas con el primer novio que hemos tenido. Así, yo he pasado de las manos de la institutriz, que era severísima, a las manos de mi marido que lo era todavía más. *(Ríe).* De Luis hemos sabido muy poco, de París mismo, pues apenas nada. Nada, nada.

M.A.: Bueno, ahí se comprende...

C.B.: Ahora vamos sabiendo cosas de entonces.

M.A.: ¿Qué sabes? Por ejemplo.

C.B.: Pues los amigos. Yo entonces ni sabía quién era Breton, ni sabía quién era Aragon, ni sabía quién era Cocteau, no sabía entonces nada. No conocíamos a nadie. Para nosotros estos nombres no tenían ninguna fuerza. Y luego, con el tiempo, pues he ido conociendo y he ido sabiendo que eran amigos suyos y... ¿De «La jirafa» te han hablado alguna vez? De «La jirafa», que hizo...

M.A.: Sí, claro.

C.B.: Sí.

M.A.: Tengo «La jirafa» y, ¿qué es?, ¿qué sabes tú de «La jirafa»?

C. B.: No, yo no, pero mi hijo, cuando hables con mi hijo, se sabe todas las manchas de memoria.[45]

* * *

C. B.: Cuando mi hijo terminó la carrera, quería de marcharse a Estados Unidos, pero, verdaderamente, con todo lo que le había pasado a mi marido aquí con la guerra y todo eso, no teníamos un céntimo. Le escribí a Luis, y a vuelta de correo me mandó el dinero para el viaje a Estados Unidos. Y creo que era lo último que tenía entonces, porque de esto hace dieciséis años y creo que todavía no había hecho *Los olvidados*, no sé.

M. A.: Sí, los hizo en 1950.

C. B.: Sí. Pues entonces, sí. O sea, que me mandó dinero. Y luego, tres o cuatro años después, me invitó a México. Me pagó el viaje a México y luego a Estados Unidos para que fuera a ver a mis hijos, y el viaje de vuelta. Y le oí que le decía a su mujer —él no se daba cuenta que yo le oía—: «Si no hago ninguna película, tengo para vivir, como vivimos hasta ahora, para un par de meses». Y, sin embargo, me había invitado a México, y me había pagado el viaje, ya de placer, únicamente para que viera a mis hijos. Y eso porque decía: «Conchita es la única que no ha tenido suerte en la vida. Pues María, que le encantan las antigüedades y la casa bonita, tiene un palacio; a Alicia le gusta jugar y alternar en sociedad, pues también; Conchita le gusta viajar y la pobre siempre ha estado encadenada. Pues le voy a hacer este regalo». Estoy muy agradecida a Luis por todo. Y, ahora, la verdad, esto es un poco de sacrificio, el estar seis meses separada de todo lo mío, pero lo hago con gusto. [...].

M. A.: Volviendo a lo de antes, ¿qué recuerdas de Luis?

C. B.: Pues recuerdo cuando tocaba el violín. Formaron un grupo de músicos en Calanda y durante el Pilar hacían misas cantadas. Cantaban el *Ave María* de Lorenzo Perosi[46] o la *Missa* de Perosi, no recuerdo. Y luego celebra-

---

45 «Una jirafa» es una de las obras literarias más conocidas de Buñuel. Debió redactarse entre octubre de 1931 y enero de 1932 y se publicó en francés en el número 6 de *Le Surréalisme au service de la révolution*, con el título de «Une girafe», y con fecha de 15 junio de 1933. «Una jirafa» fue compuesta por Buñuel como parte de la sorpresa que él y Giacometti iban a llevar a la fiesta que los vizcondes de Noailles dieron a mediados de 1932 en Hyères. Cada uno de los artistas invitados aportó algo para la fiesta. La aportación de Buñuel y Alberto Giacometti causó una sorpresa generalizada, pero un tanto decepcionante. Su aportación consistió en una jirafa de tamaño natural, hecha por Giacometti en contraplacado y en cada una de las manchas, montadas con bisagras, se podía leer un pequeño texto de Buñuel. El texto que escribió Buñuel para estas manchas ha desaparecido. Lo que nos queda es la reconstrucción que el cineasta hizo posteriormente y que fue publicada en 1933 con el título de «Une girafe» (véase la conversación de las pp. 516 y ss.).

46 Lorenzo Perosi (1872-1956) fue un eclesiástico y compositor italiano especializado en música sacra.

ban un banquete. ¡Ah, bueno!, también recuerdo cuando iban a cazar zorros. Tanto mi hermano Leonardo como mi hermano Luis iban con los cazadores, pero nunca mataban, solamente tomaban parte en el banquete que, por cierto, los señores se comían pues un cordero y un cerdo, mientras los que habían ayudado a cazar, los obreros, los jornaleros, se comían el zorro, y mis hermanos comían el zorro con los jornaleros. Esto es otro recuerdo que tengo, lejano.

M. A.: Contigo Luis tiene un trato más fácil, ¿no? Y te escucha.

C. B.: A veces no tiene nadie con quien comentar. Y entonces comenta conmigo cosas de los films, cosas de libros, cosas de familia. Y a veces, pues sí, hay cosas que le digo yo, y, en efecto, no las obedece, pero las acepta. Y es que Luis es muy impulsivo y hay que darle tiempo a pensar. Una vez se fue a vender una finca y dijo: «Pues nada, se la voy a regalar a tal persona de Calanda». Le digo: «Bueno, pero es que casi es inmoral. Porque es una persona que no ha trabajado nunca en Calanda —era un juez—, no ha hecho nada, puedes regalársela a la persona que la ha trabajado». Y así. Dijo: «No. Cuando yo hago una cosa me gusta hacerla, y cuando la digo, la hago». Pero guardó la carta dos días y a los dos días la rompió e hizo lo que había dicho yo. Vamos, recapacitó.

M. A.: Eso es lo que se llama tener influencia.

C. B.: ¡Ah!, ¿sí? Pues no creas, porque yo siempre he sido la tonta de la familia, y Luis se ha burlado mucho de mí.

* * *

C. B.: Mi marido era celosísimo. Hay muchas cosas, muchas, en *Él*.

M. A.: Bueno, entonces vamos a hablar de cine. Únicamente relacionándolo con vuestra vida. El cine de Luis está lleno de recuerdos.

C. B.: Yo creo que todo. *(Ríe).*

M. A.: De recuerdos personales.

C. B.: Sí, sí.

M. A.: ¿Qué cosas recuerdas que estén más ligadas a vuestra vida?

C. B.: En su cine último hay más recuerdos de la infancia y de la vida de familia de Luis que en el anterior. Por ejemplo, en *Diario de una camarera* encuentro que hay muchas cosas. Primero, tengo una hermana, que es la dueña esa que no deja pisar las alfombras y que quita el polvo y todo eso, que es mi hermana María. Está casi copiada; es el carácter de ella. Y luego hay una escena en la cocina, con la cocinera, Muni,[47] persiguiendo un ratón con la escoba; el criado; luego el cuarto del criado, que tiene una bicicleta colgando y cosas así raras… pues el cuarto de nuestro criado, también. Le llamábamos el cuartito de los arreos, y también era un poco parecido. En *Diario de una camarera* también sale este… no me acuerdo cómo se llama, el criado este que viola a la niña.

---

47 Muni (1929 - 1999) fue una actriz francesa, por la que Buñuel sentía especial aprecio.

M. A.: Sí.

C. B.: Pues la chaqueta de pana, el pantalón y también su cuarto recuerdan bastante el de ese criado nuestro. Y luego nuestra casa ha influido también bastante en la vida familiar de sacerdotes de familia. No ha influido en nuestro modo de pensar, sino en actividades, como comer mucho con ellos, y esto ha hecho que nos riamos un poco de nuestros recuerdos. Les llamábamos los Cocodrilos a los tres canónigos que algunos domingos venían a comer a casa. Teníamos un tío canónigo, y les llamábamos los Cocodrilos porque eran insaciables comiendo, insaciables, siempre comían, siempre. Cada vez se les hacían más platos, y cada domingo comían más. Y luego teníamos otro tío que era sacerdote, y recuerdo una cosa graciosa: teníamos una institutriz, y cuando yo tenía quince años leí en un periódico que se había encontrado un feto femenino; yo no sabía lo que era un feto. Y entonces le pregunté a *madeimoselle*: «¿Qué es un feto?». Se puso muy colorada y dijo: «¡Usted no tiene necesidad de saberlo!». Entonces fui y le dije a mi hermana Alicia: «Mira, vi una cosa en el periódico que debe ser muy fea, porque *madeimoselle* se ha enfadado mucho». Entonces fuimos a buscarlo y lo habían recortado. *(Ríe).* Y fui a preguntarle a este tío el sacerdote, que era nuestro administrador en las fincas. Digo: «Tío, ¿qué es un feto?». Y me pegó en el hombro y me dijo: «¡Cállate sinvergüenza!». *(Ríe).* Es para decirte la educación que nos han dado tan... que no sabíamos nada. A los dieciocho años mi madre casi nos quería hacer creer que los niños venían de París. Una educación muy equivocada.

M. A.: Bueno, además, viviendo en el campo.

C. B.: No, pero es que no vivíamos en el campo. Íbamos solo algunos días a Calanda, y jamás nos dejaron ir ni con alguna parienta de por allá. O sea, que nos tenían muy aisladas, mucho. Además, la institutriz siempre estaba con nosotras, aunque hubiese amigas, siempre estábamos con ella.

M. A.: ¿Y a tu madre no le pareció muy mal desde el primer momento la adhesión de Luis al surrealismo?

C. B.: La verdad es que entonces, me parece que en casa no sabíamos nadie lo que era el surrealismo.

M. A.: Pero sí sabíais que era una cosa atea o lo dirían los canónigos.

C. B.: Pues no. Creo que los canónigos tampoco sabían que era una cosa atea. En Zaragoza, hablar de surrealismo era como hablar, pues no sé, de la luna.

M. A.: ¿No tenías ni idea alguna, por ejemplo, de lo que pasó con la familia de Dalí? ¿Del escándalo terrible que se armó?

C. B.: Pues no. Es que ahora la vida es muy diferente, pero entonces había menos convivencia con gentes de fuera. Decían a veces que Luis no era religioso, pero no lo asociábamos con el surrealismo, ni siquiera con la palabra *ateo*. [...].

MARGARITA BUÑUEL

M. B.: El Pozo del Vicario es una finca que tiene mi familia a unos diez kilómetros de Calanda, calculo, o una cosa así.[48] Es toda de olivos con una casita pequeña, muy modesta, en la que nada más hay una cocina; un hogar pequeño para resguardarse el pastor cuando llueve o así. Cuando va Luis allá le encanta comer dentro, va con mi hermano y un criado antiguo, que es casi como de la familia, y se hacen la comida, comen allá dentro. Él siempre dice que le encanta comer con el humo encerrados allá, en invierno. Eso es lo que le gusta a él. Siempre que va a Zaragoza no suele ir a otro sitio de Calanda más que a ese, a comer. Cocinan caracoles, no sé cómo los hacen, en una plancha con fuego en el suelo, y luego no sé qué comidas debe hacer, pero le gusta mucho ir a esta finca, al Pozo del Vicario. Si se lo pregunta, se reirá y dirá: «¿Quién te habrá contado esto del Pozo del Vicario?». *(Ríe).* [...].

M. A.: ¿Qué más me puedes contar de su infancia?

M. B.: Las fiestas. Cuando Luis tenía catorce años, o menos, a lo mejor tenía diez, instalaban —los chicos— una mesa con refrescos. Ponían, por ejemplo, aceite, vinagre, agua, azúcar. Y hacían como si vendiesen refrescos. Y a las chicas les daban agua con aceite, que es malísima, y a los chicos les daba agua con vinagre y azúcar, que era mejor.

M. A.: ¿Quién? ¿Tu padre?

M. B.: Mi hermano Luis. Eso lo he oído yo contar mucho.

M. A.: Sí, sí, sí.

M. B.: En sus películas hay cantidad de recuerdos de infancia. Cuando mi hermana Conchita y yo fuimos a ver *Diario de una camarera* parecía que estábamos en Calanda. Porque la cocina que sale, donde una cocinera persigue a un ratón con la escoba, la tartana con el caballo por el camino... Todo esto lo recordábamos de Calanda, de cuando éramos pequeños. Hay cantidades de recuerdos de infancia.

M. A.: Y hay recuerdos de Cuenca también, de cuando...

M. B.: ¿De Cuenca?

M. A.: En *El ángel exterminador* dicen que el retrete se ve a través de esto, volando los...

M. B.: Es que en Calanda los retretes, hasta hace quince años, han sido así. Había una galería donde había una tabla con un agujero. Y las gallinas, mientras tanto, te podían mirar por debajo. Iban picoteando. Eso era *(ríe)* Calanda hasta hace veinte años. Y aún hay cosas así.

M. A.: Yo he conocido muchos pueblos así.

---

48 También conocida como Masada del Vicario (véase conversación con José Repollés, p. 77, y con el propio Luis Buñuel, p. 519, cuando se habla de su texto «Una jirafa»).

M. B.: Sí, ¿verdad? Ahora, en nuestra casa nunca pasó eso, porque cuando mi padre la construyó hizo baño ya. Con bañera y todo con agua corriente. Bueno, entonces traían el agua en unos toneles grandes con un caballo. La traían de un río. Había abajo un depósito grande, en un cuarto, un depósito enorme de agua, y un criado que teníamos —que estuvo cincuenta años en casa— subía el agua con una bomba, con una rueda. Y luego ya pusieron un motor y subía el agua por la casa. Y luego ya han puesto alcantarillado. Pero siempre hubo cuarto de baño en casa.

M. A.: Todas sus películas de Luis están pobladas de esos recuerdos de su infancia.

M. B.: Tiene como una obsesión por los recuerdos de infancia. Y a veces, cuando se los recordamos, se ríe mucho.

M. B.: Creo que en *El ángel exterminador* Luis se acordó un poco de mí, porque imito a un rebaño. Luego os lo imitaré. O, si quieres, lo imito ahora.

M. A.: Va, ¡andalé!

M. B.: ¿Completo?

M. A.: Sí, completo

M. B.: Corderos pequeños, grandes. Mira: ¡beeeeee!, ¡beeeeee!, ¡beeeeeee!, ¡beeeeeee!, ¡beeeeee! *(Ríen).* Eso a Luis le gusta mucho, se lo hago mucho.

M. A.: Lo malo es que no lo puedo poner en el libro.

M. B.: Oye, en vuestra época —de Luis y tuya— cuando una misa, por ejemplo, esas misas de las ocho de la mañana que el cura está muy ronco y el monaguillo tiene una voz muy clara… también tiene un disco.

M. A.: ¡Ah!, ¿sí?

M. B.: Que es, por ejemplo… Es que me da un poco de vergüenza.

M. A.: Se lo haré oír a Luis así de cuando en cuando para divertirlo.

M. A.: Cuéntame ahora lo de la muerte.

M. B.: ¡Ah!, sí. A ver, sí.

M. A.: Te lo sabes de memoria.

M. B.: De memoria, porque Conchita y yo hemos hablado mucho. Bueno, digo que, si la muerte fuese de siglos ya, como es una ceremonia como la primera comunión, un bautizo, o una boda, la gente no le tendría tanto terror como lo que nos pasa ahora, que nos espanta todo lo que antecede y lo que viene después. Y entonces llegaría, por ejemplo, el día de la muerte y estarían todos los amigos esperando una invitación del futuro muerto. Y entonces prepararían los regalos. Por ejemplo, un mantel negro con la cruz dorada y unas siemprevivas bordadas alrededor. Una almohadilla acolchada para la caja; un aparato, inventado por nosotros también, para cerrar los pies al muerto; un pañuelo de seda natural morado para el cuello, para que no se le abra la boca; un vale por treinta misas gregorianas, otro vale para un funeral de primera y no me acuerdo que regalos ya más teníamos pensados. Y llegaría el día de la muerte, que sería por la noche, por ejemplo, y acudirían todos los invitados con los regalos. Y ya pondrían la mesa mortal, con el mantel este, y el menú sería, para empezar, caviar y aceitunas negras, luego para primer plato calamares en su tinta y luego civet de liebre, y al final la tarta mortal blanca con la muerte y la guadaña arriba. Y cuando el dueño de la casa se muriese. «¡Felicidades! ¡Enhorabuena!» Lo meterían en la caja y todo el mundo estaría muy contento, como el día del bautizo. Nada más.

M. A.: ¿Y de música?

M. B.: ¡Ah!, no lo he pensado nunca. La música la vas a añadir tú.

M. A.: No, la música tiene que ser Wagner.

M. A.: ¿Qué de particular tiene, pues, que Luis guste de vestirse de cura, de monje, si a cada momento le sale a flote esa infancia suya? *[Creo que le gusta volver a España no solo por las lejanías de El Pardo o por Toledo, sino por el olor del incienso que él solo debe husmear, al amanecer, cuando cada día se echa a pasear kilómetros y kilómetros por los barrios bajos de Madrid o por la Casa de Campo. Hay en él una fusión indisoluble con la Iglesia, con los fastos eclesiásticos, de los que se liberó con la pubertad, como tantos españoles, pero de lo que no se ha librado nunca totalmente].*

L. B.: Es el atractivo de lo ritual, del altar, del decir y ayudar a misa, del canto gregoriano, del catecismo que lleva en la memoria tan pronto como se vuelve hacia su niñez, cosa que le sucede cada vez que toma la pluma con la mano para escribir una historia.

M. A.: Sí, aunque a veces se transforme tan irreverentemente en esas fiestas de la muerte...

RICARDO MUÑOZ SUAY

R. M. S.: [...]. Me dice Margarita que Luis quiso que la hija de Juan Luis y de Joyce se llamara Juliette, personaje de Sade. Margarita me puntualiza lo de los regalos mortales que inventan ella y Conchita: pañuelo de seda para cerrar la boca del muerto, aparato para obtener que los pies de los muertos no queden separados sino juntos, mantel bordado para la última comida.

JUAN RAMÓN MASOLIVER[49]

J. R. M.: Bueno, lo que yo sé de esos años [1917-1923] es por referencia, porque yo no le conocía prácticamente. Ahora, las locuras que hicieron en Calanda todos los hermanos, eso sí sé.

M. A.: ¿Cuáles, por ejemplo?

---

49 Juan Ramón Masoliver (1910-1997), primo de Buñuel, fue ensayista, periodista, crítico literario y de arte y traductor.

J. R. M.: Eran la peste negra, vamos porque armaban la de Dios es Cristo.

M. A.: ¿Y cuál era la de Dios es Cristo?

J. R. M.: Hombre, no lo sé, ahora mismo me pillas contra la pared y me estás hablando de hace cincuenta años. Tengo que empezar a hacer memoria. No, ahora mismo no te lo puedo decir.

M. A.: Porque eso es la gran cosa, ¿verdad?, eso es lo que no quiere decir ni Luis, ni Concha, ni nadie. Pero es que le tienen un pavor, y eso es una cosa que tengo que establecer para saber qué barbaridades hacía esta gente en Calanda y de qué eran capaces. Sé algunas.

J. R. M.: No te lo puedo decir.

M. A.: ¿No?

J. R. M.: No, no. No es que no te lo quiera decir, no, es que no te lo puedo decir. Tendría que ir yo a hablar con mi hermana, con el otro..., para recordar. Son cosas de hace cincuenta años.

M. A.: Pues escríbemelo, escríbemelo cuando lo sepas. *(Ríen)*. Voy a tardar tres años a hacer este libro; porque va a ser un libro acerca de todos nosotros, no es un libro solamente sobre Buñuel.

J. R. M.: O sea, que Conchita no te quiere decir nada.

M. A.: No, con Concha no he hablado.

J. R. M.: Margarita no te quiere decir nada.

M. A.: Margarita es mucho más joven.

J. R. M.: Más, o mucho más joven. Margarita es que yo. De manera que sabe menos que yo de eso.

M. A.: Falta María.

J. R. M.: A María descártala. No se puede.

M. A.: Bueno María, sí, con la muerte de la madre.

J. R. M.: Bueno, pero está descartada porque ahora ha cambiado un poco, pero, ¿por qué? [...].

M. A.: Tú eres primo de Luis. Cuéntame...

J. R. M.: Por su madre.

M. A.: Doña María Portolés. ¿Quieres hacerme el favor de decirme quién era doña María Portolés?

J. R. M.: La mujer más guapa de Europa. Una preciosidad de mujer.

M. A.: Sí, sí, yo me acuerdo muy bien.

J. R. M.: Tú la has conocido, ¿no?

M. A.: No. Solo tengo fotografías de su juventud.

J. R. M.: Y sus hijos han salido a doña María Portolés. Y han sido todos guapísimos; las chicas, guapísimas.

M. A.: Sí, he estado con Margarita estos días. Y estaré con Concha dentro de unos días.

J. R. M.: ¿Qué hace Concha?

M. A.: Cuidando a Luis.

J. R. M.: ¿Cuidando a Luis?

M. A.: Sí, porque está totalmente sordo.

J. R. M.: Sordo como una campana. ¿Y la ciática?

M. A.: La ciática ha desaparecido últimamente. Pero, cuéntame, ¿cuál era el origen de la familia Portolés?

J. R. M.: No, un momento. La familia Portolés era una familia de Calanda. Y por su extraordinaria belleza, lo voy a decir que, según tengo entendido por mi madre, que en paz descanse, María Portolés se casó con un indiano. Buñuel padre era un indiano, y de bastante más edad que mi tía María. Y creo que el hombre, al llegar otra vez de vuelta a España, de vuelta a la Tierra Baja[50] y de vuelta a Calanda, se prendó de esta muchacha que era realmente, como ha demostrado hasta sus últimos momentos, una maravilla de mujer, con una clase sensacional. Y mi tía María ha sido siempre una madraza de forma que no siempre se dice, no siempre se dice que le dio a Luis su hijuela para que hiciera *Un perro andaluz*, aparte de que lo tenían en la Residencia de Estudiantes. Todos los chicos fueron siempre los chicos que en Zaragoza eran el centro ya no solo de la vida intelectual, sino el centro de la vida mundana. Y presentar ahora a Luis como una especie de *self made man* me parece perfectamente absurdo. Ha sido siempre un hombre que ha tenido el dinero que ha querido en el bolso, y no le ha dado importancia ninguna, como su madre, exactamente igual. Y como su hermano Leonardo. Y no digo más, como Alfonsito, ¿no?, que en paz descanse. Y las chicas han sido una maravilla de guapas, de elegantes, de modernas en aquella época. Concha Méndez, ¿tú conociste a Concha Méndez?

M. A.: Sí.

J. R. M.: Bueno, pues Concha Méndez era de esa misma trinca.

M. A.: Y, además, fue novia de Luis durante seis años.

J. R. M.: Exacto. Bueno, pues eso ya no lo decía yo, pero, en fin.

M. A.: No, no, no, si también he grabado a Concha.

J. R. M.: Pues quiero decir que eran este tipo de muchachas de los años veinte, deportivas, viajeras, etc.

M. A.: Pero, ¿de dónde venía la familia Portolés?

J. R. M.: La familia Portolés es de Calanda.

M. A.: ¿Es de Calanda mismo?

J. R. M.: Hombre, claro. Pero, mi parentesco, por mi abuela Carmen Sauras, es por Calanda. De la tierra.

---

50 Tierra Baja es el otro nombre con el que se conoce a la comarca aragonesa del Bajo Aragón.

M. A.: ¿Así que tú eres también de los Carlos Saura y compañía?[51]

J. R. M.: Saura no; Sauras.

M. A.: Ya.

J. R. M.: Los Sauras son primos míos segundos.

M. A.: También, segundos.

J. R. M.: Claro. El notario que ha muerto ahora, estaba en este pueblo de ahí arriba, el del lago, ¿cómo se llama?, en Bañolas. O sea, mi tío Antonio Sauras y mi madre son primos hermanos. Que también es otra familia larguísima.

M. A.: Y tu relación con Luis, ¿de dónde viene? De aquí, de Barcelona, ¿no?

J. R. M.: ¡No hombre, por Dios, que soy de Zaragoza!

M. A.: ¡Ah!, ¿tú eres de Zaragoza?

J. R. M.: Hombre, mira este, yo soy natural de Zaragoza y mi madre de Híjar, y mi abuela de Calanda, y con tierras en Aragón hasta que las permuté por cosas de aquí de Cataluña. Durante mi niñez no hubo vacaciones que no pasase en la Tierra Baja. Yo he nacido en Zaragoza, pero he vivido mucho en Híjar y en Calanda, con todos ellos. Yo soy mucho más joven que Luis, pero mi hermano mayor, por ejemplo, que estudió en Zaragoza Medicina, iba toda su vida con Leonardo, que es de su edad.

M. A.: No, desde luego; además, te pareces fenomenalmente a Luis.

J. R. M.: El Luis de entonces no se hubiera casado en su vida. Entonces Juanita era una muchacha jovencita y fue ella quien le fue encarrilando. Fueron unos años tristes, pero, en fin, Luis tenía una cara interesantísima. En cambio, sus otros hermanos eran más zoquetudos, excepto Alfonsito, que era como Luis también, muy parecido. Con un gran defecto, que tú sabes.[52] Pero Leonardo era *Dan, el callado*, le llamábamos. Era como su padre, son sus microbios y sus investigaciones...

M. A.: ¿Y de locura?

J. R. M.: ...en cosas que no tienen menor provecho. Y el pequeño, Alfonsito, que era arquitecto y se hizo luego decorador, tenía unas colecciones de cosas rarísimas. Hizo *collages* interesantes. Lo aprendió de Luis; porque el hijo auténtico de Luis es Alfonsito. Murió de cáncer.

M. A.: Sí, pero el del detalle, ¿es el muerto o el vivo?

J. R. M.: No, el muerto. En fin, un caso perdido de escándalo.

M. A.: Sí, sí, ya sé.

J. R. M.: Tremendo. Yo no sé si influido por Federico o no, no sé el origen de la cosa, pero era una cosa desatada, con terrible contrariedad de Luis, para

---

51 Sorprende está confusión, teniendo en cuenta que Aub alardea mucho de conocer datos de la vida de Buñuel.

52 Se refiere a su homosexualidad.

quien era realmente un hijo. Luis le había metido el diablo este, el virus este del arte y de la literatura. No, la familia es excepcional en eso, de una tensión, vamos, tú lo has conocido.

M. A.: Pero, ahora mismo, Margarita es un caso realmente extraordinario. Estás con Margarita y puedes estar horas y horas.

J. R. M.: Margarita es muy simpática, pero, cuidado, que es más pequeña que todos estos, y respecto del nivel de la familia, es tonta; quiero decir, tonta no es, pero no tiene esta vivacidad que tenía Concha Méndez o sus hermanas, como María, la mayor, que es caso aparte. Se casó en seguida con el general...

M. A.: Además, María era....

J. R. M.: Pero Alicia...

M. A.: ...de otro tipo

J. R. M.: Exacto, sí, era otra cosa. Era una mujer del siglo pasado. Nosotros siempre la habíamos visto —claro, era mucho mayor que nosotros— como una señora, como la princesa Bonaparte o una cosa así. Se casó con uno que también era primo mío, por su madre, que era Monzón.

M. A.: Bueno, y del marido de Concha, ¿qué me dices?

J. R. M.: ¡Ah!, hombre, por Dios. *(Ríe).* Bueno, el marido de Concha era Manolito Altolaguirre.

M. A.: ¿Qué?

J. R. M.: El marido de Concha..., ¡ah!, el loco del Orcasitas. Creí que se hablabas de Concha Méndez.

M. A.: Los dos estaban locos.

J. R. M.: ¡Oh, oh!, el Orcasitas ese. Pero ese era un loco peligroso. Así como Concha era una loca intelectual, una loca poética, este era un loco frío. El Orcasitas era un ingeniero militar que, por cierto, estuvo condenado a muerte. Se metió en una cosa de urbanizaciones, allá por el año 1930 o 1932. Pero un sabio como una catedral, uno de los matemáticos potentes de España.

M. A.: Sí, sí.

J. R. M.: Y este se casó con Concha. Huían de esa familia porque decía: «¡Estos son los míos, coño!». (*Ríe).*

M. A.: Era un paranoico.

J. R. M.: ¡Un atajo de locos!

M. A.: Era un paranoico terrible.

J. R. M.: Sí, sí. ¡Celoso, un celoso!

M. A.: ¿Tú has visto *Él*?

J. R. M.: Estaba en la cárcel. ¿Tú sabes cuándo luego lo soltaron? Bueno, Concha también estuvo en la cárcel, y la raparon y la pusieron con putas. En fin, fue horrendo lo que hicieron con Concha. Eso no tiene nombre. En fin, pues cuando soltaron luego a este hombre *(ríe)* volvía loca a Conchita. Se murió Orcasitas, ¿no?

M. A.: Sí, hace mucho.

J. R. M.: Un loco. Ella estaba para suicidarse.

M. A.: Cuatro hijos extraordinarios.

J. R. M.: Sí. Para suicidarse estaba ella. Bueno, con Concha todos los de la familia ya partían del principio de que estaba loca perdida. O sea, que ya la tenían en un piso, arriba en la calle Costa, mientras estaba el marido en la cárcel.

M. A.: ¿A quién, a Concha o a Orcasitas?

J. R. M.: A Concha. Orcasitas estaba en la cárcel. Se cascó en la cárcel *(ríe)* quince años, vamos. Y cuando le sacaron ya estaba hecho un guiñapo y entonces el tío, pidiendo cuentas a Concha —tú calcula, con lo que había pasado Concha— sobre qué había pasado; sobre qué había hecho. Total, que la otra estaba al borde del suicidio. Hasta que ya luego, creo que murió, sí.

M. A.: Murió hace mucho.

J. R. M.: ¡Ah!, no, no recuerdo yo cuándo murió este.

M. A.: Luis, en *Él,* traspone la cárcel por el convento.

J. R. M.: ¡Ajá!

M. A.: Al final de la película, a pesar de todo, ella va a verle y él está vestido todo oscuro, de carmelita. Y, naturalmente, durante la filmación, Luis se vistió de carmelita. *(Ríen).*

J. R. M.: *(Ríe).* ¡Ay, qué bueno! ¡Ah!, ¿él hacía de Orcasitas?

M. A.: ¿Qué?

J. R. M.: ¿Él hacía de Orcasitas? ¿Salía en el film?

M. A.: No, no, no. Hay fotografías, muchas fotografías de Luis. Al final, cuando creen que el protagonista está curado, vuelve a andar, dando vueltas en zigzag y así acaba la película, en que Orcasitas, vamos, *Él,* sigue dando zigzags. Y ahí acaba la película.

MIGUEL ZAPATER

M. A.: ¿Cómo se llama usted?

M. Z: Soy Miguel Zapater, hijo de Calanda. Y sobre Luis Buñuel, pues... Su papá, en paz descanse, le compró una máquina de cine muy cara, de aquellos tiempos; del Gato Periquito[53] y todo eso. Y a todos los amigos nos reunía todos los domingos y nos hacía subir a un salón de su casa, en Calanda. Y nos hacía cine del Gato Periquito y demás. Y nos explicaba toda la película. Luego nos bajaba a veces a la Torre, a los amigos, a nadar, a la balsa, a la piscina que hay allí. Y luego, pues, por las tardes, después de terminar la película, nos llevaba para arriba para jugar aquí, a Santa Bárbara, al aparato que decía. Y, claro, era

53 Así se conocía en España al personaje de dibujos animados, Gato Félix, en la década de los veinte.

muy popular, y a todos nos guiaba, a todos los amigos. Yo me llevo veintiocho días con Luis Buñuel. Veintiocho días me llevo.

M. A.: ¿De diferencia de edad?

M. Z: De edad. Y, claro, pues yo le tomé tanta simpatía... Después se marchó del pueblo y estuvo trabajando en Madrid. Y luego, al cabo de unos años, se fue a París, a Francia, y es donde se hizo ya tan famoso con las cintas de cine, que ha llegado a donde ha llegado.

M. A.: ¿Qué películas ha visto de él?

M. Z: Bueno, de él, ahora, ninguna aquí. Porque yo no he salido de España. Y España es muy especial, ¿me entiende? Pero como buen corazón... «¡Hola! ¿Qué hay? ¿A los toros?». Y como gran amigo y gran aragonés, para mí no hay persona mejor que Luis Buñuel. Para mí, ¿me entiende? Porque las lenguas son muy malas. Los periodistas tienen muchas entrevistas en Madrid con él, y lo han puesto muchas veces en la revista de los dominicos. Explicando su vida, explicando sus sentimientos, y ha soportado hasta lo que no es.

M. A.: ¿Y Luis les hacía pagar para ver las películas?

M. Z: Sí, allá en su casa de la plaza, y decía a los amigos: «Nada, que esta tarde ...». Y traía películas de esas, de aquellos tiempos.

M. A.: Bueno, pero, ¿les hacía pagar para verlas?

M. Z.: Al principio, diez céntimos de cada uno *(ríe)* y después ya nada. «Sí —dice—, para comprar otras...». Pero después, ya nada. Y nos hacía cine gratis. Nada. Siempre ha sido una cosa extraordinaria.

JOSÉ IGNACIO MANTECÓN

M. A.: ¿Es verdad que te hiciste bachiller a los trece años?

J. I. M.: Es verdad. Hice el bachillerato en tres años. Ahí tengo mi diploma. De verdad, a los trece años ya era bachiller.

M. A.: ¿Luis era tan alto y tan fuerte?

J. I. M.: Sí.

M. A.: ¿Y su padre?

J. I. M.: Alto y fuerte.

M. A.: Luis dice que su hermana Concha, vista de espaldas, parece una mujer de treinta años.

J. I. M.: Sí. Y tiene mi edad: sesenta y seis años.

JOSÉ REPOLLÉS

J. R.: Yo le contaría muchas anécdotas, pero de aquí, de Calanda.

M. A.: ¿Cuáles? Por ejemplo.

J. R.: Pues tengo anotados aquí por lo menos unos cincuenta puntos muy interesantes que corresponden al anecdotario de la juventud de él.

M. A.: ¿Cuáles son?

J. R.: Sí, pero, es que de todo esto, ya le digo, ni el mismo Luis se acuerda. Por ejemplo, de cuando se entrenaba para boxear.

M. A.: ¿A qué no sabe usted quién le derrotó en los dieciseisavos de final?

J. R.: Pues, no sé.

M. A.: Pues yo sí.

J. R.: No sé. *(Ríe M.A.).* Además, el anecdotario mío se reduce —porque he eludido todo lo que corresponde a la parte de Residencia de Estudiantes— única y exclusivamente al tema de Calanda, lo que él quería, lo que él en realidad añora. Porque Luis, después del 36, no volvió a Calanda hasta después de hacer *Viridiana* en España.[54] Es lo que él en realidad añora. Porque incluso allí en México yo sé de su amistad con un paisano también de Calanda, un tal Romualdo Sancho; no sé si le conocerá usted.

M. A.: Sí.

J. R.: Romualdo Sancho, que está al frente de una editorial muy importante allá, en México. Pues con este es con el que cada Semana Santa, y en las fiestas, se veía para recordar y rememorar.

M. A.: Romualdo Sancho sigue en México.

J. R.: Sigue en México, sí. Sigue exiliado. Tiene aquí sus hermanas, es hijo de un magistrado de aquí, de Calanda. En una ocasión se hizo aquí un disco de la Semana Santa de Calanda, grabando todas las saetas, las cadencias, ese canto un poco extraño que a Luis le gusta tanto, el famoso pregón, etc. Lo imprimieron en un disco y lo mandaron allí, a México, a Romualdo. Y en una de las fiestas en que solía reunirse con Luis, puesto de acuerdo de antemano con el *maître*, en el momento de ir a servir el almuerzo, pues pusieron el disco. Luis, al oír aquel retumbar de tambores, las voces aquellas que él recordaba tanto, pues, en fin...

M. A.: ¿Cuándo fue eso?

J. R.: Pues hace... Poco antes de venir él aquí a España. Pero, vamos, esto ya es de ayer como quien dice. Pero los buenos tiempos son los de los amigos de la adolescencia: el Rebullida, el Mudo, el Melena, su gran amigo de toda la vida, el amigo por el cual él se hubiera dejado matar, el Tuerto Alfranca... De Calanda sacó precisamente lo del balago. En Calanda, al cementerio del asno, de los burros, le llaman el balago. Entonces, Luis, con estos gustos tan extraños que tiene, pues solía ir con amigos al balago, y precisamente de este balago salió también la palabra *carnuzo.* Carnuzo, en calandino, es la carne del animal muerto. Esta palabra la adoptaron Lorca y Alberti, que aún la sigue usando, y pasó también a *Un perro andaluz.* Pero, en fin, esto es solo una de las mil asociaciones con Calanda que podrían sacarse de muchas películas de Luis. La

---

54 En 1961.

cosa infernal, por ejemplo. Íbamos también mucho a las Cantelerías, con un árabe que hacía cántaros y cazuelas, para asomarnos al horno cuando se cocía el barro, desde arriba, como a la boca de un volcán, como al infierno. Era impresionante. Los Buñuel tenían distintas propiedades y tienen, todavía, en Calanda. Por ejemplo, la Fuensalada, la Torre, la Sota al Caballo; luego, la Masada del Vicario, la Masada de las Arenas, que es la que más ha querido él siempre, y que ahora la han vendido.

M. A.: ¿Es la grande, con los olivares?

J. R.: No, no, no. Eso es una mesilla, se llama la Fuensalada. En la Fuensalada hay unos almendros y olivares. Pero tienen otra, que es donde Luis desde niño iba ya con su padre. Claro que, ahora, a él le da igual que vendan una cosa como que vendan otra. Durante la guerra, y no sé por qué, pues les destrozaron la casa, les destrozaron todo lo que tenían. A la Torre mismo la prendieron fuego. Y gracias a que ayudé mucho a Alfonso, en tiempo en que él venía muy a menudo, como arquitecto, arregló un poco aquello, dentro de sus posibilidades. No sé si conoce usted allí, en la Torre, donde están todos aquellos árboles, ¿eh?, la noria.

M. A.: No, es un jardín botánico.

J. R.: Exacto. Es que su padre intentó, cuando vino de Cuba, crear en Calanda algo que recogiera todas las especies botánicas, desde el abeto hasta la caña de bambú. Sin embargo, Alfonso había visto aquello siempre como un poco el Generalife, como algo más mediterráneo. Y por eso le añadió muchos árboles y luego le puso aquellos surtidores, arregló lo de la noria, la acequia, la bajada hasta el final, hasta el río. ¿Vio usted aquella piscina?

M. A.: Sí, tengo fotografías con Leonardo, en el río.

J. R.: Pues más que esa finca, a Luis le gustaba esta de la que estoy hablando, la Masada del Vicario, donde iba en tiempo de la trilla. A pesar de tener ya más de treinta años, hasta el año 36 siguió viniendo casi cada año. Infaliblemente venía una vez o dos al año. Solo o con amigos. Pero uno de sus mayores placeres era llegar allí, a la Masada, cerrar la puerta, coger romeros verdes y pegarles fuego. Y *fafumarse*. Fafumarse es impregnarse, perfumarse del humo que desprendían los romeros al quemarse.

M. A.: Y en *Nazarín*, ¿qué cosas hay de Calanda?

J. R.: Hay muchas. Pero es que esto, claro, esto pertenece a un estudio que tenemos que hacer. Porque yo estoy en contacto, yo he trabajado mucho en cine también. Y estoy en contacto ahora, precisamente, con Román Gubern,[55] que ha publicado una *Historia del cine* en dos tomos tremendos.

---

55 Román Gubern Garriga-Nogués (1934-) es un historiador de cine, muy interesado en el cine vanguardista.

M. A.: Sí, ya los he visto.

J. R.: Bueno, pues, muy amigo mío. Hemos trabajado mucho juntos. Y este es el que quería que hiciéramos con un tal Acerete un trabajo sobre lo que no se ha dicho de Buñuel. O sea, relacionar cada una de las películas con recuerdos y cosas, o sea, aficiones y gustos que Luis ha tenido siempre. Por ejemplo, pues qué le diré yo, podría contarle unas cincuenta anécdotas calandinas, todas relacionadas con gustos de estos. [...].

M. A.: Esto, ¿su amistad con Alfonso, fue nada más de Calanda o también de Madrid?

J. R.: ¿La mía?

M. A.: Sí.

J. R.: Pues, mire usted, la mía fue de Calanda. Quizás el único que tenga testimonios, llamémosle gráficos, de Alfonso sea yo. Alfonso era, pues ya lo sabe usted cómo era, también maravilloso, como Luis. Personas encantadoras. Yo es que a los Buñuel los admiro, es decir, no es ya que los quiera, es que los admiro. Los admiro porque yo no he podido ser como ellos, entiéndame, he visto en ellos condiciones tan excepcionales, son tan fuera de serie todos ellos, que ya digo, es que cualquier cosa. Y claro que cometerán errores, como todos los humanos. Todos tenemos lo nuestro, pero yo en ellos no veo más que virtudes. Además, conocí a Alfonso en momentos muy difíciles. Acabada la guerra, yo entonces tenía unos negocios que me permitían vivir muy bien, ganar muchísimo dinero. Alfonso vino un poco vencido a Calanda, encontró su casa deshecha, la finca derrotada, todo. En fin, estaba entonces su hermana, Conchita con este famoso, García Orcasitas, que se había refugiado en Calanda, donde vivió varios años haciendo de agricultor. Usted no sé si sabrá esto. Y claro, la pobre Conchita, una mujer habituada a vivir en el gran mundo, tuvo que sacrificarse y vivir junto a su marido y aguantar. Y todos los días, pues, a destripar terrones.

M. A.: Además, él no era una persona normal.

J. R.: Orcasitas, sí. El pobre ya murió.

M. A.: Pero, en fin, Luis ha hecho una película...

J. R.: Sí, porque, además, los hermanos estaban en contra de él porque veían lo que hacía con su hermana. Y ahora, precisamente Conchita es la que más está junto a Luis.

M. A.: Sí. Está con Luis ahora.

J. R.: Ella sí, está siempre, constantemente. Ahora me he enterado que está rodando...

M. A.: Sí, está haciendo otra.

J. R.: ... otra película, que por fin le han autorizado, pero, en fin. Pues Alfonso, aparte de lo que usted sabe, claro, era igual que su hermano. Aún más. Alfonso decía siempre una barbaridad que no sé si decirla porque... es una monstruosidad, y es que resulta que había una diferencia de edades muy grande entre Luis y Alfonso, Luis era el hermano mayor, y Alfonso era el último de los hijos. Había dieciséis o diecisiete años de diferencia, y Alfonso siempre decía, y a esto se reía Luis también, que su padre era Luis. Además, como el padre de los Buñuel era tan mayor y había tanta diferencia de edad con su esposa, con doña María, pues, en fin, eso también le servía a Alfonso para decir que Luis era en realidad su padre.

M. A.: Sí, sí. Ya lo sabía. Es una cosa que ha corrido por ahí. En el fondo, los que conocen bien a Luis dicen que tenía un complejo de Edipo evidente, que estaba enamorado de su madre.

J. R.: Sí, pero bueno, es que…

M. A.: Bueno, como todos los niños…, se supone.

J. R.: Sí, sí. Esto es muy lógico. Por cierto, que la cabeza de la estatua del Cid en Burgos es la de Alfonso Buñuel. ¿Lo sabía?

M. A.: No. ¿De quién es la estatua?

J. R.: Del Cid. Se puso cuando el milenario de…

M. A.: Sí, sí, pero, ¿quién la esculpió?

J. R.: ¡Ah! Fue el famoso Juan Cristóbal, ese escultor que murió también…

M. A.: ¡Ah, sí! Lo conocí.

J. R.: Pues la cabeza es la de Alfonso. Juan Cristóbal tenía dos cabezas para el Cid. Tenía la cabeza de Ortega, que la cabeza de Ortega es también cabeza de escultura, ¿verdad?, y la cabeza de Alfonso. Pero la de Alfonso era más viril, digo, era la cabeza más… Era un hombre alto, un hombre… Bueno, y le puso la cabeza, y si va usted a Burgos verá la cabeza de la estatua del Cid Campeador, es la cabeza de Alfonso Buñuel.

* * *

J. R.: Una de las cosas que le gustaba era subir a una montaña que la llaman el Tolocha.

M. A.: Sí, ya la conozco, son tres picos.

J. R.: Bueno, pues siempre que Luis venía a Calanda subía al Tolocha. Y cuando más le gustaba era en los días de tormenta, porque entonces, con blasfemias horrorosas, con palabras horrendas, con los gritos más desaforados, insultaba y desafiaba a los cielos. Y allí él, como si fuera un Zeus, pero pegado a la tierra, ¿comprende?, desafiaba al otro Zeus, al otro Júpiter. Oiga, pero con unos gestos y unos ademanes, que aquello imponía, con unos relámpagos, que no sé cómo algún día no se quedó allí. Luego bajaba sudando y llegaba al Estrechillo, a un pozo que había allí, y se pegaba un baño como si… Y surgía otra vez de las aguas el hombre fresco. Y entonces se ponía a pontificar.

M. A.: ¿En dónde?

J. R.: En una piedra que hay allí, que le llaman..., una piedra muy famosa que es como un peñasco enorme, cerca mismo del puente, que le llaman el Mojón de la Vieja. Al Mojón de la Vieja se subía Luis. Y como todos los chicos del pueblo ya sabían lo que era, pues acudían a su alrededor y se sentaban alrededor de la piedra. Y él, desde lo alto de la piedra, les echaba un sermón. Les echaba primero un sermón y luego se hablaba de política. Era el año 17, iniciada la rebelión en Rusia. Él había leído a Kropotkin y a no sé a quién más, y todo lo que él sabía lo comunicaba a aquellas gentes ignorantes, que lo escuchaban como si fuera Dios, ¿sabe? En Calanda había un cura simpatiquísimo, muy amigo suyo, mosén Vicente Allanegui,[56] que tenía un jardín impresionante. Había sido médico. Un buen día le dijeron tal, y se metió de sacerdote. Qué sacerdote sería, qué sacerdote, que cuando vino la guerra, en el año 36, en Calanda se cometieron tremendos desafueros. Bueno, es que inenarrables. Pero, en fin, vamos a correr un velo. Allí hubo muertes espantosas, unas que están en una parte reflejadas y otras que no están en ninguna parte. Ninguno de los frailes que había en el convento de dominicos se salvó. Solamente se salvó uno, mosén Vicente.

M. A.: ¿Y por qué?

J. R.: Pues porque el Comité en pleno reconoció que aquel hombre no era merecedor de que lo mataran. Eso le dará a usted idea de quién era aquel hombre.

M. A.: ¿Y ese hombre era amigo de Luis?

J. R.: Íntimo amigo de Luis. Porque es que, además, este hombre sabía exaltar todas las cosas de Calanda, todas las cosas que le gustaban a Luis. Entre ellas, por ejemplo, los *putuntunes*.

M. A.: ¿Los qué?

J. R.: Los *putuntunes*, que son los soldados romanos. En Calanda, en Semana Santa, para acompañar las procesiones y para celebrar no sé qué ceremonias, hay unos soldados romanos. A estos soldados romanos les llaman los *putuntunes*. Cuando salen los soldados, van acompañados por el rítmico acompasar de un tambor, que hace: «pu, tun-tuntún; pu, tun-tuntún». Y esta cosa, llamémosla onomatopéyica, es lo que dio lugar a que la gente de Calanda, en vez de decir: «Ya vienen los soldados romanos», diga: «Ya vienen los *putuntunes*». Y me parece que Luis fue el autor, según me han asegurado a mí muchos, de la palabra *putuntún*. Y de otras muchas cosas, algunas un poco bestias. Por ejemplo, en Calanda se toca el tambor de muchas formas. Y cada

56 Vicente Allanegui y Lusarreta (1868-1948) fue un sacerdote, músico y escritor calandino. Muy amigo de Buñuel, compartió con él su amor por el folklore de Calanda, donde fundó la cofradía La Dolorosa. Fue, asimismo, el autor de uno de los toques de tambor más conocidos del pueblo, la *Marcha Palillera*.

toque de tambor, que Luis los conoce todos, los he grabado en cinta magnetofónica y con los Dominguín se las he mandado a México. Los Dominguín venían a Calanda a torear por tal y cual, y entonces grabábamos. Y las jotas bestias que a él le encantan. Jotas bestias hay muchas.

M. A.: Sí. Hay muchísimas.

J. R.: Las hay, pero usted no tiene ni idea. Increíbles. Pues, bueno, los *putuntunes* fueron una creación de mosén Vicente. Decidieron vestirlos, claro, y todavía van vestidos con los trajes que en tiempos de César llevaba aquella gente. Son siempre voluntarios. Ya don Leonardo fue de los primeros en vestirse de soldado romano, y luego continuaron haciéndolo todos los hijos. Porque yo se lo he visto hacer a Alfonso muchísimas veces, y Luis lo hacía también todos los años. Luego don Leonardo, cuando llegaba Semana Santa, subía al lugar donde se reúnen, que siempre es en el mismo sitio, una especie de cuartelillo donde los quince o veinte hombres se visten y eso. Llegaba don Leonardo y les daba una cantidad, que me parece que eran veinte duros, y le estoy hablando del año 1908, del año 1910 y del año 1912, cuando veinte duros, oiga, era para hincharse de comer carne y de beber vino y aún les sobraba dinero para hacer una merienda de Pascua. Luis continuó haciendo lo mismo que hacía su padre. Y cada año, cuando venía, subía lo mismo al cuartelillo ese, como si fuera un rito. Al llegar a Calanda subía donde estaban los *putuntunes* y charlaba un rato con ellos. Bueno, y entonces les dejaba una cantidad espléndida. Ya en aquellos tiempos Luis les daba 500 pesetas. Pero es que luego, después de la guerra, cuando Luis ya no pudo venir, Alfonso continuó haciéndolo, y delante de mí lo ha hecho todas las veces, seis, ocho y diez años. Pues bien, al final de la Semana Santa, en el momento del entierro, hay una hermosa urna de cristal con el cuerpo de Cristo llevado en andas y custodiado por los soldados romanos. Pero en el momento de retirarse solían celebrar una especie de lucha, muy divertida y vistosa, entre los *putuntunes* y, en agradecimiento a la casa de Buñuel, porque siempre les pagaban tan bien, hacían esto en la misma puerta de casa de Luis. Es decir, la iglesia la tiene usted aquí y la casa de Buñuel está aquí.[57] Pues bueno, en vez de hacer esta ceremonia aquí, no, la hacían debajo mismo del balcón de los Buñuel. Había un chavalín, el más pobrecito del pueblo, que esperaba siempre a que saliera el coche de casa de los Buñuel, cuando iba hacia la Torre, y corría luego detrás de él. Y el mayordomo, Campos, le aguardaba al llegar a la Torre, porque, claro, no podía hacerle subir, y entonces lo hacía bajar al río. Luis corría abajo, al río, a juntarse con él. Tenía cinco o seis años. Entre los dos se dedicaban a cazar animales, pero animales

57 La casa Buñuel y la Iglesia de la Virgen de la Esperanza están frente a frente en la Plaza de España de Calanda.

extraños. Se da la paradoja en esta familia, y se daba también en su hermano Alfonso, que, si bien temían a una araña, les gustaba jugar con animales a los que en el pueblo les hemos tenido siempre odio y hasta terror; por ejemplo, los lagartos.

M. A.: Sí.

J. R.: Oiga, los Buñuel se encantaban con los lagartos. Y jugaban con ellos y los domesticaban. Pues bueno, este tuertecito, este tuertecito Alfranca, iba siempre con Luis. Y Luis le bajaba alguna chuleta o algún trozo de merienda o algún bocadillo, se lo bajaba para que el otro comiera, porque era un desharrapado que pasaba hambre. Y esta amistad continuó durante años y años. Y cuando vino la guerra, este se exilió también porque era anarquista, del partido de la CNT, que en Calanda se dio mucho. Y Luis lo anduvo buscando hasta que lo localizó un día en un hospital, en Francia. Y más tarde, cuando Alfranca volvió a España, Luis le traía una cosa que a Alfranca era lo que más le gustaba, que eran unos puros, los famosos toscanos, que llamaban los cuarteleros.

M. A.: Sí, los largos aquellos.

J. R.: Luis le traía esos puros, que era el obsequio mayor que le podía hacer a su amigo, el tuerto Alfranca.

M. A.: ¿Y quién más?

J. R.: El Rebullida. Con este tenía unas cosas muy cojonudas. Es este que está aquí también.[58] Otro, Pedro Sauras. Este, también, íntimo amigo. Pedro Sauras, que ha muerto ya.

M. A.: Este no era tan pobre.

J. R.: Este era rico. Con este era con el que iba a cazar siempre, Pedro Sauras. Luego, Gregorio el Brumos. Es importante, porque usted no sé si sabrá que Luis aprendió a tocar el saxofón.

M. A.: ¡Ah, el saxofón también!

J. R.: Luis era fanático del jazz. Tenía discos de jazz, los primeros que salían, supongo, y yo he oído muchos de aquellos discos. Luis tenía unos quince años, era por los años en que él empezaba a boxear y todo aquello, y tuvo interés en aprender el saxofón. Y este es Gregorio, el Brumos, el que le enseñó a tocar el saxofón a Luis.

M. A.: Bueno, pero, ¿por qué se llamaba el Brumos?

J. R.: Pues es un mote, es un apodo, qué le diré, como le podía decir el Mocasantos, que es uno de los motes que más le gustan a Luis; el Mediaculera… Y ponga otro: el Mudo, el Melena…

M. A.: ¿Era mudo de verdad?

---

58 Repollés le está mostrando fotografías a Aub.

J. R.: ¿Este? Sí, sí. Es este. Este es el Mudo, o el Melena, que es otro desgraciado de allí del pueblo. Y este es el Rebullida. Y este, Pedro Sauras. Han muerto todos. Pues, como le digo, hay distintos toques de tambores. Luis se los sabe perfectamente. Y otra de las cosas que ellos hacen, lo mismo Alfonso que él, cuando a lo mejor están solos, ensimismados, es que empiezan a tocar con los dedos o con cualquier cosa…

M. A.: Tamborilear.

J. R.: … uno de los toques de tambores. Estos toques de los tambores tienen diferentes nombres. Hay uno que es creación de Luis. Y Luis le dio nombre. Uno de los toques de tambores es, por ejemplo, la marcha palillera. Y otro que, como digo, es de Luis, es: *me la han cascao, me la han cascao*. Le encanta esto *[canturrea]*. Le encanta. Este es un toque de los que le gustan. Y le llama él así: «el toque del me la han cascao». ¿Comprende? Y allí, en Calanda, pues el toque del *me la han cascao* es un toque muy curioso y muy espectacular. ¿Usted no ha estado nunca en la Semana Santa en Calanda?

M. A.: No. Ahora hay grandes problemas con Alcañiz, ¿no?

J. R.: No, no. Con Alcañiz, nada. Aunque entre los pueblos vecinos ya sabe usted que hay siempre un antagonismo, una rivalidad. Esta rivalidad persiste hasta tal punto, que este año pasado hicieron en Calanda algo espantoso. Y se dice, y yo en esto no tengo elementos de juicio definitivos, pero…

M. A.: ¿Lo de los Cristos?

J. R.: Y lo de las ruedas, lo de las ruedas de los automóviles, que ya se lo conté. Fueron unos mozalbetes de Alcañiz que cogieron nada menos que setenta u ochenta automóviles que estaban aparcados en Calanda y les reventaron todas las ruedas, a todos. Y es que ha cogido un cuerpo la Semana Santa en Calanda, que se llena, se pone el pueblo a reventar, hacen películas, se arman follones. Y Alcañiz, que es una ciudad, en fin, yo…

M. A.: Muy bonita.

J. R.: Muy bonita, lo reconozco. Como población es estupenda. Yo tuve negocios y vivía en Calanda, pero bajaba todos los días a Alcañiz. Ahora, nos tienen a los de Calanda…, porque Calanda es el único pueblo en el mundo que tiene tres figuras de tipo universal. Es decir, hay poblaciones que tienen una figura, como Goya en Fuendetodos, como puede tener otro a un gran general u otros que tienen… No, no, Calanda tiene tres figuras de tipo universal. Una, que usted habrá oído nombrar y que algunos la discuten, que es el famoso milagro de Pellicer. Miguel Pellicer, que es figura universal y en el Vaticano y en todos los medios cristianos se le conoce. La otra es don Gaspar Sanz, que es el creador del primer método de guitarra en el mundo. Cualquier historia de música que coja hablará de él. Y la tercera figura es Luis Buñuel.

M. A.: ¿Qué milagro es ese?

J. R.: ¡El milagro! Es una cosa muy impresionante. El milagro ocurrió no en los albores de la Historia, sino anteayer, en el año 1640. Reinaba en España Felipe IV. Había en Calanda una familia, Pellicer, de la cual yo tengo documentos auténticos. Esta familia tenía un hijo. Un día, yendo este muchacho, que era un joven sano, conduciendo un carro, pues en uno de los baches cayó. Porque ya sabe usted que suelen ir sentados en la vara, y las caballerías van aquí y el carro detrás y van sentados. Y de pronto, un bache y cayó. Entonces le pasó el carro por encima de la pierna y se la tuvieron que amputar en el Hospital de Gracia de Zaragoza. Le cortaron la pierna, la enterraron y le quedó a él un muñón. Y con una muleta, como ya no podía trabajar, se dedicó a la mendicidad. Este hombre pues eligió como punto que a él le convenía más la puerta del Pilar de Zaragoza. Y allí, pues todos los que iban y entraban al templo, uno le daba y otro no le daba, y el hombre vivía así. Pero él, con una gran fe, entraba todos los días al templo. Como hay una lámpara votiva junto a la imagen, se untaba la herida con el aceite de la lámpara. Se untaba el muñón, que le supuraba de vez en cuando, y se lo envolvía y volvía a pedir. Una de las veces, pues, se acercó a casa. Entre Zaragoza y Calanda había un servicio de diligencias, y él, pidiendo por los pueblos, se fue acercando. El hecho es que llegó a Calanda en un momento en que en el pueblo había tropas. Y al que tenían alojado le habían dado precisamente su cama. Entonces su madre le dijo: «No te preocupes». Era en el mes de marzo, no hacía mucho frío. Y allí, junto a la cuadra, le pusieron un serón, y allí durmió. Y aquella noche, que era la del 29 de marzo del año 1640, cuéntase que se le apareció la Virgen y le volvió a poner milagrosamente la pierna que le habían cortado hacía dos años y cinco meses. Claro, al día siguiente, cuando el chico se levanta, se produjo el escándalo consiguiente. Su madre y, en fin, todo el pueblo, vieron que era una cosa de milagro; pues, inmediatamente, fueron a las autoridades eclesiásticas. Y sí, el arzobispo y todo el mundo reconocieron que era un milagro. Fueron al lugar donde el cirujano había enterrado la pierna, fueron a mirar y allí no había nada, ¡por lo menos tenía que quedar el hueso! Porque le habían cortado a la altura de la rótula. Total, que allí no existían los huesos. Se tuvo que ir a Madrid, y Felipe IV le adoró la pierna. Hay también otros recuerdos y existe constancia histórica de este hecho. Y ya luego, pues Miguel Pellicer fue de pueblo en pueblo, en unos era padrino de boda, en otros asistía a un recién nacido. Así fue viviendo hasta que un día desapareció, murió. Se dice que murió en Pina de Ebro, pueblo que hay allí, a la orilla del Ebro. ¿Usted conoce la carretera de Alcañiz? Bueno, pues en Pina de Ebro fue donde murió Miguel Pellicer.

M. A.: ¿Y qué repercusión tuvo en Calanda?

J. R.: ¡Ah!, pues en Calanda inmediatamente se construyó el templo. Allí donde vivía Miguel Pellicer, tiraron la casa y levantaron un templo. Pero luego, aquello, en fin, fue creciendo. Y cuando en Zaragoza se hizo mayor el templo del Pilar, la misma junta que asistía a su construcción vino a Calanda y ayudó a levantar la torre esa que hoy destaca sobre toda la población. Y desde entonces hay allí una capilla, entrando a mano derecha, que fue exactamente el lugar donde se produjo el milagro. El templo, ahora, por cierto, se está agrietando mucho, está aquello hecho polvo, debido precisamente a que el suelo de Calanda es un suelo muy malo para eso. Le podía hablar muchísimo más del milagro de Pellicer, pero sin tocar la cosa de aspecto religioso, porque de esto hay mucha gente que, claro, como en todo, hay quien tiene fe y hay quien no tiene fe. Pero siempre en Calanda, ya digo, esta cosa del Pilar, pues ya sabe, nosotros pues a lo mejor blasfemamos contra todo, pero con la Virgen del Pilar, no sé, chico, ¿me comprende?, hay quien...

M. A.: Eso es universal entre los católicos.

J. R.: Exacto. Esta cosa de Pellicer ha sido muy discutida, pero en el fondo se sigue teniendo como quizás el único milagro en la Iglesia católica, el único milagro de la resurrección de la carne, después de lo de Lázaro.

M. A.: Y los amigos esos, ¿qué solían hacer? ¿En qué se distinguían? ¿Gastaban bromas?

J. R.: Muchas, muchas. Porque Luis, por ejemplo —volvemos otra vez al gusto por las armas—, en cierta ocasión, por aquel entonces había en aquella comarca del Bajo Aragón un bandido muy famoso, un bandido que hacía de las suyas. Estaba muy ayudado por la cosa política porque había un individuo que le ayudaba mucho. Y, claro, como le protegía, pues, aunque lo cogían se iba salvando. Salía otra vez, y a cada cambio de Ministerio volvía a hacer de las suyas. Total, lo llamaban El Floro.[59] Era la época de los trabucos. A Luis le encantaban, y el mayordomo de su casa, Campos, tenía uno. Un día, a Luis no se le ocurrió más que coger este trabuco, envolverse en el manteo de su tío el cura, mosén Santos, y a esta hora indecisa del atardecer, cuando todavía (porque en Calanda la luz eléctrica vino muy tarde) había un poco de luz, pues la niñera de su casa —porque como fueron siete hermanos, allí siempre había niñeras e institutrices, aquello era una procesión de gente, ¿sabe?—, pues ahí estaba en la puerta, entreteniendo a la criatura, que debía de ser Margarita —esta que vive aquí—. Y no se le ocurrió otra cosa —tendría él doce o cator-

59 Pascual Andreu Grau (1848-1919), conocido como El Floro, se vio envuelto en la muerte de un compañero de trabajo en el telégrafo de Alcañiz a consecuencia de la cual fue confinado en el penal de Ceuta del que se fugó posteriormente. Se le atribuyen robos en la zona del Valderrobres y los Puertos y varios enfrentamientos con la Guardia Civil, de los que resultó una muerte, que le grangearon fama de bandolero. Esta versión es más creíble que la de Conchita Buñuel (véase la p. 62), no solo por el área geográfica, sino porque el Sacamantecas, a quien se refiere la hermana de Buñuel, falleció en 1881.

ce años— que presentarse con el trabuco al hombro. Y la otra estaba allí... ¡Ah!, pero para esto hace falta conocer la configuración de la casa. La casa de Buñuel está enfrente misma de la iglesia, pero, profundizando, comunica con otra casa que era donde vivían los mayordomos, criados y demás, que da a la calle San Roque, que es la primera que hay a mano izquierda, la cual sube perpendicular a la plaza. Es la casa que más han querido todos los Buñuel, la de la calle San Roque, que es esta de que hablo yo. Bueno, pues estaban las dos casas comunicadas por detrás. Entonces, pues allí estaba la niñera con la criatura, tomando el fresco, y aparece con el trabuco allí embozado, le quita la criatura, la mete bajo la capa y echa a correr. ¡Ay!, unos alaridos, oiga usted, la otra que ve que se llevan... A todo esto, inmediatamente el otro dio la vuelta y desapareció. En seguida un alboroto por todo el pueblo, la Guardia Civil buscando, porque siempre ha habido Guardia Civil, y buscando, y tal: «¡Los ladrones, El Floro, que nos han robado, que...!». En fin. Bueno, oiga, se armó un escándalo. Total, y Luis había cogido a su hermanica, se metió por la otra puerta, ¿sabe?, subió por la calle de San Roque, se subió arriba, en el granero, y allí estuvo hasta que el hombre se cansó de la broma y apareció allí con su hermana. Pero todo esto después que ya había armado un escándalo y un sofoco a su madre y a todo el mundo que, oiga, nos encendió. Este fue el rapto de su hermana. Otro día, pues le gustaba mucho hacer el Cristo y hacer misas y cosas de esas —a pesar de que le culparon, como decía una vez, en una declaración, de que hacía misas negras. ¡Cómo Luis va a hacer misas negras! Lo que pasa es que se divertía con sus cosas—. Y un día, por ejemplo, pues plantaba unas velas, y desnudo completamente, hecho un Cristo, o sea, semejando un Cristo, pues así en el suelo. Porque otra de las cosas que usted sabrá, es que él jamás duerme en la cama, siempre duerme en el suelo. Pues desnudo completamente, todo el pecho ensangrentado, un cuchillo allí teñido de sangre también, y el tío allí tumbado, entre medias de los dos cirios, largo, en mitad de la habitación. Y, claro, pues al entrar la criada, ver allí al señorito muerto, porque él se hacía el muerto...

M. A.: ¿Cuántos años tenía entonces?

J. R.: Doce años. ¡Unos alaridos por la casa al ver aquello! Y cada día, mientras estaba en Calanda, hacía una de estas. ¡La de anécdotas que yo le puedo contar, y de las que él ni se acordará! Si usted le cuenta, por ejemplo, cuando robaste a tu hermanita, cuando Gregorio el Brumos, cuando tocaste el saxofón, cuando andabas en pelotas, porque a todos los *Buñueles* les ha gustado exhibirse un poco desnudos. Es una cosa un poco rara esta.

M. A.: ¿Hasta las mujeres?

J. R.: Pues las mujeres, yo las he visto muy desnudas bañándose. ¿Entiende? Pero me refiero no en cosa llamémosla en el aspecto ..., sino... porque además han podido. Tanto Luis como Alfonso. Ahora Luis está muy cascado, pero Alfonso mismo era también un tiarrón, ¿comprende? Y lo mismo Luis con el boxeo y demás. Cuando tenía 12 o 13 años y aprendía a boxear allí, en Calanda, tenía un saco de arena en el patio de la casa de la calle de San Roque y allí el tío daba cada puñetazo que, claro, toda la gente del pueblo acudía a la puerta a ver aquello. Ahora se habla mucho de *contamos contigo*, pero en aquellos tiempos, en Calanda, el deporte es que ni se conocía. Y él lo había traído ya de Zaragoza y de París y de donde había estado el hombre, y era cuando se preparaba para ser boxeador. Tenía un saco, y hacía cada entrenamiento que encendía el pelo. Pero el tío en cueros, ¿sabe?, en cueros, no más con un taparrabos. Pero, claro, en aquellos tiempos, en los años veinte, aún iba todo el mundo tapado en los baños. Bueno, pues el tío, si no en cueros, con un jodido calzoncillo, ¿no?, y allí cada puñetazo que para qué. Y cuando el tío estaba sudando llamaba a Campos —que Campos es un personaje clave dentro de la vida de Luis, era el mayordomo, era el chófer, era el hombre de confianza de los Buñuel—. Y este Campos, desde arriba, a pesar de que en casa tenían cuarto de baño, duchas y de todo, cogía una regadera llena de agua y desde la galería, ante todo el pueblo —oiga, yo de esto le puedo contar muchas cosas—, él, allí, aguantaba la ducha, y el tío regándolo desde arriba, el criado, ¿sabe?, el mayordomo. Esto le encantaba y, luego, pues el hombre hacía por allí sus ejercicios y sus cosas. Después, otras veces, pues aparecía, como le digo yo, con armas. Pero dentro de esta cosa de las armas hubo un hecho curioso, y se lo voy a contar a usted que no lo conoce y él no se acuerda siquiera, pero quiero que usted se lo recuerde. Era el día que lo detuvo la Guardia Civil. Con la Guardia Civil, usted, lo mismo que Lorca, y tantos, Luis algo tenía, porque le gusta mucho sacarla en sus películas. Siempre que puede. Usted ve, por ejemplo, *Viridiana* o ve cualquiera de sus películas, y, en fin...

M. A.: Sí, sí.

J. R.: Bueno, pues iba a cazar con este, Pedro Sauras. Siempre que iba a cazar, Luis llevaba una indumentaria especial, que consistía en atarse en la cabeza un pañuelo estilo baturro, ¿sabe? Se ataba en la cabeza un pañuelo, en mangas de camisa, despechugado el tío, con su rifle al hombro. Le gustaba mucho cazar con rifle, no por el hecho de cazar en sí, o sea, no por el hecho de matar, sino de disparar. Por eso iban mucho a la esbarra de los zorros, a la andada, y, de pronto, ¡bim, bim, bim!, le zumbaba dos o tres tiros, y al hombre, pues aquello le..., más que el cobro de la pieza es el disparo, el momento, el motivo de disparar. Bueno, iba a cazar con este Pedro Sauras. Y, claro, como no confiaban mucho, llevaban merienda, algunas chuletas, a pesar de que Luis ha sido siempre muy morigerado en las comidas. Porque es un hombre de poca comida; más de vino, sobre todo en bota. Le encanta, ¿sabe? Un buen vino. Y una cosa que le puede, y que hace muchos años que no come, son las tortillas de tucas y de colellas.

M. A.: ¿Qué son?

J. R.: Son unas yerbas extrañas, muy sabrosas, que se encuentran en según qué puntos. Y son solamente los brotes los que hay que coger. Esto, frito en una tortilla, es de una exquisitez que, vamos, es *bocatti di papi,* que digo yo. No de *cardenali*, no, de *papi*. Pues bueno, Luis hace años que no ha comido estas tucas y estas colellas. Otra cosa que le gustaba mucho eran los caracoles, cogidos y vueltos boca abajo, echar un poco de fenaz y... Fenaz, ¿tampoco sabe lo que es? Yerbabuena. Bueno, pues esto también le encantaba. Como le decía, solían llevar, por ejemplo, de vez en cuando, una chuleta o un trozo de jamón. Y uno de los días, pues fueron de caza por la Masada del Pino, llegaron allí y se internaron en dirección a La Ginebrosa. La Ginebrosa es un pueblo que hay cerca del desierto. Lo que llaman el desierto de Calanda. Es un pinar, y a ese pinar iba él muchas veces a cazar. En una de aquellas masías que hay por aquellas contornadas se había cometido hacía poco un robo. Y, claro, la Guardia Civil andaba sobre aviso. Ellos, Luis concretamente, se acercó a la masía a pedir sal, porque resulta que llevaban la carne y no llevaban sal, se les había olvidado la sal. Habían cogido unas chuletas y querían asarlas, hacer un poco de fuego allí, porque esto también a Alfonso le gustaba, cogía la carne y de dos soplidos, así, ¿comprende?, y pa'lante. O sea, que para esto no han tenido nunca grandes reparos, no han sido hombres de exquisiteces ni... Entonces, terminaron de comer y siguieron camino. Y en esto, la Guardia Civil: «¡Alto! ¡Alto!». Y Luis con aquella facha que tenía de facineroso, el pañuelo atado a la cabeza, despechugado y el rifle al hombro. Viene la Guardia Civil, pues: «¡Manos arriba!, y aquí qué pasa. Ustedes...», tal y cual. Y Luis le pega un codazo al otro y le dice: «Tú, calla». Y se hace pasar por el facineroso, por los bandidos que andaban buscando. Pues, pa'lante, allí, a culatazos, y tiran pa'lante, como tratan..., en fin, como se puede imaginar. Tiran pa'lante, para La Ginebrosa. Y que los llevan a La Ginebrosa. Hasta que allí al tío se le soltaron los huevos, se cansó ya de hacer el bandido y de aguantar todos los insultos o todo lo que le dijera la Guardia Civil, y entonces fue cuando Pedro Sauras, que es el que iba con él, se dio a conocer porque estaba acojonado, mientras el otro la estaba gozando de verse el tío allí, apresado y conducido por la Guardia Civil. Pero el tío, claro, después, pues la tuvo con ellos, pero gorda. Esta fue una de las veces que le cogieron los de la Guardia Civil. Y con el que también iba muchas veces era con el Rebullida, este otro gordo, grande, que es el que estaba al frente de la Torre de los Buñuel. O sea, el cultivador, el administrador, el que gobernaba, el que llevaba toda la finca. Era muy gordo. Y entonces, con este, cuando iban a cazar, siempre hacían lo mismo. Para subir en esta dirección que le hablaba yo, hacia la Masada del Pino, hay que cruzar varias veces el río Guadalope. El río Guadalope tiene un curso muy tortuoso, muy sinuoso, mejor dicho. Entonces, tiene usted que cruzarlo y luego resulta que tiene que volver a cruzarlo otra vez. Total, que esto ocurre varias veces. Bien, pues, ¿sabe usted lo que le gustaba a Luis?, ¿con este Rebullida? Una es: montaba él en colletas, en colletas quiere decir...

M. A.: Ya, ya.

J. R.: ... a las espaldas del otro. Y luego, a la otra vez, era Luis el que tenía que pasar al Rebullida. Y, claro, usted imagine que eran dos tiarrones, gordos, eran dos hombretones. Y al que iba por allí y veía esto, pues claro, usted imagine, un tipo como Luis yendo ..., porque al fin y al cabo era un empleado de él, era un criado, era un ..., no sé cómo decirle, un obrero de la casa el Rebullida. Pero es que los Buñuel han tenido igual a los criados, a todos los entradores, medieros y gentes, como si fueran de la familia. Esta es la gran virtud de los Buñuel. Es decir, han sido tan democráticos en su trato con la gente que por eso todo el mundo los adoraba. Mientras que los de arriba, ¿sabe?, la burguesía, los tenía siempre..., ¡bueno! [...]

M. A.: Y ahora, ¿siguen siendo de la familia las fincas que compró el padre?

J. R.: Mire, ahora mismo, las fincas no sé quién las tendrá. Hasta hace poco tiempo las tuvo un tal Paco, el Matalobos. Y a Luis le hablan de las fincas, oye y se ríe. O sea, Luis no quiere saber una palabra de nada. Luis nunca ha querido saber una palabra de nada. Alfonso, la casa, lo que él ha reconstruido. Yo conozco a todos sus amigos arquitectos de Zaragoza, porque yo pertenecía también a la Orden de Don Juan Tenorio, de la cual era comendador Alfonso. Y fue allí donde conocí a Pepín Bello y a Juan Cristóbal, y a muchos más. Se reunían en Casa Lhardy,[60] o en distintos lugares de Madrid, unas veces en Alcalá de Henares, otras veces en otros puntos cercanos a Madrid, una cena a la cual he asistido muchísimas veces. Era una cena un poco estrafalaria. Todo el mundo iba vestido a su manera. Y Alfonso era el Comendador. Y, claro, pues yo, con Alfonso, no sé, tengo una amistad, una relación íntima. A pesar de que luego tenía sus aficiones o sus características, que son ya de cada uno. Pero cuando vino a Calanda, después de la guerra, vino ya muy vencido. A pesar de ser arquitecto, jamás quiso hacer ninguna obra ni trabajar para el Estado. Yo era profesor, pero yo tampoco ejerzo. Desde que se acabó la guerra yo no he ejercido más, ¿me comprende? Pues él terminó la carrera de arquitecto y tenía posibilidades de haberse ocupado en muchísimos sitios, porque, además, valía mucho. Pues nada, nunca quiso hacer nada. Ahora, para los amigos era ya otra cosa. Llegaba [Luis Miguel] Dominguín: «Oye, que tal, la Compasa». La hacía. Ortega: «Oye, que en Toledo, que la casa...». Llegaba allí y le hacía lo que fuera. Para sus amigos, lo que fuera. Otra cosa, no. Lo llamaron para Regiones Devastadas. Estaba de jefe un paisano nuestro, un tal Allanegui, sobrino de este mosén Vicente. Jefe de Regiones Devastadas, mire qué carguito, ¿eh?, un

60 Lhardy es un restaurante aristocrático de Madrid, hoy todavía abierto.

tal Allanegui, de Calanda, hijo de una hermana de este mosén Vicente. Y quería, pues, que Alfonso, que era arquitecto, pues… Y nada. Y se murió sin dar golpe. Su madre le pasaba un tanto, le daba lo que fuera, u obtenía dinero de otra forma, pero el hecho es que no quiso nunca trabajar. Y tenía amigos arquitectos estupendos. Aquí mismo hay uno muy bueno, Palinfiesta; Pérez Páramo, en Zaragoza. En fin, arquitectos que han triunfado y que han hecho obras importantes, su mismo cuñado, [Alfonso] de Lucas, el marido de Margarita, que trabaja en el cine. Todos ellos, en fin, le podían… Él nunca quiso. Además, les superaba a todos en treinta codos. Una vez se propuso demostrar quién era. Hubo un concurso, presentó un proyecto. Oiga, por aclamación, por unanimidad, obtuvo el primer premio. Y le ofrecían también una obra de 250 millones y no quiso ni presentarse.

* * *

J. R.: Bueno, aquí están los toques de los tambores, la marcha palillera, el toque del juanete, «la correata, que suban y bajen las imágenes, a rodar por el pueblo y me la han cascao, y me la han cascao» es de Luis. Usted sabrá que Luis un día abandonó el rodaje de una película, estando precisamente en Hollywood, sería por el año 1933 o 1934, y por eso terminó con Hollywood. Tuvo que salir de allí. Y en esa Semana Santa —Luis se acuerda que era Semana Santa— abandona el rodaje, coge el avión y se va para Calanda. A pesar de que él ya sabe usted que ha sido siempre muy enemigo de ir en avión: le tiene verdadero pánico. Y yo me acuerdo que a lo mejor venía de París, aquellos años, cuando estaban el Buick, el Rolls, aquellos coches largos, aquellos Bugatti, y venía a lo mejor con tres o cuatro artistas y fulanos, oiga, y en un pueblo como en Calanda, un pueblo tradicional, un pueblo burgués por excelencia… Porque Calanda ha sido un pueblo muy puñetero. Yo soy de Calanda y me ha tocado vivir por muchas partes del mundo, no tantas como usted, pero casi. Y cada vez que volvía a mi pueblo, pues oiga, le hubiera pegado cuarenta patadas en…

M. A.: ¿Por qué?

J. R.: Pues, a pesar de que lo quiero, porque, mire usted, todo el pueblo me conoce a mí, me conocen tanto como a Luis, yo quiero a mi pueblo, con el mismo afecto, con el mismo cariño que usted pueda querer al suyo. Pero como este jodido pueblo mío ha sido un pueblo de caciques toda la vida, por eso la explosión de la guerra tuvo que ser tan espantosa como lo fue allí. Porque es que no podía ser de otra manera. Es decir, ha habido momentos en mi vida (no sé usted cómo lo pasó, y esto ya no tiene nada que ver con Buñuel, pero es un pequeño bache) en donde me he sentido anarquista. Bueno, pues Calanda ha sido siempre un pueblo de caciques, donde ahí, entre cuatro, seis o media docena han tenido al pueblo en un puño, haciéndole pasar hambre, haciéndole pasar… oiga, moradas. ¡Moradas! Prueba de ello, yo le hablaría de Ferrer Guardia, ¿comprende?, le hablaría de los tiempos de la Semana

Trágica, en donde ya el anarquismo en Calanda fue cogiendo raíces. Y prueba de ello es que, en el año 1933, ya la primera explosión del anarquismo se produjo en Calanda. Con bombas, con follones. En el año 34, lo mismo, con los sucesos de Asturias. Y ya, en el año 36, aquello fue la hecatombe, ¿comprende?, la hecatombe. Porque aquello, oiga, allí se mató a gente, no crea que de aquí solo, ¿eh?, échele usted carrete. Porque allí... ¿No ha oído usted hablar de esto?

M. A.: Poco.

J. R.: Pues aquello fue horroroso. Bueno, esto es lo que me hace a mí tener coraje contra mi pueblo, ¿comprende? Que se han matado los mismos del pueblo.

M. A.: Y luego, al revés.

J. R.: Pues esto es lo que le estoy diciendo. Porque, además, me tocó vivirlo a mí todo.

M. A.: ¿Estuvo usted allí?

J. R.: Yo lo he vivido todo. Yo lo he vivido todo. Cuando se acabó la guerra es cuando me querían a mí cascar. Fue entonces cuando empezó a venir Alfonso por aquí.

M. A.: Menos mal que lo puede contar.

J. R.: A mí desde niño ya me sacaron fuera de Calanda, me hicieron estudiar, me llevaron por esos mundos, empecé a conocer lo que era Luis y, claro, pues hasta a reverenciarlo. A adorar lo que hacía Luis. Y ya esta fue la unión, la amistad, y sigo teniendo hoy gran amistad con Alicia, con su hija, con todos los de la familia. Con Leonardo, ¡para qué le voy a contar!

M. A.: Yo estuve con Leonardo.

J. R.: Leonardo va y viene mucho de Zaragoza, donde está de médico, va y viene mucho con su mujer a Calanda. En la casa de al lado tiene reservada una habitación, porque la casa Buñuel está desecha.

M. A.: Sí. Arriba solo está María.

J. R.: Alicia es la que está. Que es la que más se parece ahora a Luis. Pues como le digo, hay distintos toques en su cine. Observe que en muchas de las películas de Luis hay un fondo de tambores.

M. A.: Sí.

J. R.: Fondo de tambores que ha continuado hasta Saura, en *Peppermint frappé*.[61]

M. A.: Sí.

* * *

61 Parte de la acción de *Peppermint frappé* (Carlos Saura, 1967) transcurre en Calanda durante la Semana Santa.

Carta de José Repollés Aguilar a Max Aub[62]

7 de julio de 1970

Distinguido amigo:

Contesto a su carta del 5 del pasado, después de activas gestiones en Calanda y pueblos cercanos.

LEYENDA DEL CRISTO: Nadie sabe nada de la leyenda del Cristo que, según usted dice, iba de Calanda a Alcañiz y volvía. ¿No será la famosa procesión de Foz a Calanda y regreso? Como probablemente se referirá a ella, a continuación le doy escuetamente los datos más importantes.

En el año 1638, siendo párroco de Foz Calanda, don Nicolás Ferrer, sufrió la población y su término graves ataques de invasión de langosta. Resuelto el problema, la fe de aquellos hombres les llevó en su gratitud a hacer todos los años actos de agradecimiento con visitas anuales al Cristo de Aguaviva y a la Virgen de la iglesia del Pilar de Calanda (en realidad visitaban la ermita del Humilladero, pues las obras de la iglesia del Pilar se iniciaron en 1642, dos años después de producirse el célebre Milagro de Miguel Pellicer). El recorrido de la procesión era por el camino viejo de Foz, y precisamente el último sábado del mes de abril de cada año. Figuraba en el religioso cortejo el Ayuntamiento y así todo el pueblo de Foz-Calanda. Al frente de la procesión marchaba el famoso entandarte de 13 metros de altura, descomunal y magnífico pendón que iba portado por ocho robustos mozos; lo llevaban en sentido horizontal por no atreverse a llevarlo en sentido vertical.

Otra versión dice que el motivo de bajar la procesión de Foz a Calanda fue porque cuando echaron a los moros de Foz, los cristianos de Calanda subieron con el Santísimo y, desde entonces, los focinos en agradecimiento bajaban a Calanda el último sábado de abril, formados en fervorosa procesión.

Sea como fuere, el hecho es que al llegar la procesión a la partida llamada «Los Tejones», cerca ya de Calanda, era recibida por el Concejo, Clero y Vicario con cruz alzada, visitando en primer término la ya desaparecida iglesia de San Miguel, mientras las gentes de Foz y las de Calanda fraternizaban haciendo gala de amistad y buena memoria.

Terminada la ceremonia religiosa, el Ayuntamiento de Calanda ofrecía un buen refresco a las autoridades de Foz en la Casa de la Villa. Luego, llegada la hora de la retirada, que se hacía casi siempre oscureciendo, los de Calanda salían a despedir a los de Foz también formando procesión, acompañado de hachones de grasa y numerosas velas de cera, hasta llegar a «Los Tejones», donde se separaban y cada año se volvía para su respectivo pueblo.

---

62 Esta carta está relacionada con la conversación que mantuvieron el escritor calandino y Aub el año anterior.

Todo fue bien hasta un año, bien por cuestiones de índole «gamberril» o porque los mozos se encontraron por razones de faldas, el caso es que terminaron como el rosario de la aurora, es decir, en verdadera batalla campal. Y al ver al año siguiente que la lucha se repetía a la hora de separarse los dos pueblos, las autoridades religiosas y civiles optaron por terminar con aquella tradicional procesión. Esta sucedió a finales de siglo pasado. Desde entonces ya no bajó más la procesión de Foz a Calanda.

FOTOGRAFÍAS: Adjunto le mando las fotografías que había extraviado y que corresponden a dos amigos de Luis Buñuel:

FRANCISCO ALFRANCA MANERO —«Tuerto Alfranca»—. Fue el mejor amigo que durante la niñez tuvo en Calanda Luis Buñuel. Nació el 11 de febrero de 1897. Se exilió en Francia cuando la guerra civil y actualmente se halla muy envejecido en un asilo en una población francesa.

GREGORIO BRUMOS BLASCO —«el Brumos»—. Nació en Calanda. En la actualidad reside en Calanda. Fue el primer profesor de música que tuvo Luis Buñuel. Le enseñó a tocar el saxofón, hasta que Luis cambió este instrumento por el violín.

Y nada más, amigo mío. Solamente rogarle que cuando en su Historia de Buñuel hable de Calanda, lo haga con más objetividad y un poco más de afecto que lo ha hecho J. F. Aranda en su *Luis Buñuel. Biografía crítica*,[63] donde en su página 15 nos pone tanto a mi pueblo como a los calandinos de tal forma que no quiera usted saber... ¿Verdad que usted hablará mejor de mi querido pueblo? Gracias anticipadamente en mi nombre y en el de todos mis paisanos, incluido Luis.

Con la esperanza de haberle complacido, mande como guste a su buen amigo que le saluda cordialmente.

JUAN LUIS BUÑUEL

J. L. B.: Creo que una de las grandes influencias en el trabajo de mi padre es el pueblo de Calanda, su pueblo natal.

M. A.: En esto estamos de acuerdo. Como que los tambores de Calanda resuenan a todo lo largo de la obra de Buñuel.

J. L. B.: Pero, más que los tambores, es el pueblo mismo, la gente, la sequedad del pueblo. Todo, todo.

M. A.: Entonces esto es Aragón; es la influencia de Aragón en Buñuel, que tengo mucho interés en sacar y que sería, al fin y al cabo, la misma influencia de Aragón en Goya. El problema está en, si tú crees que hay una influencia,

---

63 El crítico, ensayista y artista zaragozano José Francisco Aranda (1925-1989) es el autor del primero y uno de los más celebrados ensayos sobre el cineasta calandino: *Luis Buñuel, biografía crítica* (Lumen, 1970).

digamos, española, quitándole todo el sentido nacionalista a la palabra. ¿Crees que lo primero que hay, la primera fuerza que hay en tu padre, es esa fuerza ética española?

J. L. B.: Sí, sí, sí, porque todas sus películas buenas son las que tocan temas españoles.

M. A.: ¿Qué entiendes por *películas buenas*?

J. L. B.: Por ejemplo, *Viridiana* o *El ángel exterminador.* Le sale mucho de Calanda en *El ángel exterminador,* y de Teruel, también. ¿Cómo se llama el pueblo que está en Aragón?

M. A.: ¿Alcañiz?

J. L. B.: No, no, no. Dónde vive Saura, ahora. Antonio Saura.

M. A.: ¿En el Maestrazgo?

J. L. B.: No. ¿Está en Aragón? Cuenca.

M. A.: Cuenca. ¡Psss! Bueno, decir que Cuenca es Aragón ya es un afán expansionista, ¿verdad?, que me hace sospechar que quieres conducir los ejércitos aragoneses en contra de Castilla.

J. L. B.: ¿No? ¿Cuenca no está en Aragón?

M. A.: Cuenca no es Aragón.

J. L. B.: ¡Ah!, yo creía que era Aragón, no sé por qué. Porque en *El ángel exterminador,* donde hablan, entran en el retrete y uno levanta la tapa grande donde hacen sus necesidades, y ve a través de ella un águila volando allá abajo y unas hojas secas revoloteando, y nadie sabe lo que es eso. Pues eso proviene de los retretes de Cuenca, que están en las hoces. Y cuando uno levanta la tapa, ve debajo el río y como pasan águilas o palomas, y a veces el aire echa... porque hay unos abismos de 100 metros.

M. A.: ¿Tú padre estuvo en Cuenca? Porque tu padre ha viajado relativamente poco dentro de lo que ha viajado. Además, no le gusta.

J. L. B.: No le gusta viajar, no.

M. A.: Viaja por necesidades cinematográficas.

J. L. B.: De gusto, de vez en cuando, por ejemplo, a Cuenca o a las Batuecas, cerca de la frontera de Portugal, donde están Las Hurdes. A veces viaja así, porque le gusta, pero muy poco. [...].

M. A.: Háblame ahora de Calanda.

J. L. B.: Pueblo feo. *(Ríe).* Si lo digo me echan de allí. Pueblo chiquito, seco.

M. A.: ¿Cuántos habitantes?

J. L. B.: Creo que hay tres mil o cuatro mil habitantes.

M. A.: Háblame de tu casa «solariega»; lo pongo entre comillas.

J. L. B.: Solariega, ¿qué es?

M. A.: Sí, es decir tu casa natal.

J. L. B.: ¡Ah! Mi casa natal está en París.

M. A.: Ya. No, no, no. La casa de...

J. L. B.: Entiendo, de mis padres. Pues ahora está bastante arruinada. Arruinada quiere decir rota, porque falta dinero para arreglar eso. La casa ahora está muy triste, muy grande, la pintura está cayéndose. Grietas por todas partes.

M. A.: ¿Quién vive ahora allí, en esa casa?

J. L. B.: Nadie. Por vacaciones va mi tía Alicia, sus hijas y nietos. Y aguanta...

M. A.: Tienes tres tías.

J. L. B.: Cuatro.

M. A.: ¿Cuatro?

J. L. B.: Margarita que es la más joven. Margarita, Conchita, que sí que la conoces, Alicia y María. María es la más vieja de las hermanas.

M. A.: ¿Y dónde viven?

J. L. B.: Tres de ellas en Zaragoza y Margarita, la más joven, en Barcelona.

M. A.: ¡Ah!, Margarita vive en Barcelona.

J. L. B.: Se casó otra vez. Su primer marido murió y se casó otra vez con Alfonso de Lucas.

M. A.: Y, entonces, ¿en Calanda no vive nadie?

J. L. B.: En Calanda no vive nadie de la familia. Hay unos primos, lejanos, pero primos, pero nadie vive. Por ejemplo, la tía Alicia va mucho a Calanda, dos o tres veces al año, para los tambores y los fines de semana.

M. A.: Si voy a Calanda a pasar la Semana Santa, ¿hay una fonda?

J. L. B.: Sí, hay una fonda, pero debes escribir, por ejemplo, a la tía Alicia. ¡No!, a Vicentico. Mi padre te dará la dirección. A Vicente, que te reservará una habitación en la fonda, porque hay nueve habitaciones nada más. Tres meses antes debes de escribirle. ¡Ya puedes escribir! Después, si no vas, no importa. Pero es magnífico, debes ir. Vas a ver algo tremendo.

M. A.: Bueno, estoy de acuerdo, pero mi idea era ir a Alcañiz. Irme al Parador de Alcañiz y ver Alcañiz.

J. L. B.: Nada; Alcañiz no tiene interés. (*Ríe*).

M. A.: Pero es bonito.

J. L. B.: Sí, es muy bonito Alcañiz, pero demasiado formal. Todas las ceremonias son muy formales. No tiene lo improvisto que tiene Calanda. No; y en Calanda estás más en familia también. Toda la familia va a estar ahí. Mi padre dice: «Vete a Alcañiz». Pero no creo, porque él nunca ha ido. Ha ido por una hora y basta. Y los de Alcañiz odian a los de Calanda.

M. A.: ¿Sí? ¿Por qué?

J. L. B.: Bueno, un amigo mío (*ríe*) vino a Calanda una vez por Alcañiz, y llegando a Alcañiz, en tren, dijo: «Quiero ir a Calanda». Quería alquilar un coche para ir a Calanda. Y dijeron: «Para qué vas allá, son muy brutos allá, no vayas. No, quédate aquí, en Alcañiz».

M. A.: Y el abuelo —al que, naturalmente, no conociste—, cuando regresó a España, fue a Alcañiz y a Calanda, y ¿qué hizo? ¿Compró muchas tierras al lado de lo de Calanda?

J. L. B.: No lo sé. Conozco muy poco de él. Sé que compró mucha tierra y se casó con la abuela y tuvieron...

M. A.: Bueno, ya lo sé. Pero, estas tierras hoy, ¿no pertenecen a los Buñuel?

J. L. B.: Sí, hay unas que aún pertenecen a la familia. Tienen olivos y una granja. Pero casi no se pagan, con la cosecha de los olivos pagan a los empleados que trabajan allí, los impuestos y ya está. Así es que no ganan mucho. Había el tío Alfonso [Buñuel], que murió durante el redaje de *Viridiana*. Él se ocupaba un poquito, le gustaba mucho la granja y estar en el campo. Pero ya él murió y nadie se ocupa de las tierras.

M. A.: De las tierras, que sobre todo son olivos.

J. L. B.: Sí.

M. A.: Es decir, Calanda es una tierra subiendo hacia la sierra de Albarracín, ¿no?

J. L. B.: Teruel. Está justo entre Teruel y Zaragoza.

M. A.: Sí, justamente entre Teruel y Zaragoza. ¿Y cómo hay que ir?

J. L. B.: Llegando a Zaragoza, yo creo que hay tren que va a Alcañiz. Y de Alcañiz, en coche. También puedes ir en coche desde Zaragoza. Son dos horas y media de coche. Muy mala la carretera.

M. A.: No, es posible que vaya con Sánchez Ventura o algo así. *(Ríe).*

J. L. B.: Hay otra manera, en coche, si tienes coche, desde Barcelona.

M. A.: ¿Por dónde entonces?

J. L. B.: Pues, se va por Barcelona hacia Tarragona y después de Tarragona hay una carretera muy mala, muy mala.

M. A.: Sin subir hasta Zaragoza.

J. L. B.: Pero es muy mala la carretera. Si hay lluvias, es mala cosa. No, no pases.

M. A.: Sí. Muy bien, eso sí me interesa mucho. Me interesa enormemente por el trabajo, ¿verdad? ¿Tú tienes fotografías?

J. L. B.: Tenía muy buenas fotografías, pero no sé dónde fueron a parar. En París tengo negativos muy buenos.

M. A.: Y de la película que hiciste sobre Calanda ¿tienes algún negativo o un positivo, o un negativo?

J. L. B.: La tiene el productor, Jacques Bar.[64] Te puedo dar su dirección.

---

64 Jacques Bar (1921-2009) fue un productor francés que trabajó para la productora del documental *Calanda*, Cité Films.

M. A.: Sí, me das la dirección y una carta tuya para poder reproducir algunas cosas de Calanda.

J. L. B.: ¿Tú no tomas fotos?

M. A.: Sí.

J. L. B.: Si no, mi primo Pedro Christian[65] tiene una colección de fotos de Calanda magnífica, la mejor del mundo.

M. A.: ¿Dónde está?

J. L. B.: Él está entre Madrid y Zaragoza. Le pides las fotos y te da las fotos que quieras. Esa foto del libro de Ado Kyrou creo que es suya. Él tiene muchas, muchas, y todas diferentes. Por eso hice la película, porque antes tenía todas las fotos. Entonces, las enseñé al productor. Y fui con un cuaderno con las fotos y tomé los mismos ángulos. No es tan difícil.

M. A.: Y esa película tuya sobre Calanda, ¿dónde se ha exhibido?

J. L. B.: Pues no se ha exhibido. No pueden venderla.

M. A.: ¿Por qué?

J. L. B.: Porque hace mucho ruido. *(Ríe M.A.).* Bueno, es una película que es difícil pasarla porque es tan fuerte. ¡Batiburruum! Pegando y la sangre en la mano. Y si pasas esa película como corto, la otra película después se queda muy *flat*. Lo de los tipos con los tambores es tan brutal, tan humano y tan fuerte, que es difícil después pasar otra película.

M. A.: Pero tal vez se podría hacer un bonito programa doble con *Un perro andaluz*.

J. L. B.: ¡Ah! Eso sí. Sí.

M. A.: O ponerla como continuación de *Nazarín*.

J. L. B.: Sí, sí, sí. ¡Bum, bum, bum! Y pasa...

SALVADOR DALÍ

M. A.: Ha muerto su madre.

S. D.: ¿En Calanda?

M. A.: No, en Zaragoza. Por eso creo que ha venido a España.

S. D.: Él tenía, tenía la obsesión de... me acuerdo que hablaba de esas fiestas que se hacen por Navidad con unos tambores...

M. A.: Sí, bueno, los tambores de Calanda.

S. D.: ¡Ah, eso!, sí.

M. A.: Está a través de toda su obra.

---

65 Pedro Christian García Buñuel (1940-2008), además de sobrino de Luis Buñuel, promovió activamente la figura de su tío, editando, entre otros proyectos, la colección de guiones que publicó el Instituto de Estudios Turolenses.

S. D.: Es una obsesión. Cuando estábamos en Los Ángeles, cenamos una vez y no hablaba más que del día que podría volver a Calanda. Esa obsesión por los tambores.

M. A.: Sí, sí. Están en toda su obra, está en *Nazarín*, están...

S. D.: Sí, sí, sí.

M. A.: En *Simón del desierto*, están en un sinfín de cosas.

S. D.: No sé, es una obsesión. Eso de los tambores seguramente tiene una relación evidente con lo de Beethoven. Y con lo de la sordera. Porque a veces decía que el ruido de tambores era ensordecedor, y a veces se oían muy lejos, porque eran varios bandos de gente del pueblo, que iban recorriendo todo.

M. A.: Su hijo ha hecho una película sobre eso.[66] Pero gente que toca los tambores me ha dicho que no se oye absolutamente nada. Te quedas sordo si los oyes. Si tú los tocas, sí oyes.

S. D.: Bueno, pero yo creo que Buñuel participaba en eso.

M. A.: Sí, ahí tengo unas fotos espléndidas.

S. D.: Exactamente, él iba con los mozos y tocaba esos tambores.

M. A.: Sí, desde niño.

S. D.: Sí, es una cosa que le quedó de joven.

M. A.: Se le quedó de niño, desde niño tocaba el tambor.

Zaragoza

¿Y en los colegios religiosos?

Al año siguiente estuve un año entero. Mantecón creo que fue allí también, a los corazonistas. No, era mucho más joven que yo. No. Bueno, total que a los ocho años fui a los jesuitas y estuve hasta los catorce... Catorce o quince, por ahí. Estudié bachillerato, quinto y sexto en el Instituto, y terminé a los diecisiete años el bachillerato. O sea, tal vez saliera en 1915 de los jesuitas. [...].

Ignoraba lo del largo pelo de Mantecón.

La melena rubia de Mantecón... Me acordaré siempre. Cuando quiero hacerle rabiar le recuerdo cómo el padre Marcelo lo tenía sentado en las rodillas —tan mono— mordiéndole la orejita. Pero nada malo, ¿eh? Los jesuitas en eso eran de lo más ojo alerta. Que yo recuerde, nada de nada, entre nadie, durante los años que estuve con ellos. Siempre había algún hermano que nos vigilaba, estuviéramos donde estuviésemos. Pasábamos del punto de vista de uno al punto de vista de otro. Un dedo al aire para lo

66 *Calanda* (Juan Luis Buñuel, 1967).

menor, dos dedos para lo mayor, a menos que nos llevaran a todos juntos: una campanada para lo menor, dos campanadas para lo mayor.

Tu relación con los jesuitas ha seguido hasta hoy.

Ahora que fui a Madrid,[67] estuve en una casa, una residencia que tiene la Compañía en El Viso para escritores jesuitas. Tienen muchas. Vinieron a buscarme. Hay uno, el padre Alberto, que está haciendo una tesis sobre mis películas. Allí comimos, discutiendo. Conocen mis películas al dedillo. ¡Ríete de cómo las conoces tú! Muy agradables, muy sencillos, y yo hablando con ellos de tú a tú... ¡Quién lo habría de decir! Me preguntaron acerca de mi estancia en los jesuitas de Zaragoza. Ahora aquello está totalmente tumbado. ¡Qué solar! Vale millones y millones de pesetas. Una enormidad. Les dije que durante el último año siempre comí de rodillas. Mentira. Cinco días, sí. Luego, al día siguiente, se lo hice decir: que era mentira. Pero, de verdad, una gente estupenda.

Según me dice Mantecón, no estuviste más que cuatro años con los jesuitas.

No, hombre, no. Estuve siete años. Desde los seis.

Bueno, ambos tenéis razón, porque él se refería a los años de bachillerato.

Sí, efectivamente, acabé el bachillerato en el instituto.

Entonces, ¿las fechas exactas?

En los corazonistas de Zaragoza, de 1906 a 1908; en el Colegio del Salvador, de los jesuitas, en Zaragoza, de 1908 a 1915; y los dos últimos cursos del bachillerato: 1915 a 1916, y de 1916 a 1917 —mayo de 1917—, en el Instituto de Segunda Enseñanza, de Zaragoza; y en el otoño de 1917, a Madrid, con mi madre, a buscarme una casa de huéspedes.

¿Y después del bachillerato?

Quise ser agrónomo.

¿Perito?

¡Vamos! ¡Eso hubiera faltado! Entonces lo más difícil, lo que más le distinguía a uno era estudiar para ingeniero de caminos, canales y puertos o ingeniero agrónomo. No faltaba más. [...].

¿Así que tu masturbación es perfectamente jesuita?

Yo no sé lo que es masturbación, señor. No sé yo.

---

67 Con motivo del proceso de producción de *Tristana*.

ALICIA BUÑUEL Y LEONARDO BUÑUEL

M. A.: Cuénteme más cosas de él, pero, de verdad, malas de él.

A. B.: Malas, no. No, porque en el colegio, en los jesuitas, era el príncipe de los estudiantes, siempre salía coronado con una corona de laurel. Porque se ve que antiguamente los jesuitas daban coronas de laurel. Le daba mucha vergüenza, pero salía siempre de emperador con una corona de laurel. Y malo... siempre decía mi madre que éramos nosotras muchísimo peor que él, nosotras éramos muy traviesas.

M. A.: Bueno, porque su madre prefería a Luis. Pero dígame, ¿por qué se salió de los jesuitas?

A. B.: Él dice que se salió de los jesuitas, no sé por qué.

L. B.: Pues yo sí que lo sé, sí. Parece ser que lo sacó mi padre. Los dos últimos años de bachillerato lo sacó de los jesuitas para que se acostumbrara a estudiar por su cuenta, en casa, e ir al Instituto con otros chicos, no estar metido siempre en el colegio bajo la vigilancia de los padres. Sí, esto es. Parece que el motivo fue este, o sea que fue cosa de mi padre para que se acostumbrase al tránsito del bachillerato a la carrera, aprender a estudiar por su cuenta, ir a clase, llevar sus libros, en fin, ese es el motivo. O sea, expulsado desde luego no fue.

CONCHITA BUÑUEL

M. A.: Luis fue a los jesuitas y, luego, ¿por qué salió de los jesuitas?

C. B.: Salió de los jesuitas porque verdaderamente estaba tan rebelde y odiaba tanto la educación aquella que en casa se dieron cuenta y mi padre aceptó. Entonces fue al Instituto, y ese año también estaba Sender. Luis se hallaba mucho más contento que con los jesuitas. Y luego, ¿tú has leído un libro de Sender que se titula *Crónica del alba*?

M. A.: Sí.

C. B.: Pues en el segundo tomo, yo creo que disimuladamente, nombra a mucha gente conocida de entonces.

M. A.: Pero él sitúa la acción en Reus, creo.

C. B.: En Reus, no, pero ...

M. A.: Entonces te refieres a *La quinta de Palmira*.[68]

C. B.: ¿Sí? ¿*La quinta de Palmira*? Pues yo leí...

M. A.: Pasa en Zaragoza.

C. B.: Yo he leído... No sé... ¿No es *Crónica del alba*?

M. A.: Es posible. No lo sé.

C. B.: Sí, sí, yo creo que es *Crónica del alba*. Hay allí algo que todavía recuerdo, que es lo del Chueta; es uno que tenía un quiosco de periódicos y que

---

68 Aub confunde «La quinta Julieta», segundo volumen de *Crónica del Alba*, con la novela de Gómez de la Serna *La quinta de Palmira*.

luego lo mataron en la sublevación del Cuartel del Carmen. Era anarquista. Eso lo recuerdo porque se habló mucho de ello entonces.

M. A.: Y la amistad con Sender, ¿cuándo acabó?

C. B.: Yo creo que empezó en el instituto y acabó también en el instituto. No creo que fuese nunca una amistad grande.

M. A.: ¿Y la amistad con Mantecón?

C. B.: Pues la amistad con Mantecón debió de empezar en Zaragoza, en los jesuitas.

M. A.: Sí.

C. B.: Y luego por las ideas, y más tarde ya por el exilio y todo eso, pues llegó a ser una amistad muy grande.

M. A.: Sí. ¿Y con Concha Mantecón?

C. B.: Pues al ser novia de José Ignacio [Mantecón] y luego su mujer...

CONCHA MANTECÓN

M. A.: Según tú recuerdas, ¿qué estudios hizo Luis?

C. M.: Según recuerdo, no creo que estudiara gran cosa.

M. A.: ¿Hizo el bachillerato?

C. M.: Sí, eso yo creo que sí. Seguro.

M. A.: ¿En Zaragoza?

C. M.: Sí. En los jesuitas

M. A.: Y luego, se fue a Madrid a vivir a la Residencia de Estudiantes, ¿directamente o no?

C. M.: Lo ignoro...

M. A.: Pero, ¿no sabes qué estudió?

C. M.: Pues creo que en realidad no estudió nada. Aunque en los jesuitas estudiaba el bachillerato, desde luego. Y hasta ahí sé. Después parece ser que empezó a estudiar o intentó entrar a la carrera de ingeniero, no sé qué clase de ingeniero. Pero creo que no llegó a entrar.

M. A.: ¿No sabes nada más de Buñuel?

C. M.: Me contaron que, antes de irse a Madrid, él leía novelas policiacas en el desván de su casa, completamente a oscuras, con un antifaz y *(ríe)* con una linterna eléctrica, vamos, con una linterna de mano leía las novelas policiacas. Pero eso era antes de irse él a Madrid, cuando era jovencito.

M. A.: Porque entonces él debía tener quince, dieciséis o diecisiete años.

C. M.: Exacto, exacto.

JOSÉ IGNACIO MANTECÓN

M. A.: ¿Qué le quedó a Buñuel de los jesuitas?

J. I. M.: Buñuel no estudió sino tres o cuatro años en los jesuitas, en Zaragoza, un caserón que había entre el Ebro y el Huerva, con unas ratas enormes que subían por las paredes.

PABLO CISTUÉ DE CASTRO[69]

M. A.: ¿Cuándo conoció usted a Luis Buñuel?

P. C. C.: Pues conocí a Luis cuando tendríamos unos seis años. Yo me llevo con él muy pocos meses. Vivíamos en la misma casa, una casa de dos pisos, grande, con dos escaleras. La familia Buñuel vivía en una de ellas y nosotros en la otra. Era la plaza de Santa Engracia, sobre la que se levanta ahora la casa llamada Escoriaza, que es de los dueños, entre otras, de la empresa de tranvías de Zaragoza. Esta casa era de unos señores llamados de Pamplona. Yo nací en Barbastro, pero a los seis meses vinieron aquí mis padres y nos instalamos en esa casa llamada de los señores de Pamplona. A esa misma casa llegaron los señores de Buñuel. Tenían por aquel entonces un hijo llamado Luis, que tendría unos cinco años cuando le conocí, y María y Alicia, no sé si Conchita. Por lo que se queda grabado en aquellos años, supe que el padre de Luis había estado en América unos años, había traído una fortuna y había vuelto a Calanda, a su pueblo natal y se había casado con una hija del pueblo llamada María Portolés, madre de Luis. En posesión de una fortuna bastante crecida vinieron a Zaragoza y se instalaron en esta casa. Mi madre, persona joven en aquel entonces, hizo una gran amistad con María Portolés, la señora de Buñuel, que, según mi entender, porque yo no he estado en Calanda, era hija de unos pequeños industriales de Calanda que parece ser que tenían el café del pueblo, ya sabe usted, entonces, en un pueblo…

M. A.: Sí, el mesón.

P. C. C.: Era una especie de café, de mesón; seguramente el único que habría en aquel entonces, ahora habrá más. María Portolés era una persona guapísima y luego, en el trato que pude yo tener —a mí me llamaba Pablito— era muy atrayente, muy simpática, generosa, extraordinariamente generosa, por lo que luego le contaré. Bueno, después del conocimiento de las respectivas madres, a mí me enviaron a un colegio que se acababa de fundar, que me parece que era corazonistas, en el piso de arriba y a ese mismo colegio llegó Luis. Claro, no tenía más que atravesar una escalera, pasar a la otra, porque estaba encima de la nuestra (ya le he dicho que había dos escaleras). Caso curioso —es verdaderamente extraño que yo lo recuerde— es que uno de los días, precisamente, creo que el día que Luis había entrado en el colegio, me dijo uno de los hermanos: «Enseña a Luis las vocales». No es que yo tenga la pretensión de decir que le he enseñado a leer, me podía enseñar él a mí. Supongo que yo era muy tímido, como lo sigo siendo. Pero recuerdo este detalle, que se conoce que los hermanos, sabiendo que éramos vecinos, pues quisieron allí estrechar nuestra amistad. Ya sabe, los chicos pequeñitos, en un colegio se sienten un

69 Barón de la Menglana.

poco temerosos de todo y, claro, pues esto fortaleció esa amistad y entonces ya los domingos pasábamos a la casa de los Buñuel. Mi hermana pasaba a jugar con María y con Alicia, que eran aproximadamente de la misma edad. Mi hermana vive, es viuda de un militar. Y nosotros, digo «nosotros» porque yo tenía un hermano mayor, que murió en África siendo teniente de caballería en el Desastre… Y con mi hermano mayor pasábamos a jugar con Luis. Según recuerdo, Luis era un chico de gran fortaleza física y también mental, es decir, que iba por delante de nosotros en los juegos, en las iniciativas, en todo. Y hombre o chico, mejor dicho, niño, al que había que respetar por fuerza, por esa fortaleza física, pero también por esa iniciativa en juegos, en todo, había que seguirle. Pero de un gran corazón. Y ahí le doy rasgos psicológicos. Quiero decir que ya sabe usted lo fácil que es entre niños las riñas, más cuando hay contraste de caracteres y con Luis no sé si llegamos a reñir alguna vez, creo que no. Bueno, ya seguimos adelante y llegó la hora del bachillerato. Yo anticipé un año, porque hice ingreso y primer año en un curso y en los jesuitas, y él también pasó a los jesuitas. No coincidimos, por tanto, en la clase porque yo había adelantado ese año, pero como los dos éramos mediopensionistas, como los dos salíamos de la misma casa en un coche que los jesuitas tenían, íbamos juntos. En la clase estábamos juntos y una temporada coincidimos en el comedor. En el comedor es cuando los jesuitas permitían la conversación, pues yo con quien hablaba era con quien tenía a mi derecha, que era Luis. Y por mis recuerdos puedo advertir que era una inteligencia anticipada y un secreto para adelantarse a los misterios de la vida. En una palabra, incluso tuve cierta influencia de conocimiento —si se me permite la palabra—, de conocimiento de la vida, de varón y de hembra, ¿me entiende usted? Una cosa un poco ya sexual. Esa conversación que a los catorce años yo era el infeliz. Él era el hombre más despierto que ya había atisbado los secretos y estas cosas que en aquellos tiempos se ocultaban a los niños. Quiere decirse que ya tenía un pensamiento que iba más allá en los secretos de la conciencia humana y en ciertos hechos naturales —que nosotros llamábamos misterios—. Y después de esto, siguió la amistad. Iba los domingos a la casa y puedo apuntar los rasgos de generosidad, de los que he hablado antes, de María Portolés: unas espléndidas meriendas con nosotros; se desvivía por atendernos, por obsequiarnos, comíamos todas las frutas de Calanda, es decir, que eran verdaderas merendolas las que nos daban en su casa a los niños. Podían haber venido ellos a nuestra casa, pero María prefería que fuéramos nosotros, ya que ella estaba siempre dispuesta a obsequiarnos, a mi hermano, a mi hermana y a mí. La amistad de mi hermana con las hermanas de Luis no se ha entibiado nunca. Como mi hermana es muy aficionada al *bridge*, sigue coincidiendo con Alicia en las partidas que organiza; y con María se lleva magníficamente. Así como con Luis, claro, se perdió ya el contacto, con estas señoras ha habido siempre un contacto permanente. Yo tengo también mucha confianza con ellas, aunque ahora las veo muy poco. Pero mi hermana está en contacto permanente con María y con Alicia. Y poco más le puedo decir, si quiere usted algo más…

M. A.: Quisiera saber algunos detalles del instituto; del bachillerato.

P. C. C.: Le podría hablar si hubiera coincidido en la misma clase, aunque me figuro que su brillantez era extraordinaria.

M. A.: Terminó aquí el bachillerato, pero ya no en los jesuitas, sino fuera. El quinto y el sexto año los estudió libres. Bueno, usted ya estaba en el sexto cuando hay un acontecimiento que me interesa aclarar para la historia literaria. Se trata del compañero de Buñuel, Sender, a quien echaron del instituto. ¿Usted sabe algo de este incidente?

P. C. C.: No, no tenía noticias. A pesar de que soy un extraordinario admirador de Sender. Precisamente en este último año he leído tres o cuatro de sus obras, o sea, que lo tengo muy reciente. Pero, además, se da la circunstancia de que somos muy paisanos, porque yo nací en Barbastro y él, entre Alcolea y Albalate. Ya sabe usted, está el río Cinca por medio. Él era exactamente de Alcolea.[70] El caso es que mi padre tenía por allí un monte, aparte de tener nosotros la casa solariega, que también está en las proximidades del río Cinca, río arriba, o sea, a una distancia de Alcolea de unos 60 kilómetros. Nosotros, aparte de esto, teníamos un monte que se llamaba La Menglana, de donde procede precisamente un título que concedió Carlos III, el mejor rey de España, según mi opinión, a un antepasado mío, título que heredó mi padre. Y ese monte estaba a escasísima distancia del pueblo de Sender, es decir, los pueblos de esa carretera, Selgua, Estiche, Pomar, Santa Lecina y después él cita en una de sus obras toda esa comarca, ¿verdad?, y después Albalate y Alcolea. No llegué a conocerle, pero un administrador que teníamos nosotros sí me hablaba de Sender como de un muchacho de una inteligencia extraordinaria. Me refiero a bastante antes de la guerra. Es decir, que en la comarca ya se sabía que había un genio. Pero esto que me ha contado usted no tenía yo idea, no.

M. A.: Sí, sí, lo defendió Luis y parece que lo echaron. ¿Usted sabe si Sender llegó a acabar sus estudios de Derecho?

P. C. C.: Esto sí que no lo sé. La biografía de Sender realmente la sé poco, salvo en el aspecto literario, las obras antes de la guerra.

M. A.: Porque parece que sí, que fue licenciado en Derecho, que acabó, pero me extraña porque como lo echaron del instituto… Y de Luis ¿no lo volvió a ver, hasta cuándo?

P. C. C.: Pues yo de Luis… de Madrid marchó a París, que allí es cuando llegamos a lo de Dalí, *Un perro andaluz*… y de París hacía algún viaje a aquí, esporádico y yo

---

70 Sender nació en Chamalera, en la comarca del Bajo Cinca.

le veía alguna vez. Luego llegó la guerra, perdí el contacto y hasta pasados veinticinco años, o menos, quizás veinte, hizo su primera visita. No me haga mucho caso...

M. A.: Yo sé las fechas.

P. C. C.: Seguro sabrá usted mejor que yo. Hizo la primera visita y me llamó por teléfono y yo le preguntaba cosas del neorrealismo.[71] Quizás fuera una visita antes de la guerra, quizás a raíz de *Un perro andaluz*. Sí, esto fue anterior, una visita de estas, que es cuando yo le pregunté cosas. A mí me interesaban y no sé si escribía en algún periódico, porque yo ya estaba en el periódico. Llevo cuarenta y tantos años de profesión, o sea, antes de la guerra, y ya aquello tuvo una finalidad un poco periodística, aparte sobre todo de la amistad con él. Y ya después de la guerra, la primera visita fue para mí. Dijo: «De momento, no he querido verme más que contigo». Tenía otro amigo aquí, también amigo nuestro, de mi hermano y mío, de aquellos tiempos, abogado, Tomás Pelayo, que vivía enfrente, en el paseo, pero había muerto. Y en esa primera visita hicimos un recorrido por Zaragoza. Su emoción por retornar a su ciudad natal fue grande; se emocionaba con todo, subimos al Cabezo, allí donde nos llevaban a jugar, estuvimos en el colegio. Él, para estas cosas, es un afectivo, pues los recuerdos del colegio tenían para él siempre un motivo sentimental y de emoción. Conocía y recordaba los nombres de todos los padres jesuitas que habíamos tenido de profesores. Yo tenía que ser el que le preguntara: «Y aquel, ¿cómo se llamaba? ¿Y aquel otro?». Él los recordaba a todos, lo cual quiere decir, aparte de su inteligencia extraordinaria, que estas cosas del colegio se le grabaron mucho, muchísimo y los recuerdos fueron extraordinarios. Y ya marchó de aquí, hizo viajes a Madrid; las películas estas que hizo en España, volvió otra vez, y un día se presentó aquí la televisión francesa para hacer una breve biografía de Luis. Estuvieron en Calanda y ahora quieren seguir su vida en Zaragoza. [...].

M. A.: ¿Qué pasó con la televisión francesa?

P. C. C.: Lo de la televisión fue breve, porque Margarita me avisó con muy poco tiempo, una hora o dos horas y, claro, yo ni preparé ni sabía lo que querían hacer ni nada. Es decir, fue una cosa breve; mi intervención allí fue muy pequeña. Ellos, desde luego, buscaron también mi ayuda para que, aunque yo ya no conocía a los jesuitas actuales, el haber estado en el colegio me daba una cierta autoridad para hablar con ellos y pedirles el favor de que filmara la televisión allí. Ellos lo aceptaron de maravilla, les pareció estupendo y allí se movilizaron las cámaras y los focos. Para mi intervención instalaron los focos. En el vestíbulo, donde está el Niño Jesús, en la entrada. Y precisamente allí mismo me situaron, se situó el locutor y me hizo, nada, tres o cuatro preguntas. Hablé de los recuerdos de Luis sobre el colegio y su emotividad.

---

71 Se refiere al surrealismo.

M. A.: ¿Luis era batallador o no?

P. C. C.: No, batallador, no; más bien, como le he dicho a usted antes, un hombre de energía, de voluntad, de entereza.

M. A.: Pero, ¿se pegó con algún compañero o no?

P. C. C.: No, no, no. Era como si dijéramos el hombre que se siente fuerte y por lo mismo que se siente fuerte no necesita recurrir a atropellar a nadie; es decir, era un hombre que, dada su fortaleza física, predominaba respecto de los compañeros. Jamás supe que se hubiera pegado, ni hubiera tenido la menor cosa con nadie. No hubiera tenido ninguna importancia porque, claro, a la edad de niños, ¿verdad? Pero no era hombre de mal genio, no. En cambio, su rebeldía estaba en las ideas, porque, para aquella edad, se anticipaba. Ya de niño era una especie de vanguardista de los muchachos, de los compañeros.

M. A.: Y de sus poderes hipnóticos, ¿nunca hizo gala ante usted?

P. C. C.: No lo recuerdo.

M. A.: ¿Y de Alfonso?

P. C. C.: De su hermano, este ya no lo traté más que de mayor.

M. A.: No, usted tenía 16 años menos que él.

P. C. C.: Le conocí después, porque yo me marché tres años a Madrid y luego volví y me metí en el periodismo. Pero realmente con Alfonso no hubo un trato íntimo.

M. A.: Bueno, pues, don Pablo Cistué, le agradezco a usted mucho su colaboración.

P. C. C.: Celebraré que le pueda servir de algo, aunque solo sean las lágrimas de volver a Zaragoza. Él tenía aquellos recuerdos de la Zaragoza antigua y parecía que se inclinaba a que Zaragoza hubiera permanecido siendo como él la vio. Y casi le molestaba el que acabase por parecerse a todas las ciudades del mundo, poco más o menos de este tamaño, ¿verdad? Me dijo que hizo muchos recorridos él solo por el barrio de la Seo, o sea, que aparte de esos días que fuimos en coche a dar una vuelta por la población, él ya había paseado solo. Pero recorriendo toda la Zaragoza antigua, que era lo que a él le importaba. Y cuando nos encontrábamos, veía yo como se rebelaba contra las transformaciones modernizadoras que habían hecho. Yo le decía que era el signo de los tiempos, y me contestaba: «Pero, para mí, como aquello no hay nada».

JULIO ALEJANDRO[72]

M. A.: [...]. ¿Tú crees que este fondo católico, sea del tipo que sea, proviene más de su infancia en Calanda que de su educación con los jesuitas?

---

72 Julio Alejandro (1906-1995), poeta, dramaturgo, novelista y guionista aragonés que vivió en el exilio mexicano, fue el guionista de *Abismos de pasión*, *Nazarín*, *Viridiana*, *Simón del desierto* y *Tristana*.

J.A.: Pues creo que hay una gran parte de las dos cosas. Y para demostrártelo, esta cosa del milagro prueba que su infancia en Calanda le marcó profundamente durante el resto de su vida. Pero su educación con los jesuitas lo marca de una manera muy diferente. Lo marca en el sentido de su enorme atracción hacia todas las cosas teológicas. Para él, el estudio de la teología es apasionante y hace de él una persona francamente intransigente, desde este punto de vista. Hasta tal extremo de que la primera vez que regresó a España desde México, o creo que fue la segunda, fue a ver el colegio de los jesuitas en Zaragoza, donde él se había educado. Al tratarse de una personalidad como Luis, le recibió el mismo rector y le enseñó el colegio. Y al terminar unas clases vio que los muchachos salían de clase en grupos, retozando, jugando, bajaban corriendo las escaleras, y esto le indignó, le indignó furiosamente, y se volvió al rector y le dijo: «Oiga, pero, ¿esto qué es?, en mi tiempo salíamos de la clase en fila, con los brazos cruzados y no nos podíamos hablar. Esto es una relajación de disciplina intolerable». El rector se justificó diciendo que, naturalmente, el colegio había crecido mucho, que había muchísimos más alumnos y que no era posible guardar la misma disciplina que en las épocas de Luis Buñuel. Pero se sentía verdaderamente indignado.

M.A.: No me extraña. Pero, referente a lo que me dices de la teología, tengo mis dudas, porque Luis, por lo que yo sé, no estuvo en este colegio más que cuatro años, los cuatro primeros años, ya que luego estudió en el instituto.

J.A.: Sí, pero creo que fue suficiente como para marcarlo muy profundamente. Lo creo con toda sinceridad.

M.A.: ¿No crees que luego se dedicó a estudiar más de cerca los Padres de la Iglesia o el *Año Cristiano*?

J.A.: Lo estudió precisamente porque tenía una curiosidad que había nacido en el colegio de los jesuitas y, después, cuando la inteligencia se abre, cuando la curiosidad abarca otras zonas, entonces sí le atraen los Padres de la Iglesia y el *Año Cristiano*, y le divierte enormemente leer vidas de santos. Tanto le entretiene que yo me quedé sorprendido de sus grandes conocimientos cuando empezamos a hacer la adaptación de *Simón del desierto*.

Recuerdos de la Gran Guerra[73]

Se me había olvidado completamente preguntarte qué influencia había tenido en ti la guerra europea, la primera, la del 14 al 18.

---

73 La Primera Guerra Mundial tuvo gran importancia en la consolidación de las vanguardias artísticas, aunque Buñuel no aclare nada al respecto. Por esto le dedicamos un epígrafe.

Yo tenía catorce años.

Sí, pero dieciocho bien cumplidos cuando acabó, y ya es edad para darse cuenta...

No. Ninguna. Sí, recuerdo las discusiones entre los aliadófilos y los germanófilos. Pero no puedo decir que me hiciera ningún efecto del que me acuerde con precisión.

A mí me sucedió todo lo contrario. Era natural; aunque más joven, había nacido en Francia y mi padre era alemán. El maniqueísmo de los franceses me hería terriblemente hasta el día en que pasé la frontera de España. Pasé, pasamos. Once años. Tenía once años y me acuerdo de muchas cosas de aquel tiempo como si fuese ayer. No se trata de recuerdos como los que se pueden tener del colegio, de los amigos, de la familia. No. Son imágenes brutales. Quiero decir, sin rebaba alguna, sin difumino. El pueblo donde aquel verano pasábamos las vacaciones, la estación —del centro de Francia— donde vi de cerca mi primer tren de heridos. El hotel de Barcelona, las Ramblas, Valencia...

A mí no me interesaba nada de todo eso. Sabía que había una guerra, pero no pasaba de ahí. No leía periódicos, ante la gran furia de mi padre: «Pero, ¡cómo es posible! ¡Cómo es posible que a un muchacho de tu edad no le importe lo que pasa por el mundo! ¡A ver!, ¿quién es el presidente del Consejo, aquí, en España?». «No lo sé ni me importa». «¡Pero es una vergüenza!». Evidentemente, mi padre tenía razón. Pero a mí no me importaba nada, absolutamente nada. Para mí, la guerra, cero.

¿Qué impresión te causó la revuelta obrera?

¿Lo de los socialistas?

Sí. Lo del 17.

No. No recuerdo que me hiciera una impresión particular.

A mí, sí. Estoy viendo todavía a la Guardia Civil a caballo en la calle de las Barcas...

Bueno, eso sí; el paseo de la Independencia enarenado. Tuvo que ser antes de 1917. Muchas veces venían unos carros y a paletadas enarenaban el adoquinado. Y los toques de atención, las trompetas. El primero, y los dos o tres mil obreros seguían en el centro del paseo. El segundo toque y el tercero, y ¡a correr! Yo en el balcón, viendo. Era fácil correr por las calles transversales.

Pero, ¿no tenías ideas políticas?

No. Ni siquiera creo que las tenga hoy. Que estoy con los pobres, no hay duda. Que estoy en contra de la sociedad tal y como está organizada, no cabe duda. Pero por aquel entonces lo que nos importaba eran las muchachas y las que no lo eran.

¿Y lo del 23?

Ya fue otra cosa. Yo ya había pasado por la milicia. Debió de cogerme, por la fecha, en San Sebastián. Pasábamos todos los veranos en San Sebastián. Yo siempre he estado un poco fuera de las catástrofes.

Sí, ya hemos dicho que las hueles. [...]. ¿Te acuerdas de Ferrer [Guardia]? [74]

Sí, de Ferrer sí me acuerdo.

Detuvieron a su familia el 20 de agosto de 1909 y los deportaron a Alcañiz...

Eso no lo sabía.

Por poco os los llevan a Calanda.

Pero oía hablar nada más. Anarquistas... Gentes de mal vivir. Gentes renegadas, que no creían en Dios. Alguien que vino de Barcelona contaba horrores

Las relaciones sentimentales[75]

Y de mujeres, ¿qué? ¿Cómo te has desenvuelto con ellas?

A Pilar Bayona[76] no le dije nunca nada. Siempre he sido tímido con las mujeres. Una vez nos quedamos solos en mi balcón. Eran las fiestas del Pilar. Yo la miré. Estoy seguro de que ella se dio cuenta. Pero no le dije nada. Nunca le dije nada. Fue el auténtico *coup de foudre;* la vi salir de un cine (¿o del Conservatorio?) en Zaragoza. Pregunté quién era. No era mucho mayor que yo. Debía de tener un año o dos más que yo. Debe de andar por los 70. Era hija de don Julio, un profesor ayudante de Matemáticas del Instituto. Yo debía de tener quince años. Estuve muy enamorado, pero que muy enamorado, un año o dos. Seguí a don Julio, llegué a su casa y oí que tocaban el piano de una manera verdaderamente maravillosa. Nunca le dije que la quería. Una vez, un año o dos después, nos quedamos solos en un balcón —eran las fiestas de la Patrona de Zaragoza—. Nos quedamos

74 Francisco Ferrer Guardia (1859-1909), fue un pedagogo anarquista y librepensador español, condenado a muerte por un consejo de guerra que lo acusó de haber sido uno de los instigadores de los sucesos de la Semana Trágica de Barcelona de julio de 1909.

75 En este apartado incluimos también aquellas relaciones que tuvo Buñuel más allá de su adolescencia, a excepción de su relación con su esposa, Jeanne Rucar. Por consiguiente, constituye, en parte, un excurso.

76 María Pilar Bayona y López de Ansó (1897-1979) fue una pianista española.

mirando. Yo estoy seguro de que ella sabía que yo la quería. Pero nunca nos dijimos nada.

Pues se me escapó una novia tuya, por unos meses. Una que estuvo viviendo aquí, en México, muchísimos años, y trabajaba en una farmacia de Puente de Alvarado.

¡Ah, sí!, Conchita Martínez Conde. La que se casó con Galarza.[77]

Sí, la viuda de Galarza. ¿Dónde la conociste?

En Santander, en Vega de Pazo. Su familia estaba bien acomodada. Tenía un negocio de lecherías. Por eso iba a la montaña. Yo me declaré, como se hacía en esos tiempos, en los últimos días del verano. Le dije: «Señorita, le quiero decir una cosa», etc. Total, que nos hicimos novios y nos vimos luego en Madrid. Tenía 17 años. Y va y me dice que ha hablado con su mamá y que le parece bien, pero que habría que formalizar las relaciones y que no estaría mal que mi padre escribiera a los suyos. «¡Hazme el favor! Si le escribo eso a mi padre ¡a los diecisiete años!, me pega, me manda al cuerno que para qué te cuento». Y es que en el pueblo pasábamos por riquísimos. Por mucho más ricos de lo que éramos. Y acabamos.

¿El noviazgo con Jeanne [Rucar] fue en plan de don Juan o en serio?

Yo, como don Juan, no sirvo. Y respeto ante todo a las mujeres de mis amigos. *[Luego cuenta su fracaso con equis. Solo cayó dos o tres veces y después de su matrimonio].* En Nueva York, Jeanne vivía bastante lejos, quiero decir, vivíamos bastante lejos, y se ocupaba de los niños. Teníamos muy poco dinero. Yo trabajaba en el Museo y me enamoré de erre.[78] *[Es curioso este ejemplo vivo de amistad, capaz de pasar por todo con tal de no traicionarla, pero que intenta por todos los modos acostarse con la mujer de un amigo. No tiene nada de particular, y hace más humano el tipo del hombre. No lo logró porqué Buñuel no es, ni mucho menos, un don Juan (tal vez por eso le ha apasionado tanto durante toda su vida representar el* Tenorio*). La mujer era infinitamente más inteligente que él en esos menesteres y procuró zafarse y lo logró. Fueron dos ocasiones y en campo totalmente cerrado donde hubiese podido imponerse por la fuerza. No lo hizo; lo que dice mucho para aclarar su psicología: de un lado lo artificial de su afición por Sade y, por otro,*

---

77 Ángel Galarza Gago (1891-1966) fue ministro de la Gobernación durante la Segunda República.

78 Parece que equis coincide con erre, que fue Rosita Díaz Gimeno (1911-1986), actriz española que estuvo casada con Juan Negrín, hijo del presidente de la República.

esa oscura repugnancia hacia el coito, producto de su educación cristiana].[79] Estuve enamorado como loco de ella. Y creo que ella de mí. Una vez que vino a mi casa —en Nueva York—, Jeanne estaba fuera, con los niños, nos besamos como locos, pero nada más. Vengan besos y besos y salir juntos. A desayunar, a comer. Ella me lo ha contado todo. Conozco su vida de arriba abajo. Sé todas sus historias. Estábamos enamorados de verdad. Pero ella era una mujer fría. La primera vez que nos encontramos juntos, solos, fue en el metro, pegados el uno al otro. Aquello estaba repleto. Y nos besamos, nos besamos... Aquello duró como dos años. Una vez la tuve sentada en mis rodillas, solos, en mi casa. Y no pasó nada.[80]

Ya sé. Te dijo que estaba enferma.

¿Quién te lo dijo?

Tú. ¿Quién si no? Luego vas diciendo por ahí que hago de policía.

Ya ves. Debía haberle dicho: «Mejor». Pero no. Te lo repito, no sirvo como don Juan.

Por eso te gustaban, te gustan tanto, las putas.

Tal vez.

MARÍA BUÑUEL

M. A.: ¿Usted conoció a sus primeras novias, aún en Calanda?

M. B.: En Calanda, sí; aunque no eran precisamente novias, ya que era muy jovencito. Le gustaban dos.

M. A.: Sí, y una se llamaba, espérese y le digo a usted yo porque ayer hablé con un viejecito de allá, que era un hombre realmente encantador, y nombró a las dos y quisiera que usted procurara recordar los nombres a ver si coinciden.

M. B.: Una era Catalina Fortón, que le gustaba mucho, luego marquesa de Valdeguerrero, e Isabel Matutano, la otra. Era casi un niño y nos quitaba un juguete pequeñín y se lo llevaba a Isabel. Era muy jovencito, muy jovencito.

M. A.: Sí. ¿Cuántos años tendría? ¿Antes de ir ya a los jesuitas o yendo ya a los jesuitas?

---

79 Y Aub añade: *estas líneas* [que no quería publicar en el libro, lo que lamentaba] *aclaran sin lugar a dudas algunas de las incógnitas de su manera de ser y explican muchas de las reacciones de sus personajes, desde* Un perro andaluz *a* Tristana.

80 El 17 de enero de 1972, seis meses antes de morir, Aub escribió en su diario que Buñuel regresaba desencantado de España por haber estado enfermo: «Hablamos largo de R. D., [Rosita Díaz] traída a cuenta por Sert. Nada nuevo, algunas precisiones inútiles pero graciosas: J. [Juan Negrín, su marido] en el andén del metro del tren en Long Island, y él [Buñuel] con R. [Rosita] apretujados en el vagón, besándose con afán, por vez primera». Este episodio ocurrió en Nueva York, en 1940.

M. B.: Sí, iba ya a los jesuitas. Podría tener diez años.

M. A.: Doce años.

M. B.: Doce años, una cosa así.

M. A.: Y entonces, ¿la que más le gustaba era Isabel?

M. B.: Isabel, sí, le gustaba.

M. A.: Eso era en Calanda. Eran amores de verano, ¿verdad?

M. B.: Sí, sí, sí.

CONCHITA BUÑUEL

M. A.: ¿Qué es lo primero que recuerdas de Luis?

C. B.: Pues que cuando debía tener doce años, nos quitaba juguetes para regalárselos a una novia que tenía, una novia que naturalmente tenía diez años, o así.

M. A.: ¿Cómo se llamaba, a ver si coincide…?

C. B.: Isabel Matutano; *(ríe)* todavía vive, en Calanda. Es una señora gordísima; pero que en tiempos era muy guapa y muy agradable. Y luego, pues no sé qué puedo recordar más. […].

M. A.: Y después de esa novia hoy tan gorda, ¿qué otras novias recuerdas?

C. B.: La segunda era ya aquí, en Madrid. Luis aparentaba mucha más edad de la que tenía. Cuando andaba por los dieciocho años tuvo aquí una novia de veintidós años o más.

M. A.: Bueno, esa es Concha, ¿no?

C. B.: No, no. Antes, mucho antes.

M. A.: ¿Antes?

C. B.: Sí. Tendría diecisiete años quizá.

M. A.: ¿Quién era?

C. B.: No sé cómo se llamaba. Era una chica de aquí, de Madrid. Y entonces, como él aparentaba mucho, el padre tenía idea de que Luis era de una familia muy rica, y le pidió que…

M. A.: ¡Ah, sí! Trabajaba en una farmacia.

C. B.: No, no. Esta era una chica bien, de esas que llaman *una niña bien*, de Madrid. Y entonces el padre quiso formalizar la cosa, y Luis dijo que sí, que se casaría con ella. Pero se fue el verano a Calanda y no sabía cómo romper con ella. Entonces le escribió una carta como si fuese otra persona, diciéndole que su amigo Luis la adoraba, pero que había muerto en un accidente de moto muy grave, y que murió nombrándola. Y luego, tres o cuatro meses después, lo encontró el padre, y creo que lo persiguió con el bastón por aquí, por Madrid.

M. A.: ¡Ya! Buena historia. ¿Y Pilar Bayona?

C. B.: Bueno, el padre de Pilar Bayona era profesor de matemáticas de Luis. Y Pilar tenía dos o tres años más que él. Pero Luis se enamoró de ella de un modo muy platónico, por su música. Y lo curioso es que, luego, mi hermano Alfonso, que tenía dieciséis años menos que Luis, también fue profesor de matemáticas y también se enamoró de Pilar Bayona. Yo creo que con más fuerza que Luis todavía.

M. A.: ¿Y Pilar Bayona vive?

C. B.: Sí, vive, pero tiene una cosa de desviación de la columna vertebral. Ha menguado, está pequeñita y, muy maquillada, sigue dando conciertos.

M. A.: Ya que hemos hablado de los amores de Luis, hablemos un poco de Jeanne. ¿Cuándo conociste a Jeanne?

C. B.: Yo siempre me olvido de las fechas, pero debió de ser unos cuatro años antes de la guerra, o sea que en el 32 o el 33. Resulta que, aunque no eran novios, pasó una temporada en mi casa. Cuando fui a la estación a buscarla, me quedé deslumbrada, me pareció maravillosa. Era ..., ¿tú la conociste?, una belleza. También estuvo con nosotros en San Sebastián. Y en la Seo de Urgel. Y en Madrid, conmigo. Se casó, tuvo el niño y ya no volvió.

JOSÉ REPOLLÉS

M. A.: ¿Cómo se llamaba la primera novia que tuvo Luis?

J. R.: Hombre, yo no sé cómo se llamaba la primera novia que tuvo don Luis. Lo que sí que sé es que en Calanda había una, que él conocía muy bien, y que le llamaban la Quirrita, que tenía una especie de taberna, un cafetucho, y decían y aún siguen diciendo en Calanda, ella ya murió, «Café, copa y puro, y dormir con la Quirrita, un duro». *(M.A. ríe).* Esta sí que la conocía Luis. Yo no.

M. A.: Claro.

J. R.: No quiero aventurar aquí nada, pero vamos, no era novia, sino estas cosas de chicos, cuando ya se es mozalbete y en los pueblos siempre hay... una Dolores. En todos los pueblos. Y en Calanda era esta, la Quirrita, que la conocía mucho Luis.

MIGUEL ZAPATER

M. A.: ¿Conoció usted a las primeras novias de Luis?

M. Z: No. Éramos pequeños. Yo no le conocí ninguna. Pero vaya usted a saber, luego, en Zaragoza o Madrid, si tenía alguna novia. *(Ríe).*

M. A.: ¿Y aquí no?

M. Z.: Aquí, no. Aquí, en algún baile, con la Julianica, con la Arduda, con las hermanitas Sauras, con toda esta cuadrillica..., pero nada. Yo ya luego me marché a Barcelona. Y estuve allí dieciocho años, y me vine ya el año 31, cuando llegó la República, porque no me dejaban trabajar esos granujas de la CNT. *(Ríen).* Y me vine aquí y me dediqué a hacer trabajos por ahí, porque soy mecánico especializado en esto y me dedico a esto. Y luego vino la guerra y tuve la gasolinera. ¡Me cago en diez! ¡Qué vida esta!

CONCHA MANTECÓN

M. A.: Ya. Y tú, ¿cuándo conociste a Buñuel? Buñuel era muy joven y, según me dijiste, andaba revoloteando alrededor de tu prima Pilar Bayona.

C. M.: Exacto. Mi prima Pilar Bayona estaba viviendo en mi casa por una temporada.

M. A.: ¿En qué calle?

C. M.: Calle de Argensola, número 9, en Madrid. Mi prima vino a pasar una temporada a mi casa porque le habían contratado los hermanos Daniel para dar unos conciertos. Entonces, el más importante de los Daniel se enamoró de mi prima Pilar.[81] Y con ese motivo le escribía cartas amorosas y le proponía matrimonio. Pero mi prima no le hizo caso. Sin embargo, naturalmente, dio los conciertos. Y como Luis Buñuel estaba enamorado de ella, la primera noticia que tengo es que una mañana sonó el timbre, abrí yo la puerta y apareció una persona para mí desconocida, pero, desde luego, muy joven, con una caña con su red de pescar mariposas. Me sorprendió extraordinariamente ver a un señor entrar con un... No sé cómo se llama ese instrumento.

M. A.: Un caza mariposas.

C. M.: Un caza mariposas, bueno. Y me acuerdo que él dejó el caza mariposas en esos famosos percheros que había antiguamente. Y entonces dijo que quería ver a Pilar Bayona. Y efectivamente, yo llamé a mi prima y...

M. A.: ¿Cuántos años tenía tu prima?

C. M.: Pues, espérate, que eso sí que casi no te lo puedo decir porque es bastante mayor que yo. Pues yo tenía entonces doce años y creo que ella me lleva nueve, así que entonces ella tendría veintiún años.

M. A.: Es decir, él con quince años se enamoró de una muchacha que tenía veintiuno

C. M.: Por lo visto. Y, entonces fue la primera vez que yo vi a Luis. Con ese motivo vino varias veces a casa a ver a Pilar y después me enteré que en Zaragoza iba con una frecuencia, casi diariamente, a escuchar tocar el piano a mi prima. También iba Rafael Sánchez Ventura[82] y un violinista que se llamaba Rafael Martínez. Iban y mi prima Pilar les daba grandes conciertos para ellos solos, en su casa. Una vez que yo estaba en Zaragoza, en casa de mis tíos, también vi que entraba Luis Buñuel a casa de mi prima y que se metían en el salón donde tenía el piano y escuchaba yo los grandes conciertos. A mí, como me consideraban demasiado pequeña y no me quería entrometer, pues lo oía desde otro lugar, ¿verdad?

M. A.: Es que Luis, desde muy joven, tuvo mucha afición a la música y tocó el violín. Y aún tocaba el violín cuando se casó con Jeanne. Una de las cosas que hacían es que Jeanne tocaba el piano y Luis el violín.

---

81 Se refiere a Ernesto Quesada, director de la Sociedad Musical Daniel de Madrid, sucesora de Konzertdirektion H. Daniel, constituida por Quesada en 1908 en Berlín.

82 Rafael Sánchez Ventura (1897-1980) fue un profesor universitario, museógrafo, investigador y diplomático español. Amigo de Buñuel, participó como ayudante de dirección en *Las Hurdes*. Se exilió en México y prestó dinero a Buñuel y a su familia para poder ir a Estados Unidos en 1938.

C. M.: Sí. Por cierto, muy mal tocaba el piano Jeanne. *(Ríe).* Solo sabe tocar *La Marsellesa*.

M. A.: No, no. Sabía sus cosas y esto me lo ha contado tanto ella como Luis. Un día le cerró el piano y le dijo: «¡Ya se acabó! ¡Para tocar un vals de Chopin así ya no lo tocas!».

C. M.: Sí. Después de eso fui a vivir a Zaragoza, en el año 1918, porque mi padre había muerto. Entonces, naturalmente, pues veía con cierta frecuencia a Luis Buñuel, conocía a su familia y teníamos cierta amistad, no demasiado íntima. Con su hermana Conchita sí teníamos amistad, nos saludábamos, hablábamos a veces, pero como ya ella entonces tenía relaciones con un cónsul que es su marido, que era un teniente de artillería o algo así, que se llamaba Orcasitas, siempre iban tres: una *mademoiselle*, el novio y ella. O sea, que en mi época de juventud en Zaragoza la conocía mucho y hablaba con ella cuando nos encontrábamos, nos teníamos una mutua simpatía, pero en realidad no nos frecuentábamos con gran asiduidad. Y de Luis sabía, pero por interpósita persona.

M. A.: Pero, ¿cuál fue la primera novia de Luis?

C. M.: La primera novia de Luis fue una señora que se llama... que después fue mujer de alguien importante de la República.

M. A.: Galarza.[83]

C. M.: Galarza, sí. No sé si sería la primera.

M. A.: Sí por unos días, por unos días o unos meses. No he podido entrevistarla porque esta señora estaba aquí, trabajando en una farmacia.

C. M.: Exacto.

M. A.: Pero se fue hace unos seis meses a España. Era muy amiga de la condesa de Sagasta. A esta, ¿tú no la conocías?

C. M.: ¡Cómo no! La he conocido en México, ya de esposa de su...

M. A.: De su desvergonzado marido.

C. M.: Exacto. Del que ya ha muerto. Según parece, se conocieron en un balneario cerca de Santander, y debió ser un amor de verano. Después, a Concha Méndez. Yo estaba en el colegio de las monjas de los Sagrados Corazones, en Madrid, que estaba en la calle de Fuencarral, y Conchita, Concha Méndez, iba a tomar clases de inglés con la *mère Patrick*. Te lo habrá dicho, ¿no? Con una monja.

M. A.: De eso no hablamos.

C. M.: Bueno, pues ella iba a tomar clases de inglés después de las siete de la tarde o por ahí. Y llevaba un abrigo muy hombruno, por cierto, con unas ratas blancas dentro del bolsillo. Para que no salieran las ratas llevaba un im-

83 Se refiere a Conchita Martínez Conde, que fue esposa del ministro republicano Ángel Galarza.

perdible. *(Ríe).* Un *seguro* que llaman aquí. Y presumía mucho de que era la novia de Luis Buñuel. Yo la conocí fugazmente. A mí, además de sorprenderme muchísimo lo de las ratas blancas, también me sorprendía que fuera novia de Luis Buñuel. Después, cuando me casé, recalamos en San Sebastián durante el viaje de novios, y yendo con José Ignacio a Igueldo, nos encontramos a Luis Buñuel con Concha Méndez. Que estaba horrorosa, por cierto, feísima. Llovía muchísimo y estaban tan furiosos que se estaban pegando paraguazos *(ríe)* el uno al otro. Estaban enfadadísimos, enojadísimos, ¿verdad? Porque eran relaciones violentas. Y esa es la visión que tengo yo del noviazgo de Luis Buñuel y Concha Méndez. No, nada más que Juanito Vicens una vez le escribió a José Ignacio, antes de casarnos, una carta diciéndole: «Vente a París». Porque entonces estaban en París Juan Vicens, Luis Buñuel y no puedo asegurar si estaría Rafael Sánchez Ventura. Y decía: «Vente a París. Luis ha reñido con su novia, yo he reñido con la mía». Porque Juan Vicens tenía relaciones con una prima suya, por cierto, una persona muy agradable y bonita. «Riñe tú con la tuya y vente a París». Y a mí eso me sentó muy mal. Me dio mucho coraje pensar que le aconsejaban a José Ignacio que dejara todo, sus estudios y su novia, y se fuera a París. Pero naturalmente, no lo hizo.

CONCHA MÉNDEZ

M. A.: ¿Cuánto tiempo tuvisteis relaciones?

C. M.: Seis años y pico, casi siete.

M. A.: Entonces hasta el 23.

C. M.: Por ahí.

M. A.: Más o menos. Pero entonces rompisteis relaciones.

C. M.: Sí.

M. A.: Pero, ¿tú no recuerdas ningún detalle de vuestras relaciones que tenga…?

C. M.: ¿Interesantes, así importantes…? No. Un noviazgo a la española que no deja moverte, que era una cosa tremenda: pesada. Como era antes así la vida, chico. No podías salir solo y tenías que…

M. A.: ¿No fuisteis juntos al cine?

C. M.: Sí, con mi familia.

M. A.: Pero siempre con la familia.

C. M.: Siempre con la familia.

M. A.: Los besos, ¿a escondidas?

C. M.: Pues muy difícil, ¿sabes? Muy difícil. Y era una lata.

M. A.: ¿Y él?

C. M.: ¡Ah!, pues este, pues yo me figuro que andaría por ahí con gentes. Digo yo.

M. A.: ¿Tú no sabías, ni supiste nada, ni jamás se te ocurrió pensar en nada?

C. M.: Yo pensaba casarme con este, porque así era una manera, además, de salir de mi casa. Una manera airosa, decir: «Bueno, me caso ya». Pero, pensándolo bien, fíjate, era un error; el destino nos hizo un favor.

M. A.: Sí.

C. M.: Un error, porque yo tenía mi destino, de tipo aventurero; él, un tipo muy independiente; yo, también. Entonces nos unía esta cosa, pues sí, queríamos entendernos, etc., etc.; pero, para mí, era la salida de casa, irme.

M. A.: ¿Y os veíais todos los días?

C. M.: Pues todos los días que podíamos, en los cines. Íbamos al cine con mi familia; venían mis hermanos, venía mi madre, o nos íbamos a bailar con amigas.

M. A.: Y a misa.

C. M.: No, a misa, no.

M. A.: Tu familia era…

C. M.: Metida en misa, no. Nada de eso.

M. A.: Nada de misa.

C. M.: No, nada, nosotros, nada. Cuando éramos pequeñas nos pasó lo siguiente: hicimos la comunión mi hermana y yo, nos educábamos en un colegio francés; para esa cuestión estaban las señoritas: cómo se sienta uno a la mesa y esas cosas, todo muy social, muy correcto, muy superficial, barnices, todas las cosas elementales de geografía, para saber dónde queda París y todas esas cosas. Total, que luego… Esto…, bueno, no sé qué te iba a decir de esta cosa.

Madrid (1917-1925)

Llegada a Madrid

Hay muchos libros sobre ti llenos de verdades y mentiras, lo que enreda mucho más las cosas. Hay quien dice que fuiste a Madrid a estudiar pintura.

Nunca. Llegué a Madrid el día que habían matado a Dato.[1] Tomé un coche en la estación de Atocha y hablé de ello con el chófer a la altura de la Puerta de Alcalá. Fíjate si me acuerdo: «Hombre, está bien, uno menos». «Sí, un canalla menos». Entonces era uno medio anarquista. Cuando lo de Canalejas estaba yo en Zaragoza.[2] También me pareció bien. Ya sabes que no fui, que me las arreglé —ya te lo he contado— para no ir a la guerra de Marruecos. Cuando lo del Gurugú ya estaba yo liberado.[3]

¿Qué impresión te hizo la sublevación de Primo de Rivera?

Yo era bastante sindicalista entonces. Me molestó mucho. Estaba en San Sebastián.

---

1 Eduardo Dato e Iradier (1856-1921) fue un abogado y político conservador español, ministro durante la regencia de María Cristina de Habsburgo-Lorena y el reinado de Alfonso XIII. Fue asesinado en Madrid el 8 de marzo de 1921 en un atentado llevado a cabo por tres pistoleros considerados anarquistas.

2 Debe referirse al asesinato de José Canalejas Méndez (1854-1912), presidente del Gobierno de España, que fue asesinado el 12 de noviembre de 1912.

3 Se refiere a la guerra de Melilla, el conflicto que enfrentó a tropas españolas con las cabilas rifeñas en los alrededores de la ciudad de Melilla entre julio y diciembre de 1909.

Y yo, en Zaragoza. Vi proclamar el estado de guerra. Me removió las tripas. Pero tú eras un señorito y no hiciste nada.

Tú tampoco. Como te he dicho, llegué a Madrid el día del atentado contra Dato. El chófer del taxi me llevo a ver las señales de las balas. Casanellas, Mateu... ¿y quién más?[4]

No me acuerdo.

Fue en marzo. Pero, ¿no te acuerdas que en 1920 hubo un intento de sublevación promovida por soldados?

No. De lo que me acuerdo, ¡figúrate!, es de mi quinta, la de Annual[5]*... Entonces sí que había pobreza.*

Todos nosotros descubrimos la pobreza, la auténtica miseria, por los libros. Por la literatura rusa, por la Colección Universal,[6] por los escritores rusos. Es curioso cómo en aquellos años, digamos de 1917 en adelante, lo que nos impresionó de Rusia no fue la Revolución, de la que no teníamos ni idea y que, además, no nos importaba nada, sino sus escritores, bastante bien traducidos en la colección que dirigía Ortega. Y no solo Gorki o Andreyev, sino muchos más. ¡Y no digamos Dostoyevski y Tolstói! Por lo menos así descubrí yo la pobreza, porque, de hecho, para mí, la Revolución rusa no existió hasta 1928, con el surrealismo. Había otro tipo de pobreza con la que conviví casi desde mi llegada a Madrid, pero que no me llamaba la atención y que, al fin y al cabo, no era más que falta de recursos, que no es exactamente lo mismo, dejando aparte que gentes como Pedro Garfias[7] gustasen de alardear, no teniendo dinero, de que era porque sus padres se habían olvidado de enviarles la mensualidad o algún que otro truco por el estilo. Yo recuerdo muy bien que hacia el año 18 o 19, más bien 19, Garfias y Eugenio Montes[8] vivían en una pensión, en Humilladero, número 7, en

---

4 Ramón Casanellas Lluch, Pedro Mateu Cusidó y Luis Nicolau i Fort (de cuyo nombre no se acuerdan Buñuel y Aub) fueron los anarquistas catalanes autores del atentado contra Eduardo Dato.

5 La batalla de Annual (o desastre de Annual) fue una severa derrota militar española ante los rifeños comandados por Abd el-Krim. Se produjo el 22 de julio de 1921 cerca de la localidad marroquí de Annual.

6 Publicada por Espasa-Calpe a principios del siglo XX.

7 Pedro Garfias Zurita (1901-1967) fue un poeta vanguardista español, ligado inicialmente al movimiento ultraísta. Era uno de los poetas más admirados por Buñuel, junto a Juan Larrea.

8 Eugenio Montes Domínguez (1900-1982), ensayista y escritor, cuya crítica de *Un perro andaluz* fue especialmente esclarecedora (Jones, 2017). Fue también fundador de Falange Española.

una casa de huéspedes donde por cuatro pesetas les daban habitación y las tres comidas. Eso sí, era una habitación alta —todavía lo estoy viendo— con dos camas y con un solo ventanuco, allá arriba, por toda ventilación. Eugenio Montes, que luego hemos conocido tan pulcro, estaba acostado allí con una camiseta de media manga, toda cochina, negra y con dos chinches; le quité una y la aplasté en el suelo. Había venido temprano porque habíamos quedado en ir a dar una vuelta por los alrededores. Debían de ser las diez o las once de la mañana. Eran los tiempos de *Ultra*[9] y antes de los de *Horizonte*.[10] ¡Cómo cambió Eugenio después! ¡Qué bárbaro! Fuimos muy amigos. También de Giménez Caballero.[11] Con el franquismo los dos prometían mucho. Giménez Caballero iba una noche sí y otra no al Pardo. Los consideraban como los consejeros de Franco. Ernesto era muy capaz de decir: «Me parece esto, me parece lo otro». Claro está que luego Franco hacía lo que le daba la real gana. Y mira tú dónde han acabado: hace veinte años que Montes anda de agregado cultural o algo por el estilo en Lisboa o en Roma, y Giménez Caballero, de eterno embajador en el Paraguay. [...]. Creo que Sender nunca ha contado que hacia 1918 escribió para un editor de Barcelona una revista semanal de tiras cómicas que se llamaba *Cocoliche y Tragavientos*. Los nombres se hicieron muy famosos en España. El editor no le pagó nada por los primeros números, pero al cuarto le mandó 100 pesetas. Entonces, Sender se fue al Hotel

---

9 La revista *Ultra. Poesía. Crítica. Arte*, que adoptaría posteriormente el subtítulo de *Revista internacional de vanguardia*, fue una revista vanguardista (ultraísta) publicada en Madrid entre 1921 y 1922. En ella participaron autores como como Ramón Gómez de la Serna, Rafael Lasso de la Vega, Eliodoro Puche, Guillermo de Torre, Juan José Pérez Doménech, Ramón Prieto y Romero, Isaac del Vando Villar, Juan Chabás, Rosa Chacel, Gerardo Diego, o el propio Luis Buñuel. El ultraísmo dejó muy pocos libros, pero muchas revistas donde se desarrolla el movimiento a través de sus manifiestos y publicaciones en ellas. Una de las revistas clave del movimiento es *Ultra*, que representa la madurez intelectual ultraísta. Supone el esplendor de un proyecto que venía produciéndose desde 1918 por parte de los firmantes del «Manifiesto ULTRA», ya promovido por *Grecia* y *Cervantes*. *Ultra* aparece en enero de 1921 y su último número en febrero de 1922. Editada cada diez días, posteriormente se convertirá en quincenal hasta su desaparición.

10 *Horizonte* fue también una revista del movimiento ultraísta editada en Madrid entre 1922 y noviembre de 1923 por Pedro Garfias, Juan Chabás y José Rivas Panedas. En ella Buñuel publicó prosas poéticas en los números 2 («Instrumentación», noviembre de 1922) y 4 («Suburbios», enero de 1923). Buñuel también ayudó a financiarla.

11 Ernesto Giménez Caballero (1899-1988) fue un escritor, intelectual y diplomático español, destacado representante del vanguardismo, prosista de la generación del 27 e introductor del fascismo en España.

Inglés —te acuerdas dónde estaba, ¿no?— después de haberse comprado una pipa, tabaco y un pijama. Se metió en una habitación de las mejores y no salió de ella en los dos días que tardó en gastarse ese capital. Esto es simpático. Por aquellos días, una mañana, en que yo iba a clase, a las siete o las ocho, allá hacia el Ministerio de Fomento, cuando pensaba ser ingeniero agrónomo, me lo encontré dormido, sentado, con el sombrero puesto, en un banco frente al Ministerio de la Guerra. Estaba lloviendo, y allí se hallaba dormido. Le desperté y le dije: «¿Qué haces aquí?». «Nada, ya ves, he andado mucho, toda la noche». Le di dos pesetas para que se fuera a desayunar. Era un tipo raro. Lo de la lluvia me recuerda que los dos días que estuvo en el Hotel Inglés también llovía, y se pasó el tiempo detrás de la ventana, mirando llover. Cuando me llamaron a quintas, me emboscó Miguel Primo de Rivera. Mi padre conocía a un senador. No me acuerdo cómo se llamaba. Primo de Rivera era capitán general de Madrid. El senador me dio una carta. Me recibió. Yo estaba cohibido. Me miró con cierta sorna: «Y tú, ¿qué haces?». «Pues estudiando...». «Conque golfeando, ¿eh? Bueno, dile a Esteban que vaya a hablar con los del Primero Ligero». El Primero Ligero acababa de obtener la [Cruz] Laureada [de San Fernando] y no volvería a Marruecos sino en último extremo. No fue nunca. Allí me encontré a Chabás,[12] que también estaba emboscado.

Hablando de Chabás, ¿conocías a Dámaso?

No mucho. Ya te hablé de él. Una noche me dijo: «¿Tú sabes que este chico pintor que está con vosotros en la Residencia es un poeta estupendo?». Se refería a Alberti. Pintaba unas cosas muy garigoleadas, con oros, que a mí me gustaban mucho.

No eran muy buenas.

No. Pero a mí me gustaban. Y me acuerdo, con la mala memoria que tengo para eso, me acuerdo de aquellos versos:

> «La noche ajusticiada...»

¿Eh? ¡Qué del tiempo es eso!

> «La noche ajusticiada,
> en el patíbulo de un árbol, alegrías arrodilladas
> le besan y ungen las sandalias».

¡Qué recuerdos!

---

12 Juan Chabás Martí (1900-1954) fue un crítico literario y escritor, amigo de Buñuel.

¿Pero continuaste emboscado?

No fui desertor por un pelo. Ingresé, como te dije, en el Primero Ligero de Artillería, del Pacífico, porque aseguraban que el regimiento, con la Laureada de San Fernando ganada unos años antes, seguramente no iría a Marruecos —porque yo soy de los de Annual—. Efectivamente, las cosas iban normalmente, y digo «normalmente» porque supongo que así era en todos los cuarteles. Pero, a pesar de todo, como yo no he estado nunca en la cárcel ni en campos de concentración, el recuerdo del cuartel y del colegio de jesuitas (la obediencia, el mando) no se me ha borrado nunca de la memoria. Una mañana, un sargento nos dijo que íbamos a tener el día libre y que nos presentáramos nada más que a pasar lista porque, al día siguiente, tres de las baterías salían para Marruecos. Yo ya había dicho que si me tocaba ir a Marruecos desertaría. Así que llegué a la Residencia y avisé a todos que al día siguiente lo haría. Había un precedente. Un compañero nuestro, Rey Vigil, desertó unos veinte días antes y pasó a Portugal con la ayuda de Eugenio Montes. Fuimos a despedirle a la estación, él de paisano. Se subió en un vagón de primera, en compañía, casualmente, de un coronel de la Guardia Civil. Gran susto. Pasó la frontera por las cercanías de Vigo, montado en un burro, con el amigo de Montes. Por cierto, que fue entonces cuando Montes, que era muy amigo mío, me dijo que todos los de Orense estaban locos. En la Residencia no había más que tres soldados, y el tercero estaba dispuesto a hacer lo mismo. Así que, bastante asustado, me llamó don Alberto[13] y me dijo que sería bueno que ese día (en que yo iba a desertar) no lo pasara en la Residencia. Rey Vigil está hoy de ingeniero en Brasil. A lo mejor yo sería entomólogo en el Amazonas, como hubiese querido Cándido Bolívar.[14] El otro compañero, Bertrán, servía en Ingenieros. Pero no pasó nada, porque al pasar lista nos dijeron que había contraorden, que no salíamos. Conocí a Chabás en el cuartel, en el año 21, cuando hacíamos nuestro servicio militar, en el cuartel de la Princesa, en el primero de caballería. Chabás con su voz de bajo, sus pestañas inmensas y sus ojos a lo María Félix. [...].

---

13 Alberto Jiménez Fraud (1883-1964), profesor y pedagogo, fue el primer director de la Residencia de Estudiantes.

14 Cándido Bolívar Pieltáin (1897-1976), entomólogo y profesor de Buñuel, fue colaborador de Manuel Azaña, con el que siguió a su lado durante los años de la guerra civil de 1936 a 1939. Al finalizar la guerra, se exilió a México, donde le acompañó su padre, Ignacio Bolívar, que pasó allí sus últimos años. Junto a su padre, fue investigador del Museo Nacional de Ciencias Naturales, donde Buñuel investigó para ser entomólogo y donde desarrolló su pasión por las hormigas.

La Residencia de Estudiantes, Federico García Lorca y otras amistades

[En la Residencia] me levantaba tempranísimo, como me ha gustado siempre, para correr, hacer gimnasia, lanzar la jabalina, boxear, saltar lo que fuera, y en paños menores. Por eso, a las nueve de la noche, cuando a veces íbamos al cuarto de Emilio Prados[15] y yo me retiraba a dormir, Federico me insultaba. Era la hora en que empezaba a leerles, o a recitar, o a tocar. Y yo me iba a la cama. [...] Para él existían dos mundos, el nuestro y el de *los inteligentes*: Salinas, Guillén, Adolfo Salazar,[16] Moreno Villa[17]... No nos dejaba entrar en él: «No, esta noche me voy con gente inteligente...». Luego, con el tiempo, las cosas cambiaron un poco. Yo estaba mucho más cerca de Dalí, de su manera de pensar y todo; pero a Federico le debo mucho más: me descubrió mucho más mundo. Luego volvimos a ser muy amigos. A Federico, su padre le daba veinte duros en octubre, hasta diciembre. Se los gastaba en tres días con los amigos, en chatos y tapas. Luego le dio cuarenta. Le pasaba lo mismo. Vivía de deudas y sablazos. Y su padre era riquísimo. Se lo echaban en cara. Entonces defendía a toda su familia a capa y espada: «Mi pare es buenísimo; mi mare, ¡no digamo! ¡Y el talento que tié Paquito! ¡Josú!». Parecía un personaje de los Quintero. «¡Y mis hermanas!». Era un gran poeta lírico y un imitador fenomenal. «Toca Schumann», le decíamos. Y parecía que lo tocaba como un ángel, y lo inventaba. Ahora bien, su teatro, para vomitar. Todo era capaz de imitarlo, todo, hasta el surrealismo.

Sabes que se han creado mitos sobre tu persona

¡Qué le vamos a hacer! Ayer estaba leyendo tus *Crímenes*.[18] ¿A quién no le ha sucedido? Cuando yo llegué a la Residencia no había sitio, y compartí el cuarto con Augusto Centeno.[19] Él se levantaba antes que yo. Se lavaba en una jofaina azul y luego se peinaba. Pero solo se peinaba por

---

15 Emilio Prados Such (1899-1962) fue un poeta español perteneciente a la generación del 27, fundador de la revista *Litoral*.

16 Adolfo Salazar Castro (1890-1958) fue un musicólogo, crítico, historiador, periodista y compositor español.

17 José Moreno Villa (1887-1955) fue un poeta, archivero, bibliotecario, articulista, crítico, historiador del arte, dibujante y pintor español, de la generación del 27.

18 *Crímenes ejemplares*, novela publicada en México, en 1957.

19 Augusto Centeno (1901-?) fue unos de los fundadores de la Orden de Toledo y acabó de profesor en la Universidad de Princeton.

delante, nunca llegaba hasta atrás. Esto me ponía furioso, y de verdad lo odié. Hasta que un día se lo dije: «¡Pero péinate hasta atrás, marrano!». Se quedó un poco estupefacto. Bueno, para que veas, la mujer que se peina en *El ángel exterminador* no está ahí más que como recuerdo de esa escena de Centeno. Así que digan lo que quieran...

¿Ibas de putas?

Íbamos a los burdeles de la calle de la Reina, ahí detrás.

Y las de Jardines.

Esas eran de las más baratas, diez pesetas. Las buenas estaban en la calle de las Huertas. Allí te recibía la dueña con toda clase de miramientos e indagaba tu nombre. «¿Y usted de dónde es?». «De Zaragoza». Hablaba por teléfono. A los diez minutos llegaba una muchacha: «Mercedes (o quien fuera), te presento al señor Buñuel, un buen amigo». Y al momento: «¿Quieres esperar un momento afuera?». [...].

¿Cómo fue lo tuyo con el rey, en la Residencia?

Para que veas, eso sí es verdad.

¿Tal como a mí me lo han contado? Es decir, ¿que estabas en pelota en el primer piso, y que no se te ocurrió, al ver al rey, más que coger un sombrero hongo y cubrirte la cabeza?

No, desgraciadamente, no. Hubiera sido mucho más surrealista. No. Yo vivía en el segundo piso del segundo pabellón. Era domingo, y estaba desnudo. Me acababa de peinar, con raya en medio, usando mucha bandolina, y para que no se me deshiciera el peinado me había puesto un sombrero de paja. En ese momento oí hablar y me asomé. Desde abajo no podían verme más que la cabeza, y mi sorpresa fue verdaderamente extraordinaria al ver que de un auto había bajado el rey y que hablaba con un portero o algo así. Al asomarme, el rey alzó la cabeza, me vio y me preguntó no sé qué acerca de algo que me sonó a que si aquel era «el camino de Chamberí». Yo me destoqué y le contesté: «Sí, majestad». Farfullé el «majestad» porque entonces era yo tanto o más nihilista que ahora y me sabía mal emplear la palabra. Pero lo hice. Al día siguiente, don Alberto Jiménez habló con el secretario del rey para presentar sus excusas por el hecho de no haber nadie en la Residencia y de que *su majestad* había hablado con un residente «que estaba desnudo». De ahí debió de nacer toda la fábula.

Cuentan muchas cosas de ti en aquel tiempo.

Es posible que se queden cortos.

Que te disfrazabas de...

Me he disfrazado muchísimo, de todo.

Dicen que de cura.

También de cura. Con quien más me he disfrazado, y de todo, es con Navaz; de paleto, de obrero. Bueno, de obrero me disfracé con Federico, y anduvimos por todas partes. Me acuerdo que nos tropezamos con Melchor Fernández Almagro[20] y con José de Ciria y Escalante[21] —¿te acuerdas de Ciria?— , que salían del café Regina, y nos tropezamos duro con ellos. Yo le di un empujón a Melchor, y empezamos a insultarles: «Estos cochinos señoritos que no saben adónde van». No nos conocieron. ¡Que no se conocieran Melchor y Federico! ¡Es fenomenal eso de disfrazarse! Me he disfrazado de todo. Hasta de militar. Con el uniforme del doctor Pascua,[22] que, como era médico, o iba a serlo, tenía derecho a usar uniforme de alférez de Sanidad. Debió de ser el año 21 o 22, cuando yo hacía mi servicio militar, como artillero, con Chabás. Si me cogen, eran cinco años de cárcel. En la calle de Alcalá me crucé con dos de mi batería. No me saludaron. Entonces me volví y les dije: «¿Qué hace un soldado cuando se encuentra con un oficial?». «Saludar», me dijeron cuadrándose demudados. «Pues preséntense en el cuartel y que les arresten». Al día siguiente, frente al mismo soldado, empecé a echar pestes, gritando que había encontrado a un hijo de la tal por cual, oficial de Sanidad, en la calle de Alcalá, y que, por no haberle visto ni saludado, me había mandado arrestar. Nos disfrazábamos, entre otras cosas, por lo menos yo, para ver la sociedad desde otro punto de vista. Vestidos de obreros, sin afeitar, con boina, el mono sucio, una bufanda, la gente no nos hacía caso. Ibas a un estanco y te despachaban el último. Pedías cerillas y no había duda, te las daban de cinco céntimos. Por la calle, las niñas ni te miraban. Sí, también me vestí de cura y llevé otra sotana para Federico. Las saqué de una casa que había en la Corredera Baja, que alquilaba trajes para el teatro. Nos habíamos citado a las siete en la glorieta de Colón. No vino. Pasaba el tiempo, y por allí rondaba una pareja de la Guardia Civil. Y yo sin saber qué hacer. A las siete y media ya no pude más y me fui a la Residencia. Federico llegó a las ocho y media y no me dijo ni pío. Con

20 Melchor Fernández Almagro (1893-1966) fue un crítico literario, historiador y periodista español que en 1940 fue gobernador civil de Baleares.

21 José de Ciria y Escalante (1903-1924) fue un poeta ultraísta español.

22 Marcelino Pascua (1897-1977), médico y diplomático español miembro del PSOE, fue embajador de la Segunda República en la URSS y Francia durante la Guerra Civil.

Navaz hicimos muchas barbaridades. Él iba vestido de paleto y yo de bedel de Veterinaria. Íbamos a los restaurantes y, por ejemplo, se comía los plátanos con cáscara y todo, y yo hacía señales desesperadas a los demás y decía: «Mi primo llega del pueblo». En la calle, en los tranvías, a base de lo mismo, hacíamos toda clase de tonterías. Hasta íbamos a casas *non sanctas.* Entreabrían el ventanillo: «Aquí está mi primo, que viene a ver si puede...». Cerraban el ventanillo. Volvíamos a llamar, y Navaz sacaba un pañuelo de yerbas y empezaba a hacer y deshacer nudos hasta sacar dos o tres duros. Y nos volvían a cerrar el ventanillo. Sí, me he disfrazado mucho: de bedel, de portero... Pero eso no es nada al lado de las cosas que hacían Federico y Dalí. Entre otras, lo que les gustaba era estafar a los suramericanos. A los diplomáticos. Les pegaban unos sablazos como de, por ejemplo, 100 o 200 pesetas. Y echaban a correr.

¿Te disfrazaste alguna vez de guardia civil?

No.

Carlos Fuentes dice que Federico y tú solíais disfrazaros de monjas, muy rasurados los dos, muy polveados, y subir a los tranvías madrileños a las horas de mayor afluencia, codeando coquetamente con los pasajeros masculinos, requiriéndoles con mohínes, guiñándoles el ojo: pánico colectivo.[23]

No. Lo de los tranvías de Madrid, ya lo sabes, lo cuenta todo el mundo. Lo de la monja ya te lo conté también: fue en París, con Juanito Vicens. Me vestí de monja, pero todo arreglado: pintada la boca de corazón. Vicens iba de cura. Era para el baile en Bullier, el baile de Quat'z'Arts,[24] pero antes fuimos a La Closerie des Lilas.[25] Pedimos algo y yo me senté encima de las rodillas de Vicens... *[Fue la noche en que Rafael Sánchez Ventura se vistió de niño de primera comunión. Es uno de sus grandes recuerdos porque dice que tuvo más éxito que en todos los otros].*

Eran muy amigos Federico y Dalí.

---

23 Aub y Buñuel comentan aquí el ensayo de Carlos Fuentes, *Encuentros con Luis Buñuel,* al que ya hemos hecho referencia (véase la nota 3 de la p. 27).

24 El *bal des Quat'z'Arts* fue una gran fiesta carnavalesca parisina organizada por los estudiantes de las cuatro secciones, Arquitectura, Pintura, Escultura y Grabado, de la Escuela Nacional de Bellas Artes de París. Este festival de artistas, que tuvo lugar inicialmente en la primavera, generalmente en la última semana de abril, luego en junio o julio, fue, más que el carnaval de París, un momento de licencia en las reglas de la creatividad. Se celebró entre 1892 y 1966.

25 Famosa brasería de Montmartre, que Buñuel siguió frecuentando cada vez que iba a la capital francesa.

Eran amigos, sí. Él era mucho más amigo de Federico que yo. Yo era más amigo de Dalí que de Federico. A mí, la obra de Federico no me gusta nada. Su teatro me parece muy malo. Me gustan algunas poesías, y no mucho. En lo que era genial era como hombre. Recuerdo que una vez, cuando volví de Nueva York, me dijo: «*Tú ere mu bruto* y no entiendes *na de na*, pero que te diga este [Dalí] qué tal es lo que he hecho». Y Dalí, con ese acento catalán, que no ha perdido nunca, me aseguraba: «Sí, sí, es una cosa magnífica, magnífica». Total, que quedamos en que Federico me leyera su *Don Perlimplín*. Nos reunimos en el sótano del Nacional. ¿Te acuerdas? Había allí una especie de cervecería.

Sí, en lo que allí llaman caballerizas.

Sí, Federico empezó a leer. Y al final del primer acto salía no sé quién de la concha del apuntador, o algo así. Y yo le dije: «Esto es muy malo». Federico se levantó muy indignado: «¡Pues Dalí no opina lo mismo! ¡No mereces ser amigo mío!». Y volviéndose hacia Dalí, le preguntó: «¿Verdad?». Y Dalí le dijo: «Pues sí, no es bueno, no». Entonces, Federico se levantó airadamente, recogió sus papeles y se fue. Nosotros le seguimos, hablando en voz alta, para que se diera cuenta. Así llegó hasta una iglesia que había a la entrada de la Gran Vía. Entró y se hincó de rodillas con los brazos abiertos. El muy indio sabía muy bien que nosotros le estábamos viendo. Dalí y yo nos fuimos por ahí y seguimos bebiendo. Y, a la mañana siguiente, le pregunté a Salvador, que compartía la habitación con Federico: «¿Qué tal?». «Ya está todo arreglado. Intentó hacerme el amor, pero no pudo».

Este es uno de los puntos de la Residencia acerca de los cuales habría que hablar y aclarar, y no se puede.

No, no creo que ninguno de ellos fuera homosexual de verdad, dejando aparte a Federico y Cernuda. Pero hubo en todo aquel tiempo, entre todos nosotros, en la Residencia, cierta promiscuidad o algo por el estilo, que de ninguna manera llegaba a nada más que a besos o cosas por el estilo, pero ninguno era homosexual. A Dalí no le hubiera importado nada, por su amoralismo. Pero no, no había nada.

[Hablamos de Dalí. En el fondo, el odio de Luis se debe a que Dalí reveló al mundo, en sus declaraciones, en sus libros, el homosexualismo de Federico].

No. Federico era impotente. Homosexual de verdad, en todo el grupo, solo Gustavo.[26] Una vez fuimos a pasar unos días al Monasterio de Piedra en un Renault que yo tenía entonces. Me estuvo contando muchas cosas de su vida sexual. ¡Y con obreros! Eso, a mí, creyente en el proletariado, me hería doblemente. Federico, no. No podía. Afeminamientos, cobardías, pequeñas ñoñeces, toqueteos... No. Estuve a punto de pegarme con Martín Domínguez[27] —el otro inerte de la Residencia— porque aseguraba que Federico era homosexual. Un día que había ido a comer a la Residencia con [Eugenio] d'Ors...

¡Vaya pareja!

... y con don Alberto. Iba Federico tan peripuesto, con su corbatita... Le digo: «Tengo que hablar contigo de un asunto muy grave». Nos fuimos a comer a una tasca de la calle de Alcalá, que ahora es muy elegante, de manteles y todo; antes, ni hablar, con sus botellas de vino a todo lo largo de las mesas. Pedimos nuestros cocidos. «Bueno, ¿qué es?». «Mira, Federico, se trata de algo muy grave». Bueno, le pregunté de sopetón, sin medias tintas, si lo era. Se levantó ofendidísimo. «¡Hemos terminado para siempre!». Nos reconciliamos al día siguiente. Para mí que, por lo menos entonces, no lo era. Tal vez en Argentina... Cuando vino de Cuba me pareció más desatado. Pero no podía. Dalí lo ha dicho. Y Pepín [Bello] podría también decirlo. De todas maneras, hemos de dejar en seguida en claro, para que no haya equívocos, que para nosotros un marica era tan hombre como un hombre cualquiera, o tan mujer como otra. Era marica. ¡Qué le vamos a hacer! Nació así.

A veces pienso que todos tenemos algo de eso.

Sin echar en olvido que los dos mejores poetas de nuestra generación, Federico García Lorca y Luis Cernuda, eran homosexuales. No me refiero a esa tendencia general de los escritores señoritos de nuestra generación de exaltar, vivir una camaradería masculina hasta parecerlo, como fue el caso de

---

26 Gustavo Durán (1906-1969) fue un compositor, militar, espía, y escritor español perteneciente a la generación del 27. Fue también diplomático y funcionario de las Naciones Unidas. En su juventud coincidió con un gran número de artistas e intelectuales, aunque abandonó su inicial y prometedora carrera musical. Buñuel le conoció en la Residencia de Estudiantes, donde fue uno de los miembros de la Orden de Toledo. También trabajó con el calandino en los departamentos de doblaje de la Paramount en París y de la Warner Brothers en Madrid. André Malraux se inspiró en él para el personaje de Manuel García en *L'Espoir*.

27 Martín Domínguez Esteban (1897-1970) fue un arquitecto vasco exilado durante el franquismo.

tantos que no quiero nombrar porque a lo mejor les parece mal, pero que por el campo o en la Bombilla[28] se besaban como si fueran lo que no eran.

Dice: «Buñuel adolescente era tan hermoso que el profesor Calandre había publicado su foto para ilustrar el busto perfecto».[29]

Eso fue Calandre.[30] En la Residencia yo era atleta, y un día Calandre me dijo, tenía el pecho como en el punto de vista corazón y pulmones, por lo visto *ad hoc*, a la cosa perfecta de normal, del hombre normal. Y don Ricardo Orueta[31] me hizo una fotografía que se publicó, creo, luego, en la sección de cardiología de Marañón..., de la patología de Marañón.[32] Aparezco con un antifaz y estoy con los brazos en posición de firmes. Se ve el pecho, el esternón. Y se ve —yo no entiendo de eso—... pero dicen que era un tipo bien, de hombre normal, constituido normalmente. Y no era por belleza apolínea sino por... Era belleza fisiológica.

Bueno. ¿Y eso del examen previo?

Como la Sociedad de Cursos[33] era una cosa muy seria, que iba Frobenius[34] y no sé quién, pues para que no dijera alguna tontería —yo era un residente un poco bruto— me examinaron para ver si no decía alguna incongruencia, algún exabrupto, ¿verdad? Y me examinaron, un día o dos días antes de la conferencia, el marqués de Palomares,[35] Alberto Jiménez Fraud, Ortega y Gasset, amigos de la Residencia, no recuerdo quién más. Creo que [García] Morente vino también, porque era amigo de Ortega. No me examiné. Leí la conferencia y la aprobaron. No decía ninguna inconveniencia ni nada. Y luego, películas.

* * *

28 Suponemos que hace referencia al parque de Madrid denominado popularmente La Bombi.

29 Se refiere a Kyrou (p. 13).

30 Luis Calandre Ibáñez (1890-1961) fue un cardiólogo e histólogo español, considerado el introductor de las técnicas modernas de la cardiología.

31 Ricardo de Orueta y Duarte (1868-1939), importante crítico de arte español de la primera mitad del siglo XX, fue uno de los motores de la Residencia de Estudiantes.

32 Gregorio Marañón y Posadillo (1887-1960) fue un endocrinólogo, científico, historiador, escritor y pensador español, perteneciente a la generación de 1914, cuyas obras en los ámbitos científico e histórico tuvieron una gran relevancia internacional. En 1922 viajó a Las Hurdes acompañando a Alfonso XIII en su célebre viaje.

33 La Sociedad de Cursos y Conferencias fue creada por la Residencia de Estudiantes para «atraer a la casa a las más destacadas figuras de la intelectualidad europea» (Gibson, p. 160).

34 Ferdinand Georg Frobenius (1849-1917) fue un prestigioso matemático alemán reconocido por sus contribuciones a la teoría de las ecuaciones diferenciales y a la teoría de grupos.

35 Se refiere a Antonio Vinent Portuondo, sexto marqués de Palomares del Duero.

Lee el poema que Federico te dedicó en 1924.

Es en la verbena de San Antonio de la Florida, en 1924. O sea, debía de ser en junio, creo yo. La primera verbena que Dios envía es la de San Antonio de la Florida.

«Luis, en el encanto de la madrugada
canta mi amistad siempre florecida.
La luna grande luce y rueda
por las altas nubes tranquilas.
Mi corazón luce y rueda
en la noche verde amarilla.
Luis, mi amistad apasionada
hace una trenza con la brisa. *[muy Federico]*
El niño toca el pianillo, triste
sin una sonrisa.
[esto es lo mejor] Bajo los arcos de papel,
estrecho tu mano amiga».

Léeme este, que es del mismo libro.

Del mismo libro de poemas. Dedicatoria especial: *A mi queridísimo Luis Buñuel. Acta de eterna amistad, F.*

«PAISAJE SIN CANCIÓN

Cielo azul,
campo amarillo.
Monte azul,
campo amarillo.
Por la llanura desierta
va caminando un olivo.
Un solo
olivo».

Madrid, 1923

Dije: «esto es malísimo» y, pam, se fue muy enfadado: «Adiós, señores». Yo me lo esperaba. Pero es que huele mucho a libro de poemas. *Nocturnos de la ventana…, Surtidores…*

¿Y esto está publicado?

Esos los publicó en un libro inglés.

Bajo ese influjo, casi te haces poeta… y actor de teatro.

Nada, nada. Bajo la influencia de su amigo íntimo Federico García Lorca, Buñuel entra en el mundo de la poesía, que ignoraba totalmente. Nada más. Lo demás, cero.

Así que no es verdad que se interesa por una temporada en el teatro.

Nada, nada, cero.

En particular de marionetas. Actúa en la Residencia.

Sí, tengo una foto con Federico.

Y en 1925 diriges en Ámsterdam el estreno mundial del Retablo de Maese Pedro, *de Falla.*[36]

Sí. Es verdad. Con Mengelberg.[37]

¿Con Mengelberg?

Sí. Era un gran director de orquesta.

¿Y cómo fue eso?

Porque Ricardo Viñes,[38] el pianista, era amigo de Mengelberg y había dos famosos teatros en Ámsterdam de música sinfónica. En uno de ellos presentó con gran éxito la *Historia del soldado,* de Stravinski, y Mengelberg quiso estrenar algo equivalente en el otro teatro. Y encargó a Ricardo Viñes que montara el *Retablo de Maese Pedro* variando lo que hizo la princesa de Polignac,[39] que había hecho todo muñecos —o sea, los personajes eran muñecos, y el retablo, de muñecos también—. Entonces, Ricardo dijo a su sobrino Armando que qué españoles había en Ámsterdam o en París. Y dijo: «Buñuel». *[Ríen].* Y fuimos e hicimos el *Retablo* con una inconsciencia tremenda. Con ocho actores y, además, las marionetas, con Manuel Ángeles Ortiz,[40] Hernando Viñes... ¿Quiénes hicieron las marionetas? Ismael..., no me acuerdo. Los actores eran mi primo Sauras, que hacía de Don Quijote, Cossío hacía de Sancho, [Joaquín] Peinado[41] hizo del ventero, etc.;[42] lo hicimos en Ámsterdam sin saber una palabra de nada. Y yo era el director de escena. Costaba, creo, 200 florines. Tres sesiones dimos,

---

36 Este estreno tuvo lugar el 26 de abril de 1926.

37 Joseph Willem Mengelberg (1871-1951) fue un director de orquesta holandés.

38 Ricardo Viñes Roda (1875-1943) fue un pianista y compositor.

39 Winnaretta Singer (1865-1943), princesa Edmond de Polignac, fue una importante mecenas musical, notoria homosexual, y heredera de la empresa de máquinas de coser Singer Corporation. Encargó numerosas piezas a compositores célebres, y creó diferentes ballets, entre ellos el del *Retablo de Maese Pedro* de Falla.

40 Manuel Ángeles Ortiz (1895-1984) fue un pintor, escenógrafo y ceramista perteneciente a la generación del 27.

41 Joaquín Peinado (1898-1975) fue un pintor español, discípulo de Cecilio Plá y Julio Romero de Torres, muy amigo de Buñuel.

42 Francisco (Pancho) Gutiérrez Cossío (1894-1970), Manolo Ángeles Ortiz, Hernando Viñes, Ismael González de la Serna (1898-1968) y Joaquín Peinado eran pintores que formaban parte del grupo de artistas españoles radicados en París que se reunía en cafés como La Rotonde (Jones, p. 264). Pronto se convirtieron en amigos de Buñuel. En *La edad de oro*, Cossío, que tenía una cojera, interpretó al bandido cojo, Ángeles Ortiz al guardabosques que mata a su propio hijo y Peinado era uno de los invitados a la recepción del marqués.

tres. Y la primera, al terminar, como no sabía nada de teatro, se marchó el público, y bajamos al patio de butacas a ver cómo estaba la iluminación, dejé a los personajes en el escenario y desde abajo no se veía nada *[risas]*. Lo arreglamos para la segunda y tercera representación. Se pusieron bien los reflectores, la luz ámbar, no sé qué.

Pero, esa salida, ¿fue de París a Ámsterdam?

De París a Ámsterdam, sí.

¿Tan pronto como llegaste a París o poco tiempo después?

Pues al año, no llegaba al año de llegar yo a París.

No, si era el 25, no llegaba al año.

Pues por ahí. Yo llegué el 25, en enero, a París.

Y eso debió de ser en octubre.

Pues en octubre o en noviembre sería... Tengo arriba también los recortes.

¡Ah!, ¿sí?

Sí. Los tengo con las fotografías del *Retablo*.

Así que, en París, a principios del 25, no ocupas el puesto que...

No ocupo nada. A principios del 25, por la Residencia de Estudiantes, con recomendación de Azcárate,[43] fui a París a lo de la Cooperación Intelectual de la Sociedad de Naciones. Pero la Sociedad de Naciones no tenía dinero. Francia, que era la que tenía que pagar, tampoco tenía dinero. Y en ese intervalo de dos años que estuve aprendiendo política internacional y tal, pues me dediqué al cine.

Nuevas amistades, infinidad de conocimientos por aquella época, ¿no?

Conocí a Dámaso un poco más tarde. Acababa de traducir *El artista adolescente*, de Joyce, que le publicó la Biblioteca,[44] y estaba muerto de miedo.

¿Por qué?

Por si se enteraba su madre. Le tenía un miedo atroz: «Si se entera, me mata».

Pero, ¿por qué?

Era de lo más estricta.

Pero, ¿conocía a Joyce?

---

43 Pablo de Azcárate y Flórez (1890-1971) fue un político, diplomático e historiador español.

44 Se refiere a Biblioteca Nueva.

Lo mismo le pregunté yo. «Si descubre en casa el manuscrito es capaz de leerlo», me dijo.

Si hubiese sido el Ulises…

No. *El artista adolescente.* Y firmó la traducción con un seudónimo. No Amado Alonso, pero algo parecido. Muerto de miedo. Chabás era otra cosa.

Esa sí es una novela… Nos hemos quedado muy lejos de Federico.[45]

Tú tienes la culpa… Nos dejaba en los cafés mugres donde nos reuníamos los ultraístas. En los cafés más anodinos y absurdos, allí por la plaza de Atocha. ¿Te das cuenta?

Claro. Una de las características de aquellos días era lo anodino de los cafés donde nos reuníamos.

Lo heredaron los surrealistas.

Sí.

En cambio, los expresionistas buscaron, en Alemania, en Suiza, lugares más garigoleados.

En eso no hay leyes.

Sí, Pombo tenía carácter.

Por lo menos el que le impuso Ramón [Gómez de la Serna].

El Nacional…

¡Qué va! Eso era para los elegantes. Federico nos dejaba y se iba con los intelectuales de primera clase: «Hoy me dan mi café Salinas o Guillén (o quién sabe quién). Gentes de primera…». Y nos dejaba y se iba. Luego yo también me hice amigo de esos intelectuales de primera.

Ramón ha sido el hombre que más ha influido en toda nuestra generación.

Así, en general, tienes razón. En todos.

Ramón era fenomenal.

Yo no fui a Pombo más que una o dos veces porque no me gustaba aquel ambiente.

Yo fui todos los sábados, desde el 18 hasta el 24. Ahí tengo unas fotografías. Nos reuníamos en Gambrinus por la tarde y en Platerías

---

45 Antes de esta afirmación estaba la conversación sobre el encuentro entre Buñuel y Ramón y Cajal que el lector encontrará en la p. 527, ya que se trataba de una clara digresión, como lo evidencia que Aub afirme que se habían alejado del tema de García Lorca.

por la noche. Allí venía Eugenio d'Ors porque no le aceptaban en las reuniones de Ortega. Además de no tomarle muy en serio, les molestaba su paso del catalán al castellano. Era una especie de traición; además de su aire engolado y de sus ínfulas de triunfo parisiense. Con nosotros sí venía. Allí, en Gambrinus, a veces venían sindicalistas de acción: Santolaria,[46] que era director de un periódico anarquista de Sevilla; Samblancat[47] y otros.

Ha muerto aquí no hace mucho.

Era un tipo extraordinario, sabía muchas cosas. Era un hombre muy violento. Una vez lo llevamos Rafael Sánchez Ventura y yo a comer a la Residencia de Estudiantes. Era la época en que yo no pude aprobar, en septiembre, el ingreso para ser ingeniero agrónomo, cuando Américo[48] me hizo cambiar de rumbo al decirme que pedían profesores de español en América. A Américo le hacía mucha gracia Samblancat, sobre todo por el prólogo que le puso a un libro de un joven poeta lírico-social-político catalán.[49] Te digo prólogo, pero la frase de la que me acuerdo no sé si estaba al principio o al final: «Basta ya de novelitas románticas que solo sirven para poner en erección el clítoris de las viejas...».

Nos hemos ido del tema...

En 1923 le dieron un banquete doble a Ramón Gómez de la Serna. Uno, el de los académicos y de la gente de primera clase, en Lhardy; y otro, el de los jóvenes que íbamos al café de Platerías, en El Oro del Rhin. Ramón iba de un banquete al otro en motocicleta. Bueno, en sidecar. Por entonces, en Madrid, además de los taxis, había motocicletas de alquiler. Una vez le gané 5000 pesetas en Rosales.

¿Jugando?

Claro. Me di el lujo de alquilar una motocicleta por ocho días. Y allí la tenía, en la Residencia. Y me subía al sidecar y nos íbamos a un café de la

46 Emilio Villaronga Santolaria, anarquista, «administrador de editoriales y de colecciones como Nueva Senda y La Novela Roja» (Gibson, p. 119).

47 Ángel Samblancat y Salanova (1885-1963) fue un periodista y político anarquista aragonés. Políglota y traductor en nueve lenguas, fue un activo anarcosindicalista y republicano federal, anticlerical convencido, y durante el reinado de Alfonso XIII sufrió cárcel al menos en dieciocho ocasiones por delitos de opinión.

48 Américo Castro Quesada (1885-1972) fue un filólogo, cervantista e historiador cultural español perteneciente al Novecentismo.

49 Se refiere al prólogo del poemario de Joan Salvat-Papasseit, *Humo de fábrica*.

calle Alcalá o al Palace, a tomarnos un vermut, y regreso a la Residencia. Como un príncipe. Tengo fotos de los dos banquetes. No me acuerdo de todos, pero mira: Maroto,[50] Paszkiewicz,[51] Ramón [Gómez de la Serna], Chabás, Uzelay,[52] Montes, Garfias...; este creo que es Gili,[53] y este, Francisco Camba,[54] no estoy seguro. Mira a Barradas.[55] Barradas era un genio. Se pasaba el tiempo dibujando vasos y botellas sobre el mármol de la mesa. Al final de la noche daban ganas de llevarse la piedra y enviarla a un museo. No tenía ninguna cultura, pero era un genio. Y este es César A. Comet,[56] ¿te acuerdas? Victorio Macho, Rafael Urbano, Sancha; este soy yo; Augusto Centeno, que murió hace poco en Estados Unidos, gran amigo de Gaos.[57] Valentín de Pedro. Y este es Oliver, el médico. En la otra foto, mira, el primero que se ve es Federico, como siempre, con los importantes. El que asoma la nariz a la izquierda es Alfonso Reyes.[58] Manuel Abril,[59] Canedo,[60] Paco Vighi...[61]

¿Estás seguro? Le conocí muy bien y no creo...

---

50 Gabriel García Maroto (1889-1969) fue un pintor, impresor y escritor español perteneciente a la generación del 27.

51 Gabriel Marian Paszkiewicz (1900-1940) fue un artista polaco afincado en España y vinculado al movimiento ultraísta.

52 José María Uzelay (1903-1979) fue un pintor vasco.

53 Seguramente se refieren a Juan Gutiérrez Gili (1984-1939), poeta, prosista y dramaturgo relacionado con los movimientos vanguardistas.

54 Francisco Camba Andreu (1882-1948) fue un novelista y periodista español.

55 Rafael Barradas (1890-1929) fue un artista uruguayo, de padres españoles, vinculado al grupo ultraísta.

56 César A. Comet (¿1890?-?) fue un poeta, narrador y traductor.

57 José Gaos y González-Pola (1900-1969) fue un filósofo español, discípulo de Ortega y Gasset, exiliado en México después de la Guerra Civil. Fue profesor de la Universidad de Madrid, llegando a ser su rector durante la contienda bélica. Era hermano de la actriz Lola Gaos (*Viridiana*, *Tristana*).

58 Alfonso Reyes Ochoa (1889-1959) fue un poeta, ensayista, narrador, diplomático y pensador mexicano, que estuvo exiliado en España entre 1914 y 1924.

59 Manuel Abril (1884-1943) fue un dramaturgo, poeta, novelista, traductor, periodista y crítico español.

60 Enrique Díez Canedo (1879-1944) fue un poeta postmodernista, traductor y crítico literario español. Fue también embajador español en Uruguay y en Argentina.

61 Francisco Vighi (1890-1962) fue un poeta español.

No sé. Urgoiti,[62] Antonio Robles, Bartolozzi,[63] Azorín,[64] Moya, Francos Rodríguez,[65] Andrenio,[66] Schumacher,[67] Sainz Rodríguez...[68] Este no sé quién es.

Yo diría que es Maeztu.[69]

Mira a Antonio Espina.[70] Y en medio, abajo, Federico y Ciria Escalante. De los demás no me acuerdo. Nos veíamos poco, pero cuando nos encontrábamos era con la misma antigua cordialidad. Grandes abrazos. Eduardo Ugarte en medio, apoyando todo lo que decía Federico. «¿Verdad, Eduardo?». «Sí, sí».

Con Ugarte, en Toledo, ibais a trabajar en una película de fantasmas...

Íbamos a beber y a beber. Todo el día. No comíamos. Chato de manzanilla tras otro, y tapas. Y luego nos íbamos al Paseo, a la Alameda, y a vomitar por sobre el pretil que da al Tajo. Nos acostábamos a la hora que fuese. Yo me levantaba, como siempre, a las ocho, y me iba a dar un paseo. Me acuerdo perfectamente que un día, mientras me estaba

---

62 Ricardo Urgoiti Somovilla (1900-1979), personaje crucial de la vida de Buñuel durante la Segunda República, fue un empresario de la comunicación que fundó la productora Filmófono junto con Buñuel.

63 Salvador Bartolozzi Rubio (1882-1950) fue un escritor, historietista e ilustrador español.

64 José Martínez Ruiz (1873-1967), más conocido por su seudónimo Azorín, fue un escritor y periodista español, perteneciente a la generación del 98.

65 José Francos Rodríguez (1862-1931) fue un periodista, escritor, médico y político español, alcalde de Madrid y ministro de Instrucción Pública y Bellas Artes y de Gracia y Justicia durante el reinado de Alfonso XIII.

66 Eduardo Gómez de Baquero (1866-1929), más conocido por su seudónimo Andrenio, fue un periodista y crítico literario español.

67 Parece ser que era un librero, propietario de la librería del Caballero de Gracia, más conocida como Los Alemancitos, situada entonces en el Paseo de la Castellana, muy frecuentada por los escritores y poetas de la época.

68 Pedro Sainz Rodríguez (1897-1986) fue un bibliógrafo, editor, académico y político español, diputado en las Cortes de la Segunda República, ministro de Educación Nacional en el primer Gobierno de Franco, conspirador monárquico, exiliado a Portugal y consejero político de Juan de Borbón.

69 Ramiro de Maeztu y Whitney (1874-1936) fue un ensayista, crítico literario y teórico político español.

70 Antonio Espina García (1891-1972) fue un poeta, narrador y ensayista español, de significación vanguardista. De ideología republicana de izquierdas, desempeñó cargos políticos durante la Segunda República. Aunque cronológicamente pertenece a la llamada generación del 27, rechazó tal adscripción, por lo que ha sido incluido entre los escritores del novecentismo.

afeitando, Eduardo me miró a medias, con aquel su ojo saltón, y me dijo: «Te odio». Y sentí que era verdad. Yo le dije: «Te espero a las doce en Zocodover, en tal café...».[71] Y llegaba. «¿Ya no me odias?». «Se me va pasando».

Pero, hombre, no le des tanta importancia. ¡Y todavía te acuerdas! ¿No estaría Eduardo endiablado por haberlo despertado tan temprano habiéndose acostado a las tantas? Curioso, guardas en la memoria lo visto y lo oído, pero las circunstancias, no.

Sí, tal vez. Tal vez. No sé. Con [García] Morente[72] pasó algo parecido. Yo iba a clase de Morente, en tiempos de Gaos, aunque lo que yo estudiaba eran Letras, Historia... Ese año explicaba a Kant. Le entendía perfectamente, pero al salir se me borraba completamente de la cabeza. En cambio, los sucesos, lo visual, eso no lo olvido.

¿Y Chabás? Era guapo.

Sí, pero con mal cuerpo.

Fuerte, bajo. Un labrador valenciano. Como Paco Rabal.

Había publicado un librillo de versos.

Se titulaba Espejos.

Una noche fuimos a dar una conferencia a la Residencia. Una conferencia acerca del guiñol. Aquello siempre se llenaba. Empezamos hablando al alimón. Luego habló él del guiñol, desde el punto de vista literario. Bien, pero no le aplaudió nadie: no sabían quién era. En cambio, yo, que era muy popular en la Residencia, tuve un éxito fenomenal. Me interrumpían a cada momento para gritarme: «¡Bravo!». Luego se presentó Malleu,[73] el que hacía guiñol en la Castellana o en Recoletos. Armó su tinglado y representó seis o siete piececillas. Fue un gran éxito de don Cristobita... A Federico le gustó mucho.

---

71 La plaza de Zocodover es el centro neurálgico de la ciudad de Toledo, actuando como plaza mayor de la misma.

72 Manuel García Morente (1886-1942) fue un sacerdote católico, filósofo, teólogo y traductor español. Asimismo, fue alumno de la Institución Libre de Enseñanza y colaborador en su cuadro de profesores.

73 Félix Malleu fue un titiritero conocido sobre todo por ser también domador de leones. Acabó arrastrando un destartalado guiñol por los jardines del Retiro o por el madrileño paseo de Rosales, donde, como tantos otros titiriteros populares, se convirtió en un mito sin nombre: el titiritero de Madrid. Allí lo encontraron Buñuel y García Lorca, que, hartos del putrefacto teatro español, lo llevaron en 1922 hasta la Residencia de Estudiantes.

CONCHITA BUÑUEL

M. A.: ¿Y qué solía contar Luis de la Residencia cuando iba a Zaragoza?

C. B.: Luis ha sido siempre un poco reservado en casa y cuando hablaba también de la cosa externa. De reuniones, de amigos, de que boxeaba... Cosas así, sin importancia. Pero luego, cuando le suspendieron, mi padre se enfadó y le hizo ir a Zaragoza. Se le arregló una habitación un poco extraña y él se trajo todos sus libros. Es cuando empecé yo a tener otra idea de la vida, porque empecé a leer sus libros. Yo era entonces muy joven, tenía dieciocho años —bueno, hoy día a esa edad ya no se es joven—. Empecé a leer la literatura rusa. Y luego también la *Vida de Jesús*, de Renan, y creo que todo esto es lo que luego me ha servido a mí para irme transformando, para tener otra educación. Y creo también que a Margarita la he transformado yo un poco, porque es todavía más joven que yo. Pero mis otras hermanas son completamente diferentes, son muy religiosas y, no sé, incluso franquistas.

M. A.: Ya sé, ya. ¿Y cuándo volvió Luis a Madrid?

C. B.: Pues pronto. Como a los seis o siete meses. Vieron que en Zaragoza no podía hacer nada y volvió a Madrid. Aunque pienso que debió de ser después de morir mi padre, creo ...

M. A.: Tu padre murió el 23.

C. B.: El 23, sí. Luis tendría veintidós años. No, entonces sí fue antes de morir mi padre.

M. A.: No, no. Luis tendría entonces veintitrés años porque es del 1900. Acuérdate.

C. B.: Bueno, pues sí, veintitrés. Es que estaba calculando ahora que mi padre... No, entonces, no, porque *Un perro andaluz* ya lo hizo en seguida, ¿no?

M. A.: No. *Un perro andaluz* es del 28.

C. B.: Es que yo de fechas... No sé si Margarita es igual que yo, pero de fechas no nos acordamos nada.

M. A.: Y de Vicens, ¿te acuerdas?

C. B.: Pues sí, pero siempre, también, toda la cosa exterior: que los dos eran naturistas; que solo comían almendras y vegetales; que iban a la nieve y se desnudaban, y se enterraban en la nieve, pero cosas de ..., no sé, más de tipo intelectual, no.

M. A.: ¿Y cuándo conociste a Dalí?

C. B.: No lo conocí nunca. He oído hablar de él, pero no le he conocido nunca. Aunque tengo muchos deseos de conocerle, porque entre mi hermana Margarita y yo se ha formado un deseo de insultarle, no sé por qué. Es como una manía. Cuando estamos juntas decimos: «Yo le diría tal cosa». Y entonces yo digo: «Pues yo le diré tal otra». O sea, nos regodeamos pensando la que le vamos a armar.

M. A.: A él le encantará saberlo y, quién sabe, tal vez también experimentarlo.

C. B.: Es una cosa curiosa, no sé por qué le tenemos tanta antipatía.

M. A.: Pues, desde luego, con toda la razón del mundo.

C. B.: A mí me repugna un poco esa falsa originalidad que tiene, tan rebuscada, tan indigna, tan… eso.

M. A.: Y, además, por cómo se ha portado.

C. B.: Claro. Y luego esas cosas de él, el ser tan rastreramente franquista como es.

M. A.: Pues no es nada franquista.

C. B.: ¿No? Pues es peor, porque bien que lo finge.

M. A.: Lo finge. Es tan ateo como siempre, a pesar de todo lo que dice y hace públicamente. Y luego, nadie se puede portar peor con un amigo que como se portó con Luis, lo mismo que con Federico.

C. B.: Sí, esto ya lo sé. Pero yo a veces pienso que, aunque no se hubiese portado mal con Luis, seguiría siendo un ser repugnante. No sé por qué, no lo analizo bien.

CONCHA MÉNDEZ

M. A.: ¿Cuándo conociste a Buñuel?

C. M.: En San Sebastián, cuando tenía dieciocho años. Él los cumplía el 19 de marzo[74] y yo los acababa de cumplir.

M. A.: Tú naciste en 1898.

C. M.: Sí.

M. A.: Luego, él es del 99.

C. M.: Él tiene ocho meses menos que yo, de julio a marzo del año siguiente. Yo, mayor.

M. A.: Sí, ya lo sé. Pero entonces, es del 99 y no de 1900 como se empeña en decir todo el mundo.

C. M.: Pues es igual, me lleva todo un año. Yo, como nací en la gloriosa fecha del 98, no me la quito. Además ¿para qué? Prefiero que me digan: hombre, pues estás mejor…

M. A.: Y le conociste…

C. M.: Le conocí en San Sebastián veraneando. Su familia veraneaba ahí. […]. Y, entonces, la vida que hacíamos, él estudiaba en Madrid, en la Residencia de Estudiantes.

M. A.: ¿Qué?

C. M.: Empezó estudiando ingeniero agrónomo, creo, o no sé qué era. Sí, y luego dejó eso para estudiar no me acuerdo qué.

M. A.: Filosofía y Letras, que tampoco acabó. ¿Cuándo os pusisteis en relaciones?

---

74 Si se refiere a Luis Buñuel, la fecha es errónea, ya que nació un 22 de febrero.

C. M.: Pues al año... yo tenía diecinueve años recién cumplidos.

M. A.: ¿Él, diecisiete?

C. M.: Pues sí, creo.

M. A.: ¿Quién os presentó?

C. M.: Nos presentó Miguel Catalán,[75] hoy yerno de Menéndez Pidal. Entonces andaba detrás de Jimena.

M. A.: ¿Cómo fue? ¿Dónde?

C. M.: Pues en San Sebastián, en el Monte Igueldo, en un baile. Estaba de moda también, como el Casino, el Kursaal y, como yo hacía vida de burguesa, su familia, pues, también burguesa.

M. A.: Tu familia era rica.

C. M.: Rica, y la de ellos también. Además, nosotros teníamos....

M. A.: Tú ¿de dónde eres?

C. M.: Yo, de Madrid. Nosotros teníamos casa para veranear, ir tres meses a San Sebastián, frente al balneario. Y en la cuadra de al lado tenían ellos la casa también. De todos modos, nos veíamos: desde la terraza de casa se veía su mirador.

M. A.: ¿Y cómo fue la presentación?

C. M.: Pues, nada, nos presentó. Le dijo Buñuel a este: «Preséntame a esta chica». Yo bailaba muy bien. Además, tenía mucho partido entre la gente y todas esas cosas. Y luego, pues ya nos hicimos novios ese año y luego él, como estudiaba en Madrid, en la Residencia, pues era amigo de Federico García Lorca, de Dalí, todos muy amigos, ¿verdad? Entonces, cuando le conocí, creo, no sé si Dalí ya estaba ahí, no sé. Pues él hablaba: «Federico me presentó a estas gentes». Pero yo era aparte; yo salía con mi familia, salía con él y con la familia, con mi institutriz; de modo que él hacia su vida de residente y de estudiante aparte completamente de las relaciones conmigo, o sea, que nunca me presentó...

M. A.: ¿Con Dalí no saliste nunca?

C. M.: ¡Ah!, después que ya rompimos relaciones, después le conocí yo. [...].

M. A.: Alguna vez me has contado que ibas con Luis y con Dalí por el Retiro con una muchacha muy guapa —creo que se llamaba Margarita— y que Dalí le lanzaba capullos de rosas.

C. M.: Todo muy inocente, cursi, más que de la época, de los años que teníamos. Y de la época también, claro. Muy señoritos, muy puritanos (hasta cierto punto), naturalmente...

M. A.: ¿Y entonces?

---

75 Miguel Antonio Catalán Sañudo (1894-1957) fue un espectroscopista aragonés.

C. M.: Bueno, él se fue a París. En verdad, pienso lo siguiente: para nosotros, la vida es como un camino y por ese camino te acompañan familia, quien sea. Con unos estás de acuerdo; con otros, no. Luego te vas encontrando gentes; hay amores y cosas, ¿verdad?, y yo... pues yo tenía miles de novios.

M. A.: ¿Cuándo tuviste relaciones con Alberti?

C. M.: Con Alberti, fueron unos días, se puede decir.

M. A.: Sí. ¿Cuándo, en qué año?

C. M.: Pues, después que acabé con Buñuel. Luego, después, conocí al grupo este, de Alberti. Y en una exposición de pintura iberoamericana, en la que Federico García Lorca dio una conferencia, ahí le conocí yo.

M. A.: Conociste a quién, ¿a Rafael [Alberti] o a...?

C. M.: Ahí conocí a todos estos. A todos estos. Supe que había esta conferencia y fui y le llevé un ramo de claveles a Federico y luego me dijo que no había guardado ni un clavel, porque el recuerdo era más bonito que la flor, ¡y qué sé yo! Y cuando le oí a Federico recitar me dije: «Esto también lo hago yo». Entonces me puse a escribir y Alberti era el que me asesoraba; decían: «Tienes influencia de Juan Ramón Jiménez». Yo pensaba: «¿Quién será Juan Ramón Jiménez?». No sabía nada. Decía luego Alberti: «Es que la época está en el ambiente». Por eso para mí fueron muy interesantes las relaciones de Buñuel, me sirvieron de mucho porque él estaba en la Residencia con el grupo este de Dalí, Federico...

M. A.: ¿Y nunca te contó nada Buñuel de la vida que hacían en la Residencia Dalí y Federico, todos ellos?

C. M.: Allí, pues, comían juntos a la hora de las comidas, desde luego, y luego se reunían con ellos y toda esa cosa. Él no quería que yo conociera a esta gente. Moreno Villa se fue un día a Toledo, que tenía allí una casa o un grupo, no sé qué. Entonces, me mandó una postal diciéndome, en verso, Moreno Villa, eso, antes de yo escribirlo, para que le permitiera que Buñuel fuese con ellos a pasar unos días. Yo, ¿tenía que darle permiso?; pues que fuera. Entonces le contesté en verso diciéndole pues que fuera. Y esa nunca se la entregó; no quería, no le gustó que yo escribiera en verso esa cosa.

M. A.: Y Buñuel, ¿cuándo empezó a interesarse por el cine?

C. M.: Pues cuando se fue a París, cuando conoció a Dalí.

M. A.: ¿En España?

C. M.: No. En España, no. En España estudiaba. Luego, cuatro veces nos íbamos a casar. Tres, o cuatro veces, nos íbamos a casar y mi familia ni caso que hacía; y la suya, pues tampoco; tenían razón, además. Luego he pensado eso que te digo: los otros, cada uno va por su camino, en la vida. Tú te vas encontrando gente por tu vida, por tu camino. Pero cuando llega un momento, esas gentes que te han servido para tu formación o para lo que sea, esos amores, esa familia o lo que sea —porque yo tuve bastantes amores—, llega un momento en que los destinos se bifurcan, cada uno cumple su destino. Llega un momento en que este tiene que irse para acá y este para allá, porque, además, lógicamente, pensándolo bien, piensas: «No nos convenía a nosotros habernos casado, no. Él tiene una manera de ser...». [...].

M. A.: Bueno, ¿él estuvo en tu boda con Manolo [Altolaguirre]?

C. M.: No, él estaba en París. Creo que fue para mí una gran cosa, a través de él, el reflejo, digamos, del ambiente de la Residencia, con Federico y toda esa gente. Porque más o menos si estás en un ambiente, este ambiente lo recoges y lo reflejas.

M. A.: ¿Qué año te casaste?

C. M.: Yo me casé... Yo tenía treinta y Paloma nació el 35; el chico, el 36. Yo me casé el 32. [...].

M. A.: ¿Conociste a Manolo en casa de León Sánchez Cuesta?[76]

C. M.: ¿Quién?

M. A.: En casa de León Sánchez, ¿no?

C. M.: A Manolo le conocí de una manera muy curiosa. Me lo presentó Federico. En casa de León Sánchez conocí a Luis Cernuda.

M. A.: ¡Ah!, ¿sí?

C. M.: Sí. Ahí estaba colocado Luis Cernuda. Un poco antes de casarme. A Manolo le conocí de una manera muy curiosa: yo entré un día a la Granja El Henar; entonces, a la entrada en una mesa..., yo iba a mi grupo, un grupo de vanguardia... Y en la entraba estaban Federico y Manolo. A mí me habían hablado de Manolo, en París. Vicens, ¿verdad?, donde estaba colocada la hermana de Jeannette [Rucar]. Muy simpática. Y entonces me hablaron de él, de Manolo. Pero yo no le conocía. Yo di conferencias sobre poesía y todo eso en Argentina, pero no tenía libros ni conocía más que a un grupo: a Lorca, Alberti, ¿verdad?, que me escribía unas cartas preciosas. Y muy poéticas. Todo se perdió. Y también se perdieron, en un banco, cartas de Federico, y dibujos. Todo eso lo he perdido en un banco ¡fíjate!

M. A.: ¿Cómo? ¿En un banco?

C. M.: Sí. En una caja fuerte.

M. A.: ¿Y dónde está?

---

76 León Sánchez Cuesta (1892-1978) fue el titular de una librería especializada en libros extranjeros en Madrid que, en 1927, abrió delegación en París. En la España de la Dictadura y de la República, la librería de León Sánchez Cuesta de París, la *Librairie Espagnole*, vino a ser algo así como un consulado donde los escritores del 27 podían cobrar conciencia de sí mismos como grupo; informarse sobre revistas, libros y proyectos culturales de otras provincias y países de habla española, y adonde llegaban con regularidad las noticias culturales de París y de otras capitales. Era el librero de Luis Buñuel.

C. M.: Pues, ¡vaya usted a saber! ¡Vaya usted a saber qué habrán hecho! Cosas. Bueno. En el Banco Central.

M. A.: Pero el Banco Central sigue existiendo.

C. M.: Pero saquearon todas las cosas que habla dentro, cuando la guerra. No quedó nada. Ahí tengo las llaves. ¿Y qué? ¿Dónde estará?

M. A.: ¿No intentaste buscar ahora en Madrid?

C. M.: Pues no, pero ahora me voy a llevar las llaves a ver si... ¿verdad? Porque son cosas, fíjate, cartas amorosas que yo tenía y, además...

M. A.: De Rafael.

C. M.: También yo tenía cartas muy bonitas.

M. A.: ¿De correspondencia con Buñuel no tuviste nada?

C. M.: Sí, alguna correspondencia cuando se iba en verano unos días, me escribía.

M. A.: ¿Y no tienes nada de eso?

C. M.: No, no tengo nada. Todo se lo devolví. [...] Pues a Manolo lo conocí... entré en La Granja, estaba con Federico en una mesa. Federico me vio, ya nos conocíamos, claro. «Hola», no sé qué, y me lo presentó. Luego resultó que no volví a mi casa nunca. Solo he vuelto a casa en este último viaje. Nunca más volví con la familia. Entonces yo, emancipada del todo, estuve en un hotel, el Dardé se llamaba, que me recomendaron en la Librería Española, en París, donde yo recogía mis cartas, en eso y en *La Nación*, de Buenos Aires, que era donde recogía mi correspondencia. Porque Vicens era muy amigo mío. Murió Vicens, creo.

M. A.: En Pekín.

C. M.: Bueno, pues yo iba ahí a recoger y por eso conocía a la hermana de Jeannette allí. Y entonces me lo presentó Federico. Resultó que estaba en el mismo hotel, pero yo no lo sabía. Se alojaba en el mismo hotel que yo.

M. A.: ¿En qué hotel?

C. M.: En el Hotel Dardé, en Madrid. Un hotel muy barato; se alquilaban habitaciones por cinco pesetas y luego comías, claro, donde fuese; allí, si querías, también había restaurante. Y fíjate qué curioso: me lo acababan de presentar, yo tenía que recoger correspondencia, en lista de Correos. «¿A dónde vas?», me dijo. «Pues yo voy a lista de Correos». «¡Ah!, pues te acompañamos». Entonces vinieron Manolo y Federico, me acompañaron y luego nos fuimos a la verbena de San Juan, después de la correspondencia. Y al día siguiente o a los dos días, me habían presentado en la tertulia a Valle-Inclán, que era muy amigo mío, y a un tipo que me caía regordo, que se parecía algo a Manolo Altolaguirre en el tipo, pero no me acuerdo quién era. Me cayó pesado, un tipo estúpido, de esos que se hacen chistosos, sin venir a cuento y entonces, estando yo en el mostrador, hablando por teléfono, en el hotel, entró Manolo y le confundí con el otro. Me saludó y yo, como si no lo viera. El tío me saludaba y yo nada. Y

Manolo otra vez. Y ya en vista de que no le hacía caso, cogió y tomó el ascensor. Y cuando se volvió de espaldas, dije: «¡Uy, ese el Altolaguirre!». Entonces, le dejé una nota diciéndole: «Perdón, te he confundido con otra gente». [...] ¡Ah!, porque yo pregunté: «Este ¿quién es?». «Este es Altolaguirre». «Uy, ¡qué metedura de pata!, ¡qué horror!». Y así conocí yo a Manolo. Y luego, después, este... *[señala el piso alto en el que encontró muerto, en la puerta del baño, a Luis Cernuda].* Estaba yo en Madrid cuando Buñuel vino a Madrid a dar una de sus películas primeras. Yo le vendí localidades, le ayudé a vender. Nos reunimos en el café. Entonces él se dio cuenta de que Manolo andaba detrás de mí, ¿verdad? Y ya me dijo: «No tiene ni un real», y qué sé yo. «No importa, ya trabajaremos», le contesté. Yo tenía mi familia, pero no; y luego, mira, hicimos la imprenta y nos fue muy bien. Primero las pasamos, bueno, negras.

M. A.: Me acuerdo, yo estuve en tu boda.

C. M.: Negras. Horrible. Con el poquito dinero que yo había ganado en Argentina, pues ya. Mi madre me regaló unas camas, ¡y qué sé yo!

M. A.: Sí, pero acuérdate de la pobre silla (la *pobrecilla* que pusieron en el recibidor, con una escudilla...).

C. M.: La pobre silla, ¿te acuerdas? Y luego llegó el chico, y por falta de asistencia médica lo perdí, me llevaron en una ambulancia moviéndome por todo Madrid con un conato de asfixia. Fíjate que el trauma todavía lo tengo. De repente, voy en un coche y así, oigo ese... Han descubierto que es un trauma que yo arrastro, y el trauma es esto: la ambulancia, la asfixia, el niño que no va a nacer, que no puede nacer porque, además, me mandaron a un medicucho y gracias a ese medicucho que estaba en maternidad, que fue donde todas las prostitutas tenían sus hijos, ¿verdad?, ahí me atendieron. Estaba Torreblanco, me salvó la vida, pero el niño murió. Y Concha Albornoz[77] se quedó ahí conmigo, en la habitación, y como eso dependía del Ministerio de Justicia, y su padre era ministro entonces, pues ya me aparté. Cuando llegué ahí me trataron de la patada, como si fuera una cualquiera y por ahí empezó a desfilar todo el mundo: Lorca, los otros y quién sé yo, Vicente Aleixandre, bueno, una cosa tremenda. Pero yo, fíjate, perdí el chico. Y luego, de allí, pedí un lápiz para escribir, enseguida a las veinticuatro horas, pues ya estaba yo... me pegaba cada desmayada horrible, porque me habían vaciado, vaya, me habían dejado sin sangre, estaba blanca como papel. Llegó un día Federico y nos regaló un palco para ir a ver *Bodas de sangre*. Estábamos con no me acuerdo quién y cuando terminó la función yo estaba que me iba a desmayar y, en efecto, me

---

77 Concha de Albornoz (1900-1972) fue una intelectual española, exiliada de la guerra civil española, y entre las consideradas como la primera parte del movimiento feminista moderno de España.

tuvieron que sacar en brazos a un coche porque ya perdí el conocimiento. En la casa, me desmayaba; hasta que me fui recuperando de cuando tuve el chico; bueno, esas cosas que pasa uno... Y luego, ahora, en España, cuando llegué, que iba yo en un coche de mis hermanas, iba el chófer, pasó una ambulancia, me acordé y me dije: «¡Uy! Claro». No dije nada, porque tampoco iba a amargarle la vida a nadie, ni le iba a contar nada al chófer; pero, oye, acordándome. Manolo venía en la ambulancia conmigo, a la Maternidad, donde iba toda la gente que no... Pero ¡qué cosas más dramáticas, más horribles que pasa uno a veces! ¿Verdad? Y así es la cosa.

JOSÉ IGNACIO MANTECÓN

M. A.: Es curioso. Me contaba ayer Luis cómo el haber llegado a ser lo que es se debe a la casualidad. Cuando en 1917 llegaron, Luis y su madre, a Madrid para buscar alojamiento mientras estudiaba en una academia para el ingreso en la Escuela de Ingenieros Agrónomos, fueron primero a varias casas de huéspedes, sobre todo una muy famosa, Doña Iturria, en la plaza del Ángel. Ninguna le gustó a la madre de Luis, y gracias a la recomendación de don Bartolomé Esteban, que era senador, o de su hijo Cristóbal, que era cajero del Centro de Estudios Históricos, fueron a la Residencia de Estudiantes. A la madre le gustó, por lo limpio. A lo único que puso mala cara fue cuando se enteró de que podían ir y venir, salir como les diera la gana. Pero, claro, eso es lo que le gustaba a Luis. Le tomó una habitación de lo mejor, en el primer pabellón, en el piso de en medio. Costaba entonces siete pesetas al día, una fortuna. Presidían las mesas Moreno Villa y Ricardo Orueta. Todavía no estaba García Lorca, que llegó el año siguiente;[78] ni Dalí, que no apareció sino tres años después.

J. I. M.: Yo no he tenido nunca amistad con Dalí. Siempre le tuve aversión. Creo que le he visto tres veces en mi vida.

M. A.: Lo curioso es que cuando hablé con Alcoriza y salió el tema de Dalí, me dijo: «No le hables de Dalí; para él es un insulto». Y lo más divertido es que es rara la vez en que hablo con Luis que no salga Dalí a relucir.

J. I. M.: Eran muy amigos.

M. A.: Sí. Pero el que tuvo más influencia en él fue Federico.

J. I. M.: La peña de Zaragoza, con nuestros quince años: Vicens, Buñuel, Dorronsoro,[79] Ugarte y yo.

M. A.: Todos señoritos y gentes de mucho dinero.

J. I. M.: Después de los Escoriaza, que eran la primera fortuna de Zaragoza.

---

78 Lorca llegó a la Residencia en 1919, es decir, dos años después de Buñuel.

79 José María Dorronsoro Dorronsoro (1901-1965) fue un ingeniero agrícola de origen navarro, exiliado a México.

M. A.: Según lo que me decía Luis el otro día, su padre pasaba por ser el hombre de más dinero después de los Escoriaza.[80] Pero lo decía negándolo. Quién sabe. El hecho es que Vicens, por ejemplo, hijo único, era adinerado.

J. I. M.: Y todos inteligentes.

M. A.: Inteligentes..., vamos a dejarlo. Locos, sí. Nos dio por ser vegetarianos. [...].

M. A.: ¿Y lo del rey?

J. I. M.: Sí, el rey fue a visitar la Residencia. Se lo criticaron mucho.

M. A.: Hay fotografías. Pero creo que fue en tiempos anteriores a los de Buñuel.

J. I. M.: Me quedé de piedra cuando Pepín Bello me dijo que Federico era lo que era. No lo podía creer. Luego recordé que el único al que se le ocurrió pensarlo fue a mi padre. Estábamos en el Palace, llegó Federico, me dio, como siempre, grandes abrazos: «Hola, Conchito». Me llamaba así porque siempre le estaba hablando de Conchita. «Ese amigo tuyo es maricón, ¿verdad?», me dijo mi padre. Como protesté, me pidió en seguida perdón.

M. A.: ¿Y Cernuda?

J. I. M.: ¡Hombre! Lo conocí en casa de sus padres. Una casa preciosa, frente a la catedral. Tenía yo veintidós años; él, veinte. Me leyó unos versos. Me dejó pasmado. Se lo dije a Salinas, que ya le conocía, pero al que no se atrevía todavía a leerle nada. ¡Qué buena persona! ¡Qué gran persona era Salinas! Y Guillén. ¡Y qué cosas hicieron por Cernuda! ¡Y cómo les pagó! No, no quiero saber nada de su poesía. Su padre era comandante de la Guardia Civil, pero el verdadero comandante era la madre. No tienes idea: hombruna, mandona, terrible. ¿Sabes el segundo apellido de Juan Ramón Jiménez? ¡Mantecón! ¡El respingo que dio el día que nos presentaron! Porque no le gustaba nada. Tenía horror al apellido. Su hermano Gustavo, al contrario (era comerciante en vinos). Vino un día a pedirme que renunciara a mis derechos a no sé qué título que quería reivindicar. ¡Con lo que a mí me importaba aquello! Al principio traté de divertirme. «Es que tengo diez hermanos», le dije. Pero en seguida: «Ahora mismo vamos al notario y renuncio a todo lo que quiera». ¡Imagínate! ¡A mí con títulos! Era en la Rábida. Mi padre compró todo aquello, unas 4000 hectáreas, y yo tenía derecho a una celda en el convento...

M. A.: ¿Qué tenías tú que ver con los rotarios?

J. I. M.: Mi padre era gobernador de los rotarios y me obligaron a serlo y a dar una conferencia. La di, sobre la posibilidad de fundar un banco de honras.

---

80 Hacia 1895, la familia Escoriaza emprendió en Zaragoza un negocio de carpintería de madera y metal asociados a Pablo Carde y Ricard. Pronto comenzaron a llegar los primeros pedidos de vagones para compañías ferroviarias.

Porque no hay derecho a que por casi nada pierdan la suya tantas muchachas. El banco las protegería, las haría estudiar en Sevilla las primeras letras, en Madrid el bachillerato y el doctorado en París. Luego reembolsarían los gastos con sus intereses y el banco les devolvería la honra casándolas con tenientes de carabineros, burócratas, etc.

M. A.: A todos nos salía el espíritu del cuerpo.

J. I. M.: Siempre fue así.

M. A.: Pero no fuimos señoritos.

J. I. M.: Sí, yo recuerdo grabados de las revoluciones del 48, del 70 y otros, donde un señor con chistera defiende al pueblo, fusil en mano. Así nosotros, cambiando lo cambiable.

JUAN RAMÓN MASOLIVER

M. A.: ¿Sabes algunos detalles de la vida de Luis anterior a su conversión al surrealismo? Es decir, ¿algunas de sus cosas referentes a su gusto por disfrazarse y hacer bromas pesadas, y cuanto más pesadas mejor?

J. R. M.: Bueno, todo lo que se ha explicado ya muchas veces del desierto, en la Residencia, pegados al radiador; todo esto no son cosas de Dalí ni de Federico García Lorca, son cosas de Luis Buñuel. O sea, Luis Buñuel tenía en Zaragoza una peña de esta especie de locos, de dadaístas, sin saberlo. Pero la etapa de Luis en la Residencia no la he conocido directamente, porque era mucho mayor que yo. Esto sucedía en los años 24 o 25.

M. A.: No, antes.

J. R. M.: O antes; antes incluso, es verdad, antes incluso.

M. A.: Sí, de 1917 a 1923.

J. R. M.: Exactamente. Entonces yo no sabía lo que era literatura ni lo que era nada, porque uno, modestamente, se ha enterado de Rubén Darío cuando tenía doce años, pero de la demás poesía no se enteró hasta los dieciseis.

M. A.: Antes has hablado del *desierto*. ¿Qué es eso del *desierto*?

J. R. M.: ¡Ah, hombre! Yo creía que era una cosa conocida. Pues nada, que estos tipos, de pronto, de las mil barbaridades de tipo dadaísta que realizaban, pues una de ellas era que, en la Residencia, de pronto, se quedaron días y días envueltos en sábanas, en una habitación, desnudos, pegados al radiador, diciendo que estaban abandonados en el desierto. Y así los tíos estuvieron —con Pepín Bello y cuatro o cinco más— comiendo mendrugos, sin que los pudieran echar ni a palos.

M. A.: Pero, ¿de dónde no los podían echar?

J. R. M.: De la habitación, que se habían quedado allí dentro, desnudos, sin nada, diciendo que se habían perdido en el desierto, con las mantas de la cama, y estaban ahí los tíos, tres días seguidos, hasta que a viva fuerza los echaron. Este tipo de cosas las hacían contra Juan Ramón Jiménez, contra toda cosa respetable. Y en estas cosas les ayudaba uno que era mucho mayor que ellos, que era Moreno Villa. Cuando escribía las *Carambas* y todo esto. Es decir, que era el clima de la Residencia, contra la respetabilidad de la Institución Libre de Enseñanza, de todos sus valores.

M. A.: Además de eso del desierto, ¿qué hacían más?

J. R. M.: Hombre, ahora mismo no sé, no me acordaría. *(Ríe).*

M. A.: ¿Cuántas veces has visto a Luis disfrazado de cura?

J. R. M.: Bueno, esa es otra. *(Ríe).* De ahí salieron los maristas luego. Bueno, fue Pepín Bello el que se inventó lo de los trajes de cura que salieron luego en *Un perro andaluz*.

M. A.: Sí, con Miravitlles.[81]

J. R. M.: Eso fue idea de Pepín Bello. No digo que acabaran siempre haciendo misas negras, pero, en fin, lo que quieras. Eran hijos de familia bien, hijos de papá, para qué nos vamos a engañar.

M. A: Sí.

J. R. M.: Luego evolucionaron como fuere. Pero entonces eran hijos de papá que estaban contra toda esa cosa impoluta y perfumada de los caballeros de la Residencia. Porque don Alberto Jiménez Fraud, échale del mango, que también era uno que abría las puertas con un papel, como don Besito. No, *(ríe)* no me hagas hablar; no, no, ¡coño!

M. A.: No, no *(J.R.M. ríe)*, pero es la cosa más divertida que haber pueda, porque es anterior al surrealismo.

J. R. M.: Bueno, mucho cuidado con lo del surrealismo.

M. A: Cuando te he hablado eso de vestirse de cura, porque efectivamente, es que lo hacía desde los cinco años…

J. R. M.: Bueno, tanto como cinco años no lo sé, pero eso es anterior a la Residencia.

M. A.: A la ida a Madrid.

J. R. M.: A la Residencia.

M. A.: Es que siempre le ha gustado disfrazarse. […].

NATALIA COSSÍO[82]

M. A.: Buñuel llegó el 17.

N. C.: A la Residencia.

M. A.: A la Residencia. Precisamente el año 17 llegó Buñuel a la Residencia.

---

81 Jaume Miravitlles i Navarra (1906-1988) fue un político y escritor catalán que intervino en *La edad de oro*.

82 Natalia Cossío era la esposa de Alberto Jiménez Fraud e hija de Manuel Bartolomé Cossío, pedagogo krausista e historiador de arte, perteneciente a la Institución Libre de Enseñanza.

N. C.: Pero yo no vivía en la Residencia. Yo viví tres años en la calle de Diego de León, hasta que nos hicieron la casa en la Residencia.

M. A.: Ajá. Bueno.

N. C.: Pero a Buñuel le he visto, creo, cuando vivía en Diego de León, también, porque Federico vino a mi casa entonces, y recuerdo muy bien a Federico, en mi casa.

M. A.: Pues sí. No, si Federico llegó a la Residencia el 16...[83]

N. C.: A Federico le conocía porque además venía recomendado por Fernando de los Ríos.[84]

M. A.: Lo sé.

N. C.: Y Alberto vino a decirme: «Ha venido un chico muy simpático, que venía recomendado». Y dice: «Me he reído mucho, porque le pregunté qué era su padre». Y contesta: «Nada, nada más que rico». *(Ríe).*

M. A.: ¿Y no le preguntó quién era su madre?

N. C.: Eso no lo sé. *(Ríen).*

M. A.: Bueno. Pero, ¿cómo llegó Luis a la Residencia?

N. C.: Eso no lo sé.

M. A.: Bueno. Todo esto son puntos que tengo que aclarar después.

N. C.: Él lo sabrá.

M. A.: No, no, ya me lo ha contado más o menos. Pero por si sabía usted algo que pudiera corroborar lo que él dice.

N. C.: Cuando más he visto a todo ese grupo ha sido cuando fuimos a vivir a la casa de la Residencia.

M. A.: Porque Buñuel estuvo hasta el 23 en la Residencia.

N. C.: Pero yo le había visto en la Residencia.

M. A.: Sí, desde luego. Él estuvo del 17 al 23. Y luego, en el año 24 se fue a París y volvió. Pero ya no hacía vida de... Ahora, sobre, por ejemplo, la famosa historia de Buñuel saludando al rey desde las ventanas de la Residencia, ¿sabe usted algo?

N. C.: No. No. Si lo he sabido se me ha olvidado. *(Ríe).*

M. A.: ¿Y de Luis tirando una jabalina contra un muchacho de la Residencia, ha oído usted algo?

N. C.: Sí, pero vagamente. No me acuerdo.

M. A.: No se acuerda.

N. C.: No me acuerdo bien. No, no podría decirle.

M. A.: ¿Y cómo recuerda usted a Luis en la Residencia?

N. C.: Corriendo. *(Ríe).*

---

83 Sigue sorprendiendo el baile de fechas confusas que manejaba Aub, pues de nuevo se confunde con la fecha de llegada de Lorca a la Residencia.

84 Fernando de los Ríos Urruti (1879-1949) fue un político, dirigente e ideólogo socialista español.

M. A.: Y, ¿boxeando?

N. C.: No, no le he visto boxear. *(Ríe).* Pero siempre andando. Siempre corriendo deprisa, cogiendo el tranvía, siempre corriendo. *(Ríe).* Es lo que contaban todos los otros chicos.

M. A.: ¿Y disfrazado no le ha visto?

N. C.: No, no.

M. A.: ¿No? Y de su amistad con Dalí y con Federico, pero sobre todo con Dalí, ¿qué sabe usted?

N. C.: No, nada. Nada especial. Yo vivía bastante apartada. *(Ríe).*

M. A.: Sí.

N. C.: Y había algunos residentes que venían, que eran más sociables; entre ellos Dalí. Venían a mi casa muchas veces. Y cosas muy raras de Dalí.

M. A.: ¿En qué sentido?

N. C.: Porque me lo encontré en mi casa una mañana, sentado en la sala, en una butaca, que era lo más contrario a sus cosas surrealistas. Mi casa era más bien romántica *(ríe),* como una casa de campo. Y él sentado allí. Le pregunté: «Pero Salvador, ¿qué hace usted aquí?». «Es que me gusta mucho el ambiente de esta sala». Y es una cosa *(ríe)* que no comprendo cómo le podía gustar, con su vida después de esa época.

M. A.: Pero, justamente, ¿en qué época fue eso?

N. C.: Pues los últimos años que él estuvo en la Residencia. El último año, creo.

M. A.: No. No se comprende.

N. C.: Venía mucho a casa, a comer por la noche con Federico.

M. A.: Y de la vida con Federico y Dalí, ¿no sabe usted absolutamente nada?

N. C.: Nada. Allí no hacía falta saber nada de nada. *(Ríe).*

M. A.: Me parece muy bien. Porque había, efectivamente, un ambiente, digamos, muy *oxfordiano*, muy de Cambridge en la Residencia, en todo aquel tiempo.

N. C.: No.

M. A.: ¿No? ¿Por qué? Hable usted sin ningún pudor, si no importa nada. Nada de esto se refiere a lo de Buñuel, pero sí al ambiente de Madrid de aquel tiempo, que tuvo mucha importancia y mucha influencia, y más influencia de lo que la gente cree, más influencia que lo de la *Revista de Occidente*. Esa libertad que había en la Residencia se ha reflejado enormemente en la obra de todos nosotros. Y creo que en eso la Residencia ha jugado un papel fenomenal.

N. C.: Me gusta mucho oírlo. *(Ríen).*

M. A.: Además, la verdad es que allí conocimos a todo el mundo. Conocimos a Montherlant,[85] conocimos a Valéry,[86] conocimos a todo el mundo. Es la verdad. Pero mucho más. Mucho más.

N. C.: Era una cosa mucho más cosmopolita que lo de la *Revista*.

M. A.: No solamente.

N. C.: Ahora, que teníamos allí a la *Revista*, porque Ortega nunca faltaba a ninguna *(ríe)* de esas cosas.

M. A.: Sí. Además, la *Revista* era una cosa más pequeña, una cosa más limitada.

N. C.: La *Revista* iba los domingos a la Residencia por la mañana, iba Ortega. Y las gentes que no querían ir a la *Revista*, ya sabe usted, había mucha gente que no entraba por la *Revista*, pues iban a ver a Ortega.

M. A.: ¿Cómo quién?

N. C.: ¡Ah! *(Ríe).* Pues había... No sé a quién le diré. No. No sé, pero yo sé que mucha gente que no iba a la *Revista* sabía que Ortega venía todas las mañanas los domingos a las once a mi casa. Y digo mi casa porque *(ríe)* era mi casa, pero allí las mujeres estábamos excluidas *(ríe),* y no eran nada más que hombres. Y estaban desde las once u once y media hasta las dos y media, un grupo muy grande, porque sabían que se podían encontrar allí a Ortega. Gente que no quería ir a verlo a la *Revista*. Y eso ha pasado durante todos los años que hemos vivido en la Residencia. Yo, si me casé en 1916, fueron tres años, ya que a la Residencia debimos habernos mudado el año 20 o el 21.

M. A.: 1920, sí.

N. C.: El 20 o el 21, sí. Y desde entonces hasta el 36, pues son casi dieciséis años.

M. A.: Sí.

N. C.: Todos los domingos estaba Ortega allí. Y la gente iba a verle. Pero eran todas personas mayores. Allí no he visto gente joven como Dalí. Esos no pasaban por allí los domingos por la mañana.

M. A.: ¿Iba por allí el grupo de Azaña?

N. C.: No. Conocíamos bien, Alberto conocía a Azaña muy bien, tan bien que le pidió la traducción de *La Biblia en España*. Que está muy bien hecha.

M. A.: Pero de Buñuel precisamente, ¿no recuerda usted nada absolutamente?, ¿ninguna anécdota?

N. C.: Sí, pero ya de segunda o de tercera mano.

M. A.: Por ejemplo.

---

85 Henry de Montherlant (1895-1972) fue un novelista, ensayista, autor dramático y académico francés.

86 Ambroise-Paul-Toussaint-Jules Valéry (1871-1945) fue un escritor, poeta, ensayista y filósofo francés.

N. C.: Que venían y que contaban.

M. A.: Por ejemplo. Porque yo tengo centenares.

N. C.: No puedo. *(Ríe)*.

M. A.: ¿De qué?

N. C.: Es absurdo. Cuando estemos... (*Ríe*).

M. A.: Pero es que...

N. C.: De veras, de Buñuel no puedo decir nada.

M. A.: Y...

N. C.: ¿Por qué no Dalí?

M. A.: ... esos disfraces.

N. C.: No.

M. A.: De sus idas en los tranvías, con un muchacho que hoy es oceanógrafo.

N. C.: ¡Ah, sí!, este, ¿cómo se llama?

M. A.: Está en San Sebastián.

N. C.: ¿Navaz?

M. A.: Navaz.

N. C.: Navaz venía más a casa.

M. A.: ¿Sí?

N. C.: Y de Navaz me acuerdo muy bien una vez, porque cuando estuvo Marinetti[87] a dar una conferencia, *(ríe)* Navaz se contagió de Marinetti. Y me dijo Alberto una noche: «Si quieres venir esta noche a la sala, te vas a reír». Y Navaz inventó unos versos muy graciosos, imitando a Marinetti. Un gran éxito. *(Ríe)*. Navaz, no sé por qué, venía bastante a casa.

M. A.: ¿Qué año fue eso de lo de Marinetti? Más o menos.

N. C.: No se lo puedo decir ahora, pero tengo la firma de Marinetti en el álbum. *(Ríe)*.

M. A.: ¿Sí?

N. C.: Sí. Tengo un álbum. Bueno, no es mío, es de mi hija. El álbum de mi hija lo empezó Max Jacob.[88] Y porque dijo un día en casa, cuando estaba con nosotros: «¡Qué pena que ya las señoritas no tengan álbumes como antes!». Mi Alberto salió, compró uno y lo trajo. «Lo va usted a empezar». Y lo empezó Max Jacob. Con un dibujo de Moreno Villa.

---

87 Filippo Tommaso Marinetti (1876-1944), poeta, escritor, ideólogo fascista, dramaturgo y editor italiano del siglo xx, fue el fundador del movimiento futurista, la primera vanguardia italiana del *novecento* que sirvió como base para el fascismo de Mussolini e influyó poderosamente en las vanguardias españolas de principios de siglo en las que bebió Buñuel.

88 Max Jacob (1876-1944) fue un escritor, poeta, dramaturgo y pintor francés. Amigo de Pablo Picasso, dejó sus estudios para seguir a los cubistas que se instalaron en Montmartre, París, donde conoció, entre otros, a Guillaume Apollinaire, Amedeo Modigliani y Juan Gris.

M. A.: Lo de Marinetti me interesa enormemente por lo de Navaz. ¿De quién eran los versos de Navaz?

N. C.: ¡Ah!, no sé. *(Ríe)*.

M. A.: Pero, ¿usted cree que lo hicieron entre todos?

N. C.: Yo pensé que los había hecho él, pero pienso que quizás los hicieron entre todos. Los habrían hecho entre todos.

M. A.: Sí, es lo más seguro. Se lo preguntaré a Luis. Como yo voy a verle ahora. Esto, dígame usted algo…

N. C.: ¿A Navaz?

M. A.: …de Navaz. *(Ríen)*.

N. C.: Que le quiero mucho. *(Ríe)*.

M. A.: Bueno. Pero, además, ¿era muy deportista?

N. C.: Sí. Sí, muy ancho, muy fuerte, hacía muchas excursiones, me parece.

M. A.: Sí, porque era uno de los compañeros de Buñuel más constantes.

JOSÉ GAOS

M. A.: Bueno, Pepe, ¿cuándo conociste tú a Luis?

J. G.: Pues debió ser en los últimos meses de 1921, recién llegado yo a Madrid para seguir los estudios de Filosofía. Porque yo tenía la idea de entrar en la Residencia de Estudiantes, pero no lo pude lograr. Luego Jiménez Fraud me invitó a que fuera por allí cuando quisiera y uno de los días que fui comí allí y lo vi por primera vez. Estábamos ya comiendo todos, los residentes y los invitados, y de pronto entró una pareja, y aquellos con quienes estaba —que me parece que uno de ellos era Centeno— me dicen: «Esos son Luis Buñuel y Dalí». Se distinguían porque Buñuel iba en mangas de camisa y con sandalias, y Dalí llevaba una melena y una barba como las que llevan los jóvenes de última hora, y una capa de estudiante de Coímbra. Entraron en medio de cierta sensación de los comensales, y en una mesa les esperaba algo que solo les esperaba a ellos y por eso les parecía a todos los demás una extravagancia. Era una gran ensalada, porque entonces estaban en plan vegetariano.

M. A.: Y rábanos.

J. G.: ¡Rábanos, sí! Rábanos. Una ensalada con rábanos, es verdad. No tenía idea entonces de quiénes eran ni quiénes iban a ser. Ni el uno ni el otro.

M. A.: Ni ellos tampoco tenían idea de lo que iban a ser.

J. G.: Sí. La impresión fue tanta, que todavía tengo una imagen muy plástica del comedor y de la entrada de ellos y del aspecto que tenían. Después nos debimos de hacer amigos, pues en el grupo de estudiantes de la Facultad de Filosofía y Letras había muchos residentes de los dos últimos años de la carrera de las distintas secciones —Historia, Filosofía y Letras— y fraternizábamos y nos relacionábamos mucho porque éramos muy pocos. En el año segundo estaban:

Zubiri,[89] Dámaso Alonso, García Lorca, creo. En primero de Filosofía, pues, los compañeros que tuve ese año, ni uno solo perseveraron en la Filosofía; la mayoría están de doctores en Estados Unidos: Centeno, Casalduero,[90] Sespruger, María Monzón, Jimena Menéndez Pidal, la hija de don Ramón, que estudió Filosofía con nosotros en ese primer grupo. En Historia estaba Juan Chabás. Y todos muy amigos. Y de cuando en cuando aparecían por ahí o nos veíamos en algún lugar. Pero no recuerdo qué es lo que estudiaba realmente Buñuel entonces.

M. A.: Buñuel llegó a Madrid para estudiar ingeniero agrónomo.

J. G.: Sí, sí, ahora recuerdo.

M. A.: Y sencillamente no pudo aprobar el ingreso en la Escuela y, en cambio, era compañero de Dorronsoro.

J. G.: Sí, porque no estudiaba Filosofía y Letras.

M. A.: Pero sí estudió algo de Filosofía y Letras o por lo menos iba como oyente.

J. G.: Pues no recuerdo bien si apareció por las clases de Filosofía. No sé si iba a algunas de las otras. No lo recuerdo con detalle. Sí que nos vimos en la Residencia de Estudiantes más de una vez, y en la misma Facultad estoy seguro que también. En fin, el que verdaderamente era allí la personalidad sobresaliente era Federico García Lorca. No cabe la menor duda de que estaba entonces en trance de descubrir a los pregongorinos y a los gongorinos menores, porque no hablaba más que de eso. Me acuerdo que un día nos encontramos en un tranvía, camino de la Facultad, y todo el tiempo fue hablándome de estas lecturas. Y me recitó una serie de cosas de Soto de Rojas[91] y Carrillo y Sotomayor.[92] En fin, no recuerdo bien. Claro, ese año fue el de la aparición del Dadá en Madrid. Fue en la primavera del 22. Porque el curso era de fines del 21, que es cuando empecé a conocer a estas gentes, y siguió todo el 22, claro. Debió de ser cuando hicieron aquella famosa sesión en el Teatro de la Princesa —que ahora pienso en cómo pudieron haberlo conseguido de la [María] Guerrero—[93] en la que dijeron e hicieron tantas barbaridades.

M. A.: Pero, ¿qué clase de barbaridades?

---

89 Xabier Zubiri Apalategi (1898-1983) fue un filósofo español.

90 Joaquín Casalduero Martí (1903-1990) fue un profesor, crítico literario y cervantista español.

91 Pedro Soto de Rojas (1584-1658) fue un poeta español del culteranismo.

92 Luis Carrillo y Sotomayor (?-1610) fue un poeta, prosista y traductor español.

93 María Ana de Jesús Guerrero Torija (1867-1928) fue una actriz y empresaria dramática española. El actual Teatro María Guerrero se llamó Teatro de la Princesa hasta 1931, y era propiedad de María Guerrero desde 1909.

J. G.: Pues verbales y de actuación escénica. En el escenario se metieron con el público y creo que también dijeron cosas de tipo medio, y es donde César González-Ruano,[94] que entonces era de ese grupo, y que acabó luego siendo fascista, paseándose por el proscenio, hizo esa famosa crítica literaria de Cervantes: «Era seguro que era manco, porque escribía con los pies». El público, en vez de tomarlo con humor, se indignó de tal manera que le tiraron las butacas al escenario. En fin, un escándalo. Y por la misma época fue la primera exposición en que tomó parte Dalí.

M. A.: De artistas ibéricos.

J. G.: Sí, no me acuerdo, pero, en fin. Exposición en la que en el catálogo figuraba como último de los cuadros de Dalí un desnudo de mujer. Estaba en el fondo de la última de las salas, tres o cuatro, donde estaba la exposición. Cuando las buenas gentes, los buenos burgueses que iban a ver la exposición, se encontraban frente al cuadro que correspondía a ese nombre y era un corcho grande, de esos de redes, simplemente pegado en una tabla pintada, así, con un color grisáceo, la irritación era tal que realmente se pegaban con las gentes que estaban. Una de las víctimas de esta irritación fue mi hermano Carlos, al que le dieron un paraguazo mayúsculo por andar defendiendo a Dalí y a los pintores. Es la misma época en que entró en Madrid Debussy. Y también hubo batallas por causa de Debussy. Y un poco de eso está en el *Musicalia,* de Ortega, que es un eco de esas batallas, en cierto modo, por la introducción de la que entonces pasaba por ser música moderna, absolutamente inasequible al vulgo.

M. A.: ¿Tú no te acuerdas que nosotros sí conocíamos a Debussy por nuestra tertulia en casa de Querol?[95]

J. G.: Claro, en casa de Querol. Claro. Nosotros empezamos a conocerlo muy pronto por esa amistad con Querol.

M. A.: Y por los artículos de Adolfo Salazar en *España*.

J. G.: Y por los artículos de Salazar en *España*. Por lo que a mí respecta, la iniciación en el arte de entonces, moderno, más reciente, eran los artículos de *España*. Canedo para la literatura, Juan de la Encina para la pintura, y Adolfo Salazar para la música…

M. A.: Sí, sí. Para toda nuestra generación.

J. G.: Y después, una vez que terminé los estudios en Madrid, perdí el contacto con casi todos ellos. Porque estuve en Valencia los dos años. Terminé la carrera exactamente el 23 de septiembre de 1923. El 27 de septiembre de 1923, el día en que se proclamó la dictadura de Primo de Rivera.

---

94 César González-Ruano (1903-1965) fue un periodista y escritor español.

95 Leopoldo Querol Roso (1899-1985) fue un pianista español, catedrático del Conservatorio Nacional de Música.

M. A.: El 21 de septiembre de 1923.

J. G.: Bueno, pues el 21 de septiembre del 23. A la salida de mi examen de licenciatura, como a las seis de la tarde, más o menos, primera mitad de la tarde, me encontré con los piquetes, por ejemplo, en la plaza aquella que había junto a la de San Bernardo. ¿Cómo se llamaba? ¿Antón Martín? No.

M. A.: ¿Que iba a Santo Domingo?

J. G.: ¡Ah! ¿Por detrás?

M. A.: Sí.

J. G.: Bueno, pues ahí estaba un piquete proclamando la Dictadura, sí. Entonces me fui para Valencia, y ya no regresé a Madrid en cinco años. Estuve un año en Montpellier, porque Primo de Rivera suprimió las oposiciones a cátedras hasta el año 28, y todas esas cosas. Y ya no tuve más relación con la mayoría de ellos. No sé cuando volví a ver a Buñuel. De todas maneras, la camaradería fue tal que siempre nos hemos tratado de tú. Creo que la primera vez que volví a verlo fue en París, en plena guerra, ¡si no lo vi alguna vez en la Casa de las Flores! Porque en los años que viví en la Casa de las Flores, te decía antes, en el piso de arriba vivía Neruda, que yo no sé si era cónsul de Chile...Y a casa de Neruda sí iban otra vez todos ellos. Me encontré allí más de una vez con García Lorca y con el propio Neruda, con quien entonces no me traté casi. Con García Lorca, sí, porque nos acordábamos de la camaradería de la Facultad. Y es posible que allí hubiese visto otra vez a Luis, viniendo de visita a casa de Neruda. Pero, si no, ya fue en París. Y en París nos vimos bastante, todo aquel año 38 que estuve allí, pero no entramos en una relación mayor. Y luego me lo volví a encontrar aquí, en México. Y me acuerdo que me lo encontré una vez en la calle. Estuvimos hablando y le digo: «Bueno, te has convertido ya en una de las figuras así, internacionales, ¡de nuestro tiempo!, ¿verdad?». Acababa, creo, de estrenar *Los olvidados*, que fue su enorme éxito. Después ya no lo he visto prácticamente. Así que mi relación con él fue pequeña. El momento ese sí lo recuerdo.

M. A.: ¿Tú qué opinas referente a eso? Quiero decir, en lo referente a todas estas escuelas artísticas, el corcho de Dalí...[96] ¿Cómo te explicas que pueda suceder algo de este tipo y que, efectivamente, para unas gentes pueda ser aceptado como obra de arte?

J. G.: ¡Ah, no! No creo que fuera aceptado como obra de arte. Creo que Dalí ya era entonces el mistificador que después se ha revelado. Viéndolo retrospectivamente, ya entonces quizás me parecía una broma. Pero ahora no me cabe la menor duda de que había una cantidad de broma y de ganas de

---

96 Parece referirse a la obra *Nu femení* (Desnudo femenino), un óleo con un corcho atado con una cuerda que Dalí realizó en 1928.

fastidiar y de irritar al buen burgués corriente y moliente. ¡Empezando por la vestimenta! Eran ganas de llamar la atención. Cada uno a su manera, porque creo que Buñuel entonces andaba así porque tenía cierta presunción de atleta, de vuelta a la naturaleza o cosa por el estilo. Y Dalí andaba con aquella capa extravagante de Coímbra y aquella barba y aquella melena por lo mismo que ahora se deja esos bigotes y dice las cosas que dice. No. Ahora a mí me parece que ese cuadro de Dalí y otras extravagancias por el estilo pertenecen a la misma línea del Dadá y de todo eso. Y en España fueron una imitación o un reflejo, eco o como quieras decirlo, de lo francés. Y no creo que tuviera aquello... Donde nunca estuve, y no sé qué relación podía haber entre lo uno y lo otro, si es que ya existía, era en Pombo. ¿Qué relación ha podido tener eso con Gómez de la Serna que estuvo muy unido a este tipo de movimientos en su iniciación? Pues a Ramón no lo conocí ni lo traté hasta que ya empecé a ir regularmente a la tertulia de la *Revista de Occidente,* en donde sí, allí después lo he visto muchísimo y he hablado mucho con él. Porque Gómez de la Serna fue un poco como el maestro de las jóvenes generaciones de vanguardia, un poco en todos los aspectos. Él entró en la literatura mucho antes, por el año 1904 o 1905, pero para esos años del 21 era la gran figura que presidía un poco todo eso.

M. A.: Tú no te acordarás, pero hacia el año 17, 18, leíamos nosotros a Ramón en Las Arenas... Leíamos *Senos*, leíamos...

J. G.: Sí, *Senos*, *El circo.*

M. A.: Las *Greguerías.*

J. G.: Las *Greguerías*, el tomo de *Greguerías.*

M. A.: Todo.

J. G.: No ves que todo eso se publicó en Valencia.

M. A.: Sí.

J. G.: Las primeras ediciones de estos libros de Ramón las hacía la Editorial Prometeo, cuando cambió de nombre de Sempere a Prometeo.[97] Me acuerdo muy bien del tomo de las greguerías, que estaba encuadernado en una especie de encuadrillado negro y blanco, ¿te acuerdas? Algo así como un damero, un tablero de ajedrez. Entonces, claro, tenía una cierta precedencia cronológica y auténtica fundada en la edad sobre nosotros, las gentes que teníamos veintiún años el año 1921. Vamos, en el siglo. Ramón era muy poco anterior, y tenía, por tanto, unos cuarenta años más. Tampoco muchos.

---

97 Sempere y Compañía fue una editorial fundada por Francisco Sempere i Masià en 1900. Publicó varios trabajos de la izquierda europea contemporánea, así como la traducción al castellano de las obras de Schopenhauer, Nietzsche, Sorel, o Engels y otras obras de vanguardia. En 1914 se fusiona con la Editorial Iberoamericana de Madrid, de Vicente Blasco Ibáñez, formando la nueva Editorial Prometeo.

M. A.: Dice que nació en 1890, pero tenía dos o tres años más.[98] Pero volvamos a lo nuestro: ¿no crees que el surrealismo señala un cambio fundamental —la victoria del irracionalismo— cuando el cubismo y el futurismo eran, al contrario, el fin natural del racionalismo del XIX?

J. G.: Este siglo XX, que a ti te parece que inaugura una época nueva, cuyo fin no veremos, me parece un epígono o una manifestación más de algo que domina desde la base todo el siglo XIX, que es el antropologismo, esto es, el intento contrario al de la Edad Moderna. La Edad Moderna es el racionalismo, el intento de explicar toda la realidad por la razón, desde Descartes hasta Hegel. La reacción contraria es el antropologismo: el intento de explicar la razón humana por lo irracional del hombre; sea la irracionalidad biológica en Darwin, la irracionalidad psicológica en el psicoanálisis, la irracionalidad de la vida material, puramente material, que explica la ideología en Marx. Todas las grandes novedades del siglo XIX son antropologismo: intento contrario de la Edad Moderna, explicar la razón por lo irracional, lo mismo pasa con Kierkegaard —el existencialismo es otra manifestación de esto—, y una manifestación última de ese irracionalismo, especie de florescencia de último extremo, creo que es el superrealismo y todas estas formas de arte literario, poético, plástico, etc., de nuestros días. Y son ininteligibles porque renuncian precisamente a la inteligibilidad que da la razón: primera complicación. Parece, pues, algo que tiene sus raíces en el XIX. A mí me parece que eso es lo dominante de la época contemporánea. Y la segunda complicación es la contraria, la tecnología es una forma de racionalización evidentemente; y en la medida en que se va apoderando de todo, va tecnificando la existencia entera y se puede hablar de tecnocracia, en un sentido amplísimo, como algo contrario a ese progreso de las cosas irracionales. De suerte, claro, yo me preguntaría: la prolongación del irracionalismo del siglo XIX, en nuestros días y en el futuro inmediato que se puede prever, ¿es por simple inercia de esa innovación del siglo XIX o empieza a ser reacción contra la tecnificación y la tecnocracia? ¿Es entonces una motivación nueva para prolongar algo que en el siglo XIX se debió, evidentemente, a otras causas? Estas son las dos cosas que debías tú repensar a ver si ello te permite situar…

M. A.: No… si ya lo he pensado… la obra de Buñuel en un contexto histórico muy amplio; porque creo que es ahí donde hay que verla.

J. G.: Y eso seguro que no lo ha hecho hasta ahora ni un solo crítico del cine de Buñuel.

M. A.: No, no, no, precisamente eso es lo que quiero ver: primero, tenemos el cine en sí. Y, además, exactamente de nuestra edad… Acuérdate del verso de Rafael [Alberti]: «Tengo la edad del cine, respetadme». Ahora bien, el cine

---

98 Gómez de la Serna nació en 1888.

ha sufrido lo que tú llamas las dos influencias... Mucho mayor la influencia del racionalismo, del viejo racionalismo y de la subliteratura.

J. G.: Sí.

M. A.: Es decir, del folletín, y lo mismo que en el cine, en la televisión. Hay de un lado esa influencia y del otro, muy minoritaria, una influencia contraria del irracionalismo. El cine empieza siendo más bien irracional; las películas de Meliès, las primeras películas son de un mundo inventado, del hombre en la luna, etc. Y por el otro lado, el melodrama.

J. G.: La incongruencia llega a su máximo con los hermanos Marx, pero que empieza en muchas cosas de Max Linder.

M. A.: Sí, es igual... están los dos elementos metidos en el cine.

J. G.: Mira, a las épocas históricas les pasa un poco lo que a los individuos humanos: son muy complicadas, son complejas, hay contrarios, así como la mala psicología es la que hace hombres de una pieza como en el folletín, donde el malo es malo y el bueno es bueno. Incluso en los más grandes historiadores hay una cierta tendencia a simplificar lo que se puede llamar el alma de la época, de un periodo, de una cultura... En el Barroco, todo es barroco, en el Renacimiento, todo es renacentista. Es un error mayúsculo. Las colectividades son mucho más complejas todavía que las almas individuales; entonces casi no hay época en que no haya dos o tres corrientes completamente contrarias en interferencia, en reacción, etc. Y las de nuestro tiempo, pues, se ven bastante bien. Hay ese irracionalismo, pero hay al mismo tiempo ese racionalismo peculiar de la técnica y después eso otro que acabas de señalar tú, que no es ni una cosa ni la otra: lo que podríamos llamar el vulgarismo, que es una especie de degeneración del Romanticismo, o cosa por el estilo, no lo sé, en todos los estilos. Tú no comprenderás ningún fenómeno importante de nuestros días, me parece a mí, concretamente el caso de Buñuel, como no lo veas influido un poco por eso. Y el cine, quizás más que nada, porque el cine tiene unas aspiraciones artísticas que no se pueden realizar ni lograr más que por medio de una instrumentación técnica, pero de un volumen que lo hace al mismo tiempo víctima del capitalismo, etc.

M. A.: No, naturalmente es una industria.

J. G.: Claro. El cine es un fenómeno particularmente apto para estudiar todas las corrientes de nuestro tiempo. Unas le entran por el lado de los directores con genio artístico como Buñuel y otras le entran por el lado de que tiene que ser obra de empresas industriales de un tamaño monumental.

M. A.: Y lo más seguro es que ninguna de las dos tendencias acabará venciendo, sino que seguirán coexistiendo.

J. G.: Deformándose, porque esto, a lo que más se parece, es a una sinfonía, ¿verdad? Aparece un tema, se mezcla con otro, sigue o siguen; se pueden perseguir y no hay victorias absolutas.

M. A.: No, no hablo de victorias...

J. G.: Es decir, las cosas se extinguen muy lentamente cuando llegan a desaparecer del todo, así como empiezan mucho antes de que se vean; ya se ven cuando están muy crecidas, adultas, etc. Ya digo, el siglo XIX no tuvo conciencia de este irracionalismo que ahora, en nuestro tiempo, salta a los ojos. Es el XX el que tiene la conciencia de que en el XIX lo fundamental fue eso. El siglo XIX mismo no lo vio. Con el positivismo estaba un poco embobado en la idea de una prolongación del racionalismo del XVIII.

M. A.: Bueno, y en el XVIII también hay.

J. G.: El XVIII, que pasa por ser una época de puro racionalismo, si empiezas a hurgar en los llamados prerrománticos, resulta que el prerromanticismo casi empieza con el siglo o muy poco después y al mismo tiempo que se prolonga el racionalismo. Y tienes el fenómeno en algunas..., por ejemplo, Lanson hace ver cómo en las cartas de Madame du Deffand[99] se pasa de un predominio del racionalismo al dominio del sentimentalismo. Era una señora que escribió durante mucho tiempo, estuvo relacionada con los enciclopedistas. Ella tiene una correspondencia muy abundante, se extiende mucho tiempo en el siglo y se puede seguir ahí esa evolución, perfectamente. De modo que la visión del siglo XVIII como el siglo del puro racionalismo es absurda.

M. A.: Es completamente absurda.

J. G.: Si bastaría...

M. A.: Hombre, la literatura romana.

J. G.: ¡No!, una sola prueba en contra: el siglo que ha producido, que no es siglo, *Manon*,[100] comprenderás que no puede ser un siglo de racionalismo. Una novela tan vulgar y tan locamente romántica. El *Werther* mismo.

M. A.: Bueno, el *Werther* es más tardío.

J. G.: Pero de todas maneras el *Sturm und Drang*[101] es un fenómeno de fines del siglo, no es un fenómeno de principios del XIX. Tú date cuenta que Goethe muere a los ochenta años, era el 31.[102] ¡Claro!, es una visión absurda del siglo XVIII, la visión de que es el siglo de la Ilustración puramente racionalista.

---

99 Marie de Vichy-Chamrond (1697-1780), marquesa du Deffand, fue una mujer de letras y epistológrafa francesa cuyo salón fue uno de los principales lugares de encuentro de los enciclopedistas. El historiador y crítico literario francés Gustave Lanson (1857-1934) realizó un estudio psicoanalizante de las cartas de Madame du Deffand.

100 Se refiere a *Manon Lescaut* (1731), novela del abate Prévost, que provocó gran escándalo por la visión del amor que ofrecía.

101 El *Sturm und Drang* (en español, 'tormenta e ímpetu') fue un movimiento literario, con manifestaciones en la música y las artes visuales, desarrollado en Alemania durante la segunda mitad del siglo XVIII. Uno de sus máximos exponentes fue Goethe.

102 Goethe murió en 1832.

M. A.: Bueno, ¿y tú crees que Calderón era un hombre racional?

J. G.: ¡No!, bueno, eso es el XVII, ya es otra cosa. Pero pasa lo mismo. También el siglo XVII es el siglo de Descartes, por un lado y el de Hobbes, por otro lado. Y de Milton, y de Calderón, y de Corneille, y de Pascal.

M. A.: Ahora conjuga todo eso.

J. G.: Sí.

M. A.: No, mira, lo mejor es una cosa como el subtítulo aquel de Azorín: *Razón social del Romanticismo en España*, pues la razón social del siglo XVII es: «Hobbes, Milton y compañía». En cualquier país es igual. Mira, Gracián y Calderón son contemporáneos fuera del culteranismo ¿qué tienen de común mentalmente?

J. G.: El alegorismo teológico: *El Criticón*, una novela alegórica.

M. A.: ¿Qué tiene de común ese alegorismo con la filosofía que encierra, de un laicismo que llama la atención?

J. G.: ¿Cómo es posible que un jesuita haya podido escribir un libro en que no hay la menor alusión al más allá?

M. A.: Tal vez porque otro aragonés, Buñuel, que se proclama ateo, solo se interesa por el más allá. Y siempre en función de valores morales.

J. G.: La de Gracián es una ética absolutamente inmanentista. Claro, él tuvo que acabar pensando en marcharse de la compañía y no pudo, pero de todas maneras..., ¡al mismo tiempo que Calderón!

M. A.: No, si hoy día pasa lo mismo.

J. G.: Y luego, y eso en los individuos representativos, muchas de esas cosas se conjugan; algunos son muy unilaterales, pero otros, no. Y a Buñuel, puede que le pase un poco, pues es una mezcla de las dos o tres cosas.

M. A.: Además de esto, el cine tiene de bueno que se ve...

J. G.: Sí, se ve.

M. A.: Que se ve, es decir, hay una... tengo por ahí un verso de Calderón en el cual hay una definición del cine espléndida.

J. G.: ¡Ah!, ¿sí?

M. A.: Sí, pero no me acuerdo ahora. Es, no sé: «Ilusión que se piensa, ilusión que se ve», algo así.

J. G.: Sí, sí.

M. A.: Si es que el cine tiene esa enorme ventaja.

J. G.: A mí me parece que la manera mejor en que podrías presentar la obra de Buñuel es como un centro de unificación o de síntesis, o un foco de convergencia, es decir, de estas grandes potencias de nuestro tiempo. Creo que él las ha vivido, las ha padecido, sin darse cuenta.

M. A.: No, no, dándose cuenta; porque ha hecho una cantidad de películas que él llama alimenticias.

J. G.: Alimenticias, sí.

M. A.: ¿Verdad?, y que ha hecho cine para comer.

J. G.: Sí, sí.

M. A.: Lo hizo, por ejemplo, en el año 34 en Madrid. Aunque, por ejemplo, una película como *Don Quintín el amargao*, que él hace en Madrid dirigiendo a Sáenz de Heredia,[103] no era tan alimenticia ni tan despreciable cuando la vuelve a hacer en México dirigiendo a Ugarte.[104]

J. G.: O como una de las películas suyas hechas aquí que he visto: *Subida al cielo*. Es una película, es una película...

M. A.: Ambivalente.

J. G.: Sí, es una película evidentemente dirigida al gran público, en la que tuvo un gran éxito. Yo la vi en un cine popular, porque se me había escapado ya en el estreno, allá por Santa María la Redonda o por no sé qué que fui a verla. Y al mismo tiempo tiene su escena surrealista.

M. A.: Su sueño.

J. G.: Sus sueños. Esa película, en ese sentido, es muy representativa de este conflicto o de esta conjunción de instancias históricas, ¿verdad?

M. A.: No. Creo que es absolutamente cierto, y por eso acepté hacer el libro. Porque me parece efectivamente que ahí se puede ver lo absurdo de nuestro tiempo y lo mismo que el absurdo de cualquier tiempo, supongo. Creo que estamos de acuerdo. No creo que jamás el hombre se haya destacado por su racionalismo estricto.

J. G.: Puro, y estricto. No, mira, la mejor frase que sobre el hombre hay es de Hostos[105] en un discurso que llama Don Antonio Caso algo así como: *La carta moral de la América española*.[106] No me acuerdo exactamente de la frase que está estupendamente bien articulada, pero la idea es esta: el enorme trabajo que cuesta hacer razonable al único animal racional que hay o algo por el estilo. Te la buscaría, porque merece la pena que la reproduzcas si te interesa en un cierto momento, al pie de la letra, porque está hecha con mucho garbo. No me acuerdo del tenor; es una frase muy corta, pero estupenda.

---

103 José Luis Sáenz de Heredia y Osio (1911-1992) fue un director de cine y guionista español, considerado el cineasta oficial del régimen franquista. Era primo hermano de José Antonio Primo de Rivera. Con todo, Aub se confunde, pues esta película no fue dirigida por él, sino por Luis Marquina.

104 Aub se confunde de nuevo, ya que Ugarte fue guionista precisamente de la versión de Filmófono, de 1934.

105 Eugenio María de Hostos (1839-1903) fue un filósofo, sociólogo y escritor puertorriqueño.

106 Antonio Caso Andrade (1883-1946) fue un filósofo mexicano cristiano.

ARTURO SÁENZ DE LA CALZADA[107]

M. A.: ¿Qué decían de Luis cuando tú entraste en la Residencia de Estudiantes?

A. S. C.: Tengo el recuerdo de que Luis era un muchacho deportista. Lo recuerdo en el campo de fútbol de la Residencia haciendo atletismo; lanzando el disco, la jabalina. Y recuerdo también una cosa que me impresionó; y es que una vez, un día que volvía después de hacer su ejercicio acostumbrado, un chico asturiano, residente, que por cierto se apellidaba Truán, —por eso me acuerdo bien de él—, le dijo algo que no debió gustarle y entonces le lanzó una jabalina, que quedó clavada en un árbol que estaba como a unos 50 centímetros de donde estaba este muchacho que, claro, se llevó el gran susto. Naturalmente que la idea de Buñuel no fue atravesarle con la jabalina, sino asustarlo. Pero, en fin, tenía fama entonces de ser un hombre excéntrico, original y se contaban de él bastantes anécdotas.

M. A.: ¿Cuáles, por ejemplo?[108]

A. S. C.: Una que me contaron era una anécdota que le había sucedido. Naturalmente, la gente no insistía mucho en la veracidad de la misma. Y es curioso, después de haber visto a Buñuel tantas veces, nunca me ha venido a la memoria esa anécdota ni la he comentado con él. La anécdota es la siguiente: vivía Buñuel entonces en un cuarto de la planta baja del primer pabellón, enfrente precisamente de la entrada a la Residencia por la calle del Pinar; una cuesta que estaba bordeada de chopos. Estaba en su cuarto a media mañana, completamente desnudo y se asomó a la ventana en el momento que, delante de la ventana, se paraba un coche del cual descendían nada menos que su majestad el rey don Alfonso XIII. Entonces Buñuel se quedó desconcertado ante una situación inesperada y tan insólita, de la cual había que salir de alguna manera, y no se le ocurrió otra salida que agarrar un sombrero hongo que había al alcance de su mano y ponérselo en la cabeza. La escena, desde luego, sí tiene bastante de surrealista. El rey de España delante de la ventana viendo a un estudiante en pelota y cubierto con un sombrero hongo.

M. A.: ¿En qué año fue esto?

---

107 Arturo Sáenz de la Calzada (1907-2003), que entró en la Residencia en 1923 mientras realizaba estudios de arquitectura, fue presidente y actor del Teatro Universitario La Barraca, que dirigía Lorca. Tras la Guerra Civil se exilió a México. Colaboró en el diseño de la columna sobre la cual hacía su nido Simón el estilita en *Simón del desierto*. Fue el arquitecto de la casa de Luis Buñuel en Ciudad de México donde residió hasta su muerte.

108 Tal y como nos recuerda Antequera (t. I, p. 140), Sáenz de la Calzada no fue testigo directo de las correrías de Buñuel, pero sí fue receptor de las leyendas que circulaban sobre él en la Residencia de Estudiantes.

A. S. C.: Bueno, yo no sé en qué año sucedió eso. Fue una anécdota que se refería a él y que me contaron a mí.

M. A.: No te preocupes. El rey fue a la Residencia una vez, en 1910. ¿Tú en qué año entraste?

A. S. C.: En el año 23. Sí, había terminado el bachillerato y fui a estudiar la carrera. Naturalmente, yo era un…

M. A.: Y Luis, ¿qué estudiaba entonces?

A. S. C.: Pues creo que estudiaba…, pues yo no sé qué era exactamente lo que estudiaba.

M. A.: Él empezó estudiando para ingeniero, y luego Filosofía y Letras.

A. S. C.: Yo creo que estudiaba Filosofía y Letras.

M. A.: Carrera que tampoco acabó.

A. S. C.: Que tampoco acabó. Sí, el año ese sé que se fue a París. Él formaba parte del grupo *brillante* porque creo que estos años, posiblemente del 20 al 27, fueron de los más interesantes de la Residencia de Estudiantes, porque entonces estaban allá Federico García Lorca, Dalí, Pepín Bello, que era inseparable de ellos; estaba Buñuel y claro, en torno a ese grupo…

M. A.: ¿Y Dalí?

A. S. C.: De Dalí tengo el recuerdo de un joven retraído, tímido; parece mentira. Y, sobre todo, recuerdo una vez que, estando sentado en el comedor, se demudó y salió porque había entrado, por una ventana próxima a donde estaba sentado, una libélula. Parece ser que tenía un miedo tremendo a los insectos voladores. Federico García Lorca me explicó eso: que sentía pavor por cualquier insecto que volara y me dio una explicación, imagino que de tipo freudiano, que no recuerdo; la verdad no recuerdo qué explicación me dio de eso.

M. A.: Bueno, y acerca de las relaciones entre Federico y Dalí, ¿qué se decía en la Residencia?

A. S. C.: Yo tenía entonces quince años y, claro, pues sí se comentaba. Yo no creo que hubiera nada entre Dalí —en ese aspecto—, entre Dalí y Federico, ¿no? Yo después a Federico lo traté y lo traté bastante íntimamente, y la verdad es que yo no podría, a pesar de que se aseguraba y había por lo visto muchos indicios para creer en ese defecto que se le atribuye, pero yo no podría poner la mano en el fuego, ni podría asegurar nada de… Y he convivido, sobre todo, en los años de La Barraca,[109] pues he convivido con él, muy íntimamente, y en ningún momento podría yo decir, asegurar, que era un homosexual.

---

109 La Barraca fue un grupo de teatro universitario de carácter ambulante y orientación popular, coordinado y dirigido por Eduardo Ugarte y Federico García Lorca. Fue creado en 1931 con ayuda gubernamental.

M. A.: Tú viviste La Barraca, con Federico, y, naturalmente, con Ugarte.

A. S. C.: Con Ugarte, bueno…

M. A.: Bueno, yo quiero poner ahora en claro una cosa: en el libro, —que no habrás leído todavía— de Marcelle Auclair[110] sobre Federico se habla de un gravísimo problema sentimental de Eduardo [Ugarte], el año 34. ¿Qué fue?[111]

A. S. C.: Bueno, tomando la cosa en relación con Buñuel, vamos a llegar a eso porque también hay una relación entre estas cosas. Con Buñuel coincidí un año en la Residencia. Él después se marchó a París y volvía algunas veces y coincidí con él porque comí, durante muchos años, al lado de Moreno Villa, que ocupaba la cabecera de una de las mesas largas que había en el comedor de la Residencia y, claro, cuando venía Buñuel, gentes así, artistas o literatos, siempre comían con Moreno Villa. Yo recuerdo haberle visto, a Buñuel también, en el estreno, en el cineclub, de *Un perro andaluz.* Por cierto, que Buñuel estaba en un palco y el público le aplaudió y le hizo que dijera unas palabras. Y dijo unas palabras. Fue muy breve, no dijo nada más que una frase: «Esta película es una incitación al crimen».

M. A.: A tu juicio ¿quién era la persona que incitó a Buñuel a ir hacia el cine?

A. S. C.: Eso fue en París. Y yo no lo podría decir. No sé, yo me imagino que Dalí, que es un hombre tremendamente inteligente, ejercería sobre él una influencia.

M. A.: ¿Cuándo se fue Dalí a París?, ¿después de Buñuel o antes? ¿O se fueron juntos?

A. S. C.: Con Dalí coincidí yo también un año en la Residencia, después sé que se fue a los Países Bajos y Federico me dijo algunas veces que recibía cartas y tarjetas en que le hablaba con gran entusiasmo de los primitivos flamencos y holandeses y, sobre todo, de la gran admiración que sentía por Vermeer. Naturalmente, eso lo he visto en sus pinturas, en sus cuadros; eso es evidente, ¿no? De modo que después de eso, pero no sé cuándo fue el encuentro exactamente, cuándo fue el encuentro de Buñuel y de Dalí en París. Pero debió de ser por esa época, o no sé. Es más: no recuerdo exactamente la fecha de *Un perro andaluz*.

M. A.: Bueno, seguimos con Moreno Villa.

A. S. C.: Sí. Bueno, yo era presidente del teatro universitario, La Barraca, en mi calidad de presidente de la Unión Federal de Estudiantes Hispanos, y Federico García Lorca era el director artístico de La Barraca y, además, pues fue el

110 Marcelle Auclair (1899-1983) fue una hispanista francesa, en cuyas manos dejó Federico García Lorca el manuscrito de *El público*.

111 Se refiere a *Vida y muerte de Federico García Lorca*, publicado por Era (México) en su traducción española, en 1972.

artífice, el cerebro y el alma de aquel teatro ¿no? Pero la creación de este teatro se aprobó en el segundo congreso ordinario de la Unión Federal de Estudiantes Hispanos y la ponencia para su creación la hizo Federico y la presentó un grupo de cuatro poetas: Federico García Lorca, Vicente Aleixandre, Luis Cernuda y Manuel Altolaguirre. Se aprobó por unanimidad y se designó un comité que yo presidí. Estaba integrado por cuatro alumnos de Arquitectura y cuatro alumnos de Filosofía y Letras. Con ese motivo, claro, mis relaciones con Federico García Lorca fueron bastante, pues, frecuentes y, en fin, conviví con él en todas las expediciones que realizó La Barraca al principio de su creación... La creó la Unión Federal de Estudiantes Hispanos; Fernando de los Ríos concedió a la Unión de Estudiantes Hispanos una subvención de 100 000 pesetas para poder llevar a cabo el proyecto.

M. A.: ¿Qué año?

A. S. C.: El año 31, en noviembre de 1931 se celebró el congreso extraordinario para la Reforma de la Enseñanza y el segundo congreso ordinario de la Unión Federal de Estudiantes Hispanos. El nombre del teatro universitario se deriva de que, en el proyecto, inicialmente, figuraba la idea de construir en Madrid, un sitio estratégico, una barraca donde se llevarían a cabo las representaciones teatrales. Después esa cosa derivó en hacer un escenario portátil, desmontable, y llevar el teatro a los pueblos, a las plazas de los pueblos. Y la barraca esa que se pensó inicialmente en construir, no se construyó nunca. Pero ese es el origen del nombre del teatro. Aleixandre, Cernuda y Altolaguirre no hicieron nada más que acto de presencia en la primera reunión de aquella comisión del teatro universitario, que se nombró precisamente para escuchar y aprobar la ponencia que presentaron sobre la creación del teatro universitario. Y, después, no sé por qué razón, si por ausencia, por estar demasiado ocupados, no se volvieron a ocupar más de la cosa. Entonces empezó la selección de actores entre estudiantes. La llevaba a cabo Federico García Lorca. Y recuerdo que un día me citó Buñuel, que entonces estaba en Madrid, en los Italianos precisamente, y allá me presentó a Eduardo Ugarte, a quien yo no conocía, y me habló de él. Bueno, lo conocía de nombre, pero no personalmente, como una persona que podría ser muy útil, que podría ser un magnífico colaborador para Federico para entrar en La Barraca. Y efectivamente, poco después, se nombró a Eduardo Ugarte colaborador de Federico en la dirección artística del teatro universitario. Desde luego, fue un magnífico colaborador y estuvieron siempre muy compenetrados los dos, Federico y Ugarte.

M. A.: Bueno, pero, ¿qué le pasó a Eduardo en el 34?

A. S. C.: Sí. Parece ser que tuvo una cosa sentimental con una de las muchachas que trabajaban en La Barraca. Pero, en aquella época yo ya había terminado la carrera, había dejado la presidencia de la Unión Federal de Estudiantes Hispanos y me había retirado también de La Barraca. Claro, yo mantenía relaciones de amistad con todos los que lo formaban, un hermano mío trabajaba también allá y estaba enterado de lo que pasaba y, pues sí, oí comentarios respecto a eso, a esta cuestión que hubo entre..., pero, en fin, eso es una cosa...

M. A.: Bueno, y volviendo a Buñuel, ¿qué otras anécdotas de él contaban por ahí?

A. S. C.: Bueno, no sé. Oí contar que, en años anteriores a mi llegada a la Residencia, una vez se disfrazó de portero de ministerio, con librea y gorra de plato, y otro de los residentes, un navarro que se llamaba Navaz, se había disfrazado de paleto de pueblo y habían recorrido Madrid haciendo todas las extravagancias y todas las barbaridades que se les ocurrían. En los tranvías, pues, al ir a pagar, sacaban de la camisa un pañuelo atado con muchos nudos para sacar el dinero, protestando de lo que costaba; después hacían el intento de tirarse del tranvía en marcha ante el consiguiente susto de todos los que iban en él y, en fin, así parece que recorrieron Madrid haciendo una serie de disparates. Y no sé, no recuerdo así concretamente más anécdotas de esas.

M. A.: Se trata de fijar los orígenes de los hechos del surrealismo español, no ya de las publicaciones que se han estudiado y se estudiarán, sino precisamente el ver qué hechos, qué actos surrealistas hicieron toda esta gente y cuáles recuerdas. Yo recuerdo perfectamente a Rafael [Alberti], disparando sobre una paloma que soltó María Teresa [León] [112] en una lectura de versos de Rafael.

A. S. C.: Bueno. Recuerdo también que, por aquella época, en una revista surrealista francesa salían fotografiados algunos de los más prominentes surrealistas que había entonces, y pues naturalmente eran fotografías estrambóticas. Por ejemplo, André Breton creo que salía fotografiado insultando a un sacerdote y Salvador Dalí salía retratado escupiendo al retrato de su madre.

M. A.: ¿Y de Luis?

A. S. C.: De Luis no recuerdo así ninguna cosa.

M. A.: No; ahí está el problema. El problema es que Luis nunca parece haberse prestado a ese tipo de cosas.

A. S. C.: Sí. Sí, efectivamente.

M. A.: A tu juicio, ¿por qué?

A. S. C.: Bueno, porque yo creo que Luis, no sé, es una persona pues más retraída y no es muy amigo de la publicidad. A él le gusta... Me acuerdo que cuando le hice la casa, me dijo: «Bueno, pero no creas que aquí vas a ver a mu-

---

112 María Teresa León (1903-1988) fue secretaria de la Alianza de Escritores Antifascistas, fundó la revista *El Mono Azul* y participó en la Junta de Defensa y Protección del Tesoro Artístico Nacional que trasladó las obras de arte del Museo del Prado y de El Escorial. Se exilia junto a Alberti a Francia, Argentina e Italia. En París viven hasta finales de 1940, trabajando como traductores de la radio francesa Paris-Mondial y como locutores para las emisiones de América Latina (Antequera, t. II, p. 365).

chas estrellas de cine y de tal, no, no. Yo llevo una vida muy sencilla y muy retirado del mundo». De modo que yo creo que se debe a eso. En cambio, claro, Dalí, ya sabemos todos como ha explotado la publicidad, porque la intensidad de su inteligencia lo ha hecho.

M. A.: Ahora volvamos un poco a tus recuerdos personales. ¿Cómo era Luis Buñuel el año 23, cuando se sentaba a comer en la mesa de la Residencia?

A. S. C.: Bueno, pues los recuerdos que tengo de él... A los muchachos de quince y dieciséis años, recién entrados en la Residencia, los alumnos de los últimos cursos nos parecían ya señores, hombres hechos y derechos. Yo le recuerdo como un muchacho fuerte, atlético, pero no excesivamente bullicioso y ruidoso, como eran otros. Además, ya te digo, yo le veía poco, coincidía con él en el comedor algunas veces, pero, en realidad, él hacía una vida totalmente distinta de la que hacíamos nosotros y los recién llegados a la Residencia no teníamos una relación muy directa ni muy estrecha con los mayores.

M. A.: En cambio, ¿con Federico?

A. S. C.: Bueno, con Federico tuve amistad, pero después; fue después. El primer año también de estar en la Residencia, pues sí, los conocía y nos hablábamos y nos saludábamos, pero, no tuve tampoco una relación muy grande con él.

MARCELLE AUCLAIR

AUCLAIR: Hay ese poema sobre Buñuel.

AUB: ¿Cuál es?

AUCLAIR: Se llama «Dedicado a la tête —a la cabeza— de...»

AUB: A la cabeza de Luis Buñuel.

AUCLAIR: *Luis Buñuel en grand plain*.

AUB: Sí, en gran plano.[113]

AUCLAIR: ¿Lo tienes tú?

AUB: Sí, pero supongo que..., ¿de qué libro es?

AUCLAIR: Yo te lo digo.

AUB: ¿Del libro de *Canciones*?

AUCLAIR: Espérate, espérate a ver. Te lo voy a decir...

AUB: ¡Ah, no, no! *Obras completas*, página 387.[114]

AUCLAIR: Página 387. Y es muy buena.

---

113 Aunque el término utilizado por Lorca es *plain*, y no *plan* (*plano*), parece más un error de traducción del poeta (o de impresión), que confundió el adjetivo plano, por el sustantivo del mismo nombre.

114 Se refieren a las obras completas de Federico García Lorca, publicadas por Aguilar (la edición que hemos consultado es la decimotercia, de 1967).

AUB: Porque te advierto de que es muy anterior ese poema al 27. En 1927 estaba Luis en París, no... Este es un poema...

AUCLAIR: Tú sabes que los poemas, Federico cuando los publicaba...

AUB: Sí.

AUCLAIR: ... los tenía desde años. Pero fíjate tú: «Dedicados a la cabeza de Luis Buñuel en *grand plain*». Para mí es el retrato de Buñuel.

AUB: Sí.

AUCLAIR: Es el retrato que le hace.

AUB: Sí. *Ribereñas (con acompañamiento de campanas)*. No eran campanas, eran los tambores.

«DICEN que tienes cara
(balalín)
de luna llena.
(balalán).
Cuántas campanas ¿oyes?
(balalín).
No me dejan.
(¡balalán!)
Pero tus ojos..., ¡Ah!
(balalín)
... perdona, tus ojeras...
(balalán)
y esa rosa de oro
(balalín)
y esa... no puedo, esa...
(balalín)
Su duro miriñaque
las campanas golpean.
¡Oh tu encanto secreto!..., tu...
(balalín
lín
lín
lín...).

Dispensa.»

AUCLAIR: Pero eso se corresponde mucho a la personalidad de Buñuel.

AUB: Sí, pero ese poema ha hecho decir a mucha gente que Buñuel también era homosexual, ¿no?

AUCLAIR: Sí.

FRANCISCO GARCÍA LORCA[115]

F. G. L.: En esa época[116] Buñuel hacía deporte, mucho deporte, y precisamente, mis primeros recuerdos de la Residencia son levantarnos muy temprano y salir a correr por los campos de la Residencia y a saltar, que a mí me gustaba mucho el salto. Era un momento en que él era muy aficionado al deporte y hacía la jabalina. Este es uno de los primeros recuerdos que tengo de los primeros contactos con Buñuel en la Residencia.

M. A.: Dicen que se vestían estrafalariamente, sobre todo Luis, que bajaba al comedor con una camiseta a rayas y con sandalias.

F. G. L.: No creo, porque todo el mundo en la Residencia era muy, muy respetuoso. No creo que hubiera ninguna cosa estrafalaria, de vestimenta estrafalaria. Lo único que recuerdo es, por ejemplo, cuando salíamos a los disfraces.

M. A.: Vamos a hablar de los disfraces.

F. G. L.: Nos disfrazábamos o se disfrazaban. Me acuerdo que íbamos a esos tíos que venden trajes en la Cava Baja, trajes para teatro, y me acuerdo una vez que nos disfrazamos, yo no sé si él iba de militar, o no sé qué… me parece que llevaba un traje de bedel del instituto, una… Íbamos, pues cuatro o cinco.

M. A.: Navaz, ¿Te acuerdas de Navaz?

F. G. L.: Sí, quizás Navaz era uno de los que iban allí también con el disfraz este… Íbamos todos con disfraz de algo, con uniformes, con… civiles *(ríe)*, mili… Íbamos por la calle y en una de estas llegamos hasta la misma Residencia, un día en que una de esas figuras universales que fueron allá a dar conferencias, yo no sé si era Einstein, si era lord Carnarvon, no sé. No sé si don Alberto llegó a vernos. Y en aquella época con Dalí y el pintor Uzelay, hicimos más de un viaje a Toledo a ver la Cofradía que había fundado Luis, que distribuía los títulos: «Que tú eres no sé qué, Comendador de la Orden tal…». Lo recuerdo, vamos, con una extraordinaria simpatía.

M. A.: ¿Ibais en tren o en coche?

F. G. L.: Íbamos en tren, y nos hospedábamos en la Posada de la Sangre. Me acuerdo que la primera vez que fuimos, fuimos sencillamente a dar un paseo, a Toledo. Y creo que no llevábamos nada, vamos, llevábamos nuestra persona. Y luego allí había que comprarse camisas porque estuvimos para un rato y nos quedamos allí varios días. Había que comprarse alguna camisa *(ríe)*, algo para mudarse. Y estábamos allí, en la Posada de la Sangre. Allí comíamos y salíamos. A veces estábamos toda la noche dando vueltas por las calles de

---

115 Francisco García Lorca (1902-1976), hermano de Federico, fue un abogado, escritor e historiador, que después de la Guerra Civil vivió exiliado en EE. UU., ejerciendo de crítico literario y profesor universitario.

116 La de la Residencia de Estudiantes.

Toledo. Uno de los que entonces intervenían y que luego guardó una relación muy estrecha con Buñuel, en América, fue este, ¿cómo se llama? Augusto...

M. A. y F. G. L.: Augusto Centeno *(al unísono)*.

F. G. L.: Augusto Centeno, que era uno de los estudiantes, y Federico, claro, y en una de estas excursiones fue también una muchacha, Ernestina, y luego...

M. A.: ¿Quién?

F. G. L.: Ernestina.

M. A.: Bueno, Ernestina de Champourcín.[117]

F. G. L.: No, no, no, no, no, la otra Ernestina.

M. A.: ¡Ah, la mujer de...! ¿La de Vicens...? Oye, ¿qué ha sido de esas mujeres?

F. G. L.: No sé..., una se casó... Ernestina se casó y ha vivido en los Estados Unidos, donde yo la he visto alguna vez; y la otra, no sé. Me parece que se llamaba Luisa o algo así... Pues tú sabes ya las cosas estas de la Cofradía, esto de este... y de los miembros de ella, pues que eran muchos. Pero, en fin, se fundó en uno de estos viajes, quizás en el primer viaje que hicimos, en el que íbamos por un rato y nos quedamos allí varios días.

M. A.: ¿Cuántos días?

F. G. L.: Bueno, pues nos quedamos la primera vez, ¡qué sé yo!, nos quedamos tres o cuatro días allí sin, sin volver por Madrid. Entonces Luis tenía por Toledo un entusiasmo extraordinario.

M. A.: Y que sigue teniendo.

F. G. L.: Y que sigue teniendo, claro, que sigue teniendo. De aquella época, pues han desaparecido casi todos y con alguno de ellos... ¿Tú te has puesto en relación con Uzelay?, ¿lo has visto?

M. A.: Sí, pero está en Bilbao.

F. G. L.: En Bilbao, sí.

M. A.: En mi casa de Valencia tenía uno de los primeros dibujos de Uzelay, de los dibujos cubistas, que hizo poquísimos. Pero yo tenía uno muy bonito. Voló, como tantas cosas.

F. G. L.: Tantas cosas, sí. Tantas cosas desaparecidas.

M. A.: Bueno, y entonces, ¿os vestisteis con sábanas?

F. G. L.: Bueno, sí, esa era una broma que se hacía de vez en cuando, que era vestirse de fantasma, con las sábanas de la Residencia y subía uno encima del otro, a hombros de otro con las sábanas y paseábamos allí, fugazmente. *(Ríe)*. Y luego se ocultaban las sábanas en el jardín, allí en el canalillo... y claro, esa era una de las bromas que hacíamos. Yo es que tengo tan mala memoria,

---

117 Ernestina de Champourcín Morán de Loredo (1905-1999) fue una poetisa española de la generación del 27, que estuvo en la lista de Las Sinsombrero.

pero una de las cosas que recuerdo, es que lo hicimos en Madrid y luego en París, en La Closerie des Lilas, donde Buñuel dirigía cine, con los amigos: «Bueno, ¡vamos a ver! Ahora suponemos que tal y tú entras, y tú sales, y tú haces como que estás viendo tal...». Y jugábamos a eso. Yo no sé en qué época era; si, era anterior a las películas de Buñuel.

M. A.: Sí.

F. G. L.: Yo recuerdo haber estado en esos juegos: «Tú, entra por aquí, mira de esta manera. Tú supones que has visto aquí a este señor que está con la mujer de no sé..., de tal, y entras, entra otra vez y así».

M. A.: Y, además, daban premios al mejor actor, y al que lo había hecho mejor y Ontañón dice que él siempre era de los mejores, y tú también.

F. G. L.: Pues no sé si yo era de los mejores, no sé. Pero, en fin, me acuerdo que se jugaba mucho y entonces uno de los personajes que Luis tenía constantemente en la cabeza era Robinson.

M. A.: ¿Quién?

F. G. L.: Robinson Crusoe. Es decir, nosotros. *(Ríe).* Me acuerdo que hemos tenido muchas discusiones y Luis se acordará. Luis y yo y los demás, pero, en fin, yo creo que yo era el que más me irritaba sobre si fuéramos a una isla desierta, quién sería el jefe de los... «Bueno, pues será el jefe el que tenga más habilidad. No creas tú que porque tienes tú más fuerza que los demás ibas a ser el jefe. El que tenga más habilidad, el que sepa hacer mejor las cosas, el que distinga las hierbas comestibles de las... es decir, el que tenga allí más eficacia será el que te...». Y discutíamos allí sobre quién sería el... y de Robinson. Este juego salía con mucha frecuencia. De modo que cuando él hace la película, tiene ya raíces muy viejas.

M. A.: Todo, todo en Luis tiene raíces muy viejas.

F. G. L.: Sí, sí. Pero, en fin, aquí concretamente yo recuerdo esa, la figura de Robinson.

M. A.: ¿Y tomaban parte también Hernando, Lulú y estas gentes o no, todavía no?[118]

F. G. L.: Claro, yo como mi estancia en París también fue de un curso o menos, pues no sé lo que pasaría después. Bueno, Viñes está aquí, como tú sabes.

M. A.: ¿Quién?

F. G. L.: Hernando.

M. A.: ¿Hernando? ¿Está aquí?

F. G. L.: Hernando tiene una exposición.

---

118 Hernando Viñes Soto (1904-1993) fue un pintor español nacido y afincado en Francia. Su esposa, Lulú Viñes, era hija del decorador, escritor y activista de izquierdas galo Francis Jourdain (1876-1958).

M. A.: ¿Una exposición?

F. G. L.: Una exposición, la exposición Theo, en la calle General Castañas, en esa calle que va... Bueno, pues yo tengo aquí la invitación, vamos. Yo estaba invitado ayer a la exposición, de modo que él podría, quizás hubiera sido bueno vernos con...

M. A.: No, bueno, pero con Hernando yo he hablado en París. No hay problemas.

F. G. L.: ¡Ah!, bueno, bueno. Si has hablado con él, nada.

M. A.: Pero, y Lulú. ¿Y Lulú cómo está?

F. G. L.: La han operado de cataratas y por eso no ha venido con él, porque está todavía en la convalecencia y dice que, si va bien la cosa y no tiene complicaciones, probablemente venga aquí. Y entonces él va a alargar la estancia.

M. A.: ¿Tú no sabes dónde vive?

F. G. L.: Sí, Hotel Conde Duque.

M. A: Hotel Conde Duque. Lo voy a apuntar aquí y le voy a llamar enseguida, no por nada, sino por amigo, ¿verdad?

F. G. L.: Sí.

M. A.: Porque Luis al fin y al cabo... tu hermano le decía cuando él iba a reunirse con nosotros al Regina o al Henar, dejaba a Luis y otros en los cafés de la Puerta del Sol. Decía: «Ustedes ahora se quedan aquí porque yo voy con la gente, con la gente inteligente» y demás, porque él decía de Buñuel: «él es muy bruto, es muy bruto».

F. G. L.: No, la frase que Federico le decía era: «Luis, eres inteligente, pero bruto».

M. A.: Sí.

F. G. L.: Era la frase: «Eres inteligente, pero bruto».

M. A.: ¿Y cuáles eran las relaciones entre tu hermano y Luis?

F. G. L.: Muy cordiales. Muy cordiales y muy estrechas, y creo que se querían mucho uno a otro, mucho.

M. A.: ¿No tiene nada que ver lo que dice Dalí, lo que me ha dicho Dalí de que Federico estaba celoso de la amistad que tenían? Porque sabes que Dalí y Luis eran carne y uña, ¿no?

F. G. L.: Sí.

M. A.: Y dice que Federico tenía celos de la amistad entre Luis y él.

F. G. L.: Pues sí, es posible. Pero, en fin, yo creo que la relación entre los tres era una relación muy estrecha y muy cordial, vamos... y con Dalí, mucho... Y una de las cosas que yo siento que se haya perdido es la correspondencia, las cartas de Dalí, que había innumerables en la..., ¿cómo se llama esto?, es que es una catástrofe las cosas que han desaparecido.

M. A.: Estuve con Ana María también.

F. G. L.: ¿Con Ana María Dalí? Yo no la conozco.

M. A.: No, yo le pregunté a Ana María: «Bueno, todo el mundo dice que Federico estaba enamorado de ti. ¿Alguna vez te dijo algo Federico?». Se puso roja como un tomate a los setenta años. Es simpático, ¿no?

F. G. L.: No, no…, sí. *(Ríe)*. Él tenía mucho afecto a Ana María. Allí, hay su correspondencia…, de modo que efectivamente hubo una relación muy estrecha. Y como hablaba muy bien también del padre de Dalí… El padre… En fin, pero, en fin, allí había una relación muy estrecha entre ellos y muy cordial… vamos, eso es lo que yo recuerdo.

M. A.: ¿Y tú tomabas parte en esa amistad? ¿Te incluían o no?

F. G. L.: Hombre, sí, yo estaba allí e incluso… aunque yo tenía mis propios amigos, mi propio mundo. Pero la relación con todo el grupo era muy estrecha, claro. Era muy estrecha y viajes, y a Toledo, y a tal, y las bromas de vestirse y tal… y me incluían…

M. A.: Los más amigos eran Luis, Salvador y Federico. Era el núcleo.

F. G. L.: Sí, sin duda. Es, por otra parte, natural, eran personalidades muy fuertes y es natural que los tres constituyesen allí un centro, digamos, de atracción.

M. A.: Bueno, y Pepín Bello.

F. G. L.: Y Pepín Bello.

M. A.: Porque mucha gente dice que las ideas centrales, por ejemplo, de *Un perro andaluz* son de Pepín, cosas viejas de Pepín que han vuelto a salir ahí, igual que siguen saliendo en otras películas de Luis, con el tiempo. No sé. Porque a Pepín no lo traté casi nada.

F. G. L.: Bueno, Pepín era un caso, ¡es!, de simpatía extremada, extremada. Es decir, Pepín tiene grandes amigos porque es un hombre extraordinariamente comunicable, fácil, alegre, es decir, una de esas gentes que tiene una simpatía fundamental, porque Pepín Bello no tenía, absolutamente, vamos, digamos desde el punto de vista de producir, de escribir, de tocar, nada. Era sencillamente una persona muy inteligente, claro, con una simpatía muy comunicable, con una personalidad muy atractiva, era una de las personas muy, muy cercanas, muy dentro del círculo, como lo era yo cuando estaba, ¿verdad?

M. A.: Sí. La cuestión sería ver exactamente por qué es una época muy importante.

F. G. L.: Emilio Prados era otra de las personas que estaban allí, y de las más cercanas

M. A.: Pero más tarde y más constantemente. Y Moreno Villa.

F. G. L.: Bueno, Moreno Villa estaba un poco más alejado. Yo creo que la situación de Moreno Villa, por razones de edad, es la de un viejo que no tiene edad de ser residente. Pero, en fin, que por razones personales y de tradición…

M. A.: Bueno, en *Vida en claro* lo cuenta muy claramente… Muy cerca de don Alberto, ¿verdad?… Era un poco el punto de contacto entre la dirección y los estudiantes, de modo que eso daba un poco de distancia.

F. G. L.: De distancia, claro, de distancia. A pesar de que todos tenían por Moreno Villa un cariño muy grande y un afecto... y respeto y, vamos, aprecio por su obra, incluso la pintada. Y claro, en ese tipo de juegos que te digo yo, de los disfraces, no entraba Moreno Villa, como es natural. Eso no iba con él.

M. A.: ¿Y qué otros juegos...? Por ejemplo, hablabas antes de lo de la jabalina. ¿Tú te acuerdas cuando Luis le lanzó una jabalina a un muchacho que estaba allí detrás? ¿Cómo fue eso exactamente a tu juicio? ¿Qué pasó? ¿Qué recuerdas de eso?

F. G. L.: Fue una imprudencia de Buñuel, pero no es que hubiese habido una discusión con el muchacho, de cuyo nombre no me acuerdo, pero veo la figura. Era sencillamente un juego y se metió detrás de un chopo, un chopo pequeño y, claro, quizás con más fuerza de lo que él intentaba, la jabalina se quedó medio incrustada en el chopo, pero no fue un acto de, digamos, violencia, de querer castigar. Fue un juego o fue sencillamente una imprudencia tal y como yo recuerdo la cosa. Es decir, que no es que hubiera una discusión y el otro le tira la jabalina... Ni mucho menos, sino que discutiendo «que te tiro» y que «no, que no me tiras», que tal, de broma... Se pone detrás del chopo y Buñuel imprudentemente la tiró, quizás con la confianza de que como él era experto, vamos, que manejaba y tiraba muy bien la jabalina, que no iba a pasar nada. Fue un acto de mera imprudencia por parte de Luis, pero, en fin, que no comportaba ninguna mala intención, en absoluto.

M. A.: Y de la cosa del boxeo, ¿te acuerdas? A ver si te acuerdas quién le ganó el campeonato.

F. G. L.: No.

M. A.: De peso medio.

F. G. L.: No me acuerdo.

M. A.: ¿Tú no eras aficionado?

F. G. L.: No, que no estaba allí en ese momento, vamos.

M. A.: ¡Ah!, bueno, el hermano de [Rafael] Martínez Nadal.[119]

F. G. L.: ¡Ah! [...]. Buñuel era muy fuerte, y tenía un pulso, vamos, fenomenal. Hacía falta un brazo muy... Solía decir que él le echaba un pulso a Ochoa.[120]

M. A.: ¡Ah!, ¿sí?

F. G. L.: ¿Te acuerdas de Ochoa, el campeón de lucha grecorromana? Era una gloria nacional. Me acuerdo del aspecto de Buñuel, en Toledo, sin

---

119 Rafael Martínez Nadal (1903-2001) fue un periodista y crítico literario. Amigo íntimo de García Lorca (dicen que su mejor amigo), se le considera el único depositario de la obra *El público*, que dio a conocer en 1970.

120 Javier Ochoa Berastegui (1885-1949), conocido como El León de Navarra, fue un luchador de lucha grecorromana que se proclamó campeón del mundo en 1913 en Praga.

afeitar..., andábamos hechos unos facinerosos. Pero él era un tipo fuerte, atlético, forzudo.

M. A.: No es el premio Nobel, desgraciadamente.

F. G. L.: No, no es el premio Nobel, desgraciadamente. Y yo me acuerdo del aspecto de Buñuel, ahí, en Toledo, donde estábamos, sin afeitar. Estábamos sin afeitar. Andábamos por las calles hechos unos facinerosos. Un día, tardísimo, a las tres de la mañana estábamos en una taberna bebiendo copas, porque, claro, había libaciones abundantes durante esos paseos nocturnos a la luz de la luna. Estábamos en la taberna y entró un tío allí, pues así un poco agresivo, ya también con sus copas, y se levantó Luis, así, con el pecho hinchado, con los ojos un poco inyectados, ya por ardor, sin afeitar, y el tío dio media vuelta... *(ríen)*, lo recuerdo perfectamente. Y no sé, se levantó uno y sencillamente eso, a aplastar a aquel caballero con el aspecto ese. Sacó Luis el pecho, con los ojos inyectados, despeinado, sin afeitar y, claro, ese otro caballero salió pitando, vamos, de la taberna aquella.

M. A.: ¿No te acuerdas de otra cosa que hubo con los cadetes, una lucha de una...? Ya no es de tu tiempo. ¿Con María Teresa [León] y Rafael [Alberti]?

F. G. L.: Esto no lo recuerdo.

M. A.: Esto es más tarde...

F. G. L.: Es decir, viajes a Toledo con María Teresa, ¿no? Eso ya es posterior. Yo he conocido muy poco a María Teresa y a Rafael, pues le recuerdo también de la Residencia, cuando iba por allí. Era una época en que yo no sé si estaba haciendo sus primeros versos..., pero entonces lo que hacía era pintar. Yo me acuerdo de algunos cuadros que había llevado y nos enseñó allí, en la Residencia.

M. A.: No, además muy conocido porque lo ha escrito él muy bien. Sus primeras memorias es un libro muy bueno. Procura no hablar de Federico, ¿verdad?... Muy curioso, pero, en todo lo demás, lo personal, que es lo importante, ahí, en un libro de memorias, está muy feo.

M. A.: ¿Qué me dices de la entrevista del rey con Luis en la Residencia?[121]

F. G. L.: Lo del rey creo que es una leyenda. A lo mejor lo confunden con una visita del almirante Magaz,[122] inesperada, a una hora intempestiva: las siete de la mañana, al principio de la Dictadura, decididos como estaban a cargarse la Residencia. Don Alberto se vistió deprisa, se presentó como un rayo y echaron a andar. Era el mes de enero. Todas las ventanas de los cuartos estaban abiertas.

---

121 Esta parte final de la entrevista únicamente aparece en la edición de Álvarez (p. 276).

122 Antonio Magaz y Pers (1864-1953) fue un marino militar, diplomático y político español, vicepresidente del segundo Directorio Militar durante la dictadura de Primo de Rivera.

«Creí que había más estudiantes», dijo el almirante. «Es que todos duermen con las ventanas abiertas». «Muy bien». Se asomó un joven haciendo ejercicios calisténicos, busto desnudo. «¡Muy bien! ¡Muy bien! Así se forja una juventud fuerte y sana». Así se salvó la Residencia. Y tal vez sea esta la base de esa supuesta entrevista del rey y de Luis.

M. A.: ¿Por qué se cortó la relación entre Pepín Bello y Luis?

F. G. L.: Se ha portado mal con Pepín Bello. Seguramente por razones políticas, porque, efectivamente, Pepín no es un ejemplo de republicanismo. Pero hay que tener en cuenta que *pasearon* a su hermano, que se había quedado tonto después de un accidente de moto.

M. A.: Creo que se han visto alguna vez.

F. G. L.: Es posible. Pero, para mí, se ven muy poco por razones políticas.

[El que parece recordarle con cierto rencor es el propio Paco. Tampoco parece ser santo de la devoción de Luis].

M. A.: Entonces, ¿quiénes fueron los más íntimos?

F. G. L.: Si, Dalí y Federico. Eran muy amigos; pero no menos que Buñuel de ellos dos.

RAFAEL MARTÍNEZ NADAL

M. A.: Bueno, cuéntame, ¿qué influencia tuvo Federico García Lorca sobre Luis Buñuel y todos los otros?

R. M.: Sobre Luis Buñuel poco puedo decirte. Muy poco de la influencia que tuvo sobre Luis Buñuel, muy poco, yo no era residente. Yo no participaba de lleno dentro del grupo de los residentes. Yo era, hasta cierto punto, un *outsider* en la Residencia. Conocí a Federico en casa de los García Ascot, y en aquel momento no conocía realmente a Federico. Fui dos o tres veces invitado por Federico a la Residencia, a las reuniones que tenía en su habitación. Allí se tomaba té de una manera desesperada y se leía poesía. Se empezaba tomar té a las cuatro o cinco de la tarde y seguíamos tomando té hasta las once, las doce, la una de la mañana. Y no se hacía más que tomar té, fumar y leer; sobre todo, Federico leía mucho. Aquellos días yo vi a Buñuel dos o tres veces. No tuve una gran amistad con él, crucé con él dos o tres palabras. Es más, lo que yo sabía lo oía de los demás, o sea, de lo que realmente me contaban, de lo bruto que era, de lo animal que era, de lo disparatado que era. Recuerdo, sí, que un día estábamos allí reunidos, si no recuerdo mal, Federico, Pepín Bello, Centeno, quizás también Emilio Prados, y de pronto alguien dijo: «Fijaos dónde está Buñuel, totalmente desnudo.... Y por una ventana me parece se veía a Buñuel medio desnudo o casi totalmente desnudo, enseñando abiertamente sus partes desde la ventana. Estas son las cosas que sé de Buñuel de aquella época de la Residencia. La amistad que tenía con Federico y lo que Federico contaba de él era lo siguiente: decía que Buñuel era un perfecto animal con un talento bruto, eso es lo que decía de él. «Es un talento bruto».

MARÍA TERESA LEÓN

M. A.: Dime, ¿cuánto tiempo hace que conociste a Rafael?

M. T. L.: En casa de una amiga mía. Estaba leyendo *Santa Casilda*.[123] Leía *Santa Casilda* y nadie decía nada porque la gente que lo estaba escuchando era bastante frívola y la única que empezó a hablar con él de romances antiguos y de todas estas cosas fui yo. Y, claro, se entusiasmó porque hablar de lo que tanto le gustaba en aquel momento…, además, mi familia, burgalesa, por lo que todo coincidía con *Santa Casilda*. Y, entonces, al terminar, yo le dije: «Me voy a mi casa. Mi coche está abajo. ¿Quieres que vayamos? ¿Te llevo para allá?». Él dijo: «Sí». Se vino conmigo. Llegamos a mi casa, a la puerta. La casa de mi madre. Y, entonces, dice: «¡Ah, hace buena noche! ¿Por qué no damos una vuelta?». Entonces nos pusimos a pasear por Rosales y nos dieron las tres de la mañana paseando por Rosales y hablando de los romanceros españoles. De manera que figúrate. Esa es la llegada. ¡Ah, pero luego pasó una cosa muy divertida!

M. A.: ¿En qué año?

M. T. L.: Pues fue el 29 o 30, ya no sé.

M. A.: ¿29 o 30?

M. T. L.: ¡Claro! Y luego también pasó una cosa muy divertida porque al poco tiempo yo me marchaba a casa de Ramón Menéndez Pidal a San Rafael, que era de mi tía, la filóloga y escritora María Goyri. Iría con mi madre. Y una mañana estábamos muy tranquilas, nos despertamos, bajé a abrir la puerta y entonces me encontré a Rafael Alberti sentado en el escaloncillo de la puerta que me gritaba: «¡Pero esto ni es la casa de Menéndez Pidal ni la casa de nadie! ¡Pero qué va a ser esto la casa de Menéndez Pidal! ¡Estoy desde las cinco de la mañana cantando romances y nadie me abre la puerta!».

M. A.: ¿Tú conociste a Buñuel, ya que hablas de Goyri? Porque ellos veraneaban en San Sebastián y por ahí andaba Buñuel, que había tenido relaciones con Concha Méndez.

M. T. L.: Sí, pero yo le conocí mucho más tarde. Yo a Buñuel le conocí un día, así, pasando, y alguien que me dijo: «Ese es Buñuel». Y, después, ya, claro, vi *Un perro andaluz* y todas esas cosas. Y un día, de pronto, estando con Rafael ya, nos encontramos a Buñuel. Rafael le abrazó y estuvieron muy cariñosos todos y luego le acompañamos algunas veces en esos viajes que hacía a sitios donde la gente era más pobre; por ejemplo, Las Hurdes. Pero yo recuerdo una cosa muy divertida de Luis. Como eran un grupo de amigos que les gustaba mucho ir a Toledo, los compañeros de la Orden de Toledo, los cofrades de la Orden de Toledo, un día fueron conmigo también. Y fuimos visitando todo

---

123 Se refiere a la obra de Rafael Alberti *Santa Casilda (misterio en tres actos y un epílogo)*, de 1930.

Toledo, y dando vueltas y dando gritos. Estaba Buñuel, estaba Manolo Ángeles Ortiz y algunos amigos más. Y entonces, no sé por qué, como yo era la única mujer, pasamos por un sitio y a un grupo de muchachos que estaba en la Academia de Infantería se les ocurrió decir una de esas cosas que dicen los hombres, que se llaman flores, pero otros los pueden llamar piropos u ordinarieces. Puede llamarse de diferentes maneras. Y entonces dijeron no sé qué. Y mis acompañantes se pusieron como lobos. Manuel Ángeles Ortiz y Buñuel, todos, empezaron a gritar y casi se pegan con los estudiantes. Un lío espantoso. Yo estaba muy asustada de haber provocado sin querer todo aquel conflicto cívico-militar. Y luego nos encontramos que teníamos que irnos, pues una vecina nos gritó: «¡Corran, corran! ¡Váyanse pronto que viene toda la Academia de Infantería contra ustedes! ¡Que vienen todos los cadetes! ¡Corran, corran!». Y empezamos a huir por diferentes calles y las mujeres, que nos ayudaban en esto, abrían patios y abrían callecitas pequeñas y nos pasaban por entre medio de las casas. Y así, salvados por esta fraternidad cívica de la gente de Toledo, llegamos al final al puente y nos libramos de los cadetes.

M. A.: ¿Tú no te acuerdas de que Buñuel era campeón de boxeo?

M. T. L.: Por eso creo que empezó a demostrarnos que era campeón de boxeo, boxeando con los cadetes. *(Ríe).*

M. A.: Tengo varias versiones del asunto, todas coinciden.

M. T. L.: Sí.

M. A.: Y parece que los jóvenes cadetes salieron bastante mal librados. ¿Y de qué más te acuerdas de Luis?

M. T. L.: Me acuerdo mucho del viaje que hicimos..., en fin, no puedo decirte exactamente sobre qué hablamos, pero siempre era interesante todo lo que decía Luis, todo lo que se le ocurría, todo lo que decía Rafael. Porque Rafael también desplegaba la imaginación. Toda aquella maravilla de haber estado en ese monasterio tan estupendo que hay antes de llegar a Las Hurdes.[124] Es una vida que se le ha quedado a una en la memoria, pero, a veces, no me acuerdo de los nombres. A veces no me acuerdo bien de cómo eran las Esquinas, pero sé que he estado en las Esquinas; y en los bosques y en todos esos sitios.

M. A.: Tú estuviste con Éli Lotar,[125] con Pierre Unik,[126] con toda esta gente. Y luego, con Buñuel, ¿no has vuelto a estar así, más que esporádicamente?

---

124 El Monasterio de Las Batuecas, en El Portillo.

125 Éli Lotar (1905-1969) fue un fotógrafo y cineasta francés que participó en el movimiento surrealista. Su actividad como director de fotografía, además de *Las Hurdes, tierra sin pan*, se extendió a colaboraciones con directores como Jean Renoir, Marc Allégret o Jacques Prévert.

126 Poeta y periodista francés miembro del Partido Comunista, Pierre Unik (1909-1945) colaboró en la película *Las Hurdes* como ayudante de dirección, junto a Sánchez Ventura, y en el guion, con Luis Buñuel.

M. T. L.: No, nos lo volvimos a encontrar, de pronto, en Francia. Estuvimos con él en Francia. Hemos estado dos o tres veces en Francia. Siempre le vamos a buscar a su hotelito, que creo que está en el bulevar Raspail, ya no me acuerdo bien.[127]

M. A.: Sí

M. T. L.: Pues íbamos a buscarlo a ese hotelito del bulevar Raspail y era muy gracioso porque decía siempre que no estaba para nadie, para nadie; claro, pero para nosotros sí. Pero nos advirtió: «Por favor, vosotros dos solos, que no venga nadie, nadie, nadie». Y entonces se ponía a hablar con Rafael. Él contaba y hablaba. ¡Era tan bonito escucharle!

M. A.: Sí, porque a él le molesta que haya más de dos personas por la sencilla razón de su sordera. Hace que él no distinga los tonos, por lo que todo lo que dice la gente está en el mismo tono y no sabe quién habla.

M. T. L.: Sí, eso le molesta muchísimo. ¡Qué curioso que en España la sordera produzca genios!

M. A.: Eso era... porque también Beethoven lo era.

M. T. L.: Por eso te digo *(ríe)*, también en Alemania produce... *(Ríe)*.

M. A.: Pues de ahí, tal vez, le viene el odio que le tiene a los ciegos.

M. T. L.: ¡Ah, sí!, es verdad. Incluso en sus películas se nota. Las películas de Buñuel eran como su tarjeta de visita. Cuando estábamos en Argentina, venía y veíamos sus películas. Siempre hemos tenido una gran ternura hacia esa obra que iba saliendo, iba saliendo y que sigue y sigue.

M. A.: De hecho, no tuviste amistad ni con su mujer ni con los hijos.

M. T. L.: A los chicos les he conocido en Francia, pero ya mayores. Les he conocido porque ellos venían de México. A la mujer la he conocido también, pero no puedo decir que haya tenido una amistad con ella. Una mujer, hermosa. Tenía un porte muy majestuoso. Los chicos también son enormes, altos, fantásticos, y Buñuel tiene siempre esa cara de aragonés fuerte. Y como una parte de mi familia es de Aragón, pues tengo cierto parentesco. *(Ríe)*.

M. A.: Bueno, yo creí que habías conocido más a Buñuel.

M. T. L.: No, no, yo no he conocido más a Buñuel que eso. No he tenido una amistad o como la que ha tenido Rafael, más continua, cuando eran más jóvenes. Yo tengo la admiración que tiene todo el mundo.

M. A.: Cuenta lo de Madrid.

M. T. L.: Lo de Madrid empieza así... a nosotros nos dejan solos en Madrid el 7 de noviembre.[128]

---

127 Se refiere al Hotel Aiglon, en el 232 del bulevar Raspail, donde se alojaba Buñuel cuando iba o rodaba en París, en la última etapa.

128 7 de noviembre de 1936, fecha de inicio de la defensa de Madrid, conocida también como Batalla de Madrid.

M. A.: Sí, menos yo, que llegué el día 3... Pero yo lo sé porque...

M. T. L.: Pero tú no estabas en Madrid.

M. A.: No, yo estaba en Valencia.

M. T. L.: Por eso te digo. Pero el 7 de noviembre la gente que estaba en Madrid estaba luchando en la Alianza sola.

M. A.: No, pero Buñuel estaba en París ya hacía mucho tiempo.

M. T. L.: Pues ya estaba en París. Por eso te digo que ya estaba en París hace mucho tiempo.

M. A.: Sí, pero, ¿cuándo? Esa es la cuestión sobre la que no podemos ponernos de acuerdo.

M. T. L.: Yo no puedo precisar la fecha, pero estaba en París muchísimo tiempo antes.

M. A.: Estaba con Araquistáin.[129]

M. T. L.: Mucho, mucho antes porque, ya te digo yo, el 7 de noviembre nosotros estábamos solos con León Felipe.

M. A.: Sí, si yo os vi, si yo lo sé, yo llegué como un idiota a buscar un papel. *(Ríe).* Llegué el día 3.

M. T. L.: Me acuerdo perfectamente.

M. A.: Yo llegué el día 3. Bueno yo estaba en Madrid el 18 de julio, pero eso...

M. T. L.: Sí.

M. A.: Pero yo me fui a Valencia más o menos cuando llegasteis vosotros.

M. T. L.: Eso es

M. A.: Y entonces.

M. T. L.: Ahí, en ese momento estabas tú cuando nosotros llegamos de Ibiza.

M. A.: Sí, estaba yo. Yo me acuerdo muy bien todavía, como cuando nos vimos la última vez en la Estación del Norte.

M. T. L.: Esto es, cuando nos marchábamos.

M. A.: De eso me acuerdo muy bien. Pero no es eso, no. Lo que me importa ahora es fijar las fechas de la salida de Buñuel.

M. T. L.: Yo no sé ni el día que nací. Para las fechas soy siempre muy mala.

M. A.: Luego hubo grandes disgustos en el Partido [Comunista] porque se había ido.

M. T. L.: Bueno, porque le habían dejado marchar.

M. A.: Sí, sí; y porque luego Roces[130] lo llamó y no vino.

---

129 Luis Araquistáin Quevedo (1886-1959), periodista, escritor y político español que fue embajador de España en Francia (1936-1937).

130 Wenceslao Roces Suárez (1897-1992), jurista, historiador y político español. Durante la Guerra Civil, fue subsecretario del Ministerio de Instrucción Pública y Bellas Artes.

M. T. L.: Y no quiso venir. Eso es verdad.

M. A.: Y luego...

M. T. L.: Lo estupendo de ese momento difícil crucial que hubo en la guerra es que mucha de la gente de la Alianza de Intelectuales no estaba en el frente; entre ellos, Luis Cernuda.

M. A.: Sí.

RAFAEL ALBERTI[131]

M. A.: Tú llegas a Madrid, ¿cuándo?

R. A.: Bueno, yo llegué a Madrid el 7 de mayo de 1917.

M. A.: Es decir, el mismo año que llega Buñuel. Curioso, ¿verdad?

R. A.: ¡Ah!, ¿sí? Yo me acuerdo que venía de Andalucía, lógicamente, del Puerto de Santa María, y Madrid no me gustó absolutamente nada. A la llegada, paro en la estación del Mediodía. Y, además, había una nevada tan colosal, en el mes de mayo estaba nevado el estanque del Retiro. La gente patinaba en el estanque. Fue una cosa realmente sorprendente. Después, en todos los montones de años que viví en Madrid, nunca más vi helado el estanque del Retiro. Algo extraordinario para un andaluz que venía del Puerto de Santa María. Así que yo llegué exactamente en...

M. A.: El mismo año.

R. A.: Pero llegó ya directamente a la Residencia, ¿no?

M. A.: No vino directamente a la Residencia.

R. A.: Pero, ¿llegó antes que Federico?

M. A.: Es otro de los problemas que tengo que resolver. Porque su madre le llevó primero a otros sitios y no le gustaron.

R. A.: ¡Ah!, ¿sí?

M. A.: Y luego le llevó a la Residencia, y le gustó la Residencia. Y le dejó ahí. *(Ríe R.A.).* Entró ella muy católica y todo eso.

R. A.: Sí, sí, sí.

M. A.: Tú sí vas directamente a la Residencia.

R. A.: Pero no en esa época. Ni mucho menos. ¡Uy! Yo no sabía ni que existía la Residencia. Llegué a Madrid solo para ser pintor. No sabía escribir ni una carta. Llegué a Madrid y me puse a dibujar, a copiar cosas del Museo del Prado. Después iba a los cursos libres de la Academia de San Fernando. Así que

---

Colaboró en buscar el apoyo de Francia a la República durante la guerra. Fue responsable del traslado de los cuadros del Museo del Prado fuera de España.

131 Como apunta Antequera (t. II, p. 256), Federico Álvarez editó el mecanoscrito que Aub había dejado corregido y redactado de la conversación mantenida con Alberti. Aquí, al igual que Antequera, reproducimos la grabación, al ser una de las más relevantes de todo el material recopilado, que tuvo lugar en Roma.

mis relaciones primeras eran pintores desconocidos, dibujantes de los centros académicos. Y luego conocí a Vázquez Díaz[132] y conocí algo de los ultraístas, pues empezaba a salir *Ultra*.

M. A.: ¿Y te gustaba o no?

R. A.: Me gustaba muchísimo. Acabo de publicar un libro muy interesante, al que llamo *Poesías anteriores al marinero en tierra*. Una sobrina mía me ha mandado los poemas que yo hacía en el momento en que era pintor y en que yo me avergonzaba de escribir, porque nadie me hacía caso. Y eran poemas muy de la vanguardia absoluta de entonces. Tú vas a ver el manuscrito, es un manuscrito importante. Yo me acerqué a la Residencia muy tarde. Conocía al medio pictórico y creo que una vez, Gregorio Prieto,[133] un pintor, me presentó a Federico García Lorca en los jardines de la Residencia. Fue la primera vez que fui a la Residencia.

M. A.: ¿Qué año?

R. A.: Creo que ya fue muy tarde, fue a fines del 23 o por ahí; muy tarde. Muy tarde.

M. A.: ¿Entonces ya estaba Dalí en Madrid?

R. A.: Ya estaba Dalí en Madrid, que había ido, como él decía: «A estudiar la carrera de pintor. Que su padre le pagaba la carrera de pintor». Y creo que ya estaba Buñuel en ese momento. Porque Buñuel...

M. A.: No, ¡estaba saliendo Buñuel! *(Ríe).*

R. A.: Todavía no. Todavía estuvo algún tiempo, porque este es el momento... Bueno, tal vez conocí a Buñuel por Juan Chabás. Le conocí cuando Chabás me contó que estaba escribiendo una cosa, creo que con Buñuel, para publicarla en la revista *Horizonte.* Unas especies de aforismos o, más bien, greguerías sobre los instrumentos de la orquesta. Qué era cada instrumento. Si no recuerdo mal, violín era señoritas cursis de la orquesta; arpa, muchacha asomada a un balcón, y cosas así. Creo que eso lo habían escrito juntos Chabás y Luis. Se lo puedes preguntar.

M. A.: Sí, si me ha hablado mucho de Chabás. Porque yo llego precisamente también a Madrid el 23. Era muy amigo de Chabás por relaciones de Buñuel.

R. A.: Sí. Bueno, a Chabás le conocí antes de ir a la Residencia. Yo estaba malo de un pulmón y Chabás me conoció a mi como pintor y me organizó mi primera exposición en el Ateneo de Madrid. Fue él quien me la organizó. Yo ya empezaba a escribir algo, e hice unos poemas que me los publicaba *Horizonte,* porque Chabás trajo a mi casa a Pedro Garfias. Fueron los tres primeros poemas que yo escribí.

---

132 Daniel Vázquez Díaz (1882-1969) fue un pintor español considerado como neocubista.

133 Gregorio Prieto Muñoz (1897-1992) fue un pintor español asociado a la generación del 27.

M. A.: Hablando de Pedro Garfias, te quiero preguntar una cosa de los Rivas Panedas.

R. A.: ¡Ah! Pues también les conocí. Porque esto se podría decir que era ya después de pasado el momento agudo de *Ultra,* cuando vino el momento más sereno de *Horizonte* y ahí empezaban a quedar un poco los supervivientes de *Ultra*. Entre ellos, al que yo conocí más, fue a este que era cojo, a Rivas Panedas. Vi una sola vez al otro Rivas Panedas. Había Humberto y José.

M. A.: Humberto y José.

R. A.: Humberto creo que era...

M. A.: Humberto tenía mucho más talento.

R. A.: Pero era... ¿No era el cojo?

M. A.: No. Creo que no. Lo averiguaré en México.

R. A.: Yo solo conocí luego al cojo que hacía ciertos poemas que no estaban nada mal. El otro Rivas Panedas era un poco escondido, así, un poco gente desilusionada.

M. A.: Entonces, volviendo a Luis, tú le conoces el 23, cuando es atleta.

R. A.: ¡Cómo lo sabes! Le conozco exactamente en ese ambiente de la Residencia. Cuando llegué, primero conocí a Federico y ya, pues rápidamente, no puedo precisar cómo conocí a Dalí, cómo conocí a Pepe Moreno Villa y a la gente que estaba allá. Y me acuerdo que Buñuel, en ese momento, era un chico verdaderamente corpulento, fortísimo, con unos ojos como dos huevos que se le salían de las órbitas. Y fue el momento en que Dalí le pintó una cabeza tremenda, con los ojos desorbitados y que, como te dije antes, Federico le dedicó unos poemas a la cabeza de Luis Buñuel, en su libro de *Canciones.* Y eran refiriéndose a esa cabeza violenta que le había pintado Dalí. En ese momento eran las bromas terribles de Buñuel, que yo las sé.

M. A.: Vamos a precisar un poco lo de las bromas de Buñuel, porque no son tantas.

R. A.: No, no son tantas. Yo solo conozco una.

M. A.: ¿Cuál?

R. A.: Levantarse a medianoche, llenar baldes de agua y echarlos por las rendijas de las puertas de las celdas donde estaban durmiendo Federico, Dalí, etc. Así que echaba unos baldazos de agua espantosos. *(Ríe).* Verdaderamente, una broma de tipo aragonés.

M. A.: No de tipo aragonés... Es que es cuando Dalí y Federico dormían bajo una tienda de campaña.

R. A.: Sí, sí, sí. Creo que sí. Sí, sí. *(Ríen).*

M. A.: Por eso...

R. A.: Y les echaba los baldes. Esto se da también en la época de los anaglifos,[134] que Buñuel hizo muchos ¿Conoces los anaglifos?

M. A.: Sí, claro.

R. A.: Me acuerdo que intervenía Pepín, intervenía Buñuel y... Pero ahora no puedo precisar cuáles hizo Buñuel. Recuerdo a Buñuel más que nada un poco difusamente, como una persona de pasada en la Residencia, no como una cosa permanente. No sé bien lo que hacía. Sé que tenía su novia, que era Concha Méndez Cuesta, que conocí al final de las relaciones de Luis con ella, y lo vi, creo que, hasta incluso, no sé si acompañado con una señora de compañía. No lo sé. *(Ríe).* Pero lo vi en el *hall* del Cine Principal. Dos años o tres después, se presentó con la cabeza rapada a presentar *Un perro andaluz,* y fue cuando dijo aquello de que esa película era solo una desesperada llamada al crimen. Es la vez, quizá, en que yo puedo hablar de un Buñuel más preciso y más dibujado, porque luego se fue a París; allí desapareció también. Y ya cuando vino por Madrid, yo prácticamente no le veía, era un personaje tan misterioso como Larrea.[135] A veces comíamos en el Arrumbambaya[136] y, alguna vez, apareció Larrea, que era más extraño que nadie; resultaba que vivía en España y nadie le conocía. Y precisamente era muy amigo de Buñuel.

M. A.: Y siguieron siéndolo.

R. A.: Sí.

M. A.: La famosa historia de Buñuel y el rey, ¿tú la sabes? ¿Te lo han contado alguna vez? Del rey pasando por la Residencia.

R. A.: No, no, no.

M. A.: ¿De eso no sabes nada?

R. A.: No, nada. ¿Cuál era?

M. A.: Se casó un muchacho de la Residencia y no quiso decirles nada a estos para que no le hicieran ninguna broma de esas espantosas, de disfrazarse.

R. A.: Sí, sí, sí.

M. A.: Se enteraron, y él y Navaz, creo, fueron vestidos de baturros...

---

134 El anaglifo literario consiste en tres sustantivos, uno repetido dos veces, un segundo que siempre es *gallina* y un tercero que no debe de tener ninguna relación con los dos anteriores y que por tanto produce sorpresa por lo inesperado de las asociaciones que provoca. El anaglifo se sostiene sobre una estructura de asociaciones no convencionales que se abren a perspectivas imprevisibles y por tanto inciertas. El lenguaje deja de servir como sistema de relaciones de sentido coherente para dar paso a otras que niegan la causalidad. Uno de los ejemplos más conocidos es: «El té, / el té, / la gallina, / y el Teotocópuli».

135 Juan Larrea Celayeta (1895-1980) fue un poeta y ensayista español que desarrolló gran parte de su obra en el exilio, casi toda ella enmarcada en el ámbito de la poesía vanguardista. Definido por Max Aub como el más puro exponente de los ismos en España, era el poeta español favorito de Buñuel.

136 Antiguo restaurante madrileño situado en la calle de la Libertad, número 23.

R. A.: Sí, sí, sí.

M. A.: ...fueron a la iglesia a armarle un escándalo tremendo: «¡Mira! ¡Si parece un señorito!» *(Ríen).* Eso era mortal. Y «¡Está guapín!». «¡Está guapín!».

R. A.: ¡Qué gracioso! Yo, mira, prácticamente, Buñuel para mí en la Residencia son esas dos o tres bromas que conozco; el haberlo visto con Concha Méndez, el haberlo visto muy de pasada, una vez con Chabás, alguna vez con Federico. Pero muy borrosa la idea que tengo de Luis Buñuel. [...]. ¿Tú sabes cuándo yo traté a Luis más? Cuando tenían fundada la Orden de los Hermanos de Toledo. Que íbamos a Toledo. Ahí estaba Moreno Villa, estaba Dalí e iban a la Venta del Aire a comer. En la Venta del Aire había unos dibujos de Dalí formidables, en la pared, dibujados a lápiz todos los hermanos de la Orden de Toledo. Duró bastantes años. Después lo encalaron y lo borraron. Yo lo llegué a ver. Estaba el retrato de Buñuel, estaba estupendo, esas cosas que ya hacía Dalí, que era un magnífico dibujante.

M. A.: ¿Cómo nació eso?

R. A.: Había un gran entusiasmo por Toledo y toda la literatura becqueriana, romántica, de Toledo. Entonces, lo inventaron ellos. Yo ingresé en la orden más tarde. Una orden donde no se admitía a cualquiera. Yo estuve una noche con Luis Buñuel, con Luis Lacasa,[137] con Manolo Ángeles Ortiz, para celebrar los ritos de la orden. Me acuerdo que estuvimos en la Posada de la Sangre, y a media noche nos sacamos la sábana de la cama, y Luis Buñuel se vistió de fantasma con la sábana. Desapareció, y se fue al atrio de la iglesia de Santo Domingo, que está, así, en hoyo, tiene unas escaleras que bajan hacia abajo, así que, de pronto, en la semipenumbra de la plaza, que no había luna, pero que había una luz difusa de la ventana y estaban las monjas rezando, de pronto Luis apareció en el atrio, que no se le veían los pies, con la mano así, colgada en la sábana y haciendo el fantasma. Realmente era impresionante; nos dio a todos un miedo horrible. Tuvimos miedo a que apareciera el sereno, se asustara y empezaran a tiros con nosotros. Eso fue (*ríe*) una de las cosas que hacían los Hermanos de Toledo. Yo nada más estuve una noche y fui admitido en la orden, a la que pertenecían Federico, Pepe Moreno, Pepín Bello.

M. A.: Había una parte de gente que bebía y gente que no bebía en esa orden, ¿no?

R. A.: Sí. Pero yo no sé si Buñuel ha sido bebedor nunca.

M. A.: ¡Sí! ¿Cómo no?

---

137 Luis Lacasa Navarro (1899-1966) fue un arquitecto y urbanista español, que estuvo con Buñuel en la Residencia de Estudiantes y que colaboró con Sert en el diseño del pabellón español de la Exposición Universal de París de 1937.

R. A.: ¿Sí? ¿Muy bebedor? No.

M. A.: Gran, gran bebedor.

R. A.: ¿Sí? Yo ya te digo que yo…

M. A.: Eso ya es con Juanito Vicens.

R. A.: ¡Ah!

M. A.: Y la historia de esta gente de París.

R. A.: Claro, yo creo que la vida de Buñuel en España es así, muy de cuando en cuando, y que realmente la tienes que recomponer muy bien. Te va a ser difícil porque prácticamente los años en la Residencia de Buñuel deben ser muy pocos.

M. A.: No son pocos, son seis.

R. A.: ¿Sí? Pero habrá otra gente que lo ha tratado más de cerca.

M. A.: Sí.

R. A.: Porque yo, al fin y al cabo, era una persona, un visitante. Como era pintor, hasta que empecé a escribir tenía poca relación con los escritores. […] Después apareció Buñuel con *Un perro andaluz*, de pronto, borrando ya toda esa idea del Buñuel escritor, ¿verdad?

M. A.: Lo que él quería hacer era una película con cosas de Gómez de la Serna.

R. A.: ¡Ah! ¿Ves tú? Eso no lo sabía.

M. A.: No, tú pertenecías al grupo de los elegidos, como yo. Lo sé; íbamos con Federico o con Salinas o…

R. A.: Sí, sí.

M. A.: …con Guillén, y ahí Federico era tajante. Ahí no dejaba entrar a nadie de La Residencia.

R. A.: Sí.

M. A.: ¿Verdad? Al primero que no dejaba entrar era a Luis, porque decía: «Tú eres muy bruto, tú eres muy bruto».

R. A.: Eso sí. *(Ríe M.A.)*. Bueno, él tenía esa fama, de bruto, de una manera elogiosa, ¿verdad? Pero de bruto. ¡Ah! Lo del honrado ciudadano, que yo te contaba antes, era Juan Vicens. Porque Vicens era otro capítulo en ese momento en la Residencia. Creo que era vegetariano también y andaba descalzo.

M. A.: Bueno, ¿sabías quién lo era también? Porque Buñuel fue vegetariano una época, como él me ha dicho.

R. A.: Sí, exactamente. Creo que por influencia de Juan Vicens.

M. A.: Sí, sí, sí.

R. A.: Sí. Pero Vicens era un personaje así, más bien sombrío, más bien extraño. Era un residente no de la manera extrovertida de los otros. Era otra cosa. Pero, después, toda esa gente fue desapareciendo muy pronto.

M. A.: ¡Se fueron a París todos!

R. A.: A Dalí le recuerdo muy bien. Porque Dalí estuvo dos o tres años en la Academia de San Fernando y fue la amistad grande de Federico. Dalí había hecho unos dibujos para mí, para el *Marinero en tierra*, con unos poemas en que hablo de un señor marinero, de los marineros, que juegan al ajedrez con las sirenas..., eran muy bonitos. Pero tengo la certeza que Federico no se los dejó publicar. *(Ríen).* Y salieron mis poemas sin dibujos. Pero realmente, cuando Dalí empieza a dibujar marineros y cosas, es cuando hago el *Marinero en tierra*, porque sé que le gusta mucho eso. Lo que pasa es que Dalí luego es un fresco y con esto del comunismo y todas estas cosas, nunca ha citado mi nombre para nada, en ningún libro ni nada. En esa época fuimos muy amigos, y sé que cuando escribí *Marinero* le gustó muchísimo porque vio todo su mar de Cadaqués y esas cosas, e hizo unos dibujos preciosos, que estaban hechos sobre los poemas del señor marinero, de los marineros galos que juegan al ajedrez con las sirenas, y había unos dibujos muy lindos. Pero... sé que eran para mis poesías, aunque no lo decían claramente, y después, no se publicaron nunca. Porque Federico era muy celoso, muy terrible. *(Ríe).* Pepín Bello tuvo una influencia muy grande en ellos y en las relaciones entre ellos. Pepín Bello era un tipo genial, era un transeúnte que iba por la Residencia, que había sido residente, íntimo amigo de Federico, muy embrollador en todos los terrenos. Muy gracioso, muy agudo, al que se le ocurrían cosas extraordinarias. Todo eso de los burros en los pianos... Muchas de esas cosas eran de Pepín Bello. Eso, Buñuel lo sabe bien. Pepín Bello estaba lleno de imaginación, y el putrefacto y todas esas cosas, muchas eran cosas de Pepín.

M. A.: Lo del putrefacto, sí. Eso me consta.

R. A.: Claro que sí. Y entonces Dalí dibujó, creó el putrefacto y todas esas cosas, pero el que había hablado más de todo eso y se pasaba la vida perdiendo el tiempo sin hacer nada, (*ríe*) por las calles, era Pepín, haciendo el putrefacto, inventándose todo. Bueno, eso fue cuando salió el anaglifo, cuando salió el ruismo. Que el ruismo era una tendencia de... por las calles. *(Ríe).* Hay muy pocos ejemplos de ruismo. Buñuel conocía todas esas cosas muy bien, lo que pasa es que él intervenía poco. Pero me acuerdo que con Federico había que empezar una estrofa, dos versos, y el otro los continuaba. Y, por ejemplo, yo llegué un día a la Residencia, y en el cuarto de Federico estaba la revista *Bauhaus,* aquella famosa revista de arquitectura, y le dije a Federico:

«Mientras que leo el *Bauhaus*
venido de Scheveningen...,

Y Federico contestó:

... me cago en Jacinto Grau
y en la Santísima Virgen». *(Ríen).*

Esto lo conoce muy poca gente. Eran cosas muy graciosas, porque realmente, desde el punto de vista de la gracia espontánea y natural, sería lindo, alguna vez, recordar exactamente todas esas pequeñas cosas, porque muchas están llenas de ingenio, llenas de gracia, muy del momento. Como los anaglifos, que fueron estupendos, hasta que Federico los echó a perder. Federico inventó el anaglifo barroco, que decía:

«Guillermo de Torre,
Guillermo de Torre,
la gallina,
y por ahí debe de andar algún enjambre».

Este fue un anaglifo que ya no se aceptó porque se consideró que era completamente largo y exagerado y perteneciente al barroquismo. Ya nadie hizo más anaglifos, porque los anaglifos puros eran:

«El pin, el pan,
el pun
la gallina
y el comandante».

Cosas así muy, muy… Pepe Moreno habla de eso mucho.

M. A.: Sí.

R. A.: Buñuel hizo anaglifos y todas esas cosas. Pero yo, como no era un residente de dormir allí, y de estar allá, pues las cosas las sé por haberlas visto y otras de oídas. Yo solo estuve con Buñuel esa noche de los Hermanos de Toledo y, luego, cuando le acompañé cuando hizo la película de Las Hurdes, estuve con Pierre Unik.

M. A.: ¿A qué fuiste con…?

R. A.: Éli Lotar y Pierre Unik estaban en la noche del fantasma de los Hermanos de Toledo.

M. A.: ¿Sí?

R. A.: Sí, sí, sí.

M. A.: Entonces se puede anunciar muy bien, fue el año 32.

R. A.: Yo creo que sí. Era ya llegada la República.

M. A.: El 32.

R. A.: Estaban Éli Lotar y Pierre Unik, que habían ido a España. Creo que habían ido precisamente para *Las Hurdes, tierra sin pan*. Y entonces habíamos hecho una noche de Hermanos de Toledo.

M. A.: Sí.

R. A.: Una noche ya tardía, porque ya la orden era anterior, de la época de Dalí, y ya Dalí no estaba, ¿verdad?

M. A.: No, Dalí ya se había ido.

R. A.: Nooo, ya estaban casi peleados.

M. A.: Verdad, estaban peleados ya al final.

R. A.: Sí. Entonces fue una etapa tardía de la Orden de Toledo, y a mí me iniciaron, y fuimos María Teresa y yo. Me acuerdo que dormimos en la posada esa. Y ahora me acuerdo que estaban Pierre Unik y Éli Lotar. Fue cuando conocí a Éli Lotar.

M. A.: Vamos a hablar de otra cosa. (*Ríe R.A.*). No, no, de otra cosa, de lo mismo, pero otra cosa. A tu juicio, ¿cuál fue la influencia del surrealismo en nuestra poesía? ¿Y en la tuya? ¿Crees que la hubo o no la hubo?

R. A.: Esto lo ha traído un hispanista italiano, Bodini,[138] que armó un jaleo enorme. ¿Tú conoces su libro?

M. A.: No.

R. A.: Él no respeta a los surrealistas españoles. Defiende una tesis demasiado tergiversada y demasiado caprichosa para su gusto, porque llega a incluir como ejemplo de poetas surrealistas españoles, a Altolaguirre, cuando dice:

> «Era mi dolor tan grande,
> que la puerta de la casa,
> cuando se murió mi madre,
> me llegaba a la cintura».

Bueno, si eso es surrealismo, realmente, me parece completamente absurdo. Yo creo que indudablemente ha habido una atmósfera sobrecargada.

M. A.: Es decir, ¿qué influencia tiene el ultraísmo, es decir, el dadaísmo sobre el ultraísmo, y que influencia el ultraísmo sobre, por ejemplo, tu poesía? Me es igual, la tuya o la de Guillén o la de... ¿Tú crees que tiene alguna influencia, que tiene algo que ver con el surrealismo de Cocteau?

R. A.: No sé.

M. A.: O, si quieres, ¿con el Dadá de Tzara?[139]

R. A.: El Dadá de Tzara es otra cosa. Porque el Dadá de Tzara corresponde más que nada a los ultraístas. Luego, hay una reacción en España contra el ultraísmo. Entonces, nosotros hacemos después de toda aquella especie de francachela —que en cierto modo había, aunque había cosas positivas y había un removedor interesante que sucediera, ¿verdad?— Pero luego, en cierto modo, hay un repliegue hacia una serenidad mayor y hacia una construcción y una poesía más vinculada a, indudablemente, la cosa española, queramos o no queramos. En un momento determinado nosotros volvemos un poco la cara hacia nuestro país.

M. A.: Tú no conoces mi opinión sobre la publicación del libro de Henríquez Ureña sobre la versificación irregular.[140]

---

138 Vittorio Bodini (1914-1970) fue un importante poeta, crítico y traductor italiano, especialista en literatura española.

139 Tristan Tzara (1896-1963), seudónimo de Samuel Rosenstock, fue un poeta y ensayista rumano. Fue uno de los fundadores del movimiento antiarte conocido como dadaísmo, del que es considerado su máximo exponente y figura.

140 Pedro Henríquez Ureña. *La versificación irregular en la poesía castellana*. Publicaciones de la Revista de Filología Española, Centro de Estudios Históricos. Madrid, 1920.

R. A.: Sí, sí, conozco.

M. A.: Del año 20.

R. A.: Sí, sí.

M. A.: La influencia que tiene esto, la influencia de Gil Vicente.[141] ¿Tú te das cuenta de esto?

R. A.: Sí, sí.

M. A.: Eso es aparte. La influencia de Huidobro.[142]

R. A.: Esa es la primera, es la primera etapa. Creo que la influencia de Huidobro es importante más que nada en Gerardo Diego. En el *Manual de Espumas* y en el Gerardo creacionista que, para mi gusto, es el mejor Gerardo que hay. Mucho mejor que cuando Gerardo hace el clasicista y hace sonetos, muy bien hechos, y todo lo que quieras, pero el Gerardo inventor es, verdaderamente el de *Manual de Espumas,* y luego del gongorismo. Asimilando *Polifemos* y muchas cosas hace la *Fábula de Equis y Zeda,* ¡que es estupenda! Y donde realmente parece que estás leyendo el *Polifemo*, pero te dice esas cosas:

> «Ella llevaba por vestido combo
> un proyecto de arcángel en relieve,
> y que es azul la mano del grumete,
> amor, amor, amor de seis a siete».

Eso indudablemente procedía de otra cosa. Creo que detrás de todo eso está Reverdy,[143] está Huidobro, ¡pero eso no es el surrealismo!

M. A.: Claro que no.

R. A.: Eso no es el surrealismo, todavía. El surrealismo, desde el punto de vista ortodoxo, es otra cosa. Podía estar más cerca de algunos poemas míos de *Sobre los ángeles.* Tal vez de cierta atmósfera, pero no el sistema, porque yo jamás he hecho un poema así, dejando llevar la mano. La poesía mía, aun cuando parece más nebulosa, es muy controlada, cosa que el surrealismo no está de acuerdo con esto.

M. A.: Por eso digo que no está de acuerdo con él.

R. A.: No sé si algunos gestos, si algunos actos, alguna cosa… Yo he sido un poeta subversivo en cierto modo, he dado mi conferencia en el club de señoras, y he hecho…

---

141 Gil Vicente (1465-¿1536?) fue el primer gran dramaturgo portugués.

142 Vicente García Huidobro Fernández (1893-1948), más conocido como Vicente Huidobro, poeta chileno, fue el iniciador del movimiento estético denominado creacionismo. Es considerado uno de los más destacados poetas chilenos. Su enemistad con Buñuel fue manifiesta, aunque ambos coincidieron en el movimiento ultraísta.

143 Pierre Reverdy (1889-1960) fue un poeta francés asociado al surrealismo, al cubismo y al creacionismo.

M. A.: ¡Para! Que por eso se paga.

R. A.: Bueno, todo eso dijeron que era una cosa de procedencia surrealista. Puede que lo fuera, yo lo hacía sinceramente por necesidad, porque creo que ya en España, en ese momento, después de la serenidad primera de nuestros *Marineros en tierra* y *Romancero gitano*, empezaba una época irritable, llena de conmociones, en la que estamos en la calle y que indudablemente influye en nosotros y nos convertimos en gente mucho más subversiva. Y yo, desde luego, vivo unos años, dos años...

* * *

[Hablan de José María Hinojosa[144]]

R. A.: ...era surrealista porque vivía en París y trataba a su grupo. Era un chico que tenía cierto dinero por su familia, andaluz; luego, tenía campos y cosas, y en París...

M. A.: Y era conde, además.

R. A.: No, no, pobre José María no era nada. No, José María llegaba a París y siempre... ¿Conoces la famosa letrilla? Porque siempre pedía retratos a todos los pintores y los pagaba. Y Gerardo Diego hizo una letrilla muy bonita, que dice:

«Musa tan fachosa,
non vi en la poesía
como la Hinojosa
de José María.
Haciendo la vía
del surrealismo
a California
montado en sí mismo
perdió la sandía
el pobre Hinojosa
de José María.
En la...
En un reservado *(M.A. ríe).*
con varios pintores
con Joaquín Peinado,
con Francisco Bores
y Apeles Fenosa,
retratos pedía
el pobre Hinojosa
de José María.
En la katoblepas
se encontró a Picasso
y díjole: paso.

144 José María Hinojosa Lasarte (1904-1936) fue un poeta español de la generación del 27, introductor en España de la poesía surrealista y codirector en 1929, junto con Emilio Prados, de la revista *Litoral*.

Europa es ya Europa
¡Pues viva la Pepa!
Ya no hay más poesía
que la Jinogepa
de José María».

¡Qué graciosa! *(Ríen).* ¡A que es bonita!

M. A.: Sí, sí.

R. A.: Pues eso lo ha citado él. José María era el que quería hacer un surrealismo verdaderamente consciente, influido por Francia, donde él vivía. Y se hizo allí en *Litoral,*[145] un libro que se llama *La flor de Californía,* de Californía, así, acentuado. Y el primer poema me acuerdo que dice así:

«José María, José María, José María,
corta la flor de Californía,
corta la flor de Californía,
fornía, nía, ía, a».[146]

Así terminaba el poema. (*Ríen).* Es estupendo. Fueron libros de Hinojosa que sería interesante leer hoy día. Creo que era un surrealismo adrede, un poco frío y...

M. A.: No, no. No tenía nada.

R. A.: Totalmente inocente.

M. A.: Era tan querido, *(R.A. asiente)* tan decidido...

R. A.: Sí.

M. A.: ...como el tuyo. *(R.A. asiente).* En fin, no tenía nada...

R. A.: Bueno. Mi libro que llaman surrealista es *Sobre los ángeles,* y ahora dicen que *Poeta en Nueva York.* Si lo analizas bien, son poemas controladísimos, de una furia española que no tiene la poesía francesa, producto de ochenta estados y cosas que, quizá, viene a coincidir con que Buñuel le corta el ojo a un cordero y cosas así. Puede ser que sean imágenes un poco en el aire de la época y, qué duda cabe, que puedan estar más cerca de cierta atmósfera descontenta, que trajo el surrealismo. Pero lo que es Breton, no creo que incluyera jamás nuestros libros como libros surrealistas. Nos mandaría al *Índex* más absoluto. [...].

M. A.: ¿Jamás has sido actor de Buñuel?

R. A.: No, no, no.

---

145 *Litoral* es una revista de creación literaria fundada en la ciudad española de Málaga en 1926 por los poetas Emilio Prados y Manuel Altolaguirre, de la que José María Hinojosa fue codirector en 1929. Su publicación y difusión fue decisiva para la configuración de la generación del 27.

146 El texto de Hinojosa no dice exactamente esto. Alberti lo resume.

M. A.: Pues, debieras serlo.

R. A.: ¿Por qué?

M. A.: Porque, en fin, serías un maravilloso obispo pecador.

R. A.: ¡Ah!, ¿sí? *(Ríen).*

M. A.: Serías el obispo perpetuo de Buñuel. Porque Buñuel acoge siempre a sus amigos y a sus actores. Y siempre son los mismos. Buenos o malos, siempre mete a los mismos.

R. A.: Sí, sí, sí, sí.

M. A.: Y ahora que ha muerto Martínez Baena,[147] su obispo vitalicio, tú serías un papa, serías todos los obispos. *(Ríe R.A.).* Seguro.

R. A.: Pues no me hubiera importado nada, porque me gustan las cosas eclesiásticas, como a él. Me gustan mucho.

M. A.: Hablemos de José Bergamín.[148]

R. A.: Bergamín era ejemplar.

M. A.: Pero está tan delgado y está hecho una astilla.

R. A.: Yo le digo que está hecho un bastón, que no envejece. Un bastón se pone en un paragüero y, si hay agua, hasta puede echar flores, ¿verdad? *(Ríe).* Y Bergamín está encorvado como un pelícano o como un bastón, y no tiene edad. No tiene casi ni canas. Tiene la misma voz apagada que tenía cuando le conocí en 1923, exactamente igual. Había que oírle poniéndose uno la mano en el oído. Ahora, en París, cuando he estado con él, es lo mismo. Así que en eso no ha cambiado.

M. A.: Lo que sucede es que poeta materialista, lo que se dice materialista, en el buen sentido de la palabra dieciochesca, en España, no hay más que Guillén. Es el único poeta materialista de su generación.

R. A.: El último libro suyo que he leído me ha gustado mucho, y a él le gusta eso.

M. A.: Y de Aleixandre, ¿tú que dirías, colocándole frente a Buñuel y los demás?

R. A.: Pues mira, no sé bien, ¿verdad? Hay algunos libros de Aleixandre que no conozco. Últimamente ha publicado uno muy triste; propio de un hombre que siente la preocupación de que la vida ha subido *(ríe)* demasiado alto en lo que respecta a los años. Pero creo que la obra de Aleixandre no refleja ese problema. Es una cosa con menos latido, menos profundidad.

M. A.: Como a todos, con menos profundidad y con menos altura. ¡Para qué nos vamos a engañar! Te lo digo yo.

---

147 Carlos Martínez Baena (1889-1971) fue un actor mexicano.

148 José Bergamín Gutiérrez (1895-1983), escritor español y gran amigo y colaborador de Buñuel, era en aquella época el presidente de la Alianza de Intelectuales Antifascistas.

R. A.: Con menos altura, no sé. Es un poeta que dos años después de que le conocí, en el año 23, se puso enfermo. No sé qué le pasó. Luego le hicieron una operación de un riñón o de no sé qué cosa, y desde entonces ha estado acostado. Desde entonces prácticamente no se ha movido. Se ha movido poquísimo. Entonces, para un poeta tan extraordinariamente dotado como está, la vida no le ha dado ningún latido, ninguna sorpresa, ninguna ayuda. Puede decirse que no ha vivido nada.

M. A.: Bueno, en todo esto, naturalmente, resultamos que somos los doce apóstoles, buenísimos, *(ríe R.A.)* y queda el Judas. El Judas, como sabes muy bien, es Dámaso Alonso. *(Ríen).*

R. A.: ¡Para! Dámaso tiene una formación religiosísima.

M. A.: ¡Hombre! No, no, pero Dámaso hizo exactamente lo contrario y solo Dámaso se volvió totalmente ateo.

R. A.: Sí, sí, sí.

M. A.: Y escribió, como tú sabes, cosas verdaderamente espantosas, como Buñuel.

R. A.: Sí, sí, sí.

M. A.: Se parece bastante en eso.

R. A.: Sí, en esas cosas. Pero, ¿están publicadas?

M. A.: ¡No! No están publicadas, de manera que he tenido que buscarlas en unas revistas.

R. A.: ¡Ah!, ¿sí?

M. A.: Sí, pues en lo que publicaba [Juan] Guerrero,[149] en…

R. A.: ¡Ah, bueno! el «Acuario en Virgo».[150] Aquella cosa… *(Ríe).*

M. A.: Sí.

R. A.: … era tremenda. El «Acuario en Virgo», sí, sí. Creo que Dámaso, indudablemente, tiene su fondo también y su infierno tremendo, quizás más que nadie. Es alumno del colegio de los jesuitas de Chamartín de la Rosa. Y conoce, porque yo he hablado mucho con él cuando éramos jóvenes, todos los problemas religiosos de conciencia española. Los conoce mejor que nadie. Pero ahora, realmente, su obra no refleja nada de eso.

M. A.: Sí, *Hombre y Dios*. ¿No has leído *Hombre y Dios*?

R. A.: Sí, es cierto. Y los *Hijos de la ira,* y todas esas cosas.

M. A.: Bueno, los *Hijos de la ira* es otra cosa. Es el libro fundamental de la nueva poesía española, esa poesía española de la gente que nos sigue, pero, en fin.

---

149 Juan Guerrero Ruiz fue el creador y director del suplmento literario *Verso y Prosa*, en el que colaboraron muchos de los miembros de la generación del 27. Se publicaron doce números entre enero de 1927 y octubre de 1928.

150 «Acuario en Virgo» es un cuento erótico-dramático de Dámaso Alonso, publicado en el número 3 de *Verso y Prosa* (1927).

R. A.: Sí, sí. Pero no se le concede esa importancia.

M. A.: Yo, sí.

R. A.: No, allí. Yo no veo que se le cite tanto. Y es un punto de partida, indudablemente. Hizo unos poemas, dando codazos y puntapiés, realmente interesantes. Porque en Dámaso hay una cosa completamente desusada; era un hombre cuyos primeros libros eran un poco machadescos o incluso guillenianos. Y dejó de escribir. Y lo dice en una nota que he leído hace poco: «Yo dejé de escribir porque no quería parecerme a Jorge Guillén. Porque me gustaba la perfección», etc. Pero luego se descolgó, después de la guerra, con esos poemas sueltos. Aquello de: «Madrid es un cementerio de un millón de habitantes…». Pero eso es interesante. A mí me gusta.

M. A.: Ahora bien, que luego tiene el mismo problema de todos, ya se enfrenta a Dios, y hasta me dicen que se ha vuelto catolicón.

R. A.: ¡Ah!, ¿sí? Eso ya no lo sé.

M. A.: Sí.

R. A.: Hace tiempo que no le veo. Estuvo aquí, en Florencia, me llamó, pero yo no estaba en Roma. Me hubiera gustado hablar con él, porque las pocas veces que le he encontrado me ha parecido extraordinario. Me lo encontré en la Argentina, estando León Felipe, precisamente, se juntaron los dos y se entendieron a las mil maravillas.

M. A.: No, si se entendían muy bien. Yo los he visto juntos en México.

R. A.: ¡Ah!, ¿sí?

M. A.: Síií.

R. A.: Allí se entendieron y Dámaso se emborrachó. León no creo que fuera bebedor, ¿verdad?

M. A.: No era bebedor.

R. A.: Pero él estaba ebrio de otras cosas.

M. A.: Sí, sí.

R. A.: Y, entonces, esa noche que llegó a mi casa, se emborracharon. Dámaso dijo atrocidades tremendas; León se entusiasmó con Dámaso, dijeron que tenían que formar una compañía de recitadores y marcharse: León, Dámaso y Victoria Ocampo,[151] recitando por toda América. *(Ríe M.A.).* Ese fue el proyecto que hicieron en mi casa, *(ríe)*, que creo que nunca he hablado de esto, ni siquiera en mi *Arboleda perdida*.[152] Próximamente hablaré de todas estas cosas, muchas de las que estamos hablando aquí de una manera deshilachada. Pero eso *(ríe)* me pareció una cosa tan extraordinaria. Y León, esa noche estaba

---

151 Victoria Ocampo (1890-1979) fue una escritora, intelectual, ensayista, traductora, editora y mecenas argentina.

152 Libro de memorias de Alberti.

convencido de que se podía ir a recitar con Victoria Ocampo y Dámaso por toda América. (*Ríe*).

M. A.: Volviendo a Aleixandre, ¿qué tuvo Vicente?

R. A.: ¡Ah!, pues no lo sé. Mira, yo a Aleixandre lo conocía como un joven elegante que iba al Teatro Real. Vivía yo en la calle Lagasca y él en la calle Serrano, esquina con Maldonado, muy cerca de mi casa. Cuando yo era muy joven, no era poeta ni nada. Conocí a Aleixandre, que era un joven muy bien vestido, con guante blanco. No sé si me lo presentó Chabás o Dámaso. Iba al Teatro Real con su familia, al palco. Luego, ya muy poco después, no sé si un año después, desapareció Vicente de la escena. Hasta hoy. Me dijeron que Vicente está enfermo, que le habían operado de no sé qué. Privadamente oí decir que una profesora de inglés que tenía le había contagiado algo y le habían cortado un huevo. Esto no lo sé. *(Ríe).* Eso no lo puedo… Eso no lo sé.

M. A.: Bueno, el que le corten un huevo *(ríe R.A.)* no es para estar toda la vida acostado. A menos de asustarse mucho.

R. A.: No sé, esta es una versión puramente folclórica.

M. A.: Yo creía que era una cosa de pulmón.

R. A.: No. Es algo de riñón, ahora sin broma ninguna, o algo de un testículo. Y él, que se ha cuidado ya tanto toda la vida, que era un joven rubio, que entonces tenía pelo, muy alisado, muy bien vestido, que iba al Teatro Real a ver *La Traviata* o a ver *(ríe)* no sé qué cosa. Después ya, prácticamente, Aleixandre desaparece de la circulación y ya hay que ir a su casa a verlo, a Miraflores, donde vive. Te puedo decir, seriamente, que quizás a Aleixandre lo habré visto en mi vida… no llegan a doce veces, después de que desapareciera.

M. A.: Y para que tú sepas, yo no lo he visto nunca.

R. A.: ¡Ah!, ¿no? ¡Ah!, ¿no?

M. A.: Toda nuestra relación ha sido siempre epistolar.

R. A.: Fíjate tú que Aleixandre, además, vivía en el barrio de la Victoria, que no es en el centro de Madrid, y después en Miraflores, que está lejos. Así que, para verlo, había que ponerse de acuerdo con él y, en fin, hacer una expedición organizada. Quien fue muy amigo de él fue Miguel Hernández, muy amigo de él. Neruda también. Parece que le vieron más. Miguel lo vio mucho en la guerra. Y yo en la guerra le vi una o dos veces. Una vez vino a decir unos poemas a la Estación del Norte, para los ferroviarios, en una noche bombardeada de Madrid, toda oscura, con tantos cristales rotos de la estación. Pero Vicente vino. Fue una cosa muy simpática y, sobre todo, haciendo la vida que él hacía. Y, además, en plena guerra, siguió allí metido.

M. A.: Sí, sí.

R. A.: Una vez le llevé a ver a alguno de los escritores rusos que vinieron. Esto más vale que no *(ríe)* lo sepan allí, ¿verdad? La cuestión es que es un poeta, físicamente, invisible. Lo he visto muy pocas veces en mi vida. Era gran amigo de Dámaso, pero luego se pelearon mucho tiempo, ¿tú sabes?

M. A.: No.

R. A.: ¡Ah, sí, sí! Esto es secreto, porque creo que Dámaso estaba enamorado de la hermana de Vicente.

M. A.: Dámaso está enamorado de todas las mujeres.

R. A.: Pero creo que la familia no le gustaba nada Dámaso Alonso como partido. *(Ríe).*

M. A.: ¿En qué año es?

R. A.: Antes, mucho antes de Eulalia. Entonces, tuvieron..., pero, oye, muy peleados. Dámaso hablaba hasta mal de Vicente y de su familia.

M. A.: Es muy difícil. Sería relativamente fácil verlo por los libros, por la fecha, pero no recuerdo una sola línea de Dámaso en contra de Vicente.

R. A.: No, no. No es que escribiera nada, pero tenía un disgusto muy grande; tanto, que dejaron de verse completamente. Y Dámaso hablaba mal de la familia de Vicente, por algo puramente particular. Y creo que era porque Dámaso había estado enamorado de la hermana de Vicente.

M. A.: ¡Ah!

R. A.: Amores de Dámaso, así conocidos, yo no conozco ninguno. Solo conozco el de la estrofa que hicieron en la universidad, que creo que es de él, ¿verdad?, de una estudiante, que se llamaba Lucía, y que le hicieron esta estrofa que me acuerdo que dice:

> «¡Ay Lucía, mi amada Lucía!
> ¡Ay Lucía, mi primer amor!
> Te has casado con un profesor
> de otorrinolaringología».
> Es muy bonito, ¿no?

M. A.: No, nada.

R. A.: Decía Dámaso *(ríe)* que había encontrado que era un endecasílabo o no sé qué, ¿verdad? *(Ríe).* Otorrinolaringología no es un endecasílabo, pero, en fin. Muy bien medido, ¿verdad? Yo he sido muy amigo de Dámaso en la juventud.

M. A.: Y yo. Y soy.

R. A.: En la juventud y lo soy igual. Pero le veía entonces antes de que Dámaso desapareciera también, de profesor, hecho un monstruo, por ahí, ya sabiendo cuarenta idiomas y cosas de esas. Pero en la primera época, cuando era muy amigo de Chabás... Un día le conocí por Chabás, le llevó a mi casa cuando yo me estaba cuidando de un pulmón, y me trajo de regalo los *Poemas puros: Poemillas de la ciudad*, que eran bien bonitos, de Dámaso.

M. A.: Y ha publicado ahora un libro que yo no he visto todavía, que no había publicado nunca.

R. A.: ¡Ah, bueno! Los poemas más o menos, que no sé cómo les llama, un poco así, burlescos, un poco duros, sí. Ahora ha salido un libro de él que me ha mandado, que es una especie de antología grande o casi completa, donde al final, casi como apéndice, ha puesto una serie de poemas, que no sé cómo les llama, donde están muchos poemas que él no incluía antes, y algunos de los poemas puros, como esto: «Carranza es una levita azul con botones blancos, toda no sé qué vestida de blanco, la, la, la noche tirita». No sé qué. Muy, muy gracioso. Se lo escribí en una carta recordándole los versos suyos que yo sabía de memoria. Esos los ha publicado ahora.

* * *

M. A.: ¿Y qué hacía Berta Singerman?[153]

R. A.: Bueno. ¡Ah, bueno! La pobre Berta. Pues mira, Berta de todos modos, es una persona a la que yo le he tenido una extraordinaria simpatía. Porque dentro de sus programas muy mezclados... Se ha muerto ahora el marido. Se ha muerto hace poco. Pero en América gusta mucho a la gente oír a Berta, mezclando los programas. Pero, de pronto, ha llevado cosas buenas que ha dado a conocer a la gente, y que han hecho vender libros a los poetas. Creo que es una cosa buena que hay que conocer.

M. A.: No, desde luego. Y durante muchísimos años lo ha hecho.

R. A.: Claro, lo que pasa es que la forma de recitar es la de los rusos, pero la gente no se da cuenta, y yo me he dado cuenta que como recita Berta es como recitan los rusos. Cuando yo he estado en la Unión Soviética y he oído recitar a los rusos, digo: «¿Pero a quién me recuerda esto?». Y era a Berta Singerman, que es rusa-polaca. Y ha pasado al español un acento y una cantinela que no tiene nadie. Una vez les dije a los rusos: «Pero si todos son unos *Bertos Singermones*». A Berta, yo no sé si te conté, le pasó una cosa *(ríe)* extraordinaria en Chile. Empezó a recitar la *Marcha triunfal* de Rubén Darío, y ella hace unas pausas musicales enormes, decía:

«Ya vieeeeene el corteeeejo...».

Y un roto chileno que estaba adelante, ante tanta pausa, dice: «La pucha, que yo le dejo». Dijo eso. *(Ríen).* Esto lo cuenta la propia Berta. Era una gran amiga mía.

M. A.: Hoy, cuando oyes a Yevtushenko,[154] pues será exactamente lo mismo.

R. A.: ¡Pues claro! Yevtushenko es un *Berto Singerman*. Y con el mismo éxito, porque Berta ha tenido unos éxitos colosales. Nadie ha dicho poesías

153 Berta Singerman Begun (1901-1998) fue una cantante y actriz argentina.

154 Yevgueni Aleksándrovich Yevtushenko (1932-2017) fue un poeta ruso, profesor de universidad e incursionado en el cine como actor, guionista y director.

en las plazas de toros como Berta las ha dicho, y Yevtushenko en la sala de la Mutualité, en París.

M. A.: ¡Y en México! En la plaza de toros.

R. A.: ¡En ruso!

M. A.: ¡Y en ruso!

R. A.: Eso sí que es extraordinario. Bueno, eso es saber torear. Yo le conozco a Yevtushenko, es un chico simpático. En España hay unas críticas feroces contra él, pero no tienen razón.

M. A.: ¡Qué va! [...]. Háblame de otra cosa. Según me dijo Buñuel, él dio en la Residencia una conferencia sobre el cine el día que presentó unas películas. Y dice que se trataba de una Sociedad de Conferencias...

R. A.: La más elegante. Estaban Yebes,[155] Isabel Dato,[156] la Kocherthaler.[157] Eran las tres gracias *(ríe M.A.)* de la aristocracia intelectual, ¿no? María Luisa Kocherthaler, que era una señora de la aristocracia, pero de origen alemán, casada con no sé quién.[158] La he conocido mucho.

M. A.: Pero tú verás que eso no se puede decir en México.

R. A.: No. *(Ríe). La Cogertale*. (*Ríen a carcajada limpia*). Isabel Dato, la condesa de Cuevas de Vera, que ha seguido siendo la gran amiga de Luis Buñuel, todavía vive. Tendrá más años que Picasso, pero sigue siendo muy amiga de Luis, y siempre que viene a París lo ve mucho. Creo incluso que cuando Luis era espía, la Cuevas de Vera andaba metida con él y le ayudaba algo. Creo que era confidente de Luis Buñuel.

M. A.: ¡Ah!, ¿sí?

R. A.: En el Café de París, en el año 37, me parece.

M. A.: Es muy posible.

R. A.: Bueno, no sé. Luis dio una conferencia.

M. A.: Dio una conferencia, pero es que tuvo un examen antes. A ver si sabes...

R. A.: ¡Ah! A ver si salió...

M. A.: *(Ríe).* Un examen, le examinaron Ortega...

R. A.: No me digas eso. Yo no sabía nada.

M. A.: Sí, sí, sí.

R. A.: ¡Ah! Eso no sabía nada.

M. A.: ¿Estuviste en esa conferencia?

R. A.: No recuerdo. He visto las películas, pero creo que fueron varias series de...

---

155 Se refiere a la condesa de Yebes.

156 Isabel Dato y Barrenechea, duquesa de Dato, hija de Eduardo Dato.

157 María Luisa Caturla (1888-1984) fue una historiadora de arte española.

158 Con el empresario Kuno Kocherthaler.

M. A.: Sí, sí.

R. A.: No conferencias.

M. A.: No, es que él dirigió…

R. A.: Varias exhibiciones.

M. A.: … dirigió el Cineclub de Madrid, al que mandaba las películas desde París.

R. A.: Sí, ¿pero el cineclub en el que luego estuvo Giménez Caballero?[159]

M. A.: No, no, el anterior.

R. A.: Bueno, entonces era una cosa muy pequeña, muy privada, en la Residencia de Estudiantes. La sala de conferencias, donde Federico tocaba el piano y tocaba el *Romancero,* ¿verdad?

M. A.: Sí.

R. A.: Y lo cantaba todo el mundo. Pero yo creo que he estado. Más que conferencia era una presentación de nada. Yo no creo que tuviese mucho aire de conferencia aquello. Recuerdo que vi *El hundimiento de la casa Usher,* del Poe, que no sé de quién era, Jean… Epstein.[160]

M. A.: Epstein, Epstein.

R. A.: Sí, sí. Luego también trajo *Rien que les heures,* que era bonita, de Cavalcanti.[161] Y vi *Entr'acte*. Todas esas cosas las trajo él. Mi conocimiento del cine de la vanguardia se lo debo a él.

M. A.: ¿Sabes que estuve con Cavalcanti? Estuvo tomando el té en casa, cuando estábamos en Jerusalén, hace tres años.

R. A.: ¡Ah!, ¿sí? ¿Con Cavalcanti?

M. A.: Estaba Cavalcanti ya totalmente acabado.

R. A.: A Cavalcanti le vi yo en el primer Festival de Punta del Este, en Uruguay. Vino de Brasil, era brasileño. Todavía era un hombre bastante maduro, no viejo. Pero ya hacía un cine completamente tan lejano al presentado por Buñuel. La película que llevó no era una cosa extraordinaria. También allí proyectaron la de Cocteau. Cocteau habló como de películas surrealistas y, vistas hoy, así como *Un perro andaluz* me pareció estupenda, *La sangre de un poeta,* de Cocteau, me pareció horrible. Me pareció un vómito de literatura vomitable y de una mariconería sin remedio. Muy, muy desagradable.

* * *

159 Se refiere al Cineclub Español, que fundó Ernesto Giménez Caballero.

160 Jean Epstein (1897-1953) fue el cineasta francés con quien Buñuel se inició el mundo del cine como ayudante de dirección. Sus textos sobre poesía y cine influyeron poderosamente en la visión que del séptimo arte tuvo el calandino.

161 Alberto Cavalcanti (1897-1982) fue un director y productor de cine brasileño, aunque desarrolló su carrera principalmente en Europa.

M. A.: Cambiando de tema, ¿no hay nada de Buñuel escrito en la revista *Octubre*?[162]

R. A.: No. Pero publicamos en una de las portadas una foto que nos dio él de *Tierra sin pan*, que estaba rodando. Nos dio un trozo de film y publicamos una fotografía, y dijimos que era de la película que estaba haciendo. Eso sí está en la cubierta del número dos, debe ser.[163] Porque él hizo *Tierra sin pan* en el 32 o un poco más.

M. A.: Sí, 32, 33, por ahí.

R. A.: Sí. Yo creo que el 33.[164] Porque la revista *Octubre* se publicó del 33 al 34.

M. A.: Sí.

R. A.: Debe ser el segundo número, aunque puede ser que la hayamos publicado más tarde, porque en ese momento que hacíamos *Octubre* fue cuando hicimos el viaje ese a Las Hurdes, en el que venía Gustavo [Durán] y Pedro el Único, como llamábamos a Pierre Unik.

M. A.: Sí.

R. A.: Y con Éli Lotario, que llamábamos a Éli Lotar...

M. A.: Éli Lotar.

R. A.: ... cuando Buñuel hizo el fantasma en Toledo. Eso lo explico en ese libro de *La arboleda*.

M. A.: Y Pérez Mínguez, un arquitecto.[165]

R. A.: ¡Ah! Sí, sí, sí, sí. Pérez Mínguez también vino a Toledo, con Buñuel, con una chica francesa que no sé cómo apareció allá; se había enamorado. Pero Pérez Mínguez desapareció. En la guerra creo que estuvo en el otro lado, se quedó allí. No sé. Fue un amigo así muy ocasional, ¿verdad?

M. A.: No, él me lo contó, porque por entonces andaba él de novio...

R. A.: Con la Carmen.

M. A.: Sí. Una noche dijo que tenía que ir a un funeral, y Buñuel le dice: «¡Qué barbaridad! ¡Eso no hay que hacerlo jamás!».

R. A.: ¿Que iba a qué?

M. A.: Se había muerto el padre de Carmen. Y le dijo: «Eso no se hace jamás. Hay que ir allí y escupir». *(Ríen).*

---

162 *Octubre* fue una revista quincenal publicada en Madrid entre 1933 y 1934, durante la Segunda República, dirigida por Rafael Alberti y relacionada con el Partido Comunista de España, si bien no dependía directamente de él.

163 Alberti se equivoca, pues la fotografía en cuestión fue portada del primer número de *Octubre*, de junio-julio de 1933.

164 *Las Hurdes, tierra sin pan* fue rodada entre el 23 de abril y el 22 de mayo de 1932.

165 Luis Pérez Mínguez (1905-2007) fue un arquitecto español, pionero del urbanismo en nuestro país.

R. A.: Pues puede ser que sea cierto, sí. Él a mí me cae bien.

M. A.: Sí, sí. Fui a verle, y dice: «Pero por muy poco tiempo». Dice: «Y tuve remordimientos». *(Ríen).* Y precisamente todo esto me lleva a lo de los juegos.

R. A.: Sí, sí.

M. A.: Jugaba a decir algo agradable y algo desagradable sobre la misma persona. De quién es el más guapo, quién es el más cabrón…

R. A.: Sí, sí.

M. A.: … quién es el más…

R. A.: Eso creo que lo he presenciado alguna vez, pero poco. No sé en qué reunión, una vez se jugó a eso. Pero no tengo una idea muy clara de esas cosas. De Buñuel tengo unas imágenes muy concisas, muy precisas de determinados momentos. Y, luego, lo vi tan de tarde en tarde… Creo que le encontré en París después de treinta años.

M. A.: Sin embargo, aquí hay una cosa que me vas a decir si es verdad o no. Es del 34, en Toledo. [José Herrera] Petere[166] dice: «En una lucha con los cadetes, porque le metieron mano a María Teresa».

R. A.: No le metieron mano.

M. A.: «Y acabó por ella a puñetazos limpios Buñuel».

R. A.: Eso es verdad. Claro que es verdad. Eso fue en la noche de los fantasmas o quizás fuera en un segundo viaje. En ese momento venía Manolo Ángeles Ortiz, venían dos cadetes y le dijeron a María Teresa una desvergüenza, un piropo de esos españoles, no meterle mano, porque eso no era posible, pues hubiéramos reaccionado mucho más rápido de lo que se reaccionó. Pero dijeron dos o tres cosas inconvenientes y en seguida los caballeros españoles que rodeaban a María Teresa tomaron partido. Estaba Luis Lacasa, estaba Petere, estaba [Pérez] Mínguez, estaba Manolo Ángeles Ortiz y se armó una cantidad de trompadas colosales contra estos dos cadetes. Y estos dos cadetes, los muy cobardones, se subieron a la Academia y dieron aviso. Y empezaron a bajar cadetes y nos pareció más prudente largarnos. *(Ríe).* Porque iba a haber un motín cívico-militar, ¿verdad? Fue así, es verdad. Eso no lo cuento en *La arboleda*, cuento la noche de Toledo, del fantasma de la Posada de la Sangre.

M. A.: Porque Buñuel ahí, claro, como era buen…

R. A.: Buñuel era un aragonés con buenos puños y dio sus buenos puñetazos. Sí, eso es verdad. Me acuerdo perfectamente. Le hicieron sangre a uno en la boca, a uno de los cadetes. Y estos estaban verdaderamente desesperados,

---

166 José Herrera Aguilera (1909-1977), más conocido como José Herrera Petere, fue un escritor español de la generación del 36, hijo del general y presidente de la Segunda República en el exilio entre 1960 y 1962, Emilio Herrera Linares. Cultivó sobre todo la poesía, pero también cuentos infantiles y teatro.

porque los cadetes ya no sabían qué hacer, casi pedían perdón y ¡paf!, les largaban otra trompada, por un lado, entraba Manolo Ángeles, por otro, entraba Buñuel. *(Ríe).* Así que fue muy bueno lo de esa noche. Reparto de la lana.

M. A.: Y luego se acuerda la gente, de pronto, de las cosas.

R. A.: Lo de la película *Las Hurdes,* creo que es más tarde, no es el 32, es...

M. A.: 1933.

R. A.: Del 33 al 34.

M. A.: Sí, eso. [...].

R. A.: ¡Ah! Ernestina también vino a Toledo, con Uzelay, el pintor. Y entonces se perdían por las calles, y Buñuel y los demás le cantaban una estrofita que le decía: «Ernestina y Uzelay, triqui triqui triqui triqui, triqui triqui triqui trai». *(Ríe).* Porque se perdían por la oscuridad, de cuando en cuando, Ernestina y Uzelay. Fue cuando Buñuel, ahora me acuerdo *(ríe),* quería imitar, hacer una sátira del cante jondo que cantaba el pobre José María Hinojosa, al que mataron al comienzo de la guerra. E Hinojosa cantaba. Era un poco tartajoso y era muy premioso. Y presumía de que sabía cantar cante jondo y cantaba los martinetes que se cantan siempre sin música, con acompañamiento de la fragua. Y, entonces, por ejemplo, Hinojosa cantaba: *(canta)* «Sí, sí, no, no, casita de los Montoya, tembló pero no cayó». Pero esto lo cantaba muy premioso y tardando tiempo, y entonces, entre Buñuel y yo, inventamos un cante jondo, que Buñuel lo cantaba, que decía: *(canta)* «Intermitentemente, intermitentemente, y cómo, y cuándo, y qué y ni qué, y qué esconden por sí sobre tras, y que resulta que había y que tenían por allá bastante lejos una casita los Montoya». Eso, si tú ves a Luis *(ríe),* te lo contará.

M. A.: No.

R. A.: La parodia de los martinetes del pobre Hinojosa. *(Ríe).*

M. A.: A quien pienso ver es a Uzelay.

R. A.: ¡Ah!, ¿sí? Pues le dices: «Ernestina y Uzelay, triqui triqui triqui triqui, triqui triqui triqui trai». Porque en esa época Uzelay vivía por Madrid. Eran amigos de Ernestina. Pero no sé qué fue de él, ni si sigue pintando.

M. A.: Está en una casa espléndida, al lado de Bilbao.

R. A.: Era un chico rico, creo, ¿no?

M. A.: Sí.

R. A.: Y era buen pintor en ese momento, pero de la escuela esa famosa de París desapareció un poco. Los que quedaron fueron estos que conocemos, Hernando. Hernando debe saber muchísimas cosas de Luis.

M. A.: Sí. Con Hernando sí. Hernando y Lulú son...

R. A.: ... grandes buñueleros.

M. A.: Sí.

R. A.: Porque Buñuel, en París, los veía todos los días, ¿verdad?

M. A.: Sobre todo a Lulú. Pero Lulú está gravísima.

R. A.: Sí, algo me enteré. Oye, también quien debe saber mucho es Manolo Ángeles Ortiz.

M. A.: Con Manolo he grabado todo. Sí, sí.

R. A.: Claro, porque —ten en cuenta eso— no te extrañe que yo sepa pocas cosas de Buñuel. Primero, yo no viví en la Residencia y, después, Buñuel vivió en París tanto tiempo con toda esta gente. Y seguramente habrá franceses importantes que conozcan mucho de Buñuel también, vete a saber.

M. A.: ¿Quién?

R. A.: Pues, franceses de la época del surrealismo. No sé quién queda.

M. A.: Nadie.

R. A.: ¿Nadie?

M. A.: Bueno, los españoles, los pintores españoles.

R. A.: ¿Y franceses?

M. A.: Y de franceses queda Aragon.

R. A.: Aragon. Bueno, es una persona, muy gran amiga mía, pero un personaje especial, ¿verdad? No sé si le sacaste mucho de la época del surrealismo ortodoxo. ¿Tú conoces el retrato famoso que están todos con los ojos cerrados?

M. A.: Sí.

R. A.: Que está Luis, ¿verdad? Pero está muy bien. Pero no queda nadie. Ni Benjamin Péret,[167] ni toda esa gente. Algunos quedan, algún surrealista, pero quizás no hayan sido de los grandes amigos de Luis. Porque se murió Desnos, Éluard, Unik. Pierre Unik era el primero. Lotar hubiera sabido muchas cosas.

M. A.: Lotar, sí.

R. A.: Lotar se ha muerto hace muy poco.

M. A.: Muy poco.

R. A.: Lotar era hijo de un gran poeta rumano, un hijo bastardo de un poeta rumano…

M. A.: ¿Sí?

R. A.: … que yo traduje. De Tudor Arghezi.[168] Eso es muy interesante. Él me lo había dicho a mí, en Toledo, que era rumano, hijo de un poeta. Y luego, rodando el tiempo, en uno de los viajes nuestros a Rumania, pues hicimos la traducción de Arghezi a través del francés y algo de rumano.

M. A.: En fin, que lo hice publicar en México.

---

167 Benjamin Péret (1899-1959) fue uno de los poetas surrealistas franceses más importantes e influyentes, y el favorito de Buñuel.

168 Tudor Arghezi (1880-1967) fue un poeta y novelista rumano, elegido miembro de la Academia Rumana en 1955. Nacido con el nombre de Ion N. Theodorescu, solía decir que su seudónimo estaba relacionado con Argesis, el nombre en latín del río Argeş.

R. A.: Es verdad, sí. Pues Arghezi era el padre de Lotar. Y Lotar tiene una hermana, una medio hermana monísima, Mitzura[169] se llama, que quería mucho a Lotar. Eran medio hermanos y se querían así, casi con una pasión extraña, ¿verdad? Y la pobre Mitzura me habló mucho de Lotar, de lo abandonado que estaba en París, de lo solo que estaba. Ella lo quería mucho. Y después me enteré que se había muerto Lotar hace muy poco.

M. A.: Sí, hace un mes.[170]

R. A.: Muy solo habrá muerto. Era un chico muy deprimido. Y esa historia misma de su padre y todo eso le deprimía muchísimo.

M. A.: Sí. De la relación de Buñuel y Pittaluga, ¿no hay nada que decir?[171]

R. A.: Yo lo sé. ¿Tú a Pittaluga lo has visto?

M. A.: No, lo veré ahora.

R. A.: Pittaluga creo que está completamente hecho polvo. Muy borracho, muy enfermo, muy perdido, muy desesperado.

M. A.: Eso dicen.

R. A.: Yo le vi en Buenos Aires, completamente loco *(ríe)*; tenía una amiga entonces, y rompía a puñetazos todos los cristales del Hotel Versalles, donde vivía. Todas las semanas tenía que pagar los cristales rotos que rompía a patadas.

M. A.: Tengo que ver al señor Portabella,[172] que no conocemos.

R. A.: A Portabella le conozco, de acá.

M. A.: ¿Sí?

R. A.: Debe ser amigo de Buñuel.

M. A.: Sí, sí, sí.

R. A.: De última hornada. Es ese chico catalán que ha hecho una película con Lucía Bosé últimamente.[173] La primera cosa que hizo Lucía al separarse de Dominguín,[174] antes de lo que está haciendo en Roma.

M. A.: Sí.

R. A.: Pedrito Portabella, sí. Otros le llaman Pedrito *Parabelum (ríe),* de broma. No sé quién me lo ha dicho.

M. A.: ¿Y de Claudio de la Torre?[175]

---

169 Mitzura Domnica Arghezi (1924-2015) fue una actriz y política rumana.

170 Éli Lotar falleció el 10 de mayo de 1969.

171 Gustavo Pittaluga (1906-1975), compositor y crítico musical, perteneciente al llamado Grupo de los Ocho (conjunto de artistas contemporáneos y afines a la generación del 27), compuso la banda sonora de *Los olvidados* y de *Viridiana*. Estaba casado con Ana María Custodio.

172 Pere Portabella (1929-) es director, guionista y productor de cine, además de político y activista de izquierdas. Produjo *Viridiana*.

173 Se refiere a *Nocturno 29* (1968).

174 Se refiere a Luis Miguel, el hermano del productor de *Viridiana* Domingo «Dominguín».

175 Claudio de la Torre (1895-1973) fue un novelista, poeta, dramaturgo y director de cine y teatro español.

R. A.: Hombre, Claudio fue muy amigo mío. Pero no sé qué relación pueda tener con Buñuel, Claudio.

M. A.: Él sí, me dice que mucho.

R. A.: ¡Ah!, ¿sí? Pero en relación con Buñuel yo no sé nada, lo que sé es de la Residencia.

M. A.: Sí, sí, de la Residencia.

R. A.: Yo a Moreno le he querido muchísimo. A mí me parecía una persona extraordinaria, que hacía muy bien todas las cosas que hizo. Y que ha dejado unos libros que…, como ese libro extraño de la vanguardia española, *Jacinta la pelirroja,* que es un libro muy curioso.

M. A.: Sí, pero nada vanguardista, nada surrealista.

R. A.: No, surrealista, no, pero aquí, estos amigos italianos, que se han empeñado en traducir *Jacinta* como si tuviera algo, no surrealista, pero…

M. A.: Y había las *Carambas*.

R. A.: *Carambas* también. Son curiosas e, indudablemente, no son surrealistas. Pero es un tono de poesía que es una salida de tono en su poesía generada hasta aquel momento. Yo tuve relación con Pepe Moreno porque es uno de los que me dieron el Premio Nacional de Literatura; estaba en el jurado con Gabriel Miró y Antonio Machado cuando me premiaron *Marinero en tierra,* y entonces le fui a ver y nos hicimos muy amigos en la Residencia. Siempre tomaba su cerveza en Gambrinus. Una gran persona.

M. A.: Quien no tiene ni mucho menos el nombre que merece es Garfias.

R. A.: ¡Ah! Pedro Garfias. Mira, ya ves tú. Yo siempre pienso que es una injusticia muy grande, pero que, claro, la gente tiene un poco culpa de lo que les pasa, ¡en cierto modo!, ¿verdad? Cernuda tiene un poco la culpa de no tener la extensión de nombre que debía de haber tenido. La tenía, pero pudo haberla tenido más, pero conspiraba un poco contra eso. Y Pedro Garfias, que era un hombre tan bien dotado y un tan buen poeta, ha sido un hombre, también, muy dejado, al que no le ha importado esto, que se ha diluido en otra cosa, que ha bebido de una manera exagerada y que al final se ha perdido. Ahora van a publicar en México, o han publicado, una especie de obra larga de él. Ya ves, él empezó como un poeta de la vanguardia, del posultraísmo. Fue él quien hacía la revista. Y ahí publicó unos poemas muy bonitos. Me acuerdo de uno que dice:

> «Todos los pueblos
> volando sobre el mar
> volando sobre el mar encadenado
>
> menos tú, pueblo mío
> bajo mi frente anclado.
>
> Las banderas del viento cantan sobre las olas
> Y de los hombros de los horizontes
> cuelgan mantos de espumas.

Mar.
El mar es una estrella
la estrella de mil puntas».[176]

Que es un poema precioso.

M. A.: Es precioso, pero no es nada surrealista.

R. A.: No.

M. A.: Ni siquiera de vanguardia.

R. A.: No, no es de vanguardia. Pero ten en cuenta que este es un poema del año 22 o por ahí, o 23, que es el momento de la preocupación por la imagen. Es un poema más cercano del creacionismo.

M. A.: Del creacionismo.

R. A.: Exactamente, que es lo que hacía Gerardo Diego, y lo que hace un poco el primer Larrea. Porque Larrea, al comienzo, hace cosas medio aconsonantadas, con cosas que dice:

«Mis versos ya plumados
se echaron a volar por los tejados,
y uno de ellos que fue más atrevido,
en una tarde no volvió a su nido».

Eso es de Larrea y puede tener mucha relación con el Gerardo del *Manual de espumas* y con ciertas cosas de Pedro Garfias, de otros poemas medio asonantados con, de pronto, un pareado final. En fin, una técnica que apareció rompiendo la poesía romance que hacía Juan Ramón [Jiménez]. Es otra cosa, indudablemente. Es después del ultraísmo. En este poema se ve que se ha pasado ya a otra cosa, más serena, más reposada. Creo que los poemas de Garfias tienen un valor diferente por muchas razones. Pero ese primer libro de Garfias que se llama *Bajo el ala del Sur*[177] es muy bonito. Este poema es de ahí y es un Garfias que no siguió por ese camino.

M. A.: Pues, no creas, porque ya luego, en México, volvió al final más o menos a lo mismo.

R. A.: Porque eso es diferente a los romances y a toda la preocupación formal que le entra luego y que, además, tenemos todos nosotros, porque indudablemente, después del ultraísmo, nuestra poesía se serenó en cierto modo y apareció con una serie de preocupaciones que ahora sería muy largo de hablar de ello. Pero Garfias, en ese primer instante, aparece como un verdadero poeta de los que se pensaba que tenía que contar y tener un puesto permanente, por lo menos que se hubiese hablado de él. No sé qué vida hizo, vivía en Osuna o estaba borracho o cuando venía a Madrid estaba borracho, con los ojos irri-

176 El título de este poema es «Mar».
177 Se refiere al poemario *El ala del Sur*, publicado en 1926.

tados, parecía que tenía tracoma, era un hombre verdaderamente perdido. Y prácticamente ha estado en silencio, poéticamente, durante muchísimos años. En la guerra empezaron de nuevo a vérsele romances y en el frente, donde él estaba. Su vida es estupenda, pero sus libros y sus cosas no los he conocido. Andaba un poco como León Felipe, abandonando su obra. Aunque León, luego, se recupera de una manera fantástica y empieza a dar voces y se le oye; pero a Garfias no se le oye nada. ¿Y qué?

M. A.: No hace ruido porque no vive ni en México siquiera.

R. A.: Sí. Pero, ¿sabes tú quién tiene una gran admiración por Garfias? Buñuel. Yo siempre lo oí hablar a Luis muy bien de Garfias, y de que le gustaba mucho, y se refiere a estos poemas primeros. No sé si fue en *Horizonte* donde Buñuel publicó eso sobre la orquesta, no sé si firmado por él o por Chabás, pero sé que estaban haciendo algo juntos. Eso se lo puedes preguntar. Y en ese momento Buñuel habló muy bien de él, siempre le oí hablar muy bien de Garfias, y se refería al Garfias ese primero que se conoce, el de *Bajo el ala del Sur*.

M. A.: Y después siguió hablando Buñuel y viéndole de tarde en tarde, cuando aparecía por México, porque él no vivió en México, vivía en provincias.

R. A.: ¡Ah!, ¿sí?

M. A.: Sobre todo cuando Margarita le dejó, le abandonó.

R. A.: Una buena mujer que tenía.

M. A.: Con razón.

R. A.: Si yo me acuerdo de ella. Era una andaluza, creo que de Osuna.

M. A.: Sí.

R. A.: Era un hombre muy desilusionado.

M. A.: Lo único es que los taberneros lo adoraban. Le daban de beber gratis...

R. A.: Todo el mundo habla muy bien.

M. A.: Y lo poquito que comía, pues se lo daban, se lo regalaban.

R. A.: Era un *clochard*, ¿no?

M. A.: Un *clochard,* totalmente.

R. A.: ¡Qué lástima!

M. A.: Así le fue.

R. A.: Pero nadie le ha considerado. Ni nadie ha hablado de ello en plan de cazarlo.

M. A.: Yo sí, pero como mis libros de ese tipo tampoco se han visto, pues da lo mismo.

R. A.: ¿Tú has hablado de él?

M. A.: No, mucho no; pero, en fin, lo necesario. Pero en los últimos años ya Garfias vivió en Pachuca, vivió en Monterrey, vivió en Guadalajara. Pero nunca vivió en México.

R. A.: Lo vi en la guerra. Lo vi una vez. Qué fantástico era. Lo vi en la guerra vestido de miliciano al comienzo y después ni siquiera lo vi más. Él estaba en el frente de Córdoba, y yo siempre estuve en Madrid. No lo vi más. De los amigos que estamos revisando, uno que también fue muy amigo, pero que ha muerto, era Luis Lacasa. Buñuel se reía y se divertía con Lacasa.

M. A.: Te voy a contar una cosa. Me he encontrado ahora, en casa de mi hija, en Inglaterra, con un arquitecto que vino a verme recomendado por Rafael Martínez Nadal.

R. A.: ¡Ah!, ¿sí? Que era muy amigo de Federico.

M. A.: El que va a publicar ahora, además, *El público*, para que lo sepas. Tienes que hacerte inmediatamente con él, escribirle a Gili, a Oxford.

R. A.: ¿Cómo? ¿Es de Oxford?

M. A.: Sí, en Dolphin Book. Es el hijo del de Barcelona.

R. A.: ¡Ah!, ¿*El público* existe?

M. A.: Claro que existe... Pues bien, la noche... ¿No has leído tú el artículo de Rafael en el cual cuenta cómo acompañó a Federico a la estación, y él le dio el original de *El público*? Entonces, se lo llevó, lo salvó Rafael... Pero no es eso lo que estábamos hablando, pero, en fin, da igual.

R. A.: No, no, no, no. Estamos hablando de que yo me hiciera con un ejemplar de Gili.

M. A.: Vale. Bueno, ahora lo va a publicar él, porque Paco García Lorca no quiere que se publique.

R. A.: ¡Ah!, ¿no? ¿Por qué?

M. A.: Dice que hay una segunda versión más cabal.

R. A.: ¡Ah!, ¿sí?

M. A.: Y yo sospecho —no es más que una vaga sospecha— que esa segunda versión la tiene Paco García Lorca. Lo que sucede es que ese libro, como verás, según lo que me ha dicho Rafael, es el libro donde más claramente se ve la homosexualidad de Federico. Y por eso se opone la familia. Sabes que la familia, en eso, es algo verdaderamente...

R. A.: La familia quiere echar como una cortina de humo sobre eso. Se han enfadado con la pobre Marcelle Auclair.

M. A.: Ya lo sé.

R. A.: Me lo ha contado. Estaba consternada. Estuvo aquí, en Roma. Estuve en Antibes, también con ella, y estaba consternada. Dice: «Porque la verdad, el capítulo que yo le dedico al señor Federico está hecho con un cariño como está hecho todo el libro, con un respeto profundo, pero que indudablemente eso, la afición de Federico, lo que fuera, ese gusto, como se llame, era una cosa muy importante para su poesía». Y, sin embargo, la familia le ha retirado el saludo. No quieren saber nada de Marcelle Auclair porque habla de la homosexualidad de Federico, cosa que conocía todo el mundo y que a Federico le importaba tres pitos que lo supiera la gente. Al contrario, hacía alarde, siempre de una manera divertida, y era, indudablemente, la persona homosexual, como se quiera llamar, que menos molestaba del mundo que yo he conocido. Al contrario, era una *(ríe),* una broma, una risa permanente cuando se hablaba de ese asunto.

M. A.: Que, además, nunca fue un secreto, ni lo tuvo en secreto.

R. A.: Secreto ninguno, puesto que a Federico no le importaba absolutamente nada que la gente lo supiera. Federico se presentaba con sus amigos tranquilamente, les llevaba a las casas. Es más, te lo imponía, decía: «No voy a cenar si no invitas a fulano». Y si no invitabas a fulano, Federico te pegaba un plantón colosal y no venía a verte. Y te dejaba con la cena colgada, como ha hecho con tanta gente.

M. A.: Y aunque a veces lo invitaras con él, tampoco venía.

R. A.: Eso sí. *(Ríe).* A eso le llamábamos Federico y yo el plantón arcangélico. Cuando no venía, era el plantón arcangélico. Yo a veces le invité a mi casa de Marqués de Urquijo y le decía, porque nos llamábamos *primo*: «Mira, primo, no me vayas a dar a mí el plantón arcangélico, porque vamos». *(Ríe).* Pero, en fin, yo siempre le invité con alguien que estaba de turno, con alguien que él decía que era un gran poeta. Una vez me presentó a uno que se llamaba Serafín, o no sé qué, y me dijo: «Mira, primo, este; este, tú y yo, somos los más grandes poetas que hay en España». *(Ríe).* Y le había escrito unos poemas inventados, que los decía como si fueran de ese chico, y eran de Federico. Federico era extraordinario, no le importaba absolutamente nada.

M. A.: Pues, en *El público*, parece.

R. A.: Yo le oí muchas veces hablar a Federico de que iba a hacer una cosa que se llamaba *El público,* pero creí que no había tenido tiempo de hacerlo. Después, claro, también habló de *Así que pasen cinco años*, y eso se publicó. Que eso no debe estar terminado.

M. A.: Acabo de verlo representado en París.

R. A.: ¿Sí?

M. A.: En la traducción de Marcelle Auclair, por cierto. Muy bien. Y quedaba muy bien la obra, sobre todo la segunda parte.

R. A.: Sí, ¿verdad?

M. A.: Se parece un poco al teatro de Genet.

R. A.: Sí, muy diferente a *Bodas de Sangre*, a *Yerma* y a su *Romancero gitano* puesto en teatro, que en cierto modo era…

M. A.: No, *Romancero gitano* tiene lo suyo.

R. A.: Pero *Bodas de sangre* está cerca del *Romancero. Bodas de Sangre* es un romance gitano. Y el éxito del *Romancero gitano* se debió a que era un romance en teatro, por eso tenía tanta repercusión. Pero el éxito grande era que el *Romancero* tenía esas virtudes de ser una poesía recitable, muy plástica, donde la gente comprendía que pasaba algo, o sea, que era un romance teatral.

M. A.: Cuando veas a Buñuel, pregúntale lo que le parece el teatro de Federico.

R. A.: Muy mal le parece. Pero siempre le pareció eso. Yo lo sé. Ahora, a mí me gustan más las obras breves de Federico. A mí *Bodas de sangre* y *Yerma* no me gustan absolutamente nada. En cambio, me gustan las obras breves, las cosas primeras tan, tan...

M. A.: Sí.

R. A.: ... bonitas, *Títeres de cachiporra*, *El amor de Perlimplín,* que es muy bonito, muy gracioso.

M. A.: Sí. Y muchas otras cosas que no se llegaron a representar, como el *Buster Keaton*[178] y algunas cosas. Muy breves.

R. A.: Sí, esas piecitas muy breves. Claro, casi no se pueden representar. Y después, me parece mejor *Así que pasen cinco años,* pero las llamadas obras grandes son las que menos me gustan y las encuentro bastante viejas. Pero, en fin, había varios Federico, diferentes, porque el *Poeta en Nueva York* es, para mí, es un libro muy interesante.

M. A.: Sí, sí. Es el mejor libro de Federico.

R. A.: Es el libro de Federico, sin Federico, pudiéramos decir. *(Ríe).* En fin, el Federico que a la gente le gusta. Por eso ese libro nunca está en un primer plano cuando se habla de él y, sin embargo, hoy se está hablando bastante de ese libro. En Italia ha tenido la traducción de Bodini, que lo incluye con los intentos surrealistas de la poesía española.

M. A.: ¿Quién hay de surrealistas?

R. A.: *Sobre los ángeles* y...

M. A.: *Sobre los ángeles*, cualquiera de tus poemas, o *El rey de Harlem*, no tienen nada que ver con el surrealismo.

R. A.: No, pues ya ves. Y no solo dice eso, sino dice que, además, el maestro de todo eso, dice que es Larrea.

M. A.: Es absurdo. Larrea va por otro camino, suyo, él solo, solitario. Y, además, se mete en la historia y se hunde en el mar y no vuelve a salir.

R. A.: No sé, en fin. No me gustan las cosas de Larrea, pero claro, ahora Lacasa ha publicado todo lo de Larrea, y resulta que toda la poesía está en francés y que hay que leerla de otra manera, porque ya el francés no es lo mismo que el español, por lo que ya tiene uno que tener criterio y otra cosa, ¿verdad? Los poemas en español serán quince o dieciséis y muchos de ellos traducidos por Gerardo Diego, los publicados en *Carmen,* nada más. Y ahora, cuando Bodini,

---

178 Se refiere a *El paseo de Buster Keaton* (1928).

después de hablar mucho con Larrea, este le entregó toda su obra poética, Bodini, que es hispanista, traductor al italiano del español, se encontró *(ríe)* que toda la obra estaba en francés, y se vio negro, porque él realmente no es muy especialista del francés. Ha hecho una traducción muy buena al italiano, pero del francés, no del español.

M. A.: ¿Cómo se llama el libro de Bodini?

R. A.: *I poeti surrealisti spagnoli.*[179] Es un libro interesante, desde luego, pero creo que es una tesis exagerada, que ha dado mucho jaleo y que en España ha protestado mucha gente. Dámaso Alonso y otros han contestado y casi nadie está de acuerdo. Y ahora ha publicado lo de Larrea, que es muy interesante tener. Qué pena que Bodini no esté acá. Si estuviera habría que pedirle ese libro. Sería interesante para ti.

M. A.: Bodini...

R. A.: Vittorio Bodini. Muy buen hispanista. Ha traducido extraordinariamente bien a Quevedo. Es el traductor mío, de los Mondadori. Ha traducido a Góngora, a Quevedo, los *Sonetos de la muerte.* Muy bien, muy bien.

M. A.: En esa época, el que dominaba todo y parecía que se iba a comer el mundo fue el pobre Chabás.

R. A.: Es verdad; mira, Chabás es un caso muy triste. En ese momento entre *Ultra* y *Horizonte* Chabás zascandileaba mucho y figuraba mucho. Publicó su librito de poemas que se llamaba *Ondas.* Eran poemas de procedencia medio ultraística, trascernista, con algo de Juan Ramón, pero muy fino y muy bonito. Después, inmediatamente le nombraron también rector de la Universidad de Génova. «Genova», decía él. Y entonces empezó a escribir novelas, aquella novela *Sin velas desveladas* y...

M. A.: No, no, pero antes escribió un libro sobre Italia.

R. A.: Ese yo no lo conozco.

M. A.: *Italia fascista* o algo así.[180]

R. A.: ¡Ah!, ¿sí? Pero, ¿cómo?, ¿elogioso o no?

M. A.: ¡No!

R. A.: Porque él siempre estuvo muy bien, ¿verdad? Federico imitaba muy bien a Chabás. Cuando iba a la casa a verlo, lo querían mucho sus padres, y siempre que estaba Juan con alguien, los padres siempre lo llamaban desde lejos. Decían: «¡Juan!». «Papá», contestaba Juan. «¡Juanito!». «Mamaíta». «Juaniti, ti, ti, to». «Ma, ma, mamaíta». Contaba Federico, *(ríe)* que a Chabás sus padres no le dejaban en paz, siempre le nombraban y él contestaba en señal de afecto filial. Luego, Juan fue el que me organizó mi primera exposición

179 Edición española: *Los poetas surrealistas españoles*, Barcelona, Tusquets, 1981.

180 *Italia fascista (Política y literatura).* Barcelona, Mentora, 1928.

de pintura en Madrid, en el Ateneo. Expuse en el Ateneo, antes de que expusieran Bores[181] y Cossío. Porque Chabás siempre fue muy ateneísta, tanto que una vez llegó a ser hasta director del Ateneo creo, o secretario.

M. A.: Secretario.

R. A.: Sí. Fue un ateneísta. Después ya Chabás desapareció también, se fue por ahí.

M. A.: Fue a Barcelona. A la Fundación Bernat Metge.[182]

R. A.: ¡Ah!, puede ser. Y después, ya la última etapa fueron sus amores con la...

M. A.: Moragas.[183]

R. A.: ... con la reina, con la Moragas. Que es muy gracioso, mandó a la Argentinita *(ríe)* el presentarla, a un niño de la Moragas, que era hijo de Alfonso...

M. A.: XIII.

R. A.: ...el hijo, el hijo bastardo. Y la Argentinita dice: «¡Uh! Parecen dos pesetas». *(Ríe).*

M. A.: Sí. Eran dos.

R. A.: De perfil. *(Ríe).*

M. A.: Yo fui muy amigo de Carmen.

R. A.: Sí, yo también.

M. A.: Claro. Murió casi en tus brazos.

R. A.: Sí. Y Chabás se portó muy bien, la quería muchísimo. Bromas aparte, Juan era muy buena persona.

M. A.: Lo que pasa es le echaron a perder sus padres. Luego lo de la hermana lisiada que tenía. Y también, pues, su despilfarro total y sin ningún sentido de la vida.

R. A.: Sí, sí, sí.

M. A.: Y la creencia de que, verdaderamente, era un hombre genial, que le metieron sus padres en la cabeza.

R. A.: Yo nunca lo encontré. Era un poco vano, así volado, alegre.

M. A.: Él era el mejor discípulo de [Luis Jiménez de] Asúa,[184] ya lo sabes.

R. A.: ¡Ah!, ¿sí?

---

181 Francisco Bores (1898-1972) fue un pintor vanguardista español.

182 La Fundació Bernat Metge es una institución fundada en 1922 bajo el patrocinio de la editorial Alpha y Francesc Cambó.

183 Carmen Ruiz Moragas (1896-1936) fue una actriz española. Gran parte de su notoriedad se debe al hecho de haber sido durante algunos años la amante del rey de España, Alfonso XIII, con quien tuvo dos hijos, Leandro Alfonso y María Teresa. Su último gran amor desde 1928 hasta sus últimos días fue el escritor Juan Chabás.

184 Luis Jiménez de Asúa (1889-1970) fue un jurista y político español.

M. A.: Estudió Derecho, y salió con el número uno y Asúa quería que Chabás fuera catedrático de Derecho Penal.

R. A.: ¡Ah!, no sabía yo que Asúa…, que vivió en mi casa, en Buenos Aires.

M. A.: ¡Sí, hombre!

R. A.: Tú me estás descubriendo cosas que yo no sabía.

M. A.: Sus padres, que, con el éxito de los primeros artículos sobre un librito de poemas, le decían: «Tú serás escritor, tú eres un gran escritor». Y, efectivamente, este hombre empezó y escribió sus tres novelitas, normales, en la línea de quien quiere ser novelista y que escribe tres novelitas antes de empezar de verdad, a los treinta y cinco, a ser novelista.

R. A.: Sí, pero él hizo muy poco, ¿no?

M. A.: Hizo sus tres novelas: *Azor,*[185] *Sin velas, desvelada* y una tercera, muy influenciadas por [Gabriel] Miró.[186]

R. A.: Pero, ¿hizo luego algo en la guerra? *La Puerta del Sol.* Al final de la guerra.

M. A.: En la guerra hay otra. Tú no estabas en Madrid. Tú estabas en Ibiza.

R. A.: En Ibiza, sí.

M. A.: Este hijo de puta que se llama Carmona Nenclares.[187]

R. A.: ¡Oh! Menudo tío.

M. A.: Está de profesor de griego en la Universidad de México.

R. A.: Qué tipo. Ese era un delator. Era un policía. Quería ser tan republicano en aquellos días que en la Alianza causó un destrozo.

M. A.: Lo mismo dijo de Chabás, porque había sido amante de Carmen Moragas y habían roto.

R. A.: Y en esos días te fusilaban por cualquier sospecha.

M. A.: ¿Y a Corpus [Barga]?[188]

R. A.: A Corpus lo defendí yo en la Alianza. En una reunión acusó a Corpus de no sé qué. «¡Y Corpus está aquí, que tú, no sé qué, una…!».

M. A.: ¿Pero eso no fue después?

R. A.: Y yo me tiré. Corpus se quedó pálido porque sabía que le daban el paseo esa noche. Investigué y digo: «Pues yo por Corpus respondo, yo y todos los que estamos aquí. Y de ti ninguno respondemos porque yo, por ejemplo, yo a ti no te conozco de nada». Le dije, la primera vez que le vi. Un bicho terrible.

---

185 Se refiere a *Agor sin fin* (1930).

186 Parece referirse, de nuevo, a *Agor sin fin*, que es la obra reconocida como de influencias mironianas por la crítica.

187 Francisco Carmona Nenclares (1901-1979) fue un escritor y profesor español.

188 Andrés García de la Barga y Gómez de la Serna (1887-1975), conocido por el seudónimo Corpus Barga, fue un periodista, memorialista y escritor español.

M. A.: Eso fue en los primeros días, porque yo me marché de Madrid el 30 de julio, cuando tomamos Albacete. Me fui a Valencia, porque nació mi hija esa misma noche. Y también saqué esa misma noche el primer número del periódico que incautamos, el *Diario de Valencia*. Nos pusimos a dirigirlo Renau y yo.[189]

R. A.: Sí, sí, sí. ¿Cómo se llamaba el diario?

M. A.: *Verdad*. Antes se llamaba *Diario de Valencia*.

R. A.: ¡Ah, sí!

M. A.: Antes del día 30, seguramente el día 23 o 24, en una de esas asambleas del Ateneo, Carmona Nenclares denunció a Chabás por haber sido el amante de la Moragas. Fíjate tú.

R. A.: Qué cosas terribles, qué estupidez, además.

M. A.: Yo tenía un piso en Vallehermoso con Medina Echevarría.[190] Entonces, a la mañana siguiente, se presenta Chabás con una maleta, blanco, y dice: «Bueno, aquí vengo, aquí te dejo esto y aquí está mi testamento». Era un libro, era lo mejor que ha escrito Juan en su vida. Diciendo: «Yo quiero que me entierren así, de esta manera, de pie». Y se fue de casa: «¿Qué voy a hacer?». Me contó todo sobre Carmona y se fue de casa. Porque él era de Izquierda Republicana.

R. A.: Sí, sí, sí. Pero, hombre, era un chico de quien nadie sospechaba nada. Solo un miserable como ese.

M. A.: Y entonces bajó la Castellana, cogió el primer camión y se subió a la sierra. Y se portó tan bien que a los seis meses era capitán.

R. A.: Cuando conoció a Simone Téry.[191]

M. A.: Eso es. Iba con guantes blancos y capa.

R. A.: Cuando lo conoció Simone Téry, se inventaron que Chabás iba completamente desnudo en un caballo, con un libro de Racine en el bolsillo, que iba desnudo. *(Ríen).* Y ella dijo: «¡Oh! Qué bello capitán». Entonces fue cuando Simone Téry se enamoró de él, lo bajó del caballo y lo raptó.

M. A.: Y lo metió en su novela Hemingway, y lo metió Malraux en *L'Espoir*.

R. A.: Sí, sí. Pero también está Durán en *L'Espoir*.

M. A.: Durán también.

R. A.: Pobre Chabás. Yo llegué a Cuba y se acababa de morir. Y conocí a otra mujer nueva que tenía allí en Cuba.

M. A.: Yo he conocido a la otra.

---

189 Josep Renau Berenguer (1907-1982) fue un pintor, fotomontador, muralista y militante comunista español.

190 José Medina Echavarría (1903-1977) fue un sociólogo español, exilado en México durante la Guerra Civil.

191 Simone Téry (1897-1967) fue una periodista y escritora francesa que, en la Guerra Civil, ejerció de corresponsal de guerra en el bando republicano.

R. A.: Una mujer muy buena, que me dio un libro, lo último que había hecho Chabás, una historia literaria, donde hablaba muy bien de nosotros, hablaba muy bien de mí.

M. A.: Bueno, solo a los poetas contaba sus poesías. *(Ríe).*

R. A.: Él estaba siempre enfermo, él tenía algo, no sé qué cosa.

M. A.: El hombre estaba perdido, en el sentido de que no le bastaba el dinero. Tuviera el dinero que tuviera. Además, fue una cosa tremenda. Yo fui a la URSS el 33. Y, luego, en el 34 escribí en *Luz*[192] unos artículos sobre Tairov[193] y Vajtángov [194] y otros.

R. A.: En *Luz* estaba entonces Corpus Barga, creo, ¿no?

M. A.: Estaba Corpus...

R. A.: Que se había ido del *Sol.*

M. A.: ... y estaba Araquistáin.

R. A.: Y Araquistáin, cómo no.

M. A.: Y publiqué siete artículos, me acuerdo muy bien. Pagaban 100 pesetas por artículo. Y ahí me dice: «Te vamos a pagar 150». Dije: «¡Qué bueno!». Pasó el tiempo y, no sé, a fin de año o algo así, eso se publicó en agosto o por ahí del 34, fui a la administración de *Luz* y digo: «Oiga usted, no me han pagado ustedes nunca los artículos». Dice: «¡Cómo! Sí, sí, los cobró ei señor Chabás».

R. A.: Se dicen bromas como aparece la verdadera amistad. Uno dice de pronto, en broma, eso de: «Juan, Juanito, Juanguita», pero, a continuación, dice uno todo lo bien que estamos diciendo de Chabás.

M. A.: Claro, era un tipo estupendo.

R. A.: Yo ya te digo, cuando leas *La arboleda perdida,* verás cómo hablo de Chabás. Hablo mucho de Juan, y hablo de esto que te he estado contando, de que ha organizado mi exposición. Él se portó muy bien conmigo. Él fue el que me dio a conocer a Dámaso [Alonso] y el que hizo que yo publicara mis primeros poemas en *Horizonte,* porque me llevó a Garfias también. Fue Chabás. Conmigo fue muy muy estupendo. Además, fue siempre muy buen amigo de toda la gente. Conocí a [Gabriel] Miró por él, y mandó unos primeros poemas míos, se los mandó a Miró. Yo tenía varias cartas de Miró, que perdí en la guerra. Fue Chabás quien habló a Miró de mí. Me acuerdo perfectamente.

---

192 El periódico *Luz* fue una publicación creada por el periodista y editor Nicolás de Urgoiti en 1931, de la Corpus Barga fue su director en 1933, después de abandonar *El Sol,* principal órgano de expresión del republicanismo hasta su adquisición por accionistas de derecha para convertirlo en defensor de la cuasa monárquica.

193 Aleksandr Yákovlevich Tairov (1885-1950) fue un actor y director de teatro ruso y soviético.

194 Yevgueni Bagratiónovich Vajtángov (1883-1922) fue un actor y director teatral ruso, miembro del Teatro de Arte de Moscú.

M. A.: Y en la guerra se portó espléndidamente.

R. A.: Murió, creo, en el 60 o por ahí. Yo estuve en Cuba en el 61, o por ahí. ¿Él se había casado ya con esta otra mujer?

M. A.: No, se había casado con una señora que se llamaba Aída Valls. Después de Simone Téry aún tuvo dos mujeres legítimas.

R. A.: ¡Ah!, ya, ya, ya.

M. A.: Además, también ten en cuenta una cosa, no sé quién era más guapo, si Gustavo o Juan.

R. A.: No, eran diferentes. Gustavo era una belleza casi nórdica, rubio, con ojos azules y tez acerada. Y el otro, era un valenciano, ítalo-valenciano, de esa belleza del Mediterráneo; era apolíneo, moreno. Muy guapo era Chabás. Lo que pasa es que Chabás se quedó muy pronto calvo y perdió mucho su belleza.

M. A.: Sí.

R. A.: Pero cuando yo conocí a Chabás, ¡bueno!, partía los corazones.

M. A.: Pero vamos.

R. A.: Con su voz, así, muy impostada. Yo tenía una foto de Chabás, en una barca, que me regaló él, muy estética, muy estetizante. Era como Ulises.

M. A.: Chabás estaba realmente muy bien.

R. A.: Él quería, ¡adoraba!, a sus padres. Y los padres no podían estar sin él. Era lo que yo llamo un verdadero buen hijo, era sabido. Y Simone hablaba de Chabás como el *suo capitano*, en italiano, «*Il mio capitano*», decía. Conservaba un recuerdo extraordinario.

M. A.: Me acuerdo muy bien de dónde vivían en París, en una especie de sotabanco. ¡Verdaderamente romántico!

R. A.: Es más, en la esquela de defunción de Simone Téry estaba el nombre de Chabás como marido de ella.

M. A.: ¡Ah!, ¿sí?

R. A.: Sí, sí, sí. Él se debió de casar de alguna manera.

M. A.: Se casaron y se divorciaron, pero ella no se volvió a casar. Luego, de todas maneras, tenía cierto derecho a poner el nombre de Chabás.

R. A.: Esto hará hace muy poco. Hará año y medio o por ahí que se ha muerto Simone Téry.

M. A.: Sí, porque yo hablé con ella por teléfono, el viaje anterior.

* * *

R. A.: En octubre o en mayo llegó Dalí a la Academia de San Fernando, porque, como decía él, su padre le había dicho que estudiara la carrera de pintor. Creo que le conocí a fines del 23 o por ahí. Así que no creo que llegara mucho antes Dalí a la Residencia. Entonces tenía patillas, era muy guapo. Estaba flaquísimo. No comía nada, se le olvidaba comer. Dibujaba como un enloquecido. Todos los dibujos los tiraba al suelo, estaba su cuarto lleno de dibujos. Y era realmente un chico estupendo, genial. A veces Moreno Villa se levantaba e iba al cuarto a avisarle de que había pasado la hora de la comida, porque Dalí no bajaba. Y a veces Dalí casi se había quedado sin conocimiento de hambre, de olvidarse de comer. Tenía todos los zapatos rotos. Y tenía una colección de zapatos todos rotos, con agujeros, en fila, y cada día buscaba el agujero que estuviera menos grande. Y se ponía un zapato de cualquier color, uno negro y otro marrón, porque el negro tenía el agujero menos grande que el zapato marrón compañero que se iba a calzar. Iba religiosamente a la Academia de San Fernando a pintar. Fue el momento en el que había ingresado Vázquez Díaz. Vázquez Díaz lo quería mucho, le tenía una enorme admiración. Y me ha hablado muchas veces del gran alumno que era Dalí estudiando su carrera de pintor como su padre quería. *(Ríe).* Después ya le perdí la pista. Luego le volví a ver cuando volvió de París, que traía un escote muy grande y un collar esmeralda, con ese collar verde puesto. Y después ya no he visto más a Dalí. En París, sí, cuando yo te conté que quería ir a Moscú, que eso es interesante, a ver si podía vender las cosas. Gala y él estaban muy interesados en saber si allí les interesaría su pintura. Fue la última vez que he visto a Dalí, no le he visto más.

M. A.: Fue cuando pintó el cuadro ese del piano: *Seis apariciones de Lenin sobre un piano de cola*.

R. A.: Sí, pero ese cuadro es anterior, creo.[195] A mí, esa época de Dalí representa un tipo de imaginación que me ha gustado mucho, y me gusta más que nada la ocurrencia poética, más que la realización plástica. Eso lo digo en *La arboleda perdida*. La realización plástica es tan fotográfica y tiene una calidad de pintura que parece de Romero de Torres. Los fondos que pinta, diluidos en una graduación que va del azul intenso, baja un poquito más, hasta que es una línea clara en el horizonte, que es un procedimiento tan viejo. Bueno, realmente, Romero de Torres lo hace mucho mejor. Pero lo interesante, claro, es la anécdota, lo que sucede. Eso de poner un reloj blando colgado de un árbol, que no se había visto nunca; poner una jirafa ardiendo; en vez de pata, un clavo; todas esas cosas realmente son de una verdadera inventiva poética extraordinaria.

M. A.: ¿Y tú crees que si, efectivamente, van a la Unión Soviética y les pagan y demás, él hubiera seguido tranquilamente por esa ruta?

R. A.: No hubiera sido comunista nunca, pero creo que hubiera hecho lo mismo que intentó con el Vaticano: traer un cuadro y pintar la *Madonna*. Él hubiera pintado exactamente a Lenin, como luego pintó a Franco. Creo que Dalí, en eso, ha obedecido, en el fondo, a resortes caprichosos y económicos, como diría don Carlos Marx. *(Ríe).*

M. A.: Sería muy bonito un retrato de Carlos Marx por Dalí.

---

195 El cuadro data de 1931.

R. A.: Pues mira, no lo digas muy alto porque si oye la cinta a lo mejor lo hace. *(Ríe).* Recuerdo el de la figura de su hermana, precioso. Cuando pintaba a su hermana asomada al balcón, ¡la hacía tan preciosa!

M. A.: De espaldas. Se le ve la influencia de Vermeer.

R. A.: Sí, sí, con cierto Picasso lejano, pero él siempre ha sido más bien detallista y minucioso. Es un flamenco, en cierto modo. Un catalán flamenco. *(Ríe).* Con una seguridad absoluta. [...].

SALVADOR DALÍ[196]

[Hablo por teléfono con Dalí]:

S. D.: Ven mañana. A las siete. ¡Viva el rey! ¡Viva don Juan Carlos!

M. A.: Viva lo que tú quieras, pero no esperaba oírte gritos subversivos.

S. D.: A él se lo debemos todo.

M. A.: No tengo deudas.

[Cuelgo].

[Y vamos a casa de Dalí. Dentro, se sube y se baja inútilmente por un curioso enramado de jardines laberínticos, tan inútiles como esos enormes huevos de avestruz que ha plantado como si fueran tinacos, que es como se llaman los depósitos de agua en México. [...] Bajamos por unos pasillos estrechos y, de pronto, en una vuelta, en una estancia pequeña, sentado ante una mesa de piedra en forma vaga de U, aparece Salvador, vestido de almirante, con gola, grandes medallas y una corona de plata. Inmaculado, bigote de regular tamaño, retorcido y engomado, como es bien sabido. Todo él almidonado: corbata, pechera, voz. Alrededor de la mesa una docena de seres que han venido al espectáculo y se quedan sin él, porque en el momento en que me ve, me dice]:

S. D.: Pasa, pasa. Ven.

[Y empezamos a hablar en catalán, sin importarnos los demás. Llega el tema de Buñuel].

S. D.: Sí, le mandé un telegrama. Yo quería hacer una segunda parte de *Un perro andaluz.* Pero él no quiso.

[Le cuento lo que sé del texto de su mensaje].

S. D.: ¡No! ¡No! Eso de besar en la boca, no.

[Según me contó Buñuel, y no tengo por qué dudarlo, en el telegrama en el que le ofrecía que viniera a Cadaqués o que él iría a Madrid, acababa diciéndole: «Te beso en la boca»].

---

196 Si bien la edición de Federico Álvarez indica que las fechas de las entrevistas fueron el 15 y el 23 de agosto, Antequera (t.I, pp. 141-142) demuestra que es un error, ya que, si bien la fecha del 23 de agosto es cierta, la entrevista del 15 no pudo realizarse nunca puesto que Aub no llegó a España hasta el 23. Además, en una nota de diario escribe: «25 de agosto. Lunes. A la una, visita a Ana María Dalí. Visita a Dalí por la tarde. Regreso a Barcelona». (ADV. C. 14-4/12).

S. D.: Y puedes publicar todo lo que te digo. Todo lo que quieras. ¿Qué te ha parecido Cadaqués?

M. A.: Ya sabía que no se entiende tu pintura sin conocer Cadaqués y el Cabo de Creus. Eres un pintor ampurdanés y surrealista. Pero surrealista porque estas rocas son surrealistas.

S. D.: Mira, la gran diferencia entre Buñuel y yo es que él estudió con los jesuitas y yo con los hermanos de las Escuelas Cristianas. Yo era el más pobre, y Buñuel, el más rico.

M. A.: Y Federico, ¿no?

S. D.: ¡Federico!

M. A.: Garfias, otro pobre.

S. D.: Era un genio.

M. A.: Los muertos, que no acaban.

S. D.: ¿Qué fue de Gustavo Durán?

[Se lo cuento mientras damos una vuelta por el jardín].

S. D.: ¡Yo, siempre anarquista!

M. A.: ¿No eras monárquico ayer?

S. D.: Claro. Como siempre, las dos cosas opuestas.

M. A.: ¿Ateo?

S. D.: ¡No faltaba más!

M. A.: Entonces, ¿tus pinturas religiosas?

[Se alza de hombros, sonríe. Miramos una reproducción del Cristo sin clavar y el retrato de Gala, de Virgen María].

S. D.: No se puede llegar a más en la blasfemia. Solo Buñuel en *La Vía Láctea*.

M. A.: No has visto *Simón del desierto*…

[Un boceto de cuadro con la bomba atómica estallando en el Vaticano].

S. D.: Se destruyeron a sí mismos. Solo quedará Santa Cecilia. La música.

M. A.: Wagner.

S. D.: Claro. A medida que el mundo se ha vuelto más científico, más racional, el arte se ha vuelto, se ha hecho, más irracional. No podía ser de otra manera. Solo se pescan monstruos con mar tranquila. Cuando sopla una tramontana como la de hoy, nadie sale a pescar.

M. A.: Se refugia uno en puerto seguro.

S. D.: Además, el mundo, cuando se ve amenazado de muerte, como ahora, necesita una estética como la surrealista para poder escapar. Por eso, antes, la difusión del arte estaba reservada a un público restringido y putrefacto. Ahora, las reproducciones son la verdadera vida de las obras de arte.

M. A.: Te has convertido en un autor de bienes de consumo.

S. D.: ¡Eso! ¡Muy bien! El rey de la pintura.

M. A.: De la pintura lamida.

S. D.: Y relamida. ¿Ves cómo pinto? Dándole vueltas y vueltas al pincel sobre el mismo lugar hasta dar con el tono que quiero. Bueno, que me sale. Que me sale de la mano, como si me la estuviera meneando.

M. A.: El rey de los subproductos de la pintura. El rey de los cromos. El rey de las pasas de Málaga. El rey de los vegueros.

S. D.: Será de las vitolas. El rey de la pintura considerada como decorado urbano o doméstico.

M. A.: Y joyero de su majestad.

S. D.: No lo creerás: a veces he pensado poner en mis cuadros, como en los productos de fin de siglo: «Proveedor de sus majestades».

M. A.: Al fin y al cabo, tus relojes blandengues no son más que la exteriorización de tu impotencia. No se necesita haber leído a Freud o a Jung para darse cuenta de que no das la hora.

S. D.: No es la primera vez que me lo dicen. Además, es verdad.

M. A.: Las películas de Buñuel no han dado jamás esa impresión.

S. D.: Las plumas, los zapatos.

M. A.: Las plumas... Bueno, son de 1928 y vivíais en un país de onanistas, por lo menos tú. Por aquel entonces no conocías mujer. Buñuel tenía una carta tuya en la que le contabas maravillosamente maravillado tu desvirgamiento a manos —bueno, a manos no es más que una manera de hablar— de Gala y de tu asombro. ¡Claro, claro! Para ti se había creado aquel milagro que ningún ser humano había conocido. Estaba reservado a Salvador Dalí.

S. D.: Como es natural.

M. A.: ¿Cómo encuentras España? Te lo pregunto porque es lo que me preguntan todos, y tal vez tu contestación pueda serme útil.

S. D.: Como soy enemigo personal de la libertad, como la libertad me produce vómito, España me parece el país ideal para vivir, porque no hay libertad en España. No hay país como España. Mi madre —que era una de esas pobres mujeres que creen de verdad, a pies juntillas, con la fe del carbonero, en la bondad, en los buenos sentimientos, en la justicia, en la caridad, en el respeto a los mayores y a las autoridades; de esas que son capaces de vestirse durante meses con el mismo traje, no por pereza, no por no tener otra ropa, sino porque creen que lo mismo da, que lo mismo es bueno a las ocho que a las diez, que el buen paño en el arca se vende, que creen en la fidelidad, la honradez, y tienen como un atentado mortal el que se falte a ellas—, mi madre también creía lo mismo: no hay país que pueda compararse al nuestro.

M. A.: ¿No sientes remordimientos?

S. D.: ¿Yo? Lautréamont ya sabía que nada es comprensible en esta tierra. El absurdo y el asco no son sino pimienta, condimentos que provocan a los hombres y les empujan a una opción más amplia. Me expulsaron del grupo surrealista pretendiendo que era un enemigo del proletariado. André Breton exigió que firmara un documento donde afirmaba no ser, de ninguna manera, un enemigo del proletariado: acepté con una gran satisfacción. Según yo, Carlos Marx se equivocó. Asistimos a la desaparición de la lucha de clases gracias a las máquinas cibernéticas y a las técnicas modernas. Las clases dirigentes vienen a ser las más importantes. Pronto llegaremos a una época en que ya no habrá proletariado.

M. A.: Estás al día.

S. D.: Yo no pinto nunca en serio, juego. Dibujar es otra cosa. Pero pintar... ¿Para qué? Ya lo hizo Velázquez. Picasso también juega. Pero se divierte menos que yo. Yo pinto para el proletariado y él pinta para los esnobs.

M. A.: ¿Por qué mientes?

S. D.: Porque no hay más verdad que la mentira ni más pintura que la más lamida. Toda tela es un gran culo, y yo soy el mayor lamedor de culos que hubo en la historia de la pintura. Hay que engañar. Lo que los franceses llaman *trompe-l'oeil* es el colmo de la pintura. La trompa del ojo.

M. A.: Tienes razón: la trompa, la verga del ojo. La trampa del ojo. ¿Y crees que todos caen en esa trampa?

S. D.: A la corta o a la larga.

M. A.: Lo terrible es que no haces más que repetirte. A todos dices lo mismo. Que eres inmortal, que si tuvieras la idea de que vas a morir algún día, morirías del susto. Que te falta la fe.

S. D.: Yo siempre digo la verdad.

M. A.: Que son tonterías de bombero. ¿Te das cuenta de que, faltándote la fe, tus cuadros religiosos son tan blasfemos como las películas de Buñuel?

S. D.: Estoy seguro de que Buñuel no dirá nunca que ha hecho una película blasfema, ni una sola escena. En el fondo hemos seguido el mismo camino: yo tomé el de Franco y el del rey; él, el de Stalin. No hay gran diferencia. Reconozco que la Iglesia apostólica, católica y romana tiene razón en cuanto a lo de la inmortalidad del hombre. Mi pasado, mi familia, mi padre notario, que era ateo, no me permitieron acceder a la fe. Sin esa fe, acepto las conquistas de la ciencia que me librarán de la muerte. Sufro como Pascal. Soy un traidor y un cobarde. Luis no es más que un cobarde, pero es cobarde, más que yo; es una gran virtud, porque le hace sufrir a uno. Yo me alegré cuando fusilaron a Federico porque se convirtió en mí. Se hizo Dalí.

M. A.: Y tú, ¿Federico?

S. D.: ¡No! De ninguna manera. Pero muchas veces, cuando me acuerdo de él, como con más apetito. Me sucede igual que con mi hermano, que nació y murió para que yo naciera y me llamara Salvador, como él. Eso lo he dicho muchas veces, pero nunca tan bien como ahora.

M. A.: ¿Y puedes vivir haciendo siempre el payaso?

S. D.: Es que soy un payaso. No podría vivir de otra manera.

M. A.: No piensa lo mismo tu hermana.

S. D.: Mi hermana se me parece demasiado para opinar. Es otro payaso. Un payaso serio. Formábamos una buena pareja en este circo de Cadaqués.

M. A.: Siempre confundiste el erotismo con el onanismo. Y lo sigues confundiendo. Para ti, la masturbación es el origen de las especies y del mundo. Las estrellas no son más que el semen de Dios, y la espuma sale de la entrepierna de Venus.

S. D.: Dios es un personaje que no conozco y no me preocupa quién pueda ser.

M. A.: Lo curioso es que la mejor pintura surrealista en la segunda época la hicieron mujeres. Después de Dalí, y por influencia de Gala, no se discute la obra de Leonora Carrington,[197] Leonor Fini[198] y Remedios Varo.[199]

S. D.: ¿Remedios?

M. A.: Sí.

S. D.: Sería el espíritu de Péret.

M. A.: No. En verdad no empezó a pintar sino cuando se separó de él. Tal vez te pase a ti lo mismo el día que te separes de Gala.

S. D.: Tal vez. Una inglesa, una italiana, una española...

M. A.: Hizo su obra de verdad en México, como Buñuel, como yo. Debieras ir a México a suicidarte como Crevel[200] o Paalen.[201]

S. D.: Hay que ser norteamericano para eso y, además, creo, como el gran ensayista Eugenio d'Ors, que «todo lo que no es original es plagio».

M. A.: D'Ors era un pobre tipo que tuvo la suerte de nacer catalán.

S. D.: Los pintores no se transforman, y los españoles, mucho menos.

M. A.: Duchamp, Picabia...

S. D.: Se transformaron, sí, pero para dejar de ser pintores.

M. A.: Sin embargo, fundaron la pintura de hoy. ¿Y Picasso?

S. D.: Picasso es un imitador. Se imita a sí mismo. Un payaso, un transformista. Un pederasta. A la tradición hay que tratarla a patadas. Pero no por eso deja de ser tradición. Es igual que si me das patadas en el culo: ni tú dejarás de ser quien eres ni yo Dalí. Los que creen en algo nuevo son idiotas que solo merecen que los gobiernen idiotas. Por otra parte, es lo que sucede.

M. A.: Entonces, ¿tu monarquismo?

S. D.: No toques lo intocable.

---

197 Leonora Carrington (1917-2011) fue una pintora surrealista y escritora inglesa nacionalizada mexicana.

198 Leonor Fini (1907-1996) fue una artista y pintora surrealista argentina.

199 María de los Remedios Alicia Rodriga Varo y Uranga (1908-1963), conocida como Remedios Varo, fue una pintora surrealista, escritora y artista gráfica española, exiliada en México.

200 René Crevel (1900-1935) fue un destacado escritor surrealista francés.

201 Wolfgang Paalen (1905-1959) fue un pintor y teórico austromexicano surrealista.

M. A.: ¿Harás un retrato del rey?

S. D.: Ya lo hice, y me salió Venus.

[Salvador adopta posturas]:

S. D.: ¿Por qué no me va a gustar más Meissonier[202] o Garnelo[203] que Cézanne? A todos les pasa lo mismo. Lo que sucede es que se lo callan por esnobismo. Prefieren mis cuadros a los de Picasso porque los míos corresponden a la verdad. Si te doy cuenta de dónde se ven colgadas mis reproducciones y dónde las de Picasso, verás que las suyas están en casas de los más putrefactos, y las mías, en las paredes de las casas del más honrado pueblo.

M. A.: La pintura de Meissonier es la de un idiota.

S. D.: Claro. Pero pinta para idiotas. Como yo. ¿O qué te has creído? Picasso pinta también para idiotas; de otro tipo, pero idiotas. No es que niegue que haya personas inteligentes. Pero a esa gente la pintura le suele tener sin cuidado.

M. A.: Como Buñuel, que solo tiene en su casa el retrato que le hiciste y otro de Remedios Varo. ¡Ah!, y otro de Moreno Villa.

S. D.: La pintura es una fábrica para ganar dinero, como cualquier otra. Con la ventaja de que soy el patrón y el obrero. En eso también soy precursor.

M. A.: ¿El patrón no es Gala?

S. D.: No; no hay patrón ni por qué mezclar las cosas. Gala me reveló un mundo nuevo.

M. A.: ¿El ruso?

S. D.: Claro.

M. A.: Representas bastante bien —mejor que casi todos— lo que eres —y fueron tantos de nuestra generación—. Cuando escupías sobre el retrato de tu madre no era por influencia surrealista, sino porque los nacidos a principios de siglo nos encontramos al final de la adolescencia con la esperanza de un mundo nuevo—comunista o fascista— que nos hacía cagarnos en nuestros padres, teniéndolos por lo que no eran: unos cerdos. Esos cerdos que tanto te han perseguido luego. Después caíste como una mosca en el panal en Estados Unidos, y por más que has hecho, no has podido sino hundirte cada vez más en la mierda de nuestra desilusión. Hemos perdido la partida. Tú mismo reconoces que tus cuadros son malos.

S. D.: Pero mejores que los de Picasso.

M. A.: Sabes que no es cierto. Además, Picasso pertenece a otra generación. No podían ver el mundo como nosotros, ni nosotros como los que hoy tienen cuarenta o cincuenta años.

---

202 Jean-Louis-Ernest Meissonier (1815-1891) fue un pintor, escultor y academicista francés del siglo XIX.

203 José Santiago Garnelo y Alda (1866-1944) fue un pintor español, subdirector del Museo del Prado y director de la Academia Española de Roma.

S. D.: Sí, pero yo sé quién menstrúa en *Las Meninas* de Velázquez, y Picasso es incapaz de saberlo.

M. A.: En 1931 hiciste un *objeto de función simbólica* a base de zapatos. En tus entrevistas con Alain Bosquet,[204] cuando él te preguntó: «Si estuviera obligado a adorar un objeto usual como una reliquia, ¿cuál sería?», contestaste: «Los zapatos». Es muy curioso, porque ese objeto de función simbólica —o no simbólica, yo creo que sí— es la obsesión de Buñuel. Zapatos hay en todas sus películas, desde las que hicisteis juntos hasta las que hizo cuando más apartado estaba de ti. Extrañas idénticas raíces.

S. D.: Se nace traidor como se nace cojo.

M. A.: Todos nacemos más o menos traidores, más o menos de un sexo. La cuestión es no ser lo que no se es más que en muy pequeña parte.

S. D.: Yo soy un traidor congénito.

[Luego, tal vez a causa del atardecer, cambia].

S. D.: Hoy ya no se trata de entender. Yo he bajado mucho. Me he hecho viejo. Sé lo que quiero, lo que quiero pintar. En mis buenos tiempos, yo no sabía qué pintaba, qué iba a pintar. Entonces pinté lo mejor de mi obra. Al extremo opuesto de los *ready-made* de Duchamp[205] o de los horrores aquellos de Picabia, esos genios burgueses de la gran comedia dadaísta.

M. A.: ¿No surgió el surrealismo de Dadá?

S. D.: No. Nunca. El que lo crea, no entiende lo que fue ni lo uno ni lo otro. Son dos polos opuestos, de carga totalmente distinta. El uno es la materia, y el otro, la antimateria. Los dadaístas sabían perfectamente lo que querían: la destrucción. Los surrealistas no sabíamos lo que queríamos: acaso husmear.

M. A.: ¿Y ahora?

S. D.: Ahora todo es más confuso. Por eso, lo único que cuenta para mí son los dólares. Dan seguridad. Me parece perfecto, te lo repito, que Breton me llamara *Avida Dollars*. Es cierto: yo como dólares. Y, como los dólares, he perdido estos últimos años algo de mi poder adquisitivo. Por eso tengo tanta esperanza en la hibernación. Voy a regalar millones de dólares al que adelante rápidamente los estudios sobre la hibernación para que me toque el poder vivir indefinidamente.

M. A.: ¿Para qué?

---

204 Anatole Bisk, apodado Alain Bosquet (1919-1998), fue un poeta y escritor francés de origen ruso.

205 Los *ready-made* (u objetos encontrados) de Marcel Duchamp son objetos de fabricación ordinaria que el artista seleccionó y modificó. Simplemente eligiendo el objeto y reposicionando o uniendo, titulando y firmando, el objeto se convertía en arte, según Duchamp.

S. D.: Para ver implantada la monarquía en Rusia y en Estados Unidos. Además, el frío lo detendrá todo, y resucitaré mucho más rico de lo que soy ahora. Y más famoso. Y sobre todo más famoso que Picasso; y volveremos a ser amigos, como lo fuimos, Luis y yo. No sé si viste un programa de la televisión francesa en el que Max Ernst decía que me había pegado una hostia en Nueva York, durante la guerra. Lo que hicimos fue emborracharnos juntos.

M. A.: Ya no bebes...

* * *

M. A.: [...]. Tu amistad con Buñuel data de la Residencia.

S. D.: Residencia de Estudiantes.

M. A.: Pero tú llegaste ya muy tarde a la Residencia; él estaba desde el 17.

S. D.: Él ya estaba y yo llegué como un *hippy*; llevaba unas melenas enormes.

M. A.: No, si me acuerdo. Me acuerdo de tu impermeable.

S. D.: Y no vi a nadie. Estaba solo en la Residencia, muy tímido, y Buñuel y García Lorca dijeron: «Hay una especie de pintor polaco extraño al que tenemos que contactar», porque era el único en Madrid probablemente que hacía cuadros cubistas en aquel momento. Yo era un pintor cubista polaco. Y entonces me cogieron y me pasearon y enseguida tuve un gran prestigio dentro de ese grupo.

M. A.: Sí, bueno, todo el mundo que te conoció entonces recuerda que dibujabas como si estuvieras soñando, que llenabas tu cuarto de papeles que tirabas. Dibujabas, tirabas y demás. En fin, empezaste a dibujar a los atletas, yo los conocí, yo los he visto. ¿Qué han sido de aquellos atletas que dibujaste en la Residencia? ¿No te acuerdas?

S. D.: Como todo lo que hice en aquellos tiempos, queda únicamente un cuadro que tiene la familia de García Lorca, un cuadro metafísico, y todo lo demás se destruyó; no queda nada.

M. A.: ¿Los dibujos también?, ¿todos?

S. D.: De todo aquello no queda nada en absoluto.

M. A.: Es una lástima.

S. D.: Porque yo era muy descuidado, yo los rompía, los tiraba, dibujaba al revés, no les daba ninguna clase de importancia. Pero quizás tendrías que ver, ahora que estamos en la retrospectiva, a un pintor que yo viví, él me había prestado el estudio en la calle de las Sierpes, que era Sigfrido Burmann.[206] Un alemán que yo había conocido...

M. A.: Sí, claro, claro.

S. D.: Aquí en Cadaqués...

---

206 Siegfried Burmann (1891-1980) fue un escenógrafo, decorador y director artístico de cine y teatro alemán, afincado en España desde 1910.

M. A.: Yo le conozco.

S. D.: Y había frecuentado un poco, no el grupo, pero había conocido a todos nosotros, a través de mí. ¿Conoces a Burmann?

M. A.: Sí, cómo no.

S. D.: Pues él me prestó su taller en Madrid y allí es donde hacía las cosas cubistas y tenía una chica que era una gitana que me servía de modelo, que vive, porque estuvo en Cadaqués.

M. A.: Oye, y tus relaciones con Federico...

S. D.: ¡Ah!, pues Federico, como todo el mundo sabe, estaba muy enamorado de mí, y probó de darme por el culo dos veces, pero como yo no soy maricón y me hacía un daño terrible, lo cancelé enseguida y no pasó nada, se quedó en una cosa puramente platónica y de admiración. E hizo aquella *Oda a Salvador Dalí.*

M. A.: ¿No tuvo celos Federico de tu amistad con Buñuel? Algo he oído de eso.

S. D.: ¡Ah!, no... Federico era la persona más celosa del mundo, o sea, estaba celoso de todo el mundo, sobre todo de Alberti

M. A.: Sí, Rafael sí me lo ha contado.

S. D.: Sí. Por ejemplo, alguien decía, por casualidad: «Hay una cosa de Alberti o de cualquier otro de... un tema precioso...», se tornaba pálido, blanco y, entonces, al cabo de un momento, decía: «Estoy fastidiado, tengo mal..., mal la garganta, me voy a acostar». Era una escena de celos, ni más ni menos. Al principio todos decíamos: «Pero Federico, quédate, tómate una aspirina»; *y él:* «No, no, no, estoy fastidiado». Después, cuando descubrimos que eran celos, éramos muy crueles, porque cuando decía: «Bueno, me voy, me voy porque estoy fastidiado», le decíamos: «Pues muy bien, pues adiós, Federico, mañana nos veremos, nos encontramos a tal hora». Entonces él se iba, pero sufría un calvario y hacía todo para saber dónde habíamos ido, y a eso de las cuatro de la mañana lo veíamos como un fantasma que no podía resistir y tenía que encontrar el grupo otra vez. Pero él estaba muy celoso de todo el mundo, era una cosa terrible.

M. A.: Pero, a ver, los celos de Federico, ¿eran solo celos literarios con Rafael o no?

S. D.: Creo que con Rafael Alberti era más bien literario porque, naturalmente, sabía que Alberti tenía un gran valor, y eso le dolía, le hacía un efecto terrible, porque él quería ser el único.

M. A.: Rafael, con quien he estado estos días, me ha contado algunas escenas de Luis también; por ejemplo, que a ti te gustaba el teatro de Federico, lo llevasteis al Nacional una vez que llegó Luis desde Zaragoza y se le leyó no recuerdo qué, si *Los cuernos de don Friolera*[207] o *Don Perlimplín* o algo así, y, de pronto, al final del primer acto, se levantó Luis y dijo: «¡Esto es muy malo!», y tú, que habías apoyado la obra de Federico, te fuiste con Buñuel y le dijiste al pobre Federico lo mismo: «¡Esto es muy malo!» Y luego os fuisteis por el paseo del Prado y detrás vino Federico muy triste, muy triste. ¿Te acuerdas de eso?

S. D.: Sí, yo creo que sí; pero de lo que me acuerdo muy bien, no sé si Buñuel te lo ha explicado o no, es de la carta de injurias que hicimos a Juan Ramón Jiménez.

M. A.: Sí, pero vuélvemelo a contar tú.

S. D.: Es muy bueno. En aquel momento queríamos mandar, para crear una especie de subversión moral, una carta a la persona más prestigiosa de España. Únicamente para provocar un escándalo y una reacción, y que la gente dijera: «¿Por qué lo han hecho?», y tal y cual. Habíamos escogido dos o tres y habíamos encontrado a Falla, que tenía un gran prestigio, para decirle que era un hijo de puta que tal, todo lo más que se puede decir, y después poníamos en el sombrero (los nombres) y salió Falla o Juan Ramón Jiménez. Y justamente acabábamos de visitar a Juan Ramón Jiménez el día antes, que nos había recibido sentimentalmente: «La gloriosa juventud, maravillosa» y había dicho que había encontrado a unos chicos magníficos en nuestro grupo. Y entonces sale en el sombrero, y escribimos la carta, que era carta una terrible, contra *Platero*, que el asno de *Platero* era un asno podrido, que aquello que se quedó de las estrellas era un sentimentalismo... y además es verdad, a mí nunca me ha gustado Juan Ramón Jiménez. Encuentro que es un poeta pésimo, aún ahora. Pero en el momento de echar la carta, Buñuel dudó, pero la echó, la echamos, y el día siguiente Juan Ramón estuvo enfermo diciendo: «No lo comprendo, un día antes recibo a estos chicos que me parecen… y al día siguiente me insultan de una manera grosera y…», y no lo comprendió nunca, era una cosa incomprensible, pero eso lo hicimos, con Buñuel firmando: Luis Buñuel y Salvador Dalí. Una carta de insultos, no me acuerdo, pero en los términos más groseros, más insultantes, más odiosos que pueda haber.

M. A.: ¿En qué año fue eso?

S. D.: ¡Ah!, eso, no tengo ninguna idea. Buñuel se acuerda mucho más de esas cosas.

M. A.: Sí, ya me lo ha contado.

S. D.: ¡Ah!, lo sabías.

M. A.: Eso lo sabía, lo de la carta, sí. Pero por eso estoy buscando a ver qué otras cosas no sé, y yo sí recuerdo que, durante esas frustradas relaciones con

---

207 Esta obra es de Valle-Inclán.

Federico, vino Buñuel una noche, quién sabe por qué, y os echó un pozal de agua debajo del cuarto o algo así, debajo de la puerta. ¿No te acuerdas tú de eso?

S. D.: No, no me acuerdo, pero es muy posible. Es muy posible porque en aquel momento habíamos hecho una especie de cabaña dentro del cuarto con sábanas, y vivíamos, creo, debajo de las sábanas, como si fuera una tienda de campaña, e íbamos a la ducha a buscar agua, y abríamos latas de sardinas. Vivíamos como unos *hippies*, pero dentro del cuarto, en vez de vivir en el cuarto. Y en este momento, naturalmente, corría por allí Buñuel, que hacía siempre cosas de esa clase, de echar agua. Una vez le echó una jabalina a un tío que casi lo mata. En fin, cada día Buñuel hacía una excentricidad, una cosa violenta.

M. A.: Bueno, ahora dame tú tu opinión de una cosa que corrió mucho por Madrid y que él cuenta, cuenta a todo el mundo, que es su enfrentamiento con el rey. Tú que eres ahora tan monárquico...

S. D.: ¡Ah, sí, sí, sí, sí, sí! De eso me acuerdo, pero yo no estaba presente.

M. A.: Tú, claro que no.

S. D.: Era el rey don Alfonso XIII, que vino a visitar la Residencia de Estudiantes y el señor Jiménez Fraud quiso enseñar varios de los cuartos y uno de los mejores era quizás el de Buñuel, porque era un chico más rico que los otros y tenía una biblioteca. Llaman a la puerta, Buñuel abre completamente en pelotas. Eso parece que es histórico, me lo ha contado Buñuel. Salió a abrir, ¡pero sin saber que era el rey!, se encontró con don Alfonso.

M. A.: Bueno, esto me interesa mucho.

S. D.: Yo lo conocí en la Escuela de Bellas Artes de San Fernando.

M. A.: ¿Al rey?

S. D.: Sí. Es una anécdota muy bonita, un encuentro muy... Pero está en la en *La vida secreta*, o sea, que no vale la pena que lo repita, ya lo conocerás.

M. A.: Sí, ya lo conozco. ¿Cuál fue la reacción de tu familia cuando, digamos, te hiciste oficialmente surrealista? Parece que tu padre y tu familia se enojaron mucho, ¿no?

S. D.: Hombre, en ese momento yo había escrito en un Sagrado Corazón una inscripción en la cual decía: «A veces, por puro placer, los domingos sueño que escupo sobre el retrato de mi madre». Y mi padre no lo comprendió, cuando, al contrario, ahora estoy estudiando que el escupir es una cosa sagrada: hay muchas religiones en que lo primero que se hace es escupir sobre la imagen querida. Además, en los sueños, precisamente en Freud, se ve que las personas que tú quieres las asesinas, les das por el culo, en fin, les haces todos los atropellos posibles. Ahora me acuerdo de una cosa similar de Buñuel: tenía una especie de locura por los conventos de Toledo, le gustaban mucho y se pasaba todas las noches yendo a oír a los monjes que rezaban. Había una pequeña Virgen que le gustaba mucho y, de pronto, delante de la Virgen, se enterneció y empezó a hacer una especie de oración a esa Virgen, y después, sin ninguna clase de intermedio, escupió a la Virgen y empezó a insultarla. O sea, que pasó de una cosa a la otra como la cosa más natural del mundo. Pero no fue por eso por lo que me echaron, sino a causa de Gala, porque yo ya vivía con Gala, había conocido a Gala en el grupo surrealista, y mi padre dijo: «La manera de que este chico vuelva y haga lo que tiene que hacer es echarlo de casa y como no sabe ni pagar el taxi, ni siquiera el cine ni nada (porque no sabía el valor del dinero, ni pagar), pues dentro de una semana vuelve de París lleno de piojos, a pedir perdón, y entonces este no se nos va más». Y no volví, en fin, en vez de volver, volví después de Nueva York con un Cadillac.

M. A.: Gala sí sabía perfectamente que eso se lo debes a ella.

S. D.: Aquí debo decir que, sobre todo psicológicamente, sin Gala —Buñuel lo sabe— yo tenía unas crisis de risa terribles, me ponía en el suelo y podía estar muy cerca realmente de la locura y, en cambio, Gala ha dado un sentido clásico a mi locura y lo he podido transformar todo en un sentido paranoico-crítico.

M. A.: Que tú has defendido siempre.

S. D.: Yo solamente di mi posición enfrente del automatismo surrealista.

M. A.: Porque tú no llegaste a influir a Breton de una manera decisiva para la tercera época del surrealismo.

S. D.: Me echaron porque decían que era hitleriano. Y yo nunca he sido hitleriano, pero Hitler me parecía una persona más surrealista que los surrealistas que había allí, porque era el máximo exponente de lo irracional... Wagner era un ser completamente surrealista

M. A.: Acuérdate de que a Buñuel le gusta mucho Wagner.

S. D.: Y a mí también, y al que le gustaba más Wagner era a Hitler, que acabó como una gran tragedia wagneriana, con los tanques rusos, con Eva Braun, con las llamas, que es lo que él quería, porque ¿qué hubiera sido Hitler si gana la guerra? Tenía que acabar de una manera catastrófica, romántica y, además, como era masoquista, hizo todo eso para perder, pero quería perder a condición de que le ganaran, por eso nos jodió tanto tiempo, porque no quería hacer trampa, quería ser vencido a condición de que ganaran de verdad.

M. A.: Bueno, ¿es cierto que, en el 36, cuando Picasso pintó el *Guernica,* tú te ofreciste para hacer otro cuadro para el Pabellón Español?

S. D.: Sí. Eso es exacto porque en aquel momento quería poner a prueba a los comunistas. Al tener yo un pasaporte republicano, no había razón de que se me negara hacer una pintura para el Pabellón; pero yo sabía que no funcionaría porque estaban todos los partidarios, y sabían mis ideas y todo eso, pero si teóricamente hubieran sido realmente como decían, sin prejuicios y todo eso, me tenían que permitir hacer una cosa. Y no funcionó, no. Yo ya sabía que no funcionaría de todas maneras, pero pedí hacer una cosa en el Pabellón Republicano Español, que era mi Gobierno legítimo en aquel momento.

M. A.: Claro.

S. D.: Y todos se pusieron en contra; fue una cosa terrible en aquel momento. No sé Buñuel qué partido tomó, pero Sert[208] y todos no quisieron ni oír hablar de eso. Pero eso es exacto.

M. A.: ¿Tú has visto las últimas películas de Buñuel?

S. D.: No todas, pero he visto *La Vía Láctea*, que me ha gustado mucho. *Viridiana* también, que es muy buena.

M. A.: ¿*Los olvidados*?

S. D.: No, *Los olvidados* me gustó mucho menos porque no se llegaba a la violencia, todo se quedaba en intenciones. Le quería dar un golpe de puñal y no le daba. Era una cosa un poco de impotente, como yo soy. Yo creo que Buñuel también debe ser bastante impotente, porque se nota eso mucho en sus películas. Pero lo que me interesa de Buñuel es su indiscutible obsesión religiosa, y estoy seguro que dijo últimamente, no sé si es verdad, eso te lo digo confidencialmente, pero me lo dijo el actor de cine que actúa en *La Vía Láctea*, [Laurent] Terzieff, uno de los dos peregrinos, que cuando se sienta morir, es indiscutible que va a pedir que venga un cura. Pero, Buñuel dijo: «No se sabrá nunca si lo he hecho en broma o en serio».

M. A.: ¿Y tú? ¿Lo harás en broma o en serio?

S. D.: Yo ya lo he hecho, en serio, porque cuando la apendicitis, en Nueva York, pedí dos cosas, un notario y un cura. Y Gala estaba desesperada porque ya había peritonitis. Y yo no quería... Y el cura no pudo venir, y el notario tampoco, y me operaron porque era una cosa de urgencia, pero yo quería a los dos.

M. A.: ¿Para qué?

S. D.: Uno para la cuestión del testamento, de que Gala quede, de que todo quedara tal y como yo quiero, y el cura para confesarme, a pesar de que no soy creyente, soy un caso muy extraño por la razón, o sea, por todo lo que conozco de las ciencias de nuestra época, por la gente que ha habido que han creído, como Pascal, gente prodigiosa, mucho más inteligentes que yo. Estoy seguro que la religión católica es casi la más buena de todas y que el alma es inmortal. Lo creo teóricamente, pero me falta la fe, o sea, en el fondo dudo.

M. A.: Estás exactamente igual que Buñuel.

S. D.: Estoy casi seguro que después no habrá nada, pero eso viene de mi formación atea, de mis padres, de mi cultura anarquista. O sea, que, teóricamente, por la razón, estoy seguro que tiene que ser así, pero en el fondo tengo miedo de que no sea verdad. Pero, a pesar de eso, cuando viene el momento me comporto como hay que hacerlo, por si fuera verdad.

---

208 Josep Lluís Sert i López (1902-1982) fue un arquitecto español, autor, con Luis Lacasa, del Pabellón de la República Española para la Exposición Internacional de 1937.

M. A.: Bueno, eso es Pascal. Pero, vamos a ver, tus cuadros religiosos entonces tienen doble valor, porque son obra de tu razón exclusivamente.

S. D.: Únicamente, únicamente. Nada de fe, yo no tengo fe. La fe nada. Me gustaría mucho tener la fe, pero no. Eso no se puede, no se puede..., la religión.

M. A.: ¿La religión católica?

S. D.: Tiene que venir, o no venir o qué sé yo. Y por el momento... Aunque creo que al final se tiene. Yo nunca he creído que me voy a morir. Cierto, nunca lo he creído. O sea, si ahora yo me creyera realmente que me tengo que morir empezaría a temblar como una hoja *(ríe)* y tendría un miedo terrible. Yo siempre estoy seguro que al final se tiene que arreglar, o viene la fe, y entonces ya está todo arreglado, o bien se prolonga la vida cincuenta años más, la hibernación... En fin, no puedo admitir la desaparición total de mi persona.

M. A.: Creo que Buñuel está muy cerca de tus ideas en todo eso, muy cerca.

S. D.: No, a mí me gustaría mucho volver a ver a Buñuel. Pero he probado, a través de amigos, y sé que él más bien no quiere. Entonces no quiero hacer una cosa violenta.

M. A.: Bueno, ya veremos.

S. D.: Pero yo no tengo nada, nada, nada, nada; al contrario.

M. A.: No, no, porque es que pensáis exactamente igual referente a lo de la vida futura y Buñuel también está en esas, como te decía ese actor. Además, podías hacer otra, hay una tercera solución que es la de Pedro Salinas, cuando se murió.

S. D.: ¿Qué hizo?

M. A.: Pedro Salinas dijo: «Yo no creo, pero voy a morir como un caballero español», y entonces pidió un cura.

S. D.: En fin, Picasso ha dicho últimamente que cuando él se muera quiere estar enterrado en el cementerio católico. En fin, como sus antepasados, no porque crea, como Salinas. Casi es lo mismo.

M. A.: Bueno, esto es.

S. D.: Pues es, nos interesa demasiado, o bien quemamos las catedrales o bien edificamos catedrales, pero no hay término medio. Por eso es o bien la cosa blasfematoria o la fe. La cosa intermedia de los franceses no es español.

M. A.: Bueno, ¿y cómo explicas que pintas aquí toreros y Venus?

S. D.: Lo que me interesa mucho ahora es el pasaje del paganismo al cristianismo. Y justamente Venus, como tú sabes, nace en Creta y es Afrodita, y tiembla de frío, y entonces está toda llena de *carne de gallina* y los que asisten al nacimiento de Venus acompañan el castañear de sus dientes por el frío —que hace crac, crac, crac—, con veneras, que son las conchas de Venus, y entonces pasa de la isla de Creta a...

M. A.: A Delos.

S. D.: … las conchas las hacen de tierra, y después pasa a España y son los crótalos… que quiere decir «lo que viene de Creta», los crótalos. Y entonces, cuando ella se pone las castañuelas se oye el castañear de los dientes de Afrodita. Ese es el origen. Y ahora viene lo más colosal de todo, que es el milagro de Santiago Apóstol, que por eso me parecía que Buñuel quizás hubiera tratado eso, que eso le gustará.

M. A.: Sí, sí, él lo oirá.

S. D.: Eso es maravilloso, porque Santiago Apóstol el primer milagro que hace es que vienen a casarse un caballero con una doncella, que está en la playa y llega a caballo, pero el caballo se desbrida y se lo tragan las olas del mar, y entonces llega Santiago y hace el primer milagro: hacer resurgir del fondo del mar el caballero montado a caballo, pero los dos absolutamente cubiertos de conchas blanquísimas, que eso en latín es maravilloso, no sé cómo se dice: «Todo bien, haciendo una unidad». O sea, caballo y caballero llenos de conchas, o sea, llenos de *carne de gallina*, la carne de gallina primordial del nacimiento de Venus. Y en ese momento, los asistentes, que son los mismos que asistían al nacimiento de Afrodita, se estremecen y se erizan de *carne de gallina cósmica*. Pero hay dos carnes de gallina; una, la de los existencialistas, que es la descomposición y la de mala calidad, y la otra, la buena, que es la de la unidad de la patria. En este momento caballero y caballo forman la unidad de la patria, y los asistentes se estremecen y se cubren de *carne de gallina monárquica*. Y en este momento se ponen encima de los vestidos las conchas que son el símbolo de la carne de gallina —es la Casa de las Conchas, que es carne de gallina— y empieza la peregrinación a Santiago erizados de *carne de gallina crónica*; y las veneras, que son las más eróticas de todo, de Venus, se vuelven, en vez de cóncavas, convexas, se vuelven al revés: las conchas de Santiago, *les coquilles Saint-Jacques*, y el camino, la Vía Láctea, que era la más erótica porque representaba el seno de la leche. La Vía Láctea se vuelve Camino de Santiago, y por eso ahora yo quiero que los *hippies* vuelvan a hacer el Camino de Santiago, en los hospicios, en vez de andar al Tíbet, y convertir a toda esa juventud, sacarles del doctor Marcuse,[209] que es una vieja tortuga que no vale nada, que ha mezclado el anarquismo y el marxismo, y hacer otra vez una cosa grandiosa yendo a Santiago de Compostela.

M. A.: O sea, no lo dijo Luis…

S. D.: Pues yo creo que en…

---

209 Herbert Marcuse (1898-1979) fue un filósofo y sociólogo judío de nacionalidad alemana y estadounidense, una de las principales figuras de la primera generación de la Escuela de Frankfurt.

M. A.: No, no, no, porque lo de Prisciliano es de otro amigo nuestro, no sé si llegó a ser amigo tuyo, Juan Larrea. ¿Tú no has leído *La espada y la paloma*?

S. D.: Sí, sí, sí, sí. Pero eso le tiene que interesar a Buñuel… ¡Ah!, otra cosa que es interesante de Buñuel es que un día me dijo: «Lo más revoltante de todo, es la emoción que se siente por cosas estúpidas, por lo que en ese momento es estúpido. Por ejemplo, estamos en un café, en la calle de Alcalá, pasa el ejército, con la fanfarria, o bien hay el himno nacional, la gente se pone de pie, y yo es una cosa que me revuelve y todo eso, pero en ese momento siento una emoción terrible y un escalofrío». Y se revolvía contra ese escalofrío. ¿Y qué es eso de la unidad de la patria que el mundo siente, sea quien sea, o sea? Estamos en América y América me importa un pito, pero la gente se levanta con el himno nacional y hay una cosa indiscutible, ese estremecimiento de Santiago, que es mucho más grandioso, porque es el que hace la unidad, la unidad de España.

M. A.: Oye, antes has dicho que eres impotente y que Buñuel también lo era.

S. D.: Yo sí. Yo, en fin, lo soy menos de lo que digo. Pero creo que todos los grandes creadores lo son; Hitler era impotente. O sea, el que hace niños, el que tiene el esperma dispuesto constantemente a joder, pues ese hace niños y se acabó, pero cuando la cuestión sexual no funciona como tiene que funcionar, entonces hay que sublimarlo o en la filosofía, o en la obra de arte, o en las guerras, en cualquier cosa. Y Buñuel ha dado pruebas de ser… no tan impotente como yo, porque él tiene hijos.

M. A: Sí, dos.

S. D.: O sea que no, o sea, que no, pero bueno, debe de haber el complejo de impotencia porque eso se ve en los films.

M. A.: Sí.

S. D.: O sea, en los films se ven pulsiones y cuando llega el momento, pues no acaba de decidirse. En *Los olvidados* a cada momento hay uno que va, pero nunca se echan, nunca se acaba nada; o sea, las cosas se quedan siempre a medio hacer. En todos sus films hay un principio impulsivo muy grande y después no se acaba como se tendría que acabar.

M. A.: ¿Y pasa lo mismo en tus cuadros?

S. D.: Con mis cuadros pasa siempre que cada año hago un cuadro que creo que va a ser genial y cuando llega esa época veo que es una mierda. Y entonces, cuando estoy en Perpiñán, que es el momento de expedirlo, veo lo que se hubiera tenido que hacer, pero ya es tarde porque se ha empaquetado y está facturado, ya no se puede arreglar. Pero entonces yo he descubierto que eso es maravilloso, porque eso me permite continuar viviendo. Porque el día que yo hiciera un cuadro, por ejemplo, como *Las lanzas* o como *Las Meninas*, o como Vermeer, el año siguiente te mueres, no hay otro remedio. Yo prefiero cada vez hacer un cuadro malo y continuar viviendo (*ríe)* con la idea de que al año que viene quizás va a salir. Y eso creo que también le pasa a Picasso, porque Picasso está muy descontento con lo que hace.

M. A.: ¿Y a Buñuel también?

S. D.: No conozco el caso porque me han dicho que parece que a Buñuel no le interesa hacer más cine.

M. A.: Bueno, pero sí va a hacer.

S. D.: Él lo ha dicho, ¿no?

M. A.: Sí, sí lo ha dicho.

* * *

[Hablamos de Eugenio Montes]

M. A.: Yo le creía muerto, pero está en Torremolinos, me han dicho.

S. D.: Eugenio Montes, de nuestro grupo, así como Buñuel, es genial. Eugenio Montes era el más inteligente de todos. A veces, como escritor tiene una prosa maravillosa, únicamente que es perezoso, no hace nada, pero, si hubiera escrito lo que me explicaba que quería escribir, hubiera dejado una obra sensacional.

M. A.: Sí.

S. D.: Yo creo que Eugenio tuvo algún conflicto con Buñuel.

M. A.: No sé. Buñuel me ha dicho que lo vea de todas maneras. Hemos hecho una lista de todos, y desde luego está Eugenio.

S. D.: Lo importante es lo que dijo de mí en un discurso que hizo en Madrid: que, si hay que comparar a Dalí a alguien, la única persona a la que se le puede comparar es el arcangélico Raimundo Lulio. Eso me gustó mucho porque dice que soy de la raza de Raimundo Lulio. Y ese es de los únicos que quedan de aquella época. [...].

M. A.: ¿Nunca le has influido cuando has discutido una película con él?

S. D.: ¡Ah, no!, ¿con él? Nunca. Eso sí, en las películas cambia de opinión, reflexiona, pero en las cuestiones de orden ideológico, imposible.

M. A.: Bueno, estoy de acuerdo contigo. Yo he discutido películas con él hasta morir y jamás he podido *(ríe)* hacerle cambiar de opinión.

S. D.: ¡Ah!, ¿no?

M. A.: A lo sumo hacerle aceptar alguna cosa que él no había visto, pero ideas de él, eso no hay quien le haga cambiar.

S. D.: ¡Ah, no, no! Eso no, eso no.

M. A.: Y, además, acaba creyendo que son suyas, como es natural.

S. D.: Eso es típico también de él, eso es terriblemente aragonés.

M. A.: Yo voy a ir ahora a Calanda, a ver qué hay en esa tierra.

S. D.: ¡Ah!, ¿no has estado nunca?

M. A.: Y la voy hacer analizar.

S. D.: ¿No, has estado nunca?

M. A.: No.

S. D.: ¿Y de salud?

M. A: Mira, de salud, de salud está...

S. D.: Porque hay muchos que dicen que esa sordera es un poco falsa, que él lo hace expreso para que no le...

M. A.: No...

S. D.: No, no, pero estoy seguro que...

M. A.: No, no, en absoluto. Tiene tres enfermedades del oído, una es la de Ménière.

S. D.: Sí, eso de Ménière. Desvanecimientos.

M. A.: Sí. Y, además, tiene otras dos. No son cuentos de los cuentistas. Está sordo, y hay días que oye más, y si está con una sola persona, oye bastante bien. En el momento que hay tres personas ya no oye por una sencilla razón, no distingue los tonos. Un hombre tan aficionado a la música como era Luis, no puede...

S. D.: Le gustaba Wagner y todo eso.

M. A.: ... de ninguna manera distinguir los instrumentos de una orquesta.

S. D.: ¿Y su esposa?

M. A.: Muy bien. La misma, Jeanne.

S. D.: Muy simpática; la quería mucho.

M. A.: ¿Tú donde conociste a Jeanne?

S. D.: En París.

M. A: ¿Ya estaban casados?

S. D.: No creo. Vivían, pero no sé. No creo que estuvieran casados por aquel entonces. ¿Y los hijos de Buñuel qué hacen?

M. A.: Ah pues mira, uno de ellos...

S. D.: El arquitecto.

M. A.: Ha hecho una exposición ahora...

S. D.: Hay un arquitecto, ¿no?

M. A.: No. Uno hacía cine —hizo la película de Calanda— y ahora es escultor. Hace unas cosas verdaderamente graciosas. El otro, Rafael, escribe. Todos viajan.

* * *

[Llegamos al mismo tiempo que un hippy, *alto, flaco, guitarra en mano, simpático. Abre la criada. Al* hippy:

— ¿La señora?... Puede pasar.

[Sale Dalí a recibirnos. Le mira subir al boudoir *redondo de Gala].*

S. D.: Estoy con los *hippies*. Les voy a volver a todos monárquicos —será muy fácil— y les haré hacer la peregrinación a Santiago, como en *La Vía* Láctea... *Moi je suis Tchèque, tu comprend?*[210] Soy cheque. Y me pareció muy bien que los

210 Dalí juega con la pronunciación idéntica que, en francés, tienen las palabras *checo* (*tchèque*) y *cheque* (*chèque*).

soviéticos invadieran Checoslovaquia, porque así garantizaban mis cheques, mis checos, mis cheques norteamericanos. Breton me llamo *Avida Dollars.* Siempre me comprendió muy bien. Buñuel también. Buñuel es comunista. Por eso no quiere verme. Pero estoy seguro de que se muere de ganas de estar conmigo, aunque ya no nos podríamos emborrachar como lo hacíamos en Nueva York, cuando reconocía que García Lorca era un pederasta retrógrado, cosa que yo he sido incapaz de decir. Yo quiero mucho a Luis, aunque se ha portado bastante mal conmigo. Odia a Gala. Se volvió comunista y luego se arrepintió. En el fondo, lo que odia es a los maristas, porque estudió con los jesuitas. Es mucho más católico que yo. Cuando le propuse hacer una segunda parte de *Un perro andaluz,* me contestó: «Agua pasada no mueve molino». Sería tonto si lo creyera. Claro que no. Buñuel es un director muy académico. ¿Ya viste *Belle de jour*? Es una película terriblemente *pompier.* Por eso me gusta. También me gusta *Simón del desierto* y *La Vía Láctea,* pero porque son blasfemas y anticatólicas. Adoro la blasfemia. Es la mejor demostración de la existencia de Dios, en quien tanto quisiera creer. Yo no soy blasfemo. Iría contra mis intereses. Lo siento. Buñuel, sí, es el gran blasfemo de nuestro tiempo, como lo fueron san Pablo o san Agustín. A mí no me extrañaría que un día canonizaran a Buñuel. San Luis Buñuel. Ya tiene una calle, en Calanda, pegada a la iglesia. Por algo se empieza. En el fondo, sin necesidad de hablarnos, yo me entiendo muy bien con Luis, porque soy anarquista y estaliniano, como él. Luis y yo somos los grandes estalinianos anarquistas de la época. Tal vez algo maoístas, pero eso, para ponernos de acuerdo, tendríamos que discutirlo. Y él no quiere. He hablado muchas veces de la hoz y del martillo, que son, como se sabe, imágenes sexuales muy claras. El martillo es el falo comunista, y la hoz, su tumba —por algo es femenina—, capaz de capar a todos los comunistas. Yo no soy ni falangista ni comunista: soy monárquico, porque es muy bonito decir que uno es monárquico y vestirse de capitán general o de almirante. Siempre fui monárquico. Siempre he llevado corona. Antes, de joven, no se me veía; ahora, sí. Siempre duermo con una puesta. Soy pintor de cámara, un pintor coronado. Un pintor de coronilla, un hombre que nació con el marco puesto. Picasso no llego a corona, solo a correa.

M. A.: ¿Y a correa?

S. D.: Eso se queda para Gala.

M. A.: Que te lleva de coronilla.

S. D.: Es la corona de mi corazón. Mi Sagrado Corazón. La corona de espinas de mi Sagrado Corazón de Salvador.

M. A.: De san Salvador Dalí, virgen y mártir.

S. D.: Impotente y *pompier*. El único santo con bigote. Hay coronas de muchas clases, como sabes: sencillas, dobles, de oro, de brillantes, de hojas de laurel, de botones de azahar (es la que más me gusta), coronas vírgenes que desfondas con el cráneo. Cada vez que estreno una corona siento como se estremece de placer, y entonces me masturbo en honor de la monarquía. Es el mayor honor que se le puede hacer. De verdad, lo que soy es un pintor muy malo que vende sus cuadros más caros que nadie. Y soy el pintor más popular del mundo. De nadie se han vendido más reproducciones que de las de mis cuadros. Picasso se ha quedado muy atrás, porque es mucho peor que yo. Y es que lo importante es Norteamérica, y no Francia; Nueva York, y no París; el dólar, y no el franco. La pintura americana, suponiendo que sea pintura, es mucho más importante que la francesa, que es alemana, rusa, italiana y española. Franco ha demostrado ser más inteligente que De Gaulle, y el hombre más importante del mundo es hoy Juan Carlos I. ¡Viva el rey!

M. A.: ¿Más importante que Morgan o Rockefeller?

S. D.: Esos no serán sino criados de Juan Carlos. De rodillas y a sus pies. *[Alza el puntero].* ¡Viva el rey!

M. A.: Dale con los «vivas». Para el surrealismo —no olvides que el surrealismo y el catolicismo siempre fueron de la mano—, la muerte no deja de ser una broma más. Pero una broma de lo más serio.

S. D.: Buñuel va diciendo por ahí que antes de morirse hará venir a un cura para confesarse, pero que nadie sabrá nunca si será en serio o en broma.

M. A.: Sí, y añade que lo hará siempre para fastidiar a Mantecón...

S. D.: No hace más que imitar a Crevel, que el día antes de suicidarse estuvo hablando con la Jouhandeau[211] de la Inmaculada Concepción, cosa que para él debía de ser como tomar por el culo. ¡Qué tipo! Parecido, en lo guapo, a Jean Marais cuando era joven. Dorado. Un hombre con un cuerpo *maravellós*... ¿Tú sabes que Buñuel sirvió de modelo, para el torso perfecto, en un libro de texto de Marañón que todavía se encuentra por ahí? Sería bueno que lo reprodujeras en tu libro. Sabiendo quién es, se le reconoce, a pesar de la banda negra que le tapa los ojos.

MANUEL FONTANALS[212]

M. F.: ¿Entiendes lo que decíamos de la avaricia? Fíjate, que para mí los dos [Buñuel y Dalí] tienen un común denominador, los dos se defienden con la verdad; para desvalorizarla. Por ejemplo, Dalí siempre dice: «¡Ah, no! ¡Yo amo el dinero!». ¡Pues es verdad! *(Ríe).* Entonces, es como si la gente dijera: «No, yo soy tonto», ¿no? Y a Buñuel le pasó lo mismo. He leído que Buñuel decía: «No, yo soy burgués». Pero eso es una especie de autodefensa, para que no se le diga como reproche. Los dos, fíjate que coincidencia. Avaricia, codicia. Y la

---

211 Élisabeth Toulemont (1888-1971) fue una bailarina y escritora parisina, esposa del escritor francés Marcel Jouhandeau.

212 Manuel Fontanals (1893-1972) fue decorador, diseñador de arte y escenógrafo teatral exiliado en México.

única cosa que no sé, no conozco, es si Dalí lleva su codicia a esos términos de mezquindad, odiosos. No sé. No te podría decir. Pero, ¿tú sabes el anagrama que le hicieron a Dalí?

M. A.: No.

M. F.: *Avido dólar*.

M. A.: *Avido dólar*, sí.

M. F.: Bueno, pues entonces es un hecho. En fin, es codicioso.

M. A.: Bueno, pero de Buñuel no se ha solido decir esto.

M. F.: Mira, te voy a decir. Buñuel se mueve en un medio reducido, y su codicia la sabe la gente que trata con él. El otro es un exhibicionista nato; trata sus asuntos en París, en Nueva York, tiene joyas y… Es como Dios. Su codicia es expansiva.

M. A.: ¿Cómo te explicas que, en una sociedad de este tipo, ellos, sobre todo Buñuel, venga a defender exactamente lo contrario? Es decir, ir en contra de todo lo que él tiene por prejuicios burgueses. ¿Por qué lo hace? ¿Qué le lleva a eso? Igual que a él llevaba a Breton y a los demás a lo mismo.

M. F.: Sí, sí.

M. A.: Es decir, el hecho mismo del surrealismo.

M. F.: Mira, en realidad, no creo que tengan la menor intención de defender ideológicamente su postura, porque eso se defiende desde un punto de vista estético. Nunca encontrarás a nadie que defiende lo que él pretende. Cada uno ve una interpretación equis, a su manera, pero nadie dirá si eso representa o quiere decir tal cosa. Defiendo esta teoría. Yo no he encontrado nunca a nadie. […]. Pero, tú sabes que el esnobismo influye mucho en esas cosas. En cuanto una cosa que tiene el sambenito de atrevida, alguien se atreve a decir que no le gusta, automáticamente, pasa del otro lado. No ideológicamente, sino estéticamente, ¿no crees?

M. A.: El problema de Picasso sería más o menos el mismo.

M. F.: Mira, es una lástima que no lo tenga, pero yo leí, en un periódico italiano, una entrevista con Picasso. No te puedo responder de la fidelidad, pero transpiraba amargura, para que veas.

M. A.: ¿Referente a qué?

M. F.: A él mismo. A su obra. Porque, ¿cómo te diría yo? Creo que hay una cosa en Picasso. Picasso quedará no como un pintor. Mi punto de vista es que, en una panorámica de la obra de cada pintor, de cada músico, de cada creador, hay una cúspide. De un Beethoven uno dirá: «¡La *Séptima*!», el otro, pues: «¡La *Novena*!». Es la cúspide. Hablan de Velázquez: «¡*Las lanzas*!». Hablas de El Greco: «¡*El conde*!». La cúspide de la obra. Piensa en Picasso; yo creo que Picasso va a quedar como genio, el removedor, el ¡agitador de la pintura! Sus obras resumen, plasman toda una labor. Respecto del *Guernica*, la cuestión es más adjetiva que sustantiva. Es decir, es la guerra y es muchas cosas. Pero no es esencialmente plástica. Allí se conjuntan una bola de elementos que le dan un relieve definitivo.

M. A.: ¿Y tú crees que pasa más o menos lo mismo con la obra de Buñuel? ¿O la de Dalí? ¿O la de Breton?

M. F.: Sí. Dalí, que está fabulosamente dotado, es un genio pasado por Nueva York. Y ha hecho una cantidad de cosas que ha ido de cara al dinero. Por ejemplo, tú lees: «Dalí ha provocado en Nueva York unas aglomeraciones, una multitud, porque ha expuesto en un escaparate que tenía un traje donde había colgado…».

M. A.: Bueno, pero vamos a ver, referente a Buñuel hay dos cosas: la necesidad de comer, que le obliga a hacer películas como *Don Quintín el amargao*, pongamos por caso, y eso en Dalí se da en la multiplicación de sus obras de éxito.

M. F.: Sí.

M. A.: Pongamos por caso que es lo mismo. Pero, cuando Buñuel se pone, de verdad, a querer hacer algo que le dé dinero, ¿crees tú de que efectivamente une su idea del mundo, su sinceridad, su autenticidad, con una necesidad de dinero, o no? ¿O sencillamente va a hacer lo que él quiere hacer?

M. F.: No creo que Buñuel haga una película por el dinero. Tiene autoridad suficiente para realizar una película a su antojo, pero, para mí, esta película no tiene más trascendencia que lo que te decía, lanzadas a moro muerto.[213] Es decir, son pequeñas revoluciones en grupos pequeños. La cosa sacrílega remueve un sector. La cosa atrevida de una escena, encueradas en la cama…

M. A.: Bueno, eso no es Buñuel. Buñuel, al contrario, siempre ha huido de los besos en sus películas.

M. F.: Pero acuérdate de *Viridiana*, hay unas escenas en la cama, escatológicas casi.

M. A.: Sí.

M. F.: ¿Comprendes? Entonces se toma eso por valentía. Eso alborota un sector de público. No, no es la línea de Buñuel.

M. A.: Bueno, pero esa morbosidad, ¿es una morbosidad, tú crees, puramente burguesa? ¿O no? ¿Es una expresión de un sentimiento burgués que le viene de la familia, que viene de su educación religiosa? ¿O es una cosa que, efectivamente…?

M. F.: La explicación que yo le encuentro es la que da la razón. Sus disparos contra la cosa religiosa proceden de los jesuitas. Es una especie de revancha *Ad*

---

213 Esta frase tiene origen medieval, de cuando las guerras de moros y cristianos, y define la actuación de quienes en una batalla procuraban quedarse al margen del peligro, o no tenían ocasión de verse en él, y luego daban un lanzazo o espadazo al cadáver de algún enemigo para mancharse las armas y el cuerpo con la sangre del cadáver, y presumir ante los colegas de haber estado batiéndose.

maiorem Dei gloriam.[214] Es de Ayala, discípulo de jesuitas. Buñuel, alumno de jesuitas, ¿no? Creo que, en el fondo, actúa como un reprimido: «¡Pues ahora verán!».

M. A.: Bueno, y ahí también hay una influencia española general. Porque lo mismo da que sean de maristas, que concepcionistas, que…

M. F.: Pero los jesuitas han llevado alguna otra bandera, como Sebastián Roc, francés.[215] Creo que la gente que sale de allí se regodea en lo que se supone tienen imbuido que es pecado. Caerte de eso ha de ser un goce. Impunemente. No, no tiene otra explicación.

M. A.: ¿Y no tiene ninguna fuerza revolucionaria entonces?

M. F.: No. Absolutamente. Sobre todo, ni revolucionaria, ni de valor corporal.

M. A.: Ahora, desde el punto de vista puramente estético, ¿tú qué piensas de las películas de Buñuel?

M. F.: Por ejemplo, Buñuel un día hablaba de una película rusa: *Don Quijote, Otelo,* ¿sabes?[216] y la despreciaba cien por cien. Desde un punto de vista profesional, el señor que se enfrenta a un tema de estos del *Otelo,* del *Don Quijote,* tiene que hacer un acopio de conocimientos, de técnica, de estética, de llegar a ser una obra, que se abstiene. En cambio, hay un montón de cosas que, como dicen en Cataluña: «Ese pescado se lleva el aceite él solo». Ya de por sí tiene un valor. Acuérdate, escenas, por ejemplo, de los muchachos, esos los…

M. A.: De *Los olvidados.*

M. F.: *Los olvidados.* Hay temas que por sí ya tienen una fuerza. No tienes que especular mucho para que tengan impacto. Entonces ves ese desprecio para una obra de creación simplemente estética. Es decir, no tienes más que dar plasticidad a una historia. Es muy difícil, no se puede decir que no tiene ningún valor. Estas cosas, por contraste de elementos, ya tienen valor. Mira, la que queda es *Un perro andaluz*, pero, queda donde queda, en un círculo muy diminuto. Creo que no va a envejecer.

M. A.: Bueno, todo se hace viejo.

M. F.: No, todo se hace viejo relativamente.

---

214 También conocida por su abreviatura A.M.D.G., es la divisa de la Compañía de Jesús. En latín significa literalmente: 'Para la mayor gloria de Dios' y se le atribuye al fundador de la orden, san Ignacio de Loyola. La referencia a Pérez de Ayala se debe a que es el autor de una novela titulada *A.M.D.G.* que suscitó desde su aparición, en 1910, una notable polémica. Aún hoy, no son pocos los que reducen esta novela a mero juvenil panfleto antijesuítico.

215 Sébastien Roch (1890) es el personaje epónimo de la novela *Sébastien Roch*, del escritor francés Octave Mirbeau.

216 No sabemos a cuál se refiere, aunque nos decantamos por el *Don Quijote* de Grigori Kósintzef (1957). Este realizador soviético realizó diversas adaptaciones de obras de Shakespeare para el cine, pero no *Otelo*.

M. A.: ¿Tú has hecho los decorados de algunas películas de Buñuel?

M. F.: No. Nunca. Nunca.

M. A.: ¿Ni cuando trabajó para CLASA?[217]

M. F.: No. Cuando trabajó para CLASA hizo una, me parece…

M. A.: Cuatro.

M. F.: ¡Ah!, ¿para CLASA, cuatro?

M. A.: Sí. Ninguna importante, pero hay cuatro.

M. F.: ¡Ah! La primera que hizo fue…

M. A.: Bueno, no, no, esa era para Dancigers.[218]

M. F.: Sí.

M. A: Se llamaba *Gran Casino.*

M. F.: Sí, ya sé. No, eso no tuvo ninguna importancia. Pero no me acuerdo para CLASA. Estando yo en CLASA nada más hizo esa cosa, la gente que está encerrada allí.

M. A.: *El ángel exterminador*.

M. F.: Sí. *El ángel exterminador*.

M. A.: ¿Has visto *El ángel exterminador*?

M. F.: No, no la he visto. Bueno, en fin, no se puede querer demoler las cosas que uno adora en el fondo, ¿verdad? Eso, los prejuicios burgueses.

M. A.: Bueno, desde este punto de vista, entonces, para ti, ¿quién o quiénes valen estéticamente en el cine?

M. F.: ¿Estéticamente?

M. A.: Bueno, estéticamente, decía artísticamente.

M. F.: Te voy a decir una cosa, en México hubo…

M. A.: No, no hablo en México, sino del mundo entero.

M. F.: Por ejemplo, en México tuvo un valor, creo yo, circunstancial, Emilio Fernández.[219] Tenía algo que decir, lo dijo y se acabó. Y fuera, fuera del cine. Primeramente, ¡qué te diré yo! El cine ideológico o la pintura ideológica me parece una cosa que no tiene ningún valor. Siqueiros[220] hace una pintura feroz y la compra un capitalista porque cree que cuando ha pintado un puño cerrado,

---

217 CLASA (Cinematografía Latino Americanas, S.A.) fue una empresa productora mexicana.

218 Óscar Dancigers (1902-1976) fue un productor mexicano de origen ruso, que produjo importantes películas de Buñuel, como *Los olvidados*, *Él*, *Abismos de pasión* o *Robinson Crusoe*, entre otras.

219 Emilio Fernández Romo (1904-1986) fue un destacado director, actor y productor de cine mexicano conocido por el mote de «Indio».

220 José de Jesús Alfaro Siqueiros (1896-1974), más conocido como David Alfaro Siqueiros, fue un pintor y militar mexicano, considerado como uno de los máximos exponentes del muralismo mexicano.

no pasa nada, ¿entiendes? Hay otros medios de expresión, pintan con bellas artes la conquista: los aztecas y los españoles. Y el que no sabe nada de la historia de aztecas y españoles, lo juzga. Juzga lo que ve. Hasta ocurre con los argumentos en las óperas. El libreto ya no tiene, creo que no tiene, nada. En pintura tampoco tiene nada, creo.

M. A.: Pero en cine, por ejemplo, ¿qué es lo que salvarías tú desde el punto de vista artístico? Es decir, ¿salvarías las películas de Figueroa[221] o Chaplin?

M. F.: Mira, te voy a decir lo que me ha gustado del cine y puede que descubras... Por ejemplo, en *Ladrón de bicicletas* el tema es lo más trivial del mundo. En las películas italianas neorrealistas, el tema consiste en un señor que se pelea con su mujer, la mujer no quiere gritos, y él sale a la ventana: «¡No tenemos di...!». ¿Verdad? El tema es trivial, un ladrón de bicicletas; pero había en el ladrón cosas con un sentido poético que, si me haces decir por qué estaban, no sé, pero el niño aquel de *Ladrón de bicicletas* de repente pasaba una mirada sobre cuatro padres que venían corriendo con las mangas sueltas. Para mí aquello tenía un sentido poético auténtico. Es decir, para mí el cine bueno es el cine que, sobre la realidad cotidiana, no la retrata nada más como es, sino que sabe sintetizar, extraer las cosas que son cúspides, que son agudas, ya sea un sentido poético o un sentido dramático. Por de pronto, el cine basado en novelas lo detesto. No son más que especies de novelas ilustradas. Por ejemplo, en el caso *Los tres mosqueteros,* agarras una edición y tiene veinte ilustraciones. Quiere decir que cada cien páginas tienes una ilustración. Hay otra, que cada cincuenta, y en el cine cada palabra tiene una ilustración, pero sigue siendo una novela ilustrada. Solo hay más ilustraciones. Entonces, para mí, eso no tiene nada que ver. Creo que el cine todavía no encuentra su lenguaje plástico de lo que te envuelve, de lo real. Las historias de amores y de amoríos tienen más de novela y de teatro que de cine. Para mí, el cine es lo que te rodea, y el cine te lo acerca, la cámara te acerca un detalle. No tiene nada que ver con la novela y con el teatro. El poder del cine es como en un momento dado ves lo que lee este señor, lo que come y todo lo que nos rodea, de lo que te rodea aquí o de lo que está lejos, en la China. Te lo trae. Pero todas esas cosas de los mosqueteros (*ríe*), de estos ricos condes, todo eso es una pura porquería. No tiene nada que ver. Si hablas desde un punto de vista técnico, dices: «¡Ah, no! Está muy bien». Mira, yo vi en... Yo nada más voy al cine cuando voy a Acapulco *(ríe)* u, ocasionalmente, a un pueblo en el que por las noches voy al cine, echen lo que sea. Por ejemplo, para mí, Orol[222] es un surrealista extraordinario (*ríe*) porque es

221 Gabriel Figueroa Mateos (1907-1997) fue un director de fotografía mexicano que colaboró en alguna de las más célebres películas de Buñuel.

222 Juan Rogelio García García (1897-1988), conocido artísticamente como Juan Orol, fue un actor, guionista, productor y director cinematográfico mexicano de origen gallego.

capaz de poner en la pantalla unas cosas que me divierto horrores. Yo no había visto nunca las películas de James Bond y, técnicamente, son fabulosas y pueriles. Fabulosamente pueriles. Puedes decir que eso es un espectáculo de cine, pero creo que el noventa y nueve por ciento de las cosas que salen en el cine pecan de ese mal. Historias escritas para cine, unas; novelas ilustradas, otras.

M. A.: Tú conociste a Federico ya cuando se estrenó *El maleficio de la mariposa*.[223]

M. F.: Sí, sí.

M. A.: Y desde entonces, luego, hiciste los decorados de sus otras obras, si no recuerdo mal.

M. F.: Por orden.

M. A.: En *Bodas de sangre*.

M. F.: *Bodas de sangre, Yerma*…

M. A.: *Doña Rosita*.

M. F.: Bueno. Unas se estrenaron estando yo en París, por ejemplo. Cuando estaba yo en París, en un rápido viaje, aquel día se estrenaba la que pasó en Granada, la…

M. A.: ¡Ah! *Mariana Pineda*.

M. F.: *Mariana Pineda*, con decorados de Dalí. En el Fontalba.[224]

M. A.: Sí.

M. F.: Y fui a verla. Me gustó mucho porque me parecía que ya estábamos fuera de cierta ramplonería. Pero aparte de eso, yo hice *Mariana Pineda* en Buenos Aires. En Buenos Aires le hice hasta sus cosas más pequeñas.

M. A.: *Don Perlimplín* y *La zapatera.*

M. F.: Sí. Las canciones, con decorados, ¿sabes? «Los cuatro muleros».[225] El éxito de Federico en Buenos Aires fue fabuloso. Porque para mí el éxito, déjate del económico o intelectual, sino de extensión, para mí el éxito… ¡éxito será la extensión! Y ese éxito lo tienen las gentes más disímiles. Por ejemplo, en París, lo tuvo Raquel Meller[226] y Picasso. Son éxitos verticales. Y aún más Raquel, porque en París pueden triunfar gentes completamente opuestas, porque son sectores, ¿no crees? ¿Te acuerdas de Beltrán Masses?[227] Que decía que no era…

---

223 *El maleficio de la mariposa* es la primera obra teatral de García Lorca, estrenada el 22 de marzo de 1920.

224 El teatro Fontalba fue uno de los primeros teatros en la Gran Vía de Madrid.

225 «Los cuatro muleros» es una canción popular española que fue recogida por Federico García Lorca en su *Colección de Canciones Populares Españolas*.

226 Raquel Meller (1888-1961), nacida Francisca Marqués López, fue una cantante, cupletista y actriz de cine española. Durante las décadas de 1920 y 1930 fue la artista española de mayor éxito internacional.

227 Federico Beltrán Masses (1885-1949) fue un pintor español nacido en Cuba.

M. A.: Sí, sí.

M. F.: … un triunfador en París. Tenía el estudio regado de princesas sentadas por los suelos. Es, lo puede decir, un triunfador. Ahora, a lo que yo me refiero triunfar, Federico, en Buenos Aires, es que el mozo de café se enteraba y sentía. Uno porque era español, el otro, por otra cosa. Yo he ido a Buenos Aires con Federico. Cenamos en un bistró de La Boca. Cenamos ahí solitos, cuatro gentes, y al acabar viene el mozo. Dice: «Dos coñacs». Y dice: «El dueño del establecimiento, feliz, honrado de que el señor García Lorca cene en su casa, tiene el gusto de ofrecer esos dos coñacs». Y detrás del mostrador un bigotón italiano haciendo la… ¿Ves? Eso es el triunfo, ¿entiendes? Y en España *molta* gente, ¡psss!

M. A.: Bueno, y Federico, ¿nunca dio la sensación de ser homosexual?

M. F.: Sí, por dos o tres momentos. Varios momentos me la dio. Ahora, me cuesta trabajo imaginarme un homosexual activo. Pero, a través de nuestras infinitas horas de conversación, pues sí. Además, ¿no lo dice él en sus libros más claro? Lo dice, «Porque es justo que el hombre no busque su…».[228] De manera que eso no es ningún secreto; él lo dice. Te voy a decir una cosa, él siempre tuvo como un cierto pudor conmigo. Me apreciaba mucho, pero no lo bastante como para desbocarse. Ahora, siempre fuimos muy amigos. Mira, cuando llegamos a Buenos Aires y fuimos al mismo hotel, lógicamente, tú sabes que estas gentes tienen una especie de antena. Que, «pi, pi, pi, pi, pi» perciben los fluidos que emanan de sus congéneres. Se congregó enseguida una bola de amigos. Yo no quería interferir y con un pretexto cualquiera de trabajo me fui (*ríe*) a una cuadra, precisamente para… Pero, claro, no tenía la certeza. Lo que no me imagino, nunca me dio la idea de…, ¿cómo te digo?, sabes que hay el marica repulsivo, como diría yo, de digamos el, el… el activo, ¿eh? Nunca tuve esta sensación. No me lo puedo imaginar por lo menos. Era, ¿cómo te diré yo?… Antes te voy a decir que Federico tuvo polio. Entonces él tenía una cierta incapacidad física, de movimiento, de andar, ¿te acuerdas? Que andaba un poco como un patito.

M. A.: Sí, sí.

M. F.: Luego, cuando fuimos a Buenos Aires, él tenía que hacer un poco como si nada. Puede que eso, esas cosas de un chico pequeño, lo van como elevando a la mujer. El apoyo, la… No sé. No te podría decir el origen, pero puede influir eso.

M. A.: No sé.

M. F.: Esa cosa de un niño rodeado de mimos maternos. Creo que dice el médico que influye mucho. En todo caso, para mí nunca fue un secreto.

228 Este verso es del poema «Oda a Walt Whitman».

M. A.: No, no. Ni para nadie. Es que, además, yo creo que tuvo alguna aventura con alguna mujer.

M. F.: ¿Sí? ¿Tuvo?

M. A.: Sí. Yo creo.

M. F.: No. Mira, recién llegado a Buenos Aires había un periodista que se llamaba Pablo Suero, español. Entonces, cuando se viajaba en barco, de Montevideo a Buenos Aires había tiempo para hacer todas las entrevistas que quieras, y cuando una celebridad llegaba a Buenos Aires, ya estaba el diario en la calle, con la entrevista, claro. Total, llegamos a Buenos Aires por la noche, ya los periódicos venían con su entrevista, fotografías, etc. Y al día siguiente, al despertarnos, teníamos las habitaciones contiguas. «¡Mira, Manolo! ¡Qué descaro! ¡Qué barbaridad!». Y me leyó la carta más bonita que te puedes imaginar, con más gracia. De una muchacha. Una carta muy bonita. Según mires, qué descaro, y, según mires, una cosa muy graciosa. La muchacha le decía: «Federico García Lorca, hace años que oigo hablar de usted. Le tenía una profunda antipatía por todos los comentarios y las cosas, en fin, ese señor es el tal. Pero, de repente le veo fotografiado. Es todo lo contrario de lo que me imaginaba. Es joven, tiene gracia». Se refería físicamente. «Ahora yo debo decir cómo soy. Soy una muchacha independiente, económicamente no dependo de nadie, a ver, rica, en una palabra. Todo el mundo está de acuerdo en que más bien soy agraciada. Algunas gentes, no sé, de una manera benévola, me encuentran elegante, en todo caso, tengo un cierto cartel. ¿No cree que podríamos pasarlo muy bien? Una temporada». Algo así. Pero hecha con bastante gracia. «No tenga miedo de nada. No le acecha ningún compromiso, no le va a atar ninguna...»

M. A.: ¿No era Victoria Ocampo?[229] *(Ríe).*

M. F.: Nooo. *(Ríen).*

M. A.: ¿Y esta mujer no se presentó nunca?

M. F.: No, claro. «¡Qué hay, Federico!», decía. «Estaré mañana, hoy por la tarde, no sé, que estaré en tal. Un sitio muy elegante, de buen sastre, llevaré un traje así, asá. Le espero». Como encandilado estaba. ¡El descaro! *(Ríe).* ¡Qué descaro! No, la carta tenía gracia. Tú sabes que esas cosas si no tienen gracia, ¿verdad?

M. A.: Sí.

M. F.: Se veía que era una muchacha que sabía su asunto. Y luego, como te digo yo, a los dos días me cambié de hotel. Yo tenía amigos en Buenos Aires, había estado otra vez, algunos los había conocido en España. Y uno

229 Ocampo tuvo en gran estima a García Lorca. Ella fue quien, en 1937, publicó por primera vez en Argentina el *Romancero gitano.*

de ellos, Lagos,[230] que estuvo en España, pintor, bastante bueno, dice: «¿Por qué no vienes? Vamos a reunirnos unos amigos, a tomar una copa en honor de Federico». Y yo dije: «Pues mira, yo voy a trabajar esta tarde; si acabo pronto, voy». Efectivamente, fui. Un muchacho inteligente, simpático, rico. Y fui. Era una especie de *penthouse*, una casa muy elegante. Y cuando entré, todo era normal, pero no era de puros hombres. Ya me llamó la atención una mujer. Y sin que pasara nada, había un movimiento de gestos, como un acuario, ¿sabes? Donde nada es brusco. ¿Te has fijado en un acuario? Todas las plantas y los peces se mueven sinuosamente, sin ángulos rectos. No pasaba nada, pero uno leía un libro de él y el otro estaba reclinado. El otro tocaba el piano, y dos pasos... *(Ríe).* «¡Dios mío! ¿Qué hago aquí?». (*Ríe*). Pero no quise, nunca quise ahondar. Pero si quisiera hacer una afirmación categórica, no podría. Involuntariamente, siempre me negué a estar, digamos, a la orilla, ¿ves?

M. A.: Sí.

M. F.: A mí me preguntan: «¿Habló contigo?». «Sí». Pero a mí me preguntan si... Entonces gentes del Partido le dieron cartas de recomendación para Francia. Va a Francia y estalla la guerra. ¿Te acuerdas del lapso que hubo? Entonces estalla la guerra. Entonces, la chica...

M. A.: Pero él estaba escondido en ¿qué casa?

M. F.: En casa de ella. Sí. No. Vivían juntos desde...

M. A.: Sí, pero, ¿dónde? ¿No sabes?

M. F.: En Madrid.

M. A.: ¿En Madrid?

M. F.: Bueno. Entonces, me he acordado del nombre. Es conocido, coronel o comandante. Ya me acuerdo de eso. Se me borran los nombres. Entonces esta chica, desde París, viuda de poco, había escrito a su hermano que vivía en Manila desde años. Tenía una buena posición, almacenes grandes, y el hermano dice: «No te preocupes, olvídate de todo eso y te mando un pasaje para que te vengas a Manila». Pero, carta va, carta viene. Él está en Manila. Y los alemanes llegan a París, la chica se va para Marsella, que es donde podía embarcar, pero pasaba el tiempo, el barco no llegaba, entonces los alemanes invadieron la zona...

M. A.: Ocupada.

M. F.: ... la pasaron se ve. Y parece ser que, por horas pudo subir al barco. Los alemanes ya iban entrando, ella se pudo subir al barco, estar a salvo, llegó a Manila y el hermano le dice: «Olvídate de todo lo que has pasado. Tienes casa, tienes todo. Olvídate de todas tus tragedias». Entonces encontró un puesto

230 Alberto Lagos (1885-1960) fue un escultor y ceramista argentino.

de profesora, de inglés o español o francés, lo que tú quieras. Y la guerra con Estados Unidos, ¿no?

M. A.: Y el Japón.

M. F.: ¡Ah, sí! Ataque de Manila, bombardeos y entraron los japoneses. Y la meten en la cárcel, denunciada por los fascistas españoles de Manila, por ser la esposa de un comandante del ejército republicano. Bueno. La cárcel, penalidades y había restricciones de comida terribles, y en espera de un proceso, alguien se interesó por ella. Entonces intercedieron cerca del comandante japonés de Manila para que la pusiera en libertad. La mandó llamar y era previo a una especie de abjuración. Debía renegar de su marido, a lo que la chica se negó.

M. A.: Y más después de haber sido fusilado por Franco.

M. F.: Sí, claro, no puede. Entonces ya la chica, después de eso, le dijo: «Usted es militar, ¿no? Si usted hubiera dado su palabra, usted ¿la rompería? No encontraría... Pues mi esposo hizo lo que usted haría en su caso». Y parece que impresionó al militar y, sin más trámites, la puso fuera. Pero apenas fuera vino la toma de Manila por los yanquis. Entonces me contó que fue espantoso [...].[231]

GONZALO MENÉNDEZ PIDAL[232]

M. A.: ¿Y usted había conocido a Luis en la Residencia?

G. M. P.: Sí. Yo era muy pequeño, pero le había conocido en la Residencia, donde está hecha esa foto, ¿no? Que es no sé qué escalera, la que da al comedor o algo así. Yo conocí más a Navaz, a través del Instituto Escuela.

M. A.: Sí, el de las mil anécdotas de bromas y disfraces y...

G. M. P.: Sí, Navaz, disfrazado de bedel. Y Luis...

M. A.: Cuéntemelo usted para poderlo poner al lado de quien lo cuenta de modo contrario.

G. M. P.: Bueno, pues no sé. Por ejemplo, un día que nos contaron que habían estado disfrazados Luis de bedel y Navaz de paleto, y que Navaz se embobaba viendo cómo cambiaban el trole del tranvía y Luis le daba explicaciones en voz alta y se formaba un grupo y otros residentes venían contando que les habían visto muertos de la risa. Luego, puestos a contar recuerdos, que había tenido un perro a quien había querido hacer vegetariano. Y que el perro se murió porque se comió una astilla de la caseta donde tenían atado al pobre animal.

M. A.: Pero, ¿eso era en Madrid o en el pueblo?

---

231 La conversación deriva hacia el relato de la guerra entre Estados Unidos y Filipinas, sin ninguna relevancia sobre Buñuel y su entorno. Solo al final, sin ninguna coherencia, atribuye Fontanals a Buñuel la siguiente frase (con poco sentido): «Los comunistas, como aman a toda la humanidad, se permiten tratar mal a la criada».

232 Gonzalo Menéndez Pidal (1911-2008) fue un historiador español, académico de la Real Academia de la Historia.

G. M. P.: No, eso es todavía de Aragón.

M. A.: De Calanda.

G. M. P.: Sí. Eso lo oí contar probablemente a mi cuñado.

M. A.: Pero, ¿usted no coincide en el Instituto con ellos, con Vicens, con los vegetarianos?

G. M. P.: Sí. Pues claro. Aunque ellos estaban en la Residencia y yo todavía estoy yendo al instituto escuela con Navaz. Y luego los otros recuerdos son de la Residencia y de San Sebastián y sitios así. Pero marginalmente.

RICARDO MUÑOZ SUAY

(México, enero 1959).

M. A.: ¿Sabes algo de la afición a disfrazarse de Buñuel?

R. M. S.: De estudiante, creo que con Federico García Lorca o con alguien de la Residencia, le gustaba vestirse de cura y subir al tranvía. Allí, con el compañero, también disfrazado de sacerdote, metían mano a la mujer que estuviera cerca para que se escandalizara y gritara. Se bajaban corriendo del tranvía. Decían que de esa manera hacían política anticlerical. Me explica que, de estudiante, en la Residencia, le gustaba vestirse y disfrazarse de obrero. Hacía pruebas muy curiosas: «Entraba en un estanco vestido como iba yo, de señorito, pedía una caja de cerillas y me daban de las mejores. Después entraba de nuevo vestido de obrero y me daban de las peores. Y yo entonces, protestaba».

M. A.: Creo que ha contado Domingo Dominguín[233] con todas las reservas del caso…

R. M. S.: Sí, hace seis o siete años, cuando éramos amigos, antes de hacer *Viridiana,* que nos separamos todos menos Luis y yo —y Alatriste—,[234] según cuenta Domingo Dominguín, Luis fue testigo… —o lo ha contado Luis a Domingo, o a su hermano Luis Miguel Dominguín—, Luis se encontró en la cama a Dalí con Federico en un cuarto de la Residencia. Esto es más o menos el esquema, recuerdo, de la broma que Domingo le gastaba a Luis. Y Domingo añadía que, naturalmente, Luis había intervenido también en aquel festín, ¿verdad? Esta era la broma de Domingo Dominguín.

M. A.: Bueno, no es gran cosa, hay grabadas cosas mucho más importantes acerca del asunto.

* * *

233 Domingo González Lucas, Domingo «Dominguín» o «Dominguito», como se le conocía en círculos taurinos, fue un torero y empresario cinematográfico, fundador de la UNINCI. Era hermano del diestro Luis Miguel «Dominguín».

234 Gustavo Alatriste Rodríguez (1922-2006) fue un actor, escritor y director de cine mexicano, aunque es conocido especialmente como productor de algunas películas de Buñuel.

(Recuerdos del 17 de septiembre de 1969).

R. M. S.: Comemos en un restaurante francés, al que no quería ir. Pero luego, reconoce que es el mejor que conoce fuera de Francia. Bebe y come con ganas y está contento. Los dueños del restaurante le hacen firmar en el libro de honor. A la salida quiere ir a la plaza Mayor a tomar ojén. La plaza, tal como está, arreglada e iluminada, le parece un museo. No hay ojén y bebemos chinchón. Va por la calle un poco mareado. Me dice: «Estamos borrachos». Al pasar por Hileras, recuerda que en el número 4 había una casa de putas. Le digo que hoy, en España, ya no hay las casas de putas que él conoció. Me dice que ahora, hace años, en estos días, fueron a la Verbena de San Antonio Federico García Lorca y él y que se emborracharon. Él se empeñó en llevar a Federico a la casa de putas, pero era muy tarde y el sereno no les abrió. «¿Sabes? —me dice—, Federico era pederasta». Como no les abrió se mearon en la puerta de la calle. «Fue aquel día de la foto del avión. Detrás, me escribió Federico un poema. Yo tengo varios poemas inéditos de Federico». No sé por qué aludo al hijo de Benlliure.[235] «Yo —me dice— le conocí. Con él organizamos la caza de los maricones. Había un urinario de esos que por fuera se ven los pies, en la calle de Lista, esquina con la Castellana. ¿Existe todavía? —me pregunta—. Benlliure y los demás amigos me esperaban en un banco de piedra del paseo. Yo entraba en el urinario, cuando alguno entraba a mear. Yo hacía como si quisiera mear, como si quisiera mirar al que meaba y hacía gestos con la cara. Si yo veía que el que meaba me hacía caso, cuando salía yo sacaba un pañuelo del bolsillo y era la señal para que Benlliure y los otros se lanzaran sobre el que meaba y le daban una paliza morrocotuda —se ríe a carcajadas—».

MANUEL ÁNGELES ORTIZ

M. A.: [...]. Bueno, Manolo, ¿tú cuando conociste a Luis?

M. A. O.: Conocí a Luis Buñuel viviendo yo en Madrid.

M. A.: Tú eras de los intelectuales *importantes*, que decía Federico.

M. A. O.: Sí. *(Ríe).*

M. A.: Y en cambio, Buñuel pertenecía a la gente que Federico dejaba estancados en los cafés de la Puerta del Sol. *(Ríe M.A.O.)*

M. A. O.: ¿Que le daba esquinazo?

M. A.: Sí.

M. A. O.: Sí, un poco cierto sí que es. Pero eso no era porque Federico lo despreciase, sino a causa de la gran amistad y de la gran admiración que tenía con él, pues le molestaban de pronto que otros individuos fuesen tan *(ríe)* extraordinarios como él. Y es cuando daba esquinazo.

---

235 José Luis Mariano Benlliure Arana (1898-1981), hijo de Lucrecia Arana y del escultor Mariano Benlliure, se exiló a México, donde ejerció de arquitecto.

M. A.: ¿Tú crees que es por eso? Porque no es la impresión que tiene Buñuel.

M. A. O.: Sí, sí. Federico lo hacía así. En fin, yo sé que Federico cuando veía mucho a un individuo es porque le tenía una gran estima. Si no, no lo veía. Pero si ese individuo a su vez era una persona que mental o espiritualmente tenía una cierta personalidad, pues de pronto le daba esquinazo, porque el agrado de él era siempre brillar. La cosa de Federico era siempre su gran maravilla como poeta. En ese sentido, a las únicas personas que les daba beligerancia era a Cotapos,[236] e incluso a Ontañón, con quienes se divertía y hacían los *sketches* y las cosas de teatro que inventaban los tres; es decir, cosas maravillosas. No, esto ya es posterior, ¿no? Federico ya era conocido. Ya había estrenado cosas de teatro y todo. Pero en esa época de la Residencia de Estudiantes, Federico todavía era un desconocido, un desconocido inteligentísimo y extraordinario de *esprit*, y de gracia.

M. A.: Lo que pasa con los amigos de Federico y de Luis es que siempre acabamos hablando de Federico.

M. A. O.: Sí, claro. Porque él es la gran personalidad.

M. A.: Pero no, ahora volvamos a Buñuel. Vuelves a encontrar a Buñuel cuando llega aquí a París

M. A. O.: Sí.

M. A.: Porque le escribe Vicens una carta: «He roto con mi novia y he venido aquí. Está aquí Sánchez Ventura, que ha roto con su novia y ha venido aquí, o sea, ¡rompe!». Perdona, eso iba dirigido a Mantecón, pero dice: «Buñuel ha roto con su novia y ha venido aquí». Lo cual era cierto.

M. A. O.: ¿Que era con Concha Méndez?

M. A.: Con Concha. Y le decía eso en una carta que le escribió a Mantecón, diciendo: «Rompe con tu novia, con Concha —dice—, y vente para acá». Entonces tú volviste a encontrar a Luis.

M. A. O.: A Buñuel aquí, sí.

M. A.: Y Luis se dedicaba a hacer vida de señorito.

M. A. O.: En esa época tanto Vicens como él iban de señoritos.

M. A.: Pero borrachos y enamorados.

M. A. O.: Sí. De divertirse. Y es cuando Juan Vicens quería colocar un dinero que tenía. Y recuerdo como el padre de Jeanne Rucar...

M. A.: Era contable.

M. A. O.: No sé si era contable...

M. A.: Sí, sí era contable.

M. A. O.: ... de una casa que hacía artículos de goma, de caucho. Y nosotros le gastábamos la broma a Vicens de que lo que hacía *(ríe)* era preservati-

236 Acario Cotapos Baeza (1889-1969) fue un compositor chileno.

vos. Y *(ríe)* que él iba a poner su fortuna en una fábrica de preservativos. Poco después compró una librería.

M. A.: Al lado de la librería Gay-Lussac.

M. A. O.: Gay-Lussac. La primera librería... no, ya era... Sánchez Cuesta la tenía ya instalada, ¿sí?

M. A.: Sí.

M. A. O.: Y él compró esa librería y se instaló allí.

M. A.: Y ahí trabajó la hermana de Jeanne.

M. A. O.: La hermana de Jeanne fue después secretaria e incluso fue al final la propietaria.

M. A.: Sí, al final, sí. Y, además, este fue el lugar durante la guerra...

M. A. O.: De reunión.

M. A.: ¿Verdad? Donde recibían las cosas de...

M. A. O.: Bueno, eso ya no lo sé, porque durante la guerra estaba en España.

M. A.: Sí. Tú sí, pero Luis, no. *(Ríe).*

M. A. O.: No. No, Luis no. *(Ríe).* Luis no, de guerras no hay que hablarle a Luis, de violencia y de guerras, no.

M. A.: Bueno, ahora hay una cosa muy curiosa, ayer estuve con Pepe [Bergamín]. ¿Recuerdas cómo salió de España con Ímaz[237] y con Buñuel? Y, en cambio, Roces me dice que Buñuel ya estaba en París.

M. A. O.: Cuando estalló la guerra, no. Estaba en Madrid.

M. A.: Claro. Con Filmófono.

M. A. O.: ¡Pero si yo estaba continuamente con él!

M. A.: Estaba con Urgoiti todavía.

M. A. O.: Fue un poco antes. Un poco antes, cuando había invitado a los Viñes, a Lulú y a Hernando Viñes; que hay esa famosa fotografía que se ha hecho de un banquete que le dan a Hernando Viñes, donde están todos.

M. A.: Todos.

M. A. O.: Con Pablo Neruda, que era cónsul de Chile.

M. A.: Conozco la foto muy bien.

M. A. O.: Y eso es poco antes de la guerra de España. No sé si al principio del 36 o si es un poco antes.

M. A.: Él hacía películas con los Urgoiti en una empresa que se llamaba Filmófono.

M. A. O.: Eso yo no lo sé.

M. A.: Los sé por él y, en fin, por las películas. Hizo *Don Quintín el amargao* y entonces hizo una película con Crivillé. Que él trajo de aquí, ¿verdad? Para

---

237 Eugenio Ímaz Echeverría (1900-1951) fue un filósofo y traductor español.

hacer una cosa rara, no sé, no me acuerdo, una cosa de Arniches.[238] Para ayudar a Ugarte. Entonces él estaba en España sin duda alguna.

M. A. O.: Estaba, porque me decía: «Estoy, estoy muy inquieto». Estaba muy inquieto y terminó por irse, claro. Pero fue al principio, justamente al principio.

M. A.: ¿Muy al principio?

M. A. O.: Sí, sí, sí.

M. A.: Pero, ¿cuándo?, ¿en agosto?, ¿en septiembre?

M. A. O.: De eso no me acuerdo. Pero muy al principio, cuando todavía era fácil poder salir.

M. A.: Pero, ¿no era en noviembre?, ¿no eran los primeros días de noviembre?

M. A. O.: Eso ya no lo sé.

M. A.: Porque Pepe [Bergamín] insiste en que fue en los primeros días de noviembre, porque ya hacía frío. Es cuando él salió a Ginebra con Ímaz, es decir, es cuando me llamó a mí Araquistáin para venir aquí.

M. A. O.: No sé, no recuerdo eso, no te lo sabría decir. Se me pierde ya la memoria en detalles así.

GUSTAVO PITTALUGA

M. A.: ¿Qué recuerdos de Buñuel tienes de la época de la Residencia de Estudiantes?

G. P.: Recuerdo muy poco de Luis en la Residencia.

M. A.: ¿Aún no habías nacido?

G. P.: No, sí, ya había nacido. *(Ríe).* Pero es que estábamos en dos grupos muy separados. Yo estaba entre los niños, él estaba entre los mayores. Y yo he sido, quizá, de los que menos relación ha tenido con ellos. Sabía quién era él, como sabía quién eran todos. Nos conocíamos todos. Pero no tenía una relación muy constante porque la diferencia de edad, en ese período, de los ocho años a los dieciocho que él tendría, pues era enorme.

M. A.: Bueno, ahora cuéntame lo que contaban de él. Que es lo que me importa.

G. P.: Que era un gran boxeador, que tiraba la jabalina, en fin, que tenía una serpiente en su cuarto, es decir, cosas enteramente ajenas a todo lo que se pueda suponer después de Buñuel. Luego se fue a París y se hizo cineasta.

M. A.: Bueno y, entonces, ¿no sabes absolutamente nada, no recuerdas nada, así que valga la pena?

G. P.: Nada. En absoluto. Nada de especial. Que se hacía un *Tenorio* con botas de fútbol, pero, en fin, quedaba… Eso, todo eso era una cosa colegial en la que interveníamos todos, grandes y chicos, pero no, no, nada. […].

---

238 De hecho, *Don Quintín el amargao* es de Carlos Arniches.

Muerte del padre

Vamos a hablar un poco de la muerte de tu padre. ¿Dónde estabas?

Fue a finales de abril de 1923. Mi padre murió el 3 de mayo. Yo había ido a la Universidad Central. Me examinaba por libre, los exámenes eran en junio y la matrícula creo que terminaba hacia el 30 de abril, y fui a matricularme. Y estando en la cola, frente a la ventanilla de matriculación…

Con Chabás, ¿no?

Chabás estaba allí también, sí. Él había terminado la carrera. No sé por qué estaba allí. Se iba a examinar de otra cosa. A lo mejor era la ampliación de Latín, no sé. Y entonces había recibido un telegrama de mi padre, por la mañana. No, recuerdo mal. Creo que me matriculé y fui a la Residencia, y al llegar allí me encontré un telegrama diciendo que mi padre estaba muy grave. Que debía ir a Zaragoza inmediatamente. Y aquella misma tarde me marché. Tomé el expreso y me fui a Zaragoza. Llegué cuando mi padre estaba, pues, no en el coma todavía, pero muy grave. Perdía el conocimiento, volvía a recobrarlo. Vivió todavía dos días. Entonces me acuerdo que, en momentos de lucidez, mi padre me decía: «Me voy a marchar para siempre. Cuida bien a tu madre, pórtate bien con ella», etc. Perdía el conocimiento. Entonces me impresionó bastante. Yo quería a mi padre, aunque había una cierta rivalidad, sobre todo cuando tenía dieciocho o diecinueve años. Pero últimamente comprendí que le quería, que le estimaba mucho. Entonces comencé a beber para… Nervioso y tal, comencé a beber coñac, los dos días que duró, hasta que murió, y hasta que lo enterramos, bebiendo bastante, no sé, bebería, por ejemplo, en total, dos botellas de coñac en dos días, o una cosa así. Y murió al día siguiente de llegar yo. Yo lo amortajé, lo cuidé por la noche porque mi madre no aparecía por allá. Estaba en la cama. Mis hermanas tampoco aparecieron, y estuve toda la noche velándole. Tenía un Cristo en el pecho y lo veía respirar. Yo decía: «Bueno, esto es una alucinación». Pero veía muy bien levantarse el Cristo. Entonces, al día siguiente, a las once de la mañana (murió por la noche), lo enterramos. Y aquel día habíamos puesto un telegrama a un primo mío de Barcelona, que se llamaba el doctor Amorós. Era profesor de Numismática, de la Universidad de Barcelona. Se casó con una prima hermana mía. Yo tenía que irlo a esperar a la estación a las dos de la mañana. Era mayo, estaba el balcón abierto, era una temperatura muy tibia y yo estaba sentado en un sillón. Esto sería a las once de la noche, dando cabezadas para…, cabeceando un poco para conciliar el sueño antes de ir a la estación. Y en eso oí en el comedor, que era la habitación contigua, un ruido de sillas, como alguien que pasa rápidamente entre una multitud de sillas. Y me asusté un poco: «¿Quién anda por ahí?». Y de pronto apareció mi padre en la puerta del comedor, mirándome de una manera muy agresiva, los ojos saltones, las manos como garras dirigidas hacia mi cara. Y me llevé un susto tremendo. Me levanté y me fui al salón donde habían puesto un colchón —porque en la casa había mucha gente— donde dormían el jardinero y un cochero que había venido del pueblo. Dos empleados, dos campesinos, y tal. Y les dije: «He tenido una alucinación, se me ha aparecido mi padre. Sé que es el coñac y que me encuentro mal. Pero tengo miedo». Y me acosté en el colchón, entre los dos. Entonces, a las dos me llevaron a la estación. Recogí a mi primo Pepe Amorós. Volvimos a casa. Se acostó y yo me acosté en el cuarto, al lado del cuarto donde había muerto mi padre. Serían ya las tres de la mañana. Y volvió. Se abre la puerta y oigo un ruido. La puerta se abre y, otra vez mi padre, de la misma manera agresiva se lanzó contra mí. Di un grito y vinieron a mi cuarto: «¿Qué ha pasado?». Digo: «Otra alucinación. Déjenme, váyanse y déjenme solo». Me dormí. Y al día siguiente estaba muy preocupado porque había tenido miedo de esa aparición. Entonces decidí dormir en la misma cama donde había muerto mi padre. Y aquella misma noche dormí en la misma cama donde había muerto mi padre. Y, de una manera completamente absurda, tomé un revólver de mi padre, un Smith muy bueno, que tenía sus iniciales grabadas en nácar, en la culata. Y dormí con el revólver bajo la almohada. Digo: «Si vuelve a hacer la aparición le disparo un tiro, a ver qué le pasa a la aparición». Yo tenía confianza. No apareció nadie, y tal. Todo pasó normalmente... A mí las armas me dan confianza.

¿Y qué hay de aquello de que te pusiste los zapatos de tu padre? ¿Tu padre ya estaba enterrado o todavía se hallaba de cuerpo presente?

No, no. Cinco días después o tres días después quedé citado con Sánchez Ventura y Mantecón en el Café Moderno, que tú conoces, en la calle Alfonso y Coso. Y yo había ya revisado todas las cosas de mi padre, sus cajas de puros, dos o tres armas que tenía. En fin, me sentí un poco ya el jefe de la familia porque era el hermano mayor. Y empecé a usar cosas de mi padre, a fumar sus puros, a... Entonces, entre sus ropas, por ejemplo, tenía un jipi maravilloso, un jipi extraordinario que se trajo de La Habana. Creo que había costado 4000 o 5000 pesetas. Una maravilla, como una tela de araña. Y me lo puse también. Salí un día con el jipi por... Mi padre tenía un poco más grande la cabeza que yo, le puse una róndela de periódico y salí con mi jipi. Y luego vi las botas. Eran botas de goma con dos tirantes a los lados. Me las puse y salí. Y me vieron Sánchez Ventura y Mantecón el día que fui al Moderno. Me puse las botas simplemente, pues no sé, por sentirme mi padre, el jefe de la familia, porque me gustó, porque nunca había tenido botas de goma de esas. Me paseé con ellas y luego volví a mis zapatos.

¿Con qué fin lo hacías? ¿Era para imponerte a tus hermanos?

No, porque estaba impuesto. El sustituto, identificado con mi padre. Sustituto desde el primer instante en que me puse los zapatos sin darme cuenta; no lo hacía por nada. Era la sensación de libertad de mandar.

La prueba es que te fuiste en seguida.

Me fui a examinar a Madrid. Me fui en seguida, sí. A los diez días de muerto mi padre volví a Madrid a examinarme. Me suspendió, ¿cómo se llama?, el aragonés… Ballesteros, don Antonio Ballesteros Bereta,[239] ¿no? Algo así.

Sí. ¿En Historia?

Sí. Yo fui de artillero a examinarme.

¿Me hablaste una vez de tu sensación de libertad y al mismo tiempo de pena?

Sí, sí, sí. Sí. Viendo a mi padre muerto tenía una sensación de pena grande, estaba muy emocionado, ya muy trastornado por el alcohol. Y al mismo tiempo una sensación de, no sé, casi de felicidad. Una mezcla, un conflicto tremendo. Yo luchaba contra mi propio sentimiento. Decía: «No debo, puesto que le tengo cariño, debo estar tristísimo y nada más». No, al mismo tiempo me sentía libre.

Pero era la primera vez que bebías en esta cantidad.

No, no. Ya había bebido mucho. Empecé a beber con los *Federicos* y los *Pepines* en Madrid, a los 22 años. Vamos, a tomar con los amigos mucho valdepeñas, una copa de coñac…

¿Cuándo te emborrachaste por primera vez?

Pedimos chorizo y aguardiente. Debí de tomarme como un cuarto de litro de aguardiente. Allí estaba Mantecón, que entonces gastaba melena.

---

239 Antonio Ballesteros Beretta (1880-1949) fue un historiador y americanista hispano-italiano. Era el suegro de Claudio de la Torre.

Me puse malísimo. Arrojé todo lo que había que arrojar y me desperté en la enfermería, con unas monjas dándome fricciones. Tan mal estaba que ni mi padre me dijo nada. [...].

ALICIA BUÑUEL Y LEONARDO BUÑUEL

M. A.: En 1923, se puso los zapatos de su padre cuando falleció, ¿verdad? Él tenía unas ganas locas de calzarse unas botas. Él me lo ha contado.

A. B.: Sí. De esas de elástico, sí.

M. A.: De elástico, ¿verdad? Y se las puso, pero a mí me dijo que no, a mí me dijo «No, no, me las puse por el elástico, me las puse para demostrar que yo era el...».

L. B.: El jefe.

A. B.: El jefe.

M. A.: El jefe de la familia, exacto.

A. B.: Mire, esas botas de elástico me las puse yo un día también porque, antiguamente, cuando aquí vivíamos bien, yo me vestía siempre para cenar, ya que entonces subíamos de la torre, donde me bañaba. Y decían: «A ver cómo baja hoy Alicia vestida». Un día me acuerdo que tenía mi madre una bata; una bata de cola que era de nipis, rosa, preciosa, y entonces me puse esa bata, muy pintada y luego me puse las botas de elásticos, y bajé al salón de abajo. Así que esas botas no se las puso solo él.

M. A.: Claro, las botas se las puso en 1923, y en el 23 fue la Dictadura. *(Ríen)*. No solamente es eso. Algo tenía de Primo de Rivera, aunque hasta su afición rodó en vida.

SANTIAGO ONTAÑÓN

S. O.: [Pepín Bello] contaba que el padre tenía unas botas de elástico que eran el sueño de Buñuel, y dice que cuando se murió *(ríe),* lo primero que hizo —eso debe ser mentira, claro— fue ponerse *(ríe)* las botas de elásticos del padre, que siempre fueron el sueño de Luis.

M. A.: Hasta cierto punto, yo he hablado con Luis de este asunto.

S. O.: ¡Ah!, ¿sí? ¿De las botas?

M. A.: De las botas. *(Ríe S. O.).*

CONCHA MANTECÓN

C. M.: Sé que cuando se murió su padre se puso las botas del difunto. O sea, que el día que se murió su padre, le quitó las botas al cadáver, se las puso y fue al café con ellas. Cosa que sorprendió mucho y dejó muy asombrados a todos sus amigos, de los cuales se contaba mi marido y Rafael Sánchez Ventura, y una serie de amigos que en este momento no recuerdo.

La carrera de Historia

Soy español en América. Yo, que vi aquello y deseaba marcharme de España, digo: «¿Cómo es eso?». «Sí, están pidiendo continuamente de Francia y ahora piden de América, de Estados Unidos, lectores de español». «¿Y cómo se puede ir?». Dice: «Pues para eso hay que tener la carrera de Letras o de... Usted, ¿qué estudia?». Digo: «Ciencias Naturales». Dice: «Hay que tener la carrera de Letras». Entonces, empecé a... Yo lo que quería era huir de España, ¿verdad? Y apenas vi, oí eso, volví, me examiné aquel año, no, ya no me examiné, pasé ya a Historia Universal, que la estudié en tres meses, y me suspendió Ballesteros. Quería seguir la carrera de Historia, y al terminarla, ya no pensé en América, me fui a París para la UNESCO de entonces, Socie...

Sociedad de Naciones.

De Intelectuales.

Sociedad de las Naciones. La Sociedad...

Inteligentes.

... de Cooperación Intelectual.

Sí, sí. Ya te he dicho que fui recomendado por don Pablo [de] Azcárate, allá para aprender, para estudiar Política General leyendo *Le Temps* y *The Times* de la época. Y así fui y me puse a estudiar en una academia francés e inglés. Y en ese intermedio, como te he dicho, me dediqué al cine. [...]. Pero ya te digo que cuando empezó a hablarse de la UNESCO de aquel tiempo —la Sociedad de Cooperación Intelectual, de la Sociedad de Naciones—, a la que parecía que iba a ir de representante Eugenio d'Ors, cambié América por París. D'Ors era muy amigo mío, y yo tenía una gran admiración por él.

Yo también le conocí.

Hombre, no me digas; te estoy hablando de 1922, 23, 24, antes de aquellas famosas *glosas,* creo que en 1928, en que después de una enfermedad del rey, escribió, en serio, en el *ABC,* hablando de la salida del rey al balcón para saludar a la multitud: «Entonces se asomó el astro». ¡No, hombre, no! Antes de eso, a todos nos gustaba d'Ors. Era, de verdad, una de las pocas personas que hablaba bien del arte.

Yo nunca lo he tragado. Será porque le conocí personalmente en aquellos años del astro *y en Cataluña, lo que realzaba su condición de traidor. Pero no era eso. Dejando aparte* La ben plantada, *ese escritor, por lo que todos dicen considerable, nunca me interesó. Y no será porque no le leí. Creo que no me faltaba ninguno de sus libros. Tan admira-*

do por amigos míos en los que yo confiaba totalmente, como Canedo; y, sin embargo, jamás me convenció. Todos, como tú ahora mismo, reconocen su hinchazón, sus ganas de darse importancia, su prosopopeya. Pero, a pesar de ello, todos le admiran. Y es de los pocos españoles, de los poquísimos —con esa enorme, terrible, bárbara injusticia con la que el mundo, después de la victoria protestante, ha ignorado a España— que traspuso las fronteras y del que, ¡todavía!, se leen y traducen libros. Seguramente, el equivocado soy yo.

Tal vez no. Seguramente hablamos de cosas distintas. La cosa es que entonces quise irme a eso de la Cooperación Intelectual y hacerme diplomático, y ya con mi título de Letras era relativamente fácil. No sé si fue don Alberto Jiménez —creo que sí— el que me mandó con don Pablo [de] Azcárate, o fue Madariaga. Me dijo que lo que me convenía era venirme a París y estudiar la política francesa, aprender bien inglés y estudiar la política inglesa.

Vamos a decir que hay un ochenta por ciento de verdad en lo que estás diciendo ahora, como si estuvieses hablando con tu madre entonces. No es el momento de hablar de eso ni de Vicens, ni de otros alicientes que tenía para ti el ir a París. Para ti, y para cualquiera. Es curioso, 1924 fue el año en que yo volví a París por primera vez. Bueno, pero de lo que estamos hablando es de lo tuyo.

JOSÉ IGNACIO MANTECÓN

J. I. M.: De 1917 a 1919 se estuvo preparando Luis en la Academia, que, por cierto, se llamaba Oteyza-Loma, lo que te explica que aquí esas familias hayan seguido tan relacionadas. Gran triunfo en Biología, en Zoología, hasta tal punto que le escribieron a su padre para felicitarle por tener un hijo de esa calaña.

M. A.: No sabían lo que les esperaba. Entre 1920 y 1921 fue soldado. Recurrió a los mismos Esteban que lo habían recomendado para ingresar en la Residencia para incorporarse al Primero de Artillería y librarse de ir a Marruecos.

J. I. M.: Fue bastante mal soldado. Y tampoco, al salir, pudo ingresar en la Escuela. Sin embargo, ingresó en la de Ingenieros Industriales, en 1921, creo. Y no le iba tan mal. Pero no le entraban las matemáticas ni para un remedio. En vez de estudiar Ciencias Naturales prefería irse con Pepín Bello a comer pajaritos fritos. Hacían una vida de señoritos, bastante disoluta, en lo que cabe.

M. A.: Por esas fechas ganó la final del campeonato de pesos medios, de aficionados, el hijo del conde de Romanones. Pero lo más importante es que no podía con las matemáticas. Y renunció. Una vez fueron a Toledo con Asín Palacios[240] y Agustín Catalán, y hablaron de hacer la carrera de Filosofía y Letras; y otro día, yendo a Alcalá con Américo Castro, este dijo que de todas partes pedían *lecturers* —sobre todo de Estados Unidos— para universidades. Luis vio el cielo abierto, porque para él, en ese momento, no había nada como Estados Unidos. «Pues yo —le dijo a don Américo— acepto, desde luego». «¿Qué estudia?». «Ciencias Naturales». «No: hay que ser licenciado en Filosofía y Letras». Y acabó la carrera en tres años. La acabó en septiembre del 24.[241]

J. I. M.: Sí, y entonces vino toda aquella historia de don Pablo de Azcárate, y de Madariaga, y de la Sociedad de Naciones. Y de ir a estudiar francés e inglés y diplomacia. Total, que desembarcó en París el 6 o el 7 de enero de 1925. El 8 ya estaba en La Rotonde, en la tertulia de Unamuno.

JUAN RAMÓN MASOLIVER

J. R. M.: Él fue a la Residencia para estudiar Químicas, me parece que era, ¿no? Ingeniero y luego Químicas.

M. A.: En 1917; eso es.

J. R. M.: Ingeniero.

M. A.: No, no, y luego Derecho.

J. R. M.: Sí, sí, pero él fue a Madrid a estudiar para ingeniero.

M. A: Sí.

J. R. M.: Porque su padre quería que fuera ingeniero. Entonces dijo que no, que ingeniero no y me parece que luego estudió Químicas.

M. A.: Luego se hizo, se hizo arqui…

J. R. M.: ¿Tú crees que llegó a ser a ser…?

M. A.: No, no, no; el título que tiene es de abogado.

J. R. M.: ¿Es licenciado en Derecho?

M. A.: Es licenciado en Derecho.

J. R. M.: No sé, pues no sabía yo que hubiera acabado; bueno como Federico, como todos estos.

M. A.: Pero luego estudió Historia.

J. R. M.: Sí, eso sí.

M. A.: Estudió Historia y, además, era brillantísimo en todo.

J. R. M.: Él salió a París con el dinero de su madre.

---

240 Miguel Asín Palacios (1871-1944) fue un arabista español, natural de Zaragoza.

241 La mayoría de documentos relativos a los estudios de Buñuel en Madrid desaparecieron durante la Guerra Civil (Jones, p. 275).

París, Hollywood y pasos por Madrid (1925-1932)

París

Cuéntame algo de París.

Llegué a París en 1925. Me pasaba el tiempo con Hernando Viñes, tan católico, y con Peinado y con otros pintores españoles, y venga a beber vino. Por el estudio de Viñes pasaban tres o cuatro chicas que estudiaban gimnasia rítmica, allí cerca. El padre de Jeanne era experto contable, *monsieur* Rucar. Siempre hicimos buenas migas. Pero yo andaba con una idea detrás de la cabeza, y era echarles un somnífero para poder abusar de ellas. Viñes protestaba, escandalizado.

Es el germen de una escena de Viridiana.

Es posible. Andábamos de tasca en tasca o de cabaret en cabaret con Juan Vicens. Juanito, hijo único, tenía mucho dinero. A mí mi madre me mandaba el que yo quería. Vivíamos como turcos, según dicen los franceses. Íbamos a algún bistró, que tienen todas las botellas puestas en fila, y empezábamos por la primera y acabábamos más allá de la veinte. Tuvimos la idea de poner un cabaret. Vicens tenía dinero y yo fui a Zaragoza a ver a mi madre, que no quiso de ninguna manera. Entonces, también empecé a ir a la escuela de *madame* Epstein[1] con Uzelay. Dejando aparte nosotros dos, todos los demás eran allí rusos blancos. Entonces empecé a decir que

1 Marie Epstein (1899-1995), actriz, guionista y directora pionera del cine francés, era la hermana del cineasta Jean Epstein.

me interesaría hacer cine, y como Epstein era del grupo y de la escuela, me llevó con él, de asistente, en *Mauprat.* La verdad es que en *Mauprat* no tenía nada que hacer y fui de segundo asistente de Mario Nalpas y de Henri Étiévant en *La sirène des tropiques,* cuya estrella era *cette salope* de Josephine Baker. Tampoco allí tenía nada que hacer. Pero allí estaba. Fue el año de Sacco y Vanzetti.[2]

A veces creo que no eres surrealista.

Soy más surrealista que nunca. La única literatura, la única poesía que me gusta es la surrealista. La única pintura que me gusta es la surrealista. Yo no era surrealista cuando llegué a París, me parecía una cosa de maricones. Leía sus cosas para reírme, igual que años atrás leía *Ultra* para divertirme en el tranvía, en Madrid. Y me sucedió lo mismo, acabó por metérseme dentro. En verdad yo no pertenecí al grupo hasta el 29 o el 30. Después de *Un perro andaluz* y hasta el regreso del viaje de Aragon a Rusia. Empezaron las discusiones, las exclusiones del grupo. Y yo me quedé con Aragon y algunos otros. Sin embargo, cuando cierro los ojos, yo soy nihilista. De verdad. Un nihilista total, un nihilista completo, sin reservas de ninguna clase. Pero cuando los abro, me doy cuenta de la imposibilidad...

Como buen burgués que eres.

Si quieres...

No firmaste nunca ningún manifiesto surrealista. Tal vez alguno que otro. En cambio, Dalí sí los ha firmado casi todos.

No, Dalí, no. Los extranjeros no firmábamos más que los documentos anodinos o los que se referían exclusivamente a temas artísticos. Cuando se trataba de algo serio, de cagarse en la familia, en la patria, en la bandera..., eso solo lo firmaban los franceses. Tenían mucho cuidado. ¿Quieres un *whisky*?

Sí, con agua natural, mitad y mitad.

Yo le sigo fiel al Martini, un Martini bastante especial, con algo de Campari. *[Bebemos].* Pero no. El surrealismo no era cosa de maricones, al revés. Breton los odiaba. Ninguno del grupo lo era. Bueno, ninguno es mucho decir: Crevel sí lo era, pero hizo todo lo posible por dejar de serlo. Hasta intentó tener una amante. Yo fui el que presenté a Dalí al grupo,

---

2 Nicola Sacco y Bartolomeo Vanzetti fueron dos inmigrantes italianos, trabajadores y anarquistas, que fueron juzgados, sentenciados y ejecutados por electrocución el 23 de agosto de 1927 en Massachusetts por el presunto robo a mano armada y asesinato de dos personas en 1920 en South Braintree, Massachusetts.

unos meses más tarde. Antes les había enseñado fotografías de sus cuadros y no les interesaban mucho. Bueno, ni mucho ni poco. Pero al verano siguiente fueron Paul Éluard, Gala, Magritte y uno que luego fue vendedor de cuadros surrealistas,[3] a Cadaqués. Fue él, Dalí, el que me dijo: «Te voy a presentar a la mujer más fenomenal que has conocido en tu vida».

Por cierto, Luis, ¿qué vas a decirme de Dalí? ¿Cómo quieres que salga en el libro? ¿Vamos a decir de verdad todo lo que es?

Diremos escuetamente la verdad: en qué intervino. Cómo escribimos *Un perro andaluz.* La parte que le toca en *La edad de oro* es muy poca porque ya estaba bajo la influencia de Gala, que es la mujer que más odio. De verdad, estaría encantado de que lo insultáramos. Cuando voy a Madrid o me dan algún premio, me pone telegramas: «Tienes que venir a Cadaqués», «Ahora sí haremos cosas estupendas», «Te beso en la boca». O a Venecia, donde me los pone en italiano. O a París, donde los recibo en francés. Solo una vez en que vi las cosas muy negras, ya que me decía que o iba yo a Cadaqués o se presentaba él en Madrid, le contesté sin enfadarme: «Agua pasada no mueve molino». Y no te creas, no me disgustaría encontrármelo frente a frente, un día, repetirle lo que ya le dije y añadir las cuatro frescas que tengo que echarle en la cara. Y luego, a lo mejor, tomar unas copas juntos. Un hijo de puta; él fue el responsable de que me pusieran en la calle en Nueva York. Pero durante muchos años, de los veinte a los treinta, fue mi mejor amigo. Fuimos muy amigos, de verdad, muy amigos.

Y eso cuenta.

Sí, si se es un sentimental como yo, sí. Pero sin Gala. A esa, ni en pintura. Nunca vi a nadie con más mala leche. Lo echó a perder totalmente. Pero vamos a no darle más importancia de la que tuvo. Yo fui de París a Cadaqués. Iba a hacer una película de Ramón con el dinero de mi madre. Hablamos de eso y en seis días hicimos el *script* de *Un perro andaluz.* De la filmación, él no hizo nada. Llegó el último día con su madre y su tía. Lo único que hizo fue poner los burros en los pianos y el alquitrán en los ojos. En *La edad de oro* no hizo nada. Por eso firma el manifiesto de los surrealistas acerca de la película, y yo no. ¡Cómo iba a firmar yo algo en favor de lo que había hecho!

---

3 Parece referirse al escritor belga y luego, marchante de arte surrealista Camille Goemans (1900-196).

Lo he traducido porque es un documento importante para la historia de tu carrera cinematográfica.

Pues es un documento difícil de encontrar.

No lo creas, está en la Historia del surrealismo *de Nadeau.*[4]

Sí, iba mucho al cine. Ya íbamos en Madrid y seguí yendo en París. Claro que iba uno a magrear a la novia. Era el único sitio donde se podía. Porque, si no, no le dejaban a uno ni a sol ni a sombra. No digamos cogerla de la mano. Hubiera sido un escándalo. El cine era otra cosa. Pero, además, nos gustaban mucho las películas cómicas, los cómicos norteamericanos: Ben Turpin, Fatty, las bañistas de la Keystone, Buster Keaton, Harold Lloyd y Harry Langdon. Eso nos encantaba. También las películas del Oeste.

Y a todos. Y Max Linder, y La mano que aprieta o los misterios de Nueva York.[5] *Lo que me interesaba es saber cuándo pensaste dedicarte al cine, cómo se te ocurrió hacer cine.*

Lo he contado muchas veces. Fue en París, en el Vieux-Colombier, viendo *Las tres luces,* de Fritz Lang. La película era mala. Se trata de tres historias de amor. Pero era una película sin letreros.

No era una película tan mala. Para mí, la obra mala de Lang, si es que la tiene —¿quién no?— , es la de América. Pero sus películas hechas en Alemania tienen interés. Lo mismo Las tres luces *que* M, El doctor Mabuse, Los Nibelungos, Metrópolis. *Me doy perfecta cuenta de lo que pudo interesarte en* Las tres luces. *Desde luego no son sus decorados, hijos de las influencias de Reinhardt,*[6] *que, naturalmente, habían de molestarte, sino…*

La pared. La presencia de la muerte. Aquellos enamorados muertos…

Sí, la pared de la muerte. Es curioso descubrir que tu afición al cine nace del expresionismo alemán. Al fin y al cabo, lo mejor de lo tuyo también está bajo la influencia de la muerte y el destino. En Las tres luces *se oponen. Hay un momento en el que la muerte, cansada de triunfar siem-*

---

4 Maurice Nadeau (1911-2013) fue un escritor y crítico literario francés, autor de una celebrada historia del surrealismo, al que se refiere Aub aquí.

5 *The Amazing Exploits of the Clutching Hand*, de Albert Herman (1936).

6 Max Reinhardt (1873-1943) fue un director de teatro y cine que tuvo una importancia vital en la renovación del teatro moderno. Los trabajos escénicos de este creador han pasado a la historia por su enorme capacidad para crear formas impresionistas mediante el uso de la luz, contraviniendo la práctica habitual basada en el naturalismo, y por el cobijo otorgado al revolucionario movimiento expresionista que más tarde daría sus principales frutos en el terreno cinematográfico.

pre, deja escapar a su presa, con tal de que la muchacha pase por diversas pruebas. Pero, naturalmente, el destino, siempre vigilante en esa metafísica, impide el triunfo del hombre sobre la muerte. Pero es curioso que una obra de este tipo, que está en las antípodas del surrealismo, te haya podido llevar a la idea de hacer cine.

No. Ya te dije que la película me pareció muy mala. Lo que me impresionó fue precisamente esa pared, esa lucha. Me convenció de que el cine podía despertar emociones artísticas. Por primera vez sentí una especie de escalofrío, una emoción romántica, y la posibilidad de hacer llegar mi manera de entender el mundo a los demás. Contando, además, con que la mecánica del cine va muy bien con el surrealismo. Aquella presencia de la muerte que llegaba en un carricoche del siglo XVIII o algo así. Esa intrusión de la muerte me hizo una gran impresión.

¿Y entonces?

Pues sencillamente me fui a una escuela. La de Jean Epstein. Fui con Regoyos[7] y Uzelay.

¡Qué recuerdos! Uzelay, Bilbao... Yo tenía un dibujo de Uzelay, un dibujo cubista, de los pocos que hizo, en mi casa de Valencia. Me gustaría saber dónde está.

¡Uff!, mejor no hacer cuentas. Un mes después le dije a Epstein: «Yo quiero trabajar en el set, aunque sea de barrendero». Y así empecé.

Lo curioso es que debiste trabajar con él, en esa época, en películas como Seis y medio[8]*...*

Sí,[9] y en *El hundimiento de la casa Usher.*

Y haciendo esa película es cuando te sucedió el famoso incidente que motivó vuestra separación. Es difícil creer lo que cuentan...

Pues es verdad. Me dijo que al día siguiente tenía que trabajar con Abel Gance, y yo le contesté que no, que yo estaba allí para trabajar con él y no con un director que me parecía muy malo. Puso el grito en el cielo: «Comment un petit con comme vous ose parler ainsi d'un si grand metteur en scène!». Aunque después me ofreció dejarme en París, en su coche, porque trabajábamos en Épinal.

---

7 Se trataría de uno de los seis hijos del pintor español Darío de Regoyos y Valdés (Gibson, p. 201), aunque podría ser su hermano.

8 Aub se refiere a *Six et demi, onze* (Jean Epstein, 1927).

9 No consta que Buñuel colaborase en ese film, por lo que la afirmación puede deberse más a la imaginación de Aub que al propio Buñuel.

Lo curioso es que también la estética de Epstein, incluso cuando hacía, él también, películas alimenticias, y acaso sobre todo en estas, tenía no poco que ver con el expresionismo.

Pues lo que a mí me interesaba ya, poco a poco, sin conocer a nadie del grupo, eran los surrealistas, y de ellos, Benjamín Péret. Era trotskista, el único trotskista del grupo. Yo no le conocía hasta verle aquí. Como persona no me interesó nunca. Pero sus poemas me hicieron una gran impresión. Luego, cuando hice *Un perro andaluz,* me estaba acordando constantemente de sus poemas.

No me extraña. Todavía está por debajo del nombre que llegara a alcanzar. Pocos han llegado, en poesía, a esa violencia, puramente mental, como la suya. Es una poesía de choque y de choques. Y después, ¿qué hiciste?

Pues vino el centenario de Goya, en 1927. Se formó un comité en Zaragoza y se pensó hacer una película. Me nombraron a mí para dirigirla. Valle-Inclán también quería hacer algo por el estilo. El Gobierno tenía que dar el dinero. Menos mal que no lo dio y que no se hizo nada. ¡Figúrate lo que hubiera salido! ¿Quieres un *whisky*?

Bueno.

Es curioso lo que dices del expresionismo porque a través de Epstein tuve también que ver con Lupu Pick.[10] Ya no era el que fue. Es curioso como hay directores que solo son buenos cuando tienen un escritor. A mí me pasa todo lo contrario, yo necesito un escritor, desde luego, porque como escritor soy no solamente muy malo, sino sumamente lento. Me molesta todo lo que salga de mis manos directamente, me fastidia hasta mi letra. Claro que queda la máquina, pero tardo horas y horas, y lo que tú harías en media, me cuesta a mí tres. En cambio, trabajar con aparatos, eso sí me gusta. [...].

Cuando venía de París iba al Café Castilla, a la hora de comer. Venían los amigos. Una tertulia.[11]

El Café Castilla... Sí, un café de cómicos donde había gente hasta muy tarde por la noche.

Yo iba a mediodía.

---

10 Lupu Ludwig Pick (1886-1931) fue un actor, escenógrafo, productor y director de cine alemán de origen rumano, miembro destacado del cine expresionista alemán.

11 Aub parece citar un pasaje de un libro sobre Buñuel; seguramente el de Kyrou.

Sí, están todos los teatros cerca; en la calle del Barquillo. Un café bonito, no muy grande, con las mesas bastante cercanas las unas a las otras y sofás. Y en las paredes, muchas caricaturas de autores y de cómicos, de Fresno.[12] Un día veo un biombo puesto. Era un miércoles. Pregunto: «¿Qué?». «Que es miércoles y viene don Miguel a comer su cocido». Aquel día estaba yo... ¿con quién? No me acuerdo. Bueno, éramos dos. Nos pusimos a comer, y al momento llegó Primo de Rivera con tres o cuatro amigotes. «¡Que quiten este biombo! Estamos en familia». Se sentaron. «¡Eh, jóvenes!, ¿una copa?» *[Buñuel tuerce el gesto, tuerce los hombros, hace cara de lástima].* «Muchas gracias». ¿Qué iba uno a hacer? Y la copa. Comimos lo de siempre. Luego: «Que les sirvan dos coñacs a los jóvenes». «Muchas gracias». El coñac. ¿Que ibas a hacer? Además, era una época buena; al fin y al cabo, él no mató a nadie. [...].

Breton abandonó la escritura automática por el humor objetivo *—el humor negro— y el azar, de igual denominación. Ahora bien, el humor y la casualidad no solo son distintos, sino contrapuestos. ¿Te ha sucedido alguna vez fiarte del azar para lograr un resultado aprovechable?*

A veces. Por ejemplo, en *Viridiana.* Yo no había previsto esa escena que se ha hecho tan famosa de la reproducción de la *Cena* según Leonardo da Vinci. Pero cuando llegué al set y vi la mesa y el mantel blanco y la disposición de los mendigos, pensé en ello. Y entonces mandé buscar cuatro extras más. Porque, si tú ves, en la película no hay más que nueve mendigos y en la mesa son trece. Si lo hubiera pensado antes, no me hubiese costado nada poner trece en la película en vez de nueve.

Y volviendo atrás, cuando empezaste a filmar Un perro andaluz, *¿pensabas ingresar en el grupo surrealista?*

No, pero sentía una gran afinidad hacia ellos.

¿Querías el fracaso según las mejores leyes de la escuela?

Sí y no. Dependió del público. Cuando yo vi que todo el grupo, Aragon, Breton, Soupault,[13] estaban allí, cambió mi sentido. Ya sabes que yo estaba detrás de la pantalla poniendo discos. Bueno, pues yo tenía los bolsillos llenos de piedras, para tirárselas al público si empezaban a protestar. Pero fue un triunfo.

---

12 Fernando Gómez-Pamo del Fresno (Madrid, 1881-Madrid, 1949) fue un caricaturista y actor español.

13 Philippe Soupault (1897-1990) fue un escritor y político francés, uno de los impulsores del dadaísmo en Francia e iniciador del surrealismo.

¿Conociste a Larrea en París?

Poco, donde nos hicimos amigos de verdad fue aquí, en México.

Me ha escrito una larga carta explicándome, a su manera, todo lo de Ilegible, hijo de flauta.

Tú sabes que intenté tres veces hacer la película y no pudo ser.

Ya lo sé [...]. Lo decía porque me hace gracia pensar que todas las teorías de Juan [Larrea] acerca del Nuevo Mundo se vienen abajo si se acuerda uno de Dadá y del surrealismo, principio, para él, de ese nuevo mundo.

¿Por qué?

Porque al fin y al cabo el dinero con que hiciste Un perro andaluz *y las invenciones de Picabia —porque como mal pintor era malísimo, pero como inventor era prodigioso— venían de América, y de Cuba precisamente, en último término.*[14]

Pues tienes razón. ¡Qué gracioso!

Sí.

Otro que no era tonto era el famoso conde de Foxá.[15] Cada vez que voy a París me recibe el cónsul, que fue algo así como su secretario y que le guarda una veneración curiosa. No era tonto. Tengo un primer tomo de una serie que no sé si ha seguido saliendo. Se titula, como la de Galdós, *Episodios nacionales.* Allí cuenta cómo sintió el santo advenimiento en el Teatro de la Comedia, cuando oyó por primera vez hablar a José Antonio Primo de Rivera. Lo que no cuenta es que ese día venía conmigo e íbamos al Palacio de la Prensa para la única presentación que se dio entonces en Madrid de *La edad de oro.* Nos encontramos no sé con quiénes, que le dijeron: «Vente con nosotros al Teatro de la Comedia, que va a hablar José Antonio Primo de Rivera, que es un tipo fenomenal». Foxá me dijo que, al fin y al cabo, él podría ver la película otra vez, y se fue con sus amigos a oír al fundador de Falange.

Si no hubiese ido ese día, hubiera sido otro. En cambio, se quedó sin ver La edad de oro.

Desde luego. Allí estaba todo el Madrid izquierdista o al que por entonces teníamos por tal: Ortega, Canedo, Federico... Al salir, le dije a Federico: «Anda, vente. Vamos —ya no recuerdo adónde— a comernos unas chu-

---

14 El abuelo paterno de Picabia era cubano.

15 Agustín de Foxá y Torroba (1906-1959) fue un poeta, novelista, periodista y diplomático español.

letas», o algo por el estilo. Federico dudó, con su corbata de moño, y dijo con su acento que todavía tengo en los oídos que ya no me sirven: «Luis, tu película no me ha gustao na». Y yo le contesté que no importaba nada, que qué tenía que ver la película con las chuletas. Pero es curioso que el día que se presentó en Madrid *La edad de oro* se fundara la Falange Española.

CONCHITA BUÑUEL

M. A.: Y cuando Luis se fue a París, ¿a tu madre le pareció bien o se fue sin avisar a nadie?

C. B.: No, no. A mi madre la convenció. Mi madre se dejó convencer siempre por Luis. Tenía mucho miedo de que le pasara algo. Al principio no estaba conforme con Juana, no la conocía. Pero le daba horror que se casase con una francesa por ideas de esas, así, un poco extrañas, o pensar que Luis no volvería. Pero luego mi madre le tomó un cariño tan grande a Juana que, cuando le escribía a Luis, siempre le decía: «Tu mujer, que es ese ángel de Dios, ese ángel del cielo que anda por la tierra». Siempre lo decía y la quería muchísimo. Y luego, lo de *Un perro andaluz*: Luis le pidió dinero a mi madre y, aunque Luis no creo que lo sepa, pienso que influí en mi madre para que le diera el dinero para *Un perro andaluz*.

M. A.: ¿Tu madre dudaba?

C. B.: Mi madre... no quería. Lo del cine le parecía casi como una profesión de saltimbanqui, una cosa muy poco bien. Y cuando Luis le pidió dinero, dijo: «No, para el cine, jamás, jamás». Pero yo le dije: «Mira, mamá, si Luis fuese dentista le pondrías un consultorio, si fuese médico, pues también; si fuese abogado, un bufete... Pues dale esto». Y no sé si la convencí, pero el caso es que le dio el dinero e hizo *Un perro andaluz*.

CONCHA MÉNDEZ

M. A.: [...] Y él [Buñuel] estaba en París.

C. M.: Sí, él estaba en París. Yo le vi en París cuando pasé. Siempre que sabía cuando yo estaba, me ponía un neumático[16] o lo que fuera, porque en París, cuando yo dejé Argentina, el que era embajador de España en París, Danvila,[17] creo que se llamaba, fue muy gracioso. Nos recomendó a un barco mercante que nos trajo a otra escritora, Consuelo Berges,[18] y a mí. Nos reco-

16 En Francia, hasta 1985, un *pneumatique* (cuya traducción literal es neumático) era una especie de telegrama o carta rápida enviada por una red de tubos de aire comprimido por los servicios postales parisinos. Aunque aquí lo hemos transcrito literalmente, en el futuro hemos utilizado el sinónimo *cable*, más común en español.

17 Alfonso Danvila y Burguero (1879-1945) fue escritor y diplomático.

18 Consuelo Berges Rábago (1899-1988) fue una traductora, periodista, escritora y biógrafa española.

mendó para que nos atendieran el capitán y toda la gente, para que tuviéramos sitio de privilegio y que nos atendieran los cónsules en Santos y en Brasil [*sic*], y por ahí salieron a recibirnos a ella y a mí, casi se puede decir oficialmente, en fin, todo muy bien. Y cuando llegué a París, fíjate la sorpresa, Buñuel se entera que yo estoy en París, porque yo no me carteaba con él ni nada de esto ya. Entonces, no sé por quién se enteró de que yo estaba, me invitó a ver sus películas *La edad de oro* y *Un perro andaluz*. Y cuando fui estaba Danvila, el embajador. «¿Cómo? ¿Usted aquí?». «Pues esto digo, ¿usted aquí? Porque yo soy amiga de estos». «¿Desde cuándo?». Y estaba un grupo, estaba, ya no me acuerdo…

M. A.: ¿Y qué impresión te hizo ver de pronto al Buñuel que habías conocido como futuro ingeniero haciendo películas de este tipo?

C. M.: Pues ¿sabes qué pasaba?, que como yo misma, de mí, no me creía tampoco lo que vivía —porque muchas veces me preguntaba: «¿Qué es esto que me está pasando?», porque por donde quiera que iba levantaba polvaredas de éxito—, pues si quieres te enseño ahora cientos de recortes. Yo me quedaba muy asombrada: unos banquetes que me dieron en Argentina. Unas cosas tan raras. Decía: «Bueno, ¿esto me pasa a mí? Qué curioso, ¿verdad?».

M. A.: No te extrañó que le pasara lo mismo a Buñuel.

C. M.: […] Había una diferencia: su familia le ayudó con dinero. Y a mí, no. Yo me tuve que ganar la vida así, a pulso, ¿ves? A pulso. Jamás pedí nada.

M. A.: Y él, y la familia…

C. M.: La madre le quería muchísimo. Era el hijo favorito. Entonces, le ayudaba todo lo que podía. Murió el padre cuando él tenía entonces unos veinte años y la madre quedó con toda la fortuna y a él le ayudó muchísimo. Muchísimo.

M. A.: Pero, ¿eran de verdad muy ricos? O, en fin, de esas…

C. M.: Sí, sí, de verdad. Ellos veraneaban a todo dar en San Sebastián. A él le compraron el coche. Le daban dinero y se fue a París y toda esta cosa. Eso fue, pues, cuando dijo: «Allí voy yo a ver dónde me coloco, en la Sociedad de las Naciones», o no sé en qué, no sé qué pleito llevaba. Y luego a ver si nos casábamos y tal. Pero luego, la vida, pues nos separó. Lo cual fue en beneficio para él y para mí.

M. A.: Así que cuando se fue a París todavía era novio tuyo.

C. M.: ¡Ah, claro! Nosotros nos acabábamos de mudar a una casa que pagaba mi padre 17 000 pesetas. Antes habíamos vivido en la calle de Hermosillo, número 17. Y era una casa espléndida, con artesonado, con portero de librea. Porque antes vivíamos en una casa que era de mi padre, en la calle Villanueva. Teníamos todo un piso, o sea, dos departamentos, otro piso abajo, ¡qué sé yo! Pero luego nos mudamos a una muy lujosa. Y él todavía la vio; de ahí salió. Y fíjate qué curioso: a una prima de mi madre, que hoy que ya se ha ido, porque ella nos acompañaba, ¿verdad?, no me dejaban sola ni un momento. Dice: «Ya se ha ido». Digo: «Sí. Y si yo fuera él haría la del humo». Y va y me dice: «¿Cómo la del humo? Porque yo ya no volvería. Fíjate tú cómo, si hubiese sido yo, hubiera hecho igual». O sea, que justificaba en ese momento, pues claro, todo.

M. A.: ¿Y rompisteis vuestras relaciones?

C. M.: Sí. Él conoció a la que es ahora su mujer; que es una buena chica. Sí. Después, ya en Madrid, yo venía de Argentina, nos volvimos también a ver. Yo ya había tenido otros amores. Me iba a casar con un argentino, un chico viviendo ahí y, bueno, tuve miedo de casarme. Me volví. Ya él había pedido mi mano por carta a mis padres, estaba dispuesto a ir donde yo quisiera; que es cuando yo conocí a Manolo. Y, al mismo tiempo, yo tenía relaciones con otro muchacho en Madrid, que dejé, claro.

MANUEL ÁNGELES ORTIZ

M. A.: ¿Dónde conoció Luis a Jeanne?

M. A. O.: Peinado era muy amigo de una familia francesa que había vivido en Córdoba. Y no sé por qué motivos, habían quedado muy amigos de Peinado, y esa familia vivía enfrente de la casa de los padres de Jeanne. Eran muy amigos, íntimos amigos. Por esta amistad de Peinado, nos veíamos a menudo con esta familia, porque Peinado, Viñes, Paco García Lorca —que estaba aquí en esa época— y yo éramos inseparables. Y estábamos siempre con esa familia. Cada vez que esa familia hacia una fiesta, invitaban a Peinado y Peinado nos invitaba a nosotros. Por eso nosotros fuimos amigos de la familia Rucar, que eran los padres de Jeanne. Con esa amistad, Hernando Viñes y Peinado, que tenían un estudio juntos en el bulevar Montparnasse, organizaban fiestas, donde se divertían, bailaban al son de un gramófono y venían muy a menudo Jeanne con amigas del grupo de baile de Irène Popard.[19] Jeanne era una muchacha toda ella preciosa. Jeanne *était* como la Venus de Milo. *C'était une beauté, enfant extraordinaire. Elle avait seize ans*. Quince o dieciséis años tenía la muchacha, joven, guapísima, extraordinaria. En esa época Buñuel vino a París, sería el año 25 o 26. ¿Qué año sería cuando vino Buñuel?

M. A.: 1925.

M. A. O.: 1925 o por ahí. Pero Buñuel vino aquí en plan de niño *(ríe)* rico, que era lo que era, ¿no? Él vino a divertirse; no iba más que a la *boîte* y estaba siempre conmigo. Me invitaba a todas partes y siempre ha quedado la broma de que, como él siempre me invitaba a café o a cualquier cosa, siempre tenía yo que poner una perrilla o una perra gorda. Es decir, que el café valía *cinquante sous* y yo tenía que dar *deux sous*. *(Ríe).* Siempre hemos tenido esa broma. Un día me dijo: «Oye, llévame a sitios donde me divierta». Digo: «Pues te voy a llevar…». Y lo llevé un domingo al estudio de Peinado y de Viñes, donde estaba Jeanne Rucar y todas sus amigas. Y ahí es donde se conocieron. Allí conoció a Jeanne Rucar.

19 Irène Popard (1894-1950) fue la creadora del método de expresión corporal gimnasia armónica y rítmica.

M. A.: Por cierto, de la misma manera que siempre escondía a Juana de todo el mundo, de nosotros también.

M. A. O.: Yo no sé si es que la escondía o que es su carácter. Tú sabes que sigue en lo mismo, ¿no? O sea, vive vagando y deja a Juana.

M. A.: Sí.

M. A. O.: Y Buñuel va a todas partes sin Juana. No sé si es que Juana no quiere o si es que Buñuel... No sé, es muy raro Buñuel. Buñuel es muy raro. *(Ríe).*

M. A.: Pero, ¿era lo mismo aquí, entonces?

M. A. O.: ¡Ah, sí, sí! Buñuel no ha llevado a Juana a ninguna parte. Es decir, no ha estado nunca con ella *(ríe)* en ninguna parte. Ni cuando era el gran amor, si es que ha habido un gran amor, ¿no?

M. A.: Pero ella, por lo menos, ha seguido hasta ahora con él y está maravillosamente bien.

M. A. O.: ¡Ah!, sí, porque —por eso te digo que no sé si es que Buñuel, como tú dices, la escondía, o si es que ella no quiere ir— hay otra cuestión: en la época en que Buñuel ingresa ya en el surrealismo Juana no tiene nada que ver con el grupo.

M. A.: No, no sabe lo que es.

M. A. O.: No sabe nada. No tiene nada que ver. Entonces, ¿qué papel va a representar con Buñuel en todo ese movimiento surrealista de tipo intelectual más o menos extraño? Juana está encantada de seguir siendo la madre de *(ríe)* sus hijos, de ser la mujer de Buñuel y de estar sola, con sus amigos. Porque no quiere ni venir aquí.

M. A.: No, no. No quiere venir. Otra cosa: según Jeanne, se casó en 1925. Según Buñuel, se casaron en 1934.

M. A. O.: De eso ya no me acuerdo.

M. A.: Esto quien lo sabe es Concha Méndez. [...].

RAFAEL ALBERTI

M. A.: Te diré una cosa. Buñuel es muy celoso.

R. A.: Sí.

M. A.: En París, cuando dejaba a Jeanne, no permitía que Jeanne saliera con nadie más que con Claudio de la Torre [...].

R. A.: Eso no me extraña nada. Yo sé que era muy celoso, siempre he sabido que Luis ha sido muy celoso. En las épocas en las que era joven nunca presentó a su mujer a nadie; ahora quizás la presente.

M. A.: Sí, ahora, sí.

R. A.: Era muy hermosa chica, muy guapa, ¿verdad? Pero yo sé que él la escondía mucho. Y siempre aparecía como un soltero, hasta que tuvo sus hijos, Buñuel era como un soltero que tenía una mujer legal o lo que fuera, pero que ni siquiera lo parecía, porque le daba tanto aire de misterio que no sabías muy bien qué era.

M. A.: El misterio llega hasta la fecha del matrimonio. Luis dice: «Yo me casé el 25».

R. A.: ¿En 1925?

M. A.: Sí. Y Jeanne dice luego: «Nos casamos en 1934». Es divertidísimo, ¿no?

R. A.: La verdad es el 34.

M. A.: No me importa nada.

R. A.: No, porque él entonces… Y porque Buñuel, en el fondo, como buen católico que hemos decidido que es *(ríe)*, le preocupaban esas cosas, creo, y andaba viviendo ilegalmente con ella.

M. A.: Sí, sí.

R. A.: Y entonces la tenía muy oculta. Después la empezó a enseñar un poco, hasta que estuvo casado. Estará casado por la Iglesia.

M. A.: Las dos personas con quien ha dejado salir a su mujer eran, en París, Claudio; y luego en Madrid, Moreno Villa.

R. A.: Hombre.

M. A.: Que es otro de quien no hemos hablado.

R. A.: También hay que hablar de él.

SANTIAGO ONTAÑÓN

M. A.: Mi querido Ontañón, háblame lo que te dé la gana siempre que sea acerca de Luis en sus buenos tiempos en que le conociste, de los años 23 y 24.

S. O.: Yo conocí a Buñuel en el año 23 o 24. No estoy seguro, no puedo precisar cronológicamente cuáles son esos primeros años de París. ¿Cuándo ganó Rafael Alberti el Premio de Poesía?

M. A.: 1924.

S. O.: Entonces fue el 24, porque vivía Luis Buñuel en un hotel cerca de la cárcel de La Santé, que era una especie de sanatorio, frío, inhóspito, todo de azulejo blanco. *(Ríe)*. Era un hotel muy absurdo, donde él vivía. Me acuerdo que fui una mañana, creo que con Joan Castanyer[20] o Diego Buigas[21] [de] Dalmau, que luego fue diplomático, que era muy amigo nuestro, y allí nos encontramos. Estaba también Paquito García Lorca. Y estaban muy contentos todos, entre ellos Paquito, porque habían dado un premio nacional de poesía a Alberti. Yo,

---

20 Joan Castanyer (1903-1972), conocido en Francia como Jean Castanier, fue un director de cine y guionista catalán, que regentó en París el restaurante Le Catalan, frecuentado por la intelectualidad y los artistas parisinos. Durante la Guerra Civil, fue el director de Laya Films, la productora propagandística de la Generalitat catalana.

21 Diego Buigas de Dalmau y Ortuño (1905-1960) fue un diplomático español.

que había salido hacía años de España, fue el primer contacto que tuve con Rafael Alberti. Vamos, la primera noticia de la existencia de Rafael, porque, como tú sabes, Rafael era pintor y se dedicó a escribir en el sanatorio. Pues estaban todos muy contentos. En esa época Buñuel era de nuestra tertulia, de nuestra peña, y nos reuníamos bien en La Rotonde, bien en el Jockey, bien en La Closerie des Lilas, nos reuníamos bastantes. A él le gustaba mucho jugar a eso que tú seguramente conocerás, de los detectives. Era un juego en el que cada cual era un detective famoso: Nick Carter, Sherlock Holmes, Okito *(ríe),* un japonés. Se inventaba un crimen y uno explicaba el drama. Entonces, siempre había otro policía que se reía muy irónico *(ríe)* diciendo: «¡Qué ingenuo! Eso es una cosa toda tramada por mí». Y era una lucha constante de los detectives, siempre dentro del personaje que se conocía, cómo se destruían unos a otros, el crimen. Y muchas veces, pues, se mataba *(ríe)* a diestro y siniestro, y se quedaba la historia sin continuar. Y otro juego que también le gustaba mucho era escribir un capítulo a la manera de... Eso venía un poco de la Residencia de Estudiantes. Escribía un artículo a lo Baroja. Entonces, uno escribía un pequeño argumento y el otro lo tenía que seguir, y otro más lo tenía que seguir y así sucesivamente. A Buñuel le gustaba mucho y cuando llegaba su capítulo, pues, de repente, mataba a un protagonista y mataba a todos *(ríe)* y se acababa la novela. Buñuel, como tú sabes, y lo has conocido mejor que yo, era absorbente. Tenía entonces una especie de potencia física, casi como una locomotora. Estaba en una reunión, en el sótano del Select, por ejemplo, y decía: «Bueno, vamos a hablar de poesía media hora». Entonces, todos, como imbéciles, hablábamos de poesía, y de repente decía: «Bueno, basta», porque había dado la media hora justa. Y no te podías pasar, porque se acababa. O, de repente, uno de nosotros decía: «Bueno, oye, ¿por qué no vamos a tal sitio?». «No, no». Y entonces, todo el mundo quieto. Pero de repente decía: «Bueno, vámonos». Y hacía un movimiento elefantiásico, y teníamos que ir todos detrás de él. Es que era una fuerza la naturaleza. Para entonces fue cuando él empezó a pensar en hacer cine. Porque tú sabes que él era un señorito rico. Él fue siempre un niño rico de Zaragoza. [...] Y ya, pues, jugábamos a que él era director. A ser director. Entonces, bajamos al sótano del Select y él se ponía ahí, ¡uy!, ¡uf!, soplando mucho. *(Ríe).* Y mandaba: «¡Bueno, yo soy el director!». Y al que era mejor actor, le convidaba a un Manhattan. Entonces valían siete francos *(ríe),* que era mucho para todos nosotros. Los actores que interpretábamos las escenas éramos Castanyer, Hortelano, Paquito García Lorca, Manolo Ángeles Ortiz, muchas veces Diego Buigas y yo. Casi siempre ganábamos Paquito García Lorca y yo. Éramos los que nos llevábamos los cócteles. Y él allí tomándoselo, pero de lo más en serio. Se ponía: «A ver, ahora tu salías, llegas a una reunión social, muy elegante. Tú entras, desde la puerta ves a la directora, a la dueña de la casa, la saludas con una inclinación. Y al poco rato aparece un niño y le saluda», y todo eso. Tú tenías que entrar, saludar de lejos, o sea, venía un niño *(ríe),* un niño imaginario al que le tenías que hacer caricias, y así. Y él gozaba con eso. Disfrutaba tremendamente.

RICARDO MUÑOZ SUAY

(Recuerdos del 25 de enero de 1967).

R. M. S.: Digo notas: aparece Castanyer, un exilado español que vive en París, tiene algún guion de Buñuel. Es una cosa que no estoy seguro. Éli Lotar parece que posee el carné de rodaje de *Tierra sin pan*, que es el fotógrafo que hizo *Tierra sin pan*.

M. A.: Ha muerto.

R. M. S.: ¿Ha muerto Lotar? ¡Ay va!

M. A.: Ha muerto hace un mes y medio. Murió quince días antes de llegar yo a París. Y Castanyer es un pintor catalán que vive en Hyères, en un pueblo, [...] en una casa que le dejan los Noailles.

R. M. S.: ¡Ah!, ¿sí?

JOAQUÍN PEINADO

M. A.: ¿Cuándo conociste a Buñuel?

J. P.: Creo que nos conocimos el año 1924. Porque yo llegué a París a fines del 23 y enseguida me encontré allí con este grupo que ya conoces, Manolo Ángeles Ortiz, Cossío, Bores, Buñuel, Buigas, un diplomático, Paco García Lorca. Y en aquel tiempo, en el 24, seguramente, se inauguró un hotel que se llamaba Hôtel de la Terrasse en la calle de la Glacière, número 74. Y fuimos un grupo de españoles, fuimos de los primeros habitantes u ocupantes de aquel hotel, lo estrenamos. También andaba por allí Ismael González de la Serna y... Milicua, Uzelay... Algunos vivían en la calle que se llamaba entonces calle Broca. Bueno, pues íbamos a comer a un restaurante del bulevar Arago, que era de un señor que se llamaba Bondoux. Y allí nos reuníamos a veces hasta quince españoles. Juan Vicens era uno de los que trajimos, porque Juan Vicens estaba con su librería, la librería de Sánchez Cuesta. ¿Te acuerdas?

M. A.: En la calle Gay-Lussac.

J. P.: En la calle Gay-Lussac, en el número 10. Bueno, pues, allí hacíamos un grupo, todas las noches nos reuníamos. Y Buñuel, tenía su habitación en el Hôtel de la Terrasse. Buñuel era... Bueno no, porque iba a decir que era el niño rico. No. Había otros como Buigas, como Paco García Lorca. *(Ríe).* Vicens ya venía un poco arruinado *(ríe)* ya que había vendido su molino, y se metió en la librería, y un hombre tan honrado no podía ser nunca un *(ríe)* comerciante floreciente. En fin, estábamos allí un grupo muy simpático, que ha continuado después esta amistad. Yo la he ido cultivando siempre. Buñuel ocupaba una habitación muy buena, de las mejores, en lo alto del hotel, que tenía cinco o seis pisos, y tenía una terraza, y en esa terraza colocó un balón para practicar el *punching-ball*, un balón con unas correas. Y todas las mañanas, torso desnudo, hacía allí su sesión de boxeo, o de *punching-ball*, lo cual, claro, producía una impresión entre nosotros, entre los menos amigos o los que cultivábamos menos la cultura física. Pero él venía de la Residencia de Estudiantes, como Juanito Vicens, con principios muy sanos y le gustaba practicar el deporte para mantenerse en forma, etc. Bueno, después de esto, nos reuníamos en La Coupole casi todas las noches y allí venían ya otros españoles mucho más modestos que nosotros, porque Uzelay, Paco García Lorca, Buñuel, Vicens, éramos lo que se dice *hijos de familia*, recibíamos nuestro dinerito todos los meses. En La Rotonde ya era distinto. Allí venían otros muchachos, que vivían allí de su trabajo, que eran finos, escultores, artistas, que trabajaban haciendo marcos, haciendo muebles. Muy bien. Recuerdo, si puede interesarte…

M. A.: Sí, claro, todo.

J. P.: Todo lo que diga. Pero es que puedo ser demasiado prolijo… Una noche estábamos hablando y se sacaron unas plumas estilográficas: que si la Parker era la mejor que la Waterman, en fin. No sé qué pasó con aquella discusión. Lo que sí te digo es que, de pronto, saltó allí un chorro de tinta y le cayó a Buñuel en una gabardina muy bonita y nueva que él traía de Madrid y que todos admirábamos. Y Buñuel, que pensábamos que se iba a enfadar o que se iba… No. Dijo: «Mañana la mando al tinte, esto desaparece». Y no se alteró lo más mínimo. Esto no dejó de impresionarme, prueba de ello es que te lo cuento como una cosa de Buñuel. Luego, otras cosas tenía Buñuel que unas veces eran raras y otras veces las aceptábamos. Porque no sé si Buñuel ha sido de joven un hombre tímido, creo que no lo ha sido nunca. No sé cuál es tu opinión. Bueno, pretendo ser una persona importante en la vida de Buñuel y le digo algunas veces que, si él hace cine, me lo debe a mí, fíjate si es gorda la cosa. Y ocurre también que, si se casó con Juanita, es por mí.

M. A.: ¿Es cierto que tú fuiste novio de Juanita antes que Luis?

J. P.: No señor, no es cierto, nunca fui novio de Juanita. Yo llegué a París, como te he dicho antes, el año 20, a fines del 23, en noviembre, el día de las Catherinettes, fíjate.[22] Y traía una carta o una presentación para una familia cordobesa. La soltera se llamaba Conchita Urbano y la casada Rafaela que, por el nombre del marido, Seller, era hermana de Conchita Urbano; eran dos. Y estas amigas me recibieron muy bien y me dijeron: «Joaquín, si tiene usted algunos amigos españoles, tal día celebramos una reunión aquí, y tráigalos». Y entonces yo llevé a Paco García Lorca, a Manolo Ángeles Ortiz, a Luis Buñuel… a Hernando, también lo conoció, sí. Pues íbamos allí y un día, el de la primera comunión de Juanita —Juanita era muy joven— pues allá vamos, los llevo a

22 25 de noviembre.

todos y ya pues nos adoptaron en la familia de Juanita. El grupo de españoles era muy solicitado.

M. A.: Esto era en el bulevar Gambetta o algo así.

J. P.: Exacto. […]. Bueno, ¿qué otra cosa sobre Buñuel?

M. A.: Bueno, quiero preguntarte una cosa: Juanita, por aquel entonces, ¿ganó una medalla en los Juegos Olímpicos (medalla que conserva) de gimnasia?

J. P.: Sí, en efecto. Medalla que me enseñó el lunes, cuando estuve comiendo con ellos, y no le presté mucha atención. Es que Juanita, con Hélène Tasnon y otras, formaban parte de una…

M. A.: ¿Quién?

J. P.: Hélène Tasnon, una muchacha muy simpática amiga de ella. Formaban parte de una escuela o una academia de cultura física que tenía, no sé si era Ivonne o Irène Popard, ¿no te dice algo ese nombre?

M. A.: Sí, sí, sí.

J. P.: Popard, que formó a muchas alumnas; sobre todo tenía alumnas. Les ponían unas túnicas con una cosa muy bonita. En fin, ahora ya se hacen todavía cosas más atrevidas. Pues, en efecto, ella formaba parte del equipo que presentó Irène, Irène Popard. Y de ahí viene o debe venir la medalla, que la tuve el otro día en la mano. *(Ríe).* Y no me acordaba yo de eso.

M. A.: Hay ahí una cosa muy curiosa. Cuando hablé, hace ya tres años, con Juanita, me dijo que se habían casado el 24. Y luego me dijo Luis que se habían casado el 34. Sé que se casaron el 34 porque Concha se puso frenética cuando supo que estaba embarazada. Le dijeron [a Luis Buñuel]: «Claro, la familia Buñuel es tal y te vas inmediatamente a París y te casas con ella». Y efectivamente, Luis se fue a París. Estaba entonces en Madrid, con su ciática y demás, y se fue a París. Se casó y se regresó *(ríe)* ya el mismo día. ¡Pero se casó!

J. P.: Sí. Yo esto ya lo he perdido un poco. Las fechas del casamiento no las recuerdo. Lo he conocido y tratado después en Meudon, donde alquiló una casita.

M. A.: Bueno, pero eso ya es durante la guerra, si no me equivoco. ¿O fue antes?

J. P.: No, fue antes. Vivió en Meudon una temporada larga, y tenía ya a Juan Luis. Pero esto es antes de la guerra. Luego vivió también…

M. A.: Pero muy poco antes de la guerra, porque Juan Luis nace el 34.

J. P.: ¿El 34? Sí, la guerra llega el 36, en efecto.

M. A.: Sí.

J. P.: Es que también ha vivido en la calle Pascal.

M. A.: Sí.

J. P.: ¿Tú lo conoces eso? El otro día le dije: «¿Te acuerdas de la casa de la calle Pascal?». «Sí, sí que me acuerdo». Yo estuve allí, cenando con Viñes, y él preparó la cena. Mira, nos hizo unas chuletitas, él mismo las cocinaba, les ponía aceite, las ponía en la parrilla. Y todos las comimos, con mucho gusto, y toda la cena, y entonces dijo: «He hecho poca cena, porque veo que no habéis dejado nada. *(Ríe).* Os lo habéis comido todo». Estas son las cosas de Luis. Nos acusaba de haber sido unos comilones. La realidad *(ríe)* es que lo hizo muy bien, y estaba todo muy bien preparado. Bueno, él siempre, ya lo conoces, atacándonos. Nos reuníamos mucho en casa de Hernando Viñes, que, como sabes, era sobrino de Ricardo, el pianista, y entroncados con músicos y con gente de valía. Porque yo he conocido a… ¿Soyer se llama o Sauguet?

M. A.: Sauguet.[23]

J. P.: Sauguet. Claro, a Ricardo, también a Darius Milhaud.[24]

M. A.: Milhaud, sí.

J. P.: Todo esto venía de la casa de los Viñes, y un día nos dice Hernando: «Pues tenemos que trabajar porque han pedido a papá que haga los decorados para *El Retablo de Maese Pedro*, que se va a dar en Holanda. Ya se dio el año 23, nosotros hicimos unos decorados, y ahora quieren darlo en la Ópera de Ámsterdam y han solicitado de nuevo que sea papá y nosotros los que hagamos los decorados». Muy bien. Pues, en la calle Broca, donde había un taller bastante amplio, que ocupaban Cossío, Uzelay y otros, se hicieron los decorados. Allí venía don José Viñes, el padre de Hernando, hombre muy nervioso, y se enfadaba cuando se daban unos golpes allí con un martillo para construir aquel escenario pequeñito del retablo. Y Cossío diciéndole: «¡Don José, que no es un piano!». *(Ríe).* Por las noches, en casa de Hernando, ensayábamos la parte musical, los movimientos de los guiñoles, de los muñecos y todo eso. A mí me tocó hacer de Maese Pedro. Sauras, que era otro de los amigos que antes no he mencionado, también paisano de Luis, hacía de Don Quijote, pues era un muchacho muy delgadito. Y allí, en casa de Viñes, hacíamos los ensayos musicales, y una alumna de Ricardo Viñes tocaba el piano y nosotros seguíamos la cosa. Y recuerdo muy bien que Buñuel, ya en aquellos momentos, tomó la dirección artística como un cineasta, como un director de cine. Y además me admiró mucho que la… ¿cómo se dice?, ¿la partitura o la partición?

M. A.: Sí, la partitura.

J. P.: La partitura. Pues él la leía y yo decía: «Pero este Luis es algo extraordinario, no solo conoce literatura y cine y…, sino que también la música. ¡Y puede leerla!». Es una cosa que yo he admirado mucho siempre, los amigos que podían leer la música. Pues él dirigía esta cosa. Luego no vino él a Ámsterdam,

---

23 Henri Sauguet (1901-1989), de verdadero nombre Henri-Pierre Poupart, fue un compositor francés.

24 Darius Milhaud (1892-1974) fue un compositor francés. Su obra se caracteriza por el empleo de la politonalidad, así como de patrones rítmicos derivados del jazz.

se quedó en París no sé por qué. ¡Ah, no, no! También vino. También vino, es verdad. Recuerdo que hacía unos comentarios sobre Holanda, porque era su primer viaje a Holanda. Después nos detuvimos y visitamos no solo Holanda, sino Bélgica. Visitamos los museos, diferentes ciudades... Sí, sí, claro que vino.

M. A.: ¿Y fue Juanita?

J. P.: No, no, no. [...].

M. A.: ¿Y qué le interesaba del arte?

J. P.: En aquellos tiempos era más bien la literatura lo que le atraía. Un día nos sometió a un examen. Nos encontrábamos en casa de Viñes, varios amigos y entre ellos, no sé si lo conoces, Gregorio Prieto,[25] jovencito entonces, como éramos todos, jóvenes. Y Luis diciendo siempre: «Vosotros los pintores sois unos analfabetos, no sabéis nada de literatura». Que era verdad. Lo éramos, o *(ríe)* por lo menos yo me lo consideraba. Entonces le dice a Prieto: «¿Qué libros conoces tú o has leído?». Y Prieto no sé lo que dijo. Y me pregunta a mí: «Y tú, ¿qué has leído?». Y yo que lo tenía muy reciente en la memoria le digo: «Yo he leído *Stepanchikovo*».[26] «¡Ah!, te doy el premio. Tú eres el... *(ríe)*, el más inteligente y el más erudito de todos». De modo que me dio una especie de diploma, de hombre que no era analfabeto entre los pintores. Claro, era injusto porque hay pintores del grupo, como Bores, por ejemplo, el propio Hernando, sobre todo, que tuvo una educación francesa y se encontró en un círculo de gentes muy interesante, por su tío y por otras razones. Pero Buñuel nos ha considerado siempre como unos analfabetos y nos despreciaba y al propio tiempo nos quería tanto. Luego están las historias suyas... él tenía dinero, y los amigos iban a pedirle dinero, los que no dependían de papá. Y algunas veces los consideraba como unos sablistas profesionales y, con un rigor que él mismo lo lamenta ahora, les negó. Les dijo: «Mira, yo tengo aquí tantos miles de francos, pues no te doy los diez francos que me pides». Cosas así que eran un poco duras, que nos sorprendían a todos. ¿Era eso timidez? No sé. Él ha tenido siempre unas ideas muy fijas sobre las cosas, me parece. Ha sido un hombre de gran cerebro y enérgico. Porque iba a comer con Epstein o con el otro y para eso él reservaba 700 francos. Y luego un Fenosa[27] o un Cossío le pedían: «Hombre, déjame diez francos». Y *(ríe)* le decía: «No. Yo tengo 700 francos, pero mañana tengo que comer con Epstein, lo invito y voy a tal restaurante». Cosas así, que nos desconcertaban un poco, pero, en fin. O un día decir: «¡Oh, estoy muy preocupado!» y «¡Oh, estoy indignado!». «Pero, ¿qué te pasa Luis?». «Que la familia —su mamá, en Zaragoza— pues ha comprado un automóvil y ha comprado un

25 Prieto también acabó escribiendo ensayos sobre Lorca y Cernuda.

26 *Stepánchikovo y sus habitantes*, novela escrita por Fiódor Dostoyevski y publicada en 1859.

27 Apel·les Fenosa i Florensa (1899-1988) fue un escultor español.

Renault, y yo no quería que comprara un Renault». Yo decía: «Pues vaya preocupaciones». *(Ríe)*. ¡Qué sé yo! Las cosas que más me entristecen es, primero, tener que recibir algún dinero de papá y, segundo, si las noticias de sus negocios no son buenas. Pero en su caso era diferente, era otra ética, otra manera de pensar, porque allí no había problemas de ese tipo. Sin embargo, cuando hizo *Un perro andaluz*, esto fue…, ¿cómo se llama la señora esta…?

M. A.: La Noailles, Marie-Laure.[28]

J. P.: La Noailles, sí, me acuerdo, era en la plaza des États Unis. […].

M. A.: Ahora te quiero preguntar una cosa: en el momento en el que Luis y Dalí —porque en ese momento llega Dalí a París—, en ese tiempo, ¿qué pasa? Es decir, ¿ya tú pierdes un poco de vista a Luis en el momento en el que se une a Pierre Unik y a Sadoul[29] y a Aragon, y más o menos ayuda al grupo comunista, o no? ¿O seguiste viéndole?

J. P.: Sí, creo que a partir de ese momento que indicas, en efecto, nos hemos visto menos, no lo sé. Es que todos íbamos avanzando en edad, y cada uno con sus preocupaciones que se hacían más fuertes. En efecto, perdíamos un poco de vista a Luis, o por lo menos, yo. Por sus relaciones tan estrechas con el grupo surrealista, con el partido. Yo nunca entré en esas cosas, el surrealismo nunca me interesó. Yo quería la pintura en el sentido pictórico y no introducir literatura y, en fin, no sé. Tal vez hubo alguna separación, pero no te puedo decir exactamente, y no fue por esas razones, porque continué siempre siendo muy amigo de Louis Aragon, del propio Breton, de Tristan Tzara, y como la guerra de España viene el año 36, ellos venían a colaborar allí con nosotros en la oficina del turismo que se transformó en oficina de propaganda en París. También venía Buñuel, pero esto ya era el año 36. […].

* * *

M. A.: Pero, ¿tú crees —por todo lo que has contado de Luis— que hay un fondo de avaricia aragonesa, árabe y tal vez judía, en él?

J. P.: Es posible. No lo había pensado así, pero es muy posible, aragonesa, árabe, judía. Sí. Todas estas influencias me parece que las lleva muy…

M. A.: Bueno, pues son las mismas que las de su padre. Como los celos… En el fondo, ¿tú crees que Luis sea celoso?

J. P.: No, no lo creo. Celoso, ¿en qué sentido? ¿En el sentido de sus relaciones o de su trabajo? No, no. Porque también en el trabajo se puede ser celoso;

---

28 Marie-Laure Henriette Anne Bischoffsheim (1902-1970), vizcondesa de Noailles por su boda con Charles de Noailles, fue una escritora, pintora y, sobre todo, mecenas del arte de principios del siglo XX, en especial del surrealismo.

29 Georges Sadoul (1904-1967) fue un historiador cinematográfico vinculado al grupo surrealista. Sadoul y Buñuel fueron amigos durante todas sus vidas.

no, no. En el otro aspecto, mira, nunca he podido descubrir qué es Luis. Nos reuníamos también en La Closerie des Lilas, en aquellas épocas, los años 25, 24. Y decían —a lo mejor Luis—: «Estoy muy contento. Hemos pasado aquí dos horas o tres, hemos estado charlando y no hemos hablado de mujeres». A mí me desconcertaba, porque en realidad siempre se habla de mujeres: «Mira, que fulanita, que zutanita y que la otra se da bien o se da mal». ¿Y por qué no se habló de mujeres? Ahora, esto puede ser un complejo en él. No sé, nunca ha sido el hombre... Porque hay que ver un [Carlos] Saura, también viniendo de Zaragoza, que siempre tenía dos o tres mujeres detrás. Luis ha sido de otra manera. Juanita lo admiraba mucho por sus zapatos. Porque llevaba unos zapatos preciosos, de España; claro, los más caros. Y lo admiraba. Y su vestir. Pero él nunca utilizó eso en el terreno del amor o de la conquista. Yo tampoco, porque no tuve suerte en esa época. Me hubiera gustado. Pero los otros amigos, siempre hablando de muchachas. Y Luis, no: impenetrable. Yo no he podido entrar en ese aspecto suyo. Y luego, con sus películas, con *Un perro andaluz,* sobre todo con esta, pues me quedo muy perplejo, no puedo juzgarlo.

M. A.: Pero es que en *Un perro andaluz* hay muchas cosas de Dalí, del que no me has dicho nada.

J. P.: No te he dicho nada de Dalí porque lo he tratado muy poco, poquísimo. Cuando yo salía de la Escuela de Bellas Artes, de Madrid, él entraba, y cuando yo salí de la Escuela de Madrid, me vine a París —esto fue el año 1923— y él se quedó allí. Eran unos momentos en los que se había producido una vacante, la clase del profesor de pintura, no se cuál había muerto, y nosotros, los alumnos, queríamos que entrara Vázquez Díaz. Hicimos mucha campaña, pero aquel era mi último año, y entonces llegó Dalí. Pero una cosa...

M. A.: ¿Qué aspecto tenía?

J. P.: Era un joven delgadito, no tenía bigote, no le recuerdo con bigote, pero verás lo que me ocurre: estando en París, todos los días en la librería de Sánchez Cuesta, leyendo esa revista *Le Surréalisme,* que se editaron ¿cuántos números?

M. A.: Según. Estaba la revista *Le Surréalisme au service de la révolution.* Cuatro, creo.[30]

J. P.: Pues abro uno de ellos y veo que Dalí habla de Málaga y de la costa de Málaga a Estepona. Mira, y unos horrores y unas cosas de tipo sexual, que si él sacó su sexo y se lo enseñó a tal, y que si las malagueñas y los malagueños... Una cosa horrible. Y a poco de haber leído eso, me dice Vicens: «Está aquí Dalí, y te trae un cuadrito de parte de Emilio Prados». Pues era un cuadro mío, que no sé por qué lo tenía Emilio Prados. Y en vez de mandármelo a Ronda, dijo:

30 En realidad, fueron seis, de julio de 1930 a mayo de 1933.

«Se lo mando a París». Bueno, pues me lo trae y nos vemos. Yo, cuando veo a Dalí había leído ya eso, y digo: «¡Qué me va a decir este de Málaga y de Ronda!». Y me dice: «Vengo de tu país. Aquello es maravilloso, aquello es...». Y me habló de una serie de lugares comunes, lo que dice todo el mundo, cuando había escrito todo lo contrario. Así que me quedé también muy sorprendido. ¿Y qué más puedo decirte de Dalí?

M. A.: No digas más. Con eso basta.

J. P.: Es que él llegó a Málaga y se anunció por teléfono a José María Hinojosa, el de *La flor de California*, que también estaba en aquel grupo, y le dijo: «Bueno, pues estoy aquí, en Málaga». Y en seguida Hinojosa: «Voy a ir a buscarte al hotel», y eso. «Bueno. Muy bien». Hacía una mañana espléndida, un sol... Y dice —esto lo supe por José María—: «Voy a buscarlo». (No sé si ya venía con Gala; seguramente). Dice: «Allí sale Dalí, el torso desnudo, no sé si todo el desnudo, y con un collar». Es todo. Como me preguntas cómo era... Y con un collar tal vez de Haití, o qué sé yo, de Hawái. Y yo, que quería darle un paseo, pues se lo di. Pero José María se sentía muy violento, porque en Málaga le conocía todo el mundo. Esto define muy bien a Dalí, es el deseo de molestar, de crear una confusión, no sé, o ..., ahí hay algo muy curioso. Y eso lo hizo en el año 26 o antes; más tarde, más tarde.

M. A.: Esto debe de ser del 29, digo del 28. ¿Tú conociste a Gaston Modot?

J. P.: Sí, a Gaston Modot lo conocí en Ronda, cuando se hacía la película *Carmen*, de Jacques Feyder.[31] Allí vino Gaston Modot y, esas cosas que ocurren, nos hicimos muy amigos. Y cuando fui a París, en esa época en la que yo reclutaba los extras para terminar *Carmen*,[32] pues lo visitaba en su casa, él venía a verme a mi estudio, porque también había sido joven pintor, o había querido ser pintor. Y años después, cuando él trabajó en *La edad de oro*, nos vimos diferentes veces, y me dijo: «¡Oh, Buñuel! ¡Qué gusto trabajar con él ¡Qué *metteur en scène*! Él tiene su plan y no lo deja, y lo respeta desde la mañana hasta la noche, y se cumple el programa que ha establecido y que ha... —dice—, pero con una disciplina y con un... —dice—. En el trabajo es un hombre extraordinario, además de como cineasta». Así que tenía mucha admiración por Luis y lo propagaba, lo decía a todo el mundo. Y después lo ha empleado Luis en otras películas, en algunos papeles. ¿En cuál de ellas?

M. A.: Sí... el guardabosques que mata al niño.[33]

---

31 Jacques Feyder (1885-1948) fue un director de cine y guionista belga, uno de los fundadores del realismo poético en el cine francés.

32 Véase la entrevista a Peinado de las pp. 725 y ss.

33 Otra confusión: ese es precisamente el papel de *La edad de oro*. Modot puso la voz a la edición francesa de *España leal en armas* y participó como actor en *Así es la aurora*. Estas son las únicas colaboraciones con Buñuel.

J. P.: ¡Eso es! Sí, sí, sí *(ríe)*, sí, lo ha empleado varias veces. Luego he visto a Gaston Modot en una película de este… ¿cómo se llama? ¿Renoir?

M. A.: *La règle du jeu.*

J. P.: *La règle du jeu,* sí. Ahí hace un papel muy importante, porque es también el encargado de la finca, y el que dice, cuando han ido a la caza, dice: «Oh le mieux tableau! Non, non, non, ça va». *(Ríe).* De modo que él está allí. Pues ya murió, muy viejecito también, ¿no?

M. A.: Sí.

J. P.: Y era muy amigo de Picasso, porque me acuerdo una vez, estando con Bores y con… Manolo Ortiz en Antibes, y también con Picasso, íbamos a Jean-les-Pins, a bañarnos, y pasó Gaston Modot: «¡Oh, Picasso!» y... Se saludaron y parecían viejos amigos. Pues ya murió, debía ser de la edad de Picasso.

M. A.: Más o menos.

J. P.: Sí. Que va a cumplir ahora noventa años, ¡ya está bien! ¡Noventa años en octubre!

CONCHA MANTECÓN

M. A.: A Buñuel, ¿lo viste en Madrid? ¿Con su caza mariposas?[34]

C. M.: Exacto.

M. A.: ¿Y después?

C. M.: Después dejé de verlo. Nada más que alguna vez, esporádicamente, en casa de mi prima Pilar, cuando iba a escuchar los conciertos que ella les daba.

M. A.: ¿Y en Zaragoza?

C. M.: En Zaragoza. Todo esto era en Zaragoza. Ya una vez que yo fui a vivir a Zaragoza.

M. A.: Pero el caza mariposas…

C. M.: Era en Madrid.

M. A.: ¿No sabes con qué idea fue a París? ¿Únicamente para estar con Juanito Vicens o qué? Porque él estuvo en París un año sin hacer nada, viviendo allí.

C. M.: Bueno, viviendo de lo que le mandaba su madre. Porque su madre tenía un amor extremo y una debilidad enorme por este hijo. Y como la madre era ya viuda y, según todo Zaragoza, era muy rica, pues le mandaba dinero. O sea, que vivía del dinero que le enviaba su madre.

M. A.: No, si además es evidente. Él hizo la película *Un perro andaluz* con dinero de su madre.

---

34 Se refiere al caza mariposas con el que Buñuel se presentó en casa de Concha Mantecón para visitar a su sobrina, Pilar Bayona, que en aquel momento vivía con ella (véase la entrevista a Concha Mantecón, p. 114).

C. M.: No, y también con el de la condesa de Noailles.

M. A.: No, eso fue *La edad de oro*.

C. M.: *La edad de oro.* ¡Ah!, en realidad, de esa parte de Luis conozco muy poco. Sé que Juan Vicens tenía una librería, te lo habrá contado Juanita. Y que hay unas fotografías que sería interesante que te enseñara Juana, en la que está Luis y Juan Vicens, las dos muchachas, esta que luego fue esposa de Juan Vicens. Una se llamaba Ernestina [de Champourcín] y la otra se llamaba… Bueno, y estas muchachas estudiaban Filosofía y Letras, y parece ser que no sé cuál poeta de estos les hizo un poema que decía: «Columnata basáltica de Ernestina y su hermana». La mujer de Juan Vicens se llama María Luisa.

M. A.: Entonces también estaba ya Dalí con ellos.

C. M.: Sííí.

M. A.: De eso yo sé de paseos por el Retiro, de paseos en que se echaban flores del pobre Dalí. Te digo «pobre Dalí» porque es un pobre en todos los sentidos, aunque tenga millones de dólares. Le echaba flores a la amiga de Concha Méndez, porque iban con Concha Méndez, paseando, con la carabina detrás.

C. M.: Eso lo ignoro por completo.

M. A.: Pero, ¿tú conociste a Dalí entonces?

C. M.: Jamás. Yo nunca he conocido a Dalí. Nunca.

M. A.: ¿Cuándo conociste a Jeanne?

C. M.: A Juanita Buñuel la conocí una vez en San Sebastián, en la playa, antes de que se casara con Luis, porque Luis la llevó a España a que la conociera su familia.

M. A.: ¿En qué año?

C. M.: Pues yo ya estaba casada. Creo que tenía a mi hija Conchita, o sea, quizás fuera en el año 30 o 31. Y mi primera visión de Juana fue en la playa de la Concha de San Sebastián, con un traje de baño color coral. Me pareció muy alta. Y entonces alguien me dijo: «Esa es la novia de Luis Buñuel». Y, efectivamente, comprobé que estaba en lo que allí llaman toldos, en la playa, con la familia de Buñuel. Pero no la saludé, nada más me dijeron: «Esa es la novia de Luis Buñuel».

M. A.: La familia de Jeanne era una familia burguesa por lo que sé, ¿verdad? Ellos vivían en el bulevar Gambetta de París. Se conocieron por medio de Viñes y de Peinado, según dice ella.

C. M.: Sí. Bueno, solo sé que la casa donde vivió toda la vida tiene todavía alquilada la buhardilla por Juan Luis. No sé si sería en el bulevar Gambetta, se lo voy a preguntar a José Ignacio a ver si él lo sabe.

M. A.: Sí, sí, ella me dijo en el bulevar Gambetta. Como Juanita tomaba clases de gimnasia rítmica…

C. M.: Sí. Tiene su medalla olímpica que la enseña a todo el mundo. Creo que la relación vino por la librería que puso Juan Vicens en París.

M. A.: No, ella dice que no, que fue al contrario. Que su hermana entró a trabajar precisamente porque ella conoció a Peinado y a Luis y demás. Y así fue como entró su hermana y luego la hermana compró la librería.

C. M.: Sí, bueno, se la dejó Juan.

M. A.: Parece que en esa librería se guardaban bastantes papeles importantes de la República.

C. M.: Exactamente, según me han dicho.

Programador y exhibidor de cine en la Residencia

[...] Me llamó Ortega, me llamó Juan Ramón [Jiménez], me llamaba todo el mundo. Ortega me puso un telegrama; don Alberto, otro: «Ortega le espera». Fui. «Esto del cine, Buñuel —me dijo Ortega—. Si tuviera veinticinco años, me dedicaría al cine». Desconocían que había un cine llamado *de arte*, ¿verdad? De Cavalcanti, de René Clair, de toda esa gente de la época. Lo ignoraban totalmente. Juan Ramón Jiménez se quedó porque presenté ocho o diez películas de la época de vanguardia, de París. Esto fue el año 27. Presenté *Entr'acte*, *Rien que les heures*, *La roue*, no me acuerdo, no me acuerdo, presenté ocho o diez películas, de las que...[35]

---

35 El programa de las dos sesiones que Buñuel organizó para la Residencia, en 1927 y 1928, rezaban como sigue:

SESIONES DE CINE

«Las nuevas tendencias del cinematógrafo»

Sesiones de cine a cargo de Luis Buñuel (Sociedad de Cursos y Conferencias)
Primera sesión, 21 de mayo de 1927 en la Residencia.

1. *Mariquita la pastora* y *La locura del juego*, dos películas cortas de «cine antiguo» realizadas en los años diez.
2. *Cinematógrafo de lo invisible, movimientos ultrarrápidos imperceptibles para el ojo*, filmados por Lucien Bull, subdirector del Instituto Marey.
3 «Un sueño», secuencia compuesta por Jean Renoir para la película *La fille de l'eau* (1925).
4. *Rien que les heures*, de Alberto Cavalcanti (1926) con la colaboración de A. Cerf, ayudante M. Mirowitsh, arquitecto y J. R. Rogers, operador.
5. *Entr'acte*, con guión de F. Picabia y realización de René Clair.

En esta inauguración, Luis Buñuel explicó «en breves palabras las características de cada película». La sesión estuvo acompañada por un terceto de cuerda (violín, violoncelo y piano) que interpretaron durante la proyección: 1.° y 2.° *Vals de las olas; Preludio del Anillo de Hierro.* — 4.ª Schubert: *Rosamunda; Sammartini: Plaisir d'amour* — 5.° Mendelssohn: *Gruta de Fingal; Moussorgsky: Cuadros de una exposición;* Ravel: *Pavana a una infanta difunta; Tombeau de Couperin;* Debussy: *Petit Suite;* Dukas: *Aprendiz de brujo.* — 6.° Debussy: *Pastorcillo, de Children's Corner;* Ravel: *Ma mère l'oie.*

RAFAEL ALBERTI

M. A.: Pero, vamos a ver, entonces, tú viste *Un perro andaluz* cuando lo presentó.

R. A.: Sí, sí. Vi *Un perro andaluz* y vi las películas que nos hizo conocer en la Residencia. Él fue el que llevó todo el cine de vanguardia. Fue Buñuel, o por medio de él, aunque él no estaba siempre, ¿verdad? Fue cuando yo conocí *El hundimiento de la casa Usher*, *La coquille et le clergyman*, *Entr'acte*, la primera cosa de René Clair, que era un entierro donde las coronas, que eran de rosca de pan, se las iban comiendo al ralentí; muy bonito. ¿Qué otra cosa llevó Luis?

M. A.: *Rien que les heures*.

R. A.: *Rien que les heures* también, de Cavalcanti. O sea, que Luis en eso jugó un papel realmente importante. Él fue el que, después de su viaje a París, realmente nos puso en contacto con toda una cinematografía que en España no llegaba, porque públicamente esas películas no eran aceptadas todavía, ni eran comerciales ni nada.

M. A.: Por eso dirigió durante dos años la página de cine de *La Gaceta Literaria*.

R. A.: Eso es verdad. Sí. Sí. Pero él ya no estaba allí.

M. A.: No. Era en 1928.

R. A.: Sí, él no estaba, no.

Un perro andaluz y *La edad de oro*

Volvamos a tu carrera cinematográfica. Todo el mundo sabe que empezó cuando tu madre te dio dinero para que hicieras una película.

Sí. Al principio con ciertas reservas, pero luego la convenció el notario y me dio 5000 duros, 25 000 pesetas. Me fui a París y me dieron lo que

---

Segunda sesión, 9 de marzo de 1928 en la Residencia.

1. *La coquille et le clergyman*, Germaine Dulac, con guion de Antonin Artaud (1927)
2. Actualidades anteriores a la Gran Guerra, seguida de la escena de un drama de cine primitivo
3. *La glace à trois faces*, de Jean Epstein

Esta sesión estuvo patrocinada por Armand Tallier, director de una sala especializada, el Studio des Ursulines de París. Buñuel abrió la sesión con la conferencia «Cinematógrafo: algunos ejemplos de sus modernas tendencias». Estuvo acompañada por un terceto de violín, violoncelo y piano. Como curiosidad señalaremos que *La coquille et le clergyman*, según señala Buñuel en *Mi último suspiro*, tuvo muy mala acogida por los surrealistas en Francia.

Tercera sesión, 14 de diciembre de 1928 en el Teatro Princesa.

1. Proyección de la película *La passion de Jeanne d'Arc*, de Carl Theodor Dreyer (1927).

Se invitó a Valentine Hugo, quien había diseñado el vestuario para la película, a dar una conferencia sobre «las últimas tendencias del cine actual».

correspondía entonces al cambio, 140 000 francos. No hice en seguida la película porque me dediqué a gastar parte del dinero en los cabarets y divirtiéndome.

¿Te gastaste mucho?

No, hombre, 8000 o 10 000 francos. Fui a Cadaqués, a casa de Dalí. Desde 1920 o 1921 éramos grandes amigos. Y, claro, pues hablamos de la película. Una mañana me dijo Dalí: «He tenido un sueño muy extraño: tenía un agujero en la mano y me salían cantidades de hormigas». «Pues yo también he soñado una cosa muy extraña. He soñado con mi madre, y con la Luna, y con una nube que atravesaba la Luna, y luego le querían cortar un ojo a mi madre, y ella se echaba para atrás». «Pues aquí tenemos la película», nos dijimos, y nos pusimos a trabajar. Hicimos el *script* en seis días, rechazando todo lo que fueran asociaciones más o menos normales, recuerdos o lógica. Por ejemplo, coge una cajetilla de Gitanes, la pone sobre una mesa baja y yo digo: «Ahora en vez de caja hay un sapo». Rechazado por malo. Nada de magia. No. Nada más las cosas que nos gustaban, que no significaran nada, que nos gustaran las imágenes. De cada seis rechazábamos cinco. Las primeras nos salieron muy fácilmente. La Luna, la nube, el hombre afeitándose, asentando la navaja... Esa fue idea de Dalí, como la del ciclista.

Volviendo a tu madre, ¿vio tus películas?

No, ninguna.

¿Estuviste realmente enfermo después de filmar la escena del corte del ojo?

La hice sacrificándome. Diciéndome: «Hay que hacerlo». Como si fuera un sacrificio por la patria. *[Inicia una sonrisa].*

¿Era un ojo de ternera, de cerdo? ¿Vivo?

Un ojo de ternera muerta. Además, muy mal arreglada. Le pusimos rímel en las pestanas. Pero se podía haber hecho con una ternera viva. A pesar de lo mal que está, como lo que sigue es tan fuerte, el público no se da cuenta. Ya te dije que Dalí llegó el último día. Luego se volvió a Figueras. Como yo no sabía nada de montaje, me fui a aprender cómo se hacía con María Epstein. Ya se había estrenado el Studio 28. Iban a estrenar, gracias al mecenazgo del conde de Noailles,[36] una película de Man Ray.

---

36 Charles de Noailles (1891-1981), vizconde de Noailles, fue un noble y mecenas francés. Él y su mujer, Marie-Laure de Noailles, apoyaron a artistas de vanguardia como Man Ray, René Crevel, Dalí o Buñuel. El matrimonio Noailles financió *La edad de oro*.

¿Habías visto L'Étoile de mer*?*[37]

Sí. Y no me gustó. Man Ray, cineasta, no me gusta; demasiado artístico. Como grabador es otra cosa.

Una pregunta más: ¿hay influencia de Maldoror *en* Un perro andaluz*? El rostro sangrante del niño, ¿tuvo algo que ver con la navaja y el ojo? ¿O no habías leído a Lautréamont?*

No. No leí a Lautréamont hasta un año después de ingresar en el cuerpo. Es decir, un año después del estreno de la película.

¿Y Entr'acte *de Picabia y Clair?*

No digas de Picabia y Clair, sino de Picabia solo. Clair no hizo más que de asistente. Sí, la vi, aunque se había estrenado por lo menos un año o dos antes de que yo llegara a París. Es una película excelente. Picabia, como inventor, fue extraordinario. Mal pintor. Pero no importa, se le ocurrían las cosas más extraordinarias. Estaba muy cerca ya del surrealismo. Es una película alegre, con ataúdes, donde los sueños y los acontecimientos no materializados que pasan en nuestra cabeza, como el propio Picabia dice, juegan un papel. Creo que es la película que está más cercana a *Un perro andaluz.*

Es curioso que Picabia, cubano, también sea de origen español. Un abuelo suyo tiene una estatua en La Coruña: fue un corsario. Si Larrea se entera (tal vez lo sabe, pero se le ha olvidado, que el dinero que dio tu madre para hacer Un perro andaluz *también es cubano) se muere. ¿Habías visto* La coquille et le clergyman*?*

Desde luego, y me gustó mucho. Ya sé que los surrealistas, bajo la influencia de Artaud, armaron un escándalo, gritaron, patearon, porque Artaud juraba y perjuraba que Germaine Dulac[38] le había traicionado. A mí la película me pareció muy buena, aunque aquello no era surrealismo. Yo no formaba todavía parte del grupo. El que se interesaba por la película en sí podía haber leído el guion en la *NRF*.[39] El que dejó de pertenecer al grupo poco tiempo después fue el propio Artaud.

---

37 *L'Étoile de mer* (Man Ray, 1928), película basada en el poema de Robert Desnos del mismo título.

38 Germaine Dulac (1882-1942) fue una directora, teórica, periodista y crítica de cine francesa.

39 La *Nouvelle Revue Française* es una célebre revista literaria fundada en 1908 en torno a un grupo de escritores formado por André Gide, Jean Schlumberger y Jacques Copeau. En su número de noviembre de 1927 (170) se publicó el guion indicado.

Antes de La edad de oro *hay poquísimas referencias al cine en los textos surrealistas y en Breton mismo. Su interés era a lo sumo por el teatro, desde* Ubú. *La gran diferencia entre el estreno de* La coquille et le clergyman *y* La edad de oro *fue que el escándalo del estreno de la primera fue provocado por los surrealistas mismos y el segundo por la policía y los reaccionarios. Para mí, es muy importante. Y denuncia, hasta cierto punto, que tu película era auténticamente surrealista y que posiblemente la de Artaud no lo era ni en su originalidad ni en su realización. Según Kyrou, los hechos fueron los siguientes, tal como los refirió* Le Charivari[40] *del 18 de febrero de 1928: «En la sala se oyó una voz hacer esta pregunta: "¿Quién ha hecho esta película?" A lo que otra voz contestó: "La señora Germaine Dulac". Dijo la primera voz: "¿Qué es la señora Dulac?". Segunda voz: "Es una vaca"». Escándalo, etc. Eran el propio Artaud y Desnos. Se encendieron las luces. El empresario pidió que se retractasen. No lo hicieron, insultaron, ayudados por algunos otros surrealistas. Lo pagaron los espejos del* hall. *Artaud escribió otras películas, que nunca se realizaron. Evidentemente, estaban llenas de gags. Pero, por lo visto —y nunca mejor dicho—, para hacer cine se puede hacer lo que se quiera, menos el loco. El cine, por lo menos desde mi punto de vista, puede ser surrealista de verdad, por dentro, pero dada su estructura externa, no se puede permitir muchas libertades que parecen fáciles a quienes no conocen el oficio.*

Será el caso de Larrea cuando quiso reunir diez mil hijos de Jehová en Roma.[41]

Tal vez es de lamentar que no conocieras el grupo antes porque, dados tus gustos por la poesía de Benjamin Péret, te hubiera hecho colaborar con él en algunos argumentos que publicó en el 23 y en el 25. Antes de entrar a hablar del estreno de Un perro andaluz *quiero dejar en claro que estoy seguro de que, si no es por la estrecha amistad que os ligaba desde hacía años, Dalí no hubiera hecho nunca nada valedero en y para el cine. Basta para ello el recordar un argumento que publicó, en francés, en*

---

40 *Le Charivary* fue un periódico, cuyo contenido los conformaban caricaturas, viñetas políticas y ensayos críticos, publicado entre 1832 y 1937 en París.

41 Buñuel se refiere aquí al conflicto que tuvo con Juan Larrea en su colaboración para el proyecto cinematográfico *Ilegible, hijo de flauta*, en que el vasco quería introducir una escena con una multitud de Testigos de Jehová y que Buñuel rechazó por cuestiones económicas, ya que valoraba su coste en cinco millones de dólares, aunque, en realidad, la discrepancia fue de tipo artístico, entre dos visiones distintas y muy personales de entender el surrealismo.

1932 —Babaouo—[42] *en cuyo prólogo se puede leer: «Contrariamente a la opinión común, el cine es infinitamente más pobre y más limitado, para la expresión del funcionamiento real del pensamiento, que la escritura, la pintura, la escultura y la arquitectura». Tal vez el impacto que produjo el estreno de* Un perro andaluz *se deba, en parte y para los propios surrealistas franceses, a la sorpresa que les produjo esta película hecha «par deux jeunes espagnols», como les dijo el empresario de las Ursulinas a los surrealistas franceses, y que debía acompañar el estreno de* Les Mystères du Château de Dé *de Man Ray.*

Sí. *Un perro andaluz* se estrenó como complemento de la película de Man Ray, filmada en el castillo de los Noailles. El público, todo París, todo el París aristocrático, amigo de los Noailles, fue al estreno. El día anterior, el dueño de la sala, Aragon y Man Ray vieron mi película para ver si merecía la pena, si era digna de ser estrenada con la otra. Les gustó mucho. En el estreno me hice amigo de algunos surrealistas. Al día siguiente Aragon me llevó al café Cyrano y me presentó a todos: a Breton, a Éluard, a Péret, a Unik. Y desde entonces fui uno más de ellos. Íbamos todos los días al principio, luego seguimos yendo, pero ya formamos varios grupos según las afinidades personales. Por entonces les enseñé fotografías de las pinturas de Dalí, creo que ya lo he dicho. No les interesó o les interesó poco. Lo que no importó para que, al verano siguiente, fueran Éluard y Gala y Magritte y algún otro a Cadaqués.

Hemos sido la única generación, o por lo menos la primera, que se ha educado en el cine. La de ahora crece con la televisión, que es otra cosa. Las anteriores, con los folletines.

Sí, tienes razón. Porque, ver las cosas, nosotros hemos sido los primeros en verlas, y hay una gran diferencia entre leerlas y verlas. Lo digo por los folletines. Nuestros padres y nuestros abuelos leyeron *Los misterios de París,* pero nosotros vimos *Los misterios de Nueva York.* Leyeron *Rocambole,* con grabados en acero, nosotros leímos *Nick Carter* ya en tiras de colores, en cuadernos, y, sobre todo, vimos *Judex,* y *Fantomas,* y *La moneda rota.*

¿Hasta qué punto nos ha marcado? ¿Hasta qué punto hemos visto las cosas de otra manera? Igual que mis nietos ven el mundo a través de

---

42 Edición española: *Babaouo*, Editorial Labor, Barcelona, 1978. También se incluye en el vol. 3 de las obras completas de Dalí editadas por Destino conjuntamente con la Fundación Gala–Salvador Dalí.

la televisión, y los anuncios de la televisión, y los dramas y la violencia de la televisión, y los dibujos animados de la televisión. Parece que no hay grandes saltos: el folletín, la radio, el cine, la televisión, los cohetes, los viajes al espacio. Así, desde fuera, la continuidad parece perfecta. Pero no lo fue, ni lo es, ni creo que lo vaya a ser. La física, la química y las matemáticas que estudiaron nuestros padres, y nosotros por inercia, no tienen nada que ver con las que enseñan hoy.

Yo soy enemigo de la ciencia y amigo del misterio.

Ya lo sé. Pero te servirá de poco, porque voy creyendo que tiene muy poco que ver uno con la otra. Nos hemos equivocado, hemos creído que existía una relación de dependencia constante y abrumadora entre las artes y la ciencia. No hay tal. Tal vez entre la política, las ciencias y la burocracia. Pero las artes «no adelantan que es una barbaridad», aunque alguna que otra invención: la aspirina, los discos, la máquina de escribir, las grabadoras, faciliten el trabajo. En verdad, no ha aparecido más que un nuevo arte, el cine. Y hemos nacido con él por casualidad. El cine, como es natural, mamó lo que tenía a su alrededor, del teatro, de los trucos —de la prestidigitación—, de las actualidades *pacíficas y guerreras,*[43] *de las ciencias naturales, del sentimentalismo, de los cuentos de hadas... De cuanto podía introducir en su embudo. Hasta que un día, casi en seguida, algunas gentes algo mayores que nosotros pensaron que también debía ponerse al servicio de la expresión —del expresionismo— y de la poesía tal como la entendían hacia los años veinte. Y nació el* cine de arte. *De pronto, dos personas que habían nacido con el cine ya hecho, es decir, que habían* visto *desde sus primeros tiempos la imagen inventada y reflejada, pensaron —bajo la influencia de lo que en la literatura se estaba haciendo por el mundo— que el cine podía ser, como la pluma o el pincel, una fuente de emociones que podía emplearse para dar forma a las nuevas maneras del arte. O del antiarte, si quieres. Y así llegamos a* Un perro andaluz. *Ya sé, Fritz Lang y Ramón Gómez de la Serna. Pero vamos a ver cómo hicisteis (Dalí no sabía escribir a máquina; tú, sí, mal), cómo colaborasteis. Hasta qué punto —en cine— se volvía a reproducir la colaboración de Soupault y Breton en* Los campos magnéticos *o algún intento ligeramente anterior de Tzara y Picabia.*

Evidentemente, ni lo uno ni lo otro tuvo influencia en cómo escribimos *Un perro andaluz.* Lo que puedo decir es que, sin duda alguna, trabajamos

43 Se refiere a los noticiarios cinematográficos.

en total y absoluto acuerdo. Sin proponérnoslo al principio. Ya te dije que una mañana nos contamos nuestros sueños y que yo decidí que podían ser la base de la película que quería hacer, abandonando los textos de Ramón Gómez de la Serna. Trabajamos en total común acuerdo, uniendo ideas, rechazándolas cuando no nos parecían bien, fuera porque la sucesión de imágenes era demasiado visible o porque, al contrario, parecía demasiado traída por los pelos. Buscábamos un equilibrio inestable e invisible entre lo racional y lo irracional que nos diera, a través de este último, una capacidad de entender lo ininteligible, de unir el sueño y la realidad, lo consciente y lo inconsciente, huyendo de todo simbolismo. Después del prólogo estuvimos dudando, es decir, rechazando varias ideas hasta que a Dalí se le ocurrió lo del ciclista con su caja: «Excelente», dije, y por ahí nos fuimos. No se trataba de unir una imagen con la otra a base de la razón o de la sinrazón, sino exclusivamente de que nos diera una continuidad que satisficiera nuestro inconsciente, sin herir lo consciente, pero que, a su vez, no tuviera una relación directa con lo racional. Es decir, lo que estuviera más cerca, teóricamente, de lo que Breton había definido como la manera exacta de ser del surrealismo. Lo de la falta de ilación lógica en *Un perro andaluz* es puro cuento. Si fuese así, debía haber cortado la película en puros flashes, echar en varios sombreros los distintos gags y pegar las secuencias al azar. No hubo tal. Y no porque no pudiera hacerlo: no hubo razón que lo impidiera. No, sencillamente es una película surrealista en que las imágenes, las secuencias, se siguen según un orden lógico, pero cuya expresión depende del inconsciente, que, naturalmente, tiene su orden. Fíjate bien: inconsciente, razón, lógica, orden. Cuando el moribundo cae en un jardín, acaricia la espalda desnuda de una estatua (de una mujer). Es decir, que es normal consecuencia de la caída. Lo absurdo sería que esta secuencia antecediera a la otra. Empleamos nuestros sueños —no es nuevo— para expresar algo. Pero no para presentar un galimatías. *Un perro andaluz* no tiene de absurdo más que el título, ni es —¿cómo, por qué?— un desesperado llamado al asesinato, como no fuese, después, al de Gala, cuando se planeó *La edad de oro.* Ni tiene nada que ver con Lautréamont. Sí, mucho, con el Dalí de ayer y conmigo, con nuestra manera de ser, con nuestros sueños. [...].

¿Cuándo se estrenó Un perro andaluz*?*

Un perro andaluz se estrenó en Madrid en 1929, en el cine Royalty. Estaba a reventar: Ortega, d'Ors, Canedo, Ramón [Gómez de la Serna]... Hubo un discurso, desde un palco, de Giménez Caballero, hablando del cine de vanguardia, y, al final, suelta: «Ahora dirá unas palabras Luis Buñuel». No sabía qué decir, y no hice más que repetir lo que había escrito para *Le Surréalisme au service de la révolution,* lo de la llamada al crimen.

Ese discurso de Giménez Caballero debe de estar publicado en La Gaceta Literaria.

Ya hacía un año que no dirigía la página de cine. Pero, sí, seguramente debió de publicarlo.

¿Terminaste tú la película?

Yo terminé el film, que no vio nadie. Yo lo monté e hice todo con el film. No tuve ni ayudante de... Y no lo quise enseñar a nadie. Entonces, cuando estaba terminado, como ya era yo lector de *La Révolution surréaliste*, ya gran partidario del movimiento...

Sigue, sigue.

No recuerdo ahora cómo, creo que fue por *Cahiers du Cinéma*, por Zervos,[44] de... ¡no, perdón!, *Cahier d'Art.* Christian Zervos me parece que me presentó a Man Ray. «Hay un español aquí que tiene un film y sabe...». «Como usted va buscando un film...», le dijo a Man Ray —porque su film duraba 20 minutos—[45], «... pues se puede completar con el de un tal Buñuel». «Hombre, pues, en principio, muy bien». Dice: «Van a ir los surrealistas y tal». Dice: «No, no, que es un film surrealista». Entonces me presentó a Man Ray. Fuimos al bar La Coupole y allá me presentó a Aragon. Hablamos Man Ray, Aragon y yo. Y entonces dice Man Ray: «Pues bueno, vamos a ver el film mañana en las Ursulinas, antes de la sesión, por la tarde». Por si acaso era un film, ¡vete tú a saber! Y fui con Man Ray solo y con Myrga y Tallier,[46] que eran los directores de las Ursulinas. Vieron el film. «¡Magnífico! Va a pasar muy bien». Y nada, eso fue.

¿Cómo dices que se llamaban los de las Ursulinas?

Myrga, Tallier. Tallier y Myrga. Eran un matrimonio, Tallier. Ahora hacen un homenaje a Tallier... que fue el primer fundador de no sé qué. Nada. Y al día siguiente se presentó el film. Fue *le Tout-París* a causa de los Noailles, que eran los productores del *Château du Dé*, fue *le Tout-París*, ¿no?

Sí, ya lo sé.

---

44 Christian Zervos (1889-1970), creador de la revista *Cahiers d'Art*, la plataforma más prestigiosa y difundida del arte de entreguerras.

45 Se refiere a *L'étoile de mer* (Man Ray, 1928).

46 Armand Tallier (1887-1958) y Laurence Myrga (1894-1988), ambos actores, regentaron el Studio des Ursulines.

Claro.

Bueno, está aquí lo que tú protestas y que referente a los «élans sexuels de jeune garçon... physiquement amoureux de la Vierge Marie».[47]

Eso no lo he dicho yo jamás. He dicho el momento de sensualidad extraordinaria en la primavera... ¿cómo se llama? Los ejercicios a la Virgen María, por la tarde, el mes de María.

Sí.

Las azucenas, las acacias floridas, la juventud, doce, trece, catorce años, y que era un momento de una extraordinaria sensualidad, ¿verdad?

* * *

¿Simpatizaste con Cocteau?

No. Cocteau no era de los nuestros ni podía serlo. A él le importaban otras cosas. La ética le tenía sin cuidado. Sin olvidar que su desvergüenza hería a Breton y a algunos más. Claro que, sin Cocteau, no existiría *La edad de oro.* Él me presentó a Noailles, él insistió día tras día para que me diera dinero para hacerla. Que la fusilara seis meses después, a su manera, con *Le sang d'un poète*[48] es otro problema, que no me atañe. Pero, a pesar de eso, de que me *protegió*, de que me llevó a Hyères para trabajar, a pesar de todo eso, hubo un tiempo en que nos relevábamos —es un decir— en la puerta de su casa, cerca de la Madeleine, Éluard, Aragon y yo, en parejas, para jugarle una tunda. Eso de hacer guardia es un decir. Allí estábamos una hora o una hora y media, y luego tomábamos un autobús para ir a parchear el culo que nos apetecía. A pesar de eso, siempre tuvo una admiración total por mí. Con los maricones nunca pisa uno terreno firme.

¿Cómo se fraguó el proyecto de La edad de oro*?*

Los vizcondes de Noailles me invitaron a comer, querían que hiciera una película. Como en el grupo éramos entonces muy respetuosos de las formas, le pedí permiso a Breton y a los demás para ir. Me dijeron que no había ningún inconveniente. A mí me molestó un poco porque se me hacía extraña esta mezcla de un movimiento que se quería revolucionario y de la aristocracia. Claro que luego rectifiqué cuando conocí a Marie-Laure y al vizconde. Yo no he conocido nunca mecenas como ellos. Eran de una

47 «...los impulsos sexuales de un joven... físicamente enamorado de la Virgen María» (Kyrou, p. 12).

48 *La sangre de un poeta* (*Le sang d'un poète,* 1930) es una película vanguardista dirigida por Jean Cocteau y financiada por Charles de Noailles.

discreción, de una finura, de un gusto, de una delicadeza, verdaderamente ejemplares. En la primera comida estábamos, además de ellos, solo Auric[49] y yo. Todo esto lo habían movido, más o menos, Cocteau y Zervos, al que le daban dinero para que hiciera sus revistas. Y ahora que recuerdo, creo que estaba también un hombre muy simpático, Georges H. Rivière,[50] que era director, o algo así, del Museo del Trocadéro, del Museo del Hombre. *[Hablamos de la muerte de Stravinski. Le digo que he encontrado algunas coincidencias en cuanto a la manera de trabajar de los dos. Dejando aparte su primera obra, todo lo demás lo hicieron por encargo, y de esos primeros encargos salió ya su fama].* Me dijeron que Stravinski estaba dispuesto a hacer la música de una película de dos rollos, que a ver si me ponía de acuerdo con él, etc. «Yo no trabajo con genios ni con gentes que se dan golpes de pecho», les contesté. Y de ahí nació *La edad de oro*. A mí nunca me ha gustado trabajar con gentes de tanto nombre. Dejando eso aparte, la comida transcurrió de una manera totalmente normal y agradable. A los cuatro días, segunda comida. Vino a verme Rivière, por eso me acordé de que estuvo en la primera. Total, que hiciera lo que quisiera y como quisiera.

¿Y cómo hiciste La edad de oro*?*

Pues más o menos como *Un perro andaluz*. Pero esta vez solo. Con Dalí no podía ser. Y mira que yo quería hacerla con él. Cuando acabé *Un perro andaluz* pensaba que no haría más cine y me puse a hacer gags. Escribí bastantes, los fui armando y quise ensenárselos a Dalí. Era el verano siguiente al estreno de *Un perro andaluz*. Dejé a Jeanne en Lloret de Mar y me fui a Figueras. Llegué a casa de Dalí y oí unos gritos verdaderamente desaforados. Me abrió el padre de Dalí diciéndome: «¡No quiero verle más! ¡Que se vaya! Perdóneme. Pero lo mejor es que se vayan a Cadaqués y hagan allí lo que quieran». Dalí acababa de hacer su famosa exposición en Barcelona en la que estaba el cuadro donde escribió: «Y escupo sobre el retrato de mi madre». «¡No quiero verle más por aquí!», repetía. «Mi padre —decía Dalí— no acepta que gaste con Gala el dinero que he ganado. Es la explicación materialista de la historia, porque en realidad él esperaba que yo le diera ese dinero que he ganado en la exposición de Barcelona». Y nos fuimos a Cadaqués. Dalí estaba transfigurado: «Chi-

49 Georges Auric (1899-1993) fue un compositor francés.

50 Georges-Henri Rivière (1897-1985) fue un museólogo francés, innovador de las prácticas modernas de museología etnográfica francesa.

co, no tienes idea, es una maravilla. Preciosa. Inteligente como no tienes idea». Trastornado. Era Gala, claro. Allí estaba Magritte, Pansers,[51] el belga, y Éluard y Gala. Yo no conocía a Gala. Estuvimos todos juntos en el café del hotel, que yo no sé si todavía existe, allí en la plaza, y luego nos fuimos paseando a casa de Dalí, charlando. Y ahí metí la pata, como ya te he contado otras veces, diciendo que odiaba a las mujeres cuyo sexo quedaba en un horcajo entre dos piernas separadas. Al día siguiente, en la playa, ella en traje de baño, vi que esa era precisamente la forma de su cuerpo. Además, yo no tengo prejuicios, pero esa mujer que había sido amante de Chirico,[52] de Max Ernst, de Man Ray y estaba casada con Éluard... Éluard se volvió a París y Gala se quedó en Cadaqués. Dalí estaba ya totalmente bajo su dominio. Ella vivió todavía un año con Éluard antes de separarse y casarse con Salvador. Salvador era virgen. Siempre había manifestado un total desprecio hacia nosotros referente a este asunto. No sabes qué carta me escribió cuando se acostó con Gala. ¡Qué apología del coito! Como si esto solo le pudiera suceder a él. A lo mejor todavía la tengo. Como es natural, si la encuentro, la rompo. Estaba hechizado. Era imposible trabajar con él.

¿Por qué la quisiste matar?

Bueno, Éluard se marchó a París, como te digo. Gala se quedó en el hotel, con su hija, y empezó a molestarnos de una manera tremenda, metiendo cizaña, echando pullas constantemente. Al día siguiente nos fuimos en barca más allá del cabo de Creus, a comer una paella. Ya conoces aquello. Era un día espléndido, el agua transparente, las olas, las rocas... Yo dije: «Parece un Sorolla». Como de costumbre, Dalí se puso a protestar violentamente: «¿Cómo? ¿Por qué? ¿Estás ciego? Esta es la Naturaleza. ¿Qué tiene que ver...?». Intervino Gala: «Vosotros siempre como dos perros en celo». Me molestó. Y luego, mientras comíamos, en la playa, ella venga a molestar, a pinchar.

Pero, ¿por qué?

---

51 Al no disponer de grabación sonora de esta conversación, se hace muy complicado identificar a este personaje. Se trata sin duda de una mala transcripción del apellido pronunciado por Buñuel, que seguramente se refería al escritor belga y promotor del surrealismo Camille Goemans, organizador de la primera exposición parisina de Dalí, y que sabemos que estuvo en Cadaqués (véase la nota 3 de la p. 265). Con todo, la distancia fonética entre ambos apellidos no nos permite confirmarlo.

52 Giorgio de Chirico (1888-1978) fue un pintor italiano nacido en Grecia de padres italianos, fundador del movimiento artístico *scuola metafisica*.

Celos. Le molestaba nuestra amistad íntima, porque en ese tiempo nos entendíamos perfectamente. Total, que auténticamente la quise matar, allí, en la playa, ahogarla. Y Dalí agarrado a mis piernas, rogándome, desesperado, que no lo hiciera. Y la hija de Gala —¿qué tendría?, ¿doce años?— corriendo allá arriba, por las piedras, como si tal cosa. Al fin y al cabo, yo no he nacido para matar mujeres. La gran diferencia entre nuestra colaboración en *Un perro andaluz* y en *La edad de oro* nace de ahí. Él lo reconoce. Para *Un perro andaluz* yo daba una idea y él daba otra. Aceptábamos, rechazábamos, en paz y con buena voluntad. Con *La edad de oro* todo fue distinto. La cosa ya no marchaba. No nos entendíamos. Cuanto le proponía le parecía mal y cuanto me proponía él me disgustaba a mí: «Eso es Gala». Y efectivamente era de Gala. Y no me gustaba. Así una y otra vez. Acepté algunas cosas, muy pocas. Trabajamos tres días y luego acabé solo el guion. Un poco más tarde, cuando se presentó la oportunidad que me ofrecieron los Noailles, le envié a Dalí el guion. Me lo devolvió diciéndome que estaba bien. Mientras filmaba la película, él se fue a Málaga con Gala.

Él se queja, sobre todo, de que le cambiaste el título.

No me acuerdo. Por mucho que intento hacer memoria, no me acuerdo.

Háblame de los gags...

Sí, eran gags. Por ejemplo, en un salón entra y pasa una carreta. Un hombre mata a su hijo porque sí. De cien gags, se podrían aprovechar treinta, en principio. Los demás, malos, desechados. Me fui a la Abbaye Saint Bernard, que era el castillo de los Noailles. Marie-Laure estaba con Cocteau, Bérard[53] y compañía. Casi todos opiómanos. Había algunos cuartos donde no se podía entrar del olor. Yo no he tomado nunca ninguna droga. Una vez, no recuerdo quién, me ofreció tomar cocaína como la cosa más natural del mundo y me puso un poco de polvo entre el índice y el pulgar. Debí de sorberlo mal, porque lo único que me pasó es que me dejó insensible una aleta de la nariz y su alrededor, como si hubiese ido al dentista. En un mes acabé *La edad de oro.* Auric me hacía compañía. El vizconde me dio un cheque de 700 000 francos, y cuando acabé de filmar, a las tres semanas, le devolví lo que sobró, 103 000 francos y un fajo con todas las facturas y las cuentas. Con suma elegancia, mientras yo iba hacia una ventana, echó todos los papeles al fuego, a la chimenea. Sentí no haberle robado un poco.

---

53 Christian Bérard (1902-1949) fue un pintor, escenógrafo, modisto, diseñador, figurinista e ilustrador francés.

Durante todo este tiempo, Dalí me escribía desde Málaga. La filmé en veinte días. *Un perro andaluz* la había hecho en quince. Cuando la enseñé por primera vez al vizconde y a algunos amigos de él, y a Dalí, fue un triunfo. «Me ha gustado mucho —me dijo Dalí—. Parece una película de Hollywood». La enseñamos varios días a algunos grupos de amigos del vizconde y un día a todo el grupo surrealista. Esa noche, el vizconde tuvo la delicadeza de dejarnos solos en su casa. Llegaron todos, y Tzara empezó a decir pestes de los aristócratas y vaciaron por lo menos cincuenta botellas de alcoholes y licores en un fregadero. El vizconde tuvo el buen gusto de no decirme ni una palabra. Claro está que hubo una sesión para Cocteau y sus amigos. La película se estrenó en el cine del Panthéon. Había invitado a la flor de la aristocracia francesa. El vizconde y la vizcondesa los saludaban al llegar: «Señor marqués…, príncipe…, señor duque…, duquesa…», etc. Vieron la película y, al salir, mientras los vizcondes esperaban sus opiniones y parabienes, la gran mayoría salió sin saludarles siquiera, y el vizconde, que era presidente del Jockey Club, fue echado sin más de su puesto. Y la princesa de Poix, su suegra, fue al Vaticano para lograr la excomunión de su yerno. Recibí un telegrama de Gaston Bergery[54] que me ofrecía ir a Hollywood, en vista del escándalo, si hacía unas declaraciones para aumentarlo. Aragon y yo fuimos a verle. Me negué en redondo.

Como son muy católicos, por ahí corre el runrún de que tal vez, a última hora, el vizconde mande quemar el negativo. ¿Lo tiene él?

No. Está en la Cinemateca mexicana. Por cierto, que han sacado copias ilegalmente. No sé lo que pueda pasar de aquí a que desaparezca el vizconde, pero, desde luego, es uno de los hombres más agradables, educados y finos que yo he conocido.

¿Tú hiciste la sonorización?

Como de todas mis películas.

He leído que acaba de estrenarse, en Madrid, Un perro andaluz *sonorizado.*

No lo he visto. Yo no sé lo que habrán hecho. El día del estreno, yo estaba detrás de la pantalla con un fonógrafo y unos discos y los iba cambiando: Wagner y unos tangos. No sé si habrán seguido mis instrucciones.

---

54 Gaston Bergery (1892-1974) fue un político, diplomático y abogado francés, que en su día inició una campaña contra la censura gubernamental a raíz de la prohibición de *La edad de oro* después de su estreno en 1930.

¿La edad de oro tenía otro sentido que Un perro andaluz*?*

No. Se hizo exactamente igual: lo que yo llamo apariciones, es decir, imágenes visuales, *gags.* Pero en *La edad de oro* pude hacer lo que tal vez no se me había ocurrido en *Un perro andaluz,* dar rienda suelta a mi rebelión en contra de la sociedad establecida, llevado por las situaciones y las imágenes.

¿Y el título? [Ya sé que se lo he preguntado antes, pero insisto para ver si de pronto le salta el recuerdo exacto].

Recuerdo que Dalí quería llamarla *C'est dangereux de se pencher au dehors.* De cómo salió lo de *La edad de oro* no me acuerdo bien. No recuerdo de quién fue la idea.

Decías hace unos días que la mecánica del cine iba muy bien con el surrealismo. Tengo la impresión contraria, y Breton no debía de estar lejos de compartirla, ya que en ninguno de sus escritos teóricos se refiere al cine como medio de expresión del surrealismo. Lo que sucede es que lo inventaste tú. Y creo que Breton tendría razón, porque si el surrealismo significa azar, escritura automática, irrealismo, intervención de lo desconocido, veo difícilmente que el cine, que es una cosa de mucho pensar, de mucho medir, de mucho prever —y sobre todo el tuyo, de una exactitud matemática—, pueda entrar a considerarse como un medio de expresión surrealista.

Pues precisamente por todas estas razones que das es por lo que *Un perro andaluz* y *La edad de oro* son películas surrealistas. Yo veía cosas, imágenes que yo creía que se podían unir, aunque no tuvieran aparentemente ninguna relación. Por ejemplo, un transatlántico deja a un mercader de tapices en la orilla y este empieza a andar, cargado, por un desierto. No son sueños. Por ejemplo, en *Subida al cielo,* lo que pasa en el camión no es un sueño, es lo que se ve, sentado, con el vaivén y el traqueteo del vehículo. Las imágenes nacen de las imágenes, se encadenan. Lo que no quiere decir que, si yo hubiese sido buen escritor, no se me hubiera ocurrido hacer cine, pero ya te he dicho que soy mal escritor, y siempre he necesitado de algún escritor a mi lado para mis diálogos.

Hablando del surrealismo —literario— español, Bergamín lo definió como un «surrealismo codorníu». ¿Estás de acuerdo?

[Buñuel salta de alegría]. Magnífico, estupendo: *surrealismo codorníu.* Es el surrealismo de Alberti, el surrealismo de Aleixandre, el surrealismo de Federico. Y son poetas de primera. Poetas líricos de primer orden. Pero no son surrealistas. Hacían cosas, sobre todo Rafael, que parecían surrealistas, pero era pura cáscara, no tenía nada que ver. El surrealismo es otra cosa. Es una moral.

¿Cómo te explicas que todo el mundo hable de La edad de oro *y que seguramente la mayoría no la haya visto?*

No lo creas. La han visto muchos.

Pero no como Belle de jour.

Claro que no. Pero a la mayoría de los que les interesa…

No lo creas.

… han sacado muchas copias fraudulentas.

Demos por sentado que Dalí y tú os mostrabais convencidos de las razones del primer manifiesto de Breton, en 1924, y que las pusierais en práctica en Un perro andaluz *y* La edad de oro. *Pero, ¿cómo te explicas que películas como* Nazarín, Viridiana *o* Él *sean tenidas también por surrealistas cuando tienen, por lo menos, un hilo conductor, una lógica narrativa que nada tiene que ver con lo que definió Breton?*

La línea moral es surrealista. […].

Volvamos a La edad de oro. *Está bien, a mi juicio, no sé si tú recuerdas cómo cuenta* La edad de oro *Kyrou.*

No me acuerdo, no. Leí el libro…

Pero desde luego está bien, ¿verdad? Pero lo que no sé es si es cierto que al principio iba a llamarse La bestia andaluza.

La bestia andaluza, sí.

¿Sí?

Sí. Segundo film: *La bestia andaluza.*

Y que pensabais emplear los gags que no habíais empleado en Un perro andaluz.

No, no, no. No. Yo hice todos los gags de *La edad de oro*. Todo el verano estuve yo, hice unos cuarenta gags que están en la película, que son míos puramente. Los tenía sin unir. Gag: a un hombre le pasa esto, a un hombre le pasa, etc., cuarenta gags. Y aquel verano, cuando fui a Cadaqués, le dije a Dalí: «Vamos a hacer el segundo film, porque Noailles me ha prometido que quiere hacer un film conmigo», etc. Bueno. Entonces cuando vino… Perdona, esto fue a fin de verano. No habíamos hablado, no sabía que me iban a hacer la película. No había hablado aún con Noailles, pero estaba pensando todo el verano en gags: una carreta pasa por un salón y no sé qué; una, tal, treinta o cuarenta gags. Ya te conté uno que no empleé, el del turco que desciende en una playa de…

No.

Un transatlántico que llega…

¡Ah! Sí.

... y, de pronto, baja un vendedor de tapices y se pierde en el desierto y el transatlántico, que es el *France* o el *Queen Mary,* se marcha... No lo puse porque no venía a pelo. Bueno, y volví en Navidad a casa de Dalí para trabajar con él todos estos gags. Y a los tres o cuatro días ya hubo disensiones. Él estaba muy influido por Gala y yo no lo estaba. Al contrario, detestaba todo lo que venía de Gala. Eso es todo.

¿Nada de emplear gags que sobraron?

No, no, no. Son gags que pensé en aquel verano.

A mí me parece que lo otro está bastante bien contado.[55]

Sí, lo leí y me parece que es exacto. Y Dalí se fue con Gala a Málaga, cuando estaba haciendo *La edad de oro*. Se fue a Málaga, lo cuenta en su libro, y de vez en cuando, me escribía una carta: «¿Qué tal va eso? Tal. A ver si te interesa», y me ponía un gag en la... Empleé varios. El hombre que lleva una piedra en la cabeza... tres o cuatro. O sea, que él me escribía de vez en cuando, pero él estuvo sin venir. Él vio la película, cuando la estrené, en casa de los Noailles.

Bueno, vamos a ver esto, si tú estás, hoy, de acuerdo.

Ay.

Dice... lo voy a traducir de una vez: «Es evidente que esta secuencia —la última...

Sí, sí, sí, sí.

... la del conde [sic] de Sade...— constituye también la apoteosis de la inmensa y absolutamente necesaria lucha contra la religión que hizo Buñuel en La edad de oro *y, dirigida más especialmente hacia esa tara* (L.B. asiente), *que como dice Carlos Marx, en donde «la crítica del cielo se transforma en crítica de la tierra, la crítica de la religión en crítica del derecho, la crítica de la teología en crítica de la política».*[56] *«Desde el principio de la película, la unión de la espada*[57] *y del... ».*

El hisopo.

... «del hisopo, sí, está subrayada por los arzobispos...».

---

55 Aquí y en las siguientes líneas se refieren al libro de Ado Kyrou.

56 Una traducción más exacta del texto de Kyrou sería: «...constituye también la apoteosis de la inmensa y absolutamente necesaria lucha contra la religión que hizo Buñuel en *La edad de oro* y, en lo concerniente más especialmente a esa tara, sabía, como dice Carlos Marx, que «la crítica del cielo se transforma en crítica de la tierra, la crítica de la religión en crítica del derecho, la crítica de la teología en crítica de la política»» (Kyrou, p. 28).

57 Kyrou habla de sable, no de espada.

Que…

… *«a la vanguardia colonizadora, el* ostensoir». *¿Qué es* ostensoir? *El…*

Sí, sí. La custodia.

La custodia. «… la custodia que los invitados de la recepción transportan, con ellos, en su coche; por la extraordinaria descripción de la Imperial Roma, sitio secular de la Iglesia, y algunas veces el domingo, las casas se derrumban mientras el papa celebra la misa, por el marista tocador de violín y mil otros detalles. Es interesante señalar que, en el escenario,[58] *y antes del rodaje, la escena del castillo de Selliny había sido concebida de manera distinta y que los cuatro sobrevivientes de la más bestial de las orgías representaban, por sus trajes y su aspecto general, las más importantes de las religiones: el duque de Blangis lleva bigote y barba y está vestido a la moda de los hebreos del primer siglo de nuestra era. El presidente Curval está vestido como un árabe del pueblo… del siglo* VI *de nuestra era* (L.B. asiente), *y el obispo de K que llega cojeando, está vestido a la moda de los clérigos del siglo* XVI. *Es, por otra parte, este último quien en la película*[59] *acaba con la única escapada del* carnage, *del…».*

Muy bien, así.

«Mientras que, en la película, tal como fue filmada, es el conde de Blangis,[60] *quien es, evidentemente, Jesucristo, el que se encarga de ese trabajo, antes de perder su sistema piloso, el cual volvemos a encontrar en el plano final,*[61] *representado por cabelleras femeninas que cuelgan de una cruz cubierta de nieve y azotada por el viento al son de un pasodoble».*

Niego que los que salen del Castillo de Selliny representan otras religiones. Van vestidos, más o menos, como caballeros del siglo XVI. No introduje otras religiones. Me bastaba con la católica.

Kyrou dice que así estaba antes en el guion.

Es posible. Pero al tercero, a Maurice Scève,[62] lo vestí de Jesucristo.

---

58 Mala traducción de *scénario*, que en español es el guion de la película.

59 Kyrou habla del guion, no de la película (p. 29). Aub rectificó a mano el mecanoscrito substituyendo «película» por «script».

60 En el original, Kyrou habla del conde de Blangis, no del duque, porque parece referirse a lo que dice el guion, ya que está entrecomillado: «le comte de Blangis qui est évidemment Jésus-Christ» (Kyrou, p. 29).

61 La traducción de Aub no era exacta, ya que rezaba: «…antes de perder su pelo, con el que se vuelve a cuadro final».

62 Aquí hay un error de transcripción, pues no consta este nombre en el reparto, independientemente de corresponder al poeta renacentista francés.

¿Cuáles son las películas en que has tenido más libertad y las que más te gustan? ¿Son esta y la última?[63]

La edad de oro, por el momento.

Bueno, bueno. Es que además resulta, yo no he visto la última, pero resulta una cosa, resulta que, al fin y al cabo, el argumento tiene cierta relación, el de tu última película con La edad de oro.

En una forma descompuesta. No es un argumento lineal, es un argumento descompuesto.

Bueno, además referente a la cosa religiosa.

¡Ah!, religioso, sí, sí. Son las dos películas más religiosas que he hecho, *La edad de oro* y *La Vía Láctea*.

Y las más directamente relacionadas con la religión.

Sí; completamente relacionadas con la religión. Las dos que más. En las otras, esporádicamente aparece la religión siempre. Pero estas dos son las más religiosas.

Por eso tengo mucho interés en ver la última, a ver si, efectivamente, en contra de lo que tú crees... Es en el fondo el asunto, y no la forma, los que te hacen creer que son las películas más libres y más importantes.

Libres han sido. Las dos más libres han sido esas dos.

Ahora vas a volverme a repetir todo porque se me había olvidado poner esto para abajo, y eso que te ha salido tan bien sobre, sobre la cosa ambigua de...

No pasa nada.

...de nuestro tiempo, esto mismo que me decías ahora de la confusión, ¿verdad? (L.B. asiente). *Nuestro tiempo, efectivamente, es el de la confusión.*

SALVADOR DALÍ

M.A.: En 1942, en uno de tus libros, hablaste muy mal de *La edad de oro*.

S.D.: Nunca dije nada en contra de *La edad de oro*. Lo único que ocurrió es que no estaba de acuerdo con Buñuel por el cambio de título del film bajo la presión de los comunistas franceses, pero siempre he encontrado *La edad de oro* muy bueno como film, me gusta mucho, aunque menos que *Un perro andaluz*. *Un perro andaluz* está mucho más logrado.

M.A.: ¿Nunca dijiste nada en contra de *La edad de oro*?

---

63 Se refiere a *La Vía Láctea*.

S. D.: Nunca, nunca, nunca. Solo hubo una discusión acerca del cambio de título, que Buñuel cambió sin consultarme, lo que encontré realmente abusivo.

M. A.: Bueno, pero dijiste que había cosas referentes a temas religiosos con las que no estabas de acuerdo…

S. D.: Al contrario. A mí, todo lo que era sacrílego me gustaba mucho porque como soy católico, apostólico y romano, considero interesante el sacrilegio; pero fue Buñuel quien suprimió cosas, aconsejado por los comunistas franceses, que estaban muy por Juana de Arco, se iban volviendo burgueses… Pero nunca he estado en contra de *La edad de oro*.

M. A.: Eso queda claro. Entonces, ¿por qué ya no sois amigos?

S. D.: ¡Oh, no! Yo soy amigo. ¡Yo soy amigo de todo Cristo! Son los otros los que a veces no son amigos míos; yo soy amigo de Buñuel; le envié un telegrama hace unos meses. No tengo nada en contra de Buñuel, no he dicho nunca nada en contra de él, en absoluto. Una vez di una conferencia en la televisión de México, diciendo que era un personaje extraordinario. Pero yo digo, como de todo el mundo, cosas dalinianas… Se ha vuelto sordo, como todo el mundo sabe, y se ha vuelto sordo a causa de ese lado aragonés y tozudo que hace que jamás quiera escuchar nada de lo que le dicen. Lo mismo le pasó a Goya, que no era de Calanda, pero sí de por allí. Es el prototipo de aragonés que no quiere escuchar a nadie y, entonces, naturalmente, al final está sordo como una tapia.

M. A.: Bueno; sí, sí, sí.

S. D.: Pues yo fui el primero de decirle y de compararlo a Beethoven.

M. A.: A Beethoven también.

S. D.: A Beethoven, sí, sí, sí.

M. A.: ¿Sí?

S. D.: Sí, eso viene de ahí. Hay muchas cosas de Buñuel que vienen de mí, como todo el mundo sabe. Sobre todo…

M. A.: ¿Cuáles, por ejemplo?

S. D.: *Un perro andaluz*.

M. A.: Pero *Un perro andaluz* no es tuyo, *Un perro andaluz* es del Cap de Creus.

S. D.: No, no; no creo, en este momento, lo hemos dicho muchas veces, Luis quería hacer un film, que era una especie de film tipo Gómez de la Serna en el que salía un periódico, tal y cual. Y yo le dije: «No hagas eso porque, si tienes dinero de tu madre…», y yo, en una caja de zapatos, escribí *Un perro andaluz*, y después pasamos una semana hablando de eso y colaborando de verdad, porque hay cosas muy buenas que también Luis puso. Pero las cosas esenciales salían de Dalí.

M. A.: Bueno.

S. D.: En *La edad de oro* ya no; después, ya no.

M. A.: No, ya lo sé. Entonces estamos de acuerdo, el propio Buñuel lo cuenta así...

S. D.: Además, que sea el uno o que sea el otro no tiene importancia.

M. A.: No, no, pero hay una cosa que sí me importa mucho. Y es que él dice que os empezasteis a contar los sueños que habíais tenido y que el sueño de lo del ojo es una cosa referente a lo de su madre, que él soñó una cosa de su madre. ¿Es cierto o no es cierto?

S. D.: Es muy posible porque en esos momentos coincidíamos constantemente, y es muy posible que lo del ojo sea de él. Yo ahora no puedo inventar que sea del uno o del otro, fue una colaboración perfecta.

M. A.: Total.

S. D.: Y muchas veces uno iba a decir una cosa y el otro decía casi lo mismo. O sea, que estábamos realmente compenetrados.

M. A.: Y dice que hay sueños tuyos ahí.

S. D.: Yo ahora no me acuerdo en absoluto cómo pasó la cosa, pero yo sé que la idea fundamental fue que viniera a Figueras y hacer una cosa que yo escribí en un momento y que lo transformamos. Y vino al día siguiente a verme, a Figueras.

ANA MARÍA DALÍ

A. M. D.: Luis me regaló un encendedor (pero no era un encendedor, sino un maquillador para arreglarse la cara) y un collar azul. Aún los tengo sobre mi tocador. ¡Hay que ver cómo trabajaba Luis! Como un condenado. Es un gran trabajador. Decía: «Cuando acabe tantas hojas me fumaré un Lucky». Y lo hacía. Escribía *Un perro andaluz.*

M. A.: Eran surrealistas sin saberlo.

A. M. D.: Eso, eso. Trabajaba con entusiasmo. No le he visto más. Porque lo que es después, no era cosa de verle, y no quiero recordar cosas que se debieran olvidar. Le conocí en 1928. Él odiaba a Gala. Un día casi la mata. No sé lo que pasó. Él estaba rojo, ella furiosa. Ella es una asquerosa, una asquerosa... Buñuel furioso. Ella gritaba: «¡No me gustas!». Gala y Salvador reñían también, se insultaban. Yo estaba asustada. Vino llorando a pedirle perdón. Le dijo que si no la perdonaba se suicidaría. Debió de ser al principio: el año 40 estuvieron unos meses aquí, en casa. Lo demás lo he contado en mi libro. Todo lo que se puede contar. Hoy día llevan una vida que es una vergüenza. En aquel tiempo Éluard no sabía cómo deshacerse de ella. La dejó aquí. Se fue con el pretexto de que tenía que ir a la Exposición. El año 28.

[No me atrevo a corregirla: debió de ser el 29].

CHARLES DE NOAILLES

[Jamás vi casa más sobrecargada de objetos de arte y tratados por su dueño con tanto desprecio].

C. N.: Sí, un Juan Gris, un Carpaccio…;[64] allá arriba, un gran [Paul] Klee. *[Les quita importancia, como queriendo evitársela a la vida de su mujer].* Esa pintura moderna la compra Marie-Laure *[como diciendo: «Yo la dejo; allá ella». Desde 1930 y pico cambió totalmente su vida. Es viejo —sin duda más viejo de lo que aparenta—, redondo, sonrosado y apasionado de la horticultura. Extremadamente amable. Precisa cuando le pregunté]:* De esto me acuerdo muy bien. *[Se equivoca; toma una cosa por otra].* Conocimos a Buñuel después que a Dalí. *[Falso].*

M. A: Sí, sí, es posible que tenga usted razón.

C. N.: Me acuerdo de Dalí, entonces con Gala; era un muchachito fino, tímido.

[Confunde La edad de oro *con* Un perro andaluz*. Sin embargo, sus recuerdos en cuanto a las cosas son perfectamente claros. Solo el tiempo le trastorna un poco, como una brisa que le confundiera los papeles a ras de suelo. Un señor que vive el crepúsculo de su tiempo sin querer darse cuenta de ello].*

M. A: No conozco a Marie-Laure.

C. N.: Ella se ocupa de pintura moderna. *[Una gran tristeza y lástima].* Decidimos que Man Ray hiciera una película acerca de nuestro castillo en Hyères, con nuestros invitados. Se llamó *Les Mystères du Château de Dé*. La hizo Man Ray en ocho o diez días. Íbamos a proyectarla. Man Ray nos pidió autorización para que la película se pasara en el Studio des Ursulines. Pero se necesitaba otra película, y así vimos *Un perro andaluz*. Conocíamos a Dalí de Hyères, pero no conocíamos a Luis Buñuel, ni de nombre siquiera. Mi mujer me dijo: «Es absolutamente necesario encargarle una película a este hombre. ¡Es tan superior a Man Ray!». Además, intervinieron Cocteau y Valentine Hugo.[65] Por aquel entonces, Crevel venía tres días por semana, aquí, en casa. Y ya Dalí estaba con Gala. *[El viejo vizconde rechoncho hace recuerdos: habla de Georges-Henri Rivière y, quién sabe por qué, de un museo de artes y tradiciones populares. Se acuerda de que, por aquel entonces, en la primavera de 1928, hizo un viaje a Alemania con Marie-Laure].* Un viaje romántico. Hicimos una gran fiesta. Fue entonces cuando lo de la jirafa de Giacometti. De verdad, fue una gran fiesta. En aquel tiempo no teníamos por qué preocuparnos de nada económicamente, y les dimos a cada uno, además de su billete de tren, otro de 5000 francos; a todos. Nos divertimos mucho, mucho más con la fiesta que con las películas.

---

64 Vittore Carpaccio (1465-1520) fue un pintor cuatrocentista italiano que desarrolló un estilo muy personal.

65 Valentine Hugo (1887-1968) fue una pintora e ilustradora francesa.

LOUIS ARAGON[66]

M. A.: ¿… de primeras? *Un perro andaluz* ¿Tú y Breton? Breton con su abrigo color muralla, según los textos. Pero hay otros textos que dicen que fuisteis Georges Sadoul y tú quienes lo vieron.

L. A.: Pues no, nada de eso. Todo lo habíamos visto juntos y no solamente Sadoul, Breton y yo, sino todos los surrealistas. Porque faltaba aún un sitio donde proyectarlo, para mostrárnoslo, y este fue cosa de Marie-Laure de Noailles.

M. A.: Yo no hablo de *La edad de oro.* Te hablo de *Un perro andaluz.*

L. A.: ¿Cómo?

M. A.: Yo te hablo de *Un perro andaluz.*

L. A.: Sí, sí, *Un perro andaluz.*

M. A.: ¿Fue visto en casa de Marie-Laure Noailles?

L. A.: En casa de Marie-Laure.

M. A.: Entonces, esto es completamente nuevo.

L. A.: Nos lo enseñaron así, simplemente. Hay una cosa mucho más importante para *La edad de oro. La edad de oro* es una historia donde André Thirion[67] vació… como un asqueroso que es.[68]

M. A.: Sí, eso ya me lo han contado. Pero, ¿tú te acuerdas bien? Porque Buñuel cuenta que él estuvo detrás de la pantalla, con piedras en los bolsillos para tirároslas a la cabeza si no os gustaba y lo silbabais.

L. A.: Lo soñó. *(Ríen).* No tenía piedras en los bolsillos, ni estuvo detrás de la pantalla. Él esperaba solamente con inquietud *(ríe)* lo que pensaríamos. Pero eso no era así, porque, en realidad, todos estábamos en un estado de entusiasmo completo.

M. A.: Bueno, de acuerdo. Otra cosa, por *La edad de oro…* […].[69]

L. A.: Eso ya estuvo publicado en el año 37; no tiene nada que ver, es que todos mezclan todo. Tú lo sabes bien…

M. A.: Pero, de todos modos, es divertido. Se habla de *l'amour fou*.

L. A.: Sí, pero de eso se puede decir lo que sea. Se puede decir, si se quiere, que *Werther* es una expresión de amor loco. Eso no probará nada. En ese momento yo pasaba mi tiempo… Por otra parte, es posible que yo también confunda todo, como todo el mundo. Tengo setenta y dos años, es una razón.

---

66 Aunque en la edición de Álvarez se incluye esta conversación, puede pasar por inédita, dados los múltiples cambios existentes.

67 André Thirion (1907-2001) fue un escritor francés, miembro del grupo surrealista y activista político.

68 Véase, más adelante, la explicación del propio Thirion sobre los hechos (p. 315).

69 En la grabación sonora, aquí se pronuncian unas palabras inaudibles seguidas de un corte brusco de la cinta.

Pero la otra historia es, sobre todo, que ahora se han puesto de moda todas las cosas que eran nuestras pequeñas intimidades; porque, en fin, que sea *Un perro andaluz*, o lo que sea de esa época..., esas cosas no eran nada para nosotros; no estábamos del todo seguros que alguien las viese, se interesara. Nosotros sí nos interesábamos. Y, después, puede ser que eso se acabase con nosotros. En fin, no se sabe nada.

M. A.: En fin, voy a pedirte otra cosa. Georges [Sadoul]... Está escrito, lo encontré en un artículo de Georges sobre Buñuel, por cierto, luego publicado por la revista del Partido...

L. A.: Sí, pero eso no prueba nada... *(ríe),* pura broma.

M. A.: Es decir, él había pagado 20 000 francos por uno de tus...

L. A.: Toda la confusión viene porque en 1939, dos años después del amor loco, fui invitado por Kazan, por los escritores americanos, a Nueva York. Ellos no nos pagaban ni el viaje, ni la estancia, ni nada; pero nosotros teníamos ganas de ir. Yo tenía un poquito de dinero, en fin, más de lo que tengo ordinariamente para mis vacaciones, pero en esa época yo ganaba 5000 francos al mes como director de *Ce soir.* El pasaje para nosotros dos en barco costaba 13 000 francos, que era una cantidad enorme, de los que 12 000 correspondían al manuscrito de *Les Clôches de Bale.* Y, ante eso, no he tenido manuscrito que me haya dado una cantidad tan enorme. En ese tiempo, nosotros habíamos ido a Járkov, ¿qué manuscrito es el que se hubiese vendido a ese precio?

M. A.: No sé.

L. A.: Veamos. Hacía falta que fuese un gran manuscrito para valer 12 000 francos, pero no tenía ningún gran manuscrito. Además, los manuscritos que había escrito los había entregado a *monsieur* Doucet[70] y, en consecuencia, no podía haberlos vendido a *madame* de Noailles; aunque lo había intentado algunas veces —*madame* de Noailles me quiso comprar uno—. Con esos 12 000 francos y 1000 más que añadimos tuvimos el pasaje para ir allá. Pero fue para ir a América, de ningún modo para ir a Járkov. De todos modos, nosotros no fuimos a Járkov, fuimos a Moscú para ver a mi cuñada. Y si nos fuimos en esa época es porque obtuvimos el dinero por nosotros mismos, como adultos que éramos los dos. Es muy sencillo y la cosa fue esta: Elsa[71] había empezado a hacer collares y yo a colocarlos en las grandes tiendas. Fue con los beneficios de los collares que fuimos allá. En consecuencia, efectivamente, *madame* de Noailles me pagó un viaje, pero no hizo un mal negocio, porque ese manuscrito debe valer, poco más o menos, mil veces más que lo que ella me lo pagó, por lo que... *(Ríe).*

---

70 Jacques Doucet (1853-1929) fue un diseñador de moda y coleccionista de arte francés, actuó como mecenas de Aragon y otros escritores del surrealismo francés.

71 Elsa Triolet (1896-1970), escritora rusa, esposa de Louis Aragon.

M. A.: Bueno, como dirían los polacos, como buena judía, es muy buen negocio. Es preciso, pues, hablar de Buñuel. Pero ahora quiero pedirte otra pequeña precisión. Según una revista española...

L. A.: Para que tú lo entiendas, sobre el cómo se desarrolló la primera sesión de *Un perro andaluz,* aún me puedo equivocar, pero no puedo equivocarme sobre cosas como esta. *(Ríe)* [...].

RAFAEL ALBERTI

M. A.: [...] Y aún, en el corte del ojo, yo puedo encontrar...[72]

R. A.: No, tal vez la forma de estar compuesto *Un perro andaluz*. Si no va a Francia Luis Buñuel, no hace eso, creo.

M. A.: No, eso es de España.

R. A.: Lo que pasa es que tiene más talento que ninguno.

M. A.: No.

R. A.: Pero lo hizo después de conocer todas las cosas y estar empapado de todo eso, y ser aceptado por los surrealistas.

M. A.: ¡Estás totalmente equivocado!

R. A.: ¡Ah!, ¿sí? Ahora, que muchas de esas imágenes eran, como te digo, de Pepín Bello y de Dalí. Lo de los burros, los pianos y todas esas cosas.

M. A.: Pero si eso se hizo...

R. A.: ¡Todo era en broma!

M. A.: Se hizo así. Es decir, Luis vio una película de Fritz Lang, que se llama *Las tres luces.*

R. A.: Sí, sí.

M. A.: Donde además está todo *Un perro andaluz*.

R. A.: ¡Ah!, ¿sí?

M. A.: Si analizas bien, sí. Él quería hacer cine. Después de eso, dice: «Eso es lo que yo puedo hacer». Pero él ya quería hacer cine y había sacado dinero a su madre.

R. A.: Sí.

M. A.: 120 000 pesetas.

R. A.: Sí, sí, que era mucho entonces.

M. A.: Y ya se había gastado veintitantas mil pesetas emborrachándose.

R. A.: Sí, sí, sí.

M. A.: ¿Verdad? Había hablado con el pobre Ramón [Gómez de la Serna]. Bueno, digo pobre, pero nunca fue pobre.

R. A.: No, pobre no.

---

72 Están hablando de la especificidad española de obras como la de García Lorca y otras, que tienen una fuerza que no tiene la poesía francesa, por lo que nunca formarían parte del canon surrealista de André Breton.

M. A.: Pero, en fin, tenía mucho talento.

R. A.: Muchísimo talento. *(M.A. ríe).*

M. A.: Ramón.

R. A.: Extraordinario talento.

M. A.: Buñuel quería hacer una película sobre cuentos de Ramón; y estando en París, ya trabajando en ella, le llamó Dalí para pasar unos días en Cadaqués.

R. A.: ¡Ah! Esto yo no lo conocía.

M. A.: Entonces sí que Dalí estaba más influido que Buñuel y conocía el surrealismo… ¡por las revistas!

R. A.: No. París.

M. A.: No había ido a París. Dalí no había ido a París.

R. A.: Creo que Dalí es, indudablemente, el único surrealista español ya de una predisposición congénita para serlo. Aún sin conocerlo.

M. A.: ¿Aún lo recuerdas en la Residencia?

R. A.: Yo recuerdo que en la Residencia dibujaba ya, casi automáticamente. Y tiraba miles de dibujos, que los tenía tirados en el suelo, que no se podía entrar en el cuarto.

M. A.: De los atletas.

R. A.: Que dibujaba como un delirante, que podía estar más cerca de un dibujante onírico o dejar llevar la mano. Y por eso creo que cuando llega a París se hace el amo.

M. A.: No, no. No llega. Mira. Ahora eso lo sé muy bien. Él no va a París, él va a Barcelona, y en Barcelona llegan todas las revistas de París.

R. A.: Sí, eso sí. Cómo no…

M. A.: Las lee todas. Sus amigos son Gasch, Montanyà…[73]

R. A.: Sí, sí, sí.

M. A.: … toda esta gente. Y él empieza a pintar. Y cuando llama a Buñuel, empiezan a contarse sus sueños siguiendo la línea de las revistas surrealistas.

R. A.: Sí.

M. A.: Se cuentan sus sueños. Y lo del ojo es un sueño de Buñuel sobre una cosa de su madre, de un ojo y su madre.

R. A.: ¡Ah!, ¿sí?

M. A.: Y el otro le cuenta lo de las hormigas. Eso es de Dalí.

R. A.: Sí.

---

73 Sebastià Gasch i Carreras (1897-1980) y Lluís Montanyà i Angelet (1903-1985) firmaron, en 1928, junto a Salvador Dalí, el *Manifest groc*, el más célebre documento literario del vanguardismo catalán de los años veinte y treinta. Escrito en un tono agresivo y sarcástico, se caracteriza por denunciar el novecentismo como corriente mixtificadora del helenismo y por la afirmación de las nuevas corrientes vanguardistas ligadas al progreso de la técnica.

M. A.: Y lo del ojo es de Buñuel. Y así arman en tres días la película. La escribe en ocho días Dalí.

R. A.: ¿Dalí la hace?

M. A.: No, no. La escribe Buñuel, porque Dalí no sabía escribir. La escribe Buñuel a máquina con dos dedos.

R. A.: Sí, después esto se ha publicado.

M. A.: Yo voy a publicar otra versión.

R. A.: ¡Ah!, ¿sí? Había una en Buenos Aires.

M. A.: Yo voy a publicar otra versión que me ha dado Luis, además con tachaduras y con otro título.

R. A.: Pero, dime, cuándo Dalí empieza a pintar…

M. A.: Entonces, Dalí va a París.

R. A.: Ya no.

M. A.: Va a París.

R. A.: Dalí ya está…

M. A.: No, no.

R. A.: … el 28 en París.

M. A.: No, no.

R. A.: ¿Cómo no?

M. A.: Dalí va a París el día de la filmación de lo de los burros. Y va con su madre y su hermana, y se regresa. Luego viene el gran éxito de la película y Buñuel enseña las fotografías de los cuadros de Dalí a los surrealistas y no les interesa nada. Hasta que va Dalí allá y se produce el flechazo entre Breton y Dalí.

R. A.: Sí, sí. Dalí ya había empezado a pintar los relojes flexibles y esas cosas. Pero lo del espaldarazo, lo recibe Dalí en París.

M. A.: Lo recibe en París en 1929.

R. A.: Claro, que es también la fecha de la crisis, ¿verdad? Porque poco después hacen *La edad de oro* y se mandan a paseo.

M. A.: Bueno, pero *La edad de oro* es otra cosa y de eso no tenemos por qué hablar. Porque ¿tú no interviniste para nada en *La edad de oro?*

R. A.: No, no. Yo no.

MARY MEERSON[74]

M. M.: ¿Qué quieres que te diga? No hay nada que se pueda comparar a *Un perro andaluz*. Nada anterior. La prueba es que cada vez que se anuncia, o *La edad de oro*, siempre tenemos que repetir la función porque la gente no

---

74 Mary Meerson (1902-1993), viuda del director artístico Lazare Meerson y cuyo nombre real era Marie Popoff, fue una bailarina francesa de origen búlgaro, que se convirtió en colaboradora y pareja de Henri Langlois, fundador y director, hasta su muerte, de la Cinemateca francesa.

cabe en la sala. ¿Qué había antes que valiera la pena? Solo las primeras imágenes del *Le retour à la raison* de Man Ray, *L'Étoile de mer* (por los versos de Desnos), *Les Mystères du Château de Dé*, película sin interés, película íntima, no intimista, para ser vista exclusivamente por los que ahí aparecen, es decir, por los vizcondes de Noailles y sus amigos. *El Ballet*, que demuestra que el cine le era extraño a Ruttmann.[75] Lo único que vale la pena, de todo lo anterior, es *Entr'acte*, de René Clair, con la famosa secuencia del entierro, que contiene ya a todo el futuro René Clair —como *La edad de oro* contiene a todo Buñuel—. Esa gran mole que sabe más de la historia del cine que nadie, pero de la historia del cine de verdad, de la historia de las películas, de la historia de las copias que quedan, que las ha visto todas, que sabe cuáles se pueden proyectar y cuáles han muerto definitivamente y que no habla de las películas por lo que han dicho los demás ni por las fotografías, sino por las auténticas copias que andan por el mundo. Richter y Ruttmann, sí;[76] la influencia de Mondrian,[77] del año 14. Estamos donde estábamos, en eso no se ha adelantado nada. Era un fin o a lo sumo un callejón sin salida; sin influencia del cubismo, pero anunciando todo este acto formal de lo informal (considerado filosóficamente).

[Me lo cuenta Mary Meerson, con su seriedad y su gordura imperturbables, comiendo en el bistró del bulevar de Courcelles donde solemos ir después de recogerla en la Cinemateca. Poco después del éxito de Viridiana*, una mañana, en el Bosque de Bolonia, exactamente en el lago de Longchamp; árboles sin falla, colores perfectos, nenúfares en la superficie para que nada falte, helechos en la base del boscaje, alguna flor, sol y nubes. Una mujer hermosísima —treinta años mal contados—, bien vestida, elegante, habla con Luis Buñuel, sesentón y socarrón. ¿Qué se dicen? Nadie lo sabe. De pronto, la guapa se echa a correr y se tira de cabeza al lago. Luis se va frenético: «¡Esas cosas no se hacen!». La mujer no muere, claro está].*

* * *

[Hablamos de la sordera de Buñuel].

M. M.: ¿Y no será que no quiere curarse? ¿Qué se encuentra muy a gusto con su sordera?

[Separado de los demás. Dentro de sí…].

---

75 Unas líneas más abajo, Meerson alaba a Ruttmann. Esto, y el hecho de que no realizó ninguna película con ese título, demuestra que le confunde con el pintor Fernand Léger, realizador del film experimental *Le ballet mécanique* (1924).

76 Walther Ruttmann (1887-1941) fue un director de cine alemán de la época de las vanguardias. Se le considera, junto a Hans Richter (1888-1976), el principal exponente del cine abstracto experimental.

77 Piet Mondrian (1872-1944) fue un pintor vanguardista neerlandés, miembro de De Stijl y fundador, junto con Theo van Doesburg, del neoplasticismo.

ANDRÉ THIRION

M. A.: Cuénteme sobre su participación personal, sus recuerdos sobre *Un perro andaluz* y *La edad de oro*, y sobre las tonterías en casa de los Noailles.

A. T.: En aquella época era un comunista convencido y muy sectario. Tenía ideas... metafísicas sobre la burguesía y el capitalismo. Sociológicamente, no veía bien las diferencias. Y la idea de que *La edad de oro* fuese subvencionada con dinero de la aristocracia que los Noailles representaban, y a quienes no conocía en aquel momento, pero que eran muy ricos y accionistas de empresas capitalistas, me parecía una especie de tara de *La edad de oro*. Era una sombra, una sombra importante. Me parecía difícil que fuera de otra manera, porque una película requiere un capital que no requiere la realización de un poema. Pero yo no estaba a gusto; y cuando llegué a la recepción de los Noailles, en esa mansión privada donde había lacayos vestidos a la francesa en las escaleras, en ese suntuoso escenario, la rabia se apoderó de mí y empecé a romper todo lo que tenía a mi alcance. Este tipo de sacrilegio me parecía ser un tipo de acto de redención con respecto a la película en cuestión y del dinero invertido. Creo que, además, aprendí que en ese momento los Noailles —ya lo sabía o acababa de saberlo— también estaban financiando una película de Cocteau, que estaba muy mal visto, por lo que me divertí tirando botellas en el bar y rompiéndolo todo. Debo decir que el personal estuvo impasible, imperturbable, con la mayor urbanidad: sin decir nada. Recibieron esta especie de bestia joven con mucha clase. Visto con perspectiva, me divierte mucho, porque esta manifestación de razón limitada y violencia me parece bastante característica de una cierta juventud, de un cierto giro de la juventud. Y este es el comportamiento, preparado de antemano, totalitario; fue el comportamiento intolerante en las guerras de religión, también en el caso Dreyfus. Esta intolerancia, este absurdo, esta violencia inútil, esta incapacidad de ver, de sopesar las cosas, para diferenciar entre los seres, entre el origen, para reducir todo a una serie de nociones simples y, por tanto, estúpidas, es algo que me parece bastante relacionado con lo que se llama totalitarismo. Vi un comportamiento similar el año pasado, en mayo de 1968, en una serie de jóvenes revolucionarios de extrema izquierda. El mismo comportamiento de los hitlerianos de las SS. Pero esto tenía otros aspectos. ¿Sabe que después de la presentación de *La edad de oro*, los jóvenes patriotas vinieron a saquear la sala?... Organicé incluso, durante las proyecciones posteriores, un servicio de orden, con porras, claro. Personalmente cacheaba a todos los espectadores jóvenes para saber si llevaban armas. Prohibí la entrada a uno. Este es el segundo aspecto de mi relación con la película. El tercero es que soy uno de los redactores de la especie de prefacio del programa de mano.

M. A.: ¿Qué edad tenía entonces?

A. T.: Cuando se estrenó, era creo en 1928 o 1929.

M. A.: No, más tarde. En 1929-30.

A. T.: Tenía veintitrés años. [...].

M. A.: ¿Y qué piensa de *La edad de oro*?

A. T.: No la he visto desde hace mucho tiempo y creo que pensaré lo mismo que pensaba entonces. Desde luego es una película extraordinaria, y empleo una palabra que no me gusta emplear mucho: histórica, porque no se había hecho nada de ese género hasta entonces. Muy rica en insinuaciones... de pensamientos distintos... Yo diría que su ritmo es un ritmo que está por debajo del ritmo de las películas que se ven habitualmente. Lo que es verdaderamente difícil de aclarar es la influencia de la actualidad inmediata sobre *La edad de oro* y lo que puede parecernos hoy. Si puede haber pasado de moda, si puede no ser actual. Como ocurre con cualquier obra de arte. De todas formas, el terreno cinematográfico no es el mío, lo conozco poco. Pienso que *La edad de oro* da o dio la posibilidad de una verdadera discontinuidad cinematográfica, que era el hecho de tantear en el cine llamado... ¿Cómo se llama eso? *Marienbad*,[78] cosas cómo esa..., nuevo cine. Estas son las tentativas del epígono, ¿verdad? Algunas veces se ha probado pensar en la discontinuidad, pero no se ha pensado nunca seriamente; entonces, *La edad de oro* es un ejemplo de cierta discontinuidad.

M. A.: Del tiempo, es decir, el tiempo que juega un papel tan importante en *Marienbad* y que también lo hace en *La edad de oro*. Completamente natural cuando dice en su guion: esta mujer, luego, inmediatamente después, la vemos diez años más tarde.

A. T.: En *Marienbad* no está claro que el tiempo juegue un papel como el..., en fin, eso de todos modos me parece realmente más acá de los propósitos... que yo mismo estoy obligado a subrayar, mientras que, respecto de *La edad de oro*, usted tiene razón, la discontinuidad existe y es un fenómeno de las grandes artes, de la vida, de la naturaleza, puede que un día de la cinematografía.

M. A.: De acuerdo. Pero, ¿no tiene recuerdos personales acerca de Buñuel?

A. T.: ¿Sobre Buñuel? Tengo innumerables recuerdos personales... ¿Qué le voy a decir? Pero el recuerdo más divertido es acerca de su primer viaje a los Estados Unidos.... un poquito... de lo que pasaba, de lo que era, que un hombre como Buñuel podía ver, y... a la pregunta que le hice, él me contestó: «Pero que no te imaginas... Se llega; se echan cinco o seis firmas, y al cabo de una hora tienes un coche, una casa, una nevera», lo que en aquella época era extraordinario. Naturalmente, todo lo que era necesario como radio, televisión, — entonces no había televisión, radio...—, todo lo que se puede imaginar de ese estilo; todo estaba ahí; nada te pertenece; el día que te vas, abandonas to-

---

78 Thirion se refiera a *El año pasado en Marienbad* (1961), de Alain Resnais y guion de Alain Robbe-Grillet, película famosa por su ambigüedad de su estructura narrativa.

das esas cosas; pero puedes empezar a trabajar; es extraordinario. De la noche a la mañana, un poquito de confort.

M. A.: Hablábamos antes de Picasso y me decía que Picasso era comunista en 1946. ¿Está usted seguro?[79]

A. T.: Cierto. Me acuerdo de un almuerzo. En esa época íbamos con bastante frecuencia al restaurante Le Catalan,[80] en la calle des Grands Augustins. También venía muy a menudo Paul Éluard. Recuerdo que llegué bastante temprano al almuerzo, un almuerzo de bastante gente, y Paul Éluard llegó absolutamente alterado. Venía del estudio de Picasso, que estaba a una decena de metros, y me dijo: «Me he enfadado con Picasso porque no quiere militar en el Partido Comunista». En esa época, militar en el Partido Comunista era exactamente lo contrario de lo que se debía hacer; y me tomé la cosa con cierto humor. Y Paul dijo: «Pero me conformo. Hemos tenido una discusión que ha durado horas; y se acabó. Le he dicho: "No te veré más" y nos hemos enfadado definitivamente». Eso era lo difícil de creer, que pudieran enfadarse definitivamente con Paul Éluard, que era el hombre más relacionado del mundo. Constaté que solamente Éluard daba mucha importancia al tema.

PIERRE PRÉVERT[81]

M. A.: Cuénteme, querido Prévert, lo que sabe de Buñuel; qué piensa de un hombre que, como usted me decía, es huidizo.

P. P.: Huidizo, no. Es un término peyorativo; pero creo que es tímido, y tiene horror, sobre todo ahora que está sordo, a encontrarse con la gente. La huye. En París, por ejemplo, cuando viene, sé que solo se ve con los más íntimos. Formé parte de un grupo que concede los premios Académie du Cinéma y recuerdo que le otorgamos a Buñuel una Estrella de Cristal por no sé qué película y luego hubo una cena donde reunimos a todos los premiados. Se había escogido precisamente una fecha en que sabíamos que Buñuel estaba en París, pero el esfuerzo que tuvimos que hacer para que acudiera fue inimaginable. Yo creo que tengo una cierta responsabilidad en el hecho de que asistiera, porque me dijo francamente: «Pierre, ¿qué es eso de la cena? Porque tú sabes que tengo horror a los discursos, me horroriza todo eso». Y yo le dije: «No hay nada de discursos, son simplemente las personas que se reúnen todos los años para

---

79 A partir de aquí, la entrevista está llena de cortes y lagunas que hacen que algunos pasajes sean imposibles de descifrar. Por este motivo, hemos mantenido únicamente aquellos que presentan una cierta coherencia.

80 Lo regentaba Joan Castanyer (véase la nota 20 de la p. 275).

81 Pierre Prévert (1906-1988) fue un cineasta francés, hermano de Jacques Prévert. Aprendió su oficio con grandes directores, teniendo la oportunidad de actuar bajo la dirección de Yves Allégret, Luis Buñuel, Jean Renoir, Jean Vigo y otros.

conceder un premio a las películas que más les han gustado, a los autores que ellos estiman, y tú estás entre aquellos a quienes más queremos, y estamos muy contentos de concederte ese premio». Creo que era por *Viridiana.* Entonces me dijo: «Iré, pero no diré una palabra». Y le contesté: «Bueno, pues no dirás una palabra». Vino a la cena y estuvo encantador, muy a gusto, porque no le habíamos fastidiado la noche. Se le colocó en una mesa donde no recuerdo quién más estaba, pero yo sabía que sus comensales le tratarían con cariño. Cuando acabó la cena, muy sonriente, me dijo: «Gracias. He venido gracias a ti. Verdaderamente ha sido una velada muy agradable, una reunión cálida, una velada de amistad». Me acuerdo muy bien de su expresión *de calor*. Se encontró a gusto con nosotros porque no le habíamos molestado. A eso me refiero cuando digo «huidizo», porque no quisiera que se pensara que es una persona que huye. Todo eso tiene que ver mucho con el surrealismo. *Un perro andaluz* es un recuerdo maravilloso de cine, que yo ligo al surrealismo, y forma parte de unos recuerdos que para mí son muy interesantes. Para mí el surrealismo no es un movimiento literario, no es un movimiento artístico, es un puñado de hombres que tuve la suerte de encontrar cuando yo era un muchacho de diecisiete años, que significaba ser un niño comparado con los chicos de hoy. Verdaderamente fue una suma de circunstancias lo que hizo que Jacques [Prévert] llevase a los surrealistas a ver la pintura de Tanguy,[82] fue así cómo conocimos a ese grupo. El primero fue Desnos, que había venido a ver las pinturas de Yves Tanguy, pero también y sobre todo por los hombres, pues eran bastante excepcionales; y tal vez Desnos hablara a Breton y a los otros, y así fue como tuve la suerte de conocer al grupo, más tarde, al ir a las tertulias de la calle du Château. Eran para mí un poco misteriosas y no siempre muy comprensibles, porque trataban ideas literarias, filosóficas y otras que se me escapaban un poco, pero eran reuniones muy divertidas porque nos reíamos mucho. Breton era un hombre muy jocoso, le gustaban mucho las bromas. Aragon estaba por entonces verdaderamente maravilloso. Éluard era mucho más serio, y además toda la banda que…

M. A.: ¿Era en 1928?

P. P.: Era más bien antes, hacia 1926, porque en 1928 la calle du Château ya no existía.

M. A.: Buñuel no iba aún por allí.

P. P.: No. Yo le conocí por *Un perro andaluz* y, después, por distintas circunstancias. Cuando dirigió *La edad de oro*, yo tenía amigos que eran ayudantes

---

82 Yves Tanguy (1900-1955) fue un pintor surrealista francés. Gracias a su amistad con Jacques Prévert, Tanguy fue admitido en el grupo surrealista hacia 1924.

suyos: Jacques Bernard Brunius[83] y Claude Heymann.[84] Un día vinieron a verme y me dijeron: «Oye, ¿quieres hacernos un favor?». Yo les pregunté: «¿De qué se trata?». «Pues, verás —me contestaron—, Buñuel busca un muchacho para *La edad de oro* y hemos pensado en ti». «¿Por qué?», inquirí. «Porque necesita a alguien extremadamente delgado». Soy delgado, pero entonces estaba aún más delgado que ahora. Buñuel me había visto una o dos veces, pero no se había fijado en mí; además, yo no era gran cosa, y soy de temperamento algo tímido. Cuando me vio, dijo: «Está bien, está bien». Y actué en *La edad de oro*, en una escena muy corta, como mallorquín. Yo formaba parte de esa banda de la que era jefe Max Ernst. Estaba sobre una especie de jergón sobre el cual me había dicho Buñuel que me acostase, después de haberme puesto un traje inverosímil por el que enseñaba las piernas. Las tenía esqueléticas, y se exageraron añadiendo más artificios para hacer resaltar los huesos. Después me dieron un trozo de bramante y me explicaron muy amablemente: «Tú estás ahí y juegas con el hilo entre las manos y dices tu frase». No recuerdo cuál. Y eso fue todo. A Buñuel le encantó. Debo decir que fue una de las escasas apariciones que he hecho en la pantalla, pero guardo un buen recuerdo, pues pasamos un excelente día de trabajo. Mi escena era muy corta, pero estuvimos juntos, y eso es un recuerdo muy agradable. Ya ve usted, esto es todo lo que puedo decirle sobre mi trabajo de actor con Buñuel.

DENIS MARION[85]

D. M.: Cuando fue proyectada en París *Un perro andaluz*, los surrealistas quisieron publicar el guion en un número de la revista que ellos titularon: *Le Surréalisme au service de la révolution.* Buñuel les envió el texto y, por su lado, Georges Auriol, que era redactor jefe de la *Revue du Cinéma*, que acababa de aparecer en la casa Gallimard, se propuso conseguir y publicar igualmente el texto del guion. No puedo recordar por qué medios él obtuvo el *script*, que era diferente del que debía publicarse en *Le Surréalisme au service de la révolution*, pero en todo caso el número de la *Revue du Cinéma* apareció antes. Esto provocó una cólera violenta en los medios surrealistas. Le hicieron a Buñuel toda clase de agravios, le reprocharon el que *Un perro andaluz* completara el programa de una película americana en la que el protagonista era un policía. Las cosas acabaron arreglándose y Buñuel volvió a ser bien visto por el grupo surrealista.

---

83 Jacques Brunius (1906-1967) fue un escritor, actor y director cinematográfico francés.

84 Claude Heymann (1907-1994) fue un guionista y director de cine francés.

85 Marcel Defosse (1906-2000), conocido como Denis Marion, fue, entre otras muchas cosas, un escritor cinematográfico belga que colaboró con Max Aub en la realización de *Sierra de Teruel* (1938) de André Malraux.

M. A.: Y a ti, ¿qué te pareció?

D. M.: He tenido ocasión de ver varias veces *Un perro andaluz* porque es una de las películas que proyecto en mis cursos de Historia del Cine, en la Universidad de Bruselas. Mi impresión es que, con *Entr'acte* de René Clair, es la única película de vanguardia del cine mudo; la única que conserva actualmente un gran valor intrínseco, dejando aparte, por supuesto, el valor de choque que tuvo en el momento de su proyección. Es cierto que hubo una colaboración muy estrecha entre Buñuel y Dalí para *Un perro andaluz,* pero en el caso de *La edad de oro* tengo la impresión de que Buñuel es, poco más o menos, el único responsable de la película. Creo, por otra parte, que es imposible, en función de sus obras ulteriores, discernir en *Un perro andaluz* lo que viene de Buñuel y lo que viene de Dalí. De todos modos, esta colaboración fue muy fecunda y no determinó ninguna ambigüedad que hubiera sido desagradable estéticamente. En *Un perro andaluz* tenemos ciertamente la película más rica en imágenes nuevas y podríamos decir, fascinantes, que el cine posee hoy.

SANTIAGO ONTAÑÓN

S. O.: Un dato curioso del cine en Buñuel: me acuerdo que un día fuimos a las *Ursulines* a ver una película de Stroheim —que había hecho *La viuda alegre*— pensando ver una película un poco al uso. Y de repente empezamos a asquearnos y nos marchamos indignados. Íbamos andando hacia La Rotonde, hablando: «Chico, es que esta película no deja nada, es que hasta el mar es asqueroso». Y de repente, según íbamos hablando, nos dimos cuenta que la película era extraordinaria. Que éramos unos imbéciles, que nos habíamos salido de una película porque no la habíamos entendido. Vamos, no habíamos captado la idea. Se llama *Avaricia*.

M. A.: Sí.

S. O.: Trata de un señor que se enamora viéndole las muelas careadas a una señora, a la que le ponía cloroformo para besarla, y que luego se hacían novios. ¡Era una película tremenda! Una película hecha con una maldad *(ríe)* por parte de Stroheim, para hacer repugnantes las cosas nobles. Y según íbamos hablando, por la calle Vaugirard, cerca de la calle Vavin, dice: «Oye espera, que no, oye *(ríe),* que la película tiene otra intención, que es muy buena». Volvimos al día siguiente y ya nos pareció magnífica.

M. A.: ¿Y nunca te habló de *Las tres luces* de Lang?

S. O.: Sí. Fue una película que produjo un gran impacto en todos nosotros. Una película a base de mucha fotografía y de…

M. A.: Y de la muerte y de las…

S. O.: Sí, sí. En esa época luego hicieron *Los nibelungos,* y luego *Metrópolis* y todas estas cosas.

M. A.: Pero *Las tres luces* es aparte.

S. O.: Sí.

M. A.: Porque tiene otra intención; sobre todo con la muerte.

S. O.: Sí.

M. A.: Él admite que *Las tres luces* fue lo que le hizo pensar en hacer cine.

S. O.: ¡Ah!, ¿sí?

M. A.: Y después, ¿cuándo volviste a ver a Buñuel?

S. O.: Ya le vi en España. Porque me vine para acá el 27.

M. A.: ¿Fuiste a su conferencia de la Sociedad de Cursos y Conferencias?

S. O.: No. No.

M. A.: ¿Viste *Un perro andaluz* aquí?

S. O.: Sí. Lo vi aquí.

M. A.: ¿Qué te pareció?

S. O.: A mí me gustó mucho.

M. A.: ¿Por qué?

S. O.: Hombre, pues *(ríe)* porque tenía la parte surrealista que a mí me interesaba mucho y creo que tenía cosas sensacionales, vamos.

M. A.: ¿Y *La edad de oro?*

S. O.: Sensacional. Yo *La edad de oro* la vi mucho después.

M. A.: ¿En 1934?

S. O.: Más, más. Malas lenguas protestaban de que, en *La edad de oro (ríe)*, Luis había dado los papeles por categorías. O sea, Max Ernst, que era el que tenía más fama, era el protagonista. Después venía *(ríe)* Manolo Ángeles Ortiz, después Cossío, y después, el último, un papel de no sé qué, que no le hicieron caso, fue a Castanyer, porque era el más pobre. *(Ríe).* Y Castanyer siempre dice: «Luis es un miserable vendido al oro». Pero parece ser que *Un perro andaluz* lo hizo con dinero propio, ¿no?

M. A.: Sí.

S. O.: Sí, con dinero familiar. Y luego, claro, lo otro ya fue la *comtesse* de Noailles.

M. A.: La *comtesse* de Noailles, sí.

S. O.: Sí, *comtesse* de Noailles, que le dio por haber hecho la mejor película surrealista y luego hizo *La edad de oro*.

M. A.: Y luego echaron al pobre de su marido del Jockey Club y todas esas cosas.

S. O.: *(Ríe).* ¡Ah, sí! Por haber patrocinado esa película, ¿no?

M. A.: Sí. [...].

S. O.: Nunca creí que Dalí tuviera tanta importancia en *Un perro andaluz*.

M. A.: Sí, sí. Sí la tuvo.

S. O.: ¿Sí? Porque en *Un perro andaluz* hay muchísimo más de Pepín Bello que de Dalí. Toda la teoría del carnuzo y de los burros muertos, todo eso, era una idea obsesiva de Pepín Bello.

M. A.: ¿Desde cuándo?

S. O.: Pues desde los tiempos de la Residencia.

M. A.: ¿Tú estabas?

S. O.: No. Pero, en fin, he oído hablar a todos ellos, a Federico y a todos del carnuzo, de la teoría del carnuzo. Y la teoría del carnuzo es un poco lo que se da en el film ¿no? Es la podredumbre burguesa, de las familias adocenadas, de eso que estábamos todos en contra. Es decir, la tradición, los viejos señores reaccionarios. En fin *(ríe),* eso es un carnuzo, es una cosa casi inefable. Es decir, un carnuzo era un señor que representaba todo aquello con lo que no estamos de acuerdo. Por eso, en *Un perro andaluz* salen los burros. Los carnuzos deben ser los burros muertos, encima del piano. Como salen las Tablas de la Ley, salen también los maristas. Pero todo eso era mucho de Pepín. Y luego hay un gag que fue el más famoso de la película, que ese era absolutamente de Moreno Villa.

M. A.: ¿Cuál?

S. O.: El de la nube en el ojo.

M. A.: ¿Estás seguro?

S. O.: Seguro. Seguro.

M. A.: Me dejas estupefacto, porque tengo muchas versiones, entre ellas, la del propio Luis.

S. O.: Sí.

M. A.: De cómo esto lo hicieron entre Buñuel y él a base de sus propios sueños.

S. O.: Bueno, pues a mí me han contado, y no puedo decirte ahora quién, pero ha sido un residente —no sé si fue el mismo Federico o quién—, que un día Moreno Villa bajó a desayunar a la Residencia muy impresionado porque había soñado que, afeitándose con una navaja, se había cortado el ojo. Y que a todos les produjo un ramalazo de cosa tremenda, que luego lo da la película. Tú sabes que ese gag ha causado inclusive enfermos mentales. Un señor, un tendero francés, que se dedicó a cortar ojos de vacas, tenía cientos de metros de película en 18 milímetros, con ojos cortados. Era *(ríe)* una cosa ya de dementes. Y de eso hablamos mucho, y recuerdo que todos decían: «Pero bueno, eso es de Moreno Villa». Claro que luego él lo toma y lo hace con su navaja y su uña y demás; pero la idea del ojo seccionado, con la masa viscosa saliendo, esa era de Moreno Villa.

M. A.: ¿Y las hormigas?

S. O.: Pues eso no sé yo de quién podría ser.

M. A.: Eso es de Dalí.

S. O.: Sí, de Dalí. Sí, eso, sí. Bueno, si no es de Dalí, Dalí luego lo ha hecho mucho en su pintura. Ha pintado mucha hormiga después, ¿no?

MANUEL ÁNGELES ORTIZ

M. A.: ¿Qué recuerdas de *Un perro andaluz*?

M. A. O.: En fin, el recuerdo que tengo es cuando Buñuel hace eso con Dalí y el dinero lo pone él. No conozco nada más que el recuerdo de filmaciones, cuando se hacían algunas cosas en las que yo estaba presente. Pero no recuerdo detalles particulares.

M. A.: Se filmó en veinte días.

M. A. O.: Sí. Eso ya lo sé, pero no recuerdo. Yo sé que él entonces empezó a estudiar cine con…

M. A.: Con Epstein.

M. A. O.: Con Epstein. Y Buñuel vivía en la calle du Laos. En un bajo, en una planta baja de la calle du Laos. Pero no recuerdo así cosas de detalle.

M. A.: Y del estreno, ¿qué recuerdas? ¿Fuiste al estreno?

M. A. O.: Sí, claro. Pero no recuerdo demasiado, porque lo que produjo verdaderamente escándalo fue *La edad de oro.*

M. A.: Sí, claro.

M. A. O.: Pero *Un perro andaluz*, no recuerdo.

M. A.: No, al contrario, ¡fue un gran éxito!

M. A. O.: Sí. Bueno, es que *La edad de oro* también fue un gran éxito.

M. A.: Sí, no, pero lo cortaron.

M. A. O.: Pero convertido en escándalo, porque fue el escándalo más bien…

M. A.: Sí, de la derecha.

M. A. O.: … de tipo religioso y social.

M. A.: Claro. Y de *La edad de oro,* ¿qué recuerdas?

M. A. O.: Tú sabes que en *La edad de oro* trabajábamos casi todos los amigos. Quiero decir… yo tengo ahí un papel de guardabosques. Luego, la partida de bandidos son todos los compañeros pintores que estábamos. El único que no está ahí es *(ríe)* Viñes, ni Peinado, pero están todos los demás que estábamos aquí. Capitaneados por Max Ernst, que era el capitán de la partida de bandidos.

M. A.: ¿Tú ves a Max Ernst alguna vez?

M. A. O.: No, no. Ya sabes que son personas que se ponen en un lado y en el otro no. Bueno, cuando lo encuentro, sí, desde luego, pero ir a verlo, no.

M. A.: Sí. ¿Y qué más de *La edad de oro*?

M. A. O.: Me acuerdo cuando se dio por primera vez en casa del vizconde Charles de Noailles, que es el que puso el dinero. Ese día estábamos invitados a la presentación, naturalmente, los Noailles, Buñuel, Sadoul, Jean Cocteau, Christian Bérard, el pintor, y yo. Eso es lo que yo recuerdo perfectamente. Esto te lo digo porque se me quedó muy grabado. Cuando terminó la película hubo un silencio sepulcral. *(Ríe).* Nadie se atrevía a decir nada. Y el único que rompió filas fue Cocteau, que dijo: «¡C'est épatant!». Y claro, todos seguimos diciendo: «¡C'est épatant!». *(Ríe)*. Entonces los Noailles, entusiasmados por el «¡C'est épatant!» de Cocteau, y seguidos por el nuestro, dio una primera presentación *mondaine* en su casa con eso que se llama *le Tout-Paris, tous les gens de l'aristocratie*, en fin, esas reuniones que daban los Noailles, ¡maravillosas! Con comida en mesas individuales, todos franceses, duques. Y fue un entusiasmo loco, delirante. No sé si a la gente le gustó, pero todo el mundo estaba *(ríe)* con el «¡C'est épatant! ¡C'est épatant!». En esa época yo llevaba una vida bastante moderna y hubo dos presentaciones de ese tipo en casa del vizconde de Noailles y después se dio ya en público. También bajo invitación, se pudo ver aquí, en un teatro de la calle Cujas o no sé cómo. No recuerdo ya.

M. A.: L'Ermitage.

M. A. O.: También fue un éxito delirante. Y no sé si ya, a partir de ese momento, Charles de Noailles se decidió a que se diese en público. Y es cuando se armó el gran escándalo en la municipalidad, que se dijo en un consejo municipal que tenía que haber pasado por una censura. Y el gran escándalo también del grupo los Camelot du Roi.[86] Un escándalo tan tremendo que Charles de Noailles fue expulsado del Jockey Club.

M. A.: Sí. Todo eso ya lo sé.

M. A. O.: Y la familia de Noailles fue apartada durante, yo que sé, durante un año. No, no, no... Nadie los recibía. Toda esa gente que fue a comer de maravilla aquella noche a su casa les volvió la espalda. En fin, algo tremendo. Y eso es lo que yo recuerdo. Es decir, cuando va él también a l'Atelier, en Montmartre, donde había una exposición de pintura surrealista, donde habían colgado muchos cuadros de Dalí, en el *hall.* Y el día del estreno de *La edad de oro*, tiraron tinteros contra la pantalla y los cuadros allí expuestos. Aquello fue espantoso y un gran escándalo.[87]

M. A.: ¿Eso cuándo fue? Después de lo de L'Ermitage.

M. A. O.: Sí, después, desde luego, porque eso ya es con público. L'Ermitage fue con público, pero bajo invitación. Es decir, no era pagando. Mientras que ya en el Estudio Montmartre...

M. A.: Studio 28.

M. A. O.: *C'est ça*. Studio 28. Ahí se hizo con una exposición de pintura surrealista, donde había muchos cuadros de Dalí, todo era de Dalí, ¿no?

M. A.: Bueno, había de Dalí y de todos.

---

86 La Fédération Nationale des Camelots du Roi, conocida también simplemente como los Camelots du Roi, fue una organización paramilitar durante la Tercera República Francesa, activa entre 1908 y 1936, que operó como las juventudes y fuerza de choque del movimiento de Action Française.

87 Ángeles se confunde con el Studio 28, donde se proyectaba en público la película.

M. A. O.: Y ahí es donde se produjo el gran escándalo y se acabó la película. Los Noailles retiraron la película y desde entonces esa película está bajo candado, ¿no? Que la única copia que sale de cuando en cuando es la que tiene la Cinemateca. [...]. En el bufé de los Noailles, en su palacio de la plaza des États-Unis, todos los criados llevaban pantalón corto y eso. Yo te cuento esto porque...

M. A.: No, él me lo ha contado. Pero cuéntamelo tú.

M. A. O.: Se nos dio una invitación, donde fuimos todos los bandidos, todos los que trabajaban en *quelque rôle dans le film*, ¿verdad? Y estaban todos los pintores, como Flores[88] —te digo Flores porque era muy gitano, el pobre, murió ya—. Y el hecho es que me acuerdo que esos criados de pantalón corto y hebilla nos atendían y nosotros tomamos todo lo que nos dio la gana, todo el bufé estaba abierto para nosotros, para el grupo. Gente muy simpática los Noailles. ¿Tú sabes que están, creo, separados?

M. A.: Sí, sí.

M. A. O.: Es él quien tiene la película, todo el control lo tiene él.

M. A.: Sí.

M. A. O.: Luego, entre *La edad de oro* y *Un perro andaluz* está *Las Hurdes, tierra sin pan.*

M. A.: No, es después.

M. A. O.: ¿Después de *La edad de oro*?

M. A.: Sí, es de 1932. Acabo de verla con Luis. Luis tiene una copia.

M. A. O.: ¡Ah!, ¿tiene una copia de *Tierra sin pan*?

M. A.: Muy buena, además.

M. A. O.: ¡Ah!, bueno.

M. A.: Bueno, bueno. Pero lo que yo quiero es encontrar a Éli Lotar, que fue el fotógrafo.

M. A. O.: Ha muerto, acaba de morir. Hace unos quince días.

M. A.: ¿Y tú sigues creyendo, como yo, que en *La edad de oro* está todo Buñuel?

M. A. O.: Yo creo que sí. Para mí es una de las películas capitales de Buñuel.

M. A.: Es la película capital o es una de las películas...

M. A. O.: No, no. Para mí es capital.

M. A.: Ahí está todo él dicho.

M. A. O.: Todo, todo, todo. Todo lo que ha hecho después Buñuel es magistral; pero es una resultante de *La edad de oro*. En ella hay una subversión poética, una de rabia, mientras que en las otras ya ha querido hacer algo político, sin que él lo desee. En *La edad de oro* no ha querido hacer nada político.

---

88 Pedro Flores (1897-1967) fue un pintor de origen murciano.

M. A.: Eso es evidente. En *La edad de oro* si una cosa ha querido hacer, esto es *l'amour fou*.

M. A. O.: Era lo que los surrealistas en ese momento querían, la subversión por la subversión, pero de tipo poético.

M. A.: Es el sueño y, además, hay ahí algo que me lleva a hacer creer que *Un perro andaluz* también es una historia de amor como lo es *La edad de oro*.

M. A. O.: Una historia de amor no sé. Pero, ¿en qué sentido?

M. A.: Sí, en el mismo sentido que en *La edad de oro*.

M. A. O.: Creo que el erotismo de Buñuel, tanto en esa película como en *Un perro andaluz*, es un erotismo *de costurero*, de decir, existe como existe un vaso de agua, pero no porque él se lo proponga.

M. A.: No, no.

M. A. O.: Tú sabes que los únicos protagonistas de *La edad de oro* que eran profesionales eran Modot y la chica aquella rusa.

M. A.: Lya Lys.[89]

M. A. O.: Lya Lys debía de ser, pero no me acuerdo cómo se llama. Pero era una rusa, una chica rusa bastante guapa, muy atrayente y sumamente puta, ¿no? Se acostaba con el sursuncorda si se le presentaba. Y Buñuel se reía porque la película empieza en el cabo de Creus, que es donde están todos los obispos. Para filmar esa parte de la película fueron a Cataluña y, no sé si era en Barcelona o en Gerona, había una escuadrilla de aviación de militares, y con todos se acostó la fulana esa, con todos los pilotos. Y los pilotos de esa escuadrilla, en agradecimiento o en amor a esta muchacha, cuando se fue de Barcelona, es decir, cuando se fue de España, la acompañaron en avión hasta la frontera custodiando el tren. *(Ríe)*.

JUAN RAMÓN MASOLIVER

M. A.: Háblame de *La edad de oro*.

J. R. M.: Eso fue bastante bueno. Como teníamos contacto de siempre, la primera cosa que hizo al venir a Barcelona fue ir a ver a mi madre, en paz descanse. Y me dijo: «¡Hombre! Pues tú, por qué no te decides y…». Yo entonces era un estudiante de Letras y de Derecho. Uno de esos que creía que cobrar por una cosa que escribieras era una herejía. Había que escribir limpios, es decir, contra la cosa esta de los chicos de la prensa y todos estos comerciantes. Total, que dije que sí. Luego él cogió a [Lorenzo] Otero —que, por cierto, me parece que murió— para que le buscara por aquí gente de sociedad, porque quería hacer una cosa de sociedad. Y apareció con unos mendrugos de estos, en fin, de estos bárbaros de quinta categoría. Y dice: «¡Hombre, por Dios! ¿Qué me

89 Lya Lys (1908-1986) fue una actriz estadounidense.

has traído aquí?». Total, quería cambiarlo todo. Fuimos a Cadaqués. Entonces volvió y vino con Pepito Llorens Artigas,[90] con quien podrías hablar.

M. A.: Con quien he hablado, pero no se acuerda de nada.

J. R. M.: Bueno, ahora está ya en la cosa neurótica. Pues Pepito Llorens Artigas un día me enseñó una fotografía de cuando era soldado. Iba con el pelo al rape y un bigotazo sensacional. Total, que le digo: «Pues nada, tú serás el prefecto de *La edad de oro*». Y así. Vino Pepito, vinieron los actores estos franceses, vino Pancho Cossío, vino ¿quién más?, Pancho Cossío y este otro, pintor también, que está en Madrid.

M. A.: No, Uzelay.

J. R. M.: No. Un muy buen amigo de Eduardo Vicente.[91] Hombre, ¿cómo se llama este pollo?

M. A.: ¿Puede ser Palencia?[92]

J. R. M.: No; Palencia estaba entonces *juanramonizado*. ¡Dios bendito!, bueno, es igual, no me acuerdo.

M. A.: Viñes, desde luego, estaba en París.

J. R. M.: Sí. Pero los que vinieron en ese grupo, aparte de los actores profesionales, fueron Pepito, Pancho Cossío y este otro que digo yo, que hace acuarelas. Muy parecido a Eduardo Vicente.

M. A.: Uzelay estaba en París; así que no.

J. R. M.: No, no era Uzelay. Es de la edad de Pancho Cossío, de la edad de Luis, de la edad de todos ellos, porque eran amigotes de París. Dalí no sé dónde estaba. Supongo que en París, no lo sé. Dalí estaba metido en el lío de la mujer de Éluard. Entonces estaba intentando resolverlo. Dalí era el que había dicho: «Hombre, pues tal, el cabo de Creus, en fin, pues se puede esto y tal». Total, que fuimos al cabo de Creus, nos instalamos en Cadaqués y él venía con Juanita, que todavía era su novia, ¿no? Y todos estos tipos vestidos de frac tenían que parecer en semejante cosa que se llama El Inferno. Allí, en el cabo de Creus, que es un escenario dantesco. Y entonces Pepito inauguraba no sé qué diablos de monumento, y tenía que pronunciar un discurso. Discurso que, naturalmente, era mudo. O sea, que toda la gesticulación tenía que salir en la película muda, además con unos «uí, uó, uí, uó». Y Pepito improvisó ahí un discurso que fue el tronche. Tuvieron que parar cinco veces porque fue el troncharse *(ríe)*, la cantidad de barbaridades que dijo, con una cara serísima, como

---

90 Josep Llorens i Artigas (1892-1980) fue un ceramista y crítico de arte español.

91 Suponemos que se refiere al pintor Eduardo Vicente Pérez (1909-1968), que participó en el itinerante Museo del pueblo puesto en marcha por las Misiones Pedagógicas el 29 de mayo de 1931.

92 Ceferino Palencia y Álvarez-Tubau (1882-1963) fue un crítico de arte, pintor, escritor y político, de origen español, exiliado a México, donde falleció.

si fuera un prefecto francés. Mira, el operador partiéndose, todos partiéndose. Vuelta a empezar. «¡Hombre Pepito!, por favor. No, no, no, no, si…, ¿entonces, no?». «Sí, lo haces muy bien, pero, en fin». Vuelta a empezar. Cinco veces. Luego, había que matar a un perro.

M. A.: Antes de hablar del perro, te diré que actualmente la piedra sigue allí. La piedra artificial de *La edad de oro* y que está donde estaba el Club Mediterranée. Van a poner allí una placa para recordar el asunto.

J. R. M.: No he vuelto nunca más. No me digas. ¡Ay, qué bueno!

M. A.: Ahora sigue con el perro.

J. R. M.: Mientras se estaba inaugurando este falso monumento, yo estaba con Juanita y el perro, y el caballero, ¿cómo se llama el tío este? Pierre no sé cuántos, no me acuerdo cómo se llama, ¿Montoro?

M. A.: ¡Ah!, el… ¿el actor?

J. R. M.: Sí, ¿Mondoro…? o algo así. Ella se llamaba Lya Lys.

M. A.: No, el actor era Modot. Gaston Modot.

J. R. M.: Modot, Modot, Modot. Gaston Modot, exactamente.

M. A.: Que aún vive, pero totalmente obnubilado. Intenté verle.

J. R. M.: Entonces parecía un hombre ya mayor. Era mayor que todos nosotros y Pepito Llorens Artigas tiene setenta y siete años, por lo que Modot debe pasar de los ochenta. Bueno, total, Gaston Modot tenía que matar al perro, porque se suponía que le estaba molestando en una cosa de tipo amoroso. Era un chucho asqueroso, que trajo este Lorenzo, este Otero. Modot tenía que chafarlo. Luis empeñado en que tenía que chafarlo. Y Juanita con un ataque de nervios. Total, que acabó dándole nada más un puntapié y Juanita se llevó al perro. Juanita y el camarógrafo salvaron al perro. Tenía dos meses. Juanita lo tuvo dieciocho años; se llamaba Dalú. En fin, creo que allí empezó ya la decisión de casarse con Juanita, entre paréntesis *(ríe)* porque allí ella demostró que lo que ella dice, eso es. Íbamos en barca todas las mañanas, desde Cadaqués, con un mar que no quieras saber, porque esto estaba pasando en primavera, en marzo o por ahí, sí. Y, claro, todos aquellos tíos vestidos era una cosa sensacional; que luego en la película eso no se ve. Todos los tíos vestidos de frac, allí mareados, el del traje blanco… arreglándose el vómito (*ríen)* de unas tías con trajes de alquiler.

M. A.: ¿Y entonces tú estuviste allí, haciendo de extra?

J. R. M.: Como me pagaba, además del hotel y todo, claro. En fin, porque era un pibe con diecinueve años. No, ni siquiera los tenía; dieciocho años. Me parece que me pagaba dos duros diarios. Dos duros de plata.

M. A.: Sí.

J. R. M.: Y yo me traje un capital, ¿comprendes? Lo menos quince duros, aparte de, bueno, en fin, ahora si los oídos castos se cierran…

M. A.: Sí.

J. R. M.: Estas *(ríe)* vinieron en el tren y Pepito, quien como tú sabes llamaban Llorens Intrigas, estaba en la parte de arriba de la *couchette*. Y abajo estaban, «practicando», Lya Lys con no sé quién. Total, entonces este les cantaba «la, la...». *(canta)*. O sea, que ya la película empezó en el tren. Luis ofrecía a esta señorita, dicho sea entre paréntesis, muy respetable, que se llamaba Natalia Margourí, una cosa así, Margourís, una oportunidad.[93] Era una rusa, judía, supongo. Luego la vi en París, y despues fue a Mallorca, en fin. Ella se quedó por aquí una temporada a ver cómo pintaba la cosa. O sea, que la película tenía sus *forillos*, también surrealistas.

M. A.: ¿Y fuiste a París para los interiores?

J. R. M.: No, entonces yo fui a París en el 30. Pero no fui para eso, sino porque entonces quería ser diplomático y fui para diplomarme en el Instituto de Altos Estudios Internacionales Lapradelle. Pero, claro, me faltó tiempo una vez llegado a París para conectarme otra vez con todos estos caballeros, con todo el grupo surrealista, y ahí viví bastante con ellos, sobre todo con Breton y con unos chicos que se llamaban Desnos y Char, todos estos. Entonces Luis no estaba, se había ido a América contratado.

M. A.: ¿Con Lya Lys? *(Ríe)*.

J. R. M.: ¿Eh?

M. A.: ¿Por qué quería a Lya Lys?

J. R. M.: No, no, Lya se quedó en París. *(Ríe)*.

M. A.: Sí, porque querían contratarla a ella.

J. R. M.: Ya, ya, pero Lya Lys se quedó en París, justamente en la *square* Malakoff o no sé qué. No he vuelto a saber más de esta señorita, ni que haya hecho película alguna, por lo menos con ese seudónimo. Fue entonces cuando le ofrecieron a Luis no sé qué en la Paramount y los mandó a freír churros.[94]

M. A.: Sí, entonces, ¿tú viviste exactamente?

J. R. M.: Yo viví toda esa época. Nancy Cunard, la hija de lady Cunard, estaba con un pianista negro y habían salido huyendo de su familia. La familia quería comerse al pianista y encerrar a la muchacha, pues ella es la que lleva *Un perro andaluz* a Londres.[95] Pero tuvieron que salir zumbando en un taxi y toda la cosa. Entonces estaba Dalí en París, ya con Gala.

---

93 El nombre real de Lya Lys era Nathalie Margoulis, que nació en Berlín, pero era de nacionalidad estadounidense.

94 Buñuel estuvo trabajando en el doblaje de películas para la Paramount en sus estudios de París, en Joinville, donde era jefe del Departamento de Español.

95 Nancy Cunard (1896-1965), heredera de la famosa compañía naviera, fue una escritora, poeta, editora y periodista inglesa, que destacó por su activismo social y su mecenazgo en literatura. Antigua amante de Aragon, organizó un pase de *La edad de oro*, no de *Un perro andaluz*, en Londres.

M. A.: Perdona la indiscreción, Nancy, que yo conocí ya muy vieja, ¿con quién andaba, además del negro?

J. R. M.: Me parece que andaba solo con el pianista negro. *(Ríe).*

M. A.: ¿Solo? No estás muy seguro, ¿verdad? *(Ríen).* Porque ahí hay una historia de Nancy Cunard, que creo que debe haber muerto.

J. R. M.: Pues quizás, vamos, sí, supongo que sí.

M. A.: Porque, además, es muy curioso. Nancy fue mi primera traductora al inglés.

J. R. M.: ¿No me digas?

M. A.: Sí. Y traductora de versos. Además, verdaderamente extraordinaria, pero...

J. R. M.: No, era un tipo de loca.

M. A.: Vamos a ver, Nancy sí estaba, pero, ¿me quieres decir con quién, con quién tuvo una historia Nancy entonces?

J. R. M.: ¡Ah!, no, no. Desde luego yo la conocía solo con ese negro. Un pianista negro, muy guapo, pero negro como el betún. Con gran escándalo. Calcula tú en aquel momento, ni los Noailles soportaban eso, a pesar de ser tan esnobs.

M. A.: Sí, sí, tan, esnobs, está bien. Ahora he estado con el vizconde y me ha contado toda la historia desde su punto de vista.

J. R. M.: El vizconde fue el que dio el dinero para *La edad de oro*. Bueno, la bolsa de su mujer.

M. A.: Sí, sí; Marie-Laure sigue igual.

J. R. M.: Así como *Un perro andaluz* lo pagó mi tía María Portolés, los Noailles dieron los cuartos para *La edad de oro.*

M. A.: ¿Estuviste en la famosa representación de *La edad de oro* en casa de los Noailles?

J. R. M.: No, no.

M. A.: ¡Qué lástima! Porque sería una versión más. Tengo una maravillosa.

J. R. M.: Vi *La edad de oro* en el Studio 22 o por ahí,[96] no recuerdo ahora mismo.

M. A.: ¿La viste antes de la noche del escándalo?

J. R. M.: En una sesión privada que se armó la de Dios. Me parece que fue el Studio 22, L´Atelier 22.

M. A.: El 28.

J. R. M.: O 28, sí. Estamos hablando de hace cuarenta años. ¡Qué locura! Y con lo que hemos pasado después, que tampoco ha sido manco.

M. A.: Quisiera algunos detalles más de la filmación de *La edad de oro*, porque eres el único superviviente de la película, lo cual *(ríe)* es una cosa...

96 Studio 28.

J. R. M.: Sí, desde luego. Bueno, luego la cortaron mucho, porque realmente era blasfema. De hecho, sigue siéndolo, ¿verdad? Pero entonces ya era el cachondeo padre.

M. A.: Pero, por ejemplo, ¿qué es lo que cortaron?

J. R. M.: Hombre, lo que he visto yo en la sesión que han dado aquí, es decir, Jesús marica, Jesús tal, todo esto está completamente dulcificado. En mi opinión, está dulficado sobre lo que vi yo en aquel momento, que era una auténtica incitación al crimen, vamos. Ahora, este hombre, luego..., ya sabemos, la familia, menos mi tía María, la familia estaba contra él después de esto, diciendo: «Parece mentira». Que, además, coincidía con el momento en que Dalí hizo aquel Sagrado Corazón, *Parfois je crache par plaisir sur le portrait de ma mère*, y se armó la de Dios. Entonces, las familias respectivas, y respetables, dijeron: «Bueno, esto se ha acabado». Es decir, con estos mozos no se puede hacer carrera ninguna. Y es cuando Luis empezó a hacer una cosa que a él le avergonzaba bastante: cine comercial, este cine asqueroso como pudo ser *Don Quintín el amargao*. No sé si la recuerdas.

M. A.: Sí, la he visto.

J. R. M.: ¿La has visto últimamente? Yo no la he vuelto a ver desde entonces.

JOAQUÍN PEINADO

J. P.: Un día le dijo [a Buñuel] la Noailles —la princesa o la...— que podía invitar a sus amigos, para una representación y allá fuimos. Y allí se llenó una salita muy bonita del palacio aquel. Y allí se proyectó la película. Claro, no todos éramos españoles, había también los franceses y otros. Me acuerdo que allí saludé a Aragon y a otros muchos. Había sobre todo gentes del equipo surrealista y me acuerdo que, como estas reuniones se hacen con mucha generosidad por parte de los dueños de la casa, había un bar. Y en este bar se metieron algunos de estos jóvenes surrealistas y empezaron a vaciar las botellas, a poner agua en la botella de ginebra, a poner vino en la de *whisky*, el *whisky* lo pasaban a otra, eran gestos surrealistas que yo no aprobaba. Salí de allí un poco confuso. Teníamos nuestros sillones, con cigarrillos al lado, que eran con un filtro de terciopelo azul o violeta; bueno, una cosa... Pero allí vi *Un perro andaluz*, porque nos había invitado a todos los amigos. ¿Qué otra cosa?

M. A.: Buñuel exhibió en el Studio des Ursulines, en marzo del 29, *Un perro andaluz*, que tuvo mucho éxito y los surrealistas quisieron echar a Luis por el éxito que tuvo,[97] y entonces entró en relación con los Noailles y es cuando

97 Como sugiere Jones (p. 276) esto no fue así. Seguramente Aub se confunde con el revuelo generado por la publicación del guion. Buñuel dio permiso a *La Revue du Cinéma* para publicarlo en el número del 15 de noviembre de 1929. Sin embargo, Breton, Aragon y Éluard insistieron que tenía comprometida su publicación en exclusiva con *La Révolution*

hace *La edad de oro* y van a casa de los vizcondes y sucede lo que has contado antes. Por tanto, no viste *Un perro andaluz*, viste *La edad de oro*.

J. P.: Sí, sí.

M. A.: Porque tengo del propio Aragon y otras gentes, incluso del propio que echó a perder todo aquel bar, unas descripciones bastantes claras; y del propio Luis.

GONZALO MENÉNDEZ PIDAL

M. A.: Mi libro va a ser un montaje. Como *Los hijos de Sánchez* de [Oscar] Lewis,[98] más o menos, ¿verdad? Y cuantas más cosas tenga de cada historia para mí mejor. Porque las voy a publicar todas, para que vean que no hay verdad posible en una…

G. M. P.: De esto estoy convencido. Que el valor del testimonio es absolutamente nulo. No, el señor que dice: «Yo estuve allí y lo vi». No.

M. A.: Cuénteme usted lo del estreno de *Un perro andaluz.*

G. M. P.: Ve usted, no recuerdo ni la fecha ni el cine.

M. A.: Bueno, fue en el Royalty, en el año 30, si no me equivoco, o 31.

G. M. P.: Sí, sí. El 31 debió de ser. El caso es que, efectivamente, era Ernesto Giménez Caballero y… la cosa empezó con un gran escándalo. La presentación de Giménez Caballero, primero, y luego Buñuel habló muy pocas palabras y dijo algo así como: «Esta película es una incitación al asesinato» o algo así; «al crimen», o una cosa así.

M. A.: Sí, eso fue una repetición de sus palabras del estreno en París.

G. M. P.: Sí. Y eso fue ya la explosión general. Entonces, yo no sé, todo esto lo recuerdo, pero puede que sea inexacto, ¿no?, el padre de Giménez Caballero quiso retirarlo, ¿no? Sacarlo de allí: «Ernesto, que te pierdes». Y se lo llevó a un lado. Y en medio de todo el escándalo, recuerdo yo a un señor calvo, en el patio de butacas, impasible, en medio de todos los gritos de unos a favor y otros en contra, diciendo simplemente: «Cuac, cuac, cuac». Interminablemente, porque aquello duró muchísimo, ¿no?

M. A.: Sí, los 18 minutos.

G. M. P.: Sí. Enrique Díez Canedo fue quien me dijo: «Mira a ese señor que está ahí».

---

surréaliste para el número del 15 de diciembre de ese año. Buñuel intentó rescindir su acuerdo con *La Revue*, pero el número ya estaba en proceso de impresión y «Buñuel tuvo que enviar una dura carta de protesta, fechada el 19 de noviembre, a los diarios más importantes de París» (Gubern y Hammond, p. 16). Véase también la conversación con Denis Marion de la p. 319.

98 Esta novela etnográfica de Oscar Lewis, escrita en 1961, es también uno de los proyectos cinematográficos no realizados de Luis Buñuel.

M. A.: Pero, ¿la reacción del público fue de escándalo o de...?

G. M. P.: Bueno, la reacción del público como en muchas ocasiones, fuese *Un perro andaluz* o *La consagración de la primavera*, era de escándalo. Unos a priori, ya entusiasmados, y otros decididos a que aquello no era tolerable. [...].

M. A.: ¿Usted recuerda a la mujer de Luis en San Sebastián?

G. M. P.: Pues claro, es probablemente donde únicamente se le recuerde.

M. A.: ¿Sí? ¿Y su traje de baño color naranja?

G. M. P.: Bueno, color naranja... Pues sí...

M. A.: ¿Y quién más había? Porque luego he estado pensando si era usted o si era su cuñado el que le presentó a...

G. M. P.: No. Presentar, tiene que haber sido Miguel.

CARLOS VELO

M. A.: ¿Cuál fue tu primer contacto con Buñuel?

C. V.: Mi primer contacto viene del Museo de Ciencias Naturales.

M. A.: ¿Dónde? ¿Aquí, en Madrid?

C. V.: En Madrid, sí. Yo soy el muchacho que viene a estudiar Medicina a Madrid, pero que le gusta la biología, y a escondidas de mi padre —médico de pueblo—, estudio Biología, Ciencias Naturales. Al estudiar Ciencias Naturales conozco una cosa llamada la Residencia, de la cual no te voy a decir nada porque sabes tú más que yo. En la Residencia, me hablaban de un grupo que había, que ya se habían escapado a París —en ese tiempo ya no estaban—, que eran Buñuel, Dalí creo que también estaba, y no sé quién más se fue con él.

M. A.: Vicens.

C. V.: Vicens, exactamente. Me hablaban de ellos como unos tipos extraordinarios y de todas las travesuras de estudiantes que hacían.

M. A.: ¿Qué travesuras te contaban?

C. V.: Le jugaban travesuras de salir de noche al director de la Residencia, Alberto Jiménez. *(Ríe).* Las travesuras de los muchachos, que era no cumplir con la disciplina ni con los horarios de la comida, cosas que eran medio sagradas en el espíritu de la institución. Entonces oí hablar de Buñuel a Cándido Bolívar, joven profesor que fue mi maestro. Porque don Ignacio Bolívar ya estaba retirado cuando yo estudié. Entonces entré en ese laboratorio y estando en él con un profesor llamado Maynar,[99] no me acuerdo del nombre, profesor de Histología, un día me dice: «Señor Velo, como a usted le gusta la entomología... Yo tengo un compromiso muy grande, tengo que mandar a París unas hormigas. Y usted como...». Era la cosa que me gustaba a mí, insectos sociales, era mi especialidad: abejas, hormigas, termitas. Entonces yo tenía un hormiguero artificial, un hormiguero transparente

---

99 Carlos Maynar Duplá (1900-1992) fue un entomólogo aragonés.

en el museo, que era lo que llamaba la atención. Eso me consiguió una beca de la Junta de Ampliación de Estudios. En ese momento yo no conocía a Buñuel. Había oído hablar de Buñuel a mis novias de la Residencia; de Buñuel y de Dalí. Entonces, Maynar me dice: «Tengo que mandar hormigas, ¿cómo se pueden mandar hormigas vivas a París?». Y digo: «Pero, ¿qué hormigas?». «Hay la hormiga roja del Guadarrama, la *Formica rufa* del Guadarrama». Yo estaba estudiando esa especie y digo: «Bueno, pues qué tontería. En las Landas de Francia está la *Formica rufa*; en los alrededores de París, en el Bois de Boulogne —porque yo todo eso lo sabía muy bien— hay la misma *Formica rufa*. Aunque digan que esta es una variedad, es falso». Yo estaba en contra de los sistemáticos. «No, no, no, es que las pide Luis Buñuel». Esas hormigas fueron recogidas por mí en la sierra del Guadarrama, metidas de forma especial con un saco para que se conservaran húmedas, con las mismas hojas de los pinos del Guadarrama, y entregadas a Maynar, que se las envió a Luis Buñuel. Yo no sabía para qué eran. Las hormigas son famosas hoy en todo el mundo, son las que salen en *Un perro andaluz*. Y eso se lo conté a Buñuel y le hizo una gracia enorme. Mi primer vínculo con Buñuel fue mandándole unas hormigas, yendo a buscar unas hormigas para él. En ese momento yo no era cineasta. Me hice cineasta después, por las abejas. Ya lo he contado muchas veces, para poder fotografiar la reina de las abejas me compré una camarita y me puse a fotografiar. Y de ahí empecé haciendo documentales. Entonces, con el tiempo me hice dirigente estudiantil. Y llego a dirigente de la Federación Universitaria Escolar (FUE)[100] de toda España; que fue un cargo muy espectacular, sucediendo a Antonio María Sbert.

M. A.: Sí, sí.

C. V.: Entonces, hablo con Mantilla[101] —conocí al famoso Fernando Gutiérrez Mantilla, el Jefe Mantilla, que conocía usted muy bien— y él me da la idea de hacer el cineclub FUE de Madrid, que fue famoso. Basado en el cineclub Filmófono —usábamos casi el mismo material—, hicimos el cineclub FUE. Era muy espectacular. Volvimos a poner películas que había puesto Urgoiti, que habían generado mucha discusión, y organizamos un pase en el Palacio de la Prensa, que era de Urgoiti. Ahí conocí a Buñuel cuando se presentó *La edad de oro*. Ahí vino Buñuel y le conocí. Llegó Buñuel a la exhibición esta, en una salita

---

100 La Federación Universitaria Escolar (FUE) fue una organización estudiantil fundada en la Universidad Central de Madrid (España) a finales de 1926 por Antonio María Sbert (1901-1980) y otros dos estudiantes como alternativa a la, hasta entonces, hegemónica Asociación de Estudiantes Católicos (AEC), y en el contexto de las protestas estudiantiles contra la política universitaria de la dictadura de Primo de Rivera, que pronto derivaron en una rebelión, primero, contra la Dictadura, y, luego, contra la monarquía de Alfonso XIII.

101 Fernando G. Mantilla (1903-1964) fue un periodista y cinéfilo comunista español, exiliado después de la Guerra Civil en México. Codirigió bastantes películas con Carlos Velo.

a la que se subía en un elevador. Lo sabes perfectamente. Y llegó con un abrigo y estaba en la puerta. Y nosotros que estábamos muy listos, los de la FUE, sobre todo. ¿Te acuerdas de Soria?[102]

M. A.: ¡Hombre!

C. V.: ¡Cómo no te vas a acordar! Bueno, Soria dijo: «Hay policías. Aquí hay policías, dentro. ¿Qué vamos a hacer?». «Bueno, pues se va a pasar la película. Y si hay policías, que la vean, ¿no?». Entonces yo ya era entomólogo y cineasta. Ya me interesaba muchísimo el cine. Lo que te voy a contar fue una impresión decisiva en mi vida. Y veo a Buñuel, muy joven en aquel tiempo, y muy guapo, bien peinado, parecía un chulillo madrileño de estos de rompe y rasga. Y llega con los rollos debajo del abrigo, los traía el propio Buñuel. Entonces, lo emocionante es que yo agarré esos rollos y los subí a la caseta. No me importaban los policías ni nada. Yo en aquel tiempo era muy bravero, muy peleador, y no me importan los policías, aunque estaba viendo sus caras. Se proyecta la película y Buñuel desapareció, no sé dónde se metió ni qué pasó. Si estuvo en la exhibición, no te puedo decir, porque en ese momento se proyecta la película y aparece en la pantalla un escorpión. El mismo artrópodo que yo estaba estudiando. Porque estaba yo metido con Fabre[103] y con todas estas cosas. Y aparece un escorpión. «El escorpión es un animal venenoso». Así empieza *La edad de oro*, ¿no? Y traté de buscar a Buñuel y fue cuando fui informado de que había querido estudiar Ciencias Naturales. Después me lo contó él, posteriormente. Ahí pierdo yo a Buñuel. Estoy en la zona franquista y sé que Mantilla arregla mi película de Galicia y se la lleva a París. Ahí tú interviniste, lo sabía perfectamente. Entonces Buñuel siempre me dijo: «Yo te di el primer premio de tu vida. El primero que has tenido te lo he dado yo». Siempre me hace esta broma. Por el documental *Galicia*.[104] Él estaba en el jurado de la Exposición de París en ese tiempo y, efectivamente, el primer premio que he tenido en mi vida, *(ríe)* internacional, me lo ha dado Buñuel.

GUSTAVO PITTALUGA

M. A.: ¿Qué recuerdas del discurso de Buñuel sobre el cine? ¿Y del estreno de *Un perro andaluz*?

G. P.: De *Un perro andaluz* no me acuerdo apenas. Además, creo que yo no estaba allí.

M. A.: ¿Y de *La edad de oro*?

---

102 Arturo Soria y Espinosa fue uno de los fundadores de la FUE.

103 Jean-Henri Casimir Fabre (1823-1915) fue un entomólogo francés, cuyas obras apasionaron al joven Buñuel.

104 Rodado en 1937, con Cecilio Paniagua de director de fotografía y música de Rodolfo Halffter, que luego firmó la banda sonora de *Los olvidados*.

G. P.: Tampoco.

M. A.: ¿Y de la conferencia que dio en la sesión de conferencias?

G. P.: Tampoco. No me acuerdo, no me acuerdo.

M. A.: Pues entonces, de hecho, tu relación empieza en Nueva York.

G. P.: Mi relación empieza en la Residencia, pero mi relación humana realmente de amistad fraterna, en Nueva York, sí, porque nos encontramos...

ALEJO CARPENTIER

M. A.: Tú conociste a Luis aquí en París. ¿Cuándo?

A. C.: Bueno, a pesar de la gran amistad que me une a Luis, ahí sí tengo poco que contar. Transcurrían los años 29-30, 28-29-30, estábamos los que vivíamos en París, principalmente latinoamericanos apasionados por el surrealismo, por el movimiento surrealista, y un día me dijeron que había un español llamado Luis Buñuel que estaba haciendo una película titulada *La edad de oro*, que era una cosa extraordinaria. De esa película algunos surrealistas traían traían en los bolsillos, como quien trae mercancía de contrabando, algunos avances, algunas escenas. Todo el mundo andaba con las fotos de la escena de los dos asnos muertos con los dos pianos de cola y los dos seminaristas. Y un día me encontré a Buñuel, que me lo presentaron en el Café de La Coupole, una tarde, y me enseñó alguna de esas fotos y me interesó la película. Poco tiempo después se estrenó la película, si no me equivoco, en el Panthéon o en un cine de esos experimentales que había en París. Vimos *Un perro andaluz* y fue una cosa que nos hizo una impresión profunda a todos, porque encontramos que, en realidad, esa película había cuajado en imágenes una gran corriente del surrealismo. En aquel momento, un cierto surrealismo en una película no era una cosa enteramente nueva, ya que se había dado *La coquille et le clergyman*, una película cuyo personaje principal interpretaba Antonin Artaud. Ya se había dado *L'etoile de mer* con Robert Desnos y Kiki [de Montparnasse],[105] filmada por Man Ray, y ya se había dado una película surrealista llamada *Emak Bakia* cuyo realizador no recuerdo el nombre en este momento.[106] Pero, en fin, la película de Man Ray, *La coquille et le clergyman* y otras más habían sentado las bases de un cine surrealista. Ahora bien, llegó *Un perro andaluz* y barrió con todo aquello porque era una realización muy superior. Entonces, en aquellos días, recuerdo que andábamos con las fotos en el bolsillo con escenas de *Un perro andaluz* hasta que supimos que se daba *La edad de oro*, financiada por el vizconde de Noailles, que aparece además en un balcón en

---

105 Alice Prin (1901-1953), también conocida como Kiki de Montparnasse, fue una modelo, cantante y actriz francesa que se convirtió en musa de varios artistas europeos afincados en París. Animó la escena artística de Montparnasse en los años de entreguerras, de 1921 a 1939.

106 Precisamente también fue dirigida por Man Ray, en 1926.

una de las primeras escenas, en la escena del cazador y el niño, del mayordomo que mata al niño, mientras un público distinguido aplaude desde un balcón. *La edad de oro* nos pareció una película mucho más realizada aún. Porque *Un perro andaluz* tiene, a mi juicio, frente a *La edad de oro*, un punto menos, en el sentido de que *La edad de oro* es una película que no ha envejecido y *Un perro andaluz* indudablemente ha envejecido un poco.[107]

La Segunda República

Hace cuarenta años[108] yo estaba en San Sebastián. Por la tarde fuimos a sacar a los presos de la cárcel y me pegué una borrachera de sidra tremenda. Lloré y hasta hice discursos. Las borracheras de sidra son espantosas. Se necesitan por lo menos siete litros. Yo estaba en Zaragoza. De hecho, llegaba de Hollywood, donde había renunciado a mi contrato. Tenía bastante dinero y quería hacer un viaje, el único que he tenido ilusión de hacer en mi vida, a las islas del mar del Sur, a Hawái, a Fidji. Y no fui. No fui por el horóscopo que me había hecho Breton. En Nueva York me gasté todo el dinero que tenía. Fui a París el miércoles y el viernes —Viernes Santo— estaba tocando el tambor en Calanda. Cogí un taxi hasta Hendaya, y de Hendaya a Calanda, otro. El domingo me fui a Zaragoza y el lunes o el martes me despertó el *Himno de Riego*. Hijo, ¡qué barbaridad!, yo no he visto tanto entusiasmo y tanta gente por la calle. Allí en el café, con Sánchez Ventura y con Gaos, que estaba de catedrático en la Universidad. Mi padre se hubiera alegrado.

¿Votaste?

No. A mí eso me tiene sin cuidado. Además, nunca fui republicano. Pero al día siguiente fuimos a la plaza de toros. Debía de ser el 14 o el 15 de abril, y estaba aquello abarrotado. Como es natural, era un mitin anarcosindicalista. Estuvimos en la presidencia Sánchez Ventura y yo. En el café le habíamos dicho a Gaos: «¿Vienes?». Y él, tan serio como siempre: «No. Tengo que hablar con los compañeros». Gaos pertenecía al Partido Socialista. Pues allí nos tienes, en la presidencia. Había diez sentados y nosotros, de pie, detrás. De pronto se abrieron las puertas de toriles y salió uno empuñando una bandera republicana. Se armó una rechifla tremenda. A

107 En este punto Max Aub le pregunta el porqué de este envejecimiento, pero el corte de la cinta no permite conocer la respuesta de Carpentier.

108 En 1931.

toda aquella gente no le interesaba nada la Republica. Lo único que pensaban y querían era lo suyo: «Bien está la Republica, pero ahora vendrá la nuestra...». «No es más que un paso». Yo no era anarquista; simpatizante, sí, siempre. Y ahora, también. No tiene nada que ver con la realidad. Tal vez por eso. A poco me fui a París. *La edad de oro* se había estrenado el 30 de diciembre anterior. Yo no estuve, me había ido a Hollywood el 30 de noviembre. Entonces andaba yo con la idea de *Las Hurdes* en la cabeza.

La Metro-Goldwyn-Mayer

¿Y lo del cabaret Maldoror?

Lo del cabaret Maldoror era del 30. El grupo surrealista fue a romper botellas y a destrozar muebles.[109] Yo no estaba. Estaba en Hollywood.[110] Fui a Hollywood en vez de ir a Járkov,[111] porque en una reunión que tuvimos les dije que ya tendría ocasión de ir a la URSS en cualquier momento, pero que el ir a Hollywood era mucho más difícil. Estuvieron de acuerdo conmigo y por eso fui a Norteamérica, un poco en representación del grupo, como enviado surrealista, y efectivamente hice algo en favor de nuestra posición. Poco, pero algo.

¿Qué te pasó con la Metro?

El representante de la MGM era amigo de la mujer de Noailles. Me llamó y me ofreció un contrato con seis meses de pago y los viajes para que viera lo que era un estudio *de verdad* y trabajara sucesivamente en varios departamentos, con la condición de que le llevara una recomendación de cuarenta personas que hubieran visto *La edad de oro.* Se lo dije al vizconde; sonrió y me trajo el testimonio de cuarenta de las gentes más ilustres de Francia. Cuando llegué a Hollywood, el jefe me recibió y me dijo: «¡Qué contrato más extraño!». No era ninguna cosa del otro mundo, 250 dólares a la semana. «¿Por qué quiere usted empezar?», me preguntó. Había un gran cuadro con todas las producciones que estaban en proceso. «Ver filmar», le dije. «¿Qué película

---

109 Los surrealistas acostumbraban a provocar altercados contra aquellos que utilizaban figuras surrealistas sin su consentimiento. Así, atacaron un nuevo cabaret cuyo nombre se refería a quien para ellos era el poeta puro, Lautréamont.

110 Buñuel marchó a Hollywood el 23 de octubre de 1930.

111 Al Congreso de Artistas y Escritores Revolucionarios, de la Unión de Escritores Revolucionarios, celebrado en noviembre de 1930.

le interesa?». Había una con Greta Garbo. Dije: «Esta». «Muy bien». Me hicieron las tarjetas, los pases necesarios y me fui para los estudios. Estaban filmando un gran plano de la actriz. Yo estaba como a unos diez metros, mirando, curioso. De pronto, ella llamó a un judío híspido y le habló en inglés. Y me echaron vergonzosamente del estudio. Y no volví más a la MGM. Bueno, sí iba, a cobrar. Allí vi a Dolores del Río y a un sinfín de otras gentes. Yo, feliz, diciéndome: «A este le conozco; a este, también». En película, claro. Eran tiempos de la prohibición y yo me dedicaba a beber todo lo que podía. Entonces estreché mi amistad con Eduardo Ugarte. Un día, Tom Kilpatrick,[112] un irlandés simpático que era una especie de secretario de Irving Thalberg[113] —uno de los personajes más funestos que ha creado Hollywood, el que no dejó jamás en paz a Stroheim, el que mutiló *Avaricia,* el que le impidió acabar *Merry-Go-Round*—,[114] me dijo: «Míster Thalberg quiere que vaya usted a la sala de proyección número quinientos y pico para ver unas tomas y unas pruebas de Lily Damita».[115] «Dígale que no quiero ver putas». Cuando me faltaban dos meses les propuse que me pagaran uno y me dejaran en libertad. Tom se fue. Al día siguiente me dijeron que aceptaban mi proposición y tuve mala nota, para siempre, en Hollywood.

---

112 Tom Kilpatrick (1898-1962) fue un argumentista y guionista de Hollywood. Su guion más celebrado es el de *Dr. Cyclops* (Ernest B. Schoedsack, 1940).

113 En 1922, siendo ejecutivo de los estudios Universal, el productor Irving Thalberg (1899-1936) se ganó su reputación de controlador absoluto cuando entabló batalla con Erich von Stroheim por la duración de *Esposas frívolas*, para luego despedirlo fulminantemente de su película *Merry-Go-Round*.

114 *Los amores de un príncipe* (1923), o *El carrusel de la vida*, acabó siendo dirigida por Rupert Julian, que sustituyó a Stroheim.

115 Liliane Marie Madeleine Carré (1904-1994) fue una actriz francesa, que estuvo casada con Errol Flynn.

Buñuel republicano (1932-1938)

Las Hurdes, tierra sin pan

¿Cuándo filmaste Las Hurdes*?*

Filmé *Las Hurdes* en 1932 porque a Ramón Acín[1] le tocó la lotería. Me dio 20 000 pesetas y luego le cayeron encima todos los anarquistas de la localidad, pero no creo que le sacaran gran cosa. No he podido entenderme nunca con los anarquistas. Hay que ver la de peloteras que tuve con Acín. Él sí que era anarquista. Y de los buenos. Me dijo una vez, con Sánchez Ventura: «Si me toca la lotería, te doy dinero para hacer una película». Y le tocaron 100 000 pesetas. Y me dio 20 000. Luego, andando el tiempo, calculé lo que le debía y se lo fui dando a sus hijas. Y eso que al principio dudé porque me dijeron que una de ellas se había casado con un capitán de la Guardia Civil. Pero era mentira. [...] A mí me había impresionado mucho el libro de Legendre[2] y el viaje del rey.[3] Nos fuimos a Extremadura Éli Lotar, Pierre Unik y

---

1 Ramón Arsenio Acín Aquilué (1888-1936), pintor, escultor, periodista y pedagogo aragonés, de ideología anarquista, que financió la producción de *Las Hurdes, tierra sin pan* con parte de un premio de la Lotería Nacional.

2 Maurice Legendre (1878-1955), intelectual católico e hispanista francés, autor del ensayo *Las Jurdes: étude de géographie* humaine (1928) en el que se inspiró Buñuel para la realización de su documental.

3 Aunque ya en 1913 Unamuno denunció las condiciones sanitarias de los habitantes de la comarca de Las Hurdes en un capítulo de *Andanzas y visiones españolas*, posteriores informes de los doctores Gregorio Marañón, Goyanes y Bardají —que más tarde

yo. Estuvimos marzo y abril. Monté la película sobre una mesa de cocina con una lupa, por lo que a veces se me desenfocaban las imágenes. Ni moviola ni hostias. De verdad, está montada con los pies.

Eso dices tú. Además, es muy difícil saber si está bien o mal montada porque no la he visto más que muda y comentada por ti. Y no me parece, de ninguna manera, que esté mal. La lástima es que todos los que hablan de esa película no la han visto nunca con su texto original, que solo existe grabado en francés y en inglés. Parece mentira: ¡la única película de Luis Buñuel que se hizo durante la República! Y que no se acabó. ¡Y que se prohibió! Y que seguramente no podrá verse —mirando las cosas con optimismo— hasta pasado medio siglo de haber sido filmada. Y te aseguro que no habrá perdido nada de su horror y que la secuencia de los gallos seguirá siendo lo que fue. Y para ti debía de ser más que sadismo, porque no se trataba de hombres, sino de animales. [...] No es posible que filmaras Las Hurdes *el 32, en marzo o abril del 32. Debió de ser el ministro de Instrucción Pública, Samper, el 34, el que te negara su explotación.*

Por falta de dinero.

¿Y tuviste la película enlatada todo ese tiempo?

Hasta el 37, en que, como ya te dije, Araquistáin la mandó sonorizar en francés a costa de la Embajada.

En verdad, Luis, jamás te has gastado un céntimo propio en tus películas ¿Quién dio dinero para la primera? Tu madre. Dispuesto a no cobrar, de acuerdo. Pero dar dinero, jamás.

¿Qué quieres? A uno lo han educado así...

Y lo más curioso es que el dinero te tiene sin cuidado, siempre y cuando tengas el suficiente para vivir sin el menor aprieto.

¿Qué le vamos a hacer?

Nada. Además, estoy de acuerdo. Cuéntame qué razones dieron para prohibir Las Hurdes.

Que denigraba a España.

A España, no. Porque eso lo mismo podía suceder en Serbia o en el Paraguay. No, denigra al hombre. Pero hay otras cosas, mucho más elegantes, que lo enlodan infinitamente más.

---

será subsecretario de Sanidad—, provocaron que Alfonso XIII se decidiese a conocer la comarca en junio de 1922. Tras la visita real surgieron iniciativas para promocionar el desarrollo hurdano, primando el factor asistencial. Las Hurdes, con todo, pasó a convertirse en el paradigma del atraso del medio rural en España a raíz de la película de Buñuel.

Pues la prohibió el señor Villalobos, que era ministro de Instrucción Pública de Lerroux,[4] de acuerdo con el ministro de la Gobernación y del Estado.

El tal Villalobos se llamaba Filiberto, liberal demócrata, *el ministro de Estado era el inefable Ricardo Samper, y el de Instrucción Pública, tu paisano Manuel Marraco, que en su apellido llevaba su gloria.*

Por un amigo supimos que habían puesto un telegrama en el que se prohibía su exhibición por «denigrar a España». Luego, ya idos los radicales, conseguimos que la viera Marañón, presidente del Comité de Las Hurdes. Fui con Sánchez Ventura. Al acabar la proyección, Marañón me dijo: «Usted ha tomado lo peor. Yo he visto allí carros ubérrimos de trigo...». «Habla usted como un ministro de Lerroux», le contesté. Y me llevé la película. En cuanto a que filmé lo peor, era verdad. Si no, ¿a qué iba? Pensé que ya no podía hacer nada en el cine, igual que lo había pensado al acabar *Un perro andaluz* y *La edad de oro.* Y por hacer algo —no me hacía falta dinero—, me dediqué a hacer cine comercial desde ese momento hasta el principio de la guerra. Un poco avergonzado. Ya sabes que hice cuatro películas, y Urgoiti estaba feliz conmigo porque decía que le ahorraba tiempo y dinero.[5]

¿Fue el fracaso de Las Hurdes *el que te llevó a admitir cargos en compañías cinematográficas americanas?*

No, no. De ninguna manera. Yo quería practicar. Saber. Además, después de *Un perro andaluz,* de *La edad de oro,* de *Las Hurdes,* yo me decía: «Adiós al cine. ¿Quién me va a contratar a mí?». Y, además, a mí me encanta el orden y la organización, así que eso de administrar y dirigir lo hacía con mucho gusto. Además, de hecho, yo había acabado con los surrealistas. Ya no me interesaban.

Pero sí el surrealismo.

Naturalmente, como que me parece la única cosa seria de nuestro tiempo. Pero las discusiones, las divisiones entre unos y otros, la trayectoria de Dalí, y

---

4 Alejandro Lerroux García (1864-1949) fue un político español de ideología republicana que ejerció la presidencia del Consejo de Ministros en varias ocasiones durante la Segunda República.

5 Esta contundencia en afirmar que hizo esas películas, que son las de Filmófono, puede ser un síntoma de su autoría en las mismas como director (en algún grado), aunque, por vergüenza, como dice, quisiese aparecer como supervisor o productor. Además, en la respuesta a la siguiente pregunta, Buñuel afirma gustarle mucho «administrar y dirigir».

aun del propio Breton, no me interesaban nada. De hecho, estábamos todos contra el surrealismo, mejor dicho, contra los surrealistas. Por eso, una mañana, después de un ataque fuerte de ciática durante el que había leído muchas obras de Arniches, me presenté en casa de Ricardo Urgoiti y le dije: «Bueno, aquí tengo 20000 duros para que hagamos *Don Quintín el amargao*». «¿La vas a dirigir tú?». «De ninguna manera. Ahí tenemos a Marquina.[6] Le damos 2000 pesetas». Fue un éxito colosal. Ganamos mucho dinero; hicimos luego las otras. Grémillon[7] vino con 15000 pesetas, pero cuando acabó su película ya había estallado la guerra. Yo no hacía más que ver que realizaran las películas lo más rápidamente posible y gastando lo menos que se pudiera. Yo no necesitaba dinero, tenía un contrato con la Warner Brothers, en Madrid, por 4000 pesetas semanales como jefe de doblajes. El ingeniero Pereira, que anda por aquí, era jefe de la CEA.[8] Yo seguía reuniéndome con muy poca gente. A mis amigos de antes había añadido a Ricardo Urgoiti, que es hoy presidente de la Sociedad Española de Antibióticos. Nos seguíamos reuniendo Pepín Bello, Sánchez Ventura, Urgoiti, Vicens, Moreno Villa y, naturalmente, con Viñes y Lulú, su mujer, la hija de Francis Jourdain. Por ahí tengo una fotografía de la comida de despedida que les dimos.[9]

¿Y esta nota enigmática que tengo aquí apuntada?: «Camino *de la Plata, los Baños de Montemayor, [cerca] de Béjar*».

Eso ya te lo he contado. Es aquello de la carta al dueño del balneario que era amigo de Lerroux.[10]

---

6 Luis Marquina Pichot (1904-1980) fue un guionista y director de cine español.

7 Jean Grémillon (1901-1959) fue un director de cine francés, que realizó *¡Centinela, alerta!* (1937) para Filmófono, película supervisada por Buñuel.

8 Los Estudios CEA (Cinematografía Española Americana) fueron unos estudios cinematográficos españoles ubicados en Ciudad Lineal (Madrid). Se fundaron en 1932 y cerraron en 1966.

9 El 13 de mayo de 1936, Hernando y Lulú celebran una gran cena de despedida en el Hostal Cervantes de Madrid a la que asisten, entre otros, Buñuel, los hermanos Francisco y Federico García Lorca, Rafael Alberti, Miguel Hernández, Pablo Neruda, María Teresa León, José Caballero y Pepín Bello. La pareja ayudó mucho a Jeanne Rucar durante los inicios de su embarazo en París (mientras Luis estaba en Madrid) y les urgieron a que se casasen (Jones, p. 275).

10 Se trata del Balneario de Baños de Montemayor (Cáceres), que se arrendó a Alejandro Lerroux, quien impulsó considerablemente el Balneario y el Hotel, y cedería su titularidad a Ferrero y compañía, Sociedad de Responsabilidad Limitada, disuelta en 1944, quedando D. Miguel Ferrero Pardo y sus posteriores herederos como administradores del Hotel y del Balneario.

¡Ah, sí! Es cuando quisiste comprar las Batuecas. Ibas con Pepín Bello.

Debió de ser el 12 de julio. Estaba yo en Salamanca y fuimos a las Batuecas, que las querían vender. Yo tenía las 150 000 pesetas que pedían, ¡por todo el convento, eh!, las monjitas del Sagrado Corazón. Era todo un país aquello. Precioso. Pero ya lo tenían vendido, con un adelanto y a plazos. Cuando yo les dije de pagarles al contado, me dijeron: «Esto es suyo, señor». Quedamos en firmar las escrituras el 20 de julio. Regresé a Madrid, y si no es porque estalla la guerra, a lo mejor a estas horas estamos tú y yo allí tomando el fresco.

¿Y qué es esto que tengo también aquí apuntado: «Pepín, segundo de Luis, pidió veinte rocines más»?

¡Ja! ¡Ja! ¡Qué maravilla! ¡Qué bien suena! ¡«Pepín pidió veinte rocines»! No sé. No tengo la menor idea. Sería para una película. No me acuerdo de nada. Pero es estupendo.

¿Y esto de: «Luis abandona la Taberna del Segoviano, donde cenaba con Sánchez Ventura una tortilla de patatas»? «¡Va a salir una araña, una araña! Te espero en Platerías». ¿Qué es todo esto?

Fue así. Vi una tejemanería rústica en un boto y me fui porque había una araña. Ya sabes que no las soporto.

CONCHA MANTECÓN

M. A.: ¿Y qué sabes de la boda de Luis?

C. M.: Fue su hermana Concha la que le forzó cuando supo que Juanita estaba embarazada. Debía de ser en 1934, creo. «No te figures —le dijo— que vas a tener un hijo espurio. ¡Eso faltaba! Eso no pasa en nuestra familia». Luis se fue a París, se casó con Jeanne y regresó en seguida a Madrid.

M. A.: Hay un asunto que no sé si Luis me va a querer resolver. Se trata de que, evidentemente, Luis trabajó durante la guerra en el Servicio de Contraespionaje de la República.

C. M.: Ya.

M. A.: Y hasta como jefe de ese servicio, en el que trabajaba con Sánchez Ventura y con Vicens.

C. M.: Ya.

M. A.: Bueno, eso me parece normal, para un hombre como Luis, que no es un ejemplo de valentía.

C. M.: Ni mucho menos.

M. A.: Y que no quiso, y no tenía por qué, irse al frente.

C. M.: Él le horrorizó. Él era un teórico de la revolución.

M. A.: Y de la violencia.

C. M.: Y de la violencia. Y en cuanto vio violencia, pues le entró un pánico espantoso y se marchó de Madrid. Es indudable.

M. A.: Y no sé si estaba en Madrid o en París, eso no lo sé.

C. M.: Estaba en Madrid cuando la guerra.

M. A.: ¿Sí?

C. M.: Cuando comenzó la guerra él estaba en Madrid, eso sí lo sé, porque entonces estaba haciendo esas películas comerciales como *Don Quintín el amargao* y otra serie de películas comerciales, que le iba muy bien.

M. A.: Sí, sí. En Filmófono.

C. M.: Y fue también cuando hizo *Las Hurdes*.

M. A.: Bueno, eso fue antes, mucho antes. Pero entró luego en Filmófono y, efectivamente, y se fue a París.

C. M.: Él estaba en combinación con una persona que vivía en Huesca. Con Ramón Acín.

M. A.: Acín es el que pagó *Las Hurdes*. Era anarquista y lo fusilaron el 19 o 20 de julio del 36.[11]

C. M.: Yo, a Ramón Acín, lo tuve escondido en mi casa.

M. A.: ¿Cuándo?

C. M.: En Sevilla, cuando la sublevación de Jaca.

M. A.: ¡Ah, sí! En 1930.

C. M.: Sí, cuando la sublevación de Jaca. Un día, José Ignacio estaba de gerente de la sociedad de su padre, Vías y Riegos, y teníamos una casa bastante grande. Me acuerdo que era exactamente el día del santo del rey, lo sé porque era san Alfonso. Y yo, que he sido la más antipolítica de este mundo y que me horroriza todo eso, tenía una cena preparada para que vinieran a cenar mi cuñado, que se llamaba Alfonso, que trabajaba como ingeniero de Vías y Riegos, y la esposa del catedrático Carande, que vivía entonces en Sevilla. Yo era muy amiga de ella; se llamaba María Rosa de la Torre. Todo el mundo creía que era hermana mía porque era también chata, rubia y gordita. Estaba invitada María Rosa porque su marido iba a la cena oficial, en honor *(ríe)* de Alfonso XIII, porque era el santo del rey. Y por lo visto él era una persona importante, a lo mejor sería el rector. Bueno. Y yo tenía preparada la cena para que viniera Alfonso, mi cuñado, un ingeniero que se llama Rodríguez Gabás, naturalmente mi marido y María Rosa Carande. Yo estuve esperando a los comensales, pero no apareció nadie más que María Rosa Carande. Y, en vista de que no llegó nadie a cenar, cenamos las dos solas. Y nos pusimos a jugar al Rummy y, en estas, de repente veo que José Ignacio aparece por la puerta del cuarto y me hace una señal. En-

11 Ramón Acín fue fusilado el 6 de agosto de 1936.

tonces pido permiso a María Rosa para ausentarme un momento. Se queda ella sola. Y me dice José Ignacio que en el garage están, dentro del coche, escondidos, el señor Ramón Acín y otro señor, que en este momento no me puedo acordar quién era, que habían venido a Sevilla dentro de un carro con paja, escondidos. Y entonces me dice que estos señores iban a pasar la noche en casa. Yo estaba aterrorizada, con un miedo que no veas, un miedo espantoso. Así que, naturalmente, jugué al Rummy y perdí siempre. Y cuando ya era muy tarde, vino Ramón Carande a buscar a su mujer y preguntó por José Ignacio. Le dije que no sabía qué había pasado, que seguramente algún problema en las obras de la dársena de Sevilla los había detenido en el trabajo y que por eso no habían venido. En resumidas cuentas, cuando ya se marchó María Rosa, aparecieron de dentro del *(ríe) garage* de mi casa este señor, Ramón Acín, y otro señor, periodista, que no me acuerdo cómo se llamaba. Y entonces, como a mí me dio miedo de que estos señores hablaran, porque el cuarto de huéspedes estaba en el piso segundo de mi casa, y ese cuarto daba al cuarto de juego de mis hijas y al cuarto de plancha y costura, donde estaban las criadas, entonces, le dije a mi doncella que preparara las camas en el cuarto de José Ignacio y mío, porque era una gente muy importante que había venido a pasar unos días. Y cuál fue mi horror cuando estaban llenos de piojos. Llenos de piojos, pobrecitos, porque venían dentro del carro de paja. Les proporcioné ropa interior de José Ignacio, aunque no les iba muy bien. Un traje de José Ignacio a Ramón Acín, que era más bajo, y un traje del ingeniero Rodríguez Gabás. Porque Rodríguez Gabás vivía en una pensión y me daba a guardar su esmoquin y sus trajes más elegantes en mi casa. Y entonces al otro le regalé *(ríe)* un traje de Gabás. Comían en mi casa y estuvieron como dos o tres días, hasta que José Ignacio pudo pasarlos a Portugal, ya que conocía muchísimo a toda la gente de Huelva y la frontera con Portugal. Les dijo que eran unos ingenieros que venían a ver las obras.[12]

M.A.: Lo curioso es que Sánchez Ventura fue el asistente de Buñuel en *Las Hurdes,* y que Acín fue el productor.[13] Pero Buñuel, desde luego, no es un

12 En las conversaciones con Aub, José Ignacio Mantecón dice: «Sí. El que acompañó a Acín a Sevilla, el 30, fue un tal Jarné, un chico estupendo. También lo fusiló Franco... Me los mandó, desde Madrid, Honorato de Castro, después de Jaca. En el 36...». Este pasaje no lo hemos reproducido en la conversación con José Ignacio Mantecón, pues no mantiene relación alguna con el resto de la charla —de hecho, esa conversación se inicia con dicha afirmación, sin que haya pregunta previa de Max Aub, como puede comprobarse en Álvarez (p. 231)— y complementa lo que dice aquí su esposa Concha.

13 Entre la documentación escrita de Aub hay un resumen de otra conversación con Concha Mantecón, celebrada casi un año después de esta, en el que se incluye el siguiente párrafo escrito por el propio Max Aub: «Acín se esconde [Huesca, 18 de julio del 36] en un armario de pared recubierto con papel. Ponen el armario de luna delante. Lo vienen a bus-

ejemplo de valentía. Lo prueba bastante el que fuera con armas y que no las usara. No, no lo mandó nadie a Francia, se fue por las buenas.

C. M.: Lo ignoro porque yo estaba en Zaragoza cuando comenzó la guerra, y a mí me detuvieron y me metieron presa.

M. A.: Sí, ya, ya.

C. M.: Por eso lo ignoro. No sé si se fue con algún cargo que le diera la República o si se fue voluntariamente.

M. A.: Sí, claro, y tú llegaste aquí, además más tarde.

C. M.: No, yo llegué aquí antes que Buñuel. Mucho antes. [...]. Fui a ver a Luis, después de estar yo casada y de vivir en Zaragoza, porque yo viví en Sevilla hasta el año 1935. Y en el año 1935 el padre de José Ignacio le quitó de gerente de su sociedad Vías y Riegos, en Sevilla y Gibraltar —porque también tenían una filial en Gibraltar—, ya que le parecía que era demasiado blando con los obreros y estaba antes de parte de los obreros que de sus intereses. O sea, que todos los obreros adoraban a José Ignacio porque, en las huelgas, siempre les daba la razón. Y el padre de José Ignacio, para evitar esa benignidad hacia los obreros y esas concesiones, lo mandó que dejara la gerencia de Vías y Riegos de Andalucía y lo mandó a la central, en Zaragoza, para tenerlo a su lado *(ríe)* y poderlo controlar. Por tanto, fuimos a vivir a Zaragoza en el verano de 1935.

M. A.: ¿Volviste a ver a Luis?

C. M.: Volví a ver a Luis solo una vez, porque entonces él vivía en Madrid. Lo vi una vez que vino a cenar a casa, precisamente con Rafael Sánchez Ventura.

M. A.: Y Jeanne, ¿dónde estaba?

C. M.: En Madrid. Pero Jeanne era la esposa incógnita, porque en realidad jamás la llevaba con él a ningún sitio, ni nadie conocía a Jeanne más que el pobre Moreno Villa, que parece ser que iba a verla con cierta frecuencia. Pero nadie conocía a Juanita. Vamos, más que de oídas. Él iba siempre solo a todas partes. Incluso también hay por ahí unas fotos de mi prima Pilar Bayona en la que está Federico, en la que está Alberti, en la que están miles de gentes y Luis, pero no Juana. Estaba mi prima Pilar Bayona también en esa foto, en una comida que le habían dado a no sé quién. E incluso estaba Angelines Dorronsoro y su marido. Pero no Juanita. Juanita era la esposa incógnita, dedicada a sacar de paseo por el Retiro a su niño.

---

car. No lo encuentran. Los vecinos aseguran no haberle visto salir. Al fin lo descubren. Lo fusilan sin más. La mujer insulta a los que viene por él. Se la llevan a la cárcel. A la primera incursión de la aviación republicana, sacan a los presos de la cárcel y los fusilan, entre ellos también a ella. No era rico, pero puso gran parte del dinero necesario para filmar *Tierra sin pan*, por amistad con José Ignacio, Sánchez Ventura y Buñuel. El resto, como siempre, lo aportó la madre de Buñuel. Después hace unos años, Luis les ha ido devolviendo a las dos hijas de Acín, el dinero que este había aportado. De cuando en cuando les manda algo».

M. A.: ¿Qué es de Angelines?

C. M.: Angelines Dorronsoro tiene ahora una tienda de flores en la calle de Praga.

M. A.: ¡Ah!, ¿la sigue teniendo?

C. M.: Sí, pues es su medio de vida. Ella necesita trabajar para vivir.

M. A.: ¿Y Angelines conoció a Luis?

C. M.: Le debió conocer, pero ligeramente, puesto que estaba en la misma foto.

M. A.: Porque la cosa terrible es que todo el mundo se ha muerto.

C. M.: Eso es lo horrible, que somos viejos.

M. A.: Somos viejos y los amigos han muerto relativamente jóvenes.

C. M.: Esa es una ilusión.

M. A.: No, no; no es ninguna ilusión.

RICARDO MUÑOZ SUAY

R. M. S.: El primero de agosto 1965 Luis Buñuel explica en mi casa, está presente Villegas López, que un día se encontró en Huesca a un viejo amigo suyo sindicalista llamado Ramón Acín, profesor de arte y oficios y un anárquico puro. Acín le dijo a Buñuel que si le tocaba la lotería le daba dinero para que «hagas una película». A los pocos días le tocaron 100 000 pesetas y le entregó a Buñuel 20 000 para hacer *Las Hurdes*. El 18 de julio, o el 19, Acín se escondió en Huesca. La Guardia Civil detuvo a su esposa y la amenazó con fusilarla si no se presentaba su marido. Al día siguiente se presentó Ramón Acín y fue fusilado con su esposa. Luis Buñuel manda actualmente, a Huesca, a las dos hijas huérfanas dinero, hasta ahora dice que unas 150 000 pesetas, más o menos. Hasta el año pasado, o sea, hasta el año 64, que le ha cedido los derechos a Pierre Braunberger,[14] de París.

RAFAEL ALBERTI

M. A.: Tú no fuiste a Las Hurdes, ¿verdad?

R. A.: Yo fui en un viaje que hice cuando Luis estaba preparando la película, no en el momento de la filmación. Me acuerdo que fui con Gustavo Durán, además. Fuimos a Las Hurdes y Luis ya conocía muy bien aquello. Conocía ya lo sitios más miserables, donde los niños mojaban el pan en el agua que hozaban los cerdos. Fue cuando ya sabía que las abejas, furiosas y salvajes de las flores amargas que había allí, atacaban a la gente. Fue cuando él hace esa secuencia donde dejan el esqueleto…

M. A.: ¡Del burro!

R. A.: … del burro. Sí. Todo eso era verdad. Ese viaje fue para perfilar la película, y yo conozco en gestación todo eso. Después me entero que vive en Madrid, haciendo unas películas misteriosas, comerciales, y alguna vez como con él en el Arrumbambaya. Le veo muy poco, poquísimo. Casi nada. […].

---

14 Pierre Braunberger (1905-1990) fue un influyente productor francés.

MANUEL ÁNGELES ORTIZ

M. A.: Bueno, vamos a ver, Manolo, la cuestión es la siguiente: Acín viene a París después del fracaso de la intentona de Galán y García Hernández.[15]

M. A. O.: Sí. Se refugia aquí.

M. A.: Y entonces, ¿juega a la lotería aquí o qué?

M. A. O.: ¡Ah! Eso yo no te lo puedo confirmar con una certeza grande porque no recuerdo. Pero él se quedó aquí viviendo como refugiado.

M. A.: ¿Cuánto tiempo?

M. A. O.: Eso no te lo puedo precisar, porque es del año de Mari Castaña. No me acuerdo. Pero es entonces cuando gana la lotería y le propone a Buñuel que con ese dinero haga lo que le dé la gana. Y Buñuel hace *Las Hurdes, tierra sin pan*. Esto ocurre inmediatamente después de lo de Jaca, del levantamiento, o uno o dos años más tarde, ya no recuerdo. Acín viene a Francia por lo de Jaca.

M. A.: Pero la lotería ¿la ganó en España o aquí, en París?

M. A. O.: La lotería la ganó en España, porque el billete lo había comprado en España.

M. A.: Lo que quiero saber es si se lo dijo a Buñuel aquí, lo cual es muy posible.

M. A. O.: Aquí, sí. Porque de eso me acuerdo, porque en esa época desayunábamos y dormíamos juntos, estábamos continuamente juntos Buñuel y yo, con Acín y el grupo, ¿verdad?

M. A.: Y fue cuando Acín le prometió que si le tocaba la lotería le daría el dinero.

M. A. O.: No sé si se lo prometió o no. Lo que sé es que, como ganó a la lotería, puso a disposición de Buñuel lo que había ganado para que hiciera la película.

M. A.: Pero eso ¿fue aquí?

M. A. O.: Sí, sí aquí, en París. [...]. Ahora bien, no sé si conocía a Acín antes o no.

M. A.: Debió conocerlo por Sánchez Ventura.

M. A. O.: ¡Ah! Mira, en eso Sánchez Ventura te puede decir con más precisión.

JUAN RAMÓN MASOLIVER

M. A.: ¿Tuviste algo que ver con *Las Hurdes*?

J. R. M.: No, no; ahí está. La hizo a través de Sangro,[16] que era ministro de..., bueno, una cosa social. Hizo el reportaje de *Las Hurdes.* Y ahí también se

---

15 Los capitanes Fermín Galán Rodríguez y Ángel García Hernández fueron los impulsores de la sublevación republicana de Jaca del 12 de diciembre de 1930, preludio del advenimiento de la Segunda República española.

16 Pedro Sangro y Ros de Olano (1878-1959) fue un economista y político español, ministro de Trabajo y Previsión en el gobierno del general Berenguer (1930-1931).

armó la de Dios y es ahí cuando el hombre ya rompió con todo y le pareció a la familia que iba por un camino por el que solo hacía cosas asquerosas. Empezaba una temporada difícil.

M. A.: Una temporada que duró dieciocho años.

J. R. M.: Sí, hasta que empezó *Los olvidados*.

M. A.: Que la hizo conmigo.

GONZALO MENÉNDEZ PIDAL

M. A.: Y de *Las Hurdes*, ¿usted no se enteró de nada? De cómo Marañón la prohibió y...

G. M. P.: No, no he sabido, eso no lo sé. Existe, desde luego la persona que intervino en el revelado del material. Y sigue trabajando en el mismo laboratorio.

M. A.: Sí. Bueno, se lo conté a Luis y al recordarlo se puso frenético, diciendo: «Yo lo rayé, yo lo quité y lo corté y lo puse...», y tal.

G. M. P.: No, no es que lo rayara, es que se descubrió en el laboratorio como consecuencia de una avería de la cámara. Y creo recordar que era una cámara de mano. La cámara rayaba la película, una Eyemo,[17] pero de todos modos rayaba.

M. A.: Pues yo he visto la película y no hay rayaduras.

G. M. P.: Naturalmente, porque lo rayado tuvieron que prescindir de ello. Y para mí, que no supe la intervención de Marañón, para mí la interpretación es que se encontraron con dificultades por esa causa de las rayaduras y que aquello se fue parando un tiempo, ¿no?

M. A.: No, de ninguna manera.

G. M. P.: Bueno, pues eso es lo que yo pensé entonces. Y el negativo estaba aquí, en Madrid.

M. A.: No, estaba en París. Lo tenía Luis.

G. M. P.: ¿Estaba en París?

M. A.: Y lo tiene Luis, el negativo. Es suyo.

G. M. P.: Pues del rayado este yo pediré testimonio...

M. A.: Sí, sí. Me interesa muchísimo ver el rayado.

G. M. P.: Sí, aunque tal vez ya no exista. Este Terrote es un técnico del laboratorio que sigue aquí.

M. A.: ¿Y él tiró aquellos pies o los tiene? Lo rayado.

G. M. P.: Bueno, no lo sé. No sé lo que pasaría. Tal vez se desecharan ya en el laboratorio y se destruyera.

M. A.: Sí, es lo más probable.

---

17 Se trata de una cámara de 35 milímetros, muy utilizada en aquella época y fabricada por la compañía Bell & Howell de Chicago.

Al servicio del Gobierno republicano

¿Qué es eso del boto?

Como llamamos a los pellejos en Aragón, los pellejos de vino que colgaban entonces en el mesón. La vi con sus patas enormes y salí corriendo. A las arañas las admiro, pero me repugnan. No sé por qué, todos los Buñuel somos así. Solo de noche. De día, no. Las miro. Filmando no sé qué película, aquí, tomé con la mano una araña grande como la propia mano. No sé si serán los cuatro pares de patas. [...]. Ya estando algún tiempo en París, un día recibí en la Embajada un telegrama de Roces, que era entonces subsecretario de Instrucción Pública, llamándome a Madrid para filmar. Bajé a ver a Araquistáin, se lo enseñé. Me preguntó: «¿Usted qué quiere hacer?». «¿Yo?, quedarme. Filmar en las trincheras no se puede. El frente no sirve para eso. Ahora bien, si es para hacer una película, mejor se hace en el estudio y entonces se ve todo. Pero no creo que es el caso». Me quedé.

Encontré a Karmen[18] *en Cuba, en el Congreso Cultural de La Habana. Me enseñó la película que hizo con sus reportajes españoles. Lloré. Pero no, estaba muy mal. De verdad, no se veía nada. Los bombardeos, sí. Son muy fotogénicos.*

Y peligrosos. Una mañana se presentó en la Embajada un joven hispanoamericano con la pretensión de ver al agregado militar. Llevaba un maletín. No había agregado militar esos días y el aéreo estaba fuera de París. Me avisaron a mí. Era un joven elegante, de bigotito. Abrió su maleta, sacó cuatro bombas y me dijo que eran de lo mejor, de una potencia inaudita para su tamaño. Que él formaba parte de un grupo de acción de Burgos, que ellos habían atentado contra los Consulados republicanos españoles en Toulouse y en Perpiñán y que traicionaba por convencimiento. Le agradecí los informes y quedó en seguir en relación con nosotros. Le bajé las bombas a Araquistáin, que las mandó examinar por la policía francesa, no sin mandar una a Moscú. El informe fue contundente: eran explosivos de extraordinaria potencia. Volvió el hombre. Pedimos detalles. Nos los dio: dirección, nombre del jefe de la organización, etc. Le pedí que se reuniera

18 Roman Lazarevich Karmen (1906-1978) fue un camarógrafo de guerra soviético y director de cine y una de las figuras más influyentes en la realización de documentales. Muchos de sus materiales rodados sobre la Guerra Civil fueron enviados por el Gobierno ruso al de la Segunda República y se utilizaron en *España leal en armas*.

con él en La Coupole. Me dijo que se sentaría a su derecha. Invité a Finky (el hijo de Araquistáin)[19] y a Germaine Montero[20] a que me acompañaran a tomar una copa, y al llegar a la terraza del café, allí estaban nuestros hombres. Grandes abrazos a Germaine, a mí. Resultaba que el jefe era también un suramericano que había trabajado en el cine, con nosotros, en Madrid. Llamadas urgentes del embajador al prefecto de policía con pelos y señales. Detuvieron a todo el grupo. A los tres o cuatro días me avisan, ya no recuerdo quién, que estaban de nuevo en libertad. Nuevos telefonazos al prefecto de policía, que era socialista. Nada. Al poco estalló una bomba de ese tipo en los Campos Elíseos, destruyó una casa, mató a dos policías y los atentados siguieron. Por lo visto, les convenían, si no al Gobierno, a un grupo de fascistas emboscados en la policía. Por más esfuerzos que hizo el embajador —ya te he dicho que Araquistáin fue un embajador excelente, tan bueno como fueron malos Ossorio[21] y Pascua—, no se consiguió la detención de los maleantes. Todo esto te lo cuento para que veas —una vez más— lo que es la policía y lo que son las policías: un poder aparte, un asco.

Hay de todo. Yo no hubiera salido de Djelfa sin un guardián que me ayudó a huir.

Lo malo es que somos sentimentales.

¿No volviste a ver nunca a Dalí?

En Nueva York, en 1942. La primera vez que fue. Organizó una conferencia de prensa. No era nadie; fueron pocos: «Vengan mañana a un baile de máscaras»... Y se presentó con Gala, vestido de niño de Lindbergh asesinado, con la cara cubierta de sangre. Hubo un escándalo, pero no de los que le gustan a él. Nueva conferencia de prensa.[22] ¡Que cómo podían pensar

19 Ramón (Finky) Ariquistáin.

20 Germaine Montero (1909-2000) fue una actriz y cantante francesa.

21 Ángel Ossorio y Gallardo (1873-1946) fue un abogado y político español. Al igual que Araquistáin y Pascua, fue embajador de España en Francia durante la Segunda República.

22 El 2 de marzo de 1932 secuestraron en Nueva Jersey al hijo del famoso piloto Charles Lindbergh, que tenía un año y medio de edad. La proeza mayor de Lindbergh fue cruzar el atlántico solo y sin escalas. Lo que le dio fama e implicó que se publicitara que le habían dado por su hazaña 25 000 dólares, los secuestradores le pidieron 50 000 por liberar a su pequeño hijo. Lindbergh los pagó, pero a pesar de ello el niño apareció muerto con un golpe en la cabeza, lo que generó un tremendo escándalo internacional. No pasaron dos años cuando fue detenido el secuestrador y castigado con la pena de muerte (precisamente en aplicación de la Ley Lindbergh aprobada a raíz de este hecho). Esto coincidió con un viaje de Dalí y Gala a Nueva York, que habían sido invitados a una fiesta de disfraces. Cuando llegaron, la noticia del día anterior había sido que al secuestrador lo ejecutarían en

que se refería a un héroe epónimo que era la representación de su padre! ¡La paranoia!

¿Le viste?

Sí, para romperle la cara. No por Lindbergh, sino por haber conseguido que me echaran del Museo. Pero soy un sentimental para mis amigos, y no pude evitar el verme tomando una copa de champán con él en el bar del Regis. No obstante, le dije claramente que no se me volviera a acercar.

Ya.

A finales del 36 Araquistáin me llevó a París, a la Embajada, para trabajar en el Servicio de Información. Me habían llevado *Las Hurdes.* Araquistáin pagó la sonorización, en francés y en inglés, porque *Las Hurdes* nunca se ha doblado en español. Se estrenó a finales del 37 en el Omnia Pathé, en el bulevar de los Italianos.

¿Es verdad que llevaste dinero del Gobierno a Münzenberg?[23]

Me lo pidió Arias, en el Ministerio de la Guerra, en Madrid, a finales de agosto del 36: «Ya sé que se va usted a París. ¿Quiere hacerme el favor de llevarse estas 400 libras y entregárselas a Münzenberg?».

Entonces, ¿no llevabas una misión del Gobierno, del Ministerio?

No. Bueno, sí, a medias. Cuando supo que yo me marchaba, me mandó llamar. Por lo visto, no tenía una gente de confianza a quien entregarle ese dinero, así, por las buenas. Y me dio una clave para poder comunicarnos si hacía falta.

Así que saliste...

El 4 de septiembre. Y volví cinco veces durante la Guerra. A Barcelona, a Madrid, a Valencia.

Sí; viajes rápidos.

---

la silla eléctrica. Dalí y Gala no desperdiciaron semejante oportunidad y decidieron disfrazarse con el tema del secuestro. Gala llegó a la fiesta ataviada con una gran cofia negra en su cabeza, en ella llevaba una muñeca herida en la cabeza sobre la cual Dalí pintó muchísimas hormigas, representando al hijo muerto de Lindbergh. Se produjo un escándalo de igual magnitud que el propio secuestro, hasta tal punto que, al final, Dalí tuvo que recular, diciendo que no, que era casualidad, que la muñeca nada tenía que ver con el niño asesinado. Nadie le creyó. Destaquemos, pues, que esto sucedía en 1934 y no en 1942 como dice Buñuel.

23 Willi Münzenberg (1889-1940), activista comunista alemán, fue el primer presidente de la Internacional Comunista de la Juventud y estableció la Ayuda Internacional de los Trabajadores en 1921. Fue un gran propagandista para el Partido Comunista de Alemania (KPD) durante la República de Weimar.

De ida y vuelta. A llevar algún informe, a hacer de correo. Pero si me hubiesen dicho que me quedara...

Te lo pidieron.

Sí. Pero yo le dije a Araquistáin: «Lo que usted quiera... Pero yo creo que soy más útil aquí, en París». Y era verdad. Pocos como yo conocían a la gente de París. A mí me quieren allí. Es mi segunda patria.

Tú que te cagas en todas.

Desde luego. Y en la familia, y en la religión, y en las banderas, y en los partidos, y en España, y en la URSS.

Es verdad. Pero ni en tu familia, ni en España, ni en la URSS.

Sí, en la URSS también. A pesar de que es la única que lucha contra esa mierda que es Norteamérica. Y a pesar de que me ofrecieran lo que me ofrecieran, no viviría nunca en Moscú, y sí, muy a gusto, en Nueva York. Bueno, pues, aunque te rías y digas lo que digas, sí, fui el jefe de protocolo en París. Bueno, sin nombramiento. Pero yo colocaba a la gente cuando había algún banquete. No fuera alguien a colocar a Aragon al lado de Gide.

Se enfadó Finky Araquistáin cuando se lo dije. Aseguraba que su padre había sido embajador en Berlín y que conocía bastante bien la política y la gente de París para necesitar que vinieras tú a colocar a la gente.

Es que no solo estuve en la Embajada con su padre, sino con Ossorio, con Pascua. Ese Pascua..., con su perro, sus maneras intratables. Se encerraba, ahora ya sé que con algún jovencillo, y no había manera de hablar con él. Tan superior... Por eso me marché. [...] Antes de la guerra, cuando el Gobierno republicano perseguía al Partido, yo embargué *Mundo Obrero*.[24] Yo tenía entonces una cuenta muy fuerte en el Banco, porque ganaba mucho dinero con Filmófono.[25] Y el Gobierno iba a embargar *Mundo Obrero*. Entonces fui yo y lo embargué por una cantidad que fingimos que me debía. Una vez embargado por uno, ya no se podía embargar por otro. Sí, yo intervine en bastantes cosas. No te las voy a contar porque yo no soy

24 *Mundo Obrero* es el órgano oficial de comunicación del Partido Comunista de España. Fundado en 1930, sigue publicándose hoy en día.

25 Compañía cinematográfica española creada por el ingeniero de sonido y empresario vasco Ricardo María de Urgoiti y Luis Buñuel en el año 1935. Entre 1935 y 1936, produjo cuatro películas: *Don Quintín el amargao*, dirigida por Luis Marquina; *La hija de Juan Simón* y *¿Quién me quiere a mí?*, dirigidas por José Luis Sáenz de Heredia; y *¡Centinela, alerta!*, dirigida por Jean Grémillon. Con todo, en todas ellas la intervención de Buñuel fue notable.

como otros. Pero sí, yo cobraba cada mes unas cantidades en la Embajada. Para esto y lo otro. Intervine en eso de las bombas de la Legión Cóndor. Y lo del Habsburgo ese. Y con ese Bosch, un cubano.[26]

Argentino.

No, cubano. Ese que dices quería matar a March,[27] pero que no tiene nada, nada que ver con ese asunto. Además, si eso fuera verdad, no te lo diría. No, Bosch hizo varias cosas. Se portó siempre muy bien, aunque Del Toro diga lo contrario. Luego se casó con una hija de Trujillo. La famosa Flor de Oro o Flor del Oro. No recuerdo. ¿Y qué? Fue jefe de la policía de Trujillo. Estuvo en Nueva York, en mi casa. Le recibí con mucho gusto. En París nos sirvió muy bien, lo mismo cuando las bombas del Borbón —que entregamos a Francia— que en otras cosas. Cuando me fui, cuando me mandó [Álvarez del] Vayo[28] *[titubea un poco]*, él me dijo que en Hollywood iban a hacer unas películas sobre la guerra de España y que convendría que las supervisara. No acepté que me dieran dinero. Le pedí 800 dólares a Sánchez Ventura y 12 000 francos a... *[no me fijo en el nombre: un francés]*. Yo estaba entonces enviando globos a España, de acuerdo con Fisher.[29] Una tontería. Ahí, en los Bajos Pirineos. Y en París, el marica de Pascua, allí encerrado. No había nada que hacer. Me fui para no ver más a los de la embajada. A Pascua, a su perro, a ese Carmona...

Sería otro, un anarquista, quien mató a March.

Sí, un hombre de confianza del ministro de la Gobernación, que fue enviado a Pamplona, y cómo sería el tipo, ¡que llegó a capitán de requetés!

---

26 Como apunta Jones (p. 268), el tal Bosch es un misterio. Por su parte, el Habsburgo podría tratarse, según Paul Hammond, de Arthur Koestler, un comunista húngaro que hablaba alemán (lo de «Habsburgo» haría referencia a que procedía del Imperio austrohúngaro), que trabajó con Buñuel y Aub en la embajada de París y que posteriormente se convirtió en un virulento anticomunista. Para Hammond, este cambio ideológico es la explicación del desprecio de Buñuel.

27 Juan March Ordinas (1880-1962) fue un contrabandista, empresario y financiero español del siglo XX. Su financiación del golpe de Estado de 1936 contra el Gobierno de la República fue clave para el éxito de los sublevados.

28 Julio Álvarez del Vayo y Olloqui (1891-1975), jurista, periodista, diplomático y político español, fue militante, primero, del PSOE. Años más tarde, en el exilio, radicalizaría sus posturas, por lo que fue expulsado del PSOE y formó la Unión Socialista Española (USE), uno de los grupos que integraría el Frente Revolucionario Antifascista y Patriota (FRAP), grupo armado que dirigiría desde su fundación en 1971 hasta su muerte.

29 Más adelante, Buñuel se refiere a este Fisher como «un austríaco» (véase la p. 362).

El primer día que llegó al frente se pasó y dio detalles utilísimos. Acabó suicidándose en Chile. Me lo ha contado Mantecón.

Ese era otro. La gente se hace unos líos espantosos.

Tú también.

Puede ser. Lo único cierto es que hueles las guerras. Las previste todas.

Sí, la nuestra, la del 39, la de Corea...

Y no eres hombre de guerras.

¡Qué va! No; no soy hombre de frentes. No me veo en una trinchera, ni con un fusil, ni con una cámara.

¿Cómo fuiste a París?

El que me mandó a París fue Ogier [Preteceille]. Me dijo: «Vete. Allí nos serás más útil. Estaremos allí dentro de quince días». Entonces me llamó Arias y me dio las 400 libras para Münzenberg. Se las entregué, frente a él, a Otto Katz,[30] para un alemán no fichado que iba a ir a Burgos entrando por Portugal. [...] También me enfadé con Sánchez Ventura. Mejor dicho, él se enfadó conmigo. Me prestó 800 dólares, el 38, para ir a Norteamérica, luego fueron 1000 más, y me sirvieron muchísimo porque yo no tenía nada. Luego me escribió, desde México, que no tenía nada y que por favor le devolviera lo prestado. Yo pregunté con cuánto se podía vivir allí, me dijeron que con 60 dólares. Y le fui mandando sus 60 dólares cada mes. Tengo todos los recibos arriba. Yo ganaba muy poco —200 dólares a la semana— y tenía que pagar el piso y mantener a la familia. Él empezó a decir que yo bebía champán y que le tenía en la miseria. Lo del champán no era cierto; *whisky,* sí. Pero creo que le mandaba lo necesario. Y le devolví hasta el último céntimo. Luego, cuando fui a México, me lo encontré en la avenida Juárez. Iba a pasar sin decirme nada. Volvió. Me dio la mano. Nos dimos un abrazo. Y ya. Con los amigos pasan las cosas más raras. Ya ves Ugarte. Yo le llevé a todas partes, aprendió cine gracias a mí, yo le hice ir a Hollywood. Me pidieron a alguien que supiera traducir documentales. Les recomendé a Eduardo. Pusieron un telegrama a la Embajada para acelerar los trámites y luego iba diciendo por ahí que era el único español que había conseguido el visado de inmigrante en dos días. Pero, eso sí, trabajador, lo era. Todos estaban contentos con él. Cumplía. Ahora bien, ideas propias no las tenía.

---

30 Otto Katz (1895-1952), también conocido como André Simone, fue uno de los más importantes propagandistas de la Internacional Comunista y de la URSS estaliniana en la década de 1930. En París creó una agencia de prensa, Agence Espagne, famosa por su difusión de bulos. Sobre Preteceille, véase la nota 54 de la p. 597.

No, no sabía escribir. Técnica, sí.

Sí. Me dijo una cosa que nunca se me olvidó. No sé qué adaptación hacíamos: «Nunca hay que anunciar lo que va a suceder. Nunca hay que decir: "Voy a ir al baile para ver a fulanita", sino pasar al baile y verlo». Para eso era muy bueno.

Pero era un hombre muy raro.

Sí; pero útil y leal. Fuimos muy amigos. Pero raro, sí, muy raro. [...]. Admiro mucho la burocracia norteamericana. En todo. Cuando tuvimos que ir a inscribirnos todos para la guerra, norteamericanos y extranjeros —porque nos tuvimos que apuntar todos—, yo llegué y vi una cola, en un cine, que daba tres vueltas a la manzana. A mí no hay cosa que más me moleste que esperar. Yo voy al cine y veo una cola, aunque sea de veinte personas, y me voy, no entro. Pero esta vez me dije: «Luis, no tienes más remedio que aguantarte y te aguantas. Hay que hacerlo. Calma, calma, aguántate». ¿Querrás creer que a los veinte minutos estaba fuera? Entrábamos por paquetes de a cien, y allí, en un escenario, como cuatrocientos muchachos sentados, dale que dale a las máquinas. Estupendo. Y en todo es igual.

Mi hija estuvo de asistente de profesor en Oberlin y...

¿Oberlin College? ¡Como Juan Luis![31] Se lo tengo que decir.

Ya lo sabe. Bueno, pues allí conoció al que hoy es su marido y se vinieron en coche. Al pasar la frontera, ella no se bajó; no sé qué pasó, la cuestión es que no sellaron su pasaporte. Años después fue mi mujer a Estados Unidos, a San Antonio, ahí, en la frontera, con unas amigas, a comprarse algo de ropa. ¡Y no la dejaron entrar porque tenía una hija que había desaparecido misteriosamente de Estados Unidos! Palabra.

¿No te digo que es magnífico? Pero tiene su lado malo. Ahora no me dejan entrar como no les diga el día, vuelo, cuánto tiempo voy a estar, qué voy a hacer...

Pero tú por lo menos sabes por qué.

Porque a Juanito Rejano[32] se le ocurrió ponerme en una lista de los que presidían honorariamente aquello de *España y la Paz* que firmaron todos.[33]

---

31 Aunque la transcripción dice «Juan Miguel», se trata de Juan Luis Buñuel, que estudió en el Oberlin College, en Ohio.

32 Juan Rejano Porras (1903-1976), un escritor, poeta y periodista perteneciente a la generación del 27, que perteneció al Partido Comunista.

33 En 1955 se creó la editorial España y la Paz, al parecer únicamente para publicar el libro *Canciones de la paz*, de Juan Rejano, ya que no se encuentran más títulos de este

Yo, no.

Yo, tampoco. Pero Juanito me puso. Y el muy... *(Se ríe cuando se acuerda).*

Tú, por lo menos, sabes por qué. Lo grandioso es lo mío, que no lo sé. Antes me daban el visado sin dificultad. Ahora, desde hace tres o cuatro años, me pasa lo mismo que a ti.

¡Qué va!

¡Que sí! Fíjate, la última vez coincidí en Nueva York con los muchachos que iban a Nancy, al concurso de teatro, que lo ganaron con Divinas palabras. *Iba detrás de mí Juan Ibáñez.*[34] *Miran en su libro negro. Sale corriendo el burócrata, vuelve con su jefe. «Espere un momento, por favor», ya sabes. Total, me tocó perder mi sitio de primera en el avión. Debieron de pensar: «Este no viene», y lo vendieron a otro. Iba a Cannes, invitado por los franceses. Ibáñez oyó decir al jefe: «Trátalo con todo respeto». Ahora, lo mismo. Pensaba pasar por Nueva York, pero como no sabía qué día ni en qué vuelo: «Vuelva usted». ¡Qué he de volver! Me voy en Iberia, y santas pascuas.*

Claro. Así lo hice yo también.

A pesar de eso, ¿viva la burocracia norteamericana?

¡Claro!

Pues yo, no. A mí que me digan el porqué. Tú conoces a la policía tan bien como yo. Hay una cantidad de gente que vive a tanto el denunciado, sean verdad o mentiras las razones que den. A mí me subleva.

A mí, no.

Dios te bendiga.

Él te oiga.

---

sello. La editorial tomó nombre del periódico fundado en 1951, en México, *España y la Paz,* con León Felipe como director y con un consejo de redacción formado por: Rafael Alberti, Fernando Benítez, José Bergamín, Luis Buñuel, Alejandro Casona, Pedro Cavia, Francisco Comesaña, José Giral, Heriberto Jara, Manuel Márquez, Ceferino Palencia, Juan Rejano, Wenceslao Roces, Martí Rouret, Manuel Sánchez Arcas, Luis Santullano y Fernando Vázquez Ocaña, según consta en los archivos de la Fundación Juan Rejano. Aub y Buñuel parecen referirse a este periódico.

34 Juan Ibáñez Díez-Gutiérrez (1938-2000) fue un director de reconocido prestigio en la escena teatral mexicana, cuyo montaje más recordado fue el de *Divinas palabras,* que ha venido siendo considerada como uno de los grandes acontecimientos del teatro mexicano. Ibáñez la estrenó en 1963 y la llevó al Festival de Teatro de Nancy de 1964, donde fue aplaudida y premiada.

¿Cómo te encontrabas en aquella época?[35]

Muerto de miedo. Yo no pertenecía a ningún partido, a ningún sindicato. Me gustan las armas, pero manejarlas en la mesa, limpiarlas. A lo sumo, cazar. Pero eso de que disparen y que le tiren a uno, no. No jugué ningún papel en los famosos días. Iba a los cafés, a la Alianza de Intelectuales. Me dieron un carné de la UGT, un pase de *Mundo Obrero* diciendo: «El compañero Luis Buñuel es afín a nuestras ideas». Sender, que había ido un momento al frente, nos insultaba en el café. Dejando aparte cuando le defendí de los jesuitas en Zaragoza, luego, en el 36, me metí con él en la Alianza de Intelectuales. Es la única vez que hablé allí. Algo había que hacer en aquellos primeros días. Y yo iba por allí. En una reunión se presentó de pronto Sender, con un fusil. «¡Camaradas! —o «¡Compañeros!», nos dijo—, hay que dejar de discutir, están avanzando. ¡Hay que ir al frente! ¡Empuñar un fusil!». A mí aquello me indignó. Estaba bien, si él tenía ganas de pegar tiros, de jugar al héroe, que lo hiciera, pero que nos viniera a restregar su fusil por las narices, no. Cada uno entiende su lucha y sus posibilidades a su manera. Y se lo dije: que nos dejara en paz y que se volviera al frente. Ya se vio lo que pasó después. Buena se la hicieron luego, cuando salió corriendo. Pepín Bello era derrotista. Me acuerdo de Élie Faure,[36] en calzoncillos, en un hotel, en plena Gran Vía, llorando. Íbamos, como te decía, a la Alianza de Intelectuales. [...]. Allí, Kotapos[37] y Claudio, Claudio de la Torre, que ignoraba que Mercedes, Mercedes Ballesteros, su mujer, hija del que me suspendió en Historia, era centurión de Falange. Creo que se metieron en una embajada. Hasta que me fui a París, de jefe de protocolo de la Embajada con Juanito Vicens y luego con Sánchez Ventura. Lo de la información... El que trabajaba de veras era García Ascot.[38] Hasta gastándose su dinero. ¡Qué gran embajador fue Araquistáin! Ossorio, después, no era una cosa seria, y al doctor Pascua lo único que le importaba era su perro.

¿Te acuerdas de Ogier?

Cómo no, Ogier Preteceille. Buena gente.

---

35 Aub se refiere a julio de 1936, cuando estalló la Guerra Civil.

36 Élie Faure (1873-1937) fue un historiador del arte y ensayista francés.

37 Podría referirse a Acario Cotapos, que aparece en un dibujo de la fiesta de su cumpleaños, en mayo de 1935, como *Kotapos* (véase la nota 236 de la p. 253).

38 Felipe García Ascot, secretario de la Embajada española en París.

Yo le conocía hacía muchos años, de Valencia. Trabajaba en El Pueblo,[39] *el periódico de Blasco Ibáñez. Debió de llegar el año 1913. Muy joven, pero ya formaba parte de la Bande à Bonnot.*[40] *Es curioso cómo luego, en 1960, cuando iba a salir la traducción francesa del* Campalans,[41] *y Rirette Maitrejean,*[42] *que corrigió las pruebas, se encontró en la novela y me fui a hablar con ella, salió Ogier a relucir y le llamé por teléfono.*

Hombre, si yo supiera dónde vive...

No sé lo que harías. Le hablé. Está ciego. Me dio tal horror que no fui a verle.

Yo hubiera ido. Si hubiese estado paralítico, entonces no.

Es curioso cómo vives dos vidas. En tus películas odias a los ciegos, no a los paralíticos.

No me había fijado.

Suelen decir que montaste España leal en armas (Madrid, 1936).[43]

No hice más que supervisar el montaje que hizo Jean-Paul Dreyfus, que hoy se llama Jean-Paul Le Chanois,[44] con el material que nos mandaba la Subsecretaría de Propaganda.

Colinos.[45]

Sí. Por entonces, el 37, Araquistáin pagó, de su dinero, la sonorización de *Las Hurdes,* que se estrenó y tuvo éxito. Lo último que hice fue

---

39 *El Pueblo, diario republicano de Valencia* fue un periódico español editado en Valencia entre 1894 y 1939, fundado por el escritor Vicente Blasco Ibáñez.

40 La Bande à Bonnot fue un grupo anarquista francés que operó en Francia y Bélgica durante la Belle Époque, entre 1911 y 1912.

41 *Jusep Torres Campalans* (1958), la obra de Max Aub.

42 Rirette Maitrejean (1887-1968), cuyo nombre verdadero era Anna Estorges, fue una anarquista francesa compañera de Maurice Vandamme y posteriormente de Victor Serge.

43 Aub confunde el otro título con el que se conoce este documento sobre la Guerra Civil: *España 1936*.

44 Jean-Paul Le Chanois (1909-1985), cineasta francés, conocido por sus actividades políticas en el seno del Partido Comunista francés, colaboró con Buñuel en la realización del documental *España leal en armas* (1937). Hoy sabemos, gracias a diferentes trabajos de investigación, que este empeño se tradujo en dos documentales: *Espagne 1936/España 1936* y *Espagne 1937/España 1937*. Parece ser que Buñuel estuvo más implicado en *Espagne 1936*, eligiendo las fuentes audiovisuales y supervisando el montaje visual y sonoro. En cambio, únicamente actuó de director ejecutivo en *Espagne 1937* (Gubern y Hammond, pp. 304 y ss.).

45 Parece referirse a Manuel Colino, no «Colinos». que había sido director general de la productora y distribuidora Film Popular.

lo de los globos con las encíclicas,[46] que —como ya te he contado— fue una idea de Fisher, un austríaco. Entonces estaban haciendo en Hollywood bastantes películas sobre la guerra de España, porque querían ser simpatizantes, y se me ocurrió que lo mejor que podía hacer era ir allí, oficialmente, y supervisarlas para que no dijeran barbaridades, como lo estaban haciendo. Ya estábamos en el 37. No quise que me pagaran el viaje. El dinero me lo prestó Sánchez Ventura. Ya te contaré luego cómo se lo devolví.

Cuéntame cómo fue tu salida de Madrid, cuando la Guerra Civil.

Sí, te contaré mi salida de Madrid. En la frontera me encontré a Bergamín, a Ímaz y Muñoz Suay y unos quince estudiantes que iban a un congreso. Bergamín me dijo con su vocecilla: «Te harán volver a Barcelona como a nosotros, a buscar unos avales de la CNT». Yo no llevaba dinero. Unas pesetas. Pero sí una cadena de platino, que había sido de mis padres, y las 400 libras para Münzenberg. Al bajar del tren había allí un anarquista con barba y pañuelo negro y rojo. Y una especie de tribunal de la CNT. Yo llevaba un pasaporte ordinario y una carta de *Mundo Obrero* recomendándome. «Eso no sirve». «¿Cómo que no sirve? —solté un par de blasfemias—. ¿Qué os habéis creído? ¡Sois peores que la misma policía! —y otra sarta de blasfemias—. ¿Cómo que no sirve? ¡Peores que la misma Guardia Civil! ¡A hacer puñetas!». «Bueno, compañero, bueno. Pero es que por aquí pasa cada fascista…». Y pasé el primero. Palabra. [...] Durante la guerra mandábamos —¡yo!— encíclicas del papa, la *Rerum Novarum,* a España, millares y millares de ejemplares, con la complicidad del Partido Comunista francés y por medio de marinos alemanes. Con los alemanes podía uno entenderse; con los italianos, no. Todos, los marinos, los civiles mismos, eran fascistas, y no había modo de acercarse a nadie. Efectivamente, cuando el año 37 se publicó la Encíclica *Rerum Novarum,* a la que no se le dio publicidad en la zona rebelde porque había no pocas cosas en contra del nazismo, decidimos hacer una edición de cinco mil ejemplares para repartirla en el territorio franquista. Se encargó de llevar el material un barco alemán que salía de Amberes. Yo fui a entregar la propaganda al jefe de los *dockers* del puerto belga.[47]

---

46 Buñuel explica este asunto en la siguiente línea de diálogo, cuando habla de la encíclica de Pío XI.

47 Como observa Jones (p. 269), Buñuel se confunde, ya que la *Rerum Novarum* fue promulgada por el papa León XIII en 1891 y trataba sobre asuntos de justicia social. La que

¿Y qué me dices de la potasa?

Eso me molesta muchísimo más. ¿Cómo lo has sabido? ¿Cómo te has enterado?

Palabra que no me acuerdo. Alguien me ha hablado de ello. En esta libreta leo: «¿Qué tuvo que ver Buñuel con un asunto de potasa y Negrín?». He hablado con tanta gente durante esos siete meses en Europa, con tantas personas, que no puedo acordarme de quién me lo indicó.

No, de eso no quiero que hables.

¿Qué pasó?

Pues precisamente por eso, porque no pasó nada. Sencillamente, creo que fue Ossorio el que me dijo que el presidente del Consejo estaba muy interesado en saber qué comercio de potasa había entre España y Alemania. Entonces pregunté a alguien de un servicio comercial cualquiera, ya no lo recuerdo en absoluto, que me dijera qué embarques se hacían. Te juro que no sé si era de España a Alemania o de Alemania a España. Lo cierto es que me dio los datos y se los pasé al embajador. El embajador debió de enviarlos a Negrín.[48] Pasó el tiempo. Una vez le pregunté a Ossorio: «¿Qué hubo con aquello de la potasa?». Y me contestó: «Muy bien, muy bien, el presidente quedó muy satisfecho». Es todo lo que sé.[49]

Un día, saliendo de la oficina del bulevar de la Madeleine...

Sí, de Turismo.[50]

---

los republicanos difundieron fue la de Pío XI titulada *Mit brennender Sorge* (*Con ardiente inquietud*), escrita en 1937 en alemán y muy crítica con el Reich, aunque no menciona ni a Hitler ni al Partido Nazi.

48 Juan Negrín López (1892-1956) fue presidente del Gobierno de la Segunda República en el exilio entre 1937 y 1945.

49 En *Mi último suspiro*, Buñuel explica lo siguiente del asunto de la potasa: «Un día, recibimos un comunicado de Juan Negrín, presidente del Consejo de la República, que se manifiesta muy interesado por un cargamento de potasa que debe salir de Italia con destino a un puerto fascista español. Negrín nos pide información. Hablo de ello a mi secretaria, la cual llama a su padre. Dos días después, se presenta a mi despacho y me dice: "Vamos a dar una vuelta por las afueras, quiero que conozca a alguien". Salimos en automóvil, nos detenemos en un café a 45 minutos de París (he olvidado el lugar exacto) y me presenta a un americano de entre treinta y cinco y cuarenta años, serio y elegante, que habla francés con fuerte acento extranjero. El americano me dice: —He sabido que se halla usted interesado por un cargamento de potasa. —En efecto. —Pues bien, creo que puedo darle información acerca de ese barco. Me contó todo lo que sabía sobre el cargamento y el itinerario, informaciones precisas que fueron comunicadas a Negrín».

50 La Oficina de Turismo de España en París se convirtió en la Oficina de Propaganda del Gobierno republicano. El local de la Oficina de Turismo, dotado de escaparates de más

… encontré a Edgar Neville.[51] *Me lo llevé a tomar una copa en un bar inglés que había por allí, un bar como de club: maderas, caballos… Un* pub. *«¿Tú por aquí? —le pregunté—. ¿Qué haces?». «Voy a Burgos». Me quedé de piedra. Fíjate que hacía tiempo que no le había visto, años tal vez, pero, en fin, habíamos empezado a escribir más o menos al mismo tiempo. Y le recordaba como conspirador republicano.*

Sí. Estaba en nuestra embajada en Londres. Le mandaría llamar Pérez de Ayala o lo enviaría Azaña.[52] A los tres meses cogió todas las claves, todos los papeles y se fue con Franco.

De todo hay en todas las generaciones. Lo digo por lo que le dijo Baroja a Corpus [Barga], referente a la del 98.[53]

Yo traje a París a Vicens, a Lacasa, a Ugarte. ¿Qué hacían en España? Muertos de miedo. En París hicieron un papel brillante. Se trajeron a Alberti, a quien yo no conocía. Y le conocí poco, con su cara de albañil. Ahora, que han resucitado *Litoral,* en Málaga, me han pedido un artículo acerca de él. Lo hice, diciendo eso, que casi no le conocía.

Muchas veces has hecho lo mismo por no decir que no a tus amigos; y así se han publicado cartas que no dicen nada, como no sea declarar tu ignorancia sobre algo, lo que ha bastado para que te pusieran en el tipo mayor posible: Prólogo de Luis Buñuel. (*Ríe*). *[…]. ¿Y qué hiciste en París durante la guerra? Una parte ya la sé porque, al fin y al cabo, cuando Araquistáin era embajador, él me llevó allá como agregado cultural.*

Pues lo mismo me pasó a mí. Me llevó para el Servicio de Información, con Vicens y con Sánchez Ventura.

---

de 20 metros de largo, constituía un soporte ideal para la propaganda gráfica y, gracias a la tolerancia del Frente Popular Francés, el equipo de la Embajada comenzó a organizar exposiciones de pinturas, fotografías y documentos destinadas a ilustrar la lucha entre el heroico pueblo español y la barbarie encarnada por los rebeldes y sus aliados extranjeros.

51 Edgar Neville Romrée (1899-1967) fue un diplomático, escritor, dramaturgo, director de cine y pintor español.

52 El escritor y periodista Ramón Pérez de Ayala y Fernández del Portal (1880-1962) ejerció de embajador en Londres entre 1932 y 1936, bajo el Gobierno republicano de Manuel Azaña.

53 En una de sus múltiples conversaciones con Corpus Barga, Baroja le rebatió esa apelación y le señaló que no existía tal generación, corrigiéndole de esta manera: «He encontrado a Azorín y le he dicho que no comprendo por qué nos llama la generación del 98. Naturalmente, no somos una generación, y un manojo de todos nosotros es como hacer un ramillete con un cardo, un espino, una ortiga y otras plantas por el estilo».

Ya lo sé.

Trabajamos con García Ascot. El padre de Jomi.[54]

Por eso quiero que te den el Premio March.

¿Por qué?

Porque estoy enterado de todos los divertidos *intentos que hubo para asesinarlo. Y de cómo intervino Mantecón y cómo detuvieron a aquel pobre o famoso muchacho, en Alicante, los de la CNT, porque no llevaba en su maleta más que un frac. Eso sí es surrealismo de verdad. Fue.*

De lo de March no me acuerdo. Pero sí, todo el que tenía una pistola siempre iba a matar a alguien; al que fuera: a Franco, a Mola, a Queipo de Llano, a quien fuera, y total, nada. Araquistáin fue un gran embajador; Ossorio era tonto y Pascua era un arrebatado y un pasional que no servía para nada. Ya me cansé de mandar globitos a España desde los Pirineos Orientales con impresos que siempre eran el mismo, y de hacer pasar kilos de propaganda. ¡Yo dándole órdenes terminantes al Partido Comunista de los Bajos Pirineos! Me fui, seis meses antes de la derrota, a Estados Unidos, a Hollywood, para supervisar las películas que hacían allí de tema español. Estaba a las órdenes del Gobierno y, cuando movilizaron a mi quinta, pregunté a la embajada de España en Washington qué es lo que debía hacer. Y me dijeron que me quedara allá esperando órdenes. Un mes después vino la desbandada. A mí la política no me interesa nada. Cuando perdimos, lo sentí. Pero me alegré porque pensé que ya no tendría que ver a ninguno de mis compañeros. La guerra era otra cosa, estábamos metidos todos.

¿Y no pensaste nunca en hacer películas de la guerra?

Película, ¿cómo? ¿Cómo las de Hollywood?

No, documentales.

No. Y eso que Roces insistía en que mi sitio era estar allí y hacer películas. Pero no, yo me quedé en París. A mí esas cosas no me interesan. *[Bebemos].*

RAFAEL ALBERTI

M. A.: ¿Y durante la guerra le viste?

R. A.: Durante la guerra le he visto en el patio de la Alianza Intelectual, al comienzo, varias veces, y después le he visto…

---

54 Jomi García Ascot (1927-1986) fue un poeta, ensayista, cineasta, crítico de arte y publicista de origen tunecino, nacido en 1927 e inmigrado en México a los doce años, con su familia, en 1939. Su padre era Felipe García Ascot.

M. A.: Pero, ¿de cuál? ¿De la primera o de la segunda?

R. A.: De la del castillo, del Palacio de Heredia Spínola. Allí estaba.

R. A.: Sí, de esa alianza nos incautamos muy pronto. Cuando yo vine de Ibiza. Nos incautamos de ello, ¿verdad?

M. A.: Sí.

R. A.: He visto a Buñuel allá, durante el mes de agosto o por ahí. Y le he visto en plan de marcharse, que se iba, nunca explicó bien qué era, y que se iba de Madrid para una misión misteriosa. Y luego, cuando yo pasé por París, el año 37, que fui a la Unión Soviética, me encontré a Buñuel allí. Estuve comiendo con él, no sé si estaba Moreno Villa en aquel momento.

M. A.: No, no.

R. A.: No sé si estabas tú.

M. A.: Pero estaba yo.

R. A.: Estaba Luis Lacasa. ¿Estabas tú?

M. A.: Estaba.

R. A.: Era el momento en que Picasso estaba pintando el *Guernica.*

M. A.: Eso es.

R. A.: Alberto Sánchez.[55]

M. A.: Pierre Carrier[56] y Picasso y…

R. A.: Yo vi las cosas de Picasso que me enseñó.

M. A.: … Ugarte.

R. A.: Ugarte, eso es.

M. A.: ¿Tú no tienes idea de que hubiera una reunión en Ginebra de la Juventud Comunista en el mes de agosto o algo así?

R. A.: ¿De ese año?

M. A.: No, del 36 o del 37. A la que fue Pepe Bergamín.

R. A.: No. Bergamín estaba en París, creo que en ese momento también.

M. A.: ¡No, no! Bergamín estaba en Madrid, estaba con nosotros.

R. A.: No, mira. Yo, una vez que vengo de la isla de Ibiza, estoy hasta el año 37 sin salir de Madrid. Había ido una sola vez a París.

M. A.: Sí, ya lo sé, pero…

R. A.: Bergamín estuvo en la Alianza hasta el 7 de noviembre y luego se marchó.

M. A.: Estaba en Madrid. Yo sé muy bien lo de Pepe, porque fui yo el que lo saqué de España *(R.A. asiente).* Él fue a Ginebra.

R. A.: ¿Pepe?

M. A.: Pepe. Luego fue a la URSS.

---

55 Alberto Sánchez Pérez (1895-1962) fue un pintor y escultor español.

56 Pierre-Gérard Carrier-Belleuse (1851-1932) fue un pintor francés.

R. A.: Sí, sí.

M. A.: Fue a la URSS en esa cosa del teatro.

R. A.: ¿No fue con Miguel Hernández?

M. A.: En la que fue Cipriano [Rivas] [57] y esa gente.

R. A.: Cipriano, sí. Miguel Hernández, creo.

M. A.: Bueno, eso no tiene importancia. Pero ya luego, estando yo en París, lo saqué con Aragon de España. Dijimos: «¿Qué hace Bergamín ahí? Eso no. En París hará mejor papel».

R. A.: Sí, sí, sí. [...]. Por cierto, cuando Buñuel está viviendo en Madrid, o que iba y venía, era raro verle. Además, estaba trabajando en ese cine misterioso que hacía en esa época, ¿verdad?[58] Pero era muy invisible, le pasaba como a Larrea. Aunque a Buñuel le conocíamos todos desde hacía cien años. Pero Larrea hacía una vida mucho más secreta y la había hecho durante años. Yo a Larrea no le había conocido prácticamente. Después comí algunas veces con él, precisamente, y con Buñuel, en la Arrumbambaya. Pero siempre era un hombre muy esquivo, muy escondido, no así Buñuel. Lo que pasa es que Buñuel en España vivía poco. Y cuando vivía haciendo este cine comercial o misterioso, o secreto —pues no sé si le gustaba que se supiera que lo hacía o no—, Buñuel aparecía poco entre nosotros.

SANTIAGO ONTAÑÓN

S. O.: [...] Pues la última vez que le vi en España... Porque él vino luego a hacer ese cine nefando...

M. A.: Comercial.

S. O.: ... que llamaban ellos. Cosa que a mí no me gustó nunca, porque creo que hacían las películas buscando a los actores más cochambrosos y los argumentos más inmundos. A mí me daba rabia porque, en fin, he tenido siempre respeto por el cine y creía que era muy fácil hacer dinero haciendo ese cine que era el que lo daba. Porque decir: «¡No! Esto no, porque hay que buscar otro peor, porque el cine, el público»... Yo digo que, si cuando nosotros pensamos hacer una película muy buena, muchas veces nos salen muy malas, pues ya con ese criterio de hacerla muy mal, salía, claro, lo que hicieron. Aquellos bodrios: *La hija de Juan Simón* y todo eso era monstruoso. Y luego, cuando estalló la guerra... Porque tú sabes que Luis, que ha sido de una fortaleza física fenomenal, es el hombre más miedoso del mundo; pero confesado. Cuando estalló el Movimiento, a los primeros días detuvieron a Sáenz de Heredia, que

57 Cipriano Rivas Cherif (1891-1967) fue un director de escena, escenógrafo, dramaturgo, poeta y periodista español, cuñado del presidente Manuel Azaña.

58 Se refiere a las películas que produjo para Filmófono, en las que siempre se dudará de su grado de autoría.

era muy amigo mío. Y me lo encontré en la calle. Ese chico no se había metido nunca en política; él ahora dirá que sí, pero entonces, nada. Era primo de José Antonio Primo de Rivera, y nada más. Un tipo encantador, divertidísimo y estupendo muchacho. Me lo encontré en los primeros días en mangas de camisa, y le digo: «Pero, ¿qué haces aquí?». Y dice: «Pues ya ves, chico, aquí estoy como un conejo, saltando de mata en mata. No puedo ir a ninguna... casa de mis parientes, y estoy esperando, pues, a que me cacen, como a un conejo». A mí me pareció monstruoso y le llevé a mi casa, hablé en los Estudios de Ballesteros a los obreros y al Comité: «No, hombre, no», y tal. Lo llevamos al estudio. Le llevé la cama de mi casa, le llevábamos la comida. Se portaron tan bien con él toda la clase obrera, el Comité y todos estos que inclusive se pensó que hiciese una película de tipo comercial para que se incorporase al cine. Y empezamos a pensar un argumento.[59] Pero él, como los obreros le convidaban por estar sin dinero, salió a hablar con un tío suyo. Fue a una taberna que hay frente a los Estudios Ballesteros a llamar, y como el teléfono del tío estaba intervenido, le escucharon y fueron a por él. Se lo llevaron a un Comité de estos de la calle del Marqués de Riscal —él cuenta la estadía de esos tres días y es para morirse de risa; melodramático, es de morirse—. Yo entonces no tenía ningún carné, ni ninguna solvencia política, lo único es que era de la Alianza de Intelectuales Antifascistas, pero no podía ir a gritar a ningún sitio. Y entonces yo veía que, a este hombre, fíjate, le detuvieron la noche que cayó la primera bomba en la Cibeles. Digo: «A este tío esta noche me lo liquidan». Y digo: «Bueno, ¿y quién puede tener una autoridad aquí política para decir: "No, señor, a este señor no se le puede..."?». Entonces pensé en Buñuel. Pero Buñuel ya estaba con un pie en el tren a buscar la famosa misión en el extranjero. Y dice: «No, chico. Yo tengo que irme, porque me voy. Me voy mañana». Digo: «No, mira, pues vas pasado. Vas pasado, porque tú tienes que hacer algo por este muchacho, porque no es lógico que le pueda ocurrir...». «No, no. Si tienes razón». Y fue. Y habló por él. Esto fue un viernes y salió un domingo; el domingo por la mañana le dejaron salir.

M. A.: ¿Qué día? ¿Qué mes?

S. O.: Ahora no sé fechas. Si tuviera un periódico... Fue el primer bombardeo que hubo sobre Madrid.[60] Que cayó una bomba en el Ministerio de la Guerra. ¡Muy al principio! Muy, muy al principio. Yo estaba comiendo con Elfidio Alonso,[61] Díez Pastor y estos. Y de repente, ¡pum!, cayó la bomba. En seguida pensé: José

59 De hecho, Sáenz de Heredia aparece como director de dos películas producidas por Filmófono.

60 Madrid fue bombardeada por primera vez en la noche del 27 al 28 de agosto de 1936.

61 Elfidio Alonso Rodríguez (1905-2001) fue un periodista y político español.

Luis. Pero al día siguiente, él habló. Fue cuando fue Buñuel y, nada, le tuvieron allí y salió un domingo. Entonces vino a mi casa, donde estuvo dos meses escondido hasta que le sacó la embajada de Cuba. Él, claro, le está muy agradecido a Buñuel. Y Buñuel cuando ha venido aquí le ha visto. Porque José Luis era el que hacía las películas de Filmófono. Él y Marquina fueron, me parece.

M. A.: Y Grémillon.[62]

S. O.: Y Grémillon también, sí. Esos fueron los que hacían su cine. Pero él lo manejaba todo, porque él hacia la producción, la dirección, todo. Y Eduardo Ugarte le secundaba, le ayudaba. Y entonces —ahí fue la última vez que le vi— fue cuando me dijo: «Chico, es gordo. Yo creí que era la revolución, pero ayer iba por la calle y de un balcón le dieron un tiro a uno y, chico, me he quedado... Que no, no, no. Esto, no. Esto, no». *(Ríe).* Y se fue a París y vino el golpe de Múnich, y de Múnich se fue *(ríe)* a Estados Unidos, y no paró, ¿no?[63] Porque él ha sido tan fuerte... ¿sabes?, claro, como yo, que fue campeón de pulso del Alto Aragón. Que, por cierto *(ríe),* era muy gracioso, porque cuando nos reuníamos allí, en el Selecta, a hacer cine y a charlar, un día le hizo creer a Manolo Ángeles Ortiz que era un tío fortísimo. Porque él echaba el pulso con todos nosotros y nos ganaba. Y un día, con Manolo Ángeles Ortiz, Luis hizo la pamema de dejarse ganar. Se dejó ganar por Manolo Ángeles Ortiz. Y Manolo Ángeles, que es un despistado y un ingenuo *(ríe),* llegó a creer que él era el campeón de Aragón. Y luego, claro, echábamos el pulso *(ríe),* con Manolo Ángeles y le ganábamos todos. Y Manolo Ángeles no se explicaba por qué, ya que Buñuel era el campeón del Alto Aragón. Así es, y ahora aquí está. Le veo poco, porque se reúne en unos sitios muy absurdos.

M. A.: No, no ve a nadie por la sordera.

S. O.: Sí. Y luego le tienen acaparado. Le tienen acaparado los tres o cuatro amigos recientes: Rabal, Fernando Rey y todos estos. Y, chico, no sé, parece que lo tienen *(ríe)* como secuestrado. No te dice nunca nada. Lo he visto varias veces y siempre me dice: «Hola. Tú eres muy buen actor». Se acordaba de aquello. Pero, en fin, eso es mi amistad con este monstruo de la naturaleza. Ahora, me he reído mucho yo con Pepín Bello. Hicimos un viaje a Andalucía, y Pepín contando las cosas de Buñuel con su familia, con el padre, que era un personaje [...]. Pues yo hice un viaje, no sé si tú te acordarás. Un viaje al que nos invitó, no sé si estabas tú, Sánchez Ventura para poner una lápida en la casa donde nació Villalón.

M. A.: Sí.

---

62 Todos los mencionados dirigieron películas de Filmófono.

63 Suponemos que es un símil, puesto que el *putsch* de Múnich fue el fallido intento de golpe de Estado del 8 y 9 de noviembre de 1923 en Múnich, llevado a cabo por miembros del Partido Nacionalsocialista Obrero Alemán (NSDAP).

S.O.: Bueno, pues fueron todos en avión, pero yo me fui con Pepín Bello, en un coche que le había regalado un amigo, fíjate cómo sería, hasta Sevilla, en un Fiat, y no me he reído más en mi vida. Siempre hablando de Luis y contando cómo era Luis. Creo que no paramos de reírnos hasta que llegamos al pueblo, Valdepeñas. De tanto reír nos salimos de la carretera y volcamos. Y Pepín, es una pena…, Pepín. Debes buscarle.

M.A.: Sí, pero está en Huesca.

S.O.: ¿Qué hace en Huesca?

M.A.: Voy a ver si le veo.

S.O.: Porque Pepín es maravilloso. Pepín y toda la familia saben de Buñuel horrores. Y cuenta cosas muy graciosas. Pepín, ¿qué puede estar haciendo en Huesca? ¿Trabajando?

M.A.: Está con su…

S.O.: Con su hermano.

M.A.: Con su hermano, en la finca de su hermano.

S.O.: ¡Ah! Pero habrá ido por veraneo o una cosa así.

M.A.: Sí, sí.

S.O.: ¡Ah! Bueno.

M.A.: Pero alarga sus veraneos, como ves…

S.O.: ¿Sí?

M.A.: … de una manera realmente…

S.O.: ¡Ah! Sí, bueno, pero si se le llama, viene. De la época residencial creo que es el que puede contar cosas más sabrosas.

M.A.: Sí.

S.O.: Sí. Porque es curioso, un muchacho como Pepín, que no pudo ser nada, aparte de inteligente, ha tenido mucha influencia sobre todos ellos. Esas *boutades* que decía, esas botaratadas si quieres, y bromas. Pero mucho, mucho influenció Pepín, mucho. No se ha quedado nada. Ni terminó la carrera de médico siquiera. Pero, en esa época, creo que influyó mucho sobre todos ellos.

M.A.: Yo haré lo posible por verle.[64]

S.O.: Era muy amigo de Garrigues.[65] Porque él ha trabajado con los Garrigues, le han dado algún asuntejo de esos de negocios.

M.A.: Sí.

CARLOS VELO

C.V.: Antes de conocer a Buñuel cuando presentó *La edad de oro* en el cineclub de la FUE, le vi en otra fase muy curiosa, cuando estaba contratado

64 Entre las clamorosas ausencias de este proyecto está la conversación con Pepín Bello que parece ser que tuvo lugar.

65 Antonio Garrigues y Díaz-Cañabate (1904-2004), destacado notario, político y diplomático español, tuvo un negocio poco floreciente de motocine con Pepín Bello.

por la Warner Brothers. Estaba yo haciendo con Mantilla *Castillos en Castilla, El Escorial*,[66] unos documentales que debes haber visto, ¿no?

M. A.: ¿Qué año?

C. V.: ¡Ah! En eso sí soy malísimo. Tendría que ver mis papeles.

M. A.: Bueno, pero tú…

C. V.: Madrid. Estudios de la CEA.

M. A.: Sí.

C. V.: Buñuel con Ugarte.

M. A.: Con Marquina.

C. V.: Con Marquina. Haciéndose el loco. Ahí es cuando vi yo el humor de Buñuel. Haciéndose el loco completamente y el hombre distraído. Haciendo de productor, diciendo que no dirigía las películas. Diciendo que todo eso no servía para nada. Eran conversaciones que tenía él con Mantilla. Mantilla era periodista, reportero de la radio, y hablaba a Buñuel para sacarle cosas para sus charlas radiofónicas, que fueron famosas, porque era un crítico bastante autorizado en aquel tiempo. Un poco venal, como lo ha sido siempre *(ríe),* pero en un sentido bueno, porque él protegió el cine ruso, lo lanzó en España, e hizo una labor estupenda en Madrid. Bueno, entonces Mantilla y yo estábamos filmando efectos para mi corto *El Escorial*. Estábamos haciendo las calaveras que se suponía que estaban en las tumbas, y venía Buñuel y decía: «Esto es más bonito, esto es más interesante que lo que estamos haciendo». Porque hacían *Don Quintín el amargao* y ¡cosas estupendas! Hacían cosas estupendas, ¿verdad? ¡Pero muy mal hechas! Y Buñuel no se ocupaba. Su actitud era misteriosísima. Él estaba encargado de que se produjera eso.

M. A.: ¿No era el productor ejecutivo?

C. V.: Productor ejecutivo, pero no se preocupaba. ¡Un cineasta como él! ¡Tremendo! A mí eso me angustiaba, porque me preguntaba: «¿Por qué no las hace él?». Aunque sea *Don Quintín el amargao,* que es estupenda. ¿Por qué no lo hace? Y hacía unas películas rarísimas.

M. A.: Hay *Simón el enterrador.*[67]

C. V.: ¿*Simón el enterrador*?

M. A.: No. Son cuatro.

C. V.: Son cuatro, sí; que Sadoul dice, graciosamente, en la biografía de Buñuel: *[lo dice riéndose]* «Y hay una serie de películas, que no vamos a hablar de ellas, en las que intervino Buñuel». También se refiere a otras de México.

---

66 *En un lugar de Castilla* (1934) y *Felipe II y El Escorial* (1935).

67 Se refiere a *La hija de Juan Simón* (José Luis Sáenz de Heredia, 1935), cuyo título parece proceder de los versos del poema de Óscar Chávez *Simón el enterrador.*

M. A.: ¿Buñuel dirigía o no dirigía?

C. V.: No. Estaba detrás. Opinaba, pero no dirigía.

M. A.: Dirigía Marquina, dirigió Grémillon.

C. V.: [Fernández] Ardavín[68] no sé si dirigió.

M. A.: No, no, no.

C. V.: Grémillon.

M. A.: Dirigió una que no la acabó, por cierto.

C. V.: Sí, Grémillon andaba por ahí. Sí.

M. A.: Sí. Y luego, durante la guerra, ¿tú estabas del otro lado?

C. V.: Yo estuve en la zona de Franco hasta que me pasé a la zona republicana en el último año. Fui a Barcelona, y no vi a Buñuel.

M. A.: ¿No viste a Buñuel?

C. V.: Supe de tus aventuras de *L'Espoir* en Barcelona.

M. A.: Pero Buñuel estaba en París.

C. V.: Buñuel estaba en París; sí.

M. A.: Y estaba en el Servicio de Información.

C. V.: Sí.

M. A.: De eso no encuentro a nadie que me cuente.

C. V.: Mi suegro sería el único que te podría contar. Mi suegro, [Álvarez] Santullano,[69] amaba a Buñuel y contaba cosas graciosísimas. ¡Qué lástima que no esté aquí!

M. A.: Bueno, pero oye, ahora hablando de Santullano...

C. V.: Con motivo de mi llegada —escapándome por Tánger— le decían a mi suegro: «¿Para qué va Carlos Velo a Barcelona? La guerra ya está perdida». Eso a mí me sacaba de mis casillas. «¿Cómo que está la guerra perdida?». «Yo voy». Y entonces se hablaba de las personas que estaban en París. Siempre con las críticas propias de los exilados o de los que no eran exilados, de gente que estaba trabajando allí. Y entonces decía yo: «Buñuel, ¿cómo no está allá haciendo películas?». Es una cosa que, para mí, era un impacto de ingenuidad. Y me acuerdo de las bromas de mi suegro, que decía: «Buñuel no se acerca donde haya un tiro. Pero ni a miles de kilómetros». Eso lo decía él, no ofendiendo a nadie, ¿verdad?, pero decía: «En cuanto se oiga un tiro, no se acerca». Y también decía: «Y, además, me parece muy bien. Tiene mucha razón, porque ¿qué va a hacer él en el frente, y que va a hacer él debajo de los bombardeos?».

---

68 César Fernández Ardavín (1923-2012) fue un prolífico director de cine y guionista español, que se alzó en 1960 con el Oso de Oro del Festival de Berlín con *El Lazarillo de Tormes*.

69 Luis Álvarez Santullano (1879-1952) fue un profesor español, pedagogo y destacado gestor en la Institución Libre de Enseñanza y secretario de las Misiones Pedagógicas.

FEDERICO AMÉRIGO

M. A.: A propósito de la Guerra Civil, ¿cómo sale Luis de Madrid?

F. A.: No lo sé. Lo que sé es que sale de Madrid y que está en París.

M. A.: Bueno.

F. A.: Está muy nervioso, porque cree que, en cualquier momento dado, viviendo en París, lo van a obligar a regresar a España y participar en la Guerra Civil. Y entonces es cuando planea, no sé cómo lo obtiene, el salir a Estados Unidos y ponerse a trabajar en Estados Unidos con la Warner Brothers.

M. A.: No, de esto no sabes de la misa la mitad.

LUIS QUINTANILLA[70]

M. A.: Tú conociste a Buñuel aquí,[71] durante la Guerra.

L. Q.: Sí.

M. A.: ¿Qué recuerdas de él? ¿Qué hacía Buñuel?

L. Q.: Nos encontramos aquí en París, en la Embajada, cuando vine a ocuparme —porque mi finalidad al empezar todo era solamente tener un control en la frontera vasco-española, de la parte francesa, y había que organizar un poco todo aquello y había que buscar medios para poder hacer un servicio de información— de lo que corrientemente se llama espionaje. Entonces, en la Embajada me presentaron a Buñuel para que me pudiera ayudar. Pero la utilidad de Buñuel, en lo que se relacionó con lo mío y con el espionaje, se limitó a que él recogía los dineros que yo pedía desde Biarritz, me los mandaba y, de vez en cuando, por un servicio de clave que teníamos, me informaba de algunas noticias directas importantes, más fuertes. Respecto de lo otro, más que nada, me entendía yo con Ogier Preteceille y luego, cuando ya había algo muy serio, pues cogía el tren o el coche y venía aquí a París y ya, verbalmente, hablaba yo, sobre todo, con Araquistáin. Esto duró hasta la salida de Araquistáin, que es cuando cambió el Gobierno de Negrín.

M. A.: Bueno, me hablabas también de que en la librería recibías tú el correo.

L. Q.: ¡Ah, no! Eso era él.

M. A.: ¿Era él?

L. Q.: Me parece que una cuñada suya tenía una librería por la parte de…

M. A.: La calle Gay-Lussac. En el Quartier Latin.

L. Q.: No me acuerdo. Pero, bueno, en el Quartier Latin. Y yo dirigía a la cuñada esto. Me parece que lo llamábamos *monsieur* Dubois porque el nombre era más corriente; y la señora era un buzón de correos nada más, una dirección que me había dado él. Yo escribía allí; M. Dubois, una cosa de estas.

---

70 Luis Quintanilla Isasi (1893-1978) fue un artista plástico y escritor español. Una de sus obras, el ciclo de frescos *Ama la paz, odia la guerra* fue encargado por el gobierno de la República para representar a España en la Exposición Universal de 1939.

71 En París.

M. A.: Y allí, con Buñuel, ¿no te relacionaste con Vicens?

L. Q.: No.

M. A.: ¿Ni te relacionaste con Sánchez Ventura?

L. Q.: No, no, no. No teníamos nada que ver. A Sánchez Ventura le encontré en dos viajes, de los rápidos que tenía que hacer a España, y cuando se enteró, no sé si por Buñuel, que yo lo iba a dejar, quería a todo trance que yo le pasase eso. Pero yo no hacía caso, ni tenía nada que ver con eso. No era yo quién para dar puestos en la guerra. A mí me habían echado eso encima y no te creas que fue una cosa tampoco nada cómoda, porque en tres ocasiones tuve que pasar al lado de ellos.

M. A.: Además, me hablaba Buñuel al final de que mandabais globos con propaganda al otro lado.

L. Q.: No, no.

M. A.: Contigo, ¿no?

L. Q.: No, no. Teníamos que hacer cosas más serias y, además, hacer propaganda era inútil. Es una de las pruebas de que él no se ha ocupado de esos asuntos, porque, si se llega a ocupar, hubiese visto que es perder el dinero y el tiempo. Y es lo que más fácilmente te caza, ¡ah, sí! Pero en absoluto. ¡Mira! Lo mejor que puede haber para un servicio de espionaje —y en eso los maestros son los ingleses—, y lo mismo el contraespionaje, es que pongas una oficina diciendo: «Aquí se admiten toda clase de informes. Espionaje contra tal». Y te aseguro, que de cien pelmazos que van, hay uno que algo acierta. ¡Si sería lo mejor! y no se engaña a nadie. A mí, a pesar de toda la cosa y yo habiendo hecho ya la ostentación, teniendo el documento de que yo era un inspector de consulados de España en Francia, cuando empezó a actuar, a los veinte o treinta días, ya lo sabían perfectamente. Empezó a atacarme Queipo de Llano, por la radio. No, no…, la actuación de Buñuel…, no, yo no sé lo que él contará, lo que sí…

M. A.: ¡No! ¡Él dice que no hizo nada!

L. Q.: Él no hizo nada.

M. A.: Pero no estoy nada convencido.

L. Q.: ¿Quién?

M. A.: Yo.

L. Q.: ¿Que no hizo nada?

M. A.: Sí.

L. Q.: ¿Y qué hizo?

M. A.: ¡Ah, no! Nada, aunque eso que me estás diciendo, pues, ya es algo, ¿no?

L. Q.: Es que, si Buñuel dice que hizo algo, ¡pues muy bien!

M. A.: ¡No! Él dice que no hizo nada.

L. Q.: ¿Qué dice él que hizo?

M. A.: Nada más que cobrar.

L. Q.: Sí, eso creo yo.

M. A.: Nada más.

L. Q.: Eso creo yo, porque, además, puedo recordar un detalle preciso. No sé si fue el comandante Ungría[72] o quién, uno de los que vinieron aquí y consiguió que nos saboteasen unos aviones. Yo avisé para que siguieran la pista y demás. Efectivamente, nos quedamos sin los aviones y, por lo menos, Buñuel no dijo nada o no indicó que... No era él el que debía haberlo hecho, pero no indicó...

M. A.: Pero, ¿él se enteró? ¿Y tú se lo echaste en cara? ¿Se lo dijiste?

L. Q.: Yo comuniqué: «Pasa esto». Como son esas comunicaciones: «Vigílese, y tal y cual...», ¿no? «Esta cosa». Y me dirigí a él para ello, que era el que tenía que recibir las noticias mías de esta manera. No hicieron nada y se perdieron los aviones. Pero, además, el cómo se aprovecharon de los aviones está publicado por ellos.

M. A.: Esos aviones, ¿fueron a parar al lado de Franco?

L. Q.: No, perdimos unos y los otros fueron al lado de Franco, sí, sí, sí. Está publicado por ellos, además.

M. A.: ¿Dónde?

L. Q.: En la literatura de ellos.

M. A.: ¿Dónde?

L. Q.: Yo, es que aquí yo no tengo ni un libro.

M. A.: Porque yo no he leído más que la literatura de nuestro lado.

L. Q.: No, no. Pues hay que leer la otra. Yo, para esto, y por si acaso, me tragué la otra [...].

M. A.: Repíteme lo de los 6000 francos.

L. Q.: ¡Creo que cobraba 6000 francos al mes! Entre los gastos que yo mandaba, estaba metido eso también. ¡Lo sabré yo!

M. A.: ¿Y a quién le mandabas tú los gastos? La lista de gastos ¿la mandabas a la Embajada o a Valencia o...?

L. Q.: Aquí, aquí, a la Embajada.

---

72 José Ungría Jiménez (1890-1968) fue un militar español que destacó durante la Guerra Civil al frente de los servicios secretos del bando sublevado. A comienzos de 1937 logró pasar a Francia, y de ahí a la zona sublevada, siendo nombrado jefe del Servicio de Información y Policía Militar (SIPM). El SIPM sustituyó a los distintos servicios secretos en la zona sublevada, unificando bajo la dirección de Ungría todas las redes de espionaje. Desde comienzos de 1938 se encargó de intensificar las actividades de espionaje y desmoralización en la zona republicana. Después de producirse el Golpe de Casado (acaecido el 5 de marzo de 1939), Ungría participó en las reuniones con representantes republicanos para acordar la rendición de las fuerzas del Ejército Popular.

M. A.: Pero, ¿a quién? ¿A Ogier [Preteceille]?

L. Q.: Me parece que era por intermedio de él, sí. Yo no daba detalle de ningún gasto, no se puede dar ningún detalle en un servicio así.

M. A.: Sí, claro.

L. Q.: Sino la cifra global: «Para este mes, tanto»; que además variaba, unas veces era más, otras menos. Yo tenía un secretario allí, en Biarritz, que era Lasa, el cual figuraba que tenía un comercio de importación y exportación de frutas y legumbres españolas. Tenía una camioneta y un coche particular, los cuales prestaban todo un servicio para nosotros y para llevar y traer gente. Y él, que actuaba de secretario mío, era el que se tenía que encargar de mandarla. Yo no escribía nada. Cuando había algo, cogía el teléfono y —de una manera especial que conocían— me ponía en contacto con Ogier. Porque yo a Ogier le conocí desde la otra guerra, de cuando se metió en España huyendo de la de aquí.

JOAQUÍN PEINADO

M. A.: Pero ahora me interesa que me digas, primero, si crees que Luis ha pertenecido al Partido Comunista, sea el francés, sea el español y, luego, cuéntame tu relación con Luis durante la guerra y referente a lo del bulevar de la Madeleine y todo eso. Y de Juanito Vicens por allí, y de Eduardo Ugarte, etc.

J. P.: Pues, en efecto, yo había perdido un poco de contacto, porque, antes de la guerra, Luis se había ido a España, ¿no es verdad? Yo lo he visto en su casa.

M. A.: Sí, hizo películas.

J. P.: ¿Hizo películas? ¿En España? Porque lo vi una vez en Madrid. Se ocupaba de cine, pero me parece que hacía el doblaje. Y son los momentos que tú has citado antes, cuando sufría de la ciática. Se levantó de la cama —porque estuve en su habitación—, se fue a un fondo de puerta, que era negro, y me dijo: «Joaquín, mira mi torso cómo está deformado por la ciática». Y se puso allí, como si fuera en un espejo y, en efecto, había una deformación de la espina dorsal que se notaba a ojos vistas. Tal vez su enfermedad también, el estar curándose, porque se pasó temporadas largas en la cama. Es lo que le separó un poco de nosotros. Por otro lado, precisamente cuando llega la guerra de España —yo había estado en Madrid—, empecé a hacer unos cursillos. Cuando regresé a París, el año 36, me había dado en Madrid la misión un ministro que era muy amigo de mi hermano Juan, don Enrique Ramos.[73] Me dijo: «Joaquín, quiero que te ocupes de esa Oficina del Turismo que tenemos allí. Aquello es un nido de fascistas». Y allá voy. Y cuando llego, pues resulta que la guerra ha estallado. Entonces me encuentro allí por

---

73 Enrique Ramos Ramos (1873-1957) fue un abogado y político republicano español.

imperio de las circunstancias, como decía don Manuel o don Diego Barrios, me encuentro allí de director de aquella oficina o de subdirector, porque no había. Y digo: «Pero esta Oficina de Turismo tan hermosa, bulevar de la Madeleine. Y entonces, ¿qué hacemos?». Me pongo al habla con José Luis Sert y con Guillermo de Torre,[74] y los tres hacemos un escrito, lo llevamos a la Embajada y decimos: «Señor embajador —creo que era Araquistáin—, aquí queremos transformar esto en cosa de propaganda. Tenemos ya documentos, fotografías... Ha ido Capa,[75] ha ido Chim,[76] ha ido otro a España, han traído fotografías del frente, queremos aprovecharlo». Bueno, nos dieron su conformidad y aquello se transformó. Porque poníamos publicaciones del frente y la gente se agolpaba; además, poníamos el comunicado. Pusimos, entre otras cosas, un poema, el retrato de Federico —no sé si conoces esto— en tamaño grande, porque había una vitrina, teníamos 14 metros de vitrina en la calle Vignon, y en el bulevar de la Madeleine. Estaba a diario todo aquello lleno de fotografías, que las hacíamos de tipo industrial, muy grandes, y pusimos una de Federico, y al lado, su poema «La casada infiel», traducción de... No me acuerdo. Un telefonazo de Bélgica: «Joaquín, Joaquín». «¿Quién habla?». «Paco. Que sé, me han dicho, que tienes en esa oficina un gran retrato, y hay que quitarlo. Hay que quitarlo porque tenemos todavía esperanzas de que Federico no esté muerto». Cuando era ya una cosa notoria. Yo hablé de esto a Juan Vicens y a otros amigos, y dijeron: «Este Paco nos está siempre fastidiando, porque no es verdad, lo han matado, desgraciadamente, se sabe, y él no quiere que se hagan cosas». Pues bien, a esa oficina venían todos los días —con una colaboración muy estrecha que prestaron— Aragon, Tristan Tzara, César Vallejo[77]... Venían, ¡qué sé yo! Y Buñuel no venía, a Buñuel yo no lo veía. No sé por qué. No creo que él haya pertenecido al Partido Comunista ni... no lo creo. Si bien estaba yo, tampoco he pertenecido nunca; pero estábamos muy cerca. Y, en cambio, me acuerdo, porque yo decía: «¿Y cuál es la posición de Buñuel? Estamos en esta guerra...». Un día, Buñuel y Eduardo

---

74 Guillermo de Torre (1900-1971) fue un ensayista, poeta futurista y crítico literario y de arte español perteneciente a la generación del 27 y uno de los impulsores del ultraísmo. Su *Literaturas europeas de vanguardia* (1925, reeditado y ampliado en 1965) es considerado un clásico del ensayo sobre el tema.

75 Robert Capa es el pseudónimo de Endre Ernő Friedmann y de Gerda Taro, pseudónimo a su vez de Gerta Pohorylle. Ambos fueron pareja sentimental y trabajaron como corresponsales gráficos de guerra y fotoperiodistas durante el siglo XX.

76 David Seymour (1911-1953), también conocido por el seudónimo Chim, fue un fotógrafo y miembro fundador de la Agencia Magnum de fotografía.

77 César Abraham Vallejo Mendoza (1892-1938) fue un poeta y escritor peruano. Es considerado uno de los mayores innovadores de la poesía del siglo XX y el máximo exponente de las letras en su país.

Ugarte llegan allí, porque salían aquella tarde para Barcelona en automóvil. Lo que sí recuerdo —porque entonces yo pensé que, en efecto, ellos tenían quizás una misión, una cosa que no había que divulgar— es que les dieron consejos los amigos, diciendo: «¡Pues vaya viaje, y yendo en automóvil! Uno, el que conduce, es sordo, y el otro es ciego. ¿Cómo vais a llegar?». Porque eran Luis Buñuel, que ya la sordera se anunciaba en él, y Ugarte, que estaba, como sabes, muy mal de la vista. Así que yo decía: «Pues estos amigos están también trabajando, y quizás tienen una función mucho más importante que la que yo estoy haciendo aquí». Luego, lo que tú ya conoces, porque tú llegaste en aquellos días, ¿te acuerdas?, cuando la exposición Art et Technique y el Pabellón Español. Porque por allí pasaban, pues fíjate: no solo estaba José Luis Sert, estaba también Guillermo de Torre. Esto era en los orígenes, los primeros meses. Pero luego ya era Lacasa, Vicens... Y el que también estuvo mucho allí, que sucedió a Vicens en su trabajo, fue Ugarte. Y tú también llegaste en aquellos días.

M. A.: ¿En qué trabajo lo sustituyó?

J. P.: En la dirección de esa oficina, que se llamaba Patronato Nacional del Turismo, «Office Espagnol de Turisme», en el bulevar de la Madeleine. Él vino allí como jefe enviado por Sánchez Arcas,[78] que estaba en los servicios de Propaganda. Claro, aquella oficina se amplió mucho cuando yo llegué, y pedimos ayuda a la Embajada. Empezamos con medios muy modestos y con la ayuda de estos amigos que te he citado. Nos reuníamos, sobre todo Tzara. Tristan Tzara se ponía entre la gente que se agolpaba allí para ver el comunicado y leerlo. Y esto era todas las tardes. No una fiesta, desgraciadamente, pero, en fin, una cantidad de gente... La circulación del bulevar se entorpecía por la parte de nuestra acera.

RICARDO MUÑOZ SUAY

M. A.: Ricardo, vamos a ver, estabas hablando de que hay que tomar a veces a Luis en serio, pero, sobre todo, muchas veces no hay que fiarse de lo que Luis dice.

R. M. S.: Mi impresión es que muchas veces la gente cree que, por ser aragonés, Luis dice las verdades como puños. Creo que, si geográficamente podemos hacer distinciones raciales, Luis es más gallego que aragonés. Por ejemplo, si quieres, voy a empezar mi historia con como conocó a Luis. Yo a Luis lo conocí en septiembre de 1936. Pepe Bergamín y Eugenio Ímaz

---

78 Manuel Sánchez Arcas (1897-1970) fue un arquitecto y urbanista español. En 1942 fue uno de los tres arquitectos sancionados por el Colegio de Arquitectos de Madrid con la pena máxima de inhabilitación perpetua para el ejercicio público y privado de la profesión.

vinieron a por mí —yo era un muchacho dirigente de la FUE estudiantil, de diecisiete o dieciocho años— a Valencia. Vinimos a Barcelona y, en pleno trayecto en el tren de Barcelona a la frontera, entramos en el departamento del coche restaurante Pepe Bergamín, porque Ímaz no se encontraba bien, y yo. Íbamos a Ginebra a un congreso internacional de intelectuales, o estudiantes, no recuerdo bien, en la Sociedad de Naciones, en Ginebra —septiembre, principios de septiembre—. Entonces, al entrar en el restaurante, estaba Luis Buñuel. Yo a Luis Buñuel no lo conocía de nada. Le conocía a través de fotografías. Mi educación sectaria de aquellos momentos hizo lo posible por hacerme desconocer el surrealismo. Pero, sin embargo, mi afición por el cine hizo que todo aquello que Luis Buñuel hacía me interesaba mucho. Pepe Bergamín nos presentó, estuvimos creo que comiendo, o tomando algo en el trayecto entre Barcelona y la frontera, y en un momento determinado —que para mí siempre ha sido como la historia de María Antonieta, la historia del collar— se planteó el siguiente problema: Luis sacó, creo recordar, un collar de su bolsillo y me dijo a mí, que era más joven que él: «Esto es de una condesa, una marquesa, una burguesa, una capitalista. Lo he robado —o la he matado— en Madrid». Como yo no conocía —después, con los años, sí— ni las bromas de Luis ni las bromas adscritas al surrealismo, no te digo que me lo creyera, pero me quedé pensando si aquello era verdad o era mentira. Dice: «Yo me voy a París ahora. No tengo dinero y necesito vender este collar. ¿Me lo queréis comprar?». Entonces Pepe Bergamín dijo que no, que no tenía dinero, creo recordar. Yo no dije ni siquiera esto. Y continuamos el viaje hablando de cosas que yo ya no recuerdo. Recuerdo también que, en la frontera, nosotros, que íbamos con pasaporte diplomático, tuvimos inconvenientes en cruzarla porque los elementos de control —o bien el POUM o bien la CNT, no recuerdo bien— nos pusieron algunas pegas. Parece ser que Luis pasó en seguida, según nos contó después, porque lanzó un «Me cago en Dios» que dijo que asustó tanto a los del control que le dejaron pasar. Supongo que era mentira también. El hecho es que pasó.

M. A.: Ahora bien, dime en qué fecha exactamente más o menos.

R. M. S.: La exacta creo que debía ser 8, 9 o 10 de septiembre de 1936. Esa es la fecha más o menos que yo te podría confirmar con los libros que tengo en Madrid, pero creo que es 8, 9 o 10 de septiembre.

M. A.: Necesito que me lo confirmes porque yo estaba todavía con Pepe Bergamín el día 5 de septiembre en Madrid.

R. M. S.: Pues esto sería dos días después, tres días después. Salimos, y en aquel mismo tren, cuando ya no vimos a Luis, que se iba a París y ya no volvió nunca a España, nosotros volvimos a los quince días, en aquel mismo tren y encontramos a Conchita o a Isabel García Lorca, que nos confirmó que su hermano Federico estaba muy bien en Granada, que no se hablara de él nada, que no le pasaba nada, y por la fecha ya estaba fusilado y muerto Federico. Recuerdo que fue casi en seguida que dejamos a Luis Buñuel. Luis entonces se me aparece con esos ojos saltones, ojos de enfermo de tiroides, ¿verdad?, pero que deben ser de sordo. Lo recuerdo joven, no sé si es en verdad la imagen que tengo yo ahora, o es la imagen después de vista en fotografía. Recuerdo que me hizo una gran impresión, en especial con la historia del collar, que lo sacó de su bolsillo y luego se lo guardó. Pasaron años. Entonces, en 1959, en enero, yo voy a México y el primer día o segundo que estoy en México, Barbachano hace una comida en su casa. Está Luis Buñuel. Nos presentamos. Le digo: «¿Tú no te acuerdas de mí?». Dice: «Sí, claro, tú eres Muñoz Suay». Y yo: «Sí, pero tú no te acuerdas de mí porque Muñoz Suay ahora te lo sabes porque escribo, porque soy de cine, pero yo he viajado contigo». Dice: «No es verdad». Digo: «Sí, yo he viajado contigo en septiembre del 36, y con Pepe Bergamín». Dice: «¡Ah! Tú eras aquel chico jovencito estudiante». Yo: «Sí, soy aquel mismo, ¿te acuerdas?». «Claro que me acuerdo de ti. Comimos en el coche restaurante, luego pasamos la frontera. ¿Te acuerdas que no os dejaron pasar a vosotros?». «Efectivamente». Entonces yo le dije: «Por cierto, Luis, me acuerdo que en un momento determinado sacaste un collar y me dijiste que era de una condesa o una marquesa que habías matado o habías robado en Madrid». Entonces se indignó, se puso lívido, rojo y me dijo: «Eso es mentira, eso es una invención tuya, yo nunca he hecho eso», etc. Nos sentamos a comer, y a mitad de la comida se levantó Luis, se acercó y me dijo: «Oye, Ricardo, ¿sabes que es verdad aquello que me decías? Pero la diferencia es lo siguiente: no era un collar, era la cadena del reloj de mi padre, que yo siempre viajo con ella, que aún la conservo. Te gasté una broma. Ya verás como es verdad, vendrás a mi casa y verás la cadena». Después he consultado con sus hermanas y me han dicho que sí, que es cierto que tenía esta cadena y que viaja con ella. Ahora bien, yo siempre me he quedado con la duda de si era la cadena de su padre, era una broma surrealista o era de verdad un collar que llevaba este hombre, que no tenía una peseta para llegar a París. En París, después, ya lo vi más tarde, en plena guerra, en la sección, no recuerdo ahora cómo se llamaba el departamento de la República, que estaba en Georges V.[79] Me lo encontré una o dos veces por allí y ya no le he visto hasta después de la guerra, en el 59, en México.

M. A.: Un momento. ¿Tú en el Georges V?, ¿donde está la Embajada, y donde estaba, además, mi despacho de la exposición que hicimos el 37?

---

79 La Embajada española estaba en el hotel Wagram (no Georges V) que estaba en la avenida Georges V.

R. M. S.: Exacto.

M. A.: ¿Era en la Embajada, en ese despacho o en otra casa de apartamentos?

R. M. S.: Era una casa de apartamentos —y no la Embajada que está en la avenida Georges V— que creo que hacía esquina, donde había un café abajo y que ahora creo que están las oficinas de KLM. Fuimos a comer a un restaurante al que ibais a comer a diario, muy cerca de allí, un bistró, creo. Entonces me parece que estaba Pepe Bergamín, que me lo encontré de nuevo allí; me parece recordar que estaba Josep Lluís Sert, el arquitecto; me parece que estaba [Torres] Clavé,[80] no estoy seguro. Me lo presentasteis, creo, no estoy seguro; estaba Lacasa; estabas tú, en un despacho que entrábamos en un *hall* y a mano izquierda había un despacho con una mesa en donde tú estabas sentado. Un despacho, me da la impresión, a la izquierda, ¿no?

M. A.: No, ahí estás equivocado. Yo tenía entonces un despacho grande, arriba, el de la exposición, que nada tiene que ver con el despacho donde estaba Luis.

R. M. S.: Yo me encontré a Luis ahí también, como vosotros. Y luego me acuerdo ya de la exposición, me acuerdo perfectamente del pabellón, me acuerdo perfectamente de la escultura de Alberto [Sánchez Pérez], me acuerdo perfectamente del *Guernica*, creo que había un Miró, ¿verdad?

M. A.: Sí; y un Calder.

R. M. S.: Exacto; y me acuerdo que tú estabas trabajando entonces mucho en esto.

M. A.: Ahora volvamos a Buñuel. ¿Dónde viste a Buñuel en París?, ahí, comiendo, ¿de acuerdo? Pero, ¿Luis te dijo algo de su trabajo en París?

R. M. S.: No, que yo recuerde no me dijo nada. Después, en la filmografía de Luis, que él una vez me dio, no incluyó la película de la que ahora te voy a hablar. En la filmografía de Luis figura una película de montaje sobre la guerra española, que dice que fue el Gobierno español que se lo encargó.[81] Ahora, la realidad es que en la filmografía que me dio Luis personalmente no figura esta película que se llama algo así como *La Guerra española* o… algo parecido, y que figura en todas las biografías de Luis como película encargada por el Gobierno español para que realizara en París durante nuestra guerra. Él no habló nunca de esto. Años más tarde, en México, creo recordar, o si no en la época de los sesenta, la primera vez que viene a España, o en el rodaje de *Viridiana* en 1961, Luis llega a decirme que está en contra de todos aquellos que en la guerra eran maleantes y habían cometido crímenes. En un momento

80 Josep Torres i Clavé (1906-1939) fue un arquitecto y diseñador español.

81 Se refiere a *España leal en armas* o *España 1936* (1937).

de la argumentación, me dice que desde la Embajada envió un telegrama, no firmado por él, sino con seudónimo, a las autoridades de Canarias diciendo que en el barco tal, un barco extranjero, iba García Atadell,[82] que se había escapado de España y que iba hacia América a refugiarse, y que, en efecto, entraron las autoridades franquistas en este barco, detuvieron a García Atadell y lo ajusticiaron.

M. A.: No olvides que estás hablando para gente que no sabe quién era García Atadell.

R. M. S.: No sé por qué uno el recuerdo de García Atadell, luego tú me puedes rectificar, a Ramón J. Sender. Porque creo que estuvieron los dos en las brigadas del amanecer,[83] me da la impresión.

M. A.: Estás completamente equivocado, pero es igual.

R. M. S.: ¿No? ¿Sender no estuvo en las brigadas del amanecer?

M. A.: No, no, no, la historia de Sender es muy distinta, Sender pertenecía entonces al Partido Comunista.

R. M. S.: ¡Ah, bien! Y, en cambio, el otro pertenecía a la CNT, era de la CNT García Atadell, ¿no? Era de la FAI, eran unas brigadas…

M. A.: La famosa brigada de los…

R. M. S.: … chequistas del amanecer, que tomaba la justicia por su mano y que cometieron muchos crímenes en los primeros meses de la guerra, hasta que las autoridades, Negrín, etc., tomaron el poder. Este es el recuerdo que tengo yo de García Atadell.

* * *

R. M. S.: A las dos llega a casa Luis y su hermana Conchita.[84] Traen dulces para las niñas y *whisky* para nosotros. Inmediatamente se pone el aparato para la sordera. En broma, le digo: «¿Ya te has puesto la dentadura?». Se ríe y me dice: «Todo es falso. Hasta esto», señalándose la bragueta. Se ha puesto de espaldas a las mujeres y señala la bragueta. Se ríe mucho. Le he servido vino de Rueda. Le encanta y hablamos de vino. Me pregunta dónde está Rueda. Creía que era un jerez. Es Valladolid. Alude a mi reciente viaje a las Batuecas.

---

82 Agapito García Atadell (1902-1937) fue un obrero tipógrafo y activista político español. Es conocido por su papel durante la Guerra Civil, al haber dirigido una checa en Madrid durante los primeros meses de la contienda y por su participación en la represión.

83 Las Milicias Populares de Investigación a veces son denominadas incorrectamente como brigada del amanecer, dado que el grupo de García Atadell actuó muchas veces de forma interrelacionada con la llamada patrulla del amanecer —otro grupo parapolicial que actuó en Madrid durante las primeras semanas de la guerra—, hasta el punto de que se suelen confundir sus actividades y aun sus identidades. Por ello, se ha llegado a creer erróneamente que el propio García Atadell fue jefe de la brigada del amanecer.

84 Se refiere a la comida que celebraron en casa de Muñoz Suay el 30 de julio de 1966.

Me pregunta si hemos entrado en el monasterio. Le digo que no y le hablo del cartel que está en la puerta como prohibición. Me dice: «Me alegra, me alegra que no sea lugar de turismo. Así el día de mañana podremos incautárselo a los frailes». Me dice que el día 6 u 8 de julio de 1936, con Pepín Bello, estuvo en las Batuecas, que habló con una orden religiosa de monjes y que luego habló con el propietario, un tal Don José que vivía en Salamanca, pues quería comprar las Batuecas.[85] Llegaron a un acuerdo y se fijó en 100 000 pesetas la compra. Debía volver el 17 o 18 de julio, pero la guerra lo impidió. Me aclara que, entonces, como trabajaba en Filmófono, ganaba mucho dinero y podía hacer esa compra: monasterio, jardines, fuentes..., lo iba a comprar todo.

* * *

R. M. S.: Vienen a casa Conchita y Margarita Buñuel.[86] Luego, ya muy tarde, las recoge el marido de esta última, Alfonso. De vez en cuando, ellas mismas dicen cosas sorprendentes. Conchita habla de que no le molesta la muerte, que lo que le molesta es la vejez o la enfermedad. Nos habla de la época de la guerra, que su marido era militar en Madrid, y que ella le traicionó y se fue primero a Pau y luego a Zaragoza, mientras su marido estuvo casi dos años detenido, en Madrid. Lo que no le evitó, dos años después, una condena por los nacionales. A Conchita, a cada bombardeo en Zaragoza la metían en la cárcel. Dice que lo pasaba bien. Le pregunto: «¿Y no tenías miedo a que te mataran?». Dice: «Lo contrario. Siempre estaba pensando qué frase célebre sería mi última». Luego nos recuerdan, las dos, Margarita y Conchita, que la madre de Luis, inmediatamente terminada la guerra, se fue al piso que Luis tenía en Madrid, en la calle de Menéndez y Pelayo, que había sido habitado durante toda la guerra por Vicente Rojo[87] y sus hijos, a los que llevó Conchita. Y que la madre estuvo días quemando todo lo que tenía Luis, por miedo a que, si volvía su hijo, lo fusilaran. Porque ella tenía pasión por su hijo Luis. Conchita dice que sus hijos entregaron hace años a Eduardo Ducay un ejemplar del *Manifiesto surrealista* original de Breton dedicado a Luis, y que no lo ha devuelto.

CONCHITA BUÑUEL

M. A.: [...]. Pero, ¿hasta cuándo tú no viste *Un perro andaluz*?

C. B.: No, no, la vi en cuanto se entrenó aquí, en Madrid.

M. A.: ¿Y qué te pareció?

---

85 Se refiere al Monasterio de Las Batuecas.

86 Esto sucede el día 20 de enero de 1969.

87 Vicente Rojo Lluch (1894-1966) fue un militar español, jefe de Estado Mayor del Ejército republicano durante la Guerra Civil.

C. B.: Pues muy extraña, pero, aun sin entender ni estar acostumbrada a estas cosas, ya hubo algo que me atrajo, algo que me gustó.

M. A.: ¿Y tu madre la vio alguna vez?

C. B.: No. *Un perro andaluz*, no. Si la vio, fue muchos años después, pero no creo, no.

M. A.: Y *La edad de oro* tampoco, claro.

C. B.: Tampoco. *La edad de oro* la vi yo aquí con mi marido. Me gustó y me trastornó bastante. Pero yo era muy hipócrita. Con mi marido tenía que tener una hipocresía muy grande. Y recuerdo que fingí y me levanté diciendo que me había disgustado. Pero en realidad me gustó. Y ya no la he vuelto a ver. Además, el haber ido a ver *La edad de oro* fue lo que hizo que a mí me metieran luego en la cárcel.

M. A.: ¿Cómo?

C. B.: Sí. Yo vivía aquí, en Madrid. Bueno, yo era un poco exhibicionista entonces. Sin saber muy bien lo que era el comunismo, me sentía muy cerca de todo lo que era de izquierdas: socialismo, comunismo. Yo entonces no distinguía bien una cosa de otra, todo me parecía que era…

M. A.: ¿Quiénes eran tus amigos?

C. B.: No tenía. Mi marido nunca me dejó tener amigos ni hablar con las muchachas, ni nada, estaba como secuestrada. Entonces, a veces, yo compraba *Mundo Obrero* e iba por la calle casi, como digo, por exhibicionismo, con mi *Mundo Obrero*, para que viesen los obreros que estaba de su lado. No sabía hacerlo de otro modo. Cuando empezó la guerra, yo vivía aquí en Madrid y a mi marido, que era del Estado Mayor, lo metieron en la cárcel, aunque no era hombre político. Entonces, Hidalgo de Cisneros,[88] que estaba en el en el Ministerio, facilitó que yo me pasara a Francia donde estaba nuestra institutriz con mis tres hijos, que tenían seis, cinco y cuatro años, poco más o menos. Y fui a Alicante, y de Alicante en un avión de Air France me fui a casa de nuestra institutriz en Pau. Y entonces me vino a buscar mi familia y me llevó a Zaragoza. O sea, que fui una traidora, me pasé al enemigo. *(Ríe).* Y cuando hacía un mes que estaba en Zaragoza, vinieron a buscarme —por cierto, que sin ser creyente estaba rezando el rosario con mi madre por darle el gusto—. Me dijeron que había unos señores que me esperaban, salí y eran dos policías que me llevaron con ellos y me tuvieron declarando tres o cuatro horas, primero unos y luego otros y… la primera declaración me la tomó uno que había sido compañero de Luis que era policía. Coderque se llamaba.

M. A.: ¿Eso qué año fue?

---

88 Ignacio Hidalgo de Cisneros y López de Montenegro (1896-1966) fue un militar y aviador español.

C. B.: Pues yo me pasé..., llegué a Zaragoza en diciembre... del 36.

M. A.: Del 36 mismo.

C. B.: Me tomaron declaración y me preguntaron si había hecho declaraciones antirreligiosas. Ya te dije que yo era muy idiota, que nos habían educado estúpidamente y que lo único que había dicho era que Jesucristo era el primer socialista que había habido. Y este Coderque le dijo al otro policía, que también conocía a mi familia: «Esto, en atención a la amistad que nos une con su familia, ¿quieres que no lo pongamos?». Y el otro: «Sí, sí». Y entonces me dijo: «Esto no lo repita, porque le podría costar muy caro». Esa noche me dijeron que iba a dormir en el calabozo, pero luego, también por amistad, me hicieron dormir en un despacho. Bueno, dormir... Había dos guardias paseando toda la noche. Yo sentada en la silla y los guardias paseando delante de mí. Entonces, yo, muy señora y muy fina, le dije a uno de los guardias: «Puede usted sentarse». Y dice: «Ya lo sé». Yo creía que no se sentaba por fino, y era porque no le daba la gana. Y luego me llevaron detenida a casa de un coronel de la Guardia Civil que era pariente de mi marido, pero a los cinco días me soltaron. Me fui a casa. Luego hubo un bombardeo, el más fuerte que hubo en Zaragoza, aunque no fue nada, y me vinieron a buscar de nuevo y me llevaron a la cárcel. Y ya en la cárcel, pues claro, vi cosas horrendas, cosas tremendas: sacar a fusilar mujeres embarazadas, o arrancar niños de meses de los brazos de las madres para llevarlas a fusilar. Y también vi algo espantoso, pero no sé si interesaría...

M. A.: Sí. Cuéntalo.

C. B.: Bueno, tú, como novelista, a lo mejor te ríes. Había una señora que entonces a mí me parecía muy vieja, aunque seguramente sería más joven que yo ahora. Le habían matado tres hijos persiguiéndolos por el monte. Y al marido. Y ella, como digo, era maestra. Y rezaba el rosario y estaba como un poco enloquecida, no hablaba con nadie. Y un día, la celadora, que había sido muchacha de la Pardo Bazán y tenía seis dedos y era muy mala —era lesbiana, que yo no sabía lo que quería decir, aunque fue entonces, en la cárcel, cuando empecé a saber estas cosas—, pues entonces la celadora golpeó a una chica embarazada y esta maestra le quitó la porra y le dio a ella. Pusieron entonces dos sillas, con los dos asientos frente a frente, un poco separadas, con una tabla con un agujero en el centro, y la sentaron y le ataron las manos extendidas a los respaldos de las sillas y las piernas separadas atadas también a las patas de las sillas, y con las faldas levantadas atadas al cuello. Para que hiciera así sus necesidades. Y la tuvieron tres días así. De vez en cuando, la celadora le tiraba agua con un cubo, y le decía: «Si tienes sed, toma». Y le metía con los dedos trozos de pan en la boca. Y el último día ya aullaba como una fiera la pobre mujer. La verdad es que trato de olvidar. Hasta he hecho ejercicios mentales para olvidar estas cosas. Y luego, un día me decía... ¡Ah!, me tomaron mucho cariño las presas, porque las infelices —aún había allí jerarquías— me consideraban una señora. La cárcel de Zaragoza estaba hecha para doce mujeres, y había, cuando yo estuve, ciento cincuenta, y más de veinte niños menores de cinco años. Por cierto, que había dos niños, hijos de una presa común, a los que yo siempre les daba chocolate, como a los demás, y cosas que me llevaba mi madre. Un día me pidieron y no tenía. Me dijeron: «Pues ahora, si no nos das, le vamos a decir a la celadora que estás en la ventana provocando a los hombres». ¡Unos niños de cinco años! Yo repartía todo lo que mi madre me traía, aspirinas, comida, ropa... Todo lo que me traían lo convertía en un restaurante, lo repartía, y me querían, sí. Yo tenía un anillo, mi anillo de petición, que era muy hermoso, un zafiro con brillantes. Y me decían: «Esto, cuando usted pueda, déselo a su madre, porque dicen que la van a fusilar, y entonces se lo queda todo la celadora». Me parecía imposible que me fusilaran, pero una noche nos sacaron a todas las que supuestamente iban a fusilar. Y estuve esperando toda la noche. No tenía ni miedo, ni preocupación, ni nada. Porque para mí la muerte es como una aventura, me parece que voy a descubrir algo tras ella, y que, si no lo descubro, como no me enteraré, tampoco me importará, ¿no? Pero pienso que al morirme tengo que descubrir algo muy tremendo, algo que no he podido disfrutar en vida. ¿No estoy hablando demasiado de mí? ¿No? Y me pasé toda la noche pensando en decir una frase muy hermosa que ya la he olvidado. No debía de ser muy buena cuando no se me ha quedado grabada. Y a las cuatro de la madrugada nos subieron de nuevo a las celdas y sacaron a otras, y a mí ya no me sacaron. Unos días después fue el jefe de Estado Mayor, que era Gazapo,[89] con el jefe de Policía, y me llevaron a casa. Lloré como una loca y me *dijeron que por qué lloraba, y digo*: «Pues por las infelices que se quedan». Decían: «Pero si son unas criminales». «Pues si ellas son criminales, también lo soy yo, y a mí me están sacando». En fin, y luego lo de mi marido. Lo curioso es que él había estado preso aquí, en Madrid. Mi marido no era político. Pero a los tres meses de guerra lo metieron en la cárcel. Ya sabes, la quinta columna y todo aquello.[90] Cuando se terminó la guerra estuvo siempre

---

89 Darío Gazapo Valdés (1891-1942) fue militar español que en 1936 se convirtió en jefe de Estado Mayor del Cuerpo de Ejército de Aragón, a las órdenes del general Moscardó.

90 *Quinta columna* —expresión se atribuye al general Emilio Mola, al referirse en una alocución radiofónica de 1936 al avance de las tropas sublevadas en la Guerra Civil española hacia Madrid— es una expresión utilizada para designar, en una situación de confrontación bélica, a un sector de la población que mantiene ciertas lealtades (reales o percibidas) hacia el bando enemigo, debido a motivos religiosos, económicos, ideológicos y/o étnicos. Tal característica hace que se vea a la *quinta columna* como un conjunto de personas potencialmente desleales a la comunidad en la que viven y susceptibles de colaborar de distintas formas con el enemigo.

en el grupo de aviadores. Era muy amigo de Hidalgo de Cisneros y del otro que no me acuerdo cómo se llama..., de Camacho.[91]

M. A.: Sí. De Sánchez Mazas[92] y de Camacho.

C. B.: Y de Camacho también, sí. Y luego Franco le hizo un consejo de guerra y le condenó a tres años y un día.

M. A.: ¿Después de haber estado en la cárcel en nuestra zona?

C. B.: Sí, sí.

M. A.: Pero, ¿por qué?

C. B.: Por Kindelán,[93] que era enemigo nuestro. Bueno, de mi marido. Parece ser que Kindelán, en tiempos, daba los suministros de aviación a un cuñado suyo, que me parece que se llamaba Quiñones de León.[94] Nunca estoy muy segura de los nombres. Y pasaban muchas desgracias. Y entonces, Barberán,[95] aquel que desapareció en el golfo de México, y mi marido, que eran profesores de Cuatro Vientos,[96] le dijeron que, si no se cambiaban los suministros, denunciarían el caso. Él nunca se lo perdonó. Parece, incluso, que la orden mía de detención y la amenaza de fusilamiento y todo eso la dio Kindelán. Seis o siete años después, u ocho, nos fuimos a vivir a Calanda. Mi marido estaba muy enfermo del corazón. Había sufrido mucho con todo lo mío de la cárcel, y también con sus condenas. Y vino un médico de aquí, de Madrid, el doctor Segarra, que me asistía a mí en los partos, solterón,

91 Antonio Camacho Benítez (1892-1974) fue un militar español que luchó en la Guerra Civil Española en defensa de la Segunda República Española.

92 Rafael Sánchez Mazas (1894-1966) fue un periodista, novelista, escritor, ensayista, conocido por ser miembro fundador del partido Falange Española y acuñador de la consigna «¡Arriba España!».

93 Alfredo Kindelán Duany (1879-1962) fue un militar y aviador español, considerado fundador del actual Ejército del Aire.

94 La esposa de Kindelán era hija de Joaquín Núñez del Pino Quiñones de León, siendo el nombre de sus hermanos Joaquín y José Núñez del Pino Arce.

95 En el año 1933, el capitán del cuerpo de aviación Mariano Barberán y su piloto Joaquín Collar partieron desde Sevilla rumbo a La Habana en el aeroplano Cuatro Vientos, para iniciar por aire la ruta que había hecho Cristobal Colón unos 440 años antes. Tras tomar tierra en su destino el día 12 de junio y ser recibidos con honores en la ciudad cubana, en la madrugada del día 20, Barberán y Collar dejaban la isla rumbo a Ciudad de México, para marchar después a Chicago a donde acudirían a la Exposición Universal dedicada a la aviación. Pero poco antes de alcanzar el Estado de Chiapas los observatorios dejaron de recibir la señal del Cuatro Vientos. La multitud que los esperaba en el aeropuerto mexicano de Balbuena nunca pudo ver llegar el avión español, porque este desapareció misteriosamente. Después de un mes de interminable búsqueda por tierra, mar y aire, se decidió dejar de buscar.

96 Seguramente se refiere al actual aeropuerto de Cuatro Vientos, de Madrid, inaugurado en 1911.

millonario y muy de derechas. Nos escribió primero diciendo que venía a pasar unos días con nosotros a Calanda. La casa estaba entonces quemada, deshecha. No había muebles. Era la posguerra, cuando no había nada de comer. Le escribimos diciendo que no viniera, porque él acostumbraba a vivir estupendamente e iba a pasarlo muy mal. Pero, a pesar de esto, vino. Y vino porque quería que mi marido denunciara a Kindelán con documentos y cosas que mi marido tenía, aun sabiendo que mi marido había estado en la cárcel. Y le pidió que lo denunciase y que se le devolverían todos los sueldos que no había percibido desde antes de la guerra. Mi marido dijo que no quería sacar las castañas del fuego a nadie, ni siquiera vengarse, porque estaba muy enfermo. Y tres o cuatro meses después fue cuando llevaron a Kindelán a un castillo por monárquico.

M. A.: Sí. Bueno, ¿y Luis entonces se fue antes que tú a Francia o después?

C. B.: No, se fue que yo. Pero creo que él debía venir aquí alguna vez.

M. A.: Él regresó algunas veces.

C. B.: Yo es que de fechas nunca me acuerdo. Lo que sí sé es que, cuando se creyó que iban a entrar los nacionales, en noviembre debió de ser...

M. A.: El día 7.

C. B.: El 7, sí. Pues me fui a casa de Luis con mis hijos.

M. A.: ¿Pero Luis ya no estaba?

C. B.: No, Luis no estaba. Se había ido a Francia en septiembre u octubre. Estaba sola la muchacha. Pocos días después, Hidalgo de Cisneros, que estaba en el Ministerio, facilitó mi salida a Francia, y yo proporcioné al general Rojo..., bueno, yo no, porque yo no le conocía, ya que mi marido no me permitía que conociera a nadie —estaba como secuestrada, ya te lo he dicho: ni amigas y mucho menos hombres—, pero entonces él avisó al general Rojo que estaba... ¿Entonces él era ya general?

M. A.: Coronel.

C. B.: Sí. Y fue entonces a vivir a casa de mi hermano.

M. A.: ¿A casa de tu hermano Alfonso o...?

C. B.: No, no, de mi hermano Luis, ahí, entre Menéndez Pelayo e Ibiza. Rojo estuvo viviendo allí con sus hijos durante el asedio a Madrid. Gracias a él se conservó bien la biblioteca de mi hermano. Entonces, cuando se liberó —a mí me molesta decir «liberó», pero, en fin, son las palabras que se emplean—, cuando se liberó Madrid, mi madre llegó a casa de Luis con una amiga y se dedicó a destruir sus libros. Rompió y quemó no sé cuántos libros. Todos los que le pareció que, si cogían a Luis, podían llevarlo al pelotón de fusilamiento. Le destrozó la biblioteca.

GERMAINE MONTERO[97]

G. M: Nos reuníamos con una morenucha pequeña. Le daba cosas a traducir, documentos acerca de asuntos militares... No era una cosa seria, como puedes comprender.

M. A: ¿Y dónde...?

G. M: No me acuerdo.

[Nadie se acuerda, nadie quiere recordar].

M. A: ¿Con quién?

G. M: Pues con esa morenucha pequeña.

M. A: ¿Dónde?

G. M: Ya te lo dije: Aux Vikings, calle Brea. Ya lo tumbaron. Se comía bien. Cosas rusas. Blinis.

M. A: ¿Y qué más?

G. M: No me acuerdo. Te lo juro. Pero no tenía importancia.

[¿La tuvo? ¿No la tuvo? Lo mismo da. Lo más probable era que fuese una manera agradable de perder el tiempo. Miro la mujer: treinta años o toda una vida. Quisiera hacer cosas. Las hace. Pero nada ha hecho de lo que quiso hacer. Siempre nos hemos creído más de lo que somos].

M. A: Menos para Buñuel.

G. M: ¡Quién sabe!

---

97 Aunque esta conversación (o lo que queda de ella) es insustancial, nos da alguna pista del lugar donde se encontraban Buñuel, Montero y el hijo de Araquistáin, ya que ambos sirvieron a la Embajada española de París durante la Guerra Civil.

Estados Unidos (1938-1946)

A los tres meses[1] me volví a París y le dije a Pascua, que entonces era embajador, que ya me había cansado y que creía que no servía para nada el trabajo de los globos. Entonces, en Hollywood, hacían películas favorables a la República española, pero con unos fallos tremendos de información. Por ejemplo, habían oído hablar de que se bebía en botas, pero en vez de poner las normales, habían sacado esas enormes de un becerro entero. Entonces yo le propuse a Pascua —y a [Álvarez del] Vayo—ir de consejero, gratis, a Hollywood. Les pareció muy bien. Tal vez se trataba de esas premoniciones de las que tú hablabas. Ione Robinson,[2] que era la querida de Quintanilla y al mismo tiempo del secretario del Tesoro norteamericano, me prestó 100 000 francos, y Sánchez Ventura me dio, creo, 1400 dólares, que es lo que tenía ahorrado, a condición de que se lo devolviera cuando pudiese. Ya suponía él también que aquello no podía durar mucho, y prefería tener ese dinero en Estados Unidos. Ya te he contado que se lo devolví todo, poco a poco. Tengo todos los papeles en mi caja fuerte. Llegué a Hollywood después de pasar ocho días con

1 Según Gibson (p. 705), en 1938, Buñuel fue y vino desde París en breves misiones encubiertas, por lo que es difícil determinar un mes concreto, aunque parece que se está refiriendo a mediados de 1938.

2 Ione Robinson (1910-1989) fue una pintora y fotógrafa muy implicada con la causa republicana. Parece ser que en 1938 ayudó financieramente a Buñuel en su viaje y estancia en Estados Unidos.

mi amigo Centeno, en Princeton, y fui a ver al productor Frank Davis, comunista, que iba a hacer una película, *Blockade*,[3] que era la historia de cómo un barco norteamericano sacaba a unos niños del Bilbao asediado. Pero a los dos días el Centro Cinematográfico de Washington dio la orden de que no se hicieran películas que tuvieran referencias a favor o en contra de la República. Y me quedé sin trabajo. Porque en Hollywood yo estaba en la lista negra desde 1930. Ya te he contado toda la historia de mi estancia allí y de mi negativa a Thalberg de ir a ver una filmación de Lily Damita, etc. Esto lo tienen muy en cuenta los norteamericanos. Ya en el 39 vivía como podía, hasta que por allí, en enero o febrero, se presentó Dick Abbot, vicepresidente del Museo de Arte Moderno,[4] con su mujer, Iris Barry.[5] Yo la conocía a ella de Londres, desde los años del surrealismo. Ella me conocía muy bien. Su primer marido, Mortimer,[6] que también era comunista, era presidente de un *trust* cinematográfico importante. Me llevó con ellos un músico norteamericano amigo mío, Georges Antheil.[7] Yo le debo mucho a Iris: por ella no me he muerto de hambre en Estados Unidos. Se me había acabado el dinero que traía y no era cuestión de pensar, en aquel tiempo, en que mi familia me enviara dinero. Volví a Nueva York con Nino Veber,[8] que había sido aviador en la Primera Guerra Mundial, hijo de un por entonces todavía famoso autor

---

3 Como apunta Jones (p. 269), Buñuel confunde *Bloqueo* (William Dieterle, 1938), que se estrenó en junio de 1938, unos cuatro meses antes de que saliera para Estados Unidos, con *Cargo of Innocence*, que tenía que dirigir el productor Frank Davis (1897-1884). Finalmente, la película no se realizó siguiendo el principio de no intervención del Gobierno estadounidense, por lo que *Bloqueo* fue el último de los tres films sobre la Guerra Civil que Hollywood produjo durante el conflicto bélico.

4 Su nombre de pila era John E. y no Dick.

5 Iris Barry (1895-1969), crítica cinematográfica y curadora, fue una persona de crucial influencia en la estancia neoyorkina de Buñuel. Creó y dirigió la MoMA's Film Library en Nueva York. Buñuel se encontró con ella en París durante el verano de 1936, seguramente la volvió a ver en Londres en noviembre de 1937, y luego de nuevo en California (al inicio de su exilio), antes de encontrarle trabajo en Nueva York y hacer todo lo que estaba en sus manos para promocionar su trabajo.

6 El primer marido de Iris Barry fue Alan Porter (1899-1942), un reconocido poeta estadounidense.

7 George Carl Johann Antheil (1900-1959) fue un pianista y compositor estadounidense.

8 Michel Jean Veber (1896-1955), conocido profesionalmente como Nino Veber, fue el autor del cuento en el que se inspiró *Gran Casino*. Parece ser que él y su mujer Yvonne ayudaron a Buñuel y a su familia en aquellos tiempos (Jones, p. 269).

dramático francés. Nino había trabajado con Max Reinhardt. Anduvimos vagando, buscando trabajo no solamente nosotros, sino también otro músico que ahora es famoso, Varèse.[9] Buscamos por todas partes y hasta fuimos a pedir trabajo al padre de Janet Alcoriza,[10] que era un famoso músico de películas y director de orquesta. Bueno, eso fue en Hollywood. En Nueva York íbamos a leer las listas de la gente que ofrecía trabajo, allí, en la calle en donde estaba el elevado, dispuestos a hacer cualquier cosa: de peones, de chófer, de lo que fuera. Allí me encontré con un catalán, Galí, que conocía de Hollywood. Estaba en Estados Unidos desde 1904, se había hecho rico fabricando ruedas dentadas. Me dijo, con su acento que no había perdido nada de su fuerza: «Yo te voy a encontrar trabajo. Mira, te vas a un restaurante francés de la calle 49, y allí te vas a encontrar con fulano. Te advierto que es el jefe de todos los cocineros de Nueva York. Bueno, un gánster. Pero es el jefe. Y le dices que te mande, pero con un buen puesto, al Sheraton». Me dio la tarjeta, pero no fui. Yo estaba viviendo en casa de Iris. Allí tenía mi cuarto, me traían el desayuno a la cama, y a veces cenaba cuando los Davis no salían. Había estallado la guerra. Veber se había ido con De Gaulle, e Iris, que tenía un olfato del demonio, había traído de Europa la película de Leni Riefenstahl sobre el Congreso de Núremberg y otra sobre la invasión de Polonia.[11] Eran muy amigos de los Rockefeller y en el Museo peroyectó la película a Nelson[12] para que se diera cuenta de la importancia que tenía el cine como elemento de propaganda, cosa de la cual los yanquis no tenían la menor idea. Rockefeller se quedó muy impresionado y entonces se decidió crear

---

9 Edgard Varèse (1883-1965) fue un compositor francés, que vivió una larga etapa decisiva en Estados Unidos.

10 Janet Alcoriza o Raquel Rojas (1918-1998), es el nombre artístico de Janet Reisenfeld, guionista y actriz mexicana, esposa del cineasta mexicano de origen español, amigo y colaborador de Buñuel, Luis Alcoriza, e hija del compositor estadounidense, de origen austriaco, Hugo Reisenfeld.

11 Buñuel remontó dos películas de propaganda nazi: *El triunfo de la voluntad*, de Riefenstahl, y *Feldzug in Polen* (Fritz Hippler, 1939), esta última sobre la invasión nazi de Polonia.

12 Nelson Aldrich Rockefeller (1908-1979) fue un político estadounidense y vicepresidente de los Estados Unidos entre 1974 y 1977. Roosevelt le nombró jefe de la Office of the Coordinator of Inter-American Affairs, una agencia estadounidense que promovía la cooperación interamericana durante los años cuarenta, especialmente en áreas comerciales y económicas (panamericanismo), creada en agosto de 1940.

la sección de cine en el Museo de Arte Moderno,[13] y aun antes de que se creara yo me puse a trabajar en *El triunfo de la voluntad*. Eran doce rollos y había otros doce [del documental] de la conquista de Polonia. Con la ayuda de una muchacha alemana para que los cortes de los discursos tuvieran continuidad, lo reduje exactamente a la mitad. De hecho, creo que eran treinta y cuatro rollos y había que reducirlos por lo menos a diez, no para los cines, sino para que los viese Roosevelt, que no podía perder el tiempo viendo todo el material. Lo hice primero en veinticuatro y luego, en diez. Y lo mismo hice con los documentales sobre la conquista de Polonia. Lo demás ya lo sabes: se asustaron tanto que, después de haber mandado hacer dieciocho copias para los países suramericanos, decidieron que no se exhibieran por miedo de que aquella brutalidad y aquel despliegue de fuerzas fuera contraproducente. Entonces me encontré ya a Gustavo Durán y a Gustavo Pittaluga. Durán era *assistant associated* y *chief editor*. Nada menos. Debíamos doblar y hacer documentales. Nuestro jefe era un tipo estupendo, Kenneth McGowan. Pero todo dependía de Rockefeller. Me acuerdo de dos cosas bastante divertidas. En uno de los documentales se trataba del trabajo en el campo y, en el otro, de cómo se fabrica el acero. En el primero salían cinco estudiantes latinoamericanos: un argentino, un venezolano, un chileno, un uruguayo, ya no sé, que trabajaban en el campo con excelentes resultados, siguiendo las indicaciones de sus profesores. Hubo que quitarlo. Pregunté por qué. «No sea que aprendan y luego crean en sus países que pueden hacerlo», me dijeron. El del acero fue mucho más sencillo: lo suprimieron. Por la misma razón. No fuera que se les ocurriese montar unos altos hornos aquí o allá. Gustavo era un caso inaudito. Le hice entrar en el Museo de Arte Moderno, en Nueva York, después de la guerra. Estaba a mis órdenes. A los ocho días me había desbancado. Si no es por McCarthy, hubiera llegado a ser embajador de Estados Unidos. Era una ser tan brillante que lograba lo que se proponía.

¡Qué lástima que no escribiera sus memorias! ¡Qué libro sería!

Sí. Pero tal vez es mejor que no lo haya hecho.

Sí…, ya…

Cuando ingresé al Museo de Arte Moderno tenían unos planes enormes: íbamos a hacer una cantidad ilimitada de documentales. Tenien-

---

13 Como apunta Jones (p. 269), aquí hay una confusión, porque ya existía tal sección, dirigida por Barry, pero Buñuel no trabajó para ellos.

do detrás a Nelson Rockefeller, todo eran facilidades. Luego no hubo dinero y nos dedicamos solo a traducir al español. Lo de la Riefenstahl salió magnífico. Se hicieron dieciocho copias en español, para todas las Embajadas, pero luego vino la orden de no proyectarlas. Un día, Barry, la directora, decidió proyectarla para Chaplin y René Clair —malas personas—. Me preguntó a mí que qué me parecía y le dije que yo no me hacía responsable. Allá ella. Ella era la que mandaba, porque yo tenía la orden de olvidarme de la película. La película está bien.

Es la primera vez que te oigo hablar bien de un trabajo tuyo.

Es que está bien. Está bien. Bueno, se proyectó. Chaplin se moría de la risa —Chaplin, personalmente, es un ser despreciable—. Una vez, casi se cae de la butaca. Clair, en cambio, al final de la proyección, estaba blanco: «No la exhiban». Se veía claramente que ante este despliegue de la fuerza hitleriana sentía la imposibilidad de ganar la guerra. En cambio, Chaplin —que era muy amigo mío desde los años treinta, en Hollywood— se moría de risa. No sé si fue antes o después de *El gran dictador.*[14] Cuatro rollos de discursos y desfiles, muy bien montados, y seis de la invasión de Polonia. Las películas originales las sacó de la Embajada alemana un agregado militar que desertó. Las sacó así, por las buenas. Tuvimos la orden de trabajar en total secreto. Así lo hicimos. Debe de haber copia de esa película en la Embajada norteamericana, aquí. Me gustaría volver a verla.

Alguien se pondría en contra, ¿no?

El que de verdad se puso en contra fue el representante de los católicos en Washington, que entonces no eran tantos ni tan influyentes como ahora: el señor Prendergast[15] fue quien movió principalmente el asunto. Leyó el libro de Dalí[16] y empezó a hablar, a hacer gestiones. Cuando yo presenté mi renuncia, resulta que hacía ocho meses que estaban haciendo una gran presión para que yo renunciara. El señor Barry me dijo que me mantuviera firme, que armara un escándalo. Pero la verdad es que

---

14 *El gran dictador* se estrenó en 1940, por lo que la escena que Buñuel describe sucedió después.

15 William Prendergast, representante republicano en el Capitolio. Los políticos conservadores y los grupos católicos eran muy suspicaces con las iniciativas del Gobierno de Franklin D. Roosevelt, en especial con las actividades de la Office of the Coordinator of Inter-American Affairs. Asimismo, consideraban al MoMA un banquillo de políticos progresistas, incluso comunistas (Jones, p. 269).

16 *La vida secreta de Salvador Dalí* (1942).

yo soy capaz de retractarme de cualquier cosa si puedo ayudar con ello a un amigo. ¿Qué coño me importaba a mí el escribir una carta en que reconocía que el surrealismo era un movimiento que respetaba la ley y estaba dentro de todo lo normal y establecido, si con eso podía yo preservar la situación de mi amiga Iris Barry, que se había portado conmigo estupendamente y a quien yo le debía tanto? Me lo echaron en cara algunos surrealistas. Los mandé a la mierda. Yo seguía teniendo mis ideas surrealistas, como las tengo ahora. Pero no me importaba nada escribir una carta oficial, que no se atenía gran cosa a la verdad, si con ello podía hacer un favor grande a quien se había portado conmigo tan magníficamente. Y lo hice y no me pesa. Y lo volvería a hacer. Es verdad que Dalí no me denunció como comunista, pero en su cochino libro sí decía que su respeto profundo por la Iglesia y la religión cristianas le impedían haber participado de una manera seria en la realización de *La edad de oro,* película impía y blasfema.

El impío y blasfemo era él. Aunque te parezca extraño, anoche, en la televisión, en una serie acerca del pasado de Hollywood, en un capítulo sobre Hollywood y las películas sociales, pasaron largos trozos del que seguramente fue tu montaje.

Estoy seguro de que en las filmotecas de las embajadas americanas debe haber copias de esa película. Estuve en el Museo hasta el año 44, en que me fui a Hollywood de jefe del Departamento de Español de la Warner Brothers, porque pensaban hacer versiones en español y en francés de las películas de guerra hechas durante esos años. Pero al poco tiempo se dieron cuenta de que les iba a costar mucho hacer estos *remakes* con actores hispanoamericanos y franceses, y decidieron hacer doblajes. Y así vine a ser jefe del Departamento de Doblaje de la Warner Brothers con treinta y cuatro empleados a mis órdenes, entre ellos, como ya hemos comentado, Alfonso Vidal y Planas.[17]

¿Tú le conocías de antes?

Claro. Como que le dimos un banquete, creo que el año 21, cuando estrenó, en el Eslava, *Santa Isabel de Ceres.*[18]

Hermosa comedia.

---

17 Alfonso Vidal y Planas (1891-1965) fue un periodista, poeta, narrador y dramaturgo de origen gerundense, conocido por su vida bohemia.

18 Obra teatral de Alfonso Vidal y Planas, *Santa Isabel de Ceres*, estrenada en 1922 en Madrid, se convirtió en pequeño fenómeno popular, siendo representada durante tres meses consecutivos.

Bueno. Pero, entonces, el sacar a escena putas respetuosas y santas era de un atrevimiento prodigioso. Además, era anarquista, y a nosotros nos bastaba eso para estar de su parte. Era un tipo hirsuto y desagradable. Pero no importaba. En el banquete estuvieron Rafael Sánchez Ventura, Eugenio Montes y todos los ultraístas que andaban entonces por Madrid. También me traje a Hollywood a José Rubia Barcia.[19]

Que ha escrito unos cuantos libros muy buenos.

Sí, sobre Valle-Inclán. Era profesor adjunto de la Universidad. Y a Jacqueline Sadoul, hija de aquel famoso marino francés que se rebeló en el Mar Negro.[20]

Y tú marchas de España en 1936; de Francia, el 38; de Estados Unidos..., ¿tuviste alguna premonición?

Tal vez. Y eso que de Hollywood yo tenía motivos de preocupación. Ya en el 44 vinieron a hacer averiguaciones... Yo tenía —como siempre— algunas armas. Tuve que ir a declararlas. El empleado me preguntó: «¿Es usted norteamericano?». Cuando le dije que no, puso una cara de asustado y se negó a registrarlas, me dijo que se las regalara a un amigo norteamericano para que ese a su vez las declarara. Fui a ver al armero y se negó también a apuntármelas, por extranjero. Gracias a Payne, que era comunista, amigo mío y secretario del gobernador, se pudieron arreglar las cosas. Pero ya entonces, él mismo empezó a deshacerse de todos los libros marxistas que tenía. En 1944. Si algo me dice vete, me voy. Total, que cuando llegué a Hollywood llamaron a mi quinta. Le escribí a Cruz Marín,[21] que estaba de ministro en Washington, para ver qué hacía, y me dijo que me esperara o, mejor dicho, que esperara órdenes. Como es natural, no llegaron nunca, y allí me quedé, en Hollywood, sin dinero, sin posibilidad de que mi familia me mandara nada. Y recurrí a los amigos.

GUSTAVO PITTALUGA Y ANA MARÍA CUSTODIO[22]

M. A.: ¿Cuándo y cómo te encuentras con Luis en Nueva York?

G. P.: Llegamos nosotros, estaba Gustavo Durán trabajando en el Museo de Arte Moderno con él. Él había pasado momentos difíciles en América y

---

19 José Rubia Barcia (1914-1997) fue un escritor gallego que marchó a Estados Unidos de la mano de Buñuel, con quien colaboró mientras este estuvo en Estados Unidos.

20 Jacques Sadoul (1881-1956) fue un periodista y militante comunista francés que luchó en la Revolución rusa.

21 Antonio de la Cruz Marín, diplomático republicano.

22 Ana María Muñoz Custodio (1908-1976), esposa de Gustavo Pittaluga, fue una actriz española.

había conseguido, milagrosamente, ese puesto de director de la producción de documentales —se llamaban documentales, pero eran realmente films de propaganda— del Museo de Arte Moderno a través de Nelson Rockefeller. Y yo tuve la suerte de llegar en el momento en que Gustavo Durán se marchaba de allí, y entré a sustituirle a los cinco o seis días de llegar a Nueva York. Fue una de las suertes más grandes. Esto *(ríe)* Luis me lo decía siempre: «Tú tienes, tú eres un tío que ha nacido de pie. Porque las hemos pasado todos moradas y tú te encuentras con un puesto a los cinco días de llegar». Y entonces empezamos a trabajar allí, juntos. Y luego, además, pues aparte del trabajo vivíamos una vida casi familiar. Era muy curioso, el Nueva York de ese período era muy curioso, porque vivíamos una vida familiar casi todos los refugiados europeos, especialmente los españoles. Pero casi todo el mundo: Fernán Lise, Casafuerte... vivíamos una vida, por así decir, superpuesta a Nueva York y nos veíamos constantemente. Y, además, se trababa una especie de amistad muy especial, muy, ¿cómo te diría yo?, muy tierna, muy humana. Y ahí es donde realmente nos hicimos grandes, en Nueva York.

M. A.: ¿Luis hablaba inglés bien?

G. P.: Muy mal. *(Ríe).* Muy mal. Con un acento aragonés terrible. Conoce muy bien el idioma, pero de lanzarse a hablarlo, fatal. Así como habla el francés maravillosamente, eso sí, con toda fluencia, a toda velocidad, el inglés nada. *(Ríe).* Muy torpón para el inglés. Lo conoce muy bien, pero lo habla muy mal.

M. A.: Bueno, y entonces, esas películas, ¿eran películas de publicidad?

G. P.: No. Eran producciones *soit disant* documentales, pero los documentos eran casi siempre militares, o tenían un objetivo militar o políticamente militar, dirigido.

M. A.: ¿Qué año era?

G. P.: Del año 1940 en adelante. En plena guerra, después de Pearl Harbor, vamos. Entonces se hacían los films, que unas veces eran buenos, otras eran regulares, otras veces eran medianos. Se rehacían allí y se rehacía el texto por completo. Eran, *soit disant*, películas documentales que se enviaban principalmente a Hispanoamérica. Aunque había cinco traducciones: inglés, francés, portugués, castellano e italiano, creo. Pues eso, sobre todo estaban dirigidos a Hispanoamérica y eran films de propaganda de guerra, que allí se pulían, se rehacían, se volvían a montar. En realidad se hacían muy bien, ¿para qué nos vamos a engañar?

M. A.: ¿Estuvo allí hasta el momento del libro de Dalí, o antes?

G. P.: El libro de Dalí coincidió con la salida, sí. El libro de Dalí fue realmente la causa.

M. A.: Es por eso la pregunta, él me lo ha contado y lo ha contado Dalí, además.

G. P.: Claro.

M. A.: Lo que quería saber si era la salida de Nueva York o la de Hollywood.

G. P.: No, de Nueva York. ¡Al contrario! De Nueva York se fue a Hollywood, donde le ofrecieron la dirección del doblaje. Pero la salida del museo coincide con la publicación del libro de Dalí, sí. Absolutamente, cronológicamente. Además, te puedo decir las fechas. Dio esa casualidad, el cardenal Spellman[23] se aprovechó del libro de Dalí para ir a decir que ya veían ustedes, que hacía ya mucho tiempo que los católicos americanos habían hecho eso. El clero católico de Estados Unidos le buscaba las vueltas hace ya mucho tiempo, y se apoyaban en que era muy difícil hacer comprender a un auditorio tan vasto como el de los Estados de lengua española que un ácrata y un mal nacido rojo fuese el portavoz de los Estados Unidos. Todo eso lo manejaron los católicos, supongo que los irlandeses, que son los que mandan allí.

A. M. C.: Fue McCarthy.

G. P.: No, eso era antes de McCarthy.

M. A.: ¿Sí?

A. M. C.: Antes de McCarthy, sí.

M. A.: Bueno, pero es que Luis se da el gran festín de que es McCarthy.

G. P.: Bueno, pero es que McCarthy les hizo la vida imposible a todos. A Gustavo Durán, a mí, a Luis Buñuel, a todo cristo que tenía una etiqueta rojilla nos hizo la puñeta, denunciándonos a todos, pero mucho después de eso. Es decir, a Luis le costó el puesto de Hollywood. Luis salió del museo y fue contratado como jefe del doblaje en Hollywood por no me acuerdo qué empresa, Metro-Goldwyn-Mayer o Paramount.[24] Y de Hollywood tuvo que salir, no a causa de McCarthy directamente, sino del macartismo.[25]

M. A.: Hazme el favor de decirme qué te pasó después de que fuiste espía a las órdenes de Luis.

A. M. C.: Pero si yo no he hecho nunca el espionaje. ¡Dios!

G. P.: Se rechazó...

A. M. C.: ¡Dios me libre! Yo dije que, vamos, que ni hablar, que yo no servía para eso. Como es verdad, ¿yo qué voy a servir? ¿Cómo voy a servir yo para una cosa semejante?

M.A.: Pues sirve cualquiera.

A. M. C.: Sirve cualquiera, pero yo no.

G.P.: Sirve cualquiera.

A. M. C.: Yo no sirvo. Yo no sirvo.

---

23 Francis Joseph Spellman (1889-1967) fue un cardenal de la Iglesia católica estadounidense.

24 De hecho, se trataba de la Warner Brothers.

25 El FBI vigiló a Buñuel cuando estaba en Los Ángeles, pero lo que realmente le alejó de Hollywood fue no encontrar trabajo suficiente una vez que la Warner Brothers cerró, en noviembre de 1945, su sección de doblaje en español.

M. A.: Antes me contaste una cosa, no sé qué de que querías matar a Juan March o algo así.

A. M. C.: ¿Yooo? ¡Pobre de mí! *(Ríe).* Figúrate tú, con el valor que yo tengo para hacer una cosa así. ¡Imposible! No, no, no. Yo, no.

CONCHA MANTECÓN

M. A.: Lo que yo quiero saber —y tú no lo sabrás, naturalmente— es ¿por qué Buñuel se vino de París a Norteamérica en 1938?

C. M.: Pues parece ser que le habían propuesto trabajar en la Warner.

M. A.: Y en el Museo de Arte Moderno.

C. M.: A la vez que a Ugarte. Y según parece se marchó con un dinero que le prestó Rafael Sánchez Ventura. O sea, que Luis Buñuel se marchó a Estados Unidos, no sé si a Nueva York o a Los Ángeles. Primero creo que estuvo en Nueva York, ¿no?

M. A.: Nueva York, sí.

C. M.: Y después en Los Ángeles. Pero hizo el viaje con dinero que le prestó Rafael Sánchez Ventura.

M. A.: Entonces, yo no acabo de entender las cosas. Se va de Madrid a París. Y de París, con un cargo que tenía allí, también se fue. Pero, ¿cómo se fue y dejó París y más con dinero de Rafael? En fin, se lo preguntaré a Rafael.

C. M.: Sí, eso se lo preguntas a él porque yo lo ignoro. Solo sé que Rafael Sánchez Ventura estaba muy furioso durante una temporada porque cuando llegó a México esperaba que Luis le enviara todo el dinero que le había prestado. Y Luis se lo iba mandando en abonos. Y estaba muy furioso porque esperaba que le reembolsara todo el dinero de golpe, por lo que hablaba de Luis Buñuel pestes y lo ponía malísimamente mal, furioso.

M. A.: Pero, ¿diciendo qué?

C. M.: Diciendo que Luis era un fresco. Que a él, que le había prestado el dinero para ir a América, no le mandaba más que 100 dólares al mes o menos.

M. A.: Pero, ¿no daba ninguna razón política ni nada?

C. M.: No, ninguna.

M. A.: ¿Ni tampoco daba ninguna razón de por qué se había ido?

C. M.: No. Yo al menos no me enteré. Seguramente sería porque le habían ofrecido algo, ¿no?

M. A.: Sí, pero, en fin, de todas maneras, era dejar abandonada la República.

C. M.: ¡Ah!, eso desde luego.

M. A.: Eso es lo que me importa.

C. M.: Eso desde luego. Más abandonada, creo *(ríe)* que es imposible. A él le entró miedo porque vio que iba a haber la guerra mundial, ¿no? O que los alemanes iban a entrar en París o yo no sé si se fue muchísimo antes, lo ignoro.

M. A.: No, yo lo he visto porque en una carta que acaba de escribirme Luis desde París, está asustadísimo por las cosas que están pasando.

C. M.: ¡Uy! ¡Y tan asustado! Ya te habrá contado Juanita que ha querido sacar todo el dinero de México, que le ha dicho que tenga preparado su pasaporte, que no admita que nadie vaya a su casa ni le guarde ningún paquete ni nada. Horrorizado, sí.

M. A.: Sí, así es Luis.

ALEJO CARPENTIER

M. A.: ¿En España no volviste a ver a Luis?

A. C.: No; honestamente, perdí a Luis de vista completamente. Hay que decir una cosa, la Guerra de España —lo mismo que los acontecimientos de la guerra fueron tan dramáticos y nos apasionamos de una manera tremenda por la Guerra de España— provocó una serie de fenómenos de aglutinación y otros fenómenos de dispersión. Por ejemplo, durante los días de la Guerra de España, Picasso iba todas las noches al Café de Flaubert a reunirse con nosotros y a ver a gentes a quienes no veía nunca, a hablar de distintas cosas. Yo le enseñé a Picasso, por vez primera, los dibujos de los ñáñigos de Cuba, que le entusiasmaron. Encontraba que eran unos ejemplos de síntesis, de figuración extraordinaria; es decir, de metáfora figurativa en cierto sentido, de maravilla y, mientras, por ejemplo, Picasso se juntaba con Piqueras,[26] se juntaba conmigo, se juntaba con los latinoamericanos que estaban aquí, y otros se dispersaban un poco. Yo, en realidad, volví a ver a Buñuel en Nueva York en el año 1942, trabajando él en el Museo de Arte Moderno con Pittaluga, que estaban haciendo sincronizaciones de películas. Recuerdo que un día Buñuel y yo fuimos a almorzar a un restaurante que había en Sullivan Street, frente a casa de Edgard Varèse, a quién Buñuel no conocía en aquel momento, que se llamaba Grand Vicino, y estuvimos hablando mucho de una cantidad de cosas. Luego lo vuelvo a encontrar en México, ya después de *Los olvidados*. Diré que, cuando un periódico de Caracas, *El Nacional*, me confió una sección diaria que llené durante diez años a razón de seis artículos por semana, el primer artículo que publiqué fue sobre *Los olvidados* de Buñuel. Desde entonces pues le he vuelto a encontrar en México, he estado en su casa, en un momento pensó en filmar mi novela *El acoso*, después desistió de ello, etc., pero hemos tenido relaciones intermitentes y nos vemos de cuando en cuando.

CARLOS VELO

M. A.: ¿Qué te contó de la etapa del Museo de Arte Moderno?

C. V.: Del Museo de Arte Moderno me contó la caza de brujas; es decir, que tenía un puesto muy bueno, en el sentido económico…

---

26 Diríamos que se refiere a Juan Piqueras Martínez (1904-1936), destacado crítico y periodista cinematográfico, redactor de *La Gaceta Literaria* y buen amigo de Buñuel, que participó en la fundación del primer cineclub español en Madrid y promovió otros cineclubes en distintas provincias.

M. A.: ¡Ah! ¿Vas a hablarme de lo de Dalí?

C. V.: No, no es lo de Dalí, sino de una persecución ideológica que sufrió en el Museo de Arte Moderno, justo antes de venir a México. Eso me lo contó como una cosa que angustió mucho a Buñuel. No le gustaban los Estados Unidos, pero le gustaba la situación económica que tenía. Y entonces fue víctima de macartismo, creo, ¿no? Es todo lo que te puedo decir.

M. A.: Pero, ¿no sabes nada más?

C. V.: No sé si Dalí intervino o no intervino.

M. A.: Eso sí lo sé.

C. V.: ¡Ah! ¿Tú lo sabes?

FRANCISCO GARCÍA LORCA

M. A.: Bueno, entonces ponemos..., tú estuviste un año en París y luego, ¿cuándo volviste a ver a Luis?

F. G. L.: Después le he vuelto a ver en Madrid y le he visto en Nueva York.

M. A.: Y en Nueva York, ¿cuándo?

F. G. L.: Bueno, en Nueva York, ya después de la guerra.

M. A.: ¡Ah, bueno!

F. G. L.: Después de la guerra cuando... él estuvo allí trabajando en el Museo de Arte Moderno y con otros amigos, Zulueta, el chico este, el profesor brasileño Duarte, digo Duarte, José... ¿cómo se llama Pepe? Sí, Duarte. Y de esa estancia en París lo que yo recuerdo es que estaba Ontañón también. ¿Qué gente había en esa época? ¿Has hablado con...?

M. A.: Peinado.

F. G. L.: Peinado, claro, claro. ¿Tiene muchos recuerdos Peinado?

M. A.: No he hablado con Peinado porque estaba aquí cuando yo estaba en París.[27] Ahora, cuando vaya a París, le volveré a ver. Y Manolo Ángeles, claro.

F. G. L.: Y Manolo Ángeles, claro, que ha estado aquí hace muy poco.

M. A.: Sí, he estado con él.

F. G. L.: Estuvimos juntos en la exposición, claro. ¡Veas tú la memoria que yo tengo! En la exposición. Pues, si quieres, un día pronto porque se va a ir Hernando.

M. A.: Hernando se va a ir y yo me voy también dentro de ocho días, así que ocho o diez días sí.

F. G. L.: Bueno, a ver si venís a comer un día aquí. O salimos a comer, o venís aquí a comer.

M. A.: Con Hernando y con Ontañón, si quieres. Reúnes a los de La Closerie des Lilas y hasta Luis sería capaz de venir tal vez.

---

27 La conversación con García Lorca tuvo lugar el 16 de octubre de 1969, mientras que la de Peinado se desarrolló el 27 de agosto de 1971.

F. G. L.: Pues... a Luis no lo he vuelto yo a ver. A Luis no lo he vuelto a ver desde ¡qué sé yo!, ¡desde Dios sabe cuándo! Aquí viene, se ve con..., no sé..., Sánchez Ventura. ¿Tú has hablado con Sánchez Ventura?

M. A.: Mucho, pero Sánchez Ventura y él...

M. A.: Están ahora un poco políticos, desde hace algún tiempo.

F. G. L.: ¡Ah!, ¿sí?

M. A.: Está bien, pero Sánchez Ventura es el que más he visto, porque entre otras cosas es el que más sabe cosas de Luis.

F. G. L.: Sí. Bueno, un poco contra..., incluso razones de...

M. A.: Crematísticas.

F. G. L.: De religión, de religión y crematísticas, de las cuales yo también sé alguna... y de esas crematísticas el que yo creo que las sabe bien es Pittaluga, Gustavo.

M. A.: Gustavo, sí; ya he hablado con él. No, el que mejor lo sabe es Mantecón.

F. G. L.: ¡Ah, bueno!, claro, porque con Mantecón han tenido una relación muy constante y además Mantecón ha estado también en México, ¿no?, durante muchísimos años.

M. A.: Pues sigue allí.

F. G. L.: Sí, sigue allí, ¿no? De modo que esas son buenas fuentes. ¿Y a Navaz lo has visto tú?

M. A.: ¿A Navaz? No, no lo he visto porque le mandé un recado y no me contestó..., me contestó con muy poco entusiasmo.

F. G. L.: ¡Ah!, ¿sí?

M. A.: Está en San Sebastián.

F. G. L.: ¡Ah!, está en San Sebastián. Yo le he perdido completamente la pista.

M. A.: Está de jefe del Museo Oceanográfico.

F. G. L.: Pero tú tendrás también recuerdos personales de la época.

M. A.: No, yo tengo pocos, unos pocos; tengo muchos más de tu hermano, por ejemplo, que de Luis.

F. G. L.: Sí.

M. A.: ¿Y qué más recuerdas después, en Nueva York?

F. G. L.: Bueno, en Nueva York nos veíamos con el grupo que trabajaba allí, que había varios, entonces, yo no sé si estaba también Pittaluga.

M. A.: Pittaluga, no. Pittaluga sustituyó a no sé quién ocho días antes de que se marchara Luis a Hollywood.

F. G. L.: Y también estaba el chico este, Luis Zulueta,[28] que entonces le conoció y yo creo que los presenté.

---

28 Luis de Zulueta y Escolano (1878-1964) fue un escritor, profesor y político español.

M. A.: ¿Y dónde está ahora Luis Zulueta?

F. G. L.: Luis Zulueta está ahora en Cartagena de Indias o en Bogotá. Va y viene. Hace tiempo que no está por aquí [...]. En fin, de Nueva York tengo yo menos recuerdos..., no solo porque nos veíamos menos, sino porque entonces no creo yo que ocurriera ninguna cosa así de, de...

M. A.: ¿Más que lo de Dalí? Digo que lo de Dalí que promovió su salida del Museo. ¿Tú crees que salió por lo de Dalí o porque sencillamente la Warner le pareció mejor?

F. G. L.: Bueno, yo no creo que interviniera en absoluto Dalí, que yo sepa, en la salida de Luis de allí. Además, ellos se vieron y reanudaron una amistad. Así como yo, en Nueva York, me mantuve alejado de Dalí, me lo he encontrado accidentalmente un par de veces en casa de amigos comunes y siempre he tenido una cierta resistencia a verle. Resistencia que Luis no tuvo, sin duda porque había tenido con Dalí una relación mucho más estrecha que yo.

M. A.: Bueno, pero él salió del Museo por culpa de Dalí...

F. G. L.: Esto yo no lo sabía...

M. A.: ¿En qué años fue todo eso? ¿El 40, 41, 42...?

F. G. L.: Sí, por ahí, por ahí.

M. A.: Lo que me importa mucho es cómo ves la relación Luis-Salvador en aquella época? ¿Se veían con cierta frecuencia? ¿Tomaban sus copas juntos?

F. G. L.: Claro, sí, tomaban sus copas juntos y tomaban sus copas con los demás y en grupo. Ellos eran realmente un grupo.

M. A.: ¿Hasta publicación de *La vida secreta de Salvador Dalí*?

F. G. L.: Bueno, ¿cómo? Si Salvador lo dice. ¿Tú dices que había continuado la relación de...?

M. A.: No, la amistad se rompe...

F. G. L.: La amistad se rompe, el...

M. A.: Porque tú sabes que llaman a Luis y lo echan del Museo por culpa de ese libro, ¿o no lo sabes?

F. G. L.: No, no sabía yo que había intervenido el libro ese en que expulsaran a Dalí del Museo.

M. A.: No, a Dalí, no...

F. G. L.: No, no, no, digo a Luis, a Luis Buñuel.

M. A.: Sí, porque ahí cuenta Dalí, en una de esas salidas de tono que le son tan familiares, que *La edad de oro* —figúrate si hay documentos que prueban que *La edad de oro* era totalmente del gusto de Dalí—era una película blasfema y que él, muy respetuoso con la Iglesia, era incapaz de hacer una película como esa. Y que eso estaba bien para el ateo de Buñuel.

F. G. L.: Claro, eso es una falsedad completa. Yo creo, además, que ahí hay muchísimas ideas de Dalí. Vamos, creo que, personalmente, no sé si me equivoco, que ahí hay ideas de Dalí.

M. A.: No, no, ¡si no hay muchas!, pero no importa. En revistas de la época del 31 y 32 hay declaraciones de Salvador Dalí, el muy grande, tomando partido en favor de *La edad de oro.* Pero, vamos, diez años después escribe esto diciendo que él está en contra y que la culpa la tiene Buñuel.

F. G. L.: ¿Para qué fue a Nueva York?

M. A.: Para hacer noticieros para los países de habla española, es decir, para Hispanoamérica, no para España, evidentemente.[29]

F. G. L.: Bueno, pero, aun eso, no es una cosa propia para la capacidad creadora de Luis y de...

M. A.: A Hollywood fue para más o menos lo mismo, ¿no?, de supervisor de diálogos de películas en español, ¿verdad? Ahora, ¿tú sabes por qué salió Luis de Estados Unidos y se fue a México? ¿No?

F. G. L.: No. No lo sé.

DENISE TUAL

Denise Tual en Hollywood, en misión oficial para vender las películas prehechas durante la ocupación —sobre todo las de René Clair y René Clément—.[30] *Llega a Hollywood invitada por el señor Mayer (MGM). Visita en los estudios y, ¡sorpresa!: ¡Buñuel! Limpiando su cuarto de montaje. «¡Tú por aquí!». «Sí. Y se ha acabado el montaje». «¿Qué vas a hacer?». «Ir a México». «Yo también». El señor Mayer espera. «¿Cómo es posible que tengan un genio ahí limpiando un cuarto de montaje?». «¿Quién es?». «Buñuel.* La edad de oro». *«¿*La edad de oro*?». «Sí.* Un perro andaluz». *«No lo conozco». «Cine de arte». «No lo necesitamos». «Pero llegará un día...». «Tardará mucho».*

---

29 Aub se refiere a la serie de documentales informativos *The March of Time.* Se tiene únicamente constancia de que Buñuel se encargó de la versión española del episodio «The Vatican of Pius XII» (1940).

30 René Clément (1913-1996), uno de los grandes directores de cine francés, fue muy admirado por Buñuel.

México (1946-1960)

Llegada a México y *Los olvidados*

¿Y no habías pensado en hacer más cine?

A mi manera. No tenía una noción clara; no, nunca he pensado: «Deseo ardientemente hacer cine a mi manera», ¿no? Era un sentimiento confuso, una cosa vaga. Yo sabía, pero de una manera muy confusa, muy vaga, muy lejana, que podía hacer algo en cine, pero no sabía cómo ni cuándo. En realidad, había pensado no hacer más cine. De manera que, cuando me contrataron en Hollywood para ir a Francia, me marché a México porque no se arregló el asunto con Denise Tual.[1] Entonces, por inercia seguía con el cine: «¿Usted qué hace?». No podía decir: «Hago zapatos o hago música, pues hacía cine». «¡Ah!, muy bien». Y a Dancigers lo había conocido en París: «Quédese usted aquí y haremos una película juntos. Tengo dos cantantes muy buenos, Negrete y Libertad Lamarque».[2] «Pues muy bien. ¿Qué hacemos?». Y había un argumento que no era *Tampico*, que era de un francés, Michel Veber, hijo de un Veber francés novelista que, además, había trabajado con Max Ophüls[3] en *Sueño de una noche de verano*, había

---

1 Cuando se acabó la guerra, llegó a México para realizar *La casa de Bernarda Alba*, que finalmente no vio la luz (véase la p. 413).

2 Libertad Lamarque Bouza (1908-2000) fue una actriz y cantante argentina que vivió gran parte de su vida en México.

3 Buñuel confunde a Max Reinhardt con Max Ophüls, ya que *El sueño de una noche de verano* (1935) es una película del primero. Con todo, no hay constancia de que ningún Veber participase en el guion de esa película.

hecho el libreto. Y tenía un argumento que pasaba entre buscadores de oro. Y entonces tuve una conversación con Magdaleno[4] para transformarlo al mexicano, con diálogo mexicano y todo eso. Hice la película más bien para comer, para quedarme en México y para comer. Y, además, la hice porque desde el año 32 no hacía películas. Esto era en el 45. Lo tomé con gusto, como una experiencia técnica. Volví otra vez a mi oficio, ¿verdad? Después me castigaron tres años, porque no... Digo «castigaron» porque nadie quería nada de mí, ni quería hacer películas. Hasta *El gran calavera*, que tuvo un gran éxito de taquilla y me permitió hacer *Los olvidados*. Y ya entonces, *Los olvidados* fue la primera vez que...

El hacer Los olvidados *fue una manera de volver a hacer, de volver a ti mismo.*

Absolutamente. Volví a mí mismo con *Los olvidados*. Estábamos pasando por entonces una época muy mala. Sobre todo, Larrea. Yo todavía tenía alguna reserva de dinero de *El gran calavera*. Nos reíamos mucho. Más de lo que él dice. Él estaba dispuesto a lo que fuera con tal de ganar dinero, y una de nuestras ideas resultó ser la semilla de *Los olvidados*. Se nos ocurrió hacer un melodrama de lo peor, acerca de un papelerito: *¡Mi huerfanito, jefe!*[5] Nos divertíamos acumulando elementos, uno peor que el otro, una serie de plagios, tomando de aquí y de allá, como si fuese una película de Peter Lorre. Se la conté a Dancigers. No le gustó nada y me dijo: «No, esto... Vamos a hacer una cosa buena, de niños, nada de... Pero libertad, la que usted quiera. Vamos a hacer...». Y que, además, tenía un español que podía trabajar conmigo, un actor joven. Era Alcoriza. Me lo presentó y empecé a trabajar. Por esos días habíamos leído, con Larrea, la noticia, una más, de que habían encontrado muerto a un niño de once años, tirado en un basurero. «Pues esto puede ser un punto de partida.» Trabajamos un par de días, ¿te acuerdas?, contigo y con Alcoriza, y os pagaron, pero no aparecisteis en los créditos, por líos del sindicato. Él, porque no quería, y tú, porque no quisiste. Pero de lo que hablamos me dio la idea de un viejo hidalgo español, mugriento, andando por la avenida Madero, y un golfo, un niño. De

---

4 Mauricio Magdaleno Cardona (1906-1986) fue el guionista de las más celebradas películas del director mexicano Emilio «El Indio» Fernández.

5 *¡Mi huerfanito, jefe!*, proyecto de Buñuel y Juan Larrea, nunca realizado.

eso sólo quedó la imagen de un mendigo encontrando la fotografía de un conquistador en un basurero. La mira, no dice nada y la tira. No hacía falta ningún otro comentario. Entonces empecé a ir al Tribunal de Menores, a la cárcel de mujeres, que dirigía María Luisa Ricaud —creo que se llamaba—, y que me permitió ver informes de las... ¿cómo se llaman?, trabajadoras sociales. Fui a clínicas de deficientes mentales, vi muchas fichas de mendigos, de...

Me parece que estás repitiendo el prólogo de Misericordia, *de Galdós.*

La de Galdós es la única influencia que yo reconocería —así, en general— sobre mí.

Y la cantidad de sueños que hay en don Benito. Más de una vez he pensado que sería un buen tema de tesis. [Él bebe su carpano; yo, mi whisky*]. ¿Te prestaron documentos o cosas?*

No, eso es aparte. Además de la inspección personal y conocer *de visu* estas cosas, fui solo más de cuarenta veces a consultar documentos del Tribunal de Menores y a buscar luego exteriores por los suburbios de barracones y chozas. Conocí a un presidente del Tribunal de Menores que me permitió ver archivos y todo eso. Y como te he dicho, conocí a la que ahora es directora de la cárcel de mujeres, que me permitió ver también documentación sobre las trabajadoras sociales que van a las cabañas y ven cómo viven las familias, la salubridad y todo eso. De manera que estudié muchos documentos. Y de ahí salió. Me acompañó muchísimo —unas veinte veces, además de las cuarenta que fui solo— Fitzgerald[6] a recorrer los suburbios. Y con Alcoriza fui también tres o cuatro veces a ver documentos. Íbamos los dos, veíamos fichas, ¿verdad? y tomábamos notas. Cuando iba solo me disfrazaba un poco. No fuera que...

¡Ja! Me lo imagino muy bien.

Me ponía una *salopette*, un mono, un sombrero de paja y me iba por los arrabales a ver, me daba un paseo, entraba en los *bidonvilles*... Me interesó muchísimo todo aquello. Lo sentía de veras. Presentamos la película en el cine México, en noviembre de 1950, creo. El primer día invitamos a unas cincuenta personas, amigos. Al salir, todos muy amables: «Muy bien, Buñuel, muy bien.» Sin ningún entusiasmo, con la cara larga. Hasta que llegó Bertha Gamboa, esposa de León Felipe, mexicana, con sus uñas afiladísimas, hecha una furia,

6 Edward Fitzgerald fue el escenógrafo de *Los olvidados* y otras películas de Buñuel.

una harpía, decidida a sacarme los ojos (yo tuve miedo, pero no me podía echar para atrás), gritándome con sus uñas delante de los ojos: «¡Miserable! ¡Canalla! ¡Puerco! ¡Estos niños no son mexicanos! ¡Voy a pedir que le apliquen el 33![7] ¡Granuja!» Fuera de sí. Y Ruth Rivera, hija del pintor Diego Rivera, a su lado, como una estatua. Siqueiros, a mi derecha, que me había felicitado con entusiasmo, con entusiasmo de verdad, me decía: «¡No hagas caso! ¡Cosas de viejas!» Y pensar que Bertha venía a comer a casa (con León, como es natural), no una vez, sino seis, diez, quince veces. Total, que eso fue, si no recuerdo mal, un jueves, y el martes siguiente ya no estaba en cartel. Fue a Cannes, le dieron un premio, y luego, gracias a Ragasol, se repuso en el cine Prado, donde estuvo siete u ocho semanas.[8] Entonces es cuando vinieron las protestas de la Liga de Profesores de México o algo así, y de no recuerdo qué otras asociaciones. Insultos a granel. Pero el éxito europeo lo acalló todo.

A mí lo que me importa es tu cosa interna, ¿verdad? Que yo decía: «Bueno, voy a hacer algo que corresponde a lo mismo que yo hacía antes».

Sí.

Esa vuelta a ti mismo con Los olvidados, *¿fue un poco por casualidad o porque la buscaste desde que llegaste a México?*

No, no. No buscaba nada. Me parecía imposible. Creí que no volvería a hacer cine personal. Creí que había terminado. Porque esta es una de las películas —que fueron personalísimas— de las cuales yo fui productor y fui todo. O sea, no.

De eso, de acuerdo. Entonces, una vez que hiciste Los olvidados, *el volver a hacer luego otra vez cine comercial, cómo hiciste, debió dolerte bastante, más que la primera vez, ¿no? ¿O no? ¿O lo mismo te daba?*

No me daba lo mismo. Pero tenía mujer y dos hijos. Tenía que vivir. De manera que, después de *Los olvidados*, que fue un fracaso tremendo en México antes que le dieran el premio de Cannes, me ofrecieron… ¿cómo se llama?, *Susana*, ¿no?

Susana, *sí.*

---

7 Se refería sin duda al artículo 33 de la Constitución mexicana, que es el que todavía hoy dispone la posibilidad de expulsar a aquellos extranjeros cuya permanencia en México se estime inconveniente.

8 Eduardo Ragasol fue el fundador de tres de los principales cines de la capital mexicana: el cine Prado, el cine París y el cine Paseo.

Susana fue la primera que hice después de *Los olvidados*, sí. Y nada, tuve que... No me gustaba gran cosa. La arreglé como pude. Podía haber estado bien, pero me falló el final, porque el final parece muy serio. Podía haber tenido algo la película. Según algunos, aún tiene. Hay gente a quien le ha gustado mucho, no sé por qué, pero, en fin, procuraba que en cada película siempre hubiese un escape, siempre tenía un senderillo por donde me iba a hacer lo que yo quería, ¿verdad?, pero quedaba ahogado por el conjunto. Hasta *Ensayo de un crimen*. *Robinson* tampoco la quería hacer, me lo propusieron. Me la propuso Dancigers para unos americanos que vinieron aquí. Hice *Robinson,* jamás se me hubiera ocurrido a mí hacer *Robinson*, pero una vez que lo tenía en las manos, pues procuré hacerlo. Ahora, entré en la obra de manera más personal. Había más calidad; además, había más materia humana que, por ejemplo, en *Gran Casino*; pero tampoco la hubiera hecho, como tampoco hubiera hecho jamás *Ensayo de un crimen*. Lo hice porque tuve ocasión de hacer una película...

Y, sin embargo, fue un gran éxito.

Sí, ha tenido mucho éxito, sí. Aquí en México nunca. Creo que estuvo tres semanas en cartel. *Ensayo de un crimen* estuvo cuatro semanas en un cine que no me acuerdo cómo se llama. Yo no estaba aquí, estaba en París cuando se estrenó. En el extranjero ha gustado mucho más, mucho más que en México. Y a mí no me atrae gran cosa, quitando dos o tres momentos. También la hizo la Alianza Cinematográfica. Patiño era el productor.[9]

Patiño, sí.

Patiño era el productor. Muy buena persona. Se portó muy bien. No leyó ni la adaptación. Nada, no, nada. «Haz lo que quieras», me dijo.

GUSTAVO PITTALUGA Y ANA MARÍA CUSTODIO

G. P.: La casa se la encontró esta... Parque Melchor Ocampo. ¿Tú te acuerdas de la esquina, enfrente del supermercado de Melchor Ocampo?

M. A.: Sí.

A. M. C.: Un momento. La casa que buscó Luis Buñuel en México, un apartamento amueblado para meter a Jeanne y a los chicos cuando él volvió a Estados Unidos a buscarlos.

M. A.: Sí.

---

9 Alfonso Patiño Gómez (1910-1977) fue un periodista, guionista, director y productor cinematográfico mexicano.

A. M. C.: Esa casa se la buscamos Luis y yo. Y Luis me dijo: «Encárgate de comprar las cosas más indispensables».

G. P.: Esa era la casa, en la plaza Melchor Ocampo.

A. M. C.: ¡Qué no era la casa de Melchor Ocampo!

G. P.: Pues, ¿dónde era?

M. A.: ¿Dónde fue?

A. M. C.: ¡Perdóname! No sé exactamente ahora mismo, porque yo no conozco México, ni como tú, ni como este. Sobre todo, como vosotros, que habéis vivido tantos años allí. No fue Nilo... Un momento, ¡Nilo fue la segunda casa que vivió Luis Buñuel en México!

G. P.: Sí, y la primera, parque de Melchor Ocampo. Al lado de la mía.

A. M. C.: ¡No, señor!

M. A.: Yo dudo un poco de lo tuyo porque no hay ningún supermercado en la plaza Melchor Ocampo.

G. P.: Claro que hay.

M. A.: ¡Ah! Arriba.

G. P.: Claro, arriba.

A. M. C.: Pero no fue la plaza de Melchor Ocampo. Fue a la izquierda del paseo de la Reforma, en un sitio, en una plaza, no sé...

G. P.: Llamarlo plaza de Melchor Ocampo.

M. A.: No, no, no.

A. M. C.: No. Es a la derecha. Perdóname, es a la derecha.

M. A.: Un momento, un momento. ¿No se llamaba la Casa Azul? Entrando a la calzada de Tacubaya, en un hotel ahí, detrás de Chapultepec.

A. M. C.: ¡Por ahí! ¡Por ahí! Ahí, exactamente.

M. A.: ¡Ah!, exactamente, ahí.

A. M. C.: Esa fue la primera casa en la que vivió con Jeanne y con los chicos.

G. P.: Puede, puede ser.

A. M. C.: Que se la buscamos los dos juntos. Y que luego Luis me dijo: «Te voy a dejar unos pesos para que me compres escobas y cuatro platos y cuatro cosas». Digo: «No te preocupes. Yo tengo poquísimo dinero, pero, en fin, tengo el suficiente para hacerte estas compras y luego ya haremos cuentas». Y a mí me dejó encargada de comprar las primeras cosas para cuando llegaran Jeanne y los chicos a esa casa. Que era un apartamento, para mi gusto, horrendo. Amueblado.

M. A.: Ya sé cuál es, una casa así, que hacía esquina.

A. M. C.: Exacto. Ahí está.

M. A.: Ya, ya. Entre la calzada de Tacubaya y la reja del Chapultepec. ¿Cómo se llama?

P. B.:[10] Madereros o algo así.

A. M. C.: Exactamente.

M. A.: Maderos, que se llamaba, eso, la Casa Azul, o Danubio, o algo así.

G. P.: Había un restaurante enfrente que se llama Danubio, que está allí.

A. M. C.: Bueno, pues esa fue la primera casa que usó Luis. Y después...

G. P.: Pero está casi en la Reforma.

M. A.: Os diré, bajo secreto, que Sánchez Ventura dice que lo primero que hizo Luis fue dormir en su casa, es decir, muy cerca, en la avenida Veracruz. [...].[11]

A. M. C.: Con Sánchez Ventura dudo que haya vivido nunca Luis. Ni Luis ni nadie. Porque ya sabemos cómo es Sánchez Ventura. Que ese no invita ni...

M. A.: Perdón, yo estoy equivocado. Estoy diciendo Sánchez Ventura, y no era Sánchez Ventura, sino, este..., Ernesto García.

A. M. C.: Con Ernesto García, eso sí. Ahí sí te doy toda la razón. Y luego ya te digo que fuimos juntos a tomar el apartamento, y entonces él me dijo: «Bueno, pues mira Ana María, nada. Tú gastas lo que sea, los taxis, todo; yo te lo pago, para que traigas aquí lo que haga falta. Y ya está». Y entonces llegó con Jeanne y con los chicos. Y yo estaba entonces pasando una temporada en México, —este [Pittaluga] estaba en La Habana con sus padres, o se había ido a Nueva York, no recuerdo—, y yo estaba en México, sola, en casa de Álvaro.[12]

CONCHITA BUÑUEL

M. A.: ¿Tú te acuerdas de la fecha exacta en que Luis se fue de Estados Unidos a México?

C. B.: Pero es que ni aproximada. Es que olvido las fechas. No tengo ni idea, es algo extraño, los nombres y las fechas las olvido. He vivido mucho tiempo aislada, y luego cuando he empezado a tratar a gente así, me es difícil guardar la memoria de las cosas.

M. A.: Es que yo discutía, no recuerdo con quién, que Luis se había ido *motu propio* a México. Luego, me habían dicho que había ido con Denise Tual para hacer *La casa de Bernarda Alba*, de Federico.

C. B.: Sí.

M. A.: Otros me dicen que fue Dancigers el que lo llevó.

---

10 Quien interviene es Perpetua Barjau Martín (1902-1991), esposa de Max Aub, también conocida como Peua, que fue una modista y maestra española.

11 La conversación deriva sobre donde vivía exactamente Sánchez Ventura, hasta que vuelve al cauce donde la hemos dejado.

12 El hermano de Ana María, Álvaro Custodio (1912-1992), fue un director, autor teatral y guionista de cine español que desarrolló la mayor parte de su trabajo en México, donde vivió como exiliado entre 1944 y 1973.

C. B.: Sí.

M. A.: Y no hay manera de saber.

C. B.: Y los Pittaluga, ¿no te han dicho?

M. A.: Los Pittaluga son los que sostienen la opinión de que fue Dancingers el que lo llevó. Y eso no lo había pensado yo nunca.

C. B.: Pues creo que tiene que ser la verdad.

M. A.: Pues no lo sé. No creo. Porque Luis me ha dicho: «Y me encontré a Dancigers en México». Así que no puede ser que Dancigers se lo llevara allá.

C. B.: Creo que se fue por toda aquella persecución de Dalí.

M. A.: En parte también por otra razón. Y es que como ya llevaba cinco años en Estados Unidos, le tocaba hacer el servicio militar y, como es muy natural, no lo quiso hacer.

C. B.: Sí, claro. Pues quizás fuese por eso. Y como tenía amigos en México, amigos exiliados, pues puede ser por eso.

M. A.: Sí, se fue a casa de Ernesto García

C. B.: Sí, Ernesto García. Pues también Ernesto García tiene que estar enterado de eso. O sea, yo creo que quien mejor puede saberlo son los exiliados en México.

CARLOS VELO

M. A.: [...]. Yo sé cosas de Buñuel con Dalí y con Federico.

C. V.: Pues yo las cosas que sé son en México, a través de una persona mexicana muy relacionada con Buñuel, que un día, hablando de Buñuel, y en la que le expresaba mi admiración por él, me dijo: «Bueno, pero usted sabe que Luis Buñuel es un hombre de aficiones muy raras». «No lo creo. No lo creo», le dije. Dice: «Bueno, pues mire usted, es un hombre extraordinario, capaz de cualquier cosa». Dije: «Bueno, pues eso no me interesa a mí». ¿Verdad? Porque yo sentía entonces un poco de molestia de que me dijeran eso. Y esta persona me empezó a decir ciertas cosas sobre costumbres de Buñuel que yo conocía.

M. A.: ¿Y cuáles son?

C. V.: Costumbres. Por ejemplo, la costumbre de Buñuel de ir a un punto donde esta persona le veía. Salía de su casa todos los días para ir a darse un masaje, en una temporada que estuvo en México. Durante dos años Buñuel iba a un masajista. Y ese era un lugar sospechoso. Ahí se empezó a construir la cosa, que me molestó y dije: «Bueno, esto puede ser una elucubración».

M. A.: Pero es que tiene un problema de columna vertebral, en las vértebras.

C. V.: Sí, yo siempre lo oí: «Tengo que ir a mi masaje. Tengo que ir a mi masaje».

M. A.: Pero es que, además, duerme en el suelo.

C. V.: ¿Verdad? En su casa duerme en una tabla. Bueno, pues de esto le construyeron a él relaciones raras, ¿comprendes? Y eso me espantó a mí mucho. Hubo un tiempo que me espantó mucho. Nunca me atreví a decirle a Luis nada.

M. A.: Yo sí he hablado con él de esto.

C. V.: Además, hoy no me espanto ya de nada, y me tiene sin cuidado que las tuviera o no.

M. A.: Las tiene.

C. V.: O que sea pansexual *(ríe)* o lo que quiera, ¿verdad?

M. A.: Sí.

C. V.: Está muy de acuerdo inclusive con su personalidad. A mí me tiene sin cuidado. Ahora, yo, como español, siento que es un español lineal. Cerrado completamente. Y puritanísimo me parece a mí Buñuel.

M. A.: No tiene absolutamente nada que ver con desviación de ningún tipo. Tengo cierta sospecha.

C. V.: Yo te doy el dato porque eso circula. No sé yo más que lo que me contó él.

TERÈSE CAMP[13]

M. A.: Conociste a Buñuel en condiciones bastante precarias. De hecho, tú le regalaste una pareja de pájaros, de cardenales. ¿En qué año le conociste?

T. C.: En 1947, me parece.

M. A.: ¿No fue en el 48?

T. C.: No, más bien 1947. Éramos vecinos, en México D. F., en la calle Panuco, que estaba cerca del instituto que dirigía entonces y de la Embajada. Los Buñuel tenían un apartamento al lado del nuestro. Cada mañana, cuando iba ya no sé donde, me encontraba a Buñuel. Y me explicaba que estaba muy preocupado con la industria del cine mexicano, que no le daba respuesta a las propuestas de contratos para hacer sus películas. Decía que podría hacer las películas que quisiese y ganar dinero en Francia. Y yo acabé también preocupada, y cada mañana le preguntaba: «¿Ya ha firmado? ¿Ya ha firmado?». Me decía: «Todavía no», por lo que yo estaba igual de preocupada que él. Al cabo de un tiempo cuando vi la gloria que alcanzó en París, me hacía la reflexión de que no debíamos de habernos preocupado tanto. *(Ríe).* Pero en aquella época era realmente infeliz.

M. A.: ¿Era infeliz porque no tenía dinero o porque no tenía gloria?

T. C.: Porque no había firmado los contratos con los productores, y si la película no se hacía, perdía mucho dinero.

M. A.: ¿Por qué perdía mucho dinero?

T. C.: Porque tenía que hacer la película.

13 Terèse Camp era la esposa del hispanista francés Jean Camp.

M. A.: No.

T. C.: ¡Ah!, ¿no?

M. A.: No, porque cuando llegó hizo una película y le pagaron. Cuando tú lo encontraste, estaba enojado porque no tenía dinero, ya que llevaba tres años sin poder hacer una película.

T. C.: Quizás era por eso que estaba preocupado. En cualquier caso, recuerdo que la señora Buñuel —¿cómo se llama?—, Jeanne, me decía: «Soy muy infeliz, puesto que tenemos un apartamento correcto, bastante bonito, pero no tenemos dinero para comer».

M. A.: ¿Es cierto que te dijo esto?

T. C.: Mira, si no he perdido el conocimiento, te aseguro que me acuerdo perfectamente de esto. Si no, no se explica lo preocupada que estaba por ellos.

M. A.: ¿Y los niños? ¿Cómo vivían?

T. C.: Los niños eran pequeños. Ahora son hombretones; uno tiene una barba... lo encontré hace un par de años en la Embajada y me dijo: «Soy Juan Luis Buñuel» y no le reconocí con su gran barba; creo que incluso es cineasta.

M. A.: ¿Quién hacía la compra, él o ella?

T. C.: No lo sé. Era yo quien le encontraba cada mañana cuando iba al mercado.

M. A.: ¿Dónde le encontrabas?

T. C.: En la calle, delante de su casa.

M. A.: Es que ahora es él quien va al mercado.

T. C.: No sé si iba al mercado en aquel momento. Él estaba allí, paseándose, triste, con los ojos oscuros, todavía le veo. En aquel momento estaba realmente desamparado. Algunas veces venían con su mujer a comer a casa, y me regaló un pájaro precioso, de color rojo, al que llamamos Red. Buñuel lo bautizó así. También me regaló una jaula magnífica, muy bonita. Un día se me escapó, lo perdí, y cometí el gran error de devolverle la jaula. Me arrepentiré siempre. ¿Y sabes lo que hacía a veces? Algo que le iba bien: nos reunía para ver *Un perro andaluz*. Nos reuníamos en su casa, con amigos, nos proyectaba la película y hablábamos sobre ella.

M. A.: ¿Y *La edad de oro* también?

T. C.: ¿Cuál?

M. A.: *La edad de oro*, que es otra de sus películas.

T. C.: Eso ya no lo sé.

M. A.: Solo te acuerdas de la otra.

T. C.: Me acuerdo sobre todo de sus preocupaciones en ese momento. Pero, ¿no había estrenado ninguna película en aquel momento?

M. A.: Sí, una, *Gran Casino*. Quizás te acuerdes. *Gran Casino*, una película con Jorge Negrete y Libertad Lamarque.[14]

T. C.: Es posible, pero si mi marido Jean estuviese aquí, te lo sabría decir mejor que yo, porque tiene más memoria que yo. Quería mucho a Jean, se querían mucho. Es por eso que se veían mucho, mucho. Nunca he olvidado a Buñuel.

M. A.: ¿Y no lo volviste a ver después?

T. C.: ¡Ah, sí! Lo encontramos de nuevo en el Festival de Cannes, donde consiguió su gloria. Se proyectó su película, ¿cuál era?

M. A.: *Los olvidados*.

T. C.: Sí, *Los olvidados*.

M. A.: No, *Viridiana*.

T. C.: Eso, *Viridiana*. Me acuerdo que tenía que ir a la gran gala, pero no tenía esmoquin. *(Ríe)*. Nos reímos muchísimo a causa de esto porque se vio obligado a alquilar un esmoquin para ir a Cannes.

M. A.: Hoy precisamente he visto una foto de Buñuel en el Festival de Cannes con esmoquin.

T. C.: No sabes lo que nos reímos con él. Estábamos juntos, Juan, él y yo. Nos paseábamos por los pasillos.

M. A.: ¿Qué piensas de las películas de Buñuel?

T. C.: Me gustan mucho.

M. A.: ¿Por qué?

T. C.: Quizás porque es Buñuel. *(Ríe)*.

M. A.: Es posible.

T. C.: Porque conozco a Buñuel. Porque es Buñuel. Y también, de todas formas, porque hay algo extraordinario en ellas. El otro día me llevaste a ver *La Vía Láctea*. Volveré a verla. Volveré porque me emocionó.

M. A.: Te emocionó, pero debería haberte divertido. Es una película cómica.

T. C.: Sí, es una película cómica, pero también hay cosas que te hacen reflexionar.

M. A.: Bueno, espero que así te convertirás en una buena atea gracias a Dios.

T. C.: Sí, gracias a Dios. *(Ríe)*. Buñuel decía eso: «Gracias a Dios, soy ateo». *(Ríe)*. Con esto también nos hemos reído mucho con Jean.

FEDERICO AMÉRIGO

F. A.: Llega un momento, en *El gran calavera,* en que Fernando Soler me dice: «Federico, yo tengo el compromiso de hacer para Menasce,[15] Ultramar

---

14 Todo parece indicar que estos encuentros con Terèse Camp se producían antes de firmar el contrato de *Gran Casino*, que se filmó en 1947. Es decir, que en aquel momento, contrariamente a lo que comenta Aub, no debía de haber rodado todavía esa película.

15 Jaime A. Menasce fue un productor mexicano.

Films, tres películas. Ya he hecho *La hija del engaño*, entonces yo me canso mucho. Actuar y trabajar es demasiado. ¿Qué director me podría ayudar para hacer la película de *El gran calavera*?». Entonces pienso: «Fernando Soler, *El gran calavera,* una comedia, y está Miguel Delgado[16] detrás de Dancigers y de mí para hacer una película en Ultramar Film». Llamo a Miguel Delgado y le digo: «Miguel, hay una oportunidad, tienes que venir a hablar con nosotros». Viene y Miguel dice: «Me gusta. Hago la idea». Dirige a los actores Fernando Soler y yo dirijo la parte técnica. Yo le ayudo, le hago la película, me gusta mucho, porque Miguel Delgado es el director de Cantinflas.

M. A.: Sigue.

F. A.: Esto era el mes de mayo, no me acuerdo ahora de la fecha (hay que mirar cuando hicimos la película). Y entonces dice Miguel Delgado: «Encantado». Y toma el guion. Pero da la casualidad que cuando ya está casi trabajando y poniéndose, a la semana de estar Miguel Delgado hablando de eso, dice: «Lo siento. No puedo. Porque tengo que hacer la película de Cantinflas y tenemos que entrar dentro de una semana, porque es obligatorio. Hay que entregar la película. Hay que hacer y entregar». Y renuncia a la película. Entonces nos ponemos Dancigers y yo a pensar quién puede dirigirla, y le digo a Dancigers: «Luis Buñuel está en su casa y no hace nada. Vive del dinero que le mandan Urgoiti y que le manda su mamá. Está en Nilo, número 44 —me acuerdo muy bien— sin hacer nada». Y entonces dice: «Habla con él». Yo me voy a su casa y le digo: «Luis, haz esto». Pone el grito en el cielo: «¡Tú estás loco! Yo no voy a hacer películas de esas». Dije: «Oye, Luis, no tienes nada. Son 30 000 pesos, el mínimo. Pero hay que hacer la comedia». Bueno, Dancigers habla con él y todo eso, y al final dice: «Bueno, pues la voy a hacer para divertirme un rato». La hizo en dieciocho días, exactamente, sin salirse del presupuesto. La planeó como no tienes ni idea, con todos los *sketchs* dibujados, todos los sets, ¿verdad? Y se pone en combinación con Fernando Soler para hacer la película. ¿Sabes cómo se dirigía la película? La película se dirigía de este modo: Luis Buñuel preparaba el movimiento de los actores y el movimiento de escena, cuando había terminado el movimiento que quería, daba la vuelta en el sillón y decía: «Fernando, te toca a ti». Entonces Fernando repasaba los diálogos de los actores, y cuando ya lo tenían todos hablado —y eran buenos actores, casi todos se sabían de memoria el diálogo—, Fernando se volvía a Luis Buñuel y le decía: «Luis, ya estoy listo. Ahora te toca a ti». Dice: «Bueno, un ensayo de movimiento y diálogos». «Está bien». «Está bien». «Toma». Y el tipo hace la película en dieciocho días a un precio exacto, porque es más productor que

16 Miguel Melitón Delgado Pardavé (1905-1994) fue un actor, guionista y director mexicano, conocido por su larga colaboración con Mario Moreno *Cantinflas*.

nadie. Todas las noches terminábamos el trabajo y me decía: «¿Sabes que de todo lo que preparé lo hice distinto?». Porque hacía los movimientos de cámara según estaba en el set. Y así le sale la película. Le sale con bastante éxito. Es una película que ha dado resultado. Pero, claro, es una película de segundo orden, digamos, comercial.

M. A.: Y hasta de tercero.

F. A.: Y hasta de tercero. Pero es una película decorosa que tuvo mucho éxito.

M. A.: Sí, sí. Mucho éxito.

F. A.: Mucho éxito.

M. A.: Y le permitió hacer *Los olvidados*. Si no hace esa película, no hace *Los olvidados*.

F. A.: Pudiera ser. Bueno, lo de *Los olvidados,* ¿tú ya sabes cómo surgió la idea?

M. A.: Bueno, con Larrea, haciendo *Mi papelerito jefe* o no sé qué.[17]

F. A.: Bueno, sí. La idea de *Los olvidados* es la siguiente. En *Los olvidados*, el señor Dancigers con la familia Menasce van al cine de la calle Mayor, ¿es el cine Rex?

M. A.: Sí.

F. A.: Y ven *El limpiabotas*.[18] De ahí sale la idea de *Los olvidados.* A la salida del cine —esto es una cosa que no está muy clara, porque hubo una discusión entre Menasce y Dancigers, sobre quién fue el que tuvo la idea. Esa fue una discusión posterior, porque hubo un pequeño disgusto entre los dos— a la salida dijeron: «¿Por qué no hacemos una película de niños en México? Nunca se ha hecho una película de niños. Vamos a hacer una película interesante de niños». Yo no digo como *El limpiabotas*, pero una película de niños mexicanos. Y entonces acuerdan que se hace una película de niños. Y dicen: «Bueno, ¿qué director puede hacer una película de niños?». Y piensan en llamar a Buñuel para ver qué piensa sobre hacer película de niños. Buñuel se presenta en la oficina con Dancigers y Menasce y dice: «Acepto siempre y cuando sean niños que me interesen a mí y, principalmente, me gustarían niños fuera de... anormales o, es decir, no cosas babosas». Y añade: «Yo lo haría, pero estudiando todos los expedientes de tribunales de menores». Y se pone en contacto con todos los tribunales de menores de aquí. Es decir, no tribunales de menores, sino con la escuela granja.[19]

M. A.: Con la Ricaud, la escuela granja.[20]

---

17 Se refiere al proyecto, nunca realizado, ¡*Mi huerfanito, jefe!*

18 *El limpiabotas* (Vittorio de Sica, 1946).

19 Reformatorio de menores.

20 Antes Buñuel ha hablado de María Luisa Ricaud como directora de la cárcel de mujeres (véase la p. 409).

F. A.: En la escuela granja se pone a estudiar los expedientes. Y ahí surge toda la historia, es decir, todo lo que hay en *Los olvidados* son los expedientes auténticos de cosas que les pasaron a muchachos en México. Entonces, me acerco a Dancigers y me encuentro con que hay que trabajar con niños sacados de la escuela granja, niños que Buñuel se encuentra en el pasaje de la Latinoamericana. Hay un niño actor que es el Jaibo.

M. A.: Sí, Cobo.[21]

F. A.: Cobo. Y hay un muchacho elegido por Buñuel, que es Alfonso Mejía, entre trescientos y pico de niños que vio, uno por uno. Y dijo: «Este papel, este». Él ve todos y hace el reparto. Cuando yo me encuentro con que hay tantos niños en el trabajo, le digo a Dancigers: «Esta es una película muy delicada porque Luis Buñuel está sordo, y trabajar con niños es muy difícil». Y Menasce me había pedido que yo le hiciera un presupuesto exacto de la película, con la advertencia de que no había anticipo. Que no había anticipo para hacer *Los olvidados* y que él iba a poner todo el dinero. Entonces, hago un presupuesto de 525 000 pesos exactos y tengo que hacer la película exactamente con ese dinero. Le digo a Dancigers: «Mire, creo que sería necesario un profesor o alguien, un guía, para que los muchachos, primero, se supieran las líneas de diálogo, supieran más o menos el contenido de la película, y que alguien se lo explicara. Yo encuentro que Luis Buñuel, esto, lo va a hacer, pero le va a costar. Y, además, nos va a costar a nosotros». Y le sugiero a Dancigers: «Vamos a llamar a un director de teatro o un director, a alguien que les explique, ¿no?» Y entonces empezaba José Luis Aceves a hacer lo del Teatro del Caracol, y yo había visto dos o tres obras. Voy y le digo al señor José Luis Aceves —el director teatral, el que murió—: «Vamos a hablar con él y a ver qué dice».[22] Se lo decimos, hablamos con Buñuel, y Buñuel protestó: «No, eso no. No vale la pena». Le dije: «Bueno, vale la pena o no vale la pena. Lo mejor es que tengas unos chicos que sepan qué es y que haya una persona que te ayude. El asistente de director no te puede ayudar, el *script-clerk,*[23] como hacen aquí, tampoco te puede ayudar. Deja que él lo prepare». Así, pues, se contrata a Aceves ya con más o menos la conformidad de Buñuel, para que haga la preparación de los muchachos. Durante las tres semanas anteriores al rodaje, se prepara a los muchachos, primero para que

---

21 Roberto García Romero (1930-2002), artísticamente conocido como Roberto Cobo, fue un actor mexicano que adquirió fama por su papel de Jaibo en *Los olvidados*, ya que antes de esta película era bailarín en un *night-club,* a diferencia del resto del elenco protagónico adulto, que sí estaba compuesto por actores profesionales.

22 Parece como si se refiriese a Luis Aceves Castañeda (1913-1973) el actor que trabajó en diversas películas de Buñuel y que tuvo su propia compañía de teatro, pero en marzo 1969, fecha de la conversación de Aub con Amérigo, no había muerto.

23 Denominación que recibían los *scripts* (o continuistas).

aprendan las líneas y, segundo, para que se pongan en relación con los actores principales. Y, cuando vamos a trabajar en el set, Buñuel se da cuenta de que eso es útil. Aceves preparaba antes de la escena a los muchachos, les recordaba las líneas, igual que cualquier profesor.

M. A.: Sí.

F. A.: Un revisador de diálogos, ¿no? Les preparaba todo el material y ya entraban en escena y, claro, fuimos mucho más rápido, por lo que la película se hizo exactamente en el tiempo que se previó, con el dinero presupuestado y el trabajo fue fácil. A pesar de que hubo la oposición de técnicos y manuales, que no permitían que Aceves, como no era de su gremio, trabajase dentro del set. Entonces se llegó al extremo siguiente: pedir permiso al sindicato de que, si no querían, no entraba en el set porque estaba prohibido, pero por lo menos en el despacho o en las oficinas fuera del set Aceves podía todos los días preparar a los chicos las escenas que tenían que hacer. Y así se acabó.

* * *

[Seguimos hablando de Los olvidados*].*

F. A.: En *Los olvidados* se contrató a Gabriel Figueroa por su prestigio internacional, porque no había un reparto de actores llamativo, y se quería tener una fotografía de exteriores rápida, que Gabriel domina. Pero nunca hubo un entendimiento muy bueno entre Gabriel Figueroa y Luis Buñuel. Aunque el trabajo era cordial, más o menos. Pero llegó un momento en que Gabriel Figueroa me preguntó: «¿Para qué me han contratado a mí?». Y yo le contesté tranquilamente: «Porque eres el único estelar que hay en esta película». Se realizaron varias escenas con ciertas dificultades. Una de las escenas fue, por ejemplo, la de la gallina. Que se hace frente a lo que hoy es una estructura de hierro que estaba en el centro médico. O sea, al lado del cementerio francés, había una gran estructura de hierro, y en esa planicie se planea hacer la escena de los muchachos que golpean al ciego y le rompen la tambora. Te acordarás bien de esa escena. Entonces, en el momento ese, sin estar en el guion, Buñuel pide una gallina para hacer una escena con ella. ¿Qué quería hacer? Nadie lo sabe. Trabajábamos muy deprisa, con bastante precisión, por cierta economía y porque había que salir a trabajar en exteriores y después de comer a otra parte. Entonces se me acerca el fotógrafo y me dice que lo de la gallina es un disparate, que hacer una escena con la gallina no debe de ser, que lo consulte con el productor, y que no vale la pena. Hablo con Luis Buñuel y me dice: «Mira, es una escena que yo quiero de la siguiente manera: cuando el ciego esté en el suelo, ya tirado, golpeado por los muchachos, la gallina debe de estar enfrente de él y mirarse cara a cara. Si no lo hago en veinte minutos, olvida la gallina y olvida la escena». Entonces, efectivamente, di media hora de trabajo para hacer la escena de la gallina. Se alquiló la gallina. Entonces nos pidieron diez pesos por ella. Dije: «No importa, diez pesos». La gallina costaba menos dinero, pero valía la pena hacer la escena.

Se hicieron tres tomas y en ninguna se logró que el ciego y la gallina coincidieran con las caras de frente. Entonces, Buñuel, a los veinte o veinticinco minutos dice: «No se puede hacer. ¡Vámonos!». Se corta. A comer. Para ir a trabajar por la tarde a Tacubaya, a hacer la escena del ciego que tiran por la…, que avientan del…, no del ciego, del tullido…

M. A.: Un tullido.

F. A.: … de las piernas. Pero, al día siguiente, cuando vemos las pruebas en pantalla, es tan impresionante la escena de la gallina, que nunca dio la cara, sino que daba más bien la parte trasera, ¿verdad?, que acordamos, Luis Buñuel y yo, que teníamos que repetirla en cualquier momento que tuviéramos en los exteriores que se hacían en el Distrito Federal. Había que filmar la gallina. Efectivamente, volvimos a repetir la escena con tan buena suerte que ¡la gallina coincidió de frente con él! Y ahí cortamos, y se filmó la gallina. Esa es una anécdota de trabajo, ¿verdad?

M. A.: Sí. Bueno, pero…

F. A.: Pero anécdota de trabajo improvisada. Y uno dice, ¿por qué? Pues porque así es Buñuel, ¿no?

M. A.: Sí. Bueno, y cuéntame algo de Lilia Prado,[24] porque eso sí me divierte mucho.

F. A.: Bueno, Lilia Prado estaba entusiasmada con Luis Buñuel. Consideraba que eso era para ella una oportunidad enorme de destacarse como actriz. Estaba tan entusiasmada que puso de su parte todo lo que pudo para hacer su papel en *Abismos de pasión,* o sea, *Cumbres borrascosas*. Pero ahí había un reparto de actores tan…

M. A.: Absurdo.

F. A.: Tan absurdo y la historia no estaba trabajada de una manera tan efectiva.

M. A.: No, lo del reparto era totalmente absurdo, pero es una obra que Luis tenía muy trabajada, pero no para actores de este tipo.

F. A.: Pero que no la logró. No se logró.

M. A.: No, dejando aparte el último rollo. Lo demás no vale la pena.

F. A.: Interesante la escena del cementerio.

M. A.: Sí. Nada más. Pero, ¿cómo respondió Luis a los, digamos, amores de Lilia?

F. A.: Bueno, yo en lo privado no sé. Yo sé el entusiasmo que la muchacha tenía. Pero Luis en ese sentido no es un hombre que se explaya.

M. A.: ¡No! Él no, en fin, no dice, no habla más que de dos amores que tuvo con dos extras. De eso es de lo único que me habla.

---

24 Lilia Prado (1928-2006) fue una actriz mexicana, considerada una de las grandes actrices de la *época dorada* del cine mexicano.

F. A.: ¡Ah, bueno! Pero es que eso son extras preferidas que él tiene, y que siempre querían trabajar en la película, y que las pone, igual que tuvo un extra guardia civil. Ya sabes.

M. A.: Bueno, pero él me ha dicho tranquilamente que se enamoró dos veces aquí, en México.

F. A.: De dos extras.

M. A.: A mí me dijo: «Yo, total, aquí lo que he sacado ha sido con dos extras y, además, enamorado».

F. A.: *(Ríe).* Bueno, no sé si te tomaría el pelo, ¿verdad?

M. A.: No, no, no, no. Es auténtico.

F. A.: Porque es capaz de eso también, ¿no?

M. A.: Sí.

F. A.: No me acuerdo. Sé que hay dos extras o tres extras entre hombres y mujeres que él siempre lleva de, digamos, mascota o preferidas.

M. A.: No, no, no, no.

F. A.: Pero de amores, no sé. Nunca le he visto. Desde luego, es tan puntual en su trabajo y en su salida y corte de trabajo, que jamás lo he visto llevarse en el coche a ninguna mujer. Eso es cierto. *(Ríe).*

M. A.: Bueno, ahora dime si tú tienes la menor idea de quién, aquí, que ha trabajado muy cerca de ti también en muchas cosas, me ha dicho que se ha dicho por ahí que Buñuel era maricón.

F. A.: No, ninguna idea.

[Amérigo[25] *me cuenta los ratos terribles que Buñuel les ha hecho pasar cuando pierde la sensación del equilibrio y tiene que sentarse sin poder moverse ni hablar, sufriendo horriblemente, sobre todo desde el punto de vista moral, ya que no puede indicar ni hacer ningún movimiento, y cómo él en algunas secuencias de* Nazarín *tuvo que acabar las escenas únicamente guiado por un rayo de luz «...de una intensidad de la que no tienes idea, que salía de los ojos de Buñuel. Y en el trópico... De eso no puedes hacerte ni idea. De pronto, empieza a torcerse y retorcerse, deshidratándose, y es algo verdaderamente aterrador el verle esforzarse cerca de la cámara». No tengo ni idea de lo que pueda ser, pero la escena siguiente me permite vislumbrar cómo puede ser con sus mejores amigos en sus peores momentos. Hablaba con Amérigo de la proyección de* Nazarín, *anteayer, en la Universidad. Y, haciendo una gracia a las que, por lo visto, están acostumbrados en tantos años de trabajo conjunto, le dijo que en la excelente copia que había podido prestar a los estudiantes había dos cortes: el del Cristo sonriente y el de la escena de la mujer lavándose las manos en la jofaina consagrada. En un segundo cambió la expresión de Buñuel,*

25 Esta parte es la única que incluyó Federico Álvarez en su edición de las conversaciones.

que, al igual que yo, había entendido que el que había cortado esos cuadros era el propio Amérigo. Aunque este se defendió en seguida, rezongó Buñuel: «Me es igual que sea quien sea, que seas tú, que sea mi madre; me cago en ti, me cago en mi madre, me cago en quien sea. Esas son cosas que no se me pueden hacer a mí. Esas son cosas que no se pueden hacer a un surrealista. Y si lo que yo quise y si lo que yo hice fue precisamente herir, y querer herir, y querer molestar, y querer pisotear los sentimientos del público, esas son cosas mías, total y absolutamente mías, y nadie tiene derecho a entrometerse entre el público y yo, y si el público reacciona de la manera que reacciona, allá él». Miraba yo, asombrado de la tranquilidad de Amérigo, cómo intentaba explicarle a Buñuel que esa copia acababa de regresar de Argentina y que evidentemente el proyeccionista había juzgado conveniente cortar estos trocitos y quedarse con ellos. «A mí no me importa nada de ningún hijo de perra, sea argentino, sea lo que sea. Y, además, tú eres muy capaz de haberlo hecho». Y apretando los puños con una rabia feroz, se salió de la sala en la que nos encontrábamos las siete personas restantes con cierto asombro. «No hagan caso —dijo Amérigo—. Ya estoy acostumbrado». A los dos minutos reaparecía Luis, transformado, pidiéndonos perdón: «Es que me salgo fuera de mí y no me puedo controlar. Son cosas que van más allá de mi capacidad de resistencia. ¿Con qué derecho hacen esto?». «Con ninguno. Pero lo hacen». Amérigo le explicaba cómo, a base del negativo, restablecería la integridad de la copia].

PEDRO FERNÁNDEZ MIRET[26]

M. A.: Vamos a ver, Pedro, ¿por qué te gusta la obra, la vida y la persona de Buñuel?

P. M.: Bueno..., soy muy amigo de mis amigos y no sé diferenciar al amigo del artista. Tengo tanta debilidad por el amigo como por el artista. A Buñuel le admiro profundamente en ambos aspectos. Soy incapaz de establecer un juicio puro sobre él como artista, porque inmediatamente lo asocio al hombre.

M. A.: Bueno, pero lo que me decías de la cosa española.

P. M.: ¡Ah!, bueno, que considero... ¿Cómo lo dije? Español. Que Buñuel es muy español, ¿no? Y que yo me sentí español a través de Buñuel. Me di cuenta de lo profundamente español que era.

M. A.: ¿Cuántos años tenías cuando te diste cuenta de eso?

P. M.: Pues, no sé, cuando vi *(ríe) Los olvidados,* que es la obra menos española de Buñuel.

---

26 Pedro Fernández Miret (1932-1988) fue un escritor y guionista de origen catalán que llegó a México como parte del exilio español en 1939. Buñuel manifestó admiración por su trabajo e incluso llegó a prologar su obra *Esta noche... vienen rojos y azules* (1964), hecho insólito en el calandino.

M. A.: El año 50.

P. M.: Sí. El año 50 y tantos, ¿no?

M. A.: Y desde entonces, ¿te sientes español?

P. M.: Sí, me siento muy español.

M. A.: ¿Cuándo naciste? ¿En qué año?

P. M.: Y gran admirador de Buñuel. Más admirador que nunca. O sea, porque es el colmo…

M. A.: Bueno, pero, ¿cuántos…?

P. M.: … entrar a través de *Los olvidados*…

M. A.: ¿Cuántos años tenías en el año 50?

P. M.: Pues no sé, ¿no? No llevo la cuenta.

M. A.: Bueno, ¿cuándo naciste?

P. M.: Debería tener veinticinco o así.

M. A.: ¿Y cuántos años llevabas en México, entonces?

P. M.: Pues, no sé. No me acuerdo. No sé.

M. A.: Pero, ¿cuántos años tenías cuándo llegaste?

P. M.: En el 39 tenía siete.

M. A.: Bueno, desde los siete a los dieciocho no te diste cuenta, de hecho, de que eras español, y tuviste que ver la obra de Buñuel para darte cuenta de que lo eras.

P. M.: Sí y, además con su película *Los olvidados,* que es la película menos española de todas las suyas.

M. A.: ¿Y después? Porque después, de *Los olvidados* a las siguientes, hay un salto de tres o cuatro años.

P. M.: Sí. Bueno, no sé. Me gusta todo el cine de Buñuel en bloque. O sea, desde ese día me empecé a interesar realmente en Buñuel y en el cine, ¿no?

M. A.: ¿Y cuándo conociste a Buñuel?

P. M.: Fui con él mucho tiempo a los estudios cuando estaba filmando *Subida al cielo,* porque quería ingresar en el sindicato, pues ya me había picado el virus del cine. Entonces, Buñuel me dejaba que fuera a la filmación y presenciara cómo se filma para que conociera los rudimentos del cine. Justamente por eso, a raíz de haber visto *Los olvidados,* ¿no?, y desde entonces ya tengo sellada mi suerte como hombre de cine.

M. A.: ¿Viste todas las otras películas que hizo aquí, o participaste en ellas?

P. M.: No, no, no. Yo no participé en ninguna más. Después de haber estado durante toda la filmación de *Subida al cielo* traté de ingresar en el sindicato, no pude, y ya me dediqué a la arquitectura como el menor de los males. Pero he seguido toda la trayectoria de Buñuel, he visto todas sus películas, menos *El ángel exterminador*, que es la que estoy seguro que me va a gustar más de todas, no sé por qué.

M. A.: Pero, ¿no la has visto?

P. M.: No, no la he visto. Y no sé, no quiero.

M. A.: ¿Y por qué no la quieres ver? ¿O por qué no la has visto?

P. M.: No sé, no he tenido ocasión de verla, pero me interesa mucho. Además, he conocido el guion, Alatriste me lo ha dejado, Alcoriza creo que me la contó y, no sé... Además, es difícil ver las películas de Buñuel.

M. A.: ¿Por qué es difícil?

P. M.: No es probable que pasen *(ríe)* en los cines de segunda o de tercera, ¿no? No suele pasar con una película de vaqueros. Sí. En un...

M. A.: ¿Por qué no?

P. M.: ... cine de segunda categoría, ¿no?

M. A.: Bueno, ¿y qué? De las primeras, ¿tú has visto...?

P. M.: Sí, las he visto todas. *La edad de oro*, *Tierra sin pan*. Todas, todas, todas las he visto. También me impresionaron profundamente.

M. A.: ¿Por qué?

P. M.: Pues, no sé. No sé. En eso consiste la virtud de estas películas, que me impresionaron sin saber por qué me impresionaron, ¿no?

M. A.: Bueno. Muy españolas.

P. M.: Sobre todo *La edad de oro* me impresionó mucho, mucho, mucho. No sé si muy españolas o no. Bueno, *Tierra sin pan*, efectivamente, muy españolas.

M. A.: No, pero en *La edad de oro*, sí.

P. M.: Pero era la actitud de Buñuel, la española, no la espa... No. O sea, entendí más España a través de *Los olvidados* que de *Tierra sin pan,* que es una película realizada en España. O sea, *Los olvidados* es un tema mexicano, filmado en México y, sin embargo, la actitud es profundamente española. Bárbara. Muy, muy vital. Bueno, no sé. Es inútil hacer un análisis sobre Buñuel, porque escapa a todo.

M. A.: Bueno, pero no acabo de entender... Yo estoy totalmente de acuerdo en la españolidad radical, fundamental de Buñuel y de la obra de Buñuel. Pero lo que no creo es que *Los olvidados* sea precisamente una película... Creo que es la película más universal de Buñuel, como *El ángel exterminador*. Son películas en las que se presentan casos que lo mismo podían suceder en España, en Francia o en Brasil, pero que suceden en México, punto y basta. Pero *Viridiana, Nazarín*, todas estas no pueden ser más que películas españolas a pesar de que suceden aquí, ¿verdad? o se hayan filmado en España. Eso no importa, filmar aquí o en España. Buñuel es tan español como Picasso o como Goya, ¿verdad? De eso no cabe la menor duda. Bueno, ¿y qué entiendes por *español*?

P. M.: No sé. Esa brutalidad, esos espacios abiertos, esa miseria, esa gran ternura. Todo lo que es la síntesis de *Los olvidados,* ¿no? Esa universalidad que usted dice... de la cual lo español también comparte algo, ¿no?

M. A.: ¿Y qué más?

P. M.: No sé. Es la que más me gusta, porque es la más pura de todas sus películas. Yo la vi hace muchos años. Seguramente, si la viera ahora no me gustaría. O sí, sí, claro que me gustaría tanto. Pero prefiero no verla, conservar la impresión que tengo de ella. Me niego a leerla, es como los buenos libros, no se tienen que leer más que una sola vez, y las buenas películas solo se tienen que ver una vez, ¿no? Las segundas veces siempre son inferiores a la primera. Y esta es de las pocas películas de las que guardo un recuerdo realmente excepcional.

DENIS MARION

M. A.: Cuéntame esa historia sobre *Los olvidados*.

D. M.: Cuando vi a Buñuel en Cannes, donde yo era miembro del jurado, me contó esto sobre la realización de *Los olvidados*. Él se puso de acuerdo con Dancigers para hacer dos películas al año. Cada película debía tardar tres meses, seguidos de un descanso de tres meses. Después de la segunda película, cuando Buñuel tomó sus vacaciones, Dancigers le dijo: «Actualmente las películas sobre los niños tienen mucho éxito. ¿Querría usted hacer una para el año próximo?». Buñuel le preguntó si tenía un guion; Dancigers le respondió: «No, hágalo usted mismo». Buñuel descansó tres meses, vuelve a ver a Dancigers y le lleva la sinopsis de *¡Mi huerfanito, jefe!* Dancigers lo lee y le dice: «Es muy malo». Buñuel le dice: «Seguro, pero es eso lo que usted quiere, ¿no?». «No —dijo Dancigers—, hay algo que cambió, y es que usted no sabe que una de sus películas ha tenido un enorme éxito comercial porque el protagonista es un cantante que se ha hecho célebre. Y todo el mundo ha querido ver la película. Yo quisiera hacer una película con un presupuesto más importante y seria». «¡Ah!, bueno —dijo Buñuel—, si es así, voy a hacerle otro *script*», y le llevó el de *Los olvidados*.

M. A.: Buñuel dice que Dancigers les dejó, en efecto, hacer la película, pero que se opuso a la realización de una escena.

D. M.: Existe en México la estructura, en cierto modo, de un rascacielos del que se había construido el armazón y, a consecuencia de un hundimiento del terreno, interrumpieron la construcción. Este armazón subsiste, los departamentos están sin puertas ni ventanas y, en consecuencia, no están ocupados. Buñuel había propuesto que en una de las secuencias de *Los olvidados* apareciese el rascacielos, vacío, como último plano, y que en cada uno de los departamentos hubiese habido un músico; de modo que la centena de músicos compusiese una orquesta sinfónica que hubiese interpretado una de las sinfonías de Beethoven.

CONCHA MANTECÓN[27]

[Resumen de una conversación con Concha Mantecón].

De cómo Éluard convenció a Dominique [Laure]...,[28] *en casa de Ernesto García (avenida Veracruz, número 56, México D.F.), donde está Pablo Neruda, con flebitis, en cama, inválido de una pierna, con una anilla colgada del techo para agarrarse, incorporarse y poder ser visto; y el poeta francés, también a media vela, sentado sobre un refrigerador chiquitito, habla encendido de pasión con aquella buena moza inteligente y divorciada. Decidieron casarlos; pusiéronse de acuerdo* Mantecones, Nerudas *y Ernesto, y saliéronse con la suya, muy a gusto de los contrayentes. Solo hubo una víctima que lamentar, y no fue culpa de nadie. Tenía Dominique una perra salchicha que le caía muy mal a Paul Éluard. Había que traspasarla. La heredó muy a gusto Jeanne Buñuel, muy amiga de Dominque (aunque parezca mentira, no había relaciones entre Neruda y Luis Buñuel). Llévose el daelzel*[29] *Jeanne a su casa. Allí lo tuvo hasta que un buen día el perro se cayó de la azotea. Las malas lenguas dicen que se suicidó. Lo cierto es que fue la única nube de aquella unión tardía que, desgraciadamente para todos, duró poco. Enseguida, Éluard también moría.*[30]

Manuel Altolaguirre y *Subida al cielo*

[Acabamos hablando de Subida al cielo.*]*

Cuando Manolito quiso que hiciera la película, basada en un hecho cierto, un viaje de ya no recuerdo quien, en un camión de segunda, de Acapulco a Zihuatanejo, le dije que le costaría 30000 pesos todo, adaptación y dirección. Hasta entonces había cobrado 25000. ¡Pero qué películas! Ya nadie se acuerda de ellas: *Una mujer sin amor, La hija del engaño, Susana.* Y por *Los olvidados* también cobre 25000 pesos. Manolito era fenomenal.

¿Y María Luisa?

Hombre, no me hables, la primera vez que fuimos a cenar a su casa, abrió ella la puerta y dijo: «¿Buñuel?» «Sí.» Grito: «¡Manolo! ¡Pues no es

---

27 Esta conversación, no grabada en cinta, tuvo lugar en marzo de 1970, casi un año y medio después de la conversación transcrita anteriormente, que tuvo lugar el 30 de octubre de 1968. Reproducimos aquí únicamente la primera parte, pues la segunda la hemos incluido como nota a pie de página en la parte de la entrevista sobre la acogida de Ramón Acín en casa de los Mantecón (véase la nota 12 de la p. 347).

28 Dominique Laure fue la tercera esposa de Paul Éluard, a quien conoció en México.

29 Quiere decir el dachshund o teckel (es como si Aub hubiese realizado el acrónimo de ambos nombres), raza comúnmente conocida como *perro salchicha*.

30 Paul Éluard murió a finales de 1952.

tan feo como decías!». Luego saludó a Jeanne, le levantó el brazo, le olió el sobaco y le dijo: «Me gusta. Huele a limpio, no como los cojones de Manolo.» Luego, en el set, cuando llegaban tarde y Manolo la disculpaba diciendo que le dolía la cabeza, ella chillando: «¡Qué cabeza ni qué nada! ¡La menstruación, chico, la menstruación!». Y Manolo, detrás de esa cabra. Porque era una cabra... Manolito... Manolito conduciendo con el brazo izquierdo fuera, sobre el techo del coche, conduciendo con una mano y volviéndose hacia mí diciéndome con su acento que no hay quien nos quite de los oídos: «¡Quién lo habría de decir, Luis! ¡Las vueltas que da el mundo! ¡Yo, productor de películas! ¿Eh? ¿Qué te parece? Yo, productor de películas...». Y lo decía con esa satisfacción infantil que nunca le abandonó. Y morir tan absurdamente en una recta, en una recta total, frente a Burgos. Salieron tarde de San Sebastián, creo que hacia las once. Debían de haber bebido bastante. Habían ido al Festival. Y morir con el brazo doblado sobre el techo del coche. Dieron seis o siete volteretas. Dicen que pidió confesarse. Porque era católico.[31]

Pobre Manolo, morir así.

No dejaron entrar su cadáver en Madrid. Está enterrado en un cementerio de las afueras. No me acuerdo cuál. Paloma va, cuando va... Y eso mismo nos va a pasar a nosotros, a mí y a ti... Razón por la que no quiero ir a dirigir otra vez a Europa. Aquí estoy bien. Tengo lo que me hace falta. Las botellas que necesito. Y si quiero hacer una película, pues la haría aquí. Con capital francés, italiano o lo que fuera. Pero irme a Europa a dirigir... Un día me da un dolor... aquí *(señala su nuca)*, ¿y qué?

Traiciones

[Vuelven de Francia, hacia 1954, Luis, Juan Luis, Jeanne, con el embajador mexicano Álvarez Acosta, paran en Nueva York (vuelan en Air France). Va Luis detrás, muy quitado de la pena. Pasan al café. «Mister Buñuel». Lo

---

31 En 1950 María Luisa Gómez Mena creó Producciones Isla, una productora cinematográfica que compartía con Manuel Altolaguirre. En julio de 1959 —con la redacción de una segunda versión de *El cantar de los cantares*— se presentaron en el Festival de Cine de San Sebastián para proyectar, fuera de concurso, la primera versión de este film de 1958. El propósito de ambos era conseguir financiación para la filmación de esa segunda versión. Después de presentar la película, y de vuelta a Madrid, cerca de Burgos, el 23 de julio de 1959, el coche en el que viajaban volcó, muriendo María Luisa en el acto y, tres días después, Altolaguirre.

llevan a una habitación, lo encierran, luego llega un policía uniformado y se le planta delante. «¿Mister Gustavo Durán?». «No. Mister Buñuel Portolés». «¡Ah, sí!, perdón». «¿Qué pasa?». «No lo sé. Me dijeron que estuviera con usted aquí». «Pero, ¿me van a dejar seguir a México?». «No lo sé». A los veinte minutos aparece un jefe y una aeromoza. Lo llevan al avión, y allí —ya todos los pasajeros acomodados— le devuelven el pasaporte].

Cuando volví, fui a ver a Bonté [Crompton] y a Gustavo.[32] «Sí, chico, sí —me dijo—. Yo te denuncié. No tienes idea… Horas y horas los de la CIA encima. Seis meses. Dije todo lo que querían». Gustavo era así, se entregaba a las causas que servía. Yo tengo un poco de culpa. El 34, en Madrid, cuando estaba yo en la Warner, tenía veintiuna películas que doblar. Fui a los laboratorios donde trabajaba Gustavo —los mejores, desde luego—. Llegamos en seguida a un acuerdo. «Quiero que las doble míster Durán». «No puede ser. ¡Es un comunista!». «Mire usted, a mí no me importa. Ni a la Warner tampoco. Queremos un trabajo bien hecho y, o lo hace el señor Durán, o me las llevo». Las hizo. Luego, en Nueva York, le metí yo en el Museo de Arte Moderno y por poco me desbanca. Todos le adoraban. Nunca he visto una persona con más simpatía. Ya no era aquel adolescente adorable, rubio, angelical, de los diecisiete años (luego se quitó como cinco), el de las historias con Néstor de la Torre,[33] ni el *playboy* de París. Si no es porque lo denuncia McCarthy, a estas horas hubiera muerto como embajador de Estados Unidos en París o en Londres. Era consejero de Murphy,[34] de Eisenhower, ya presidente.

¿Y crees que era de la policía antes? No digo en nuestra guerra, sino luego, en Cuba.

Sin duda alguna. Conocía a todos. Cuando algunos españoles querían ir a Estados Unidos, les decía: «Tú puedes ir; tú, no: estuviste en la décima brigada», etc.

---

32 Bonté Crompton (1916-2005) era la esposa de Gustavo Durán, de nacionalidad estadounidense y procedente de una familia muy adinerada.

33 Durán fue modelo del pintor canario Néstor Martín-Fernández de la Torre (1887-1938) para su obra *Poema del Atlántico*.

34 Pensamos que se refiere a Robert Daniel Murphy (1894-1978), diplomático americano y consejero político de Eisenhower. Ahora bien, la verosimilitud de esta historia parece estar en entredicho, ya que, según parece, Durán volvió de París a Madrid para trabajar en Fono España, en la que Bernardo de la Torre, hermano de Claudio, era director de producción. Durán trabajó en Fono España hasta la víspera del 18 de julio. Trabajaban para la Paramount, la Fox, la Warner y la Hispano American Film. Por tanto, si esto es así, la conversación a la que se refiere Buñuel nunca se produjo.

Un auténtico hijo de puta.

No. Defendía lo que le tenían encargado. *[Interviene Jeanne: «Luis es así, basta que hayan sido amigos suyos para perdonarles todo. Ya ves, Dalí y Gustavo, sus mejores amigos...»]*. Sí, llamé un día a Dalí, en Nueva York, para romperle la cara, y acabamos tomando champán. Pero, referente a Gustavo, mucho se lo debe a Bonté, que es de una gran familia norteamericana. *[Lo van a enterrar en Chipre, y los campesinos, agradecidos, le van a levantar un monumento. Es curioso. Pertenece a ese grupo numeroso de españoles que dio su vida por la ONU]*.

JOAQUÍN PEINADO[35]

J. P.: Hace quizás dos años, el 70 o no sé, nos invita a cenar Luis a mi hija mayor, Nina, y a mí; no a cenar, a comer, porque él se acuesta muy temprano, dice. Y nos lleva a comer allí, por la plaza de Saint Michel, no sé dónde; y estando en la mesa le dice a Conchita, su hermana: «Mira, si yo me casé con Juanita, este es el responsable. Porque él vino a París y conocía a Rafaela, Rafaela...», y se dirigía a mí para saber si era el nombre. Y le dije: «Así es, Rafaela». Que ya murió Rafaela Seller, y por ella conocimos a Juanita, a Georgette, y conocimos a toda la familia esa. Siempre ha habido... Lo que yo te decía, al perder contacto, no sé cuándo he oído yo a Juanita decir —y esto, claro, después de la guerra— que Buñuel estaba en Hollywood y que Juanita le dijo un día —porque lo veía postrado siempre (no sé, o no, ya en México), sin hacer nada—: «Pero, Luis, tú no te puedes quedar así, porque todos los días...». Y que ella le animó y ya empezó a trabajar. No sé hasta qué punto Juanita ha podido influir en él positivamente o no. Tú sabes de esto; cuando el año 54 vine a México, que pasé aquí una larga temporada, que nos vimos, cuando hice esta exposición en la galería de Inés Amor,[36] Juanita me llamaba y me decía: «Mira, que Luis me está preguntando todos los días: ¿has llamado a Joaquín?, ¿tienes noticias de Joaquín? Tiene que venir Joaquín». Y ella insistía, porque sabe que Luis tiene fama de hombre muy raro, que no quiere recibir a alguna gente. Y a mí me sacaba de eso insistiendo en que él era el que me solicitaba. Bueno, pues cuando inauguré la exposición —él no va a ninguna exposición—; sin embargo, cuando ya aquello se iba a cerrar, allí se presenta Luis. Y con él en su casa, bueno, muy bien. Pero ocurre que tiene que irse a París para trabajar, una ausencia de tres

---

35 Esta manifestación de Peinado podría haberse incluido en diferentes partes del libro dado su contenido polivalente en este sentido. Hemos optado, pues, por el elemento cronológico (1954).

36 Inés Amor (1912-1980) fue una promotora y galerista del arte moderno mexicano, que en 1935 fundó la primera galería de arte de México, la Galería de Arte Mexicano.

meses o cosa así. Y yo iba a casa de Juanita con frecuencia, y veíamos a Rafael —Juan Luis estaba en Norteamérica— y salíamos. Una vez fuimos Rafael y yo a montar a caballo en un lugar que tenía un sevillano... Bueno. Pero otra vez me dice José Moreno Villa, que tan respetado y querido era en la casa de Luis, lo cual, si yo alguna vez sentía algo contra Luis, yo decía: «No, no, yo a Luis se lo tengo que perdonar todo». Porque este amor, este cariño que él tenía por don José Moreno Villa llegaba hasta el punto de que, por ejemplo, estando comiendo, Luis en la cabecera, con Alcoriza, Juanita y la mujer de Alcoriza, que también se llama Juanita, creo, llegaba don José y Luis se levantaba para dejar la presidencia de la mesa a don José Moreno Villa. Esto no lo he podido olvidar. Y me dice un día Moreno Villa, cuando estaba Luis en París: «Peinado, ¿cree usted que puede emplearse el aguarrás para disolver estas pinturas Ripolin que se utilizan en los muros?». Me hizo una pregunta así. Le dije: «Sí, sí, nada se opone, usted puede trabajar como si fuera un óleo». Y entonces se puso a pintar el muro aquel del patio de Luis. Le hizo un ramo y le pone: «Las flores que no planté». Fíjate que cosa más bonita. Y se produjo un ligero incidente porque lo firmó y le puso la fecha, y Juanita, que le ayudaba a traer las pinturas, a lavar los pinceles y eso, pues también lo firmó. Y me dice Juanita: «Oye, Joaquín, se ha molestado don José porque yo lo firmé también». Y le dije: «Pues tiene razón don José. Tú, ¿por qué tienes que firmar una cosa que ha hecho él?». «¡Ah, no! Es que yo ayudé». Estas son las cosas del año 1954. Luego regresó Luis, y nos fuimos de nuevo. Traía, como siempre, unos menús del restaurante: «Pues mira lo que vale el lenguado a la *meunière,* y ¡qué lenguado! Mira el vino, ¡qué vino!». De los grandes restaurantes de allí. Nos llevó un día a ver *Cumbres borrascosas*, que él había hecho con otro título, porque ya había otra versión. Nos llevó un día. Oye, y cuánto me sorprendió. Estábamos en la sala, venía también Manolo Ángeles Ortiz, y, de pronto, yo no me di cuenta, pero es que se habían puesto tal vez un poquito más bajos los reajustes que tienen que hacer, que están en la cámara plisándolo, y oigo a Luis; lo teníamos en el centro y, mira, dio un silbatazo como un campesino. Era Luis el que silbaba al proyeccionista. Y, en efecto, encuadraron bien la imagen. Así que Luis para mí siempre es sorpresa y mucho afecto, mucho cariño.

RODOLFO USIGLI[37]

[Viene a verme Rodolfo, con su hijo Sandro. Vuelve a Oslo la semana próxima; triste y desengañado por el retraso del estreno de su Corona de Luz, *que*

---

37 Rodolfo Usigli (1905-1979), poeta, dramaturgo, escritor y diplomático mexicano, fue el autor de la novela *Ensayo de un crimen,* que Buñuel adaptó al cine con gran enfado de su autor.

achaca —con sus ideas fijas— a Salva Novo,[38] *como si este, a estas alturas, todavía se acordara de dos viejos rencores, vivos hace veinte años, cuando todavía Villaurrutia y Celestino Gorostiza*[39] *eran de este mundo. Quiero aprovechar su presencia para grabar su opinión acerca de* Ensayo de un crimen, *que filmó Buñuel hace ya trece años. La condición humana de Usigli hace que cualquier suceso molesto de los muchos que tuvo a lo largo de su vida siga presente como si fuese de ayer. (Hay que tener en cuenta que* Ensayo de un crimen *fue y sigue siendo un éxito mundial y que posiblemente le deba Rodolfo más a la filmación de esta su única novela, en cuanto a renombre universal se trata, que no al gran número de sus obras de teatro). Se niega a grabar porque dice estar borracho —lo cual es posiblemente cierto—, pero que no se le nota como tantas otras veces y que en cambio me escribirá detalladamente lo que piensa de la realización de la película. Es posible, es escritor fácil y amigo de correspondencia y tiene poco que hacer en su lejano puesto. Siento no poder contradecirle y ponerle la grabadora enfrente porque, al fin y al cabo, no me dirá gran cosa más que la acumulación de barbaridades que va soltando contra todos los que intervinieron en la filmación. Lo que hace fácil el recuerdo es que la película fue financiada por lo que se llamó Alianza Cinematográfica y que, de hecho, consistía en las aportaciones hechas por diversas ramas del Sindicato de la Producción (autores, directores, músicos, técnicos y manuales, bajo la responsabilidad de Alfonso Patiño Gómez). Usigli no se interesó por ese aspecto, ya que lo que le importaba eran los 20 000 pesos que por derechos de autor le correspondían y que le había pagado, hacía algún tiempo, Ernesto Alonso,*[40] *actor que tenía un interés muy grande en interpretar al protagonista].*

R. U.: Buñuel me prometió 5000 pesos más, que nunca me pagó, alegando que se los debía por el número de *wiskies* que había tomado en el bar de su propiedad, el Quid. Lo que era una solemne mentira. *[Es posible. También es posible que no. Me cuenta que Buñuel iba con frecuencia a verle por la mañana a su piso de la calle de Querétaro, donde entonces vivía. Referente a este tema, preciso, su queja es que Luis se acabó las botellas de* whisky *de excelente calidad que entonces tenía].* Y a mí, el *whisky* me sienta mal por la mañana. *[Discutieron sobre todo acerca de la falta de personalidad de Ernesto Alonso y de lo necesario que era reforzar el papel de la actriz que resultó ser*

---

38 Salvador Novo López (1904-1974) fue un poeta, ensayista, dramaturgo e historiador mexicano, amigo de Usigli, aunque esta amistad acabó rompiéndose.

39 Xavier Villaurrutia González (1903-1950) fue un escritor mexicano que cultivó los géneros de poesía, crítica literaria y dramaturgia. Celestino Gorostiza Alcalá (1904-1967) fue un dramaturgo y director de cine y teatro mexicano.

40 Ernesto Ramírez Alonso (1917-2007) fue un actor, director y productor mexicano.

la muy guapa, de origen checo, Miroslava Stern,[41] *que se suicidó poco tiempo después].* Un periodista de mala índole aseguró que se había matado porque había interpretado mi película. Otro, más inteligente, escribió que lo había llevado a cabo porque había leído mi novela después de haber hecho la película. Buñuel no me quiso enseñar la película hasta que estuviera totalmente terminada y ni siquiera pude verla antes del estreno. Me la pasó la mañana anterior. Mi desilusión fue completa. Esa no era mi novela. Luis se portó muy mal y el pobre de Ugarte también —Ugarte, el colaborador de Buñuel en la adaptación—. La falsificación llegó a tal punto que cambió, sin ninguna razón, el apellido de mi héroe, Archibaldo Durns, por el de Archibaldo de la Cruz. Siempre ese instinto absurdo de recurrir a imágenes católicas; de la misma manera que hizo intervenir unas monjas que mueren de una manera trágica y totalmente gratuita. Hay un Buñuel bueno y un Buñuel malo. Y a mí me tocó el Buñuel malo. *[Protesto, le hago ver que cuenta, por lo menos para mí, entre los aciertos indudables de Buñuel].* Sí, sí, es posible. Pero no es mi novela y él me había hablado con tanto entusiasmo de esa escena de la escalera en la que baja la mujer con su cabeza cortada, en la mano... No quedaba rastro de mi historia, la había convertido en una comedia de humor negro. *[No niega los méritos de Luis, pero, como en tantas cosas en su vida, se considera traicionado. Tal vez tenga razón, pero, como siempre, había que saber por qué. Es curioso que, en vez de estar agradecido a Buñuel por el nombre que le dio, persiste en él esa amargura por lo que considera una traición.* El Caballero, *como le llamaron sus contemporáneos, se ha sentido siempre traicionado. Tal vez lo fue: no se le suele citar entre los de su generación —y no es mejor ni peor que ellos—. Posiblemente se deba al gobierno: tampoco suelen citar, en España, a [Jacinto] Benavente*[42] *entre los componentes de la generación del 98, ni a Buñuel en la del 27, perteneciendo, como los que más, a ellas].*

Luis Alcoriza

Esta tarde, a las seis, tengo la visita de un gran director mexicano.
¿Quién?
Luis Alcoriza.
¿Tiene mucho trabajo?
¡Uff!, todo el que quiera.

---

41 Miroslava Šternová Beková (1925-1955) fue una actriz mexicana de origen checoslovaco.

42 Jacinto Benavente y Martínez (1866-1954) fue un dramaturgo, director, guionista y productor de cine español, galardonado con el Premio Nobel de Literatura en 1922.

Va a hacer Zona sagrada, *con María Félix.*[43]

Pues no lo sé. Fíjate que María Félix, cuando trabajó conmigo, era el espejo mismo de la profesional: obediente, servicial, un encanto. Pero ahora quiere salir en todos los planos, ver el *script,* hacer el *cast.* A lo mejor Alcoriza renuncia. Hace doce años que no me ofrecen, en serio, hacer una película en México. La razón no es solo el nacionalismo. Dejando aparte a Alatriste, yo nunca he podido hacer aquí lo que he querido. Ahora tal vez sería distinto, pero no quiero hacer más películas.

Bueno...

No, de verdad. Lo que más me espanta es pensar que pudiera empezar algo y no acabarlo. [...].

Anoche vi a Alcoriza. Le llamaré mañana. Anda muy ocupado.

¿Para qué quieres hablar con él? Más de lo que dice ahí,[44] no te dirá.

Podría hablar también con su mujer, que es muy inteligente.

Sí, pero Raquel le adora. Cualquier cosa que haga está bien hecha. Publicas mañana un artículo diciendo que es genial y te adorará. Al fin y al cabo, él no era más que un cómico español. Ella le abrió el mundo de los libros. Le hizo leer, o por lo menos le contó, comedias que había hecho o leído. Luego yo le marqué culturalmente, políticamente, no cinematográficamente.

No se puede, más que muy superficialmente. Sin eso habría miles de Cervantes, *cientos de* Buñueles.

Es muy buen chico y con una afición tremenda. Pero no creo que te pueda decir nada interesante.

LUIS ALCORIZA

M. A.: Luis Alcoriza habla de las tonterías que dijimos el doctor Césarman y yo.[45]

L. A.: [...] No, una de las teorías que se dan es completamente freudiana, a base de edipismo, de relaciones complicadas, de muerte del padre, de todo esto, que no sé, no soy psicólogo y, por lo tanto, no me meteré a juzgarlo Desgraciadamente ha pasado mucho rato y ahora no me acuerdo bien de to-

---

43 Proyecto de adaptación de la novela homónima de Carlos Fuentes, que nunca llegó a materializarse.

44 Se refiere a la entrevista que le hicieron a Luis Alcoriza en el periódico mexicano *Excélsior.*

45 Esta conversación tuvo lugar después de las de Aub con Césarman sobre la interpretación psicoanalítica de las películas y los sueños de Buñuel, que se incluyen en la segunda parte (véanse las pp. 831 y ss.).

dos los comentarios que hacía el doctor, pero, en fin, al margen de ello, toda la teoría de la madre abandonadora, de la mujer superviviente cuando los hombres mueren de muerte violenta es, desde luego, completamente impremeditada. Eso lo analiza como psicólogo. Pero lo que más me interesa es tu punto de vista. ¡Ah!, voy a otra cosa: el doctor decía, o tú dijiste, no recuerdo bien, si la obra [el guion de *El Bruto*] era mía o de Buñuel, lo cual parecía un poco extraño porque coincidía con la línea general de sus obras, pero el doctor se refería a obras que fueron posteriores. En ese momento Buñuel llevaba poco tiempo en México, había hecho la película de Libertad Lamarque, *Gran Casino*, su siguiente obra es *El gran calavera*, una comedia intranscendental. Después hizo *Los olvidados*, donde entró en un terreno completamente realista, siempre con sus toques de misterio, de surrealismo, de onirismo, de todo esto. *El Bruto* entraba en ese mismo terreno, pero donde se mezclaba con un realismo total, auténtico, unas problemáticas que en aquel momento estaba muy en vigor, que eran la de las rentas congeladas y la expulsión de los terrenos. Se utilizaban pistoleros y hubo verdaderos casos tremendos, así que era un tema de actualidad. En aquel momento nada nos interesaba menos, ni siquiera lo comentábamos tomando un café o en conversaciones al margen del trabajo, nada que tuviera relación con Hernán Cortés, con los tlaxcaltecas, con la invasión de México, sino que, sencillamente, trabajábamos siempre un poco por impulso, por intuición y dando unos hechos que nos parecían más o menos bien. Sí hay una cosa curiosa como anécdota: de pronto descubríamos —que tú lo apuntas muy bien— la influencia no tanto de la zarzuela —que desde luego sí que ha habido bastantes influencias y las hay permanentemente en uno o en otro, cada cual por su lado—, sino terribles influencias de *Don Juan Tenorio* y de cosas de ópera. Si te fijas bien, el final de *Los olvidados*, cuando pasa la madre y el cadáver del hijo, es un poco *Rigoletto*. También cuando Buñuel iba a hacer *Viridiana* me dijo una frase muy graciosa: «Voy a hacer una película como siempre, basándome en el amado del*Tenorio*, de una novicia que está para profesar, este es el punto de partida de *Viridiana*». En esto, lo que tú anotas muy bien es la gran falla de la película en relación con México, es decir, en eso sí estoy de acuerdo, su españolismo. No creo que *El Bruto* tenga nada que ver con el macho mexicano. En un momento hablamos —al imaginar esa familia monstruosa con un tío paralítico, con una mujer dominante, una familia que lo ahoga, que lo absorbe, que lo domina totalmente— y llegamos a pensar en hacer otra película con los antecedentes de *El Bruto*, es decir, cómo sería esa vida miserable, de una vecindad terrible y ese hombre tan vital y lleno de potencia, con todos los seres que lo dominaban y que lo tenían ahí amarrado, chantajeándole moralmente y sacándole el poco dinero que ganaba. Entonces no estoy de acuerdo tampoco con lo que dice [Césarman] de que este tipo sería un hombre que abandonaría a sus futuras mujeres por esa tendencia del mexicano de abandonar el hogar, porque, en realidad, don Andrés no es un gachupín, sino sencillamente un español. Lo que te decía antes, es una película que puede pasar en cualquier parte de España, sustituyendo la gorra de beisbolista por una boina y un traje de pana. Casi estaría mejor ambientada que aquí, ¿verdad?

M. A.: Déjame nada más que te diga que ese tipo de español, aquí, en México, se llama gachupín.

L. A.: Sí, pero tendríamos que llamarle gachupín si fuera él solo en relación con mexicanos. Pero da la casualidad de que la mayoría de los personajes son españolísimos por influencia nuestra. Las relaciones violentas de la carnicera, su apasionamiento, ese mismo carácter que tiene de decirlo todo clara y abiertamente, gritonando, es mucho más de española que de mexicana, que es más contenida. Las mismas relaciones, no sé si edípicas o no, ya que nunca se me ocurrió pensar lo del papel que hacía Rosita Arenas con su padre —creo que se dice en la película que murió, no que abandonó, en ningún momento se habla de abandono, sino, creo, que la madre, pues, no existe, está muerta—, pero el padre es el menos representativo de un caso de edipismo, porque es un pobre hombre enfermo, tuberculoso, que se está muriendo para sacar adelante su casa. Es un pobre obrero fastidiadísimo que no tiene nada de lo que pueda estar enamorada la hija, ni muchísimo menos. Resumiendo, yo mismo no sabría analizarla, tal vez porque rehúyo mucho el análisis, sobre todo el freudiano [...]. Creo que no es tan importante, que es una cosa mucho más sencilla de representar, un caso de actualidad con unos personajes sin tanto retorcimiento y, si lo tiene, es posible que no aparezca. Pero, en fin, yo no lo veo de ninguna de las maneras. Lo que sí veo, en lo que coincido completamente contigo, es en que la película es totalmente española, que los personajes se relacionan más como españoles que como mexicanos. Creo que *El Bruto* sería, si se casara con esa mujer, un magnífico padre de familia con la condición, muy española también, de haber abandonado un hogar para ser un marido en otro momento, no ser el abandonador permanente, sino el que lo ha sido en una ocasión. Y la relación que tiene con el viejo, puesto que en la película se dice y se supone —porque él lo ha oído, porque creo que hay un momento que se lo dicen a él, que corre el rumor— que este señor es su padre, aparte de que le ha protegido desde chiquito... Lógicamente, tiene siempre ese profundo respeto y esa duda del padre que pudo ser y que él considera muy poderoso porque tiene el poder del dinero, de las posesiones, el hombre autoritario. Cuando de hecho él, a pesar de su tamaño, es un pobre ser débil, porque es una mentalidad infantil que no puede dominar las situaciones ni salir de ellas, por lo que se acoge a la protección de aquel supuesto padre.

M. A.: Déjame preguntarte una cosa, entonces, cuando él le dice: «Hijo de puta», se refiere efectivamente a la posibilidad de que él haya conocido a la madre del Bruto.

L. A.: Sí, desde luego. Pero el «hijo de perra» es porque la censura no nos permite decir «hijo de puta», si no ya lo hubiéramos dicho fácilmente, que era lo correcto. Lo que es indudable es que este señor tuvo relaciones con la madre del Bruto. Que sea hijo suyo o no, eso es dudoso, es un lío, es un chisme, pero que desde luego se acostó con la madre del Bruto y que la tuvo de querida, eso es indudable.

M. A.: Me interesa mucho porque yo trabajé en lo mismo y me pareció exactamente igual.

L. A.: No, no, la cosa fue muy simple. Cuando Óscar Dancigers nos presentó y nos contrató para hacer *Los olvidados*..., ¿tú sabes cómo fue la historia? Primero [Buñuel] le llevó un guion que era suyo y de Juan Larrea. No le gustó y dijo que quería hacer una película de niños abandonados en México, pero una cosa mucho más fuerte. Entonces me llamó a mí, nos puso en contacto y Buñuel, que no fue reticente, me preguntó sencillamente y muy claro que cuando hubiera una discrepancia sobre un tema, cuando no estuviéramos de acuerdo, quién tenía la última palabra, la razón. Le dije que la tuviera él e insistió que podía darse el caso de que los dos nos aferráramos a nuestras ideas y entonces caer en el *impasse* que nos hiciera perder muchísimo tiempo y no llegar a ningún resultado positivo. Y yo, muy soberbio en ese momento, le dije que cuando fuera director yo estaba dispuesto a ir, limpiarle los zapatos al estudio y obedecer a todas sus órdenes, pero que mientras fuéramos colaboradores, estábamos al tú por tú, al igual. Sonrió y no dijo nada. Al día siguiente vino a mi casa, empezamos a hablar y, naturalmente, en ese momento dejé yo de existir prácticamente porque me dominó por completo y me incliné. No me incliné ante su maravillosa inteligencia e influencia que ha tenido en mí como cineasta, porque nunca me ha dado clases de cine, sino en mi manera de pensar y mi manera de ver las cosas. Es más, todavía muchas veces, si pienso en algo donde me encuentro ante un conflicto, siempre digo: «¿Qué diría Buñuel de esto? ¿Cómo reaccionaría ante esto?». Siempre es una guía que me sirve, porque es un hombre de una gran integridad, con una gran visión, una gran sensibilidad para muchas cosas, sobre todo cuando las puede ver objetivamente. Cuando no está involucrado en ellas puede cambiar, pero cuando no puede ver una cosa objetivamente, siempre tiene una posición muy honesta y muy justa que vale la pena seguir. A partir de ahí me recomendó libros, me contó mil cosas, me descubrió un mundo que yo intuía, pero que no sabía por dónde buscar bien. Y sí, ha sido un verdadero padre y ha tenido una influencia capital en mí, en cada pequeña manifestación de mi vida. Y la sigue teniendo, aunque estemos siete años sin vernos.[46]

46 Dado que la entrevista se realizó en diciembre de 1970, es posible que no se trate de ningún ejemplo, sino que realmente llevara (y no «estuviese») siete años sin ver a Buñuel.

M. A.: ¿Alguna anécdota?

L. A.: Sí; después de años de estar sentado en el mismo sitio había ido dejando con la cabeza una mancha de grasa en la pared, y yo siempre le gastaba una broma. Cada vez que íbamos a pintar la casa me decía: «Vais a pintar la casa, pero eso, eso se conserva para la historia», y siempre le prometimos que íbamos a guardar aquel pedazo de grasa para ponerle un marco algún día como grasa de calva de Buñuel, porque siempre se sentaba en el mismo sitio, apoyaba la cabeza de la misma manera y aquella mancha aumentaba.

M. A.: Mañana voy a ver una película realmente horrenda de Luis que es *Una mujer sin amor*, que hizo con Jaime Salvador.[47] ¿Qué sabes tú de esa película de la cual nadie sabe nada?

L. A.: No la he visto nunca. Sé que fue un argumento que ya tenían hecho con Jaime Salvador para Posa Films, creo, y entonces se lo ofrecieron a él y por determinadas razones aceptó hacerlo sin tocarlo, es decir, no quiso para nada ni mejorar el argumento, ni intervenir, ni cambiar una frase, o sea, para así eliminar totalmente su responsabilidad, porque intuía que el argumento no era muy bueno. No quiso ni tocarlo, ni intervenir, sino simplemente se limitó a utilizar sus conocimientos técnicos como cineasta para llevar aquello a la pantalla, pero sin quitar ni poner rey, ni intervenir, ni dar una idea suya. Creo que solo tuvo alguna pequeña intervención —ni siquiera estoy seguro— en lo que se refería a las relaciones amorosas de una joven y un viejo, que era algo que entraba más en su terreno y que le permitía hacerlo con un mayor gusto, con una mayor delicadeza. Pero en el resto aceptó el argumento sin intervenir en él.

M. A.: ¿Qué otras películas hiciste con Luis? Vamos a enumerarlas.

L. A.: Bueno, primero él dirigió una comedia mediocre, que ya estaba escrita y vendida, en la cual tampoco se metió, sino simplemente fue a dirigirla, que era *El gran calavera*, con Fernando Soler. Allí llegaron a un acuerdo, porque, con la frivolidad de juicio que le caracteriza, a pesar de lo maravillosa persona que es, le dio por decir que Buñuel era muy mal director de actores. Entonces llegaron a un *gentlemen's agreement* por el que Buñuel iba a dirigir la parte técnica de cámara y Fernando Soler a los actores. Y así empezaron, aunque me imagino que solo la mitad de la película, pues a Fernando Soler le pasó lo que a mí, se dio cuenta de que aquel señor dirigía a los actores un poquito mejor que él. Entonces Luis ya empezó a meterse en el asunto. Pero eso fue en la primera, porque fue antes que *Los olvidados*.

M. A.: ¿Qué tuviste que ver en *El gran calavera*?

---

47 Jaime Salvador Valls (1901-1978) fue un guionista, argumentista y director del cine mexicano, de origen barcelonés.

L. A.: El guion era mío.

M. A.: ¡Ah!

L. A.: Y, además, tuve que ver porque fue mi última película como actor. Fui de visita un día al set, Galán[48] estaba asustado y no hablaba, por lo que me mandaron a mi casa a por un traje y me obligaron a actuar con gran regocijo de Luis, que se moría de risa en cada escena. Cada vez que me tocaba a mí actuar no podía casi ni hablar porque se moría de risa de verme actuar. Luego fue *Los olvidados*, después *El Bruto,* luego me contrataron y me llevaron a Francia para adaptar con Luis *La femme et le pantin*.[49] Buñuel discutió con el productor, Ténoudji,[50] y no se hizo la película. Posteriormente la hizo Julien Duvivier[51] con otro guion totalmente libre, bastante malo, por cierto. Luego fue *La muerte en este jardín*, donde estuve trabajando con primero con Raymond Queneau.[52] Estuvimos trabajando en París, luego vinimos aquí, él vino a hacer los diálogos, luego vino Gabriel Arout,[53] porque, como siempre, a los franceses no les gustaron los diálogos de Queneau, que eran magníficos. Posteriormente colaboré en la de Gérard Philipe, *La fiebre sube al Pao*, hasta que vino un ilustre escritor, Louis Sapin,[54] con órdenes muy concretas del productor de hacer lo que le diera la gana o de imponer unas ideas muy freudianitas y muy psicológicas también. No sé cómo pudo dominar a Luis o convencerlo; yo ya me retiré, siguieron trabajando juntos y corrigieron el guion definitivo de la película que nosotros teníamos hecho. Pero aquí Sapin acortó unas ideas sobre la psicología de la *femme*.

M. A.: A mi juicio son sin duda las peores películas de Luis.

L. A.: Sí, pero *La muerte en este jardín* tiene cosas que no son tan malas…

M. A.: Pero es muy irregular.

L. A.: Y la otra, sí. Francamente creo que se armaron un lío o nos lo armamos todos, porque yo fui cómplice.

M. A.: En *La muerte en este jardín* hubo, además, la cosa terrible entre Simone Signoret y Buñuel. Hoy día le hablas a Simone Signoret de Buñuel y te habla tan mal como Buñuel de Simone Signoret, que ya es decir.

---

48 Suponemos que se refiere al actor mexicano de origen español Alberto Galán.

49 *La mujer y el pelele*, de Pierre Louÿs, que Buñuel acabó adaptando con Jean-Claude Carrière en 1977 con el título *Ese oscuro objeto del deseo*.

50 Édmond Ténoudji (1902-1986) fue el productor de *Así es la aurora*.

51 Julien Duvivier (1896-1967) fue un director de cine francés, que creó un universo de imágenes en las que combina un realismo más crudo y una fantasía insólita.

52 Raymond Queneau (1903-1976) fue un escritor y matemático francés. Entró en contacto con el grupo de Breton y a partir de entonces potenció su vocación literaria.

53 Gabriel Arout (1909-1982) fue un escritor, autor dramático y traductor de nacionalidad francesa, de origen ruso.

54 Louis Sapin (1921-2001) fue un escritor francés.

L. A.: Sin embargo, eran muy amigos, se querían mucho. No, a él le molestaba su excesivo profesionalismo, ya que le daba mucho la lata con detallitos sobre la ropa y sobre las arrugas y sobre la suciedad y el polvo y el sudor. Eso le molestaba. El hombre estaba con sus problemas y Simone lo llamaba cada cinco minutos para preguntarle alguna cosa. De ahí vino la irritación.

M. A.: Y sigue todavía muy viva, porque, cuando habla de esa película, nada más se acuerda de Simone Signoret para venderla mal. Sigamos.

L. A.: *El río y la muerte*, que era una novela que se llamaba *Muro blanco en roca negra*.

M. A.: Sí, sí, de Acosta.[55]

L. A.: De Acosta, que para mí tenía cosas muy buenas. Es una excelente película que fuera no entendieron, porque probablemente toda esa cosa de las matanzas y de las *vendettas* mexicanas resultaron ridículas fuera. Aunque es una cosa completamente exacta. Y luego hizo otra en la cual interviene, también intervinimos todos, que se llamaba *La ilusión viaja en tranvía,* que, contada, era una ideíta muy bonita, pero que luego resultaba lo que los americanos llaman *wish tool thinking*, o sea, a la hora de trabajar veías que no había manera de sacar esa película adelante, que no era lo que parecía el tema y ahí intervinieron, si mal no recuerdo, José Revueltas,[56] Juan de la Cabada,[57] Buñuel, y luego me llamaron a mí, después volvió a intervenir Juan de la Cabada y salió una cosa muy rara, con escenas muy divertidas, sobre todo las de Juan. Los diálogos eran muy graciosos. La escena del tranvía con las cabezas de cerdos y todo eso era muy bonito y, luego, otras cosas malísimas, porque fue una cosa muy desigual, donde había pedacitos buenos y el tema general, que dejaba mucho que desear. Y la última fue *El ángel exterminador*. [...].

M. A.: Cuéntame la historia de *El ángel exterminador*.

L. A.: Originalmente se llamaba *Los náufragos de la calle de la Providencia* y la idea primera era una película de tres historias cortas que iba a hacer Carlos Barbachano.[58] Una era los náufragos de la calle Providencia, otra era una cosa sobre insectos, sobre un mundo de seres que reaccionaban como insectos, y otra era un cuento corto que se llamaba *La niña*.

M. A.: ¿De quién?

L. A.: De los dos. Estuvimos en San José Purúa una temporada y salieron estas cosas. Entonces Barbachano la rechazó [...] por influencias de terceras personas que no cabe mencionar, no muy favorables a nosotros, y se quedó ahí.

---

55 Miguel Álvarez Acosta (1907-1996) fue un escritor mexicano.

56 José Maximiliano Revueltas Sánchez (1914-1976) fue un escritor y activista mexicano.

57 Juan de la Cabada Vera (1899-1986) fue un escritor mexicano.

58 Confunde a Manuel Barbachano, productor, con el crítico y estudioso de Buñuel, Carlos Barbáchano.

Luego revisamos la obra y tenía ciertas fallas. A Luis sobre todo no le gustaba el final porque originalmente acababa con que el mundo que rodeaba el misterio de aquella cosa, de gente que no podía salir y que nadie podía entrar por esa abulia extraña, decidieron resolverlo de la manera más lógica y más civilizada, de acuerdo con las costumbres y las leyes de nuestra sociedad y acabaron metiéndole un bombazo. O sea, todo era más o menos igual hasta el momento en que salían todos, que se producía de nuevo el misterio, que se volvía a tocar la sonata que originariamente era de Domenico Scarlatti[59] y se sentían liberados, se perdonaban todos y, de momento, les metían un bombazo. A Luis le pareció, con muchísima razón, que en ese momento ya se estaba volviendo a un lugar común, lo de la bomba, ¿no? En otro momento que fuimos a San José Purúa anotamos todos los personajes que de nuevo salieron, el viejo, el viejo con la niña joven, entonces... tú sabes quién es ¿no?... No lo digamos. Salieron estos nuevos personajes, algunas variantes, él anotó también una serie de ideas y ya nos separamos. Ya me hice yo director, ya empezaba yo a hacer mis cosas y, luego, Luis solo hizo la última revisión de la película, añadió estos personajes, que habíamos sacado juntos, puso otras cosas suyas, partes de un programa de televisión que había escrito, como el ataque de las sierras...

M. A.: ¿Qué ataque de las sierras?

L. A.: Hay un momento en la película que se habla de un ataque de unas sierras, ¿no?

M. A.: No, no lo recuerdo.

L. A.: Entonces lo quitó al final, pero lo había puesto.

M. A.: De unas sierras, ¿qué?

L. A.: Sierras mecánicas, un ataque de sierras mecánicas y de serruchos. Creo que está en la película, o no sé si lo cortaría en el montaje, pero tengo una idea de que sí lo filmó, de que sí lo tenía escrito. Estaba yo trabajando en otra película y él hizo ya la última revisión del guion. Por eso, como en los créditos no podía poner ni argumento de uno, ni adaptación del otro, porque ambas cosas iban juntas, pone que es suya basada en un *cinedrama*, o sea, basada en un guion de los dos, que él revisó.

M. A.: Ahora bien, hay una cosa que siempre me preocupó, y ya te lo pregunté, pero quiero que me lo repitas ahora. Es referente a los muertos. Los muertos no han salido nunca, porque esa es la idea: se filmó primero lo de la iglesia y no aparecen los muertos, aunque aparece Rita Macedo y luego no aparece en la película. ¿Cuál era vuestra idea respecto de los muertos?

---

59 Giuseppe Domenico Scarlatti (1685-1757) compuso a lo largo de su vida quinientas cincuenta y cinco sonatas para teclado, la mayoría durante sus años de servicio a las monarquías portuguesa y española.

L. A.: Sí, sí, no hay una resurrección de la carne, no, los muertos los tenían guardados. Es más, en un momento, durante el trabajo, se pensó que hubiera habido un mayor número de muertos, cosa que desechamos al final por truculenta. Los muertos los van guardando en el armario, los tapan por el hedor que producen, pero cuando llega el momento de salir, uno dice: «Un momento, estamos ahora situados tal como estábamos aquella noche... Después de miles de combinaciones que se han producido, estamos igual que aquella noche», y entonces sacaban a los muertos, exclusivamente para que, como materia muerta, o como sea, ocuparan los lugares que habían ocupado en el momento de producirse ese misterio. Pero, lógicamente, al cesar y al salir todos de allí, esos muertos son enterrados y los que van al tedeum de Acción de Gracias son los vivos. No se pensó en ningún momento en nada equivalente a la resurrección de la carne. Muertos están y fueron al hoyo. Lo que pasa con el final —yo no sé lo que pensará Luis ahora— es que la idea en principio era ver la catedral cuando ya están dentro, con la bandera amarilla de la peste, de la cuarentena. Entonces habíamos hablado mil veces de un recuerdo que yo tenía de niño y él de adulto, de esas manifestaciones de la plaza del Sol, esos mítines donde, de pronto, entraba la caballería por la calle Alcalá.

M. A.: La Guardia Civil.

L. A.: La Guardia Civil y de pronto se oía el griterío, el toque de atención, se hacía el silencio, el toque de atención con el segundo pitazo y, de pronto, la plaza desierta porque sabías que al tercero ya venía la descarga. Esa fue la idea: una muchedumbre amotinada, las cargas de la caballería, tan conocidas nuestras, y después de estas cargas se veía que unos pastores metían un rebaño de animales en la catedral. Mucha gente interpretó mal el final. Como metieron borregos, pensaron: «El borrego es simbólico, siempre el cordero, el cordero divino», o se puede decir la manada de borregos. Hay muchas frases hechas sobre esto. En realidad, no sé lo que le pasó a Luis, probablemente pidió una cosa y no se la trajeron. En ese momento no pensó que podían interpretarlo de esa manera porque, en realidad, lo que les echan es carne, ya que hemos visto que cuando el oso ahuyenta a los corderos, traspasan esas puertas y llegan a servir de alimento a esta gente. Es decir, esta experiencia adquirida hace que les echen carne. Así que, para mí, la manada debía haber sido de alguna vaca, unos cerdos, algunos borregos, cabras, es decir, una serie de carne con patas que entra en la catedral para que puedan alimentarse aquellas personas. Por lo visto, no encontraron otros animales y le trajeron una manada de borregos y no sé si Luis imaginó que iban a tener esa relación y lo hizo conscientemente. Yo me permito pensar que no. En esos momentos de angustia da lo mismo que sean borregos o cabras, ¿no? Y no pensó que muchas personas con este afán que tiene todo el mundo de analizarlo todo iban a darle un sentido religioso a los borregos, un sentido de manada cristiana.

M. A.: Cuando no hay nada; pero esto pasa muchas veces en las películas de Luis. Se ha buscado simbolismo donde no hay absolutamente nada. Eso desde su primera película.

L. A.: Además, Luis nunca ha sido simbolista. Creo que está completamente en contra de todo el movimiento simbolista, porque precisamente él, por su formación surrealista, trata de buscar mecanismos totalmente irracionales, de asociación irracional. Por lo tanto, es demasiado inteligente y maduro para caer en pequeñas interpretaciones simbólicas, que es lo más elemental y lo más fácil. Pero todo el mundo se empeña en buscarle un simbolismo a todas sus cosas. Muy bien, allá ellos si se divierten, ¡magnífico!, pero me parece absurdo. Creo que lo que menos hay que buscar en Buñuel son simbolismos, sino, sencillamente, al contrario, buscar el sentido apasionado, irracional, intuitivo.

M. A.: La prueba de eso es el final de *La edad de oro*, es decir, ¿qué simbolismo hay en hacer Jesucristo al marqués de Sade?

L. A.: Jesucristo es el duque de Blangis de *Las 120 jornadas de Sodoma* y el otro personaje no me acuerdo quién es, pero no hay símbolos de nada, Cristo es Cristo y el duque de Blangis es el duque de Blangis, y el otro, también. No hay símbolos de nada. Es Cristo, Cristo en persona, pero siempre le buscan simbolismos. Aunque el tío te enseñe un pedazo de carne, una placenta o lo que sea, tienen que buscar alguna cosa por algún lado.

M. A.: En eso estamos totalmente de acuerdo.

EMILIO GARCÍA RIERA[60]

M. A.: [...]. Tú has vivido cerca de los colaboradores de Buñuel aquí en México. Quisiera que me dijeras algo acerca de ellos, porque esto me falta en mi libro. Por ejemplo, ¿qué piensas de las relaciones de Buñuel con sus colaboradores? Y vamos a empezar, por ejemplo, con Alcoriza.

E. G. R.: Bueno, es una relación desde luego muy amistosa, según la veo yo. En cierto modo es un problema de vida privada de ambos; ahora, profesionalmente hablando, me parece que Alcoriza es un hombre de buena imaginación, buen imaginador de situaciones y, sobre todo, ha tenido un acierto para mí: ha sido en algún momento buen imaginador de situaciones buñuelianas, y eso es lo que Buñuel le ha pedido y más o menos ha sabido hacerlo Alcoriza.

RAYMOND QUENEAU

M. A.: ¿Estuviste en México para la adaptación de *La muerte en este jardín*?

R. Q.: Sí, yo estuve en México el año 56 para hacer la adaptación de *La muerte en este jardín*. Buñuel se empeñó en que yo hiciera un papel

---

60 Emilio García Riera (1931-2002) fue, además de crítico, el más relevante historiador del cine mexicano.

de cura. «Es un cura simpático», me dijo. Lo acepté porque sacó un reloj donde había un anuncio de una cadena [¿?]. Con eso me di por satisfecho. Simone Signoret no quería hacer el papel y la amenazaron con un proceso. Buñuel es muy excéntrico, en el sentido inglés de la palabra. Y lo encontré muy exiliado, en México. Luego creo que Gabriel Arout me reemplazó. Buñuel quería hacer los interiores en México y los exteriores en Francia, por los animales.

MARCELLE AUCLAIR

AUCLAIR: Sugerida por lo que pasó en la Embajada de Chile durante los tres años de la revolución de la Guerra Civil, toda esta gente encerrada en las embajadas, porque lo que pasa...

AUB: Pero tú te refieres a *El ángel exterminador.*

AUCLAIR: Sí.

AUB: Y, es decir, tú crees que a lo mejor en *El ángel exterminador* tiene una influencia los encerrados en las...

AUCLAIR: En la Embajada chilena.

AUB: ... embajadas... No solamente en la Embajada chilena..., en todas las embajadas.

AUCLAIR: Esta gente que, como decía Carlos [Morla],[61] nacían, morían, se enamoraban, peleaban, tenían escenas de celos, se robaban un salchichón, metían los líos más furibundos y más espantosos. Y estaba la gente encerrada en un armario haciendo el amor, en medio de esto. Esto me lo contó veinte mil veces Carlos y cuando vi la película me llamó la atención.

AUB: Me parece difícil de que Buñuel haya visto a Morla después y le haya contado estas cosas, porque Buñuel salió de España el 36.

AUCLAIR: Sí, pero fue una cosa que fue de notoriedad pública.

AUB: Sí.

AUCLAIR: Lo sabía todo el mundo. Se sabía porque era una cosa tan portentosa y tan tremenda que yo me acuerdo. Bueno, eso me lo contaron poco a poco los Morla, pero, en fin, yo creo que habrá otras personas enteradas. Y un hombre como Buñuel necesita poco para que le...

AUB: Sí. Se le quede grabado eso.

---

61 Carlos Morla Lynch (1888-1969) fue un músico aficionado, escritor y diplomático chileno, destinado en Madrid durante la Segunda República y la guerra civil española. De 1936 a 1939, Morla convirtió la Embajada de Chile en un refugio para perseguidos de ambos bandos. Pablo Neruda dijo que hasta cuatro mil personas le debieron la vida, entre ellas el escritor y falangista Rafael Sánchez Mazas o las familias de Manuel Azaña, Indalecio Prieto y Largo Caballero.

Nazarín

¡Qué han de ser buenos tus personajes!

No. Nazarín es bueno. Buenísimo.

En Galdós. Pero tú le haces portador de maldades para con los hombres.

De acuerdo, ese soy yo.

¿Entonces?

No importa. Para mí, Nazarín es un sacerdote ejemplar. Lo malo es la religión católica. Él no tiene la culpa.

Yo no digo que él tenga la culpa, ni creo que el que es cojo de nacimiento o malo *tenga la culpa. Pero el hecho, en tu película, es que Nazarín, si no quieres aceptar la palabra* malo, *no es, por lo menos, bueno.*

Eso dices tú. Respeto tu opinión, pero estás equivocado.

Eso de que al final llora porque pierde la fe, porque cree en el hombre, fue un invento de Octavio Paz.

No hay inconveniente, llora porque duda por primera vez, duda de su fe. Rechaza la caridad de la vieja; luego, la acepta. Ya no está seguro de nada.

[…]. Lo mismo podría tratarse de un peón que de un sacerdote. No ha perdido la fe, pero duda: es el gran problema de nuestro tiempo. Nazarín podría ser también un comunista de nuestros días. De ahí la importancia universal —en 1960— de tu película, y de ahí que, por ejemplo, a Sadoul, a primera vista, no le gustara, y de ahí también que le gustara tanto, en esa época, a Octavio Paz. Es la expresión cinematográfica de la confusión de nuestros días. Anoche volví a ver Nazarín *y estoy cambiando de opinión.*

Eso es bueno. La duda, la inseguridad son buenas.

Me ha dejado destanteado, como decimos aquí, esa última frase de Nazarín*: «Dios se lo pague», que es la última de la película.*

Es totalmente natural. Es lo que decimos en España.

Y en México, que es donde te olvidas a cada momento que sucede la película. Lo que pasa es que esa no es la frase esencial de la película, aunque sea la última frase y aunque la diga el personaje principal.

¿Cuál, pues?

«Míreme: yo hago el mal, usted hace el bien; pero, al fin y al cabo, su vida ¿de qué sirve? Usted del lado bueno, yo del malo… Ninguno de los dos servimos para nada».[62]

---

62 Esta frase la dice uno de los prisioneros a Nazarín hacia el final de la película.

Tienes razón.

Ese bueno que hace mal a todas horas y de cualquier manera. Esa escena con los obreros...

Sí. Y el muerto, porque no hubo más que un muerto. ¡Eso sí es mío! No de Galdós.

Han avisado a Barbachano, desde Nueva York, que te van a dar un premio a ti. Un premio católico. ¡Y quieren que vayas a recibirlo!

Evidentemente, por *Nazarín.*

¿Y vas a ir?

¡No! ¡Faltaba más! Dile a Barbachano que vaya él.

CARLOS VELO

M. A.: [...]. Hablando de Buñuel, ¿tú hiciste con él *Nazarín*?

C. V.: Figuro en los créditos, como representante de la producción, porque no podía tener ningún crédito sindical. Por cierto, hay una anécdota muy curiosa. Viendo con Sadoul *Nazarín,* en un viaje que hizo aquí, estaba Buñuel. Estaba yo sentado detrás y él no lo sabía. Y Sadoul, que ya sabes que hacía fichas de todo, dice: «Hombre, ahí está Carlos Velo, el de *Torero*». Y entonces Buñuel, que no sabía que estaba yo detrás, dice: «Bueno, bueno, está ahí porque..., bueno, pero eso no tiene nada que ver con la película». ¿Comprendes? *(Ríe).*

M. A.: Sí.

C. V.: Es su carácter, ¿no?

M. A.: Es su carácter, total.

C. V.: El carácter de Buñuel. Entonces, le dije: «Bueno, algo tengo que ver, ¿no? Algo te ayudé». Y entonces dijo: «Bueno, sí. Pero quiero decir que eso es un crédito de producción. No tiene nada que ver». Otra cosa de *Nazarín* que te voy a contar, y que me impresionó mucho de Buñuel, es que cuando estábamos haciendo la adaptación, como yo representaba a Barbachano, le decía: «Oye, pues esta escena, pues no sé... Ya sabes que tú vas a hacer lo que quieras». Porque ese era el contrato de *Nazarín*. Buñuel, en aquel momento, pasaba por una crisis en México y Manolo Barbachano, que tenía su bondad, de repente dijo: «Lo que hay que hacer a este hombre, lo que hay que hacerle es dejarle hacer la película que le dé la gana, aunque no sirva para nada la película, pero que haga lo que él quiera. Y nada de decirle que el *script* tal o que acaba así o que termina asá». Pero Buñuel sí oía opiniones. Trabajó con Julio Alejandro, como sabes, porque Alcoriza no le caía muy bien a Barbachano; nunca le cayó bien. Nunca supe por qué. Inclusive Alcoriza cree que eso es culpa mía, y yo nunca tuve nada que ver. Entonces, con mucho miedo de que no se fuera a enojar, Amérigo y yo le decíamos a Buñuel: «El *script* tiene esto o lo otro». Pero él era muy razonable. Y en un momento dado, me di cuenta de que nunca hablaba de Galdós. Y, claro, para mí, pues es un ídolo, ¿verdad?

M. A.: Y para él también fue un ídolo.

C. V.: Bueno, y para él también. ¿Cómo no? Pero no hablaba nunca. Y llega el momento de los créditos de la película. Se hace la lista de créditos y no aparecía el nombre de Galdós. Digo: «Bueno, Luis, pero esto no es posible». «Bueno, es que esto es muy personal, esto no tiene nada que ver con Galdós». Digo: «Pero, ¿cómo que no tiene nada que ver con Galdós?». «Está bueno que te inspiras». Y puso un crédito muy chiquito. Grandes celos de Galdós. Esto a mí me impresionó extraordinariamente.

M. A.: En *Viridiana* pasa lo mismo.

C. V.: En *Viridiana* ya no quise discutir, claro. Tú lo dices. Muy pocas personas lo saben. La continuación *(ríe)* de *Nazarín:* la marquesa de Halma y todo el castillo y todos los mendigos; no lo reconoce ni aparece. Ama a Galdós, pero él se considera de tal modo creador, y lo es en sus obras, que olvida de dónde sale, de dónde arrancó. Y eso no me gustó. Es quizás su único defecto. Porque ¡qué le importa a él que sea de Galdós! Yo le pondría un rótulo inmenso, que diría: «Benito Pérez Galdós». Así se lo dije: «¡Enorme! ¡Muy grande! ¡Fíjate! Porque, además, lo quieres, lo admiras, siempre lo estás estudiando, haciendo películas suyas, y planeando hacer *Ángel Guerra*, y planeando hacer esto y lo otro, constantemente».

ARTURO SÁENZ DE LA CALZADA

[Hablamos del anticlericalismo de Luis, como resultado de su educación con los jesuitas, cosa tan corriente entre los escritores españoles de todas las épocas, desde el tiempo de sus fundaciones y de Galdós].

A. S. C.: Ese anticlericalismo se manifiesta, a mi modo de ver, claramente en los dos. Pero, sin embargo, en *Nazarín…*

M. A.: En la novela es otra cosa.

A. S. C.: Galdós era anticlerical, francamente anticlerical, y en algunas de sus novelas así se manifiesta. Es más, recuerdo haber visto hace poco en un rancho de aquí, de México, una colección de *Blanco y Negro* de principios de siglo[63] y venían varias fotografías de una manifestación anticlerical que se celebró en Madrid, en los primeros años del siglo. Y figuraba don Benito en la presidencia de la manifestación. Además, hay otra cosa, si ves bien *Viridiana,* verás que *Viridiana* es *Halma*, es decir, que Luis debió de leer al mismo tiempo *Nazarín* y *Halma* y *Viridiana* es *Halma* traspuesta a otro clima.

M. A.: ¿Cómo interpretas esa relación entre Galdós y Buñuel?

A. S. C.: Pues, no sé. Desde luego yo sé que hacía ya muchos años que él tenía la idea de filmar *Nazarín*, que le parecía un argumento estupendo. Y

---

63 *Blanco y Negro* fue una revista ilustrada editada en Madrid, fundada en 1891 por Torcuato Luca de Tena.

pues, no sé, quizás encontró en ello motivo para desarrollar su genio. Evidentemente, introdujo modificaciones sustanciales en el texto de Galdós. Pretendía probar la tesis que, naturalmente, estaba muy lejos de la idea de Galdós.

Simón del desierto y *La fiebre sube a El Pao*

Yo quisiera hacer una película sobre el cólera.

Ya la hiciste.

Bueno, una secuencia, en *Nazarín.*

Sí, con una de las fotografías más extraordinarias que se pueden recordar de tus películas, aquella de la niña por la calle del pueblo, con una sábana. No sé por qué me acordaba del Hamlet *de* Vajtángov,[64] *cuando pasaba, en la parte alta del escenario, agitando su capa roja...*

Eso del cólera... He leído muchas novelas. Una de Thomas Mann.[65] Quisiera que estallara la epidemia y la gente no pudiera salir de casa.

El ángel exterminador. *Acuérdate que allí izas una bandera que impide que la gente se acerque, precisamente porque creen que hay una epidemia.*

Tienes razón. No me acordaba. Eso corresponde a un recuerdo mío de niñez, cuando hubo cólera en España, en 1911. «El cólera de Vendrell»,[66] como decían en Zaragoza. Mi padre tomó un piso en Vitoria porque, según decían: «en Vitoria nunca entró el cólera». Por fin no fuimos a Vitoria. Pasó el temor y nos quedamos en Zaragoza; pero, de todos modos, siempre me quedó fija esa idea del cólera. Además, es una calamidad, un azote.

De Dios. [...]. ¿Con quién has trabajado más a gusto?

Yo he trabajado a gusto con todos, pero sobre todo con Alatriste. Si hablas con él, ya verás, me tiene en los cuernos de la Luna. Que deben quitar todas las estatuas y poner la mía. Un tipo curioso. Ha hecho cosas verdaderamente formidables. Lo mismo se acuerda de una cosa como que la olvida. Una de las primeras veces que andábamos juntos me dijo: «De mí podrán decir lo que quieran, que no soy una persona seria, que soy un sinvergüenza, que soy un ladrón, pero lo que no podrán decir nunca

---

64 Obra que se caracteriza por su surrealismo fantástico.

65 Entendemos que se refiere a *La muerte en Venecia* (1912), donde el escritor alemán describe una Venecia amenazada por la epidemia de cólera que se cierne sigilosamente sobre la ciudad.

66 Se refiere a la epidemia de cólera que en verano de 1911 acechó la ciudad tarraconense de El Vendrell.

es que soy un mal vendedor». Y tiene razón. Con *Simón del desierto* ha hecho cosas que parecían incomprensibles. La ha guardado hasta ahora. Y ahora salen unos ingleses que dicen que han oído hablar de la película y que quieren comprarla. Solo dura 54 minutos. Ya la conoces, no es una película fácil.

*[*Simón del desierto *es una verdadera joya. La película es muy bella, y fue hecha con muy pocos medios. También trata un tema totalmente religioso, pero en forma muy distinta a* La Vía Láctea. Simón del desierto *denuncia una idea ya expresada por Buñuel en otras de sus películas: la inutilidad de una religión que a uno lo separa de los demás hombres, de una religión que se construye sin tomarlos en cuenta... inutilidad de la caridad... idea que aparece poco en* La Vía Láctea*].*[67] *¿Con qué la van a poner?*

¡Yo qué sé! Lo mismo me da, con un documental de Tanganica o con un melodrama cualquiera. La cuestión es que le ofrecieron 10 000 dólares al contado y luego el cuarenta por ciento de los beneficios. Es una oferta decente. Les contestó: «Recibí su agradable ofrecimiento. Siento mucho no poder ofrecerles más que una fiesta aquí, en esta su casa, si es que vienen por México, y les prometo que me costará por lo menos 10 000 dólares». Pura mentira. Pero así es, un buen vendedor. Pero ahora la está vendiendo en todas partes a los cinco años de hacerla, y a muy buen precio. De pronto tiene dinero, de pronto no tiene un centavo. Me preguntabas que con qué película la iba a presentar. *Simón* tiene cinco rollos. Encontró a Orson Welles en Madrid y le preguntó si no querría hacer una película para él, en las condiciones que quisiera, precisamente para completar el programa. Orson le dijo que sí, que lo que quería hacer era el *Quijote,* y Alatriste le dijo que no, claro.

El Quijote *en cinco rollos...*

Como no tenía copia de *Simón* en Madrid, le dijo: «Se la enseño mañana en Roma». «Muy bien». Y fueron. Orson vio la película y le gustó mucho. En el vuelo de regreso se pusieron de acuerdo. «Encantado». «Usted hace lo que quiera». «Muy bien». «Cuando esté listo, me pone un telegrama». «Y usted me envía 20 000 dólares, y luego, durante las cinco semanas de filmación, 180 000». Al poco tiempo, Orson Welles le manda el telegrama. Y hasta hoy. Fíjate. Ahora, hace poco, en Madrid,

---

67 No podemos confirmar con total seguridad que esta declaración, extraída de la conversación con José Peña (véase la p. 484), sea de Max Aub.

se encuentra con Berlanga y un muchacho, un argumentista, y queda de acuerdo con ellos para hacer una película. Muy buenos los dos. Quedan en el precio, 4 000 000 de pesetas para Berlanga y 1 000 000 para el adaptador, y que les iba a dar, como adelanto, 500 000 pesetas a uno y 100 000 al otro. «¡Caray!, no llevo mi chequera encima. Nos vemos el lunes en el banco. A las diez». A las diez en punto se encuentran los tres en el banco. Alatriste les firma el cheque de las 600 000 pesetas. Va Berlanga a la caja. Total, Alatriste tenía 2000 pesetas en su cuenta. «¡Ay, caray! Se me había olvidado. Es que, efectivamente, con la cantidad de cosas que he tenido que pagar... Pero no se preocupen, mañana me voy a México y el lunes tienen el dinero». Hasta hoy. Te advierto que conmigo se ha portado de maravilla. Me pagó 500 000 pesos por hacer una película, que entonces me gustaba mucho. Y no la hicimos.[68] Y por eso le hice yo, gratis, *Simón del desierto.* Y ahora me quiere regalar una casa en Cuernavaca.

¿Es muy rico ese señor?

Ahora me dice que tiene mucho dinero. Tiene un sinfín de negocios, como sabes. Los muebles son la base de su negocio, y una revista de esas del corazón y de los buenos sentimientos.

¿Cómo lo conociste?

Creo que en Madrid. No, aquí. Trabajó su primera mujer, Ariadne Walter,[69] en *Ensayo de un crimen,* en 1955. Luego se casó con Silvia Piñal,[70] que trabajó en *Viridiana, El ángel exterminador* y *Simón del desierto.*

Y, porque te dejó más o menos libre, son las mejores.

Y ahora está empeñado en regalarme una casa. Palabra.

Sí, es un buen vendedor...

Pero, ¡qué vendedor! Es curioso cómo cambian las cosas. Hace cinco años, nadie sabía quién era yo en Italia. Ahora se disputan mis películas. Todo lo que quiera. Bueno, igual o peor: en España, cuando murió Gérard

---

68 Cuando Buñuel volvió de Europa tras el rodaje de *Diario de una camarera*, Alatriste le propuso filmar lo que él llamaba «dos películas libres», que venía a recordar el recientemente frustrado proyecto de Buñuel *Cuatro misterios.* Esta vez, en lugar de cuatro historias serían dos, con dos directores y con Silvia Pinal como estrella. El de Buñuel estaría basado en la vida de Simeón el Estilita. Creemos que este es el proyecto al que se refiere el calandino.

69 Ariadna Rosa Welter (1930-1998) fue una actriz de cine mexicano.

70 Silvia Pinal Hidalgo (1931-) es una actriz de cine, teatro, televisión, productora y política mexicana.

Philipe,[71] *El Heraldo de Aragón* público su biografía y una lista de sus películas y, al final de la misma, como es natural, hablaba de *La fièvre...*, esa que sube.

La fièvre monte à El Pao. Los ambiciosos, *como le pusieron aquí.*

Es una película bastante mala. Bueno, *El Heraldo de Aragón* decía que era su última película, que haciéndola es cuando le había dado el cáncer de hígado, y que la había dirigido yo. Inmediatamente llamó el gobernador al director del periódico y le dijo: «¿Qué es eso de Luis Buñuel y de hablar de él?». Total, salió el periódico, sin mi nombre. Después del premio de Venecia, tres páginas en *ABC,* cuatro páginas en *El Heraldo de Aragón...* Con lo que me molesta la gente que se da importancia...

ARTURO SÁENZ DE LA CALZADA

M. A.: Ahora cuéntame algo de *Simón del desierto*. ¿Seguiste teniendo buena amistad con Luis? ¿Fue a verte...?

A. S. C.: Bueno, en realidad, él me llamó un día por teléfono y me dijo que tenía un problema, que iba a hacer una película que se iba a llamar *Simeón, el estilita,* y que necesitaba construir una columna, bastante alta, en el valle del Mezquital y que, en fin, quería saber si yo le podía ayudar. Entonces fui y me hice cargo del asunto y le proyecté una columna que tenía ocho metros y medio de altura me parece, y que era hueca. Era de hormigón con un capitel, un gran capitel que no podría decir que perteneciese a un estilo determinado, pero, de ser algo, sería de tipo bizantino, para poder conseguir en la parte alta una plataforma de bastante amplitud donde pudiera desenvolverse el actor. Con ese motivo hicimos algunos viajes al valle del Mezquital. Se construyó la columna, que fue de cemento armado, martelinada después para darle calidad de piedra y parece ser, según me ha dicho después, que la voló.[72] Yo le había sugerido que le rompieran la base, que le pusieran una carga de dinamita y que la hiciera salir como un cohete, disparada.

M. A.: Y en esa película, que Luis quería hacer desde hacía muchísimos años, ¿crees que hizo lo que se figuró o sencillamente el productor no le dio el dinero suficiente para acabarla?

A. S. C.: Bueno, pues yo no sé. Además, no he visto todavía la película. La última vez que estuve con Buñuel me dijo que me iba a avisar. Desde luego, su idea inicial era, en cierto modo, relatar la vida del santo, el Estilita. Después

---

71 Gérard Philipe (1922-1959) fue uno de los más famosos actores de cine y teatro de su época.

72 El capitel se encuentra en el exterior de la Filmoteca de la UNAM, en Ciudad de México.

la modificó y el título también lo cambió, se llamó *Simón del desierto*. Él me dijo al principio que iba a hacer los diálogos en latín, que creía que eso hubiera resultado muy bien. Que era un idioma muy bonito y que... Eso tampoco se hizo. De modo que creo que sí; algunas de las ideas iniciales de Buñuel tuvieron que ser cambiadas a lo largo de la realización de la película.

M. A.: Claro, de eso estoy absolutamente seguro, porque yo conozco esa idea hace muchísimos años y la idea era poner a Simeón, el Estilita, encima de una columna, totalmente llena de mierda. Esa era la idea primitiva.

A. S. C.: Sí, claro.

M. A.: Y era absolutamente imposible hacer una película así.

A. S. C.: Desde luego.

M. A.: Hay dos películas que, efectivamente, Luis ha querido hacer siempre, una es esta y la otra *El monje*, de [Matthew G.] Lewis.

M. A.: [...]. ¿Y qué otras cosas acerca de Buñuel me podrías contar?

A. S. C.: Pues yo creo que no puedo. Aquí, en México, le he visto algunas veces, pero no le he visto con mucha frecuencia. Le he visto ocasionalmente; cuando le hice la casa, cuando le hice la columna, algunas veces que me ha llamado para algunas reparaciones en su casa y he ido a comer con él algunas veces, en algunas reuniones de residentes, que hemos celebrado aquí, o en exposiciones, pero no lo he tratado así, muy íntimamente, como para poder contar cosas que no sean sabidas ya por todos sus amigos.

RAFAEL ALBERTI

M. A.: ¿Tú no has visto las últimas películas de Luis? *Simón del desierto* y *La Vía Láctea*.

R. A.: No las he visto.

M. A.: Pues debes verlas.

R. A.: *La Vía Láctea* la dan aquí de cuando en cuando, y la puedo ver.

M. A.: *Simón del desierto* aún no.

R. A.: Simón el estilita.

M. A.: El estilita. Esa, la que quería hacer desde el principio. La que está cagando encima de la...

R. A.: ¡Sí señor! Hay un poema largo de Guillermo Valencia,[73] ese poeta...

M. A.: Sí, sí.

R. A.: ... rubendariano, de Colombia, que habla de Simeón el estilita.[74] Yo no sé por qué se le ocurrió a Luis eso.

---

73 Guillermo Valencia Castillo (1873-1943) fue un poeta y político colombiano, representante del parnasianismo.

74 Se refiere al poema «Palemón, el estilita», de 1914, basado, como el personaje de Buñuel, en la vida de san Simeón, el estilita.

M. A.: Se le ocurrió a Luis en 1930.

R. A.: ¡Ah!, ¿sí? ¿Ya se le había ocurrido entonces?

M. A.: Sí.

RICARDO MUÑOZ SUAY

R. M. S.: El día 18 de agosto de 1965 Buñuel me explica que ha escrito a Alatriste para decirle que, si *Simón del desierto* no iba a la Mostra veneciana, él se comprometía a terminar el film. Me explica que luego del final actual, Simón en Nueva York, en una discoteca, Simón debía regresar a su columna, pero ya en pecado mortal. Simón baja una vez de la columna y es sustituido por el diablo, al que adoran ahora las gentes. Le recuerdo la estatua del Ángel Caído en el Retiro de Madrid. Al final de los años Simón muere en la columna, mientras abajo los soldados romanos se disputan el cadáver.

Última etapa (1960-1972)

Viridiana

¿Ha influido tu infancia y pubertad en el tema de tu producción cinematográfica?

Evidentemente, en mis películas siempre salen recuerdos de mi niñez o de mi juventud; por lo menos están a la base de muchas de ellas. Por ejemplo, lo del narcótico que don Lope le hace tomar a Viridiana.[1] Todo esto viene de un sueño de mi juventud. Yo estaba enamorado de la reina Victoria Eugenia, como todos los de mi edad, supongo, una rubia extranjera guapísima. Entonces pensaba, antes de dormirme, o durmiéndome, o dormido, quién sabe cómo, que yo le daba un somnífero, y entonces —claro que no estaba el rey— me acostaba con ella. Era una cosa totalmente imposible: yo, un joven burgués, y ella, la reina, es decir, una imposibilidad total de que esto se realizara a pesar de que pensaba en mil triquiñuelas para introducirme en palacio, en el cuarto de la reina, como fuera. En *Viridiana* me pasó un poco lo mismo, pero al revés: don Lope soy yo y la muchacha es joven. Es decir, que hay otra dificultad, grandes separaciones, ella es monja. Acumulo todos los obstáculos posibles entre una y otro. Don Lope le da el narcótico a Viridiana, pero en el momento mismo de poder acostarse con ella se vuelve atrás, como seguramente yo también lo hacía en mis

---

1 Como le sucedía a menudo, Buñuel confunde don Lope de *Tristana* con don Jaime de *Viridiana*.

sueños con la reina. Hay grandes separaciones. Además, en el momento en que don Lope se suicida, para mí había terminado la película. Te cuento todo esto para que veas cómo hago y salen mis películas. En *Viridiana* hay dos películas totalmente distintas. Ya te dije que para mí se acaba con la muerte del viejo. Entonces, ¿qué hace Viridiana? ¿Recoger prostitutas? Ya está muy visto, se ha hecho otras veces. ¿Recoger mendigos? Me decidí por eso. Y así fue saliendo la película. Todo va surgiendo poco a poco. Eso de ponerle los zapatos al muerto...

Te acordabas de la muerte de tu padre y de cuando le pusiste los zapatos.[2]

Sí. Yo le vestí con el aya de mi hermana María, y quise ponerle los zapatos. Unos zapatos de esos con goma, pero no cabían. Entonces cogí una tijera y corté las gomas y luego bajé los pantalones y nadie se dio cuenta. Pero se me quedó muy grabado.

Se nota. [...].

Cuando estuvo [Vittorio] De Sica en México, que vino con la idea de hacer *Los hijos de Sánchez,* de [Oscar] Lewis, vio *Viridiana*; vamos, se la enseñé. Y salió horrorizado. Él, ¡un neorrealista!

Todos sabemos que para ti el neorrealismo es lo peor que hay.

Lo he dicho y lo he demostrado muchas veces. Bueno, salió anonadado. Me preguntaba: «Pero a usted, Buñuel, ¿qué le ha hecho la sociedad? ¿Le ha tratado mal? ¿Ha sufrido mucho? ¡Qué barbaridad!» Como es natural, le dije que no, que sencillamente yo veía así el cine y que para eso servía. Se quedó atrás con Jeanne y le pregunto, en voz baja: «¿Le pega a usted su marido?»

PERE PORTABELLA

M. A.: Luis Buñuel me ha dicho que hable contigo acerca de él.

P. P.: Esto es seguramente porque hemos tenido un año de una larga relación.

M. A.: ¿Qué relación, sexual o qué?

P. P.: Bien, yo no sé si estoy autorizado a descubrir *(ríe)* esta relación. No sé si Buñuel lo ha dicho ya.

M. A.: Buñuel ya me ha dicho que hable contigo, así que puedes decir todo lo que quieras.

P. P.: Bien, entonces, sexual es imposible porque Buñuel es impotente. Pero a otros niveles..., pues sí, o sea, Buñuel es sordo, es un hombre ya muy aca-

2 Sobre este hecho, véanse las pp. 256-258.

bado. Durante un año le he ayudado como se ayuda a un hombre acabado, a un viejo, por eso te ha dicho que hables conmigo. Le sacaba a la calle *(ríe)* y muy bien, en ese sentido muy bien, se portó bien. A otros niveles profesionales no sé, es una persona profesional, harto conocido. Este año que estuvimos trabajando juntos...

M. A.: ¿En qué estuvisteis trabajando juntos?

P. P.: Lo conocí en Cannes con Carlos Saura, a raíz de que él iba con la película.[3] Y a la vuelta del festival él se vino a España —ya sabes tú que estuvo unos meses paseándose por Cuenca con nosotros, con Antonio Saura también, el pintor—. Y entonces le propuse la posibilidad de rodar alguna película con él, o sea, de producir una película con él en España. En aquel momento no concretamos, aunque él dijo que hasta cierto punto le hacía gracia, le interesaba. Entonces se fue a México, hasta meses después que recibí una carta suya donde me decía que ya tenía una idea que podía ser rodada en España; idea que él calificaba de blanca, que no se titulaba *Viridiana* aún. Me parece que tenía un título que se llamaba *La belleza del cuerpo* o algo así. Y entonces me anunció que vendría un mexicano, amigo de él, Gustavo Alatriste. Y apareció en Madrid Gustavo Alatriste, con el proyecto de hacer *Viridiana* en España, producción española, pero él ya tenía arreglado con Buñuel una parte importante de la producción. O sea, su parte más la aportación de Silvia [Pinal], etc. Nuestra relación profesional parte de esta película, que es el motivo por el cual vuelve a España. Se montó la producción, en forma de coproducción, con una productora, la UNINCI, que está regentada por un Dominguín y el presidente, Juan Antonio Bardem. Entonces se hizo la película. Él estuvo tres o cuatro meses, si no recuerdo mal, preparándola. Entonces vivíamos en apartamentos contiguos. Y padecí, lamentablemente, todas sus manías de puntualidad y de levantarse temprano. Total, estuvimos conviviendo prácticamente un año. A este nivel creo que ha quedado, por lo menos de mi parte, una relación a nivel humano muy afectuosa. Respeto al viejo Buñuel. Por cierto, cuando terminó *Viridiana* ya hablaba de que sería su última película. Pero lo ha ido repitiendo hasta la saciedad. No sé si fue con *El ángel exterminador*, que nos lo encontramos en Madrid, y una vez más decía que era la última. Tengo un documento firmado por él, una carta en donde reconoce, de su puño y letra, que el cine es una mierda y que es su última película. Según él, se trata de un descubrimiento mío —no lo digo por vanidad porque no puedo estar muy orgulloso *(ríe)* de esto—. Desde entonces no le he vuelto a ver porque está vendido a los franceses, trabaja con Jeanne Moreau, con Catherine Deneuve, es decir, está totalmente prostituido,

---

3 Suponemos que Portabella conoció a Buñuel en el Festival de 1960, donde Saura compitió con *Los Golfos*.

envilecido ya dentro de un *cinéma* industrial, totalmente alienado, integrado a un sistema capitalista. *(Ríe).* Por tanto, no nos encontramos; yo no puedo salir de España, a él le dejan entrar y salir, lo cual es muy sospechoso. *(Ríe).*

M. A.: Me parece absolutamente perfecto. Pero quisiera preguntarte, ¿qué hay tuyo en *Viridiana?*

P. P.: Mío, nada. ¿En cuanto a qué?

M. A.: Al guion.

P. P.: No, no, nada, en absoluto. Por múltiples razones. Primero, porque si Luis es un autor, entonces tiene a su coguionista, ¿no?

M. A.: Entonces, ¿qué coño hiciste?

P. P.: La promoción. Hice una cosa muy simple. Primero, en Madrid, decir una cosa que parecía disparatada: por qué no hacer una película en España. Segundo: montar la coproducción con UNINCI y convertir *Viridiana* en película española. Después de montar el tinglado, soportar a Buñuel en el rodaje ya es una aportación seria, ¿no? Ahora, en cuanto al guion y a la idea, esto es totalmente suyo. Evidentemente, es cine de autor.

M. A.: Lo que siento es no tener aquí la cinta de Alatriste sobre lo mismo para compararla.

P. P.: Yo no entro en esto... Si hay que polemizar sobre esto, hay que polemizar con él, ¿entiendes?

M. A.: No, también ha polemizado él solo referente a eso, ¿verdad? Pero, ¿cuál es su relación con Dominguín? Sexual, naturalmente.

P. P.: Pero, ¿de quién, de Luis?

M. A.: De Luis, sí.

P. P.: No, es totalmente de despecho. Fueron amantes muchos años, hasta que Dominguín se lio conmigo. Esto no lo ha perdonado jamás Buñuel.

M. A.: ¡Ah!, ¿por eso se separó de la Lucía?

P. P.: No, la Lucía es un objeto extraño en esta relación sexual.

M. A.: Sí. Muy bien. Me parece perfecto. [...] Pero Buñuel me dijo que tú le conocías muy bien, así que, si le conoces bien, dime qué relación ves tú entre la obra de Buñuel y Buñuel persona; ¿hasta qué punto la obra de Buñuel refleja al Buñuel hombre?

P. P.: No he entendido bien la pregunta.

M. A.: Tú conoces muy bien a Luis, y sabes cómo es, lo has visto en el set, y lo has visto discutir con los productores y con los actores. Y has visto luego la película. ¿Hasta qué punto esa película responde a la manera de ser de Luis?

P. P.: Creo que la obra de Buñuel no es una manera de ser, es una forma de ver el mundo, en fin, de ver la vida. Entonces, en cuanto a hombre, a su manera de ser, Buñuel es insoportable. En cambio, sus películas son soportables. Difícilmente soportables, pero soportables.

M. A.: Esa es tu opinión y me parece perfectamente defendible, conociendo a Luis y conociendo su película. Pero, de todas maneras, referente a los jóvenes cineastas españoles, ¿qué influencia ha tenido Luis? Porque más o menos todos han visto sus películas; ¿y qué influencia ha ejercido Luis sobre Saura, o sobre ti, o sobre...?, ¿alguna o ninguna?

P. P.: Yo puedo hablar solo a título personal. Sobre la influencia en Saura no puedo hablar. Se lo tendrías que preguntar a Saura. A mí me parece que no se trata tanto de influencia, sino que Buñuel es la única referencia. O sea, dentro de nuestro contexto cinematográfico, cualquier autor hoy por hoy que quiera realmente plantearse un problema a nivel de expresión, en un lenguaje cinematográfico, su único punto de partida, aun partiendo de cero, sigue siendo Buñuel. Considero que Luis es una pieza fundamental, que pesa en todos. No verlo así es caer en puntos de partida o referencias extrañas, incluso de nuestra cultura. Todos estos *ismos* o fórmulas de importación que han llegado hasta aquí, lo han hecho por no saber llegar hasta las raíces de nuestro problema. No tenemos tradición cinematográfica. Insisto, la única referencia es Buñuel. [...].

M. A.: A ver, cuéntame ahora la historia de Kafka.

P. P.: Bueno, esto no sé si viene a cuento. Durante la preparación de la película *(ríe)* yo tenía un guion de una película que tenía que producir; era un guion de Ferreri y Azcona, que era una adaptación de *El castillo* de Kafka.[4] Un día, en una conversación donde estaba un Dominguín, Domingo concretamente, estábamos charlando y en un momento dado Luis se me acercó y me dijo: «Fíjate si es tonto Dominguito que me parece que cree que Kafka está vivo». Entonces me quedo un poco aturdido y dice: «Ya verás». Y al cabo de un rato empezamos a hablar de la obra, de la película, a hablar de la persona. Entonces Luis me dijo que le había escrito una carta hacía poco desde Dublín, me acuerdo que lo situó en Dublín, que está muy bien. *(Ríe).* Entonces, pues Dominguito creyó que realmente estaba vivo. Ya sabes que a Luis le gusta mucho la broma y continuarla hasta..., esta cosa reiterativa, obsesiva que a Luis le encanta. Esto nos obligó a empezar a llevar las cosas más lejos, porque, si no, no daba de sí. Así pues, un día, también en otra comida, Luis me dijo: «Por cierto, he recibido una carta de Kafka donde me dice que le gustaría mucho venir para conocerte, porque tú eres un productor joven y atrevido *(ríe)* y, además, quiere darle un vistazo al guion. ¿Qué te parece?». «Hombre, yo creo...». Entonces Dominguito, que estaba allí, dijo: «Hombre, eso sería cojonudo, porque si viene para la promoción de la película *(ríe)* sería muy interesante». Entonces dije:

---

4 La colaboración entre Marco Ferreri y Rafael Azcona ha dado lugar a obras cumbre del humor negro cinematográfico como, entre otras, *El pisito* (1958), *El cochecito* (1960), *La gran comilona* (1973) o *La audiencia* (1971), una inconfesa adaptación de la obra de Kafka, *El castillo*.

«¿No te parece que quizás vamos a encarecer mucho el coste de la película?». Y Dominguito insistió muchísimo en que *(ríe)* le invitara. Y Luis decía: «Caramba, Pedro, parece extraño, con la experiencia que tienes, que tengas esta mezquinería. Tú tienes que traerte a Kafka. Además, yo le conozco muy bien». Esto se quedó planteado así. Al cabo de otra comida, en la que estaba también Dominguito, Luis Buñuel nos anunció que ya tenía la carta diciendo la fecha en que Kafka podía venir, que era al cabo de una semana o dos. Llegados a esta situación, naturalmente procedimos a hacer los preparativos de la llegada de Kafka. Entonces Buñuel sugirió que estaría muy bien que Lucía [Bosé] y Luis Miguel [Dominguín] fueran al aeropuerto en coche descapotable para recibirle *(ríen)* y perfilamos el asunto. Yo dije que eso me parecía bien, pero que había que saber primero si había que obligar a Luis Miguel a que leyera algunas de las obras de Kafka para hacer del todo el ridículo, puesto que hacerle leer algo *(ríen)* era totalmente imposible. Entonces llegamos al acuerdo de que se haría esta gestión y Luis, a solas conmigo, decidió que lo que sería bonito es que quien realmente hiciera de Kafka fuera el extra peor de Madrid, con una capa, pagándole el viaje de ida y vuelta a Dublín *(ríe)*, y darle cuatro instrucciones muy elementales porque decía: «Un extra, ya suelto, puede parecer un personaje kafkiano, ¿no? Kafka *(ríe)*, absolutamente kafkiano, ¿no?». Bueno, la historia llegó hasta aquí porque un amigo común, Javierito Pradera,[5] se vio en la obligación un día de coger a Dominguito y decirle que él estaba dispuesto a todo porque consideraba que había ido demasiado lejos y, desde luego, Kafka había muerto *(ríe)* hacía bastante tiempo.

CONVERSACIÓN CON DESCONOCIDO[6]

DESCONOCIDO: La cuestión es saber quiénes se odian más: si los contratistas, los músicos, los arquitectos o los cinematografistas [*sic*].

M. A.: ¿Por qué no los notarios o los artilleros?

D.: Por razones crematísticas.

M. A.: Muy materialista histórico te me has vuelto.

D.: Sobra el «histórico». De por sí explica lo de los contratistas, pero no se odian: llegan fácilmente a un acuerdo; depende del porcentaje. No sucede igual

---

5 Javier Pradera (1934-2011) fue un escritor, abogado, analista político, columnista y editor español.

6 Esta conversación está vinculada con el episodio kafkiano acabado de relatar por Pere Portabella. En los archivos de Max Aub aparece titulada «PORTABELLA-DOMINGUÍN-BUÑUEL», con la siguiente anotación a lápiz «Portabella? Ver. Pradera?» No nos extrañaría nada que fuese una versión de Javier Pradera sobre el *fake* construido por Buñuel para reírse de Domingo Dominguín. Al no haberse publicado en ninguna de las ediciones anteriores, consideramos pertinente su inclusión aquí, sin perjuicio de que deban tomarse todas las distancias necesarias.

con los músicos: un zarzuelero no colaborará con un competidor, ni un arquitecto con otro a menos que quiera arruinar a su socio o a la edificación. Lo de los cinematografistas es más complejo: entran en juego los créditos, y no bancarios. Es trabajo y nombre. Ya ves Portabella: su historia Dominguín-Kafka-Buñuel, que no es más que la exteriorización de una venganza contra Dominguito. ¿Quién sabe por qué? Tal vez porque no trabajó en *Viridiana*. Ganas de rebajarlo a su nivel, porque lo cierto de la historia es que sucedió así, pero al revés. No sé a quién se le ocurrió, tal vez al propio Luis. Desde luego, yo no fui. Pero eso sí, una noche, aquí, en Barcelona, a alguien se le ocurrió decir que la gran película a hacer para un joven director ambicioso y con ganas de colocarse —como Portabella— sería hacer el *Ulises* de Joyce, de quien Luis dijo que era bastante amigo, por Rilke y un viejo conocido, compañeros de Hans Fallada,[7] su biógrafo más eminente. Se habló de la posibilidad de que el autor nos otorgara una opción para intentar realizar una adaptación. Aceptó Pedro con entusiasmo y quedamos que Ricardo [Muñoz Suay] hiciera las gestiones necesarias. Me puse de acuerdo con él y con mi hermoso alemán macarrónico hicimos unas cartas que daban gloria y que desde luego se la dieron con queso a Portabella, que firmó contestaciones grandiosas —¿por qué?—. Total, que aceptaba. Y que vendría. Y vino. Hizo el papel un alemán amigo mío que miraba contra el gobierno, en el buen sentido de la palabra, marica para más señas y que se dispuso a seguir adelante desde la primera noche. Como Pedro no correspondió a sus deseos, hubo gritos y no recuerdo si hasta algún puñetazo. Porque, según el autor de *Ulises*, todo había quedado perfectamente establecido en el contrato. Esa es otra que se me olvidaba: antes de firmarlo había pedido una miniatura de cuerpo entero.

M. A.: ¿Qué tiene que ver Dominguito con todo esto?

D.: Nada. Que Pedro [Portabella] no traga que un ser de la hombría de Domingo pueda saber más que él. Sin contar la vieja historia de odios y desprecios entre señoritos catalanes y madrileños que sigue tan viva como en tus tiempos. A mí esa historia no me hizo ninguna gracia. Por lo menos, en nuestro tiempo. Hace casi medio siglo hacíamos esas cosas en serio, es decir, dirigidas al pueblo y con un fin moral. Haberlo reducido a bromas más o menos pesadas para segundones demuestra cómo va degenerando la raza, como hubiese dicho Pío Baroja.

DOMINGO DOMINGUÍN[8]

D. D.: Amigo Max, me pides que te diga mi versión sobre la película de Buñuel, *Viridiana,* para incorporarla a un libro que estás escribiendo sobre Luis.

---

7 Rudolf Wilhelm Friedrich Ditzen (1893-1947), cuyo seudónimo era Hans Fallada, fue uno de los mayores escritores alemanes del siglo XX.

8 Esta no es una conversación, sino un monólogo de Dominguín sobre lo que le pidió Aub que hablase, sus recuerdos de *Viridiana*.

Como no se trata de ninguna traducción o referencia al argumento de la obra, en cuyo caso podría tener mi versión personal, y sí de hechos e incidencias puramente objetivas, me limito a darte una relación de lo sucedido, anticipándote, por mi parte, cuanta libertad necesites para extractar lo que te parezca o prescindir de lo que no consideres interesante a tu fin.

Insistiré, por última vez, que este relato no es mi versión, ni siquiera una versión del grupo español que participó en la producción de *Viridiana*. Es el relato simple y llano de cuanto sucedió a petición de un amigo, a quien se estima y admira, interesado en el tema. Cuanto aquí se dice es fácil de comprobar con documentos o testimonios de las personas más solventes que intervinieron en este asunto. Pero antes debemos hacer un poco de historia para mejor comprensión de los hechos.

Hace más de diez años, cuando parecía que la situación política española iniciaba una apertura, al menos cultural, hacia el reconocimiento de algunos valores de vigencia incontrovertible en el resto del mundo, y aunque tímidamente empezaron a sonar los nombres de Picasso, Alberti, Miguel Hernández, Neruda o Buñuel, y a representarse el teatro de Lorca o de Casona, y en algunas pantallas de los cineclubs se autorizaba, aunque en condiciones muy especiales, la proyección de algunas obras maestras, ya clásicas en la cinematografía, se produjo entonces un amplio movimiento de sorpresa entre la juventud intelectual, y la parte más sana de la afición creyó llegado el momento de iluminar, en las parcelas que le eran más entrañables, el oscurantismo medieval que como consecuencia del resultado de nuestra Guerra Civil había sumido al país, por un desesperante periodo, que para muchos resultaba eterno porque amenazaba a prolongarse casi toda su vida. Un entusiasmo ingenuo, parecido al despertar de un niño en una mañana primaveral, estalló en el campo de la cultura, y se creyó llegado el momento de poner al día de la Europa occidental un país en el que Kant era considerado oficialmente un filósofo extremista y la lectura de Kafka era arriesgada como un texto subversivo. Se empezó a descubrir que Picasso era español y a concederle cierto genio, aunque este consistiera en engañar con sus espantajos a los inocentes beneficiarios del Plan Marshall y de la OTAN, pese a que se contestó al *Canto general* de Neruda con un «Canto Personal» y a *Morir en Madrid*[9] con un «Vivir en Madrid».

Si comparamos la coyuntura de entonces con los años precedentes, se podría pensar que, efectivamente, algo estaba sucediendo en nuestro hábitat. Y, efectivamente, algo estaba sucediendo: la incorporación de una juventud que no había hecho la guerra fratricida, y que se negaba a soportar sobre sus es-

9 *Mourir à Madrid* es un largometraje documental francés sobre la guerra civil española dirigido en 1963 por Frédéric Rossif.

paldas y su conciencia el saldo macabro de pasiones y sangre que, en un clima de *vendetta,* hacía muy difícil no solo la convivencia entre nosotros, sino la más leve comparación con un país civilizado del momento actual.

El fantasma de la cruzada empezó a debilitarse pese a estar mantenido día a día por los órganos de información, que eran todos los existentes, y las nuevas generaciones se interesaron ya más por el *Guernica* de Picasso que por el Alcázar de Toledo, más por el cine de Buñuel que por el de Sáenz de Heredia, más por Alberti y Neruda que por Pemán, más por lo que pasaba allende nuestras fronteras que por el Real Madrid. Perico Chicote, Cesáreo González y don Santiago Bernabeu dejaron de monopolizar a la crema de la intelectualidad y hasta algunos nombres del exilio, entre otros el tuyo, nacieron para los asombrados ojos de una juventud que se sentía huérfana de todo lo que no fuera héroes militares de familias católicas. Perdona estas deslavazadas notas que tu urgencia me obliga a pergeñar, pero creo imprescindible, para entender el asunto que te interesa, esta digresión que sitúa los hechos en su tiempo y lugar.

En nuestro maravilloso y desgraciado país, solo ha habido una verdad a través de la historia: la que decía el tío que nos apuntaba con la escopeta. Por ello, el simple gesto de desviar un poco el cañón de nuestro pecho, y de crecer por unos instantes la tensión angustiosa que nos permitía escuchar el canto de un pájaro anónimo, es natural que se confunda con la llegada de la libertad, y en pos de esta libertad tan precaria se lanzaron los jóvenes más inquietos con la ilusión y la esperanza que justifica la existencia del hombre y le dan fuerza para caminar hacia el futuro. No es necesario, ni ello es mi propósito, contarte lo que pasó después. Creo que viviendo como has vivido en el exilio extranjero habrás tenido tanta o más información que los exilados de aquí dentro.

Dado este clima, en el ámbito cinematográfico, era justo y normal que se reivindicara el nombre de Luis Buñuel como el primero en una apertura hacia un cine que para nosotros podía ser nuevo y que para fuera era ya casi académico. Algo debió pasar también en el exilio, porque ese clima de apartamiento y asepsia que se notaba entre vosotros a la incorporación, a la cooperación con el interior fue cediendo, quizás porque visteis renacer interlocutores y posibilidades que suponíais fusilados para siempre, y empezaron a revenir hombres y obras que al encontrar su terreno natural echaban raíces cuando les dejaban.

Buñuel, de cuya sensibilidad tan inmediata como vasta no cabe dudar, también sintió la llamada de los tambores de Calanda y con *Viridiana* bajo el brazo se presentó un día en Madrid. Al calor de la nueva situación, había nacido un grupo de productores, directores, actores y técnicos que resumía cuanto tenía que decir en el lenguaje cinematográfico, la mayoría de cuyos nombres tienen aún vigencia en nuestro cine. Y Buñuel encontró en este grupo, aun cuando no lo necesitara, el entusiasmo decidido y el apoyo incondicional de quienes solo deseaban incorporar a Buñuel a la lucha contra las arcaicas concepciones que llevaban al cine español por un camino intransitable, por pazguato y parroquial. Es de justicia resaltar el desinterés y la decisión de este grupo que, por encima de sus intereses, dieron a Buñuel con toda generosidad cuanto eran y cuanto tenían. Si hubiera realizado *Viridiana* sin este concurso —que, naturalmente, para nada disminuye la colaboración indicada el mérito de la obra y la valentía del autor, pero lo que es indiscutible es que del brazo del productor mexicano, señor Alatriste, por razones muy comprensibles, el desconocimiento del medio entre otras—, *Viridiana* no hubiera nacido española.

No se trata aquí de reivindicar ningún mérito por una producción que, para muchos, era muy discutible desde un punto de vista ideológico. Durante el Festival de Cannes, donde fue premiada, se consideró seriamente la posibilidad para *Viridiana* de un premio de la Oficina del Cine Católico. Se trata solamente de establecer cómo y en qué circunstancias se realizó una película con todas las bendiciones oficiales pero que, al final, vino a resultar como una blasfemia, y esto, al decir de *L'Osservatore Romano* y su crítico circunstancial, el padre Fierro, y al hacer de las autoridades españolas en la materia. El propio ministro de Información, por entonces señor Arias Salgado, manifestó que *Viridiana* representaba un rudo golpe a su esfuerzo por la salvación nacional, cuyo porcentaje [*sic*] podía verse notablemente disminuido. El caso es que *Viridiana* se hizo, Buñuel salvó con maestría, con su maestría genial, cuantas dificultades le salieron al paso y, ante la sorpresa de propios y extraños, la película fue destinada para representar a España en el Festival Internacional de Cannes.

El impacto en el referido Festival fue indescriptible. Los premios, amañados de antemano, hubieron de ceder ante la eclosión de Buñuel y su obra. España tuvo su primera Palma de Oro y la cinematografía internacional fijó su mirada en el cine español como una savia nueva y pujante que era necesaria. Como era natural, el empeño no pasó de ahí, y el esfuerzo de Buñuel y sus amigos se vio frustrado en el interior de España por unas medidas inquisitoriales que afectaron, principalmente, al grupo español, que fue masacrado como cabeza de turco. Se vino a conocer entonces que *Viridiana* nunca había sido una película española, pese a haber representado oficialmente al país en Cannes, y sus productores fueron acusados de rojos, de contrabandistas, amén, de endemoniados, y sobre ellos se decretó una muerte civil que, para muchos, ha sido casi definitiva.

Como relator objetivo no quiero dar nombres, pero en la conciencia de todos están algunos que les será muy difícil levantar cabeza. Y aquí surge un personaje: Gustavo Alatriste, que sí merece capítulo aparte. En principio, iba a ser el productor de *Viridiana* en México. Cuando se decidió hacer la película en España, participó en la medida que las leyes españolas cinematográficas permitían hacerlo a un extranjero. Alatriste, que sentía por Buñuel un entusiasmo incomprensible y parecía nacido de las plumas de Buñuel y Pirandello, en colaboración, se cegó con el éxito de Cannes y, ante las propuestas económicas de extraordinaria magnitud, decidió cortar por el medio, y so pretexto de las dificultades surgidas en España, por decisión propia, unilateralmente, sin contar con Dios ni con el diablo, se hizo dueño de la película. Apropiación que no le fue muy dificultosa puesto que, en España, los que habíamos intervenido, ningún título podíamos esgrimir ante una película que ni siquiera había nacido. Naturalmente, cuando se intentó establecer claramente la propiedad del film, más por resarcirse del dinero invertido que por afán de lucro, Alatriste se mostró como es, incomprensible —empleo esa palabra para no emplear otra—, en su afán decidido de hacer suyo lo que ya era un negocio y dejar a todos los demás en la estacada.

Las multas y procesos por defraudación y contrabando, por contrabando de divisas, por expediente en la Dirección General de Cinematografía y por cuantas causas pudieron arbitrar nuestras autoridades duraron más de tres años y pusieron punto final a una historia que en principio se presentaba plena de ilusiones y de posibilidades. La película se proyectó y se explotó, como Dios quiso, por Europa y América. Naturalmente, que su orfandad trajo consigo que el negocio, como tal negocio, quedara reducido a su mínima expresión, y lo más doloroso, lo fundamental que justificaba el esfuerzo y los riesgos que la producción implicó, es que, para España, todavía es desconocida. Paradójicamente, la verdadera historia del film de Buñuel, de *Viridiana*, comienza después de su triunfo, las vicisitudes, las luchas, los enconos, las pequeñas tragedias que su nacimiento implicaron, supondría un libro de un volumen considerable. Pero creo que por ahora es suficiente. Lo importante es que Buñuel hizo su primera película en España y abierto está el camino para el conocimiento de Buñuel y de su obra.

Viridiana, que nació española, se nacionalizó poco después mexicana, aunque anduvo por Europa con pasaporte checo. Y, sobre la película, se podrían relatar una cantidad extraordinaria de anécdotas de la que no es la menos graciosa que al visionarla las autoridades cinematográficas de la Unión Soviética le pusieran los mismos reparos, de la A a la Z, que le había puesto *L'Osservatore Romano*. Es fuerza reconocer que las criaturas de Buñuel, como él, como su obra, son una pura paradoja. Su obra es una pura paradoja. Las aventuras de sus criaturas, cuando salen de sus manos, no corren...

GUSTAVO ALATRISTE

G. A.: La primera vez que vi al señor Buñuel fue en un restaurante que se llamaba Kid, en Puebla. Él estaba tomando algo en la barra y yo también. Me atrajo mucho su personalidad. En realidad, yo no sabía cómo se llamaba. Me acerqué a hablar con él y al poco rato estábamos hablando de cine. Por ese entonces estaba yo casado con una persona que trabajaba en el cine, pero que era una pésima actriz. Es posible que por la visión que tenía de ella, tuviese también una pésima impresión del cine mexicano. Pero Buñuel me atraía mucho, porque después de esa conversación fui a ver... La primera película que vi del señor Buñuel fue *Ensayo de un crimen,* en el Palacio Chino, aquí en México. Había muy poca gente, y haga usted cuenta que lo que se estaba allí celebrando era un velorio. Pero un velorio con un loco. El loco era, en este caso, yo, porque el único que se reía era yo. Me reía mucho y la gente, la poca gente que había, se giraba a mirarme, extrañada. Si usted me pregunta por qué me reía, qué era lo que me causaba realmente esa hilaridad —porque no era una risa contagiante, sino más bien sonrisas francas—, no le podría decir qué. En fin, me atraía mucho la personalidad del señor Buñuel y luego, pasado el tiempo, nos encontramos en España. Yo he tenido una debilidad: las mujeres. Y ahora o desde hace más de ocho años, posiblemente también Buñuel. Es una cosa rara lo que le digo. Estando en Europa con otra señora [Silvia Pinal], pues ya me había divorciado, pero con la cual no me había casado, le comenté —en esos momentos que tiene uno sentimentales— qué era lo que le gustaría que yo hiciera por ella, qué quería que le regalara. Y esta señora era, en mi concepto, una buena actriz. Me dijo: «Pues nada me gustaría más que hacer una película con el señor Buñuel». Esto fue en Roma, allá por el año 1960. «Me parece muy bien». Fuimos a Madrid, porque sabíamos que estaba allí el señor Buñuel. Y quien sirvió de intermediario fue Paco Rabal. Esto ocurrió en mayo de 1960, en el Hotel Fénix. Llegó el señor Buñuel, del cual tenía yo ya una idea por haberlo visto en el restaurante aquel que le he comentado, una especie de restaurante *night-club*. Me dijo que estaba allí para filmar una película con Paco Rabal. Algo así de Guerra, de uno de los escritores españoles preferidos por Buñuel. El mismo autor de *Tristana,* ¿cómo se llama?

M. A.: Galdós.

G. A.: Galdós. De Pérez Galdós. Y la obra, ayúdeme usted un poco en la memoria.

M. A.: *Tristana.*

G. A.: No, no, no. No *Tristana.* Algo de un nombre, Guerra era el apellido o algo así.

M. A.: *Ángel Guerra.*

G. A.: *Ángel Guerra*, ¿ve usted? Claro, él siempre ha estimado mucho a Paco Rabal. Dice: «Yo no sé si las condiciones aquí, en España, son favorables para filmar, pero mi propósito por ahora es quedarme aquí unos días, ver qué es lo que se puede hacer al respecto». Finalmente le ofrecí yo la película. Y recuerdo muy bien que Silvia, la señora que yo tenía entonces, Silvia Pinal, me dijo: «Procura darle todas las facilidades, que haga lo que él quiera, lo que le guste». Se lo repetí, dije: «Mire usted, señor Buñuel, en caso de que usted se decida a hacer una película, usted escogerá tema, lugar, situación, etc.». Le interesó y creo que me preguntó: «¿Usted sabe lo que me está diciendo?». Dije: «Tengo una leve idea de lo que le digo, señor Buñuel. Usted escogerá tema y tendrá toda la libertad». El señor Buñuel pudo haber pensado que era un gesto mío de esplendidez por la mujer que yo tenía entonces. Me contestó que lo iba a pensar y que, en unos diez o quince días, me escribiría o me mandaría un telegrama. Yo tenía que regresar a México y, una vez en México, recibí, al cabo de quince o veinte días, un telegrama del barco en el que venía. En ese telegrama me decía que aceptaba mi proposición. Más o menos eso, no recuerdo más, y que ya hablaríamos en México. Entones en México había gente que era considerada como el zar del cine mexicano. Gabriel Figueroa era considerado así porque era primo hermano del entonces presidente Adolfo López Mateos.[10] Y lo que Gabriel Figueroa quería hacer o intentar hacer contaba con todo el apoyo oficial y con un enorme respeto, por no decir interés, de las gentes que trabajaban en el cine. Aquí, como usted sabe, la mayoría del cine es un cine oficial, subvencionado por el Gobierno, una porquería infame de cine. Se trabaja a base de un sistema, de un banco. No sé si usted lo sabrá eso.

M. A.: Yo he trabajado durante muchos años en el cine.

G. A.: Entonces, como usted sabrá, el cine más malo que se hace en el mundo es el mexicano. Es una opinión muy personal y la he repetido varias veces.

M. A.: Yo no lo diría tanto porque no os conozco. Pero, en fin, he ido a muchos festivales.[11] Ahora mismo, el Gobierno francés me ha invitado otra vez a Cannes. Pero no los conozco a todos. Que sea el peor de todos, ya no sé.

G. A.: Bueno, finalmente el problema que se presentó, se lo quiero explicar en orden, fue que Gabriel Figueroa le ofreció, o le había ofrecido con anterioridad, una película al señor Buñuel, en donde trabajaría la entonces máxima estrella mexicana, que era María Félix. Pero no llegaron a acuerdo alguno y por eso el señor Buñuel se fue a Europa, creo yo. Pero ahora que regresa el señor Buñuel de Europa, la película se formaliza. Y entonces pretenden hacer la película con el señor Buñuel. Aquí es donde comienza a surgir o, mejor dicho, donde surge realmente el respeto que como hombre siento por el señor Buñuel, y después surgiría el afecto con el trato. Entre el señor Buñuel y yo no había nada firmado. Había un telegrama que decía: «Acepto su proposición».

10 Adolfo López Mateos (1908-1964), abogado mexicano, fue presidente de México entre 1958 y 1964.

11 Es como si Aub se saliera por la tangente, dada la contradicción entre el haber trabajado mucho en la industria del cine mexicano y su desconocimiento del mismo, teniendo en cuenta, además, que no apareció como guionista de *Los olvidados* por problemas sindicales.

Pero una proposición que yo nunca había hecho por escrito. Entonces, en un ambiente tan enrarecido como es el cine, en donde las gentes dicen una cosa hoy por la noche y al día siguiente dicen otra y al mediodía dicen otra, lo más natural para mí en ese momento era que el señor Buñuel aceptara la proposición de Gabriel Figueroa. En realidad, yo, al lado de Gabriel Figueroa, en cine, era un ratón. Bueno, creo que ni eso; porque yo nunca había hecho ninguna película. Pero el señor Buñuel me llamó y me dijo: «Señor Alatriste, yo tengo un compromiso con usted. El señor Figueroa me hace esta proposición. El señor Pedro Galindo,[12] asociado del señor Figueroa, en fin, María, etc. Y yo les he dicho que solamente que usted me libere de ese compromiso estaré en condiciones de aceptar el de ellos. Así es que yo le suplico que me acompañe a una reunión que va a haber con Figueroa y con Galindo». Esa reunión se celebró en los Estudios Churubusco. Llegué y ahí estaban Figueroa y Galindo. Le hablaron al señor Buñuel delante de mí, le dijeron maravillas de la película que él iba a hacer, donde se iban a gastar mucho dinero en la producción, etc., etc. Y cuando ya creían que le habían convencido y de paso a mí —puesto que yo era un ratón en todo este contexto de gentes—, Pedro Galindo, dirigiéndose a mí, dice: «Después hará la película contigo, si todavía estás dispuesto». Dándolo como una situación hecha. Entonces el señor Buñuel les contestó: «Miren ustedes, yo tengo un compromiso con el señor Alatriste. Si el señor Alatriste me libera de ese compromiso, pues entonces podemos conversar sobre este tema». Galindo y Figueroa dijeron: «Bueno, por supuesto, el señor Alatriste estará de acuerdo por tratarse de una película de esta importancia, ¿verdad, señor Alatriste?». Y les contesté yo: «No». Seco. «No estoy de acuerdo». Pero le repito a usted, yo entiendo que por esa fecha el señor Buñuel atravesaba por una situación económica bastante difícil. Y si no difícil, su situación económica no era bonancible. De tal forma que me llamó mucho la atención que un hombre confiara solamente en mi palabra. Salimos de allí y nos fuimos al café del Churubusco —creo que usted lo conoce—. Entonces, me dice el señor Buñuel: «Bueno, señor Alatriste, ahora usted me dirá qué hacemos. Cuándo comenzamos. Yo no sé si lo que yo vaya a escribir le gustará a usted. Además, ¡ni siquiera me ha preguntado cuánto cobro!». Pues sí, en realidad yo no le había preguntado nada de eso. Entonces me dijo cuánto cobraba. Lo recuerdo muy bien. Y me lo dijo con una gran modestia: «Pues mire usted, yo cobro por la dirección y por el guion de la película 150 000 pesos» (que es lo que había cobrado por *Nazarín*). Recuerdo muy bien que le contesté que me parecía muy poco y que le iba a pagar 350 000 pesos. Se sonrió y dijo: «Muy bien, pues vamos a comen-

12 Pedro Galindo Galarza (1906-1989), fue un compositor de cine mexicano, aunque también desarrolló las funciones de actor y productor en la época de oro del cine mexicano.

zar. Vamos a comenzar mañana. Mándeme usted un cheque de 50 000 pesos y comenzaré a escribir —es posible que no se creyera lo de los 350 000—». Al día siguiente, como habíamos convenido, le mandé los 50 000 pesos, sin que hubiéramos firmado un papel ni nada. ¡Nunca hemos firmado nada! Y comenzó a trabajar. Quince días o un mes después, me habló. No, más de un mes —le estoy hablando de memoria—. Dice: «Oiga, ya tengo lo que he escrito. ¿Lo quisiera usted oír?». Y le dije: «¿Que es necesario que lo oiga?». Me dice: «Bueno, necesario, no». Le quiero aclarar a usted que algunas palabras pueden no ser las de él, pero la idea es exacta. Me dice: «Necesario, no. Pero es la costumbre que un productor oiga lo que escribe un escritor o lo que va a hacer un director». Dije: «Bueno, pues perfecto». Nos juntamos en la casa Silvia, don Luis, un auxiliar de don Luis, Julio Alejandro y su servidor. Cuando terminó de leer la obra y me preguntó qué me parecía, le dije: «Pues a mí me parece que son dos películas distintas. O dos historias distintas. Pero a mí no me haga caso, yo no entiendo de cine. No sé nada». «Pues sí, realmente creo que son dos películas distintas». Y volvió a escribir. Entonces surgió una cosa. Cuando ya terminó la película, mejor dicho, cuando ya terminó de escribir la película o la estaba terminando de escribir, me dijo que se podría llamar *Viridiana*. Y Silvia, mi esposa por aquel entonces, estaba en España, filmando. Yo ya había estado en España y me había gustado mucho. Y fui y le propuse a don Luis: «Oiga, don Luis, esta película...». Ya había más amistad entre él y yo, me caía extraordinariamente bien y, sobre todo, admiraba mucho su talento, la forma que tenía de pensar, la claridad con la que me hablaba, el hecho que no había confusiones. Dije: «Oiga, don Luis, ¿y si esta película se hiciera en España?». «Hombre, Gustavo, pues no lo he pensado, yo no creo». «Pero es que, si se hiciera en España, creo que el contacto de usted con la tierra, con España, produciría una película excepcional. Además, bajo el punto de vista económico, pienso que no es lo mismo un Buñuel filmando en México, donde ya ha filmado varias veces, que en España, donde nunca ha filmado». No quiero a usted alargarle mucho la conversación. No me costó mucho trabajo convencerlo, como tampoco me costó trabajo llevarlo en avión. Él nunca había volado. Recuerdo que, cuando lo esperé en el aeropuerto de Barajas, se bajó con una cara de muerto. *(Ríe)*. Y yo, no sabiendo qué decirle, le dije: «Oiga usted don Luis, ¡qué bien se ve! ¡Qué buena cara trae!» *(Ríe)*. Por eso ahora, cada vez que nos vemos, me dice: «¿Cómo me ve, Gustavo? Porque si me ve usted muy chic, ando moribundo». Lo cierto es que estuvo quince días internado en la clínica de La Paloma, porque ese vuelo le descompensó desde las uñas hasta la nariz. Yo necesitaba, o creía necesitar —en fin, yo no sabía nada de cine—, una firma española para que la película gozara de determinadas franquicias que daba el cine español. Entonces don Luis me dijo: «Mire, Gustavo, si usted hace la película con una firma española, esa compañía tiene que ser UNINCI, porque en UNINCI hay un grupo de amigos míos. Ahí está Dominguito —así le llamaba él a Domingo Dominguín, «Dominguito»—, ahí está Bardem, y un muchacho catalán, el hijo del que hace los yogures.[13] En fin, ahí están mis amigos, ahí está Muñoz Suay y usted tiene que hacer esta película con UNINCI». Como yo respetaba mucho a don Luis, fui a UNINCI y la primera impresión que tuve de Domingo González, Dominguito, es que era un raterito. Un raterito vulgar, chiquito. Porque si fuese un ladrón, sabría a qué atenerse, pero con un raterito no sabe uno lo que va a hacer nunca ese raterito. Y, como tal, vine y se lo dije a don Luis. Vivíamos en la Torre Madrid, le dije: «Don Luis, para mí Dominguito es un raterito. Lo que usted le dice de broma, de que él es bueno para las corridas bufas con enanos, ¡es cierto! ¡Usted se lo dice de broma, pero eso es cierto! ¡No sabe más que robar!». Don Luis se disgustó conmigo: «¡Pues no! ¡Si usted no hace esta película con ellos, yo no la hago en España!». «Bueno, pues la voy a hacer con ellos». El arreglo consistió en que yo ponía todo el dinero y ellos no ponían nada. En fin, lo que me interesaba es que ya se hiciera la película. Una película que yo no conocía, ni sabía de qué se trataba, porque jamás había leído el guion. Y después de aquella reunión en que me leyó dos películas, jamás he vuelto a leer ningún guion de Buñuel. Ni le he oído. Solo hablo con él; me dice: «Así», y así. Bueno. Se filma la película y se presenta. La presenta España, los productores españoles, UNINCI, para la selección de las películas que podían ir a Cannes, y la comisión la rechaza por mala. De esto es de lo que yo me entero. Y entonces me dice el señor Buñuel: «Mire usted, Gustavo, si usted quiere llevar la película a Francia, pues Le Bret le hará a usted la invitación». Le Bret, el director del Festival.

M. A.: Sí; Robert Favre le Bret.[14]

G. A.: Bueno. Efectivamente, recibo la invitación de Le Bret y la acepto, por lo que concurre *Viridiana* a Francia como una película apátrida, sin patria, sin bandera y sin un carajo. Buñuel se va a Francia a hacer lo que los españoles llaman mezclas, sonidos, efectos, todo eso —porque entonces en España el sonido era pésimo— y yo regreso a México a atender mis negocios. La película se suponía que debía de pasar en el Festival de Cannes el día 13 o 14.

M. A.: De mayo.

G. A.: De mayo de 1961. El Festival se acababa el 19, es decir, el 18 se terminaba y el 19 era la entrega de premios. [...]. Le decía yo que la película estaba prevista para que pasara el 13 o 14 de mayo. Yo llegué a París el 14 de mayo. Llegué por la mañana y al mediodía fui a ver *Viridiana*, la primera copia

13 Se refiere a Pere Portabella, que era hijo del que fue director de Danone España durante cuarenta años, Lluís Portabella Comte-Lacoste.

14 Robert Favre Le Bret (1904-1987) fue el delegado general (1952-1972) y presidente (1972-1984) del Festival de Cannes.

que salía del laboratorio. Entiendo que, generalmente, se estila presentar en un festival la quinta, la sexta o la séptima copia hasta que salga una buena. Pero aquí no había tiempo, no había más que una copia. Y la fui a ver comiéndome una de esas flautas, pan de flauta, que se venden allá, en París, con queso y con porquería y media, porque estaba yo muy desvelado. Pero ya no había tiempo. ¡Esa película se tenía que ir a Cannes en la noche! En fin, lo que usted quiera. Recuerdo que comencé a comerme el pan, pero no comí más que un pedazo, porque la película me interesó tanto que se me fue el apetito, se me fue todo. Cuando salí, me preguntó don Luis —creo que don Luis no estuvo en la proyección, no recuerdo, pero sí estuvo su esposa— que qué me había parecido la película. Dije: «Bueno, pues yo no sé de cine, pero creo que esta película debe de obtener la Palma de Oro o me deben de meter en la cárcel». [...] El día15 se pasó una película que se llamaba *Una larga ausencia*.[15]

M. A.: De Henri Colpi.

G. A.: De Colpi. En la noche hubo una fiesta en la Embajada argentina y todo el mundo brindaba por la película, que se decía que era la del gran premio. La primera sorpresa que me llevé en Cannes es que estaba ahí Domingo González Dominguín, Bardem y, además, el director general de Cinematografía de España, un señor que se llamaba [José María] Muñoz Fontán, que tenía un tipo de tonto que no podía con él. Recuerdo también que el día 17 pasó otra película, no recuerdo cuál fue, creo que fue, si no me equivoco, *Dos mujeres*[16] o *Madre Juana de los Ángeles*,[17] no recuerdo bien. Extraordinaria película *Madre Juana*, por cierto. Yo vi la película de Colpi y me pareció extraordinariamente lenta; con el cambio de horario y esas cosas, me dormía y a ratos me despertaba. En fin, no me llamó gran cosa la atención. Pero recuerdo también que allí, en La Croisette, nos juntábamos en la noche y Domingo González decía que me conformara con el gran premio de la crítica internacional o una mención honorífica: «¿Qué más quieres?». Bardem me dijo en dos o tres ocasiones: «¿Tú qué puedes esperar si Luis Buñuel no es una gente normal?». Creo que desde entonces me cayó muy mal Bardem; extraordinariamente mal. Domingo, aunque era un ladrón, tenía una gran simpatía. Mejor, miento, era un raterito. Tenía una enorme simpatía y me hacía reír mucho, pero yo sabía que tarde o temprano iba a hacer una pillada. Ya me había yo enterado en España de que el señor no había pagado algunas cosas, que tenía unas deudas pendientes. En fin, que era un pillastre.[18] La película pasó el día 18, el último día del Festival. Recuer-

15 Dirigida por Henri Colpi en 1961, fue Palma de Oro *ex aequo* con *Viridiana*.

16 *Dos mujeres* (Vittorio de Sica, 1960).

17 *Madre Juana de los Ángeles* (Jerzy Kawalerowicz, 1961).

18 El fragmento que reproducimos en esta nota no aparece en la grabación de la conversación, pero sí en la transcripción, y corresponde a una afirmación del propio Buñuel:

do que cuando llegamos a Cannes, nadie se fijaba en Silvia, que era la actriz. Paco Rabal se había venido de Italia también. Nadie tomaba en cuenta a los actores españoles ni a los mexicanos. Entonces le dije a Silvia si quería venir a ver la proyección de las tres de la tarde, en que se pasaba a la prensa extranjera, en el salón chico del Palacio de Festivales, en el salón ese de abajo. Silvia no quiso ir. No sé en qué grado le habían hecho mella las opiniones de Dominguito o de Bardem, no sé. Pero yo tenía la seguridad, si alguna vez he tenido la seguridad en algo, que llevaba yo una película —por usar un término muy mío— que era *un cañón*. Que no podía pasar desapercibida. Y así fue. Me fui con los señores estos de la prensa extranjera y hubo gente, inclusive algún corresponsal, que, al encender un cigarro no perdiendo la vista de la pantalla, se quemó ligeramente un dedo. Cuando la película terminó, salieron corriendo los corresponsales extranjeros y dijeron: «Esto es una bomba. ¿Cómo se pudo haber hecho en España?». O: «¿Qué clase de autoridades hay allá? ¿Quién es Franco?». «¡Esto es algo increíble! ¡Eso es lo mejor que haya hecho Buñuel jamás!». Alguno comentó que era Goya puro, en fin. Regresé y se lo dije a Silvia; le dije: «Mira, la acogida de la película es extraordinaria y se va a llevar la Palma de Oro». Regresé otra vez a la proyección de las seis de la tarde. Y entonces, ya en el Palacio de Festivales, la gente no cabía, estaba sentada en los pasillos. Pasó a las tres, luego a las seis. Y en cuanto apareció el nombre de Buñuel se produjo una ovación cerrada increíble; y tres o cuatro veces más durante la proyección de la película. Eran unas ovaciones y unos gritos increíbles. Así es que, en la sesión de la noche, la ovación fue realmente apoteósica. Después nos fuimos a cenar a un restaurante de algún hotel y Domingo González dijo: «Después de esto, te puedo decir que es posible que tenga el Premio de la Crítica porque ahí tiene amigos Buñuel», etc., etc. Le mandé al carajo, con todas las palabras. Entonces ya no me hicieron gracia sus bromas. Le dije: «Si en este Festival son honestos, esta película debe *robar*, porque es muy superior a lo que yo he visto. Y la película que dicen que es la gran favorita, a la que ya le han concedido la Palma de Oro, que es *Una larga ausencia*, para mí es una birria». Al día siguiente aparecieron en todos los periódicos titulares como este: «*Viridiana*, una bomba». «Los miembros del jurado están reunidos desde la mañana porque *Viridiana* ha venido a cambiar totalmente el orden de los premios». Desde que llegué el día 15,

---

«Dominguito era, desde luego un sinvergüenza, un pillo. Pero Alatriste tampoco era cosa del otro mundo. Al principio Dominguín fue el que tuvo que poner todo el dinero. Claro que luego se lo pagó todo y Alatriste tiene razón en muchas cosas de las que dice aquí y más adelante. Cuando pasó lo que pasó y Alatriste gritaba para que le dieran la película o le devolvieran el dinero, los otros hacían oído de sordo y hasta la vendieron en Suiza y en Italia o no sé dónde. Pero Alatriste ya tenía una copia fuera de España… Dominguín no me ha vuelto a saludar y Alatriste es un tipo estupendo».

Silvia me había dicho tres o cuatro veces, hasta que ya me aburría materialmente, que le hiciera publicidad a *Viridiana*. Cuando pregunté lo que valía una página de uno de los cinco periódicos que se publican ahí, me di cuenta que me tenía que gastar 20 000 o 30 000 dólares en publicidad, que además no conducía a nada, y le contesté: «¡Si yo no vengo por un premio de publicidad, vengo por un premio a una película, yo no hago publicidad!». Finalmente, había una gran expectación y desde la mañana me vinieron a ver gentes para comprarme *Viridiana*. Yo pedía unos precios estratosféricos, que me pagaban. Para no hacerle a usted el cuento largo, a las tres de la tarde, mientras estábamos comiendo, casi tiraron la puerta los fotógrafos y comenzó todo el mundo a gritar: «¡*Viridiana,* Palma de Oro!». Lo que yo sentí es inexplicable. Pero le debo de decir a usted, señor Aub, que tenía yo una gran alegría y una gran satisfacción. No era ninguna sorpresa. Nunca fue sorpresa para mí. ¡Jamás! Para la demás gente, sí. Comencé a tomar mucho champán. Le hablé a Buñuel, que estaba en París. Y me dijo por teléfono: «Usted lo que tiene es que está borracho». Cuando le di la noticia, dije: «Sí, estoy borracho, pero la película ha ganado la Palma de Oro». El extinto Pedro Armendáriz fue jurado y se acercó a darme un abrazo y me dijo: «Quiero que sepas que yo voté en contra de *Viridiana*. Pero que después he reconocido que es una película extraordinaria». En la entrega de los premios me llevé una gran decepción, posiblemente me salió lo mexicano, me irritó mucho que un español subiera a recibir el premio, que le tocaran el himno nacional a la bandera española y no a la mexicana. Y que entonces sí se hiciera presente el director general de Cinematografía y el pillo de Domingo González. Pero eso se me pasó pronto cuando mencionaron el nombre de Buñuel y fue una ovación como de unos siete u ocho minutos, que no se me olvidará nunca. Algunas gentes lloraban. Creo que debe de haber sido el momento más feliz de Silvia, porque nunca le habrán tomado tantas fotografías. En fin, fue un momento imborrable, nunca se me olvidará. Regresamos a París y el enviado de *L'Osservatore Romano* —el periódico ese italiano—, que era un pobre cretino, un tarado, dijo que la película era blasfema, antirreligiosa y una bola de pendejadas dignas de un puto. Inmediatamente la película había aparecido en España, en todos los periódicos: «España, Palma de Oro». Pero cuando el *L'Osservatore Romano*, cuando el periodicucho ese dijo tal cosa, la prensa española calló totalmente. Y Domingo González, que además de raterito siempre ha sido un cobarde, se presentó conmigo para decirme que la situación era muy difícil en España, que no se podía estrenar la película. Yo tenía la impresión que se la quería robar. Este es otro gesto que quiero explicarle a usted del señor Buñuel. El señor Buñuel había defendido a capa y espada, siempre, a Domingo González cuando yo hablaba de él. Nos juntamos en el hotel, no sé si fue en el hotel de él, en el Aiglon o en el Raphael, donde yo vivía. No lo recuerdo. Pero sí recuerdo que le dijo don Luis a Domingo: «Si tú firmaste, te jodes. Y si te tienes que ir a la cárcel, te vas a la cárcel. Pero respeta lo que firmas y sé hombre». Le hizo un carajo de caso Domingo González y robó la película. Y fue y la vendió a Suiza. Esa es otra larga historia. Regresé yo… Es decir, yo soy una persona que a veces me interesa el dinero y a veces no; el dinero tiene un interés muy relativo para mí. Creo que en el fondo no lo debe tener, porque, si lo tuviera, tendría yo mucho dinero. En fin, regresé a México y le pregunté a don Luis: «¿Qué quiere usted hacer?». Me dijo: «Pues quiero hacer *El ángel…*, quiero hacer *Los náufragos de la calle de la Providencia*». «Pues hágala». Dice: «Bueno, pero es que en esta película de *Los náufragos de la calle de la Providencia…*». —Ya para eso había una gran relación entre don Luis y yo. Había un sentimiento de mi parte hacia él no tan solo de respeto, sino de cariño, de mucho cariño. Es decir, que ya desde entonces era la persona que más contaba para mí, sobre todo en cine. O, mejor dicho, contaba definitivamente—. Dice: «Oiga, Gustavo, pero es que en *Los náufragos de la calle de la Providencia* no hay papel para Silvia y, si lo hay, pues será un papel pequeño. Muy pequeño». «¡Pero y eso qué importa! ¡Usted hágalo!». Recuerdo también que tuve un disgusto muy fuerte con Silvia por esa película, que me afectó tanto como si usted ahorita fuma un cigarro y lo deja de fumar. No era una cosa que me afectara. Cuando yo tomo una decisión, pues es posible que me lamente por un rato, pero no me dura mucho tiempo la lamentación. Se me olvida fácilmente. Entonces se hizo la película. Silvia trabajó en la película, por cierto, con profesionalismo. Y creo que es una de las películas soberbias de don Luis Buñuel. Creo que es la mejor. No estoy capacitado para juzgar su obra, pero me parece algo increíble. Llevé la película a Cannes y me convencí que en Cannes son unos rateros. Que habían cambiado. Habían cometido la primera injusticia cuando habían dado la Palma de Oro a *Viridiana ex aequo* con la película de Colpi. Es un festival mercantilista, mugroso, que no sirve para nada. Desde luego, cualquier película que yo hiciera con el señor Buñuel, no la vuelvo a llevar a Cannes. Llevé *El ángel exterminador*, una película soberbia. Muy por encima de todos. Y comiendo un día con uno de los críticos del señor Buñuel, un francés, no sé si usted lo recordará.

M. A.: Sí, los conozco a todos.

G. A.: Pues uno de ellos. Uno que está casado con una actriz francesa. No sé pues, no recuerdo el nombre. Me dijo que no le habían dado el premio a *El ángel exterminador* porque el año anterior se lo había llevado *Viridiana*, que también era de Buñuel. Cosa que después don Luis me confirmó. Le dieron el premio en ese entonces a una película que se llamó *El pagador de promesas*,[19] una de las películas más malas, más falsas que haya yo visto en mi vida. Luego pasaron muchas cosas que me permitieron conocer más a don

---

19 Película brasileña dirigida por Anselmo Duarte (1962).

Luis y llegué a esta conclusión: pienso que el señor Buñuel hace el cine más honesto que yo haya visto.

RAFAEL ALBERTI

M. A.: Es que, en *Viridiana*, la escena que hizo caer al ministro, como tú dices, es una escena que se le ocurrió a Luis por la mañana. Lo de la fotografía no estaba previsto, ni muchísimo menos.[20] Se le ocurrió sencillamente porque él por la noche lo pensó.

R. A.: Sí.

M. A.: Y la prueba de esto es que durante la película hay siete mendigos y para ahí necesitaba trece.

R. A.: Claro.

M. A.: Y en la cena hay mendigos que no salen en ninguna parte de la película.

R. A.: Es verdad. Pues no sé yo si hubiera caído en la cuenta. Pero indudablemente, es la escena que ha sorprendido más a la gente, la que le ha parecido a la gente más una profanación, porque realmente era la *Cena* de Leonardo o algo así, ¿no?

M. A.: Es la *Cena* de Leonardo...

R. A.: Sí, sí, sí.

M. A.: Y la cuestión es que es una *Cena* de Leonardo, pero no es el famoso fresco.

R. A.: No.

M. A.: Es una *Cena* de Leonardo copiada, que anda por ahí sacada de una tarjeta postal.

R. A.: De un cromo. Parece de Juan de Juanes, el valenciano,[21] que es una réplica de Leonardo, muy acromado, muy endulzado.

M. A.: No, no, no. Es de una tarjeta postal...

R. A.: ¡Ah! de una tarjeta postal.

M. A.: ... que Buñuel la copió. *(Ríe R.A.).* Estábamos hablando antes que eso es lo que me importa, de León, del problema católico de León Felipe, del de Bergamín, del de Buñuel y, como decías ayer, del tuyo y de todos los de la...

RICARDO MUÑOZ SUAY

(Recuerdos del 17 de septiembre de 1969).

R. M. S.: A los pocos días viene a casa y me trae personalmente toda la bibliografía y la filmografía. Dice que bebió mucho el otro día y que no se en-

---

20 Se refiere a la referencia a *La última cena* de Leonardo da Vinci.

21 Juan de Juanes (1507 o 1523-1579), nombre por el que se conoce a Vicente Juan Maçip o Macip, fue un pintor español del Renacimiento que también pintó una última cena, cuadro conocido con el mismo nombre que el de Leonardo.

cuentra bien. Se pasa casi toda la tarde con nosotros charlando. Bueno, foto del Cristo-navaja, lo tengo aquí. No tiene nada que ver, pero ahora lo recuerdo. La navaja-Cristo que sale en *Viridiana* fue un descubrimiento que Domingo Dominguín hizo en España, en Albacete concretamente, y que le gustó tanto a Buñuel que dijo que, si en la época del surrealismo hubiesen tenido estos Cristos-navajas, hubiese sido un símbolo de las revistas y de la literatura de aquella época. Lo curioso es que, después que nosotros rodáramos *Viridiana*, las autoridades eclesiásticas, el obispo, o quien fuera, de Albacete, prohibió la fabricación de estos Cristos-navajas. Y desde entonces no se encuentran en ningún sitio.

Belle de jour

Bueno, ¿por qué no me cuentas o recuentas la historia de Hakim,[22] *de* Belle de jour, *de esas dos personas chiquitas... que Hakim, en el fondo, hizo censurar cuando la...*

No, sé... Me retiro, lo que dices tú. Me retiro, ¿verdad que...

¡Ah!, bueno.

...decías eso? Porque no lo sé. *Belle de jour* fue prohibida totalmente por la censura en la primera visión. Eso es exacto. Fue rehusada por el Festival de Cannes por unanimidad. Cuando estaba el primer montaje hecho, la enseñó Hakim, creo que fue al director del Colisée, creo que es el Colisée, un cine de París, de los Campos Elíseos. Es un *trust* que tiene varios cines. Dicen que es católico, la directiva es de católicos. Entonces me dijeron los Hakim que el director del Colisée les había dicho: «La película nos gustaría mucho ponerla, pero hay una escena de religión que no va a gustar a nuestros comanditarios, a nuestra administración». Se trata de la parte del castillo, la escena de necrofilia. Había interpolado, pero bastante discretamente, una misa de réquiem a la cual ayudaba el duque y los dos nada más. No había nadie. Había un catafalco sin cadáver y sin prostituta y sin nadie. Terminaba la misa y se iban. ¡Ah!, y volvía yo con la prostituta. Luego, cuando la metieron en el ataúd, se veía el Cristo de Grünewald, que ni se ve en la película siquiera, que estaba frente al..., en el ángulo justamente detrás de la cámara, excepto cuando le presentaba, cuando describía el cuadro medio minuto para ver la cara, los garfios, las

22 Raymond Hakim (1909-1980), productor de cine francés de origen egipcio. Junto con su hermano Robert (1907-1992) produjeron *Belle de jour*. Su otro hermano, André, también fue productor cinematográfico.

manos, los pies, las uñas, ¿no? O sea, es horrible el Cristo, es como una de esas... es tremendamente impresionante. Cortado también. O sea, que eran dos elementos religiosos que introducían una escena erótica, porque el erotismo sin cristianismo es un erotismo a medias. Porque no hay sentimiento del pecado, ¿verdad? El erotismo de un agnóstico es una cosa fresca y natural, etc. En cambio, el erotismo mezclado con cristianismo crea el sentimiento del pecado. Justamente, es un conflicto. Y por eso me parece que la escena ha quedado destrozada. Ahora, que la censura cortara eso fue un *petit hasard*, la de que la censura coincidiera *(ríe)* con el gusto del director del Colisée a través de los Hakim. Esto es lo que puedo decir, no sé quién cortó la escena.

Para ti, ¿en la India no hay erotismo?

¿En la India? ¡Claro! Erotismo de Eros sí hay, hay erotismo, pero... no como en las religiones occidentales, no como en el cristianismo, el judaísmo y todo eso, no. Sobre todo, cristianismo. Porque el sentimiento del pecado en ninguna parte está, creo, tan desarrollado y tan actuante continuamente como en el cristianismo.

¿Ahora? Pero puedes decir... (L.B. ríe). *¿Tú crees que el acto sexual es diabólico?*

No, ya no hablo más. Ya, eso ya es teoría: que cada vez voy poniendo más el elemento religioso.

Bueno, pero la cosa que quiero...

Es un poco de obsesión hacia la..., por ejemplo, la política, en mis películas. ¿Has visto política? Casi nunca. No creo.

Nunca, nunca.

No hay nada político, creo.

No, lo importante para ti es el que, siendo el acto sexual un acto que tiene un fondo diabólico (L.B. ríe), *¿verdad?, pues, evidentemente, te surge una cosa dramática que de ninguna manera aparece en ninguna otra persona, ni lo tienes en Shakespeare, por ejemplo, que podía haberlo tenido de otro tipo y, desde luego, no lo hay en Calderón.*

RICARDO MUÑOZ SUAY

(Recuerdos del 17 de junio de 1966).

R. M. S.: Le pregunto a Buñuel: «¿Tienes muchas proposiciones?». «Muchas, muchas, como nunca». «¿De aquí, en España?», le pregunto. «No, no, de todo el mundo, muchas. Ahora escribo solo. La semana que viene llegará Carrière, para escribir un guion basado en una obra de Kessel.[23] Debo terminarlo a fines de marzo. Lo rodaré en septiembre y me iré después a México. Luego tal vez al otro año ruede *El monje*. Es una historia de una mujer que es frígida pero que le gusta que su marido le pegue. Se entera de que una amiga suya va a un burdel a acostarse con gente baja, y ella se va también, por lo que le gusta; pero lo que le gusta es que se acuesten con ella los tenderos, el carnicero, etc. La obra es de Kessel, un autor malo, de poca moral, pero yo me divierto escribiendo el guion. ¡Meto cada cosa! Como lo escribo yo solo no sé si es bueno o malo. Pero me divierte. Ahora me pagan... ni me contestan, porque no quieren saber nada, nada más que haga las películas». Encuentro a Luis más sordo, pero me dice que está sano. «Cuando llegué de México, como bebía y bebía y no estaba mal creí que tenía ya cirrosis, pero me hicieron varios análisis científicos y estoy ya muy bien. Yo no como mucho, pero bebo. Estoy alcoholizado —se ríe—. Hace unos días pasé por el Museo de Chicote, pues quería visitarlo. A mí todas las cosas del vino y de las bebidas me interesan. Y me acordé que Chicote nos servía cuando yo estaba en 1935 en Filmófono, a Urgoiti y a mí, algunas bebidas. Le dejé ahora una tarjeta y ni me ha contestado». Le explico quién es Chicote. Le entrego [a Buñuel] un recorte de *ABC* de ayer: un padre ciego, creo que en Castilla, había apuñalado a su hijo. Yo siempre le guardo noticias sobre ciegos. Él se acuerda de que el año pasado le di una noticia que le gustó mucho: un partido de fútbol entre dos equipos ciegos, creo que por Valladolid. También le entrego un recorte de *Destino*, de Barcelona, en el que la revista llama *cerdo* a Dalí porque este confiesa que se alegró de que asesinaran a Federico García Lorca. Me dice que Dalí es un cerdo porque siempre va detrás del dólar. Y me vuelve a contar que el año pasado recibió un telegrama suyo. [...].

* * *

(Recuerdos del 21 de junio de 1966).

R.M.S.: Me precisa más el proyecto con Kessel, que se llamará *Belle de jour*. Pregunto y me dice que la protagonista va al prostíbulo de cuatro a seis, cuando su marido está en la oficina. Dice que el prostíbulo, en realidad, aunque sea francés, le recuerda los prostíbulos de su época. Me entrega los materiales bibliográficos, la lista, para que la copie. Cuando se va le muestro mi vitrina y le enseño el falo virgen americano. Le gusta. Dice que es curioso eso. A las cinco y pico se va, creo que contento. Ahora recuerdo que, cuando Luis me ha enseñado la lista bibliográfica de libros y ensayos sobre él, ha observado que hay un libro de Henry Miller. Me dice que, en efecto, Miller le dedicaba cuarenta páginas. Me recuerda que, cuando hace muchos años, en París, conoció a Miller, le llamó desde American Express, donde él trabajaba, para hablarle de

23 Se refiere a *Belle de jour*, escrita por Joseph Kessel en 1928.

La edad de oro. «Me expresó toda su admiración por *La edad de oro*». Y que recuerda a Miller con su chaqueta toda cubierta de caspa.

* * *

(Comida del 30 de julio de 1966).

R. M. S.: Le pregunto cuándo comienza su film. Me dice que hacia el 10 de agosto se va a París y que la preparación es fácil. Que a mitad de octubre comenzará la película. Le pregunto quién la interpreta, y me dice que la Dorléac, que no la conoce —aquí me equivoqué, no era Dorléac, era su hermana—, se la mostraron en México en una revista de modas y le pareció bien. No se acordaba que era la protagonista de *Repulsión* de Polanski, que no ha visto. Es Catherine Deneuve. Y que tampoco ha visto *Los paraguas de Cherburgo*, pero que ya la verá. Le pregunto si le gusta el guion que acaba de terminar con Jean-Claude Carrière: «Ha quedado muy bien. Me gusta. Lo he cambiado. Ahora se mezcla la realidad y los pensamientos de ella, masoquistas. Llega un momento en que ambos se confunden y no se sabe lo que es verdad y si son los pensamientos o son los recuerdos o es la historia vivida. Ahora, no haré ningún primer plano en la película. Los recuerdos, los pensamientos vendrán a corte hecho». «¿Localizaciones?», le pregunto. «Parte en París, otros en la Camarga, pero si encuentro en Fontainebleau un paisaje que me guste, lo haré allí. *El monje* no sé si lo haré. En todo caso, en marzo».

* * *

(Recuerdos del 25 de enero de 1967).

R. M. S.: Recibí un telegrama de Luis Buñuel desde la Torre de Madrid, en el que me citaba a cenar hoy. A las ocho le visitamos. Está bien, aunque yo lo encuentro más viejo. Dice que ya no quiere dirigir. Mañana vuelve a París a hacer las mezclas de su último film. Dice que está sordo, que ya no oye nada, ni cuando se equivocan los actores. Que está cansado y que ahora puede vivir con algo de dinero y que se va a México a morir. De vez en cuando vendrá a Madrid, pero ya no quiere nada, ya no quiere cambiar de casa. «Puedo vivir muchos años, pero también puedo morir de un momento a otro. Y a lo mejor estoy cambiándome de casa, trayéndome todo aquí, me da un ataque al corazón y me muero». Habla de su último film. Dice que ella —no sé cómo se llama la protagonista de la película—[24] es idiota pero que *da* bien, que los otros actores son todos muy buenos. Habla de un joven, un español,[25] que es el compañero de Rabal en la historia. Vuelve a hablar de que ha mezclado la fantasía con la realidad y que no se sabe bien lo que pertenece a una o a otra. Que su film

---

24 Catherine Deneuve.

25 Ese personaje, Marcel, lo interpreta un actor francés, Pierre Clémenti.

es muy pornográfico, pero que ha hecho lo que ha querido, que ahora tiene proposiciones para trabajar en París y en Londres. Lo que quiera y con libertad y dinero como él quiere, pero que ya no quiere trabajar. Piensa vender su guion de *El monje*. Coincide en que Saura es inferior, él, personalmente e intelectualmente, a su film *La caza*.

* * *

(Recuerdos del 19 de agosto de 1967)

R. M. S.: Ayer perdí la mejor carta de Luis Buñuel que me ha escrito. Tenía fecha de 8 o 9 de agosto de este año. Me decía que había recibido mi columna sobre él, aparecida hace tiempo en *Fotogramas*, que estaba bien, pero no mucho, porque no lo alababa bastante y la coba siempre es buena. Luego me decía que no sabía si iba a ir a Venecia, por varias razones, pero que el productor, los actores, Carrière, Fuentes y Chiarini[26] le invitaban. No quiere ir porque teme ver muchas peliculitas, aguantar tostones, gente, etc. Tiene temor a ponerse enfermo lejos de su casa, de México. Temor a emborracharse, a comer demasiado. Y, además, lo peor, es que no aguanta que el gran premio no se lo lleve él. Que solo aceptaría si se lo llevara él, y si no se lo lleva se cagaría en la madre del jurado, porque no le han dado el premio. Me dice que ha escrito a Ezcurra,[27] con una carta para *Nuestro Cine*, protestando de la entrevista que le han hecho los muchachos que yo le presenté.[28] Porque, aunque lo hicieron de buena fe, han falseado sus palabras y a eso no hay derecho. Esto es una cosa que añado yo, ¿verdad? Y es que Luis, cuando ve publicadas las entrevistas que le hacen, siempre rectifica porque dice que aquello que le reproducen no es cierto. Ahora, a mí me da la impresión que, en general, se aproxima bastante lo que escriben a lo que él dice. Me cuenta que una vez —esto es Venecia ya, septiembre del 67— su madre, por el campo, dijo: «¿Dónde dormirán las mariposas?». A lo que el padre, irritado, respondió: «Idiota, en la cama». Dice que sí, que se puede trasladar la historia de *Belle de jour* a Madrid. Y que la casa de putas de París es un recuerdo de la casa de putas que él conoció de joven en Madrid. Precisa: «De joven».

M. A.: En la calle de las Huertas.

R. M. S.: Las Huertas, sí. «Recuerdos sueltos para ir ordenándolos».

---

26 Luigi Chiarini (1900-1975) fue un escritor, periodista, crítico literario y director de cine italiano.

27 José Ángel Ezcurra Carrillo (1921-2010) fue un periodista y editor español, fundador, entre otras revistas, de *Nuestro Cine*, en 1962.

28 Entrevista realizada por Carlos Rodríguez Sanz, Manuel Pérez Estremera, Vicente Molina Foix y Augusto M. Torres en *Nuestro Cine*, número 63 (julio de 1967).

La Vía Láctea

Tal como querías, como has deseado siempre, has vuelto a hacer en La Vía Láctea *una película de puros gags, uno tras otro, sin pretender demostrar nada.*

Las herejías...

Sí, pero no estás ni en pro ni en contra de ellas. No demuestras nada. A menos que lo que te hayas propuesto sea probar que la versión apostólica y romana no deja de ser otra. No hay progresión en la historia. Sigue esta un camino, el de Santiago, como el Lazarillo de Tormes cuenta su historia según la sucesión de sus dueños. Has hecho una película picaresca en el sentido en que se puede definir una novela del mismo tipo, y, como en el famoso relato, al fin, tal como Lázaro se casa y vive sus cuernos, haces que tus dos peregrinos se vayan con la puta a festejar la palabra Fin *en las profundidades de un bosque.*

No, no creas. Primero hice fichas de las herejías. De todas las que encontré, que no son pocas. Las herejías nacen de los misterios. Hay seis grandes misterios. Los unos son del dogma mismo; los otros, de las dificultades, de las contradicciones. En la película trato de seis herejías. Tres grandes: la del misterio de la eucaristía (la transubstanciación), la de la doble naturaleza de Cristo y la de la Trinidad. Las tres menores son la de la aparición del mal (maniqueísmo), la de la libertad de la gracia y la que engloba todos los misterios de María. No es poco. Y, claro está, que los trato a mi modo. Ya sabes que Cristo no me merece ninguna simpatía y que, en cambio, tengo toda clase de respetos hacia la Virgen María.

¿Y cómo surgió la idea de La Vía Láctea*?*

Fue en Venecia, cuando la presentación de *Belle de jour.* Le pregunté a Carrière: «¿Qué le parece hacer una película acerca de las herejías?». Aceptó. Nos fuimos a Madrid y luego al Parador de Cazorla. Allí estuvimos cinco o seis semanas, y quedó listo el primer guion. Regresamos a París. Yo creí que eso no le podía interesar a nadie. Pero lo leyó Silberman.[29] Me dijo que la hacía. Volví a México cinco o seis semanas. Acabé el guion. Regresé a París e hicimos la película.

---

29 Serge Silberman (1917-2003), productor cinematográfico francés, produjo películas de Luis Buñuel, de Jean-Pierre Melville y Akira Kurosawa, entre otros. Se trata de un personaje fundamental de la última etapa del cineasta calandino.

¿Cuándo?

En 1967.

¿Por qué cuando el cura está escuchando en el pasillo, de pronto le vemos en el interior del cuarto?

¿Qué?

En la escena con la Virgen en la cama y el hombre en la otra...

¿Qué?

¿Por qué el cura lo mismo está dentro que fuera?

¡Ah! Porque a mí me sucede lo mismo. Siempre que me habla un cura detrás de la puerta, de pronto está dentro de mi habitación, y de repente ya no está.

En La Vía Láctea *únicamente te refieres, o muy principalmente, a la religión.*

La religión, dogmas y herejías.

Y a la política la dejas en paz.

A la política no creo que...

No, no. Ni la policía, ni los padres, ni nadie.

No.

Solo se te ha quedado fijado lo de tu juventud y lo de tu vejez.

Sí. Aceptarás que es difícil, tratándose de herejías, meter a la policía. No se puede.

Claro. Lo que quiero decir es que lo que yo veo ahí es la eterna vuelta: tú vuelves exactamente a tu niñez total con La Vía Láctea.

Sí. Eso sí.

Porque entonces tú no tenías nada ni contra la familia, ni contra la patria, ni contra la policía.

Ni contra nada. No sabía lo que era política ni nada hasta los diecisiete años. Claro, es verdad. No podía estar contra la policía ni contra nadie. Ni contra la familia, al contrario, estaba encantado con la familia. Aunque en esto soy una mala nota para los surrealistas, ya que había que odiar a los padres para ser surrealista. No. Pero es verdad. Vuelvo a la religión, es lo único... Ahora, podría ser también que la misma película se aplicara a la política y al arte. Pero no sé. [...].

En cuanto al arte...

Antes de salir de París llamé a unos cuantos, ocho en total, para ver la película. Hernando Viñes y su mujer, Manolo [Ángeles Ortiz], Cortázar, que viene con dos mujeronas: me presentó, pero con mi sordera no me enteré de quiénes eran.

Sigue. ¿Y qué?

Es la primera vez que Carlos [Fuentes], que siempre está entusiasmado y hace grandes elogios —y ha dado conferencias por ahí, hasta en Italia— sobre mis películas, no me dijo nada. «¿Qué?», le pregunté. «Estoy desconcertado. Tengo que volver a verla». Como con las prisas y todo eso Cortázar ya se había ido, le pregunté a Carlos: «¿Qué dice Cortázar?». «Que es una película pagada por el Vaticano». Ya lo verás. En cuanto a la mariología, me ciño desde luego totalmente al dogma, estoy encantado. La vio un domingo el padre Peña.[30] También le pregunté: «¿Qué?». «¡Uy! ¡La que se va a armar entre nosotros!». También estaba un jesuita. «¿Qué van a pensar las altas autoridades eclesiásticas?». No hizo más que inclinar el pulgar hacia el suelo.

Estarán encantados.

¡Claro!

[Le enseño la carta de María Teresa León en la que, tras haber visto La Vía Láctea, *lo trata de «católico y apostólico». «Y romano», remacha. Ríe].*

Nunca he sido más ateo.

Acabo de volver a ver Nazarín.

Ahora, en *La Vía Láctea,* hilé más delgado. Y todos, menos el crítico de *La Croix,*[31] han aplaudido. La noche del estreno subieron a hablar algunos de mis viejos amigos. Aragon dijo: «Todo está dicho». Elsa se deshizo en elogios.

[Y vuelve a la carta de Rafael y María Teresa].

Les dices... Le dices a Rafael [Alberti] que yo he dicho que cuando llegue a nuestra edad «se mire en un espejo y piense en el mañana, en la muerte, en lo que puede ser, en lo que seremos... Que piense...».

¡Hijo! ¡Lo que te habrás divertido haciendo esa película!

No lo sabes bien.

Me lo figuro.

Sí. Le dices a Rafael —a María Teresa no, porque no tiene sentido del humor— que, muy compungido, te dije: «Hay que volver a las creencias

---

30 José Peña fue un religioso francés que, seguramente, por lo que apunta en la conversación, ejerció la crítica cinematográfica. Sin embargo, poca cosa sabemos de él, excepto que en el Archivo Buñuel de la Filmoteca Española existe una carta suya, de 11 de abril de 1969, dirigida al calandino, donde comenta *La Vía Láctea* y *Simón del desierto* y propone que sean aceptadas en el Festival de Cine de Valladolid por la censura. Según uno de los responsables de la SEMINCI durante la Transición, Fernando Herrero, la intervención de Peña para salvar la continuidad del festival en ese momento fue vital. Véase la conversación con Peña que sigue a esta.

31 *La Croix* es un periódico católico francés, fundado en 1883 por los asuncionistas.

que nos inculcaron nuestros padres. Nos acercamos a un término que no sabemos qué nos reserva…».

[Cara compungida, los ojos al cielo, juntas las manos].

Claro que en seguida me desmientes. Rafael sí tiene sentido del humor. Tal vez primero te diga: «¡Ese animal!», o «¡Ese bruto de Luis!». Pero luego se reirá. […] Siempre he sonorizado mis películas. Con música de otros, claro. A mi gusto. Pero ahora, en *La Vía Láctea,* por primera vez he puesto el crédito: «Sonorización de Luis Buñuel». Conste que no hay música. Le puse solo un refrán gregoriano a un texto latino que me dio Dámaso Alonso y que cantan unas monjas. Muy bonito.

[Damos una vuelta por su jardincillo, rodeado de altas tapias. Vemos su higuera].

La quería así para *La Vía Láctea.* Me ponía aquí. Jesús la maldecía. Tomaba luego el suelo: las hojas caían, amarillas; subía la cámara y se veía a Jesús del otro lado de la higuera desnuda. Como no hay higueras alrededor de París, Silberman me aseguró que tenía un truquista formidable en Londres, que no me preocupara, que saldría estupendamente bien. Total, después de haberme dicho que estaba muy bien, hubo que suprimir la escena de la película.

[Damos unos pasos].

No huele *(por una rosa).*

[Le encanta la hiedra que recubre las altas paredes del estrecho jardín. Me señala la pared del fondo, la más alta].

Los vecinos hicieron quitar la hiedra. Debía de quitarles luz. Es una lástima. Silberman me decía estos días que me ofrecía seis meses en Europa. Donde y como quisiera. Que pensara una película, la hiciera o no. Rehusé, claro.

[Miro alrededor. El espacio encerrado].

A mí no me gusta salir de aquí.

[Recuerdo San José Purúa, encañonado; sus personajes, encerrados; …].

JOSÉ PEÑA[32]

J. P.: […] Entonces, Buñuel, sin dejar de respetar la escena tal y como estaba descrita a grandes rasgos en el guion, la destruía y la volvía a reorganizar alrededor de un gesto sin importancia de uno de los personajes y todo lo demás se

---

32 Esta conversación es la única que no aparece ni en Álvarez ni en Antequera, quizás porque está incompleta o porque, según reza el mecanoscrito, las declaraciones de Peña fueron recogidas por Luce Sand, crítica de *Jeune Cinéma*, por lo que podría tratarse de una mera transcripción por Aub de una entrevista ajena, aunque hay pasajes que coinciden bastante con las ideas de Max sobre el cine del calandino. Sea como fuere, ante la duda, y por el interés que tiene, hemos decidido incluirla.

organizaba fantásticamente bien. La intuición de Buñuel desempeña un papel importantísimo en la filmación de la película, aun cuando se trata de una cosa bien estudiada y pensada a la hora de escribir el guion.

[No solamente La Vía Láctea *es una película muy pensada de antemano, sino también sumamente documentada. Y se puede preguntar hasta qué punto el significado profundo de la película puede escapársele al que conoce mal los Evangelios. Pero a esto José Peña contesta]:*[33]

J. P.: Claro, cuando no se conocen los Evangelios y la historia de la Iglesia, uno tendería a pensar que Luis Buñuel inventó muchas cosas, ya que lo que él nos muestra abunda demasiado por su lado, por su manera de ver las cosas. Pero basta con saber que él no ha inventado nada; solamente ha escogido hechos; es obvio que su interpretación de ellas no es nada teológica…, ¿y qué? Buñuel considera las Escrituras como lo haría un exégeta o un teólogo. No creo que se necesite tener conocimientos religiosos para poder apreciar la película. Debo decir que los conocimientos religiosos que puedo tener no me han ayudado en nada a comprender *La Vía Láctea*. Hay que recibir a Buñuel tal como él se entrega, sin buscarle demasiadas explicaciones. Claro, a nosotros los críticos, nos interesa hacer esto, pero acordémonos de lo que decía Terzieff: «Hay cosas que uno destruye al tratar de explicarlas». Es un poco el caso de las películas de Buñuel. Lo que la crítica debería hacer antes que todo es dar a la gente ganas de irla a ver y nada más.[34]

[Nazarín *es la película de Buñuel que yo prefiero; pero creo que* La Vía Láctea *es su película más importante, por lo menos es la más personal que Buñuel haya hecho. Posiblemente sea la primera vez, desde* La edad de oro, *que Buñuel da tal impresión de libertad en la creación. (…). Esta última película sobre todo hace una lista de los errores, de las herejías, de los horrores cometidos en nombre de la religión. Finalmente, Buñuel nos hace un favor a nosotros, cristianos, ya que precisamente las formas del cristianismo que él critica, actualmente nosotros también las criticamos. Y Buñuel nada más se ríe cuando yo le digo que él ¡trae agua a nuestro molino! Para elaborar dicha lista de herejías, Luis Buñuel ha utilizado un proceso narrativo que puede sorprender a quien olvida hasta qué punto Buñuel ha sido marcado por el surrealismo…].*

J. P.: … Y, sobre todo, hay que guardar en mente que Buñuel está anclado en la cultura española, en la cultura del pasado; que nadie como él ha continuado la tradición picaresca española, por ejemplo. Buñuel está arraigado en una cultura, lo que desafortunadamente no es el caso de los jóvenes cineastas españoles. Pero nada pueden hacer ellos para remediarlo: las actuales condicio-

---

33 No podemos atribuir la autoría de este párrafo a Aub, aunque dudamos que sea propio de Luce Sand, que seguramente entrevistó a Peña y sus respuestas fueron completadas por reflexiones de Max Aub como esta y la siguiente.

34 Lo más probables es que estas declaraciones provengan de la entrevista que José Peña hizo al protagonista de *La Vía Láctea* en *Téléciné* (número 153, 1969).

nes sociales y políticas han creado esa ruptura. Es porqué Buñuel ha vivido en esa cultura y la trae dentro de sí, que él es el único cineasta español; no importa dónde trabaje. No se puede realmente entender a Luis Buñuel si no se toma en cuenta que Buñuel es español y anclado profundamente en todo lo que es la cultura española.

RICARDO MUÑOZ SUAY

M. A.: Ahora me gustaría que me hablaras un poco de *La Vía Láctea*.

R. M. S.: Sí, las últimas notas que tengo son sobre *La Vía Láctea*. Son de Montpellier, donde fuimos a verla el 24 de abril de 1969. [...]. Hice el viaje con Margarita Buñuel. Me dice que la posada que aparece en el film, Posada del Llopo, se encuentra en ruinas cerca de Calanda, y que a Luis le gustaba visitarla. Me cuenta que Luis tuvo una novia, cree que en Madrid, y que, cansado de ella, un día le escribió diciendo que estaba enfermo y que se moría pensando en ella. Meses después el padre de la novia se lo encontró por la calle y casi le mata. Luego fue novio mucho tiempo de Concha Méndez. La que fue más tarde mujer de Manolo Altolaguirre. Cosa que yo desconocía. El film, contradicción digo yo, entre el humor y tragedia. Claude Gérère,[35] comunista francés, guerrillero en la Resistencia, es quien aparece en la cama de la posada y dice algo así como que «leyendo tanta invención científica uno piensa que existe Dios». Es un film lleno de recuerdos de Buñuel y de sus amigos. En la escena de la Inquisición, parece como si Buñuel tuviera presente la represión española. Incluso creo haber oído que se habla de un millón de muertos. La voz de Buñuel en español, en la radio del auto del diablo, es la voz que dice: «Desde el infierno». Y lo dice en español. El mendigo viejo, Paul Frankeur,[36] cuando el joven le pregunta: «¿Qué edad tiene?», creo que dice: «Setenta», o algo así, y el otro le dice: «¿Y tú todavía...?». El viejo hace el signo del lenguado, ese que inventamos Domingo [Dominguín] y yo diciendo que Buñuel, todas las mañanas, en el cuarto de baño, se afeitaba el sexo como si fuera un lenguado ancho y aplastado. El Cristo caminando normal me lo ha representado muchas veces en mi casa, él mismo. En París, se dice: «La próxima última película de Buñuel». Ducay, hablándome por teléfono de que ha estado en México, dice que Buñuel afirma que ya ha dicho todo lo que tenía que decir en *La Vía Láctea* y que ahora quiere hacer, en todo caso, *Tristana*.

---

35 No podemos afirmar si el nombre citado es correcto, ya que no hay nadie con ese nombre en el grupo de intérpretes de la película, al menos de los principales.

36 Paul Frankeur (1905-1974) fue un actor francés que apareció en diversas películas de la última etapa de Luis Buñuel.

FEDERICO AMÉRIGO

F. A.: En el mes de mayo del 68 yo estoy en Londres terminando la película de la paz.[37] Yo había salido de aquí, de México. Sabía que había determinados alborotos en París y, preocupado, había hablado con Juan Luis Buñuel y con la familia Menasce. Entonces no había comunicación. No se sabían noticias de nada. Al llegar a Londres, era muy fácil comunicarse por teléfono con la familia Menasce y logré hablar con él. Entonces me dicen que, efectivamente, que hay una serie de alborotos callejeros, pero que está dominado por la policía, que no hay ningún peligro. Cuando me quiero comunicar con Luis Buñuel, me dicen que ha salido para Bélgica. Que salió huyendo de París. *(Ríe).*

Tristana

Fumo, fumo y no debiera fumar. [...] Sí, yo soy don Lope. Ha venido a ser mi historia. Muy liberal, muy anticlerical al principio y, a la vejez, sentado en una camilla tomando chocolate, ¡qué maravilla de chocolate!, hablando con tres curas. Y la nieve afuera.

Así es como debía acabar la película.

Así acababa. Pero quedaba la venganza de Tristana en el aire.

De todos modos, hubiese estado mejor las muletas de la coja, dale y dale, como los tambores de Calanda.

Ya estoy de tambores hasta la coronilla. Pero don Lope soy yo, sentado con tres jesuitas. [...]. Con *Tristana* me equivoqué. Dije: «Será un gran éxito en España. Vendrán las tías gordas y los viejos, y les gustará. En Italia, también; algo menos, pero también. Y en Suramérica, no digamos. En Francia, a medias». Y ya ves, los mejores artículos y el más comprensivo, norteamericano. [...].

EDUARDO DUCAY[38]

M. A.: Me interesa que me hable sobre las incidencias pintorescas y leguleyas de la filmación de *Tristana.*

---

37 Amérigo fue productor de la película oficial de las Olimpiadas de México 1968 que, a raíz del asesinato de estudiantes y civiles por militares y policías el 2 de octubre de 1968, en la plaza de las Tres Culturas en la sección de Tlatelolco de la Ciudad de México —suceso conocido como la masacre o matanza de Tlatelolco—, se bautizaron como *Las Olimpiadas de la Paz.*

38 Eduardo Ducay Berdejo (1926-2016) fue un crítico y productor cinematográfico aragonés, fundador, en 1959, de Época Films.

E. D.: Bueno, desde que Joaquín Gurruchaga[39] y yo estuvimos en México —en el primer viaje que hicimos juntos (porque yo luego hice otro)—, comimos un día, con usted también, en casa de Luis y nos planteamos la duda de si la película sería autorizada aquí [España] o no. Desde luego, nosotros fuimos con el firme propósito de hacer la película tanto si se autorizaba aquí como si no, aunque, en el caso de no autorizarse, todas las dificultades iban a estar sobre el tapete constantemente, creándonos muchos problemas. Pero, a pesar de todo, teníamos algo que en producción de cine es fundamental, que era el respaldo financiero resuelto para hacer esta película con cualquier nacionalidad y donde fuere, siempre en países y con condiciones que a Buñuel le parecieran bien. Y en este sentido, en el contrato que firmamos Joaquín y yo con Luis en aquel viaje a México, en el Club Libanés, precisamente, ya se establecía que, si la película no podía rodarse en España, rodaríamos los exteriores en Portugal y los interiores en Francia. Desde entonces, que fue en marzo, empezamos a plantear aquí las cosas. Tardamos bastante en presentar una solicitud oficial, porque tuvimos, durante cierto tiempo, la duda de si pedir el permiso o no. Porque la verdad es que a consecuencia de las circunstancias que en aquel momento había en España, del estado de excepción que por aquellos días precisamente se decretó a raíz de ciertas convulsiones políticas que había habido,[40] nos temíamos que todo fuera a quedar parado, en un estado de simple falta de decisión por parte de la Administración. Finalmente nos decidimos a presentar la solicitud de permiso, me parece que fue en el mes de mayo. Durante este tiempo, o a partir de ese momento, hemos estado pendientes de una solución concreta, o sea, de que se nos diera por parte del Ministerio una actitud definida, para saber a qué atenernos. Desde el punto de vista de

39 Joaquín Gurruchaga fue productor de cine. Fundó, con Eduardo Ducay y Eduardo Martín, la productora Época Films, en 1959.

40 En Madrid, el día 20 de enero de 1969, con ocasión de la detención de varios miembros del Frente de Liberación Popular (FLP), murió a manos de la policía el estudiante de la Facultad de Derecho Enrique Ruano Casanova, lo que provocó manifestaciones frente a la casa del joven asesinado, procediéndose a la quema de periódicos en protesta por las informaciones falsas publicadas por orden del Ministerio de Información, en las que pretendían hacer pasar un asesinato policial por un suicidio. Las masivas protestas estudiantiles de la mayoría de las universidades fueron también inmediatas, así como la petición que mil quinientas personalidades, entre ellas numerosos sacerdotes, dirigieron al gobierno, en la que se denunciaban los malos tratos de la policía. Ello condujo a que el El 24 de enero de 1969 el Consejo de Ministros aprobara un decreto ley que establecía el estado de excepción en todo el territorio nacional durante un período de tres meses —que en la práctica quedaría reducido a dos—, suspendiendo una serie de artículos del Fuero de los Españoles. Era la primera vez que se tomaba tan grave decisión para toda España desde el final de la Guerra Civil.

producción, lo que convenía era hacer la película en España y como película española, porque, aunque es cierto que Buñuel es un director universal, que una película suya es siempre una película internacional y que la dimensión que tiene el tema nos parece que lo hace válido en cualquier país, sin embargo, la ambientación española era esencial. La Dirección General de Cultura Popular y Espectáculos ha estado con este asunto prácticamente durante un periodo de casi tres meses, creo que sin saber qué hacer. O sea, que todas las incidencias de este permiso proceden de la falta de capacidad de decisión o de la falta de actitud para tomar una decisión. No se nos dijo nunca un «no» decidido, se nos fueron dando largas, descubriendo nuevas dificultades, pero siempre sobre un *algo* que supimos extraoficialmente que había sucedido. Y es que el pleno de la comisión de censura había autorizado el guion sin ningún género de observaciones, y que el temor importante del Ministerio, lo que inmovilizaba a los funcionarios, era el temor a Luis Buñuel, a que les jugara alguna mala pasada, o lo que ellos consideran una mala pasada al estilo de *Viridiana*. Entonces, como los contratos tienen fechas y teníamos contratado a Luis para unas fechas determinadas y otros compromisos contraídos muy importantes, llegó un momento en que le enviamos un telegrama a Luis diciéndole que se viniera a España, porque, aunque la película estaba prohibida, nuestros planes salían adelante. La historia de las conversaciones o de los tanteos que hemos hecho en el Ministerio durante este tiempo, por un lado, es prolija y por otro, es muy sencilla, porque hemos andado preguntando, telefoneando, viendo a gentes, viendo a funcionarios. No funcionarios importantes, porque, por ejemplo, con el director general, con Robles Piquer,[41] que había tenido siempre una actitud muy cordial y muy comprensiva hacia este asunto, no conseguimos vernos. Pero, al mismo tiempo que hacíamos nuestras gestiones, se localizó la película en Portugal y conseguimos que Luis fuera a Portugal. Cosa que hizo de muy mala gana, aunque le gustara mucho Portugal. Poco a poco se fue compenetrando con lo que veía allí. Y recuerdo que en un viaje que hice yo, un primer viaje de localización con él, acabó diciéndome: «¡Hay que ver Ducay lo que son los prejuicios! Yo pensaba que este país era una porquería y resulta que es estupendo». Entonces, todo esto fue transcendiendo aquí, se supo que habíamos ido a Portugal, se supo que habíamos pedido permiso de rodaje en Portugal. Posteriormente, no dudo de que llegara la noticia de que estábamos hablando de la contratación de platós en Lisboa, en los Estudios de la Tobis, puesto que estábamos dispuestos incluso a rodar los interiores en Portugal. A esto se unieron presiones desde Italia. Porque nuestros coproductores en

41 Carlos Robles Piquer (1925-2018) fue un político y diplomático español, Director General de Cultura Popular y Espectáculos entre 1967 y 1969.

Italia estaban muy satisfechos de tener una película con Luis Buñuel, al que en el último Festival de Venecia nombraron *Maestro del cine*. Se encontraron profundamente desconcertados al ver que una película que también tiene la nacionalidad italiana, y que tenía una ambientación netamente española, estuviese prohibida en España. No solo como película española, sino incluso el rodaje. Entonces hubo una protesta y ciertas presiones de la ANICA, la Federación de Productores Italianos,[42] e incluso el presidente de la ANICA, Eitel Mónaco, envió a una persona a Madrid a hablar con el Ministerio. Persona que prácticamente no fue recibida, no porque se le negara la entrevista, sino porque no eran buenas las fechas y se le propusieron fechas posteriores a las de su venida, ya muy posteriores. Total, que este enviado se tuvo que volver a marchar. Y, en fin, esto entraba dentro de la actitud de no tomar una decisión. Finalmente, un día, cuando ya estaban dados absolutamente todos los pasos para preparar la película en Portugal, ante el silencio administrativo, precisamente, comiendo en este restaurante con Víctor Zapata, asociado nuestro a la producción, Joaquín, Luis y yo, Luis habló de que él tenía un amigo en México, Rafael Méndez,[43] que tenía buena amistad con Fraga Iribarne[44] y que podía enviarle un telegrama. Le dijimos que sí, que era lógico enviárselo. Y al salir de aquí, fuimos Joaquín y yo con Luis a la Torre de Madrid, donde Luis tenía la dirección de Rafael Méndez. Preparamos el texto del telegrama y de allí nos bajamos Joaquín y yo a Entel,[45] que está en al otro lado de la plaza de España, y lo enviamos. Consecuencia de esto fue que pocos días después, estando precisamente Luis en Portugal, Rafael Méndez se presentó en Madrid, y vio al ministro. Parece ser que Méndez estaba en Venecia, que a Venecia le enviaron desde su casa la correspondencia urgente, entre la cual estaba este telegrama. Y Méndez, en lugar de volver a América directamente, pasó por Madrid, vio al ministro, le enseñó el telegrama de Buñuel, y el ministro dijo que le gustaría ver a Luis. Llamaron del Ministerio a la oficina, se concertó la entrevista y Luis vio al ministro. Tengo entendido que fue una entrevista rápida, resolutiva, pero muy cordial, en la que el ministro le rogó, en fin, que no se extralimitara de

---

42 La Associazione Nazionale Industrie Cinematografiche Audiovisive Multimediali, fundada el 10 de julio de 1944, es el sindicato nacional de la industria cinematográfica independiente italiana.

43 Rafael Méndez Martínez (1906-1990) fue un médico español que colaboró estrechamente con Manuel Fraga durante la transición española para facilitar el regreso de los refugiados políticos españoles.

44 Manuel Fraga Iribarne (1922-2012) fue un político y diplomático español, fundador del Partido Popular, que en aquella época era el ministro de Información y Turismo (1967-1969).

45 Compañía de telecomunicaciones, hoy todavía con implantación en Latinoamérica.

aquellos márgenes que la actual censura española permitía, pero que su deseo era que pudiera hacer en España no esta película, sino otras si lo deseaba. Inmediatamente la película quedó autorizada, y este es el final de la historia. Yo no tengo, muy en síntesis, nada más que decirle, salvo lo que usted *(ríe)* me quiera preguntar o alguna aclaración.

M. A.: ¿La película se prohibió taxativamente o no?

E. D.: La película no se prohibió oficialmente. O sea, nunca se nos ha dado un documento diciendo que esta película estaba prohibida. Simplemente, la Dirección General de Cinematografía se ha limitado a no dar una respuesta, pero no ha habido en ningún momento una prohibición formal.

M. A.: ¿No les han puesto ninguna clase de dificultades? Como no sea, el negar, es cosa normal, un escuadrón de la Guardia Civil.

E. D.: No. Hasta ahora no hemos tenido ninguna dificultad. Es más, el ambiente que tiene la película es que todo van a ser facilidades.[46] Incluso se nos dijo que solicitáramos que la película se acogiera a los beneficios de lo que aquí se llama películas de interés especial. Lo solicitamos y tenemos entendido que está ya concedido. No lo está formalmente, porque ahora el permiso de rodaje definitivo, en una coproducción tripartita como es esta, lo tienen que dar una vez llegada la aprobación de las autoridades francesas e italianas. Este permiso puede que aún tarde quince o veinte días, pero ya nos han advertido que el interés especial está concedido. En cuanto a lo del escuadrón de la Guardia Civil, en realidad nosotros no lo hemos pedido al Ministerio de Información y Turismo, que es el ministerio bajo cuya jerarquía directa estamos, sino directamente se ha hecho la gestión con la Guardia Civil, y creo que han dado un «no» rutinario y normal, como se lo dan a muchas películas.

M. A.: De hecho, entonces, no ha habido ninguna dificultad auténtica para autorizar el rodaje de *Tristana* aquí en España, sino una especie de chantaje del tenor que, si no la hacían ustedes acá, la hacían fuera. Esto no tiene por qué molestarle, porque eso se hace todos los días en todas partes y en todos los países. ¿Usted cree que Luis se va a atener al guion?

E. D.: Sí. Yo creo que sí. Yo creo que en la medida en que Luis, como incluso algunos otros directores, se atienen al guion. O sea, que en todo lo esencial él va a rodar el guion, porque, además, la producción no puede salirse de su cauce en cualquier momento. Lo que pasa es que esperamos que haya improvisaciones, que haya detalles y que haya cosas que no están en el guion pero que le darán valor.

---

46 Esta conversación tuvo lugar en octubre de 1969, es decir, en pleno proceso de producción de *Tristana*.

M. A.: Porque no se olvide usted de que con *Viridiana* pasó exactamente lo mismo. *Viridiana* no tenía en el guion ningún problema para la censura. ¿Usted espera, en bien de la película, que pase lo mismo o no?

E. D.: Pues, francamente, no sé. Porque es posible que incluso Luis, a estas horas, no sepa bien aún qué detalles va a agregar. Hay algunas cosas que ya me ha contado. Por ejemplo, en la película va a haber un perro. Don Lope, después de heredar, tiene un perro en casa, y el perro en algunos momentos husmea delante de las puertas cerradas.[47] No sé. Sé que eso le puede dar un valor enorme a muchas situaciones, aunque dudo que de ahí salga algo que la censura considere reprobable. Ahora, de cualquier modo, sobre el caso *Viridiana* también habría mucho que hablar. Yo recuerdo que leí el guion de *Viridiana* antes de rodarse. Me pareció que esa película, una vez terminada, iba a tener muchos problemas con la censura. Luego, la autorización que dio la censura fue un poco, para lo que era la mentalidad de la censura, precipitada y quizás poco consciente. Y, en último extremo, creo también que con arreglo a lo que es la censura en este país, el escándalo casi lo buscaron ellos, porque, si hubieran actuado correctamente, a *Viridiana* le hubieran dado un par de cortes y hubieran dejado la película tal cual estaba en el guion. Y aunque Luis hubiera protestado, lo hubiese tenido que aceptar. No sé entonces qué escándalo puede haber con *Tristana.*

M. A.: Estoy de acuerdo. ¿Usted cree que actualmente el cine en España es mucho más libre que hace dos o cuatro años?

E. D.: No. Rotundamente no. Está quizás un poco más abierto. Pero con relación a la apertura que ha habido en el mundo, la apertura que ha habido en España es mínima.

M. A.: Bueno, pues esperemos que el día que oigan argumentos míos pase lo mismo.

RAFAEL MÉNDEZ

[Cuenta el doctor Méndez]:

Estaba pasando unos días en Madrid cuando se enteró de que el ministro de Información negaba tenazmente la autorización para que Buñuel realizara en España *Tristana.* El doctor Méndez había conocido al ministro en México, donde lo acogió por indicación del doctor Ignacio Chávez.[48] Lo atendió durante la celebración de un congreso y se hicieron amigos. El primer resultado de esta amistad fue que Rafael Méndez, ex subsecretario de Hacienda del Gobierno de la República Española, colaborador íntimo, a más no poder, del doctor Negrín, hombre que había dispuesto —¡santo horror!— de millones y millones durante

47 Precisamente este detalle no aparece en la película.

48 Ignacio Chávez Sánchez (1897-1979) fue un prominente médico cardiólogo y rector de la Universidad Nacional Autónoma de México (UNAM) de 1961 a 1966.

la Guerra, pudiera regresar, aunque fuese de paso, a España. El asunto se trató en Consejo de Ministros, lo trató el propio Fraga con el general Franco, y Rafael Méndez pudo entrar y salir sin inconvenientes de España. El doctor Méndez es un sabio.

«¿Qué interés tiene usted en Buñuel?», le preguntó Fraga. Méndez le contó su amistad con Buñuel en la Residencia, a pesar de la importante diferencia de edad. Fraga se quedó estupefacto. No podía creer que la amistad, los recuerdos de juventud pudieran llegar a estos extremos. «Nada más por eso le voy a dar la autorización». Llamó entonces a Buñuel. Quiso éste testigos, y precisamente al doctor Barros, su amigo. No lo consintieron, pero sí que estuviera presente el director de cinematografía. «¿Qué tiene usted que decir?». «Yo, nada. Quiero filmar *Tristana*. La comisión de censura aprobó el guion». «Sí, sí. También había aprobado el de *Viridiana* y ya ve lo que pasó». «Ustedes la vieron». (Quería decir que la habían visto antes de enviarla a Cannes). «Sí, sí». «Yo improviso bastante en el set». «Ya, ya». Un silencio. «Bueno. Le darán el cartón de rodaje. A ver cómo nos va». «Muchas gracias». Y les fue bien. A quien le fue mal fue a Fraga, porque no vio cómo le fue bien a Sánchez Bella.[49] «Me cayó bien el tipo —dice el doctor Méndez—. Dentro de esas dos caras que tienen estos liberales del régimen. No se puede uno fiar nunca de ellos». «Ni de Laín». «Ni de Ridruejo». «Y menos de Fernández Figueroa».[50]

CARLOS VELO

M. A.: Y va a hacer *Tristana*.[51]

C. V.: Bueno, pues, ¿ves? Ten la seguridad de que le pone Benito Pérez Galdós chiquitito, ¿verdad? Pequeñito.

M. A.: Julio Alejandro dice que es la mejor adaptación que han hecho nunca, la de *Tristana*. Pero hay que hacerla en Toledo.

C. V.: La conozco. Muy buena.

M. A.: ¿Sí?

C. V.: Yo la he leído, me la ha dado Julio Alejandro. Muy buena, muy buena. Aquí no se podía hacer. No sé qué pasaba, pero no era posible.

---

49 Alfredo Sánchez Bella (1916-1999) fue un diplomático y político español, que desempeñó el cargo de ministro de Información y Turismo durante la dictadura franquista (de octubre de 1969 a junio de 1973).

50 Juan Fernández Figueroa fue un periodista español que dirigió la revista *Nuevo Índice*, que sucedió a Índice, propiedad de Rafael Méndez, que también fue su director, y en la que colaboró Pedro Laín Entralgo. Dionisio Ridruejo protestó abiertamente por el cierre de la revista en 1956.

51 Con Velo se entrevistó Aub el 21 de enero de 1969.

M. A.: Luis dice que hoy puede hacer lo que quiera. Pero le he encontrado muy envejecido y, además, no quiere volver a Europa a hacer películas.

C. V.: ¡Ah!, ¿sí? Tiene proposiciones para ir a Londres.

M. A.: Sí, para ir a donde quiera. Pero no va a ir porque, además, estaba en manos de los médicos. Todos los días le hacen análisis.

C. V.: ¡Ah!, ¿sí?

M. A.: No dice nada. Pero, por ejemplo, ahora a las seis y media iba al médico, y dice que le han estado haciendo toda clase de rayos X y toda clase de exámenes, de cosas que dan bastante mala espina.

C. V.: Bueno, pues yo quisiera creer que es muy neurótico, Luis, con la cosa de las enfermedades. Que está mucho más sano de lo que dice. Aparte de su vértigo de Ménière, que es pavoroso —que esa sí que es una enfermedad misteriosa y todo lo que él padece de un oído—, creo que es un hombre muy sano, pero muy alarmado.

RAFAEL ALBERTI

M. A.: [...] Es nuestra época española, ¿verdad? La misma del XIX, por eso le gusta tanto Galdós.

R. A.: Sí, sí.

M. A.: De la represión política.

R. A.: ¡Y por eso nos gusta tanto! Ahora, a mí me gusta mucho, de mayor, toda esa novelística que antes, cuando tenía veinte años, no atendía.

M. A.: No solamente eso; es que no la leíamos.

R. A.: No la leíamos; y casi nos dábamos el lujo de no hablar bien de ella o, por lo menos, la ignorábamos. Pero ahora, después, he comprendido realmente que era un fenómeno de la juventud, indudablemente, primera juventud. Toda la juventud, para echar adelante, tiene que romper algo, ¿verdad? Pero yo ya hace más de veintitantos años que leo todo esto. Indudablemente, es el jalón inmediato a nosotros, que era nuestra propia familia. Era esta novela que uno está leyendo, y le gusta a uno tanto porque, no es ya la novela, sino el que uno cae en la cuenta que era la madre de uno, que era la tía mía, Josefita, que tenía visiones; que era mi tío Vicente, que se emborrachaba y se ponía de rodillas ante el Santísimo Sacramento y luego se iba a una logia masónica, porque era masón a la vez. Y cosas extraordinarias que están en Galdós y que uno ahora se da cuenta que la familia de uno era eso, y por eso me vuelve a gustar o me gusta por primera vez todo eso. Y a Buñuel le gusta eso porque su vida ha sido eso, y más en la provincia metido. Y lo curioso es que sigue teniendo esas preocupaciones. Ayer, cuanto me dijeron que iba a hacer *Tristana,* de Galdós *(ríe),* casi me sonreí pensando: «¡Qué fantástico! Que Buñuel, considerado el hombre tan tremendista de Europa, tenga a Galdós por uno de sus escritores preferidos». O *Diario de una camarera,* de Mirbeau, que es muy bonita película.

M. A.: Sí.

R. A.: Por cierto, que a mí me gusta más que *Belle de jour*.

M. A.: Sí.

R. A.: ¿Verdad? Porque es una literatura que le va, que Buñuel la maneja muy bien.

M. A.: Porque lo que no le gusta es contar historias. *Tristana* es una película que tenía terminada hace cuatro años.

R. A.: Yo ahora voy a verla. La tengo en casa, me la voy a ver.[52]

M. A.: La quería terminar tal como la va a filmar. Ahora, si la va a filmar o no, eso es un problema gordo.

R. A.: Pero lo curioso es que es Galdós otra vez.

M. A.: Está en Madrid, Luis; en un rascacielos metido de esos de ahí. Trabajando…, pero, ¿con quién va a trabajar? Si ya está terminada la película. La película la ha hecho con un sobrino de Honorato de Castro.[53]

R. A.: ¡Ah! Que no sabía yo.

M. A.: Eso sí es un drama, la vida de este muchacho. Y con dos personas en Madrid. Una de ellas se llama Gurruchaga.

R. A.: ¡Ah!, ¿sí? Realmente es asombroso que le toleren a Buñuel las cosas que por lo visto a nadie le toleran. Entonces, tú me decías que claro, siempre ha estado con la mosca en la oreja. Pero ahora, para el argumento de *Tristana*, nos ha dicho Fraga: «Aquí debe haber gato encerrado, porque esto de Buñuel, no puede ser sin clave». Y como ya les pasó con *Viridiana*… en que hasta cayó un ministro, creo, ¿no?[54]

---

52 Alberti se confunde con otro film, pues *Tristana* no estaba rodada en agosto de 1969, cuando se produce esta conversación.

53 Honorato Castro Bonel (1885-1962) fue un físico, matemático, académico y político republicano español. El rodaje de *Tristana* no empezó hasta octubre de 1969 y las conversaciones con Alberti se desarrollaron en agosto de ese año, por lo que Aub debe referirse a que el guion estaba terminado en ese momento.

54 Se refiere al Director General de Cinematografía y Teatro, José María Muñoz Fontán.

Lecturas, escrituras y otras aficiones

Buñuel lector

Carlos Fuentes dice[1] *que dijiste que la fama de un bodrio como Hemingway es el resultado del poder norteamericano. ¿De veras crees que Hemingway es un bodrio?*

Sí. Bueno, es una manera de hablar. Lo que sucede es que no me gusta.

¿A qué edad aprendiste a leer?

A los siete años sabía leer ya.

Bueno, es normal... hasta te diré que un poco de retrasado mental. (Ríen). ¿Qué libros leíste primero y más o menos cuáles fueron los sucesivos?

Hasta los dieciseis años, por ahí, libros de aventuras, de Salgari, de Julio Verne, todos aquellos cuadernos de 20 céntimos con... detectives, Nack Pinkerton,[2] Nick Carter, Nick Winter. Sherlock Holmes me gustaba muchísimo. Hacia los doce años, trece, leía muchos. Hasta los dieciseis años, alguna novela corta española, de aquella... Hoyos y Vinent...[3] no me acuerdo..., Iglesias. ¿Cómo se llamaba aquel?

---

1 Se refieren al ensayo *Encuentros con Buñuel,* al que ya hemos hecho referencia.

2 Allan Pinkerton (1819-1884) —detective y espía escocés que fundó la Agencia Pinkerton, la primera agencia de detectives del mundo— produjo muchas novelas detectivescas populares, aparentemente basadas en sus propias experiencias o de sus agentes. Algunas fueron publicadas después de su muerte y se las considera motivadas para promocionar la propia Agencia Pinkerton, y no tanto como un esfuerzo literario.

3 Antonio de Hoyos y Vinent (1884-1940) fue un escritor y periodista español, perteneciente al decadentismo.

Ignacio Iglesias.

Prudencio Hermida.[4]

Sí.

Bueno, novelas de…

Prudencio.

Bueno, a los dieciseis años viene la gran revolución en mi vida, que luego, hasta Sade, no se repite. La revolución consiste en los naturalistas de la época. ¿Cómo se llaman?, los evolucionistas y tal, los Spencer, Darwin, Büchner, Moleschott, etc. Ahí es cuando me revoluciono y pierdo la fe y me separo para siempre de la religión. Entonces, ya al llegar el año 20, leo a Nietzsche. Me impresionó mucho, como a todos. Leo toda la literatura rusa, todo lo que conocíamos en España que era mucho, porque cuando llegué a París… *(M.A. asiente)* se quedaron admirados los surrealistas de cómo conocía la literatura rusa.

Eso fue por Morente y Ortega.

¿Cómo?

Que fue por Morente y Ortega que dirigieron La Colección Universal…

Sí.

… donde se publicó…

Muchísimo.

… el caso de, vamos, todos los rusos.

Y otras. Y también había…

E italianos también.

Sí, sí. Bueno, y eso me impresionó muchísimo, me hace variar y sigo por ese camino y leo, pues Kropotkin y… todo muy mezclado. Un poco de todo. Entonces sigo así hasta el año 28, que leo por primera vez a Sade. […].

¿Qué libros habías leído antes [de tu estancia en la Residencia]?[5]

Los de todos, los que hemos leído todos. Toda la serie de detectives de entonces: Nat Pinker, Sherlock Holmes, Nick Carter, Dick Turpin, los folletines de Ponson du Terrail, Raffles, Salgari… Pero casi nada del aburrido señor Julio Verne.[6] Tal vez únicamente *La isla misteriosa* y *Veinte mil leguas*

---

4 Prudencio Iglesias Hermida (1884-1919) fue un escritor, crítico y periodista gallego.

5 Es obvio el interés que tiene Aub en las bases literarias de Buñuel, pues el tema de sus lecturas ocupa un lugar destacado en las conversaciones, hasta el punto de repetir las preguntas sobre qué leía Buñuel. Quizás fuese una deformación profesional como escritor.

6 La primera parte de la pregunta resume lo que incluye la cinta grabada por Aub, cuyo contenido abarca desde el principio de esta sección hasta la referencia a Mandiargues. De ahí que, de alguna manera, sea redundante con relación a la respuesta que abre esta sección.

de viaje submarino. Pero poca cosa. Luego, claro está, todo lo relacionado con el sexo —que era muy poco— que podía haber en la biblioteca de mi padre. Pero allí, antes de irme a Madrid, leí a Rousseau, a Voltaire, a Diderot y también el *Jean Christophe.*[7] Y no sé si por aquel entonces, creo que el 18, a Schopenhauer y a Nietzsche en las ediciones de Sempere y, claro está, antes de irme a Madrid, la Novela Semanal y la Novela Corta.[8]

Que esos sí eran libros de bolsillo.

Cinco céntimos y luego diez céntimos: Felipe Trigo, Manuel Bueno, Diego San José... Y luego, cuando empezó la Colección Universal, todos los rusos. Todos. Pero sobre todo Dostoyevski, Tolstói, Andreyev, Kuprín, Korolenko, Gorki... Lo que le hacía decir a Juan Chabás que era de los *ilustrados* finos, como tú: «Estáis todavía en la edad del samovar». En cambio, vosotros estabais con Cocteau, con Valéry, con Gide, que también leímos nosotros en seguida. *La porte étroite* me hizo una gran impresión. Quince años después me pareció una porquería. Y de Cocteau, para qué te digo.

Tampoco nosotros dejamos de leer a los rusos.

He intentado volver a leerlos últimamente, y no puedo decir que ya no me gustan nada, pero casi. Tolstói aparte, desde luego. Pero ya ni siquiera aguanto a Dostoyevski.

La verdad es que por pocos años de diferencia podríamos considerar que hubo dos generaciones, la de la Biblioteca Sempere y la de la Colección Universal.

A los rusos los leímos en la Colección Universal.

Sí, pero nosotros no llegamos a nutrirnos de la Sempere. Para nosotros, aunque yo no estuviera de acuerdo con Ortega, él era el director indiscutible de nuestras lecturas.

Yo salí en Madrid el 24, y Ortega no tuvo ninguna influencia sobre mí.

Claro, la Revista de Occidente *se fundó el 23.*

Y ni siquiera sabía quién era.

Y lo que te importó fue, sin embargo, Benjamín Péret. Hemos cambiado mucho desde entonces.

---

7 *Jean-Christophe* es una novela en diez volúmenes de Romain Rolland publicada entre 1904 y 1912. Gracias principalmente a ella, el autor recibió el Premio Nobel de literatura de 1915.

8 La Novela Semanal y La Novela Corta eran dos colecciones de libros de gran importancia para la generación de Buñuel (Gibson, p. 103).

Estoy virgen de Proust. Esas páginas terribles, cuadradas, sin un punto y aparte, negras, como una araña. Horrendo. Nunca pasé de la primera página de *Las jovencitas en flor.* La gran impresión es mi descubrimiento de Fabre. Debió de ser el 20 o el 21. Fue tanta la impresión que me decidí a estudiar Ciencias Naturales. Cosa que hice con Bolívar. Pero todo esto ya te lo he contado.

Estamos hablando de los libros.

Spengler.

Pero Spengler... Ya estamos en 1923, por lo menos, si no en 1924.

Lo leí como una novela. Y no pasé del primer tomo. [...].

¿Qué leíste cuando fuiste a París por primera vez?

Lo mismo que tú, lo mismo. Lo mismo que todos: Cendrars, Max Jacob... En fin, todos los de entonces. Gide...

¿Los surrealistas?

Sí, pero poco. Hasta el 27 me parecían una partida de maricones. [...].

También dicen que la iniciación de tu ateísmo se debe a la lectura de El origen de las especies.

Sí. A los dieciseis años, Morquecho, un chico de Logroño, que estudiaba primero de Derecho, me dio a leer los tres tomos de la Editorial Sempere, y a Spencer y a Haeckel.[9] Hasta los catorce años yo era católico practicante: misas, rosarios, confesiones; comulgaba muy frecuentemente. Como todos los de mi familia, menos mi padre.

¿Neruda?

Neruda, no. Lo he tratado poco. Algo en Madrid, con Federico. Luego en Nueva York, cuando fue a leer su *Oda a Stalingrado.* Además, yo estoy con Larrea. Totalmente.

¿A qué edad leíste La vida de Jesús, *de Renan?*[10]

Creo que a los dieciseis años. Me hizo una gran impresión. Sobre todo, lo de los seis o siete hermanos de Jesús. Ahora, por gusto, la estoy releyendo.

---

9 Herbert Spencer (1820-1903) fue un naturalista, filósofo, sociólogo, psicólogo y antropólogo inglés. Ernst Heinrich Philip August Haeckel (1834-1919) fue un naturalista y filósofo alemán. Esta elección evidencia el interés de Buñuel por las Ciencias Naturales.

10 Joseph Ernest Renan (1823-1892) fue un escritor, filólogo, filósofo, arqueólogo e historiador francés. En *La vida de Jesús*, que tuvo una gran popularidad, presentaba a un Jesús más humano que divino y descartaba los milagros que se le atribuían.

¿Influencia de Artaud?

Cero

¿Goya?

¡No! Goya, no. Yo no tengo nada que ver con Goya. Como no sea por aragonés... A mí no me ha influido nadie. Fabre, en todo caso. En *Nazarín*, cuando hablan de quemar o hacer desaparecer todos los libros, Galdós salva la *Biblia*; en la película, yo, los de Fabre.

RICARDO MUÑOZ SUAY

R. M. S.: Hablamos[11] de César Arconada.[12] Dice que le gustó una novela suya sobre Extremadura. Le muestro varios libros de la época: de Arconada, de Salinas, de Sender. Me dice: «Ese Sender no me es simpático. Sólo me gusta una novela suya sobre un error judicial» —que, por cierto, no me acuerdo cuál es—.[13] Le digo que el relato de Dino Buzzati[14] sobre la clínica ya lo va a hacer Tognazzi. Me dice que ha recibido una carta de Buzzati, sintiéndolo, porque tiene el compromiso con Tognazzi, y que dentro de unos meses se comenzará a rodar la película.[15] Me dice que le gusta mucho *El desierto de los tártaros*, pero que es imposible llevarlo al cine. «Todo el misterio, lo absurdo, no se podrá nunca reproducir».

Lectura de Sade

¿Cuándo leíste a Sade por primera vez?

En 1928 leo por primera vez a Sade. Sade me dio *Las 120 noches [jornadas] de Sodoma*, de la que se publicaron nada más tres ejemplares, en Alemania, en el año 1905. Nada más. Era un manuscrito que lo compró luego Noailles, de 27 metros de largo, con una letra de mosca y abreviaturas como la tuya del *Djelfa*.[16] *(M.A. asiente).* Lo mismo. Una cosa que lo tradujo Maurice Heine.[17] No. En Alemania cometieron muchísimas faltas,

---

11 El 30 de julio de 1966.

12 César Muñoz Arconada (1898-1964) fue un escritor español perteneciente a la generación del 27. Parece referirse a su novela *Reparto de tierras* (1934).

13 Se refiere a *El lugar de un hombre*, de 1939 y revisada en 1958.

14 Dino Buzzati Traverso (1906-1972) fue un novelista y escritor de relatos italiano.

15 Se refiere a *Il fischio al naso* (Ugo Tognazzi, 1967), basado en el relato de Dino Buzzati, *Siete plantas* (1937).

16 *Diario de Djelfa* (1945), poemario de Max Aub.

17 Maurice Heine (1884-1990) fue un escritor y editor francés, conocido por haber sido el redescubridor y editor de la obra del marqués de Sade.

hicieron tres ejemplares. Y una noche cenando con Tual, Robert Desnos y no me acuerdo quien más, en casa de Tual, me dijo...: «¿Usted no conoce a Sade?». «No». «Pues tiene que leerlo». Y eso fue una revolución total. Es cuando comencé a desconfiar de toda la cultura, de mi mundo cultural, de mi educación, de todo. Porque me pareció un tipo extraordinario, ya no por lo erótico, que no me interesa gran cosa, pero porque trata lo divino y lo humano en todos..., desde, lo social, lo religioso, lo político, todo, ¿verdad?, lo histórico, la cultura, y me produjo una revolución tremenda. Vi que me habían ocultado algo muy serio en la Universidad. Me habían hablado de la *Divina Comedia*, que es una gran porquería, me parece antipoética y de *Las Lusiadas*,[18] de tal, y no me habían hablado de que existía Sade. Y para mí fue una revolución moral total. Que coincidió con la del surrealismo, con la revolución moral del surrealismo. Esto fue hacia el año 29, cuando leí yo a Sade. Y después ya seguí las lecturas de todo el mundo, más o menos. Soy mal lector. O sea, que no leo porque me aburro. Cuando me aburro, pienso y me divierto con asociaciones disparatadas, me divierte.

Sí.

Y esto por si acaso lo he hecho, cuando me interesa algo, me aconsejan o he leído en revistas o... Mira, soy mal lector, pero he tenido las lecturas que has tenido tú en menor cantidad.

Sí. ¡No, no, no! Igual. Y yo mismo conozco muy mal a Sade porque no tuve la edad en que se puede leer a Sade.

Sí. Ahora a mí no me interesa Sade, ¿eh?

No, a mí tampoco.

Ya está, ya está.

Y ahora lo puedo leer.

Me descubrió un mundo, me adapté a él, evolucioné sobre ese mundo y la gran experiencia que saqué de Sade es desconfianza total en nuestra cultura. No me influyó cinematográficamente, pero sí ideológicamente. Para mí era el gran enemigo de la cultura, el gran destructor. Pero yo no soy sádico, en ningún aspecto. Como se podría decir en francés, soy *sadien*, no *sadique*. En mis películas, los sádicos, los necrófagos son personajes antipáticos y sin gran importancia.

¿Tú habías leído a Sade antes de Un perro andaluz *o no?*

---

18 Epopeya en verso de Luis de Camões publicada en 1572.

No, lo leí después. Yo no conocía a nadie en París. *Un perro andaluz* me introdujo en la sociedad de París. O sea, que, en ese momento que estaba comiendo en casa de Tual con Desnos y otro más, había hecho ya *Un perro andaluz*. Y, como te decía, me acuerdo que el primer libro de Sade me lo dio Tual, que tenía un ejemplar de los tres de la edición de 1905 de Berlín. Me lo leí allá. Me deslumbró. O sea, que no había leído a Sade antes de *Un perro andaluz*...

Bueno. A Sade le ha pasado un poco lo que [a La edad de oro*].*

... pero sí cuando hice *La edad de oro*.

Claro.

O sea, leí a Sade después de *Un perro andaluz* y antes de *La edad de oro*. Por eso puedo precisar muy bien.

Y, desde luego, se nota mucho, ¿verdad?, la influencia. Pero le ha pasado a Sade, le sigue pasando lo mismo que a La edad de oro.

Sí.

Es decir, que Sade, a pesar de todo, sigue siendo un autor difícil de encontrar, no tan difícil de encontrar Sade como de ver La edad de oro.

La edad de oro está en vigor mucho más que hace... mucho más hoy día. Pregúntale a [Carlos] Fuentes, que ha asistido a varias proyecciones. *(M.A. asiente).* Porque a veces quedan trescientos estudiantes que no pueden venir a verla. Todos los meses la pone la Cinemateca. Y hay veces que hay doscientos que se quedan sin poder entrar. Y hoy día, los jóvenes que he visto en París, de 20 a 25 años, están todos locos con *La edad de oro*, es lo que más les gusta de todo. O sea, que sigue en vigor. Mucho más que en la época. En la época fue una cosa ¡boom! Nada. Los surrealistas y cuatro adláteres. Fue una cosa de fracaso social y fracaso total. Nada más los surrealistas la levantaron y cuatro escritores y, pero muy poco, una minoría nada más. Y, en cambio...

Bueno.

... ahora ya... En Londres se puso. Hicieron un festival en mi honor, en 1955, y pusieron doce veces *La edad de oro*. Y solo una vieja protestó; dijo: «Shocking!». Escribió una carta. Eran 45 000 asociados. Por eso se presentó, porque no había censura, había que... Y una vieja dijo: «Shocking!». Y un cartero fue a verla las doce veces. Me lo dijo el director de la Cinemateca de... El cartero todos días iba a ver *La edad de oro*. Todos los días. Y nada. No protestó nadie. Se presentó en el Lincoln [Center for the Performing Arts].

Se presenta.

El Festival Lincoln.

Sí.

Buenas críticas. Muy bien. No, no, no asustó a nadie.

Sí, la verdad es...

Pero los jóvenes están ahora en Francia... Yo no la he vuelto a ver. Esto lo sé por amigos, por... El último que vio *La edad de oro* fue Fuentes. Que es la película que más le gusta mía. Y me contó las colas. Y Henri Langlois y Mary Meerson[19] me han dicho que hay siempre cien personas que no pueden entrar. Y Sade también ha tenido un renacimiento últimamente, estos últimos años.

Muy rápido. Pero, de todas maneras, es bastante difícil, dejando aparte las ediciones críticas y que, es muy difícil encontrar a Sade como puedes encon... que debieras encontrarlo en Francia, como a Balzac.

Sí.

¿Verdad? No, no es lo mismo. No lo hay en los clásicos Flammarion, no lo hacen...

No, no, no, no.

... los clásicos Garnier. [20]

No. Es que es muy violento Sade. Es muy violento desde el punto de vista político y social. Es muy violento. Por eso.

Y muy pes..., pero es muy...

Y, además...

... pesado. Si no fuera pesado, si fuera buen escritor sería...

Tampoco de [Georges] Bataille se conoce el libro más violento de él, que es la *Histoire de l'oeil*. No, no. Ahora ya se encuentra, ahora se encuentra todo. En mi época, un día, yo quería tener *Justina*. *Justina,* que era inencontrable. Y Breton y Éluard me llevaron a la calle Bonaparte a una librería muy buena, donde el librero, aunque tuviera el libro, lo negaba, por la Policía. Estaba prohibidísimo. Y me apuntó en la lista, por si llegaba por casualidad en una colección particular la *Justina* y vendérmela por lo que quisiera. Le dije: «Le doy lo que me pida». Presentado por Breton y Éluard. Y me anotó en el libro, hasta ahora, no... Y cuando murió René Crevel, él tenía una edición de *Justina*. Se suicidó, el primero que vio el cadáver de Crevel fue Dalí.

---

19 Henri Langlois (1914-1977) fue un archivero de cine francés, cofundador de la Cinemateca francesa. Convivió con Mary Meerson.

20 La colección Garnier-Flammarion es una colección de clásicos universales en bolsillo de la editorial parisina Flammarion.

Llegó a su casa a las ocho y media de la mañana y se lo encontró que estaba en la cocina con el gas. Se mató. Entonces puso un telegrama inme… ¡Ah! Llamó a Noailles, al vizconde de Noailles, que fue el segundo que vio el cadáver, y Marie-Laure. Entonces telegrafiaron a Inglaterra donde estaba Tota Cuevas de Vera,[21] que era amiga de… ¿Tú conoces a Tota Cuevas de Vera? Y ella tomó un avión particular y vino corriendo a París. Y me ha contado Tota que, al llegar a donde estaban los libros de René, vio que faltaba la *Justina*, que la había visto allá tres días antes, antes de ir a Londres. Alguien la había robado. Y llegaron varios, no solamente Breton, Dalí y Noailles. Noailles no le iba a robar; Breton, tampoco; Dalí tampoco, lo conozco muy bien. Dalí no roba la *Justina*. Le importa un bledo. Para eso es muy inconsciente, no… Pero luego llegaron otros surrealistas y otros amigos, y desapareció la *Justina.* O sea, que era inencontrable en aquella época. Breton tenía un ejemplar también. La edición de 1796 creo que es de Holanda. O sea, que era dificilísimo de… Y luego ya se ha publicado todo en barato.

Sí.

Se ha publicado todo…

Bueno.

… en ediciones baratas, pero son difíciles de encontrar. Pero alguien las ha visto en los *quais* del Sena; ha visto *Justina* íntegra, la versión íntegra en barato en… Pierre Louÿs[22] estaba prohibido también. Se publicaba en Martinique, *Les trois filles et leur mère, Les dialogues des [cireuses],* todo eso era inencontrable. Que es violentísimo. Es el más feroz de todos, más que Sade aún, Pierre Louÿs.

¿Sí? ¿Tú crees?

Y Apollinaire: *Les onze milles verges.*

No, el más… Yo, a pesar de todo eso, el más que he visto de este tipo, el más duro, ¿eh? Te parecerá extraño, es André Pieyre de Mandiargues.[23]

¿De?

---

21 María de las Mercedes Adela Atucha y Llavallol (1887-1970), conocida como Tota, fue condesa de Cuevas de Vera, amiga íntima de Luis Buñuel.

22 Pierre Louÿs (1870-1925) fue un escritor y poeta francés decadentista, muy apreciado por Buñuel. Buñuel acabó adaptando su novela *La mujer y el pelele* (*Ese oscuro objeto del deseo*, 1977).

23 André Pieyre de Mandiargues (1909-1991) fue un novelista, poeta, dramaturgo y ensayista francés, cercano al grupo surrealista.

Es Mandiargues.

¡Ah! ¡No, no! Me aburre Mandiargues a mí. Me aburre mucho. [...].

Volvamos a Sade. Ya me has dicho que fue una lectura capital en tu vida, con lo que resulta que los tres hombres que más han influido en tu concepción del universo o en tu manera de plantarte ante él fueron Federico García Lorca, que, de hecho, te descubrió el mundo del espíritu; casi al mismo tiempo, Fabre, que te descubre los insectos, y Sade, el 29 y el 30, que te hace ver un mundo totalmente insospechado.

Y que era totalmente insospechado para la mayoría de la gente, porque no se encontraba un ejemplar de Sade ni por casualidad.

Y hoy, aunque se encuentre, hace hincapié en lo que ha venido a llamarse el sadismo, en lo pornográfico, cuando Sade es exactamente lo contrario.

Naturalmente; el primer ateo, el primer gran ateo que hubo en el mundo fue Sade; dejando aparte a Heráclito y a algunos de esos griegos de los que no sabemos gran cosa. Me contaba Vaillant que Lenin le había dicho que Sade es el primer gran materialista de la Historia. Desde el punto de vista filosófico y moral no hay nadie a quien se le pueda comparar. [...].

¿En qué orden los leíste?

Primero, *Los 120 días*; luego, *Justina, Julieta* y *La filosofía del tocador.*

¿Y El moribundo *[*Diálogo entre un sacerdote y un moribundo*]?*

Hombre, claro. No sé en medio de cuál. Es estupendo. No sé si fue Breton o Aragon el que le hizo comprar a Noailles un ejemplar de *Los 120 días* que se podía adquirir en Berlín por 40 000 francos en la edición de 1905 tirada a diez ejemplares. Y era el ejemplar de Proust. Entonces no se podían encontrar libros de Sade. Tan no se podían encontrar que, como te acabo de contar, el día que se suicidó Crevel, cuando Dalí lo encontró, porque fue Dalí el primero que llegó, y luego llegó Breton y Noailles y yo, y le hablaron a Tota Cuevas de Vera, que era su amante —porque tú sabes que Crevel era homosexual, pero como eso estaba tan mal visto entre los surrealistas, hizo unos esfuerzos desesperados para dejar de serlo y Tota hizo lo posible y lo imposible para lograrlo; y era su amante—; bueno, pues Tota llegó de Londres en un avión particular y nada más entrar se dio cuenta de que faltaban los cuatro tomos de *Justina.* ¿Quién se los llevó? No lo sé, ni lo supo nunca nadie. No estábamos más que nosotros. Todos sabíamos lo que valía aquello. De Dalí respondo como de mí mismo de que no se lo llevó. Noailles ya lo tenía. Breton..., no lo creo, porque me lo había prestado él. No lo sé, pero no importa. El que lo hizo, hizo bien, porque los libros de René fueron a parar a su familia, que eran unos beatos indecorosos, a su hermana, a no sé quién.

Háblame del anarquismo y del influjo de Sade en el surrealismo.

A los veintiocho años yo era anarquista, y el descubrimiento de Sade fue para mí absolutamente extraordinario. No tuvo nada que ver con la erotología, sino con el pensamiento ateo. Resulta que lo que había sucedido hasta aquel momento es que pura y sencillamente me habían ocultado la libertad, me habían engañado totalmente referente a lo que era la religión y, sobre todo, acerca de la moral. Yo era ateo, había perdido la fe, pero la había reemplazado con el liberalismo, con el anarquismo, con el sentido de la bondad innata del hombre, y en el fondo estaba convencido de que el ser humano tenía una predisposición a la bondad echada a perder por la organización del mundo, por el capital, y de pronto descubrí que todo eso no era nada, que todo eso podía existir (y si no eso, otra cosa), y que nada, absolutamente nada, debía tenerse en cuenta como no fuese la total libertad con que, si le diera la gana, podía moverse el hombre, y que no había bien y que no había mal. Figúrate lo que esto representa para un anarquista. Lo extraordinario es que entonces, el 29, es cuando comprendí la razón de ser de mi afición, de mi gusto, de mi total compenetración con el surrealismo. Sade influyo más que nadie, no solo en mí, sino en los surrealistas, en el surrealismo.

ALBERTO GIRONELLA[24]

M. A.: ¿Cuál crees tú que es la influencia que tuvo Sade en Buñuel?

A. G.: La influencia de Sade en Buñuel creo que es puramente exterior. Porque Sade para Buñuel es un, y lo afirmo de una manera radical, pensador moralista, pero vestido de *boy-scout*. Porque, después de la tradición española de los grandes inquisidores, de los grandes tratadistas moralistas como Baltasar Gracián, para Buñuel Sade queda como una especie de muchacho travieso y no creo yo que Sade haya marcado de una manera fuerte a Buñuel. Y, es más, creo que Sade no ha marcado a nadie del mundo español de la manera como ha marcado al mundo nórdico.

M. A.: Eso es evidente, porque Sade no se ha podido leer en español hasta muy recientemente. Y en cuanto a que sea un moralista, es el único filósofo existencialista, auténticamente existencialista, mucho más existencialista que

---

24 Alberto Gironella (1929-1999) fue un pintor mexicano considerado como uno de los exponentes del grupo de artistas mexicanos de La Ruptura, amigo de Buñuel.

cualquiera de los existencialistas del siglo XX. Es decir, Sade es el primero que niega totalmente la existencia del bien y del mal. Desde este ángulo, yo sí creo que ha tenido una influencia en el primer Buñuel. Después, no, cuando Buñuel se vuelve comunista o comunistoide, la influencia de Sade desaparece, ya que él viene a creer en la posibilidad de una civilización de otro tipo. Pero luego, poco a poco, creo que Sade ha vuelto a cobrar para él una importancia muy grande. La prueba de ello es que su nieta se llama Julieta, y se llama Julieta porque él ha querido e insistido sobre ese asunto.[25]

A. G.: Creo que para Buñuel la lectura de Sade es una lectura profundamente aburrida, porque todo lo que él trata de ejemplificar lo ha visto de una manera cotidiana en su pueblo y en su país, siempre lo ha visto de manera cotidiana. Entonces, Sade en Francia hace una cosa que en España es algo como el pan de cada día. Un marqués como el marqués de Sade en España es inconcebible. Para mí, un marqués maravillosamente español es el marqués de Bradomín,[26] en última instancia, o, si no, Felipe IV o, en última instancia, Felipe II. Y como textos de índole sádico, pues los textos místicos de san Juan de la Cruz o los textos imaginarios de Quevedo.

PADRE JULIÁN PABLO[27]

P. J. P.: En toda la obra posterior a La edad de oro, el conocimiento de Sade por parte de Buñuel es pleno. Podemos ver citaciones directas y escenas tomadas en vivo de la obra de Sade. Para hacer ver hasta qué punto la obra de Sade existe no solo en la obra de Buñuel, sino que penetró en su vida misma, me permito citar una conversación privada que tuve con Buñuel en la que hablábamos de Dios después de una jornada de filmación de *La Vía Láctea*. Todos sus argumentos —que en este momento creía yo eran de su propia cosecha— sobre la existencia de Dios y su ateísmo, más tarde los encontré en Sade, y mi admiración creció al ver que se sabía a Sade casi de memoria. La fuerza y convicción con que hablaba me hacían creer que nacían de él mismo, y no pude sospechar que fueran tomados de otra persona. Actualmente es imposible comprender a Buñuel sin Sade. Todo lo fuerte que Buñuel pueda decir de Dios está en Sade. Todo argumento contra la existencia de Dios es de Sade. Solo conociendo a Sade se puede uno imaginar y saber su influencia sobre Buñuel. Esta anécdota sobre la existencia de Dios y sobre la posible creencia o no creencia de Buñuel pienso que toda la vida la ha mantenido Buñuel a un nivel racional, y tomada la argumentación estrictamente del marqués de Sade.

---

25 En relación a la novela de Sade *Juliette o las prosperidades del vicio* (1797).

26 El *marqués de Bradomín* es un personaje de ficción creado por Ramón María del Valle-Inclán, considerado por parte de la crítica como el *alter ego* del autor.

27 Julián Pablo Fernández (1937-2018) fue un padre dominico íntimo amigo de Buñuel.

Buñuel escritor

¿Eres, como has dicho alguna vez, un novelista frustrado?[28] *¿Desde cuándo quisiste tú ser novelista? Poeta, sí, y no frustrado. Ya sabes que quiero hacer una antología de los únicos tres poetas surrealistas que hubo en España: tú, Picasso y Dalí.*[29]

Me parece bien. Es verdad; ni Federico ni Alberti han sido nunca surrealistas. No, no quise decir novelista, sino escritor. De verdad, soy un escritor fracasado. [...]. Y, sin embargo, a Federico se lo debo todo. Es decir, sin él yo no habría sabido lo que era la poesía.

No lo creo. Eres un escritor que escribe con otra máquina que no es la de escribir, con la cámara. Concibes tus películas como un escritor concibe una novela. Te pones a realizar una escena de la misma manera que un novelista de nuestro tiempo, es decir, desde que hay cine. En este aspecto, de ninguna manera se puede decir que eres un novelista frustrado, y en ese caso, mientes como lo que eres al asegurar que tu ideal hubiera sido encerrarte a escribir como un monje. Primero, en general, porque los monjes no es escribir lo que hacen, específicamente, sino otras cosas que no creo sean las tuyas; y luego porque nadie te lo hubiera impedido y menos que nadie, Jeanne, que te hubiera cuidado como la mejor ama de cura.

Lo que pasa es que no sé escribir.

Tampoco yo. [...].

MARGARITA BUÑUEL

M. A.: Luis es un escritor, ya que él quiso ser escritor antes que cineasta, ¿verdad?

M. B.: Sí.

M. A.: Y voy a intentar publicar el mayor número de textos de Luis.

M. B.: Yo creo que mi hermana Conchita le va a contar cosas muy interesantes.

M. A.: No es cuestión de contar, sino tener, tener los poemas. Concha Méndez se acuerda de algunos.

M. B.: Sí.

M. A.: En alguna revista de la época he encontrado algunos totalmente desconocidos.

---

28 Aub se refiere de nuevo al texto de Carlos Fuentes, *Encuentros con Luis Buñuel.*

29 Proyecto nunca realizado.

CONCHA MÉNDEZ

M. A.: Porque, ahora, en un artículo, Guillermo de Torre dice que Buñuel colaboraba en *La Gaceta Literaria.* Ya no me acuerdo para nada de lo que pudo escribir. Que dirigió la página de cine es otra cosa.

C. M.: Él hacía poemas. Un poema que se llamaba «Instrumentación», lo volvía a corregir y yo se lo pasaba en limpio.[30] Me acuerdo de ese poema porque él quería hacer poesía, ¿ves? Yo lo que no pensaba es que yo la haría después. Porque él sí, eso quería. Toda esa poesía moderna y qué sé yo.

M. A.: ¿Y de eso no tienes nada?

C. M.: No, nada, no tengo nada, nada de nada. Y las demás cosas se perdieron en este banco, fíjate. Qué cosas, ¿no?

M. A.: Pues yo no creo que lo hayas perdido.

C. M.: Voy a ver si recupero algunas cosas.

RAFAEL ALBERTI

M. A.: No, pero Buñuel quería ser poeta.

R. A.: Sí, quería ser poeta, pero...

M. A.: ¿Qué cosas de él recuerdas tú publicadas?

R. A.: Creo que nada más que eso, pero no sé si lo firmaba siquiera Buñuel o lo firmaban dos.[31] No conozco más nada. ¿Tú conoces poemas de Buñuel?

M. A.: Sí, sí. Prosas poéticas.

R. A.: ¿Prosas? Sé que a él le costaba un gran trabajo escribir y sufría muchísimo, y se pasaba las noches en un... Lo contaban en broma Federico y los demás. Luis Buñuel escribiendo sus cosas literarias con un gran dolor, un gran esfuerzo. Hasta que insensiblemente él fue poco a poco descubriendo su verdadero camino. Y entonces empezó a hacer crítica, y me acuerdo que preparaba, en el año 28, un *Goya* que le daba mucho que hacer, del que llegó a escribir un enorme guion, con gran dificultad. Le vi a veces en el Arrumbambaya o en La Granja llevar el guion, muy largo, porque se acercaba el centenario de Goya, el año 28. Y creo que fue una película que no se hizo.[32]

M. A.: ¡No! Eso se lo encargó una organización oficial de Zaragoza.[33]

R. A.: ¡Ah! ¿Lo sabías tú?

M. A.: Sí. Eso lo cuenta.

---

30 «Instrumentación» se publicó en *Horizonte*, número 2, de 30 de noviembre de 1922.

31 Se refiere con toda seguridad a Pedro Garfias, de quien se dice que escribió con Buñuel algunos de los poemas que se le atribuyen en exclusiva.

32 Julie Jones (p. 275), citando a Gibson, apunta que Buñuel le comentó a Lorca que el guion era comercial y para el gran público. Sin embrago, no es así, como explica Gibson (p. 213). Lo comercial era el film que estaba rodando como asistente de producción de Jean Epstein, *Mauprat* (1926).

33 La Junta Magna del Centenario de Goya.

R. A.: ¿Sí?

M. A.: No, de lo del *Goya* no hay nada, pero debe existir.

R. A.: Porque era un guion enorme. Él llevaba hecha una vida de Goya... Me acuerdo que tenía un montón de cuartillas muy grandes, lo estaba estudiando con verdaderos detalles e interés, como para hacer un gran film después, ¿no?

M. A.: No. No es...

Los ultraístas

Te advierto que hay en eso[34] *un fondo de protesta social personal que pesa lo suyo y que hay que tener en cuenta. En esto y en otras cosas, la vida en la Residencia de Estudiantes puede recordar la de tantos colegios de Oxford o de Cambridge... Tú dices que [García Lorca] era misógino y no marica. No tengo por qué no creerte; pero algún amigo nuestro se fue de la Residencia porque estaba convencido de lo contrario... En general, en nuestra generación hará crisis esta separación de sexos: la Residencia, de señoritos y señoritas (es curioso cómo lo primero toma un acento peyorativo), y luego el Ateneo y el Lyceum. [...]. Hasta el 25, durante los seis años que pasaste en Madrid, ¿qué vida hacías?*

Pues me ligué con los ultraístas, con los que hacían *Grecia, Cervantes, Tableros, Ultra*... Así conocí a Borges, a Paszkiewicz —¿te acuerdas de Paszkiewicz?—, a Jahl, a Huidobro, a los Rivas Panedas, a Eugenio Montes, a Isaac del Vando Villar. Al grande e importante señor Isaac del Vando Villar. Y, claro, a Guillermo de Torre y, sobre todo, a Ramón [Gómez de la Serna]. Con los ultraístas, que es cuando yo empecé a tener ideas políticas —si se pueden llamar así—, anarquistas, decidimos hacer una gran colecta para remediar en lo posible «el hambre de los niños rusos». Hicimos imprimir no sé cuántas octavillas y las repartíamos por los cafés y a la salida de los cines; e íbamos por ahí todos con cepillos: Guillermo de Torre, Rivas Panedas, del Vando Villar...[35] Organizamos un gran festival en el Teatro del

34 Se refiere a la homosexualidad de escritores como Lorca o Cernuda.

35 Como indica Jones (p. 271), todos estos escritores, principalmente poetas, eran miembros del movimiento ultraísta. La creación del grupo en 1918 fue impulsada en parte por el éxodo de intelectuales europeos de la postguerra mundial. Así, Marian Paszkiewicz y Wladjslaw Jahl eran polacos. Guillermo de Torre, que estaba casado con una hermana de Borges, fue conocido por sus ensayos sobre la literatura vanguardista de la época. Asimismo, hubo los hermanos Rivas Panedas, Humberto y José, hijos del escritor mexicano José Pablo Rivas. Posteriormente, ambos participaron en el movimiento vanguardista mexicano del estridentismo.

Centro. Colaboraron los actores, los cantantes más eminentes que había entonces en el Teatro Real, y la Xirgu,[36] y Borrás,[37] y La Argentina.[38] Como es natural, nadie cobraba y se juntó bastante dinero. Trabajaron quince o dieciséis estrellas, lo más famoso que había entonces en Madrid. A Cansinos[39] no le conocí nunca. Sí a d'Ors, que venía siempre a nuestra tertulia. Allí con Barradas y todos los ultraístas en el café de Platerías —*Flaterías*, como decía Federico—. Alguna vez fue Samblancat. Teníamos la peña ahí cerca de la puerta. El café ya no existe. Tenía dos salidas. Una, a la calle Mayor y la otra, a la plaza donde estaba Botín.[40] Ahí empecé a ser anarquista, y conste que seguí con las mismas ideas hasta el 30. No sé si es en esa tertulia donde conocí a Gil Bel, un aragonés, anarquista también y amigo de Rafael [Sánchez Ventura]. Dirigía el periódico de la CNT en Madrid. Le volví a encontrar en agosto del 36, el segundo mes de la guerra, y me dijo, feliz: «¡Vamos a fundar una colonia para intelectuales en Torrelodones! ¡La primera en Europa! Ya no quedan burgueses. Los unos han huido y los otros no sabemos dónde están. La cosa es que allí todos los chalés están desocupados». «¡A 15 kilómetros del frente! ¿Estáis locos?». «Sí, hombre, sí». «¡Con Franco a 15 kilómetros, vete al carajo!». Pero volviendo atrás y hablando de banquetes, les dimos otro a Vidal y Planas.

No fastidies.

Sí, hombre. Y fuimos todos al estreno de *Santa Isabel de Ceres*, en el teatro Eslava. Era malísimo, pero fuimos. Y le dimos un banquete. O se sostiene a la acracia o no. Era más malo que el sebo, pero buena persona, sobrino del cardenal de Tarragona, de Vidal y Barraquer.[41] Muy buena persona. Con decirte que, después de la guerra, cuando yo tenía un departa-

36 Margarita Xirgu Subirá (1888-1969) fue una reputada actriz española asociada especialmente con las obras de García Lorca. Exiliada durante la dictadura franquista, tomó la nacionalidad uruguaya. También se dedicó a la dirección teatral.

37 Tomás Borrás y Bermejo (1891-1976) fue un escritor y periodista español, famoso por su pantomima vanguardista *El sapo enamorado* (1916).

38 Antonia Mercé y Luque (1890-1936), de nombre artístico La Argentina, bailarina y coreógrafa española, nacida en Argentina mientras sus padres estaban de gira artística, fue considerada la gran renovadora de la danza española y andaluza en París.

39 Rafael Cansinos Assens (1882-1964) fue un escritor, poeta, novelista, ensayista, crítico literario que, después de compartir la línea creacionista con Vicente Huidobro, fundó junto a otros vanguardistas el movimiento ultraísta.

40 El restaurante Casa Botín.

41 Francisco de Asís Vidal y Barraquer (1868-1943) fue un cardenal español, arzobispo de Tarragona durante la Guerra Civil Española.

mento en la Warner Brothers, hice que le contrataran como uno de los seis escritores del departamento.

Sí, murió hace poco, allí en la frontera. Por San Diego, o no sé.

Centenares de cafés con leche le pagué a Humberto [Rivas Panedas] —yo pasaba por muy rico— en los cafés de la Puerta del Sol. Nunca perdió su acento catalán.[42] Me contaba de un pobre empleado de Correos que se marchaba siempre a las cuatro menos cuarto pasándole por debajo de la mesa su poema del día, con gran furia de Humberto. Como si fuera una vergüenza escribir versos. Pero los leía.

Pues sí, es una vergüenza.

¡Cuántas medias tostadas de arriba o de abajo no le pagaría! «Hoy no comí, ni ayer». Era verdad.

A José [Rivas Panedas] le vi morir aquí, al poco de llegar yo. En una clínica que tenían los actores. Muy entero, muy seguro de la pronta victoria. Humberto, no. Por lo menos no tanto. No creo que volviera a España. No lo sé.

Humberto fue al ultraísmo lo que Breton al surrealismo. Mucho más importante que del Vando Villar.[43]

Guillermo de Torre habla poco de él. Tal vez por celos.

Tal vez. En el año 21, Araquistáin se encontró en la carrera de San Jerónimo al Caballero Audaz[44] y le pegó una bofetada del demonio. No sé cómo lo hizo. Ya sabes que Araquistáin era más bien bajo y aquel animal de Carretero era algo así como un gigantón. La cosa es que le pegó y él, pseudoofendido, muy digno, le retó a duelo. Recordarás que era conocido como gran espadachín. Como es natural, Araquistáin se negó. Ya no recuerdo la razón, pero era una cosa periodística desde luego. Total, que a los ultraístas nos pareció muy bien la bofetada y nos movimos como demonios para darle un gran banquete a Araquistáin en el Palace. Fue toda España, menos tú. Como cuando se trataba de cosas de los ultraístas, los que más se movieron fueron Humberto Rivas y del Vando Villar. No recuer-

42 Esta transcripción (del propio Aub) es confusa, pues Rivas Panedas no podía tener acento catalán, a diferencia de Vidal y Planas. Ahora, es cierto que luego sigue hablando de Humberto. Lo hemos mantenido, pues, tal y como está en el mecanoscrito.

43 Isaac del Vando Villar (1890-1963) fue un periodista y poeta español del movimiento ultraísta, director de la revista vanguardista Grecia, publicada en Sevilla y Madrid entre 1918 y 1920.

44 Pseudónimo de José María Carretero Novillo (1887-1951), escritor y periodista, ardiente propagandista de la facción nacional en la Guerra Civil.

do si fueron doscientas o cuatrocientas personas. La convocatoria la firmó todo el mundo. El único que se negó fue Cajal, y a Cajal le fui a ver yo, al Café del Prado, frente al Ateneo, donde iba todos los días. Me acerqué, con el debido respeto: «Don Santiago, yo soy Buñuel. No sé si se acuerda de mí. Yo le he preparado muchas córneas de mosca. Estuve trabajando con Bolívar». Don Santiago me miró: «Amigo Buñuel, no firmo porque tengo mis artículos —o mis memorias, no recuerdo— en *ABC*. Y como el Caballero Audaz es redactor, pues a lo mejor me los detienen». Y no firmó. Es de lo que me acuerdo. [...]. Federico nos dejaba en el Café Castilla, con los ultraístas, con Dalí, con las hermanas Domínguez.[45] De nuevo Dalí se vestía de una manera extravagante y absurda, con patillas y melena y una capa corta, absurda, y no digamos Sánchez Ventura. Las hermanas Domínguez se vestían como adefesios. Eran discípulas de Unamuno. *[Luis hace un gesto, como si se abotonara el alto chaleco presbiteriano de don Miguel].* Una de ellas se casó con Vicens.

Que también se las traía. ¿Y tú?

Yo, no. Yo me vestía normalmente. Como Federico. Nos dejaba en cualquiera de los cafés mugres donde nos reuníamos Garfias, Vando Villar, Guillermo de Torre... Lo vi hace poco.

¿Quién está más sordo?

Entre dos sordos no se sabe nunca. Él estaba sordo ya. Yo, hace mucho menos, unos seis años. Tengo dos tipos de sordera: una, la del nervio, es la más constante y seria; otra sube y baja. Depende de los días. Se confunden las notas de la escala. No sé cómo es tu voz. Me ponen un tango, me dicen que es Beethoven y dudo. Luego me doy cuenta de que no.

Habría que volver a los ultraístas.

A los del Café Castilla. ¡Carrere![46] Le tomábamos el pelo... Pobre viejo. Había que ver qué pelo tenía, qué cochino iba, con cuánta caspa. Y piojos. Todo eso hasta la excursión que hicimos con Américo Castro y con Gómez Moreno. Américo se puso a hablar de que aquí, en América, bueno, en Norteamérica, necesitaban muchos profesores de español. Y que era muy fácil... Entonces le pregunté qué es lo que había que hacer. «¿Qué estudias?». «Ciencias Naturales». Porque antes quise ser ingenie-

---

45 Parece referirse a las dos hermanas del pintor surrealista Óscar Domínguez.

46 Emilio Carrere Moreno (1881-1947) fue un poeta, periodista y narrador español cercano al decadentismo.

ro agrónomo y estudié un año o dos, pero luego pasé a Ciencias Naturales, y Américo me decía que, si quería ir a Norteamérica —yo no quería vivir de lo que mi madre me daba, deseaba marcharme de España—, que podía hacerlo estudiando Letras. Al día siguiente empecé a estudiar. Pasé a Historia Universal y —ya lo hemos hablado— me suspendió Ballesteros. Y ya luego, una vez licenciado, fue cuando me fui a París en lugar de Norteamérica.

ALEJO CARPENTIER

M. A.: Me parece que estás en lo cierto [cuando dices que el surrealismo ha influido poderosamente en los novelistas lationamericanos actuales], pero, entonces, esto me lleva a preguntarte y a darte dos nombres, que son Vicente Huidobro y César Vallejo.

A. C.: En lo que se refiere a Huidobro —que ha sido un poeta que tú has conocido como yo, que ha sido muy amigo nuestro— se ha sido muy injusto con él en todo un sector del continente americano por cuestiones de rivalidades tristemente literarias. Huidobro fue un tremendo precursor. Huidobro tuvo al margen del surrealismo una actitud un poco tonta, indudablemente. Su libro de manifiestos, el publicado en francés, fue un libro que no aportaba nada, que más bien era una incomprensión del surrealismo. Pero Huidobro fue indudablemente surrealista, para emplear el término francés, *avant la lettre,* y, en lo que se refiere a Vallejo, es otro caso. Vallejo fue un inspirado siempre y la expresión de Vallejo sí que creo que no debe nada al surrealismo y, si se le puede entrar, encontrar algunos visos de orden surrealista, es cuestión de mera coincidencia. Vallejo fue como fue siempre, es como es y queda como queda, es decir, posiblemente como el poeta más grande de nuestro idioma en el siglo XX.

M. A.: Bien. De acuerdo. Ahora bien, acuérdate de la influencia de Huidobro en España, es decir, en el ultraísmo, del cual formó parte Buñuel como poeta, lo cual no sabe mucha gente, pero tú tal vez recuerdes. Como poeta y enorme escritor, aunque haya resultado todo lo que fue después gracias a Ramón Gómez de la Serna, que tuvo no poco que ver con el dadaísmo *avant la lettre* de la misma manera que Huidobro. Antes de que existiera el dadaísmo creó, por los menos, las greguerías, no tal como fueron diez años después, pero ya en el año 1910 en Buenos Aires. [...].

A. C.: Cuando tú hablabas de la influencia de Huidobro sobre el ultraísmo, te diré que mucho de eso se puede encontrar en el famoso libro, no siempre afortunado, no siempre profundo, no siempre interesante, pero que tuvo una enorme resonancia en nuestro continente y en el ámbito de nuestro idioma, que es *Las literaturas europeas de vanguardia* de Guillermo de Torre, donde hay todo un capítulo sobre lo que él llama «la influencia teórica de Huidobro». Huidobro fue, desde luego, un surrealista *avant la lettre*, pero con aquella cosa que él llamaba el creacionismo y que se definía en el título de su libro *Horizonte cuadrado*, es decir, si yo soy poeta, el horizonte puede ser cuadrado, puede ser redondo. Alrededor del movimiento ultraísta —que estaba centrado en la revista *Ultra* de Madrid— había gente extraordinariamente precursora, como Pedro Garfias, por ejemplo, y algunos de los poetas que, sin haber realizado una obra a fondo ni completa, anunciaron a los Alberti y anunciaron a los que llegaron después. Bueno, Huidobro tuvo un papel precursor en ese momento.

«Une girafe»

Dime cómo es «La jirafa».[47]

«La jirafa» es un muro que puede ser —de lo que según me acuerdo, como decía aquí— de ébano o de lo que quieras. Un muro magnífico, negro. Y en el centro, pegado al muro, hay una jirafa de tamaño natural hecha de plancha de madera. Giacometti, que me hizo la jirafa, recortó la silueta de la jirafa a tamaño natural, pintada de amarillo. Y esta jirafa, como las naturales, tiene manchas en la piel, quince, veinte, treinta manchas, no las he contado, no sé. Entonces, eso está pegado al muro y las manchas de la jirafa se pueden abrir. Llegas allá —hay que tomar una escalera porque la jirafa es alta— y abres una manchita que tiene una argollita, con un gozne, como una tapita, la abres y dentro de cada mancha hay lo que veremos después. En una hay una cosa, en la otra hay otra, que luego se explican. Entonces, este muro tiene, en el suelo, formando ángulo recto con él, un macizo de una superficie de unos diez metros. Diez metros cuadrados como el muro, plantado de asfódelos, que es la flor de los muertos. Y ahora vamos a ver lo que tiene cada mancha. [...]. Dejemos la mancha, bajemos abajo o al lado... Un tubo acústico, —pero hay que tener la orquesta de cien, de cien profesores, permanente, que se releven. Eso no lo digo, pero se supone. Al cual, tú vas por la noche a ver la jirafa, no es un disco, es una orquesta auténtica de cien profesores—. Abres la manchita y por el tubo acústico oyes *Tristán e Isolda* o lo que sea, *Los maestros cantores*...

Sí.

Un pergamino enrollado, atado con una cuerda, desenrollarlo y punto. Se desenrolla y en él hay escrito un poema que puede usted leer, si quie-

47 El título del texto es «Une girafe» («Una jirafa», y no «La jirafa») y se publicó en el número 6 de *Le Surréalisme au service de la révolution*, de fecha 15 de mayo de 1933.

re... «Del coro al...».[48] «Del coro al caño». No, eso era «del coro al caño». Es que hay una cosa que dice «Del codo al caño, del caño al...».

Sí.

«Del coro al caño». «Del caño...». Necesito el francés, sino no...

Sí. «Del coro, del coro al sótano...

Necesito el francés.

... del sótano al [almacén]. De la colina al infierno, de la misa negra a las agonías del invierno.[49]

Yo necesito el francés, porque no me acuerdo.

Bueno, bien. Pero, ¿es esto, más o menos?

«Del corazón al sexo de la loba que vivía en el bosque en tiempo de la Edad Media», sí.[50]

Bueno, pero un momento... Lo que me importa es saber cuándo escribiste este poema.

¿Cuándo?

Porque tú me dijiste que fue anterior al texto.

No, el poema es anterior, de un año antes o dos. Se lo escribí a Dalí en una carta.

Bueno, bien, pero, ¿es anterior a Un perro andaluz *o a* La edad de oro*?*

Sí, sí, sí. No, no, no, no. No, porque yo, ya era surrealista, publiqué «Una jirafa». Me acuerdo que me arregló el francés Pierre Unik en mi casa..., en la calle Pascal.

Sí.

No. Es posterior.

¿El poema? ¿El Ricardo Corazón de León*?*

---

48 «Del caño al coro, del coro al caño» es un famoso trabalenguas que este caso muestra el buen humor de Buñuel en esta conversación —por otro lado, muy divertida—, pues, evidentemente, para el público francés, al que iba destinado en principio el *collage* «Une girafe», no tendría ningún sentido que este fuese el poema a leer al abrir una mancha, aunque sí alguno de tono e intenciones similares en francés, como intenta explicar un poco más adelante el propio Buñuel.

49 Tal y como apunta Gibson (p. 507), aprovechando que en francés *coeur* ('corazón') y *choeur* ('coro') suenan igual, Buñuel empieza su poema de la siguiente manera: «Du coeur à la cave, de la cave a la colline, de la colline à l'enfer, au sabat d'agonies de l'hiver». Esto es, «Del coro al caño, del caño a la colina, de la colina al infierno, a la misa negra de las agonías del invierno».

50 El texto reza así: «Del corazón al sexo de la loba que huía en el bosque sin tiempo de la Edad Media».

Este poema no, esto creo que es anterior. Esto debe tener, por ejemplo..., un año antes. Cuando hacía aquellas cosas de *Letra abierta, Carta abierta a Pepín.* Todo eso.

Sí.

Antes de ser surrealista. Antes de estar en el grupo.

Debe ser del 27.

El poema es mío. Ahora, el poema lo aumenté. Además, ¡qué coño importa!

¡Ah!, sí.

Pues sí...

Importa mucho.

No.

Ya lo verás. Yo te voy a demo...

Lo aumenté y le puse dos cosas que no estaban en el primero. El primero se lo escribí a Dalí en una carta. Nos escribíamos de París a Cadaqués.

Sí.

Yo le escribía y él a mí. Me enviaba él un gran poema y yo le escribía otra carta y le puse esto: *Poema en la Edad Media*; le decía: «Con monjas, racimos de monjas secas, puestas a secar en las ventanas...».

Sí.

«...y la loba» y no sé qué. Y luego lo incluí en «Una jirafa». Se me ocurrió eso del pergamino, se desenrolla y esto.

Sí.

Ahora, que no me... Las adiciones no me acuerdo.

Sí.

Pero «Una jirafa» es posterior a *Un perro andaluz* y a *La edad de oro*, posterior.

Sí, es del 33.

[...] Y en el Centro de Estudios Históricos hacía fichas para Albornoz sobre fueros y tal, y encontré uno que decía eso: «Pagará cinco morabetinos, la persona que diga de que insulte al rey, y le diga fodido en culo et puto gafo, que es...». Puto gafo no existe, pero jodido por el culo, sí.

Sí.

Y fodido, fíjate, siglo XII.

Sí, sí.

Y por eso lo puse aquí. En la sexta la mancha atraviesa de parte a parte la jirafa, a la Masada del Vicario[51] a Calanda y colocarla ya y esperar a ver si mi madre sale a lavar la ropa. ¿No lo pone ahí?[52]

Sí, lo pone.

O es en otro sitio.

Sí.

Ah no. Sí, sí, sí.

A la señora Buñuel, aquí está.

Sí. Lavando. Sí, pero es que hay que... Luego veré si está. Una arpilla de un saco viejo manchado de yeso. La octava, está manchado ligeramente con cal y está cubierta de pelo muy fino, rizado, rubio... adolescente en la mesa. Pero no se ve muy claro, algunas canas, la piel quemada al sol... Es una mariposa que tiene la calavera. Había muchas en Calanda, son muy gordas. Mariposa nocturna, tiene la calavera, en el dorso. La gran mariposa nocturna espera...[53]

PIERRE PRÉVERT

P. P.: [...] Y también Giacometti tenía relación con Buñuel.

M. A.: ¿Por qué? ¡Ah, sí!, por «Una jirafa».

P. P.: No solamente por eso. Era un hombre tan lleno de vida que no hablaba de la cultura cuando se le veía, sino de la vida, de las cosas de la vida.

M. A.: Y con «Una jirafa», ¿qué es lo que sucedió?

P. P.: De eso no estoy muy enterado... Para mí, «Una jirafa» es la película de Buñuel, pero...

M. A.: ¿Usted no estaba enterado? Pues es muy sencillo, fue Giacometti quien construyó la jirafa que existió verdaderamente en el castillo de los Noailles. Exactamente fue eso. La jirafa estuvo allí, no es una invención de Buñuel. Él solamente puso...

P. P.: ¡Qué divertido!

M. A.: ... un poema, en fin, un texto que había encontrado, junto con un profesor de Historia Medieval, en Madrid. Tomó el texto, lo reformó un poco, y después, pura y sencillamente, lo puso en el texto, que publicó en seguida

---

51 Se trata de la propiedad de los Buñuel que más le gustaba a Luis (véanse las conversaciones con Margarita Buñuel y José Repollés, pp. 67 y 77, respectivamente).

52 La sexta mancha dice «La mancha atraviesa de parte a parte la jirafa. Se contempla entonces el paisaje por el agujero; a unos diez metros, mi madre —la señora Buñuel— vestida de lavandera, está de rodillas ante un arroyo, lavando la ropa. Algunas vacas tras ella».

53 Aquí Buñuel lee a voz baja el texto que escribió, por lo que su transcripción es meramente testimonial.

en *Le Surreálisme au service de la révolution*. Entonces Giacometti hizo la jirafa, que puede ser que esté aún en un cobertizo cualquiera del castillo de los Noailles.

P. P.: Verá usted, a mí el surrealismo me enriqueció mucho en ese período y le guardo reconocimiento por ello. Ese encuentro fue uno de los momentos más importantes de mi vida.

M. A.: Todos los surrealistas tuvieron la misma impresión. El único que se resiste a hablar de eso es Aragon. Pero por otras razones.

Música (y baile)

Hay dos mujeres que se disputan el honor de haberte enseñado a bailar el tango.

Pues no. Fui a una academia, en París, el año 25.

Lo mismo que yo, ese mismo año, en Barcelona, con Medina. En un piso cochambroso de la calle de Escudillers. Un tercer piso.

Un maestro y una maestra. Y venga. *[Y canturrea* La Cumparsita*].*

Y como ya hemos dicho, no ingresaste.

No. Estudié Filosofía y Letras. Ya te lo dije. La rama de Historia. En un tribunal estaban Américo Castro y Menéndez Pidal y otros genios. Uno de mis exámenes lo hice con Dámaso [Alonso].

¿Pero te llegaste a licenciar?

Claro. En 1924. Luego me fui a París y ya no me doctoré.

¿No habías ido a París en 1917 para estudiar música?

No. Pero mira, es curioso: en toda mentira hay algo de verdad. Cuando yo acabé el bachillerato me preguntó mi padre qué quería hacer. Y le contesté que estudiar música, que me quería ir a París, a la *Schola Cantorum*. Claro que no fui.

¿Qué instrumento te gusta más?

Cualquier cosa que no sea el violonchelo. A mí [Pablo] Casals me parece una mierda, puedes decirlo... Casals es una mierda.

¿Y el violín?

Bueno, el violín... A mí me gustan las trompas, ¡las trompas de Wagner!, el corno, el oboe. Pero, sobre todo, el corno.

Pero, ¿no estudiaste tú violín? Tocabas el violín.

Sí. Porque a los once años mi padre quiso hacerme aprender a tocar el piano y yo me negué y escogí el violín. «Pues es mejor, porque así lo puedes llevar contigo». Y me lo llevé conmigo. A la Residencia.

Y a París.

A París, no.

Sí, sí.

Pues tienes razón, a París también. ¿Y quién te lo ha contado?

Cosas que yo me sé.

¡Pues sí! ¡Tienes razón! Ya no me acordaba. Es chistoso. ¡Yo con mi violín en París! A mí el piano sí me gustaba. Digo «gustaba» porque desde que estoy sordo no puedo oír música. En eso he venido a ser surrealista al final de mi vida: a los surrealistas no les gustaba la música. [...] Uno esperaba entonces oír la *Novena* de Beethoven y se relamía esperando el día en que llegaba la orquesta de Madrid. Entonces no había discos que duraran tanto y yo oía en todo momento a Schumann como si fuese *La Verbena de la Paloma* o *Agua, azucarillos y aguardiente.* Yo iba con mi partitura. Como fui luego al Real a oír a Wagner.

¿Qué músicos prefieres?

Wagner y la música religiosa. Desde que me he quedado sordo no he puesto música en mis películas. Ruidos, sí. Son indispensables; totalmente indispensables. No puede haber películas sin ruidos.

¿Wagner? ¿Cómo es posible?

Wagner ha sido para mí todo: el teatro, la música, el arte. Y lo que más siento con mi sordera es no poderme pasar el día oyendo a Wagner. Yo era de los que iba al Teatro Real con la partitura de *Las Walkirias* en la mano. Eso sí, únicamente las cuerdas, porque en lo demás ya me perdía. Wagner y Brahms. Cuando empezaron a salir en discos las óperas, yo ya tenía *Los maestros cantores, Las Walkirias, Parsifal,* completas. Más tarde, en París, en una reunión donde estaban Los Seis,[54] hablaba de eso con Auric. Todos odiaban a Wagner. No podía creer lo que oía. Auric llamó a los demás, a [Francis] Poulenc[55] y a los otros. «¡Vengan! ¡Vengan!». Los reunió a mi alrededor. «¿A que no saben qué músico le gusta a Buñuel? ¡Wagner!». Lo odiaban. Claro que también me gustaba Debussy. Hoy me gusta mucho menos.

Yo creí que ponías a Wagner y a los otros grandes románticos en la música de fondo de tus películas como contrapunto humorístico.

No. No. A mí me gusta.

---

54 El grupo de Los Seis («Les Six» en francés) fue como se conoció a un grupo francés de músicos de principios del siglo XX, entre los que se encontraban, además de Auric y Poulenc, Erik Satie o Jean Cocteau, único miembro no músico.

55 Francis Jean Marcel Poulenc (1899-1963) fue un compositor francés.

Es de las cosas que no entiendo, tu gusto por Wagner.

Hasta que me quedé sordo.

Me asombra.

Ya te dije que lo mismo le sucedía a Auric. Y Brahms y Strauss.

De acuerdo con Brahms. Pero Strauss... ¿Y Mahler?

También. Fíjate, hoy la música multiplicada por la industrialización decanta del jazz. Yo fundé en Madrid, en la Residencia, el primer club de jazz. Ahora lo que les gusta son los cantantes. A mí me revientan. Que si Raphael, que si María José. Y no se dan cuenta de que todo eso pasa.

[Hablamos de jazz]

Yo creo que había... Tal vez no se llamase jazz, aunque creo que sí, pero, en fin. No se llamaba jazz, pero había el ritmo, el tempo de una música completamente exótica para nosotros, acostumbrados al pasodoble, al chotis, al vals, que era el llamado... Lo que llaman en Madrid los chulos el *twist-teen*.

Bueno, sí. Si yo me acuerdo perfectamente de las primeras cosas de jazz que hubo en Valencia en el cine Olympia, que fue teatro primero. Hubo la primera batería, y la gente se ponía de pie en todas partes, en general, para ver a la persona que tocaba la batería.

Al baterista. El baterista

Al baterista, ¿verdad?

Bueno, ese baterista lo conozco desde 1915.

Sí, exactamente.

Que fue a San Sebastián. La primera orquesta de jazz que llegó a Madrid buena, buena, fue el año 23. En el *Rector's* Club de Madrid.[56] No me acuerdo cómo se llamaba el negro, Hu... [Huntington], era de negros. ¡Magnífica! Con un batería... ¡Extraordinaria! Y dos años antes, ya terminada la guerra, en San Sebastián, el año 20, 21, que era la mejor playa de Europa... *(M.A. asiente)* de juego y de... Y había un jazz estupendo, me acuerdo aún de él, la *Lime House Blues*. Me acuerdo muy bien. *Blues* es jazz, ¿no? *(M.A. asiente)*. Un *blues*. Me acuerdo perfectamente del jazz *[The] Lime House Blues*. Esto era el año 20, lo que pasa que llegaban... a Zaragoza el tempo y el ritmo llegaba pervertido, la síncopa, por ejemplo. *(M.A. asiente)*. *(L.B. tararea una melodía)*. Pero, el buen jazz lo he oído en San Sebastián a partir del año 16. Si se llamaba jazz, yo no sé. *The Goose*

---

56 El *Rector's Club* era el club de jazz del Hotel Palace.

Steep, era un foxtrot, no eran...

¿Pero no era jazz?

Two-step. Two-step.

El two-step.

Dos, dos partes.

Two-step. *Sí.*

Y luego había el *one-step*. Al *two-step* lo llamaban tuesten. *(Ríe).* Arniches siempre lo ha dicho: «Y ahora usted y yo nos calzamos un tuesten». *(Tararea una melodía).*

Armas

¿Y tu afición por las armas?

Mi afición por las armas se la debo a mi padre. Ya te he contado que en La Habana vendía de todo para los barcos. Por lo visto, vendía bastante, y la casa Smith and Wesson, de cuando en cuando le regalaba algún revólver, con las cachas de nácar y sus iniciales. Cuando yo estaba malo, a veces, mi padre entraba en mi habitación a verme y me prestaba o me regalaba alguna. Era yo un niño. Cuando murió mi padre tuve aquella sensación de liberación y me bebí dos copas de coñac.

Y te pusiste sus zapatos.

Sí, es otra historia. Sentí una liberación. Me fui a dormir con la Smith bajo el almohadón. Tuve dos apariciones terribles, venían de la pared. De un lado venían los aparceros; por otra parte, un primo mío...

Lo de la muerte del tucán, ¿cuándo fue?

Estábamos buscando exteriores para *La muerte en este jardín.* Es decir, el 55 o el 56, por los alrededores del lago Catemaco. Estaba el tucán arriba de un árbol, con su gran pico dibujado sobre el cielo. Íbamos en coche. Me dije: «A ver si le doy». Disparé y cayó. Me prometí no volver a hacerlo.

Es curioso. A causa de esto se ha ido formando la leyenda de que tenías una excelente colección de armas...

Es verdad.

Pero que únicamente te dedicas a limpiarlas, y no solamente que no las usas, sino que no las has utilizado nunca.

¡Qué barbaridad! Ya ves cómo nacen los mitos: Buñuel tiene armas, le gustan, pero no las usa. Entonces, un cualquiera, siendo o creyéndose inteligente, empieza a sacar deducciones y acaba descubriendo en ti curiosísimos complejos.

Pero cazar sí te ha gustado

Mucho. Eso de salir al campo con el perro y la escopeta es extraordinario. Pero en toda mi vida habré matado algún conejo y una veintena de pájaros. Lo que más me gustaba era eso: salir de caza, los amigos, el campo, los perros...

ALICIA BUÑUEL Y LEONARDO BUÑUEL

A. B.: Otra cosa que tampoco le habrán contado, y que tú no sabes Leonardo, es que en la Torre teníamos... hay uno arriba y otro jardín abajo y una vez... él tenía una pistola de...

L. B.: De tiro. Se pegó un tiro en la mano.

A. B.: ...tiro, sí. Se pegó un tiro en una mano.

L. B.: Ostras.

A. B.: Y decía «Virgen del Pilar sálvame. Virgen del Pilar sálvame» y solo decía, eso. Sí. Era pequeño Luis.

L. B.: Me acuerdo...

M. A.: ¿Cuántos años tenía?

A. B.: ¿Pues qué tendría? Once años o así, once.

L. B.: Vamos a ver, yo tenía cuatro años o por ahí.

A. B.: Sí. ¿Tú te acuerdas cuando se pegó un tiro?

L. B.: Me acuerdo perfectamente, me acuerdo cuando sangraba un dedo.

A. B.: Que le sangraba un dedo.

L. B.: Lleva la cicatriz todavía.

A. B.: E imploraba a la Virgen, para que le salvase.

L. B.: Sangraba mucho. Le lavasteis con un barreño con agua y le...

CONCHITA BUÑUEL

M. A.: ¿Cuántos años tenía Luis cuando se disparó?

C. B.: Luis debía tener catorce años cuando se le disparó la pistola. Teníamos una especie de piscina en la finca, que llamábamos El Lago, con una barca que se llamaba Luisito. Y no sé por qué teníamos barca, porque el *lago* era muy pequeño. La Torre está construida sobre un barranco, va bajando, y mi padre tuvo que desviar la acequia para poder hacer allí la finca esta de recreo. Total, que vino mi hermana Alicia corriendo, corriendo: «¡¡Luis se ha matado, se ha matado!!». Y bajamos, mi madre enloquecida, y encontramos a Luis que estaba sangrando mucho porque se había reventado el dedo, ya que se le había disparado una pistola, que debía ser de algún amigo, porque no le dejaban tener armas en casa.

M. A.: Pero a él siempre le han gustado mucho las armas.

C. B.: Las armas, sí, mucho.

M. A.: Pero, ¿por qué?

C. B.: Pues verdaderamente no lo sé, porque nunca le ha gustado matar ningún animal. Es más, en Calanda cogía ratones en el granero, los ponía en una sombrerera y cuando nos marchábamos —cuando ya había cogido una decena o docena—, los soltaba en el granero. Nunca ha hecho más daño a ningún animal. Ni tampoco le gustaba tirar al blanco, como luego más tarde en México, cuando iba al campo de tiro o tiraba a silueta.

M. A.: Además, es muy bueno tirando.

C. B.: Sí. Creo que ahora ya ha vendido todas las armas.

M. A.: Todas no, pero la mayoría sí. Alatriste está furioso, porque dice que se las hubiera comprado y luego se las hubiera devuelto.

C. B.: *(Ríe).* Bueno, pues tengo otro hermano, que es radiólogo en Zaragoza, que también tiene armas. Tiene pocas, pero las tiene y las limpia todos los días, las cuida muchísimo. Pero no mata nunca nada, las lleva al campo, dispara, pero nunca mata nada.

M. A.: Pero, ¿también tira al blanco?

C. B.: También, al blanco y a piedras, sitios así, pero ni siquiera a plantas. Hay una finca en Calanda muy abandonada que también está en un barranco, donde solo hay olivos, pero no producen nada, que está toda llena de juncos. Este hermano mío adora la finca esta, pero con la condición de que nadie arranque los juncos y haga nada, porque quiere decir que dañar la tierra, quitándole una cosa que produce, es tanto como matar a un animal. Este es mi hermano. A ver si lo conoces cuando vayas a Zaragoza.

JOSÉ REPOLLÉS

M. A.: De lo que vamos a hablar o hacer, no importa. Porque mi libro, como le digo, no va a salir hasta dentro de tres años.[57] Mi libro es un estudio sobre nuestra generación, más que un libro sobre Luis. Y luego, de la influencia del cine en nuestra generación, y de la influencia del cine de Luis sobre nuestra generación y el mundo. Sé que no tiene nada que ver, de hecho, respecto de todas las biografías y de todos los libros acerca de Luis que se van a hacer. Es un libro de sociología, es un libro de estudios cinematográficos, en fin, que yo sé algo de cine, ¿verdad? Ahora, hay cosas pequeñas, como esto que me decía usted, de que Luis era muy buen cazador. ¿Era muy buen cazador Luis?

J. R.: Sí, un excelente cazador.

M. A.: ¿Excelente?

J. R.: Muy aficionado. En fin, enamorado de las armas.

M. A.: Bueno, eso es otra cosa.

---

57 Esta conversación tuvo lugar el día del Pilar de 1969.

J. R.: De las armas, sí. Yo tengo un famoso revólver, un Sellier & Bellot, que él regaló a Pedro Sauras hace muchísimos años, y que le costó seis pesetas. Un revólver de cinco tiros, que él posiblemente recuerde. Por entonces él tendría unos veinticuatro o veinticinco años.

M. A.: Bueno, pero, ¿de dónde sale ese amor de Luis por las armas?

J. R.: Pues no sé. Cuando llegaba a Calanda, Luis llevaba ya sus rifles. Y se dedicaba a la esbarra de los zorros y a la caza.

M. A.: ¿Y qué es la esbarra de los zorros?

J. R.: La esbarra. Pues consistía en ir por distintas…

M. A.: Porque es una palabra muy…

J. R.: Precisamente yo he ido recopilando todas las palabras calandinas, que a Luis le divierten mucho, lo mismo que los motes o apodos. Y él andaba a la esbarra por partidas muy concretas, como, por ejemplo, el Barranco del Rico, allá por el río Cantalobos. Casi siempre le acompañaba este amigo suyo, Pedro Sauras, con quien realizaba todas sus expediciones cinegéticas. Estos zorros andan sueltos, claro, y en vez de realizar la caza normal como se suele hacer en otras partes, mediante caballos o acosados por una jauría de perros, pues ellos iban a la andada y, de cuando en cuando, pues tropezaban por aquellas alturas con algunos zorros, y entonces disparaban.

M. A.: ¿Y qué más cazaban?

J. R.: Conejo y perdiz, también.

GUSTAVO ALATRISTE

G. A.: […]. Hubo un gesto muy significativo de don Luis que me llamó mucho la atención y que me dolió mucho. Me dio mucha pena que lo hiciera. Yo sé que él ha sido pistolero, digo pistolero en el sentido de coleccionismo. Él coleccionaba sus pistolas. Un día fue y las vendió todas, las regaló. Las vendió por 25 000 pesos, creo. No me dijo que las iba a vender, porque yo se las hubiera comprado. En la cantidad que fuere, 25 000 o 200 000, me importa un carajo. Pero no me lo dijo, porque sabía que si yo se las compraba después se las volvía a regalar. Entonces hablamos muchas veces sobre esas famosas pistolas y le dije que por qué las había vendido. Me dijo que las había vendido porque no quería tener nada material apegado a él, o que él se apegara a eso. Que no era el caso, que ya no estaba en esa posición. Y es cierto que lo único que lo entretenía —además de pensar en sus cosas, en la forma que lo piensa, comiendo jitomates, en la mañana, sentándose solo a pensar— eran sus pistolas, limpiarlas, verlas inclusive. Entonces, me enterneció mucho que las vendiera. Es muy difícil juzgar a una persona.

JOAQUÍN PEINADO

J. P.: El lunes último me enseñó su colección de armas, que ya está, dice, muy reducida. Dice que ha vendido casi todo. Tenía sesenta y tres armas y ahora tiene doce o quince. En fin, pasamos un rato muy agradable después de la comida.

Insectos

¿Y tu pasión por los insectos?

Lo que más me ha gustado, me sigue gustando, y me continúa pareciendo un misterio extraordinario, son los insectos. Puedo ver una mosca durante no sé cuánto tiempo. Y lo que es un escarabajo, me pasaría horas mirándole. No lo entiendo. Para mí es el misterio de la vida. Lo incomprensible. Lo que está más allá.

Háblame de tu relación con Cajal.

¿Con Cajal? Estando en el Museo de Ciencias Naturales en Madrid, en el laboratorio de entomología, del cual era director don Ignacio Bolívar, que era gran sabio especialista mundial en ortópteros, y su hijo Cándido, que era discípulo e hijo, además, y profesor. Pues un día me encargó que limpiara unas córneas de, no sé, era un fasgonúrido, un grillo, una especie de saltamontes. Y había que cortar la córnea con unas tijeritas, muy delicadamente y, luego, con un pincel por el interior de la córnea se limpiaba *(ríe)* con ácido sulfúrico, nada de... Un líquido equis, no me acuerdo lo que era. Entonces, se pegaba eso en una platina de microscopio. Se pegaba la córnea, con una especie de cola muy transparente, y se reflejaba un bastón, y se hacía una microfotografía por detrás, y se veía en cada uno de los hexágonos de la córnea reflejado el objeto. Eso fue hecho para Cajal. Yo me limité a limpiar la córnea y a pegársela en un vidrio de... una platina. ¿Cómo se llama? Una...

Una platina, sí.

No. Yo lo nombré antes. Una, una platina microscópica. Una de vidrio.

De vidrio. Sí, sí.

Una platina de vidrio, no más. Pero conocí a Cajal antes, cuando el banquete de Araquistáin, cuando le pegó el Caballero Audaz, le pegó en la Carrera de San Jerónimo una bofetada a Araquistáin. Entonces todos los intelectuales de España —hubo creo que, no quisiera exagerar, seiscientas adhesiones, toda la gruesa *intelligentsia* española estuvo allá—. Y en aquel momento, los dadá, los dadaístas, los ultraístas, a los cuales pertenecía yo, hicimos una convocatoria especial y fuimos recogiendo firmas por todo Madrid. Hubo un banquete en el Palace y yo fui a recoger la firma de Cajal al

Café del Prado, frente al Ateneo de Madrid. Don Ramón[58] iba todas las tardes allá a escribir, y llegué allá y digo: «Don Ramón, quiero una firma para que usted se adhiera a este homenaje a Araquistáin». Me dijo muy amablemente que no firmaba porque el *ABC* tenía sus memorias.

ALICIA BUÑUEL Y LEONARDO BUÑUEL

L. B.: Descubrió un insecto. Era muy aficionado.

A. B.: *Ceperelus pinaris*.

L. B.: Sí, era muy aficionado a la entomología y descubrió un insecto que lo trajo a Zaragoza, lo clasificó él y le puso nombre, el *Ceperelus pinaris*. *(Ríe A. B.)*. Creo que lo cogió en un monte que hay cerca de Calanda que se llama El Ceperuelo. De ahí *Ceperelus pinaris*. Se lo llevó a un amigo suyo, o al catedrático quizá, y resulta que era vulgarísimo, era una mantis religiosa, el pregamans o plegadeus que le dicen en Cataluña. Es como un saltamontes.

A. B.: Delgadito con unas patas muy altas.

L. B.: Que tiene unas patas así plegadas. Por eso lo de *plegadelus* o *plegadelum*, plegamanos le dicen aquí, y mantis religiosa también.

CÁNDIDO BOLÍVAR

M. A.: Buñuel quería ser entomólogo.

C. B.: Sí.

M. A.: ¿Verdad? La vida de los insectos aparece en todas sus películas.

C. B.: Sí.

M. A.: ¿Usted cree que estudiar esto da una visión especial de la vida?

C. B.: Pues yo creo que sí.

M. A.: ¿Y por qué? Desde luego, lo que le ha producido es que él se ha basado en la entomología para ser ateo.

C. B.: *(Ríe)*. ¡Ah!, ¿sí? Eso, no sé.

M. A.: Él dice que, si hubiera Dios, no hay razón para hacer sufrir a los animales; que ¿qué culpa tienen?

C. B.: *(Ríe)*. En eso sí que puede que tenga razón.

M. A.: Pero, ¿usted cree que un entomólogo ve el mundo de otra manera que un pintor?

C. B.: ¡Pues no lo sé! Desde luego, ha habido muchos entomólogos que son religiosos; o que han sido…

M. A.: ¿Deístas?

C. B.: … de la Iglesia. En Francia, por ejemplo, ha habido algún entomólogo muy bueno que era cura o era fraile, o no sé qué. Y entre los entomólogos

58 Se refiere a Santiago Ramón y Cajal.

que actualmente tenemos, pues dos o tres son curas, frailes, teatinos, como el padre Roger, por ejemplo, o José Villaplana, balear, que es uno de los mejores entomólogos que tenemos hoy. Es teatino. Eso de teatino no sé bien lo que es, pero creo que es algo parecido a un jesuita.

M. A.: Esto me aclara las cosas, porque Buñuel insiste en que su formación le llevó a su interés por los insectos. Y no le llevó solamente a esto, no, él perdió la fe, como tantos, a los catorce años, con la pubertad.

C. B.: Como yo la había perdido también.

M. A.: Así que eso no tiene relación. Sin embargo, como muchos niños, además, siempre le habían gustado los animales, pero de una manera extraordinaria. Él llevaba los bolsillos con…

C. B.: Con ejemplares…

M. A.: … con ejemplares de… con ratas, con culebras, con…

C. B.: Sí.

M. A.: Bueno, ¿y cuándo fue alumno suyo Luis?

C. B.: ¿Qué año fue?

M. A.: Bueno, el año es lo de menos, más o menos se lo puedo decir. Tiene que ser… si él llega a Madrid en 1917 y se va de Madrid en 1925. Primero estudia para ingeniero...

C. B.: Esto no lo sabía yo.

M. A.: Sí. Fue para ingeniero.

C. B.: En este momento tampoco me acuerdo de dónde viene.

M. A.: Viene de Zaragoza.

C. B.: ¡Ah! Ya, ya, ya. Dentro completamente de España.

M. A.: Sí. Y entonces, ¿entró a trabajar con usted?

C. B.: Pues hizo la carrera que allí hacemos corrientemente, que es la licenciatura en Ciencias. Que termina para muchos en un doctorado. Por ejemplo, yo lo he hecho en Zoología. Soy doctor en Zoología.

M. A.: ¿Y Buñuel también?

C. B.: Creo que, a Buñuel, posiblemente por la guerra, no le dio tiempo de hacer el doctorado.

M. A.: ¿Y cuándo? ¿No sabe usted esto? ¿Fue por los treinta o por los veinte? ¿Ya era cineasta? ¿Ya había hecho cine o no?

C. B.: ¿Cuándo llegó al museo?

M. A.: Sí.

C. B.: Pues no me atrevería de contestarle a usted con seguridad. Desde luego, le gustó mucho lo que hacíamos en el museo. Teníamos mucha afición a sacar fotografías de las excursiones. Hacer paseos por aquí o por allá. Estar en contacto con la naturaleza. Y no sé si en ese momento Buñuel adelantaba. Eso no me atrevería a decirlo. También estuvo Carlos Velo.

M. A.: Sí. Carlos Velo estuvo, pero más tarde. Carlos Velo no llegó a conocer a Buñuel como entomólogo, sino que le mandó las hormigas que salen en *Un perro andaluz*.

C. B.: ¡Ah, ya!

M. A.: Se las mandó por encargo de Maynar.

C. B.: ¡Ah, bueno! No sabía yo eso. Maynar era un compañero nuestro, naturalista. Maynar, que da la coincidencia que era de Zaragoza. Velo era otro de los alumnos de Biología.

M. A.: Sí, pero Velo es posterior. Pero, entonces, ¿él estuvo con usted antes que Velo? ¿Usted cree?

C. B.: Pues es posible.

M. A.: Porque él estuvo mucho tiempo luego.

C. B.: Desde luego, Velo llegó a hacer una expedición, me parece, al norte de Marruecos. Me parece que para rodar una secuencia de cosas. Y también estuvo muy interesado entonces en Ayamonte, en las almadrabas. Maravillosas, de las cuales me parece que Velo hizo una película bastante buena.

M. A.: Sí. Entonces, ¿cuánto tiempo estuvo con usted Buñuel? ¿Dos años?

C. B.: Más o menos.

M. A.: ¿Sí? ¿Y cuál era su afición principal? ¿Se acuerda o no?

C. B.: Pues realmente no puedo decirle. Estaba muy interesado por todos los insectos. Mi padre[59] tenía un interés por los insectos y a la persona que tenemos presente en este momento *[me señala una fotografía dedicada]*, Ramón y Cajal, le interesaba saber cuáles eran las diferentes hormigas y lo que hacía cada una. Siempre estaba interesado en conocer. Muchas veces ha venido don Santiago al laboratorio de entomología del Museo de Madrid a que le clasificáramos una hormiga, a ayudarle a saber que era una hormiga determinada para algunos de sus estudios. Esto mismo no lo recuerdo en este momento de Buñuel. Estábamos haciendo, además, las cosas de cineclub para los naturalistas. Organizamos sesiones con Royo Gómez,[60] principalmente. ¿Le recuerda? Royo Gómez era uno de los secretarios de la Sociedad de Historia Natural y fue el que estuvo más interesado en que el cine científico lo pudiéramos difundir a masas mayores de gentes. Y Royo Gómez, al que recuerdo con mucho gusto, hizo esta labor con en la Sociedad de Historia Natural, de Madrid. Era uno de los secretarios de la Sociedad, como lo éramos también Rioja y yo.

---

59 Ignacio Bolívar y Urrutia (1850-1944) fue un naturalista y entomólogo español, de gran prestigio internacional. La abreviatura *Bolívar* se emplea para indicar a Ignacio Bolívar como autoridad en la descripción y taxonomía en zoología. Fue también miembro de la Real Academia Española.

60 José Royo y Gómez (1895-1961) fue un paleontólogo español que al proclamarse la Segunda República inició una intensa actividad política.

M. A.: Y Buñuel, ¿no sabe si hizo alguna película?

C. B.: Pues creo que sí. Es posible que hiciera alguna.

M. A.: Pero no está seguro.

C. B.: No.

M. A.: Porque yo le he preguntado y él tampoco se acuerda.

C. B.: Me parece que Velo hizo algo en Marruecos, quizá.

M. A.: Sí, desde luego. Velo hizo otras cosas, por ejemplo, en Galicia.

C. B.: En Galicia teníamos mucho interés porque uno de los laboratorios de biología marina funcionaba en relación con las cátedras de Zoología y en ese explicaban, además de yo mismo, Enrique Rioja[61] y Osorio Tafall.[62] Quizás usted lo conozca.

M. A.: Sí, mucho. Y le vi hace años. Ahora no sé dónde está. Creo que está en Egipto.

C. B.: *(Ríe).* ¡Pues no! Está en Chipre.

M. A.: ¿Usted no recuerda de Buñuel más que estuvo en Madrid dos años trabajando con usted?

C. B.: Que salía al campo, con las cosas que le íbamos procurando meter —la Zoología *(ríe)* es muy extensa— en la cabeza, y que se interesaba mucho por los insectos. Traían a clasificar los insectos al laboratorio, porque se trata de un grupo extensísimo, ¿verdad? Entre los setecientos mil insectos conocidos, no puede usted tratar nada más que con alguno que otro.

M. A.: ¿Usted no recuerda qué insectos le interesaban más a Buñuel?

C. B.: Realmente no. ¿Él ha dicho algo de esto?

M. A.: Sigue interesadísimo.

C. B.: ¿En hormigas?

M. A.: En hormigas, en coleópteros...

C. B.: Sí. Esos son mi especialidad.

M. A.: Sí, por eso trabajó con usted, seguramente.

C. B.: Sí, aunque no llegó a hacer ningún trabajo formal de alguna colección, o de alguna cosa, pero constantemente iba.

M. A.: ¿A qué horas trabajaban ustedes en el museo?

C. B.: Pues los cursos de Zoología los teníamos repartidos en un curso de protozoos, un curso de animales inferiores, otro de artrópodos y otro curso de vertebrados, de cordados. El curso de artrópodos era el que yo explicaba. Comprendía no solamente los setecientos mil insectos conocidos, sino los millares que se conocen de arañas, de crustáceos, etc.

---

61 Enrique Rioja Lo Bianco (1895-1963) fue un científico y profesor español, exilado en México.

62 Bibiano Fernández Osorio y Tafall (1902-1990) fue un político e intelectual español. Desde el 26 de febrero de 1939 fue comisario general de los Ejércitos de la República y posteriormente llegó a ser subsecretario en la ONU.

M. A.: Bueno, hablando de arañas, hay una cosa muy curiosa y es que Buñuel le tiene, desde entonces, un horror tremendo a las arañas.

C. B.: *(Ríe).* ¡Ah!, ¿sí? No me lo ha dicho nunca.

M. A.: Y luego, como él hablaba de los ojos de las arañas, de las patas de los ojos, yo quisiera sacar una relación entre cuántas facetas tienen los ojos de las arañas.

C. B.: Pues los ojos de los insectos llegan a tener hasta veinte mil facetas *(ríe),* los de las arañas menos.

M. A.: ¿Sí?

C. B.: Sí. Por ejemplo, los ojos de las grandes libélulas. ¿Conoce usted los caballitos del diablo y las grandes libélulas?

M. A.: Sí.

C. B.: Pues te llegan a veinte mil facetas en cada ojo. Fabuloso.

M. A.: ¿Veinte mil facetas? Entonces, yo quería establecer una relación del interés de Buñuel como cineasta, en cuanto a la vista, a ver si alguna vez inventaba un…

C. B.: Un ojo compuesto funcional. *(Ríe).*

M. A.: … un ojo con, por lo menos, quince o dieciséis facetas para poder captar mejor el mundo. Pero sí, les tiene un horror.

C. B.: ¿A las arañas?

M. A.: A las arañas.

C. B.: Pero hubiera podido tomar, si se trataba de estudiar el ojo, pues las abejas, que tienen ojos también.

M. A.: No, pero no tiene horror de estudiar el ojo, sino que la araña en sí, el animal, le produce una tremenda repugnancia.

C. B.: Eso no lo recordaba yo. Es muy curioso.

M. A.: En cambio, adora al resto de animales, pero a las arañas no.

C. B.: Pues aquí, como allá, hay arañas venenosas. Pero entre las que viven en Madrid, por ejemplo, hay de cuando en cuando alguna picadora, como las licosas, algunas tarántulas que han sido muy temidas en Europa, en determinados momentos. Pues las tarántulas son en sí mucho menos peligrosas que las arañas que hay en México, como las capulinas, algunas de las cuales son francamente mortales de picadura. Tan venenosas como la peor culebra que pueda usted inventar. Pero esas arañas Buñuel no las conocía entonces. Las ha conocido al venir acá.

M. A.: No, no, si era aquí. Aquí dice que ha luchado contra eso. Pero, no recuerda usted ningún detalle acerca de esto, ¿verdad?

C. B.: No.

M. A.: Pero usted me dijo, por teléfono, que había sido muy buen alumno suyo.

C. B.: Eso sí. Eso me honraba mucho, haber sido el maestro de Luis.

M. A.: ¿Por qué dice usted que fue buen alumno?

C. B.: Me hubiera gustado mucho que hubiera sido naturalista *(ríe)*, ¿verdad?

M. A.: Y a él también le hubiera gustado.

C. B.: Pues es posible.

M. A.: Pero era un señorito.

C. B.: Pero podía haber combinado. Tengo muchos amigos aquí que son, como antes le decía, jesuitas. Uno es el padre Roger. Es teatino y es muy amigo mío, y sale de excursión.

M. A.: ¿Usted cree que el temor a las arañas hace que se sea aprensivo sobre la propia salud?

C. B.: *(Ríe)*. Sí. Pero vamos *(ríe)*, no sé por qué ese temor tan tremendo a las arañas para un madrileño. Hay unas cuantas que son venenosas, ¿verdad?

M. A.: Bueno, pero creo que es por el animal en sí. Mire usted, a mí, no es que les tenga temor, pero me desagradan las gallinas vivas. No es que les tenga miedo, pero…

C. B.: Espero que no cocidas. *(Ríe)*.

M. A.: No. No, no, no, no. En absoluto. En parte, creo que a Luis lo que le impresiona de los insectos es el misterio de su existencia.

C. B.: ¡Ah! ¡Sí, sí, sí!

M. A.: El porqué puede existir un insecto. El cómo es posible.

C. B.: Y luego el haber leído pues las maravillas de su estructura anatómica, ¿verdad? Y la dificultad de comprender su ojo, que usted decía antes. Que, por cierto, Cajal ha estudiado a veces algunas cosas de estas. Cajal mismo estaba muy interesado por los insectos. Le digo a usted que con frecuencia venía al laboratorio de entomología, donde mi padre estaba de director, y charlaban de alguna cosa. Y, aparte de que pudieran charlar en una reunión de la Academia de la Lengua, donde estaban uno y otro, se veían también, alguna vez, en el Museo de Ciencias Naturales. Quizás Buñuel haya visto a Cajal algún día en alguna reunión de estas.

M. A.: Creo que sí. Lo curioso es que Cajal estaba un poco sordo también.

C. B.: Sí. Sí.

M. A.: Pero, esto de la sordera aragonesa, es muy curioso. Usted cree que sordo estaba Goya; sordo, Cajal; sordo, Buñuel; sordo, Costa.

C. B.: ¿También Buñuel está sordo?

M. A.: Sí, sí, sí. Pero hace seis años. Y tiene tres enfermedades en el oído. Y alguien me decía que era una enfermedad que se daba mucho entre los aragoneses, por lo reseco de la tierra y algo de las cales o algo así. ¿No sabe usted nada?

C. B.: No. No he oído nunca de esto.

M. A.: Me lo decía Velo, creo.

C. B.: Bueno, Velo es gallego, claro. La Sociedad de Historia Natural de Madrid tenía periódicamente sesiones de cine científico a las que llevábamos las mejores películas que podíamos obtener. En algún cine de Madrid hemos tenido hasta sesiones de cine científico. De modo que, desde ese momento ya estábamos algo interesados.

M. A.: ¿No recuerda usted en qué año empezaron ustedes?

C. B.: No. Pero quizás se acordará...

M. A.: ¿Velo?

C. B.: O Amelia.

M. A.: Sí

JOSÉ PUCHE[63]

[En casa del Dr. Puche, en Coyoacán.[64] *Se ha cambiado de casa porque su mujer no aguantaba —enfisema— el tener que subir un piso en la preciosa que tenía. Esta [casa], clásica, de pueblo, con su amplio corredor, está bien. Pero Carmen está en cama. El doctor está viejo. Como todos nosotros. Triste con la publicación de las memorias de Azaña, como todos nosotros. «Tal vez el insensato de Cipriano [Rivas] tenía razón, y no se debían de haber publicado». «Por lo menos no ahora». «Ni después. Rebaja al hombre. Rebaja la República». Le hago ver que —desde el punto de vista ideológico— no son peores que* La velada en Benicarló.[65] *Llega Conchita, la mujer de Mantecón, van a operarla el 29. Mal color y tan simpática y abierta como siempre. ¿Por qué no querrá José Ignacio, que fue tan amigo de Buñuel, contarme nada de él? Curiosas barreras que se ponen a sí mismos los comunistas].*

M. A.: Doctor, tal como hablamos ayer por teléfono, le indiqué la idea de que Buñuel manejaba la cámara un poco como se maneja un microscopio, y que consideraba un poco a los hombres como si fuesen insectos. Y que esto se debía a que Buñuel, desde su más tierna infancia había sentido hacia los insectos un interés apasionante. Cuando después del bachillerato su padre le preguntó: «¿Qué es lo que quieres hacer?». Él dijo: «Quiero ser entomólogo». Como su padre era muy rígido, dijo: «No, esto no lleva a ninguna parte. No es ninguna carrera ni es nada. No es una profesión. Lo que debes hacer es estudiar para ingeniero agrónomo, que, al fin y al cabo, tiene algunas cosas que ver con esto». Buñuel quería marcharse de su casa de todas maneras. También quiso estudiar música. Se marchó a Madrid empezando a estudiar la carrera con don

63 José Puche Álvarez (1895-1979), médico especializado en fisiología, fue rector de la Universidad de Valencia durante la Guerra Civil. Después de la guerra se exilió a México y participó en el Comité Técnico de Ayuda a los Refugiados Españoles.

64 La conversación tuvo lugar el 5 de febrero de 1969.

65 A principios de 1937, Manuel Azaña se ve obligado a recluirse en la sede del Parlamento catalán a causa de una revuelta interna republicana. Durante esos días escribe *La velada en Benicarló*, su testamento político publicado en 1939 simultáneamente en París y Buenos Aires.

José María Dorronsoro, pero fue reprobado cuatro veces en matemáticas y no pudo seguir por ahí. De todas maneras, aun estudiando después Filosofía y Letras, se dedicó a estudiar con el doctor Bolívar. Yo quisiera que usted me dijera lo que recuerda de Buñuel, lo mismo como estudiante que como residente. O si piensa usted, sobre todo, que mi relación entomología-cine es valedera o puede serlo.

J. P.: Bueno, cuando yo estuve en la Residencia, Buñuel ya se había marchado. De modo que Buñuel pertenece a unos años antes. Yo estuve en la Residencia allá por el año 1926 y Buñuel había estado…

M. A.: De 1917 a 1925, o algo así.

J. P.: Sí; de modo que el año anterior me encontré en la Residencia con Emilio Prados, con algunas visitas que esporádicamente hacía allí García Lorca y con las gentes que eran presidentes o, como decían allí, en la Residencia, *los dones*. Personas como Moreno Villa, que presidía la mesa de los residentes, y luego un tal señor Orueta. También frecuentaba mucho la Residencia Américo Castro y por las tardes solía venir por allá también don Santiago Ramón y Cajal. Dada la proximidad de la Residencia con el Museo de Historia Natural, teníamos una relación muy asidua. Y también oí en aquellos tiempos que Buñuel había estado interesado en problemas de entomología, por los que mostraba un interés decidido, y me parece que Cándido Bolívar había dicho que era una lástima que no se dedicara a la entomología, dada la afición que había descubierto en Buñuel. Luego supe que se había ido a París, en donde se dedicó ya a las cosas de cine. En realidad, yo no tuve trato entonces con Buñuel, y las cosas que puedo decirle son puramente de referencia. Por ejemplo, sé que, también coincidiendo con esta afición entomológica de Buñuel, don Santiago [Ramón y Cajal], que era muy amigo de don Ignacio Bolívar, también mostraba un interés que había empezado mucho antes. Porque don Santiago, cuando trabajó en sus primeros descubrimientos sobre el músculo, lo hizo precisamente en músculos de insectos. Entonces, en relación a las referencias directas de estas aficiones de Buñuel, no le puedo dar datos complementarios a los que le haya podido dar Cándido Bolívar. Pero, personalmente, tengo la misma impresión que usted tiene. Que en Buñuel se advierte, en todas las cosas que yo conozco de él, una preocupación no ya por los insectos, sino una preocupación por los fenómenos de la naturaleza, encuadrando al hombre como un ser viviente que se debate en un medio que unas veces le asemeja al comportamiento de unas especies animales y otras, a las de otros. Es decir, que Buñuel encuentra al hombre encuadrado en un ambiente natural en el cual, posiblemente, sus aficiones entomológicas le podrían dar argumentos para explicar ciertos fenómenos conductuales humanos. Por ejemplo, el gregarismo propio de los insectos; la crueldad, propia también de algunos insectos; en fin, una serie de fenómenos de tipo natural que indudablemente pueden ser encuadrados no solamente en el orden animal inferior, sino también en el orden animal superior. Es decir, que el hombre, en su comportamiento, muchas veces da la impresión de un animal desvalido y de un animal que necesita protección. Y en ese sentido, el comportamiento del hombre como ser viviente no difiere mucho de otras especies animales. Y en esto influyó el hecho de que Buñuel tuviera estas aficiones y preocupaciones y el hecho de que frecuentara a la gente que, a mi modo de ver, era de primer nivel, como don Ignacio Bolívar —seguramente por el paisanaje con Cajal, también sentiría una admiración tremenda por don Santiago—. Además, don Santiago frecuentaba también por aquellos tiempos el Museo de Historia Natural y hacia compatibles muchas de sus observaciones con el estudio de especies animales inferiores. Por ejemplo, sé que don Santiago, aparte de interesarse por los insectos, se había interesado también por los animales marinos. Había pasado algunas temporadas en Santander, en la estación marítima que dirigía don José Rioja, padre de don Enrique Rioja, que poseían una bibliografía muy abundante de una serie de animales marinos y demás especímenes que eran muy sugestivos para los estudios de don Santiago. Y es que don Santiago también empezó sus trabajos. Recuerdo que, en uno de sus libros, *Memorias de infancia y juventud*, don Santiago explicaba su afición a coger nidos de pájaros y a estudiar la eclosión de los huevos y la evolución de los polluelos, la aparición de todos los síntomas del desarrollo de las aves. Luego eso lo aplicó al estudio de la estructura de estos animales. Es decir, se interesó desde muy niño por problemas de embriogénesis, de desarrollo. Y aunque entonces el hablar en términos de evolución en biología era una cosa casi pecaminosa, Cajal se acogió a estas ideas y, con su enorme talento, las desarrolló y las injertó dentro de su doctrina biológica. Pues bien, yo creo que este contacto con personas de primerísima calidad, las mejores que había en España entonces, pudo influir sobre Buñuel, dándole una inquietud y una preparación que, sin ser de especialista, pudiera abrirle horizontes que luego ha desarrollado en el camino del arte. Esta es la impresión que yo tengo.

M. A.: Y en cuanto a las preparaciones que pudo hacer para Cajal, ¿hubo alguna posibilidad de influencia? En 1922 ya Cajal estaba muy viejo, naturalmente, pero de todas maneras…

J. P.: No tan viejo.

M. A.: … seguía trabajando. Seguía trabajando en las neuronas y demás.

J. P.: Desde luego. Sí, sí.

M. A.: ¿Por qué se interesaba justamente por estudiar los ojos de los insectos?

J. P.: En los trabajos de Cajal, los ojos de los insectos y los ojos de todas las especies animales tuvieron una gran atención por su parte. Estudió la retina en los vertebrados e hizo un estudio comparativo en la retina de distintas especies animales, sobre todo para explicarse los fenómenos de entrecruzamiento de las fibras del nervio óptico. En aquellos años su interés estaba polarizado no ya a la estructura del sistema nervioso —que eso lo había desarrollado muchos años antes—, sino también a la estructura de la retina. De modo que Cajal hizo unos trabajos resonantes sobre la estructura de la retina que todavía son válidos. Y que, naturalmente, como ya le he dicho antes, Cajal tomaba los problemas desde su origen, y entonces estudiaba la estructura ocular en las distintas especies animales. Y es muy posible que, en aquel momento, curioseando en el Museo de Historia Natural y curioseando en el Instituto de Investigaciones Biológicas, que tenía don Santiago, Buñuel se hubiera interesado por el tema de la fisiología y de la histología ocular.

M. A.: ¿Y cómo nos puede llevar esto —lo mismo en Cajal que en Buñuel— a lo puramente humano? ¿Representa lo mismo en el cine para Buñuel que en las conclusiones humanísticas de Cajal?

J. P.: Le advierto a usted que Cajal también tenía una preocupación muy marcada por la fotografía. Entonces él no había hecho cosas de cine, pero tenía un tratado de fotografía en color que, naturalmente, es posible que el propio Buñuel conociera y que le pidiera a Cajal información sobre eso. Es decir, que el tratado de fotografía en color de don Santiago constituye en aquellos tiempos, muy anteriormente a la relación que había tenido con Buñuel, una preocupación sostenida de don Santiago. De suerte que don Santiago es un hombre que influía no solamente sobre sus discípulos directos, sino, como un hombre genial, sobre toda persona que se acercaba a él.

M. A.: ¿Estaba Cajal un poco sordo en los últimos años?

J. P.: Sí. Desde luego.

M. A.: Entonces, ¿qué relación hay en la sordera de aragoneses ilustres como Goya, Costa, Cajal, Buñuel?

J. P.: La sordera suele producirse no porque sean aragoneses ilustres, sino porque son gente que tiene una tendencia a la esclerosis de determinadas estructuras corporales.

M. A.: Pero es que dicen que en Aragón hay unas tierras calizas o no sé de qué tipo, que...

J. P.: ¿Qué pudiera favorecer la esclerosis?

M. A.: La esclerosis. Sí.

J. P.: Bueno, eso es una cosa que yo no se la podría contestar, porque, desde luego, el mecanismo de la esclerosis puede tener no solamente un origen alimenticio o metabólico, sino también genético, de suerte que es posible que pueda existir algún factor que no conocemos actualmente y que en alguna región determinada se den casos de esclerosis con una localización determinada más que en otro sitio. Por ejemplo, en Cataluña, en la costa catalana y en la costa valenciana, es muy frecuente lo que se llama el ictus cerebral. Hombres relativamente jóvenes, cuando se retiran de sus actividades normales, les suele dar un ictus apoplético, pero no se puede decir que sea una enfermedad de la costa, sino una enfermedad de gentes sobrealimentadas que pasan de la fase de actividad a la fase de reposo. Y en la fase de reposo, en lugar de llevar una vida más o menos contenida, se dedican a comer y a beber y a no hacer nada, lo que acelera el proceso de degeneración arterial. Ahora, en lo que se refiere al problema de la sordera, esta es una casualidad interesante, pero no sabría decirle exactamente si hay alguna relación con el medio o con una cosa puramente casual, de azar. [...].

M. A.: Estábamos hablando de las posibilidades de la reconversión de una cosa científica en una cosa artística. ¿Usted cree que esto es una cosa posible y general y que, al contrario, no puede suceder al revés, es decir, que un artista se vuelva científico? Yo creo que no.

J. P.: Yo creo que un científico o un diletante de la ciencia puede convertir, incluso un científico puro, parte de su producción o de sus ideas al terreno artístico. Me parece que es un paso muy natural. Porque, siendo la ciencia una labor creativa o creadora, y siendo la poesía o el arte en general también una actividad creadora del hombre, me parece que es un paso natural. Yo diría que en los grandes investigadores hay un poeta o un hombre creador, perfectamente comparable, o con la misma actividad mental, que un gran artista de cualquier actividad, literaria o de tipo figurativo. Es decir, para mí, entre la ciencia y el arte hay una íntima ligazón. Ahora bien, la conversión de una actividad artística, o poética, a la ciencia también creo que pueda ser posible. Es decir, en la actividad intuitiva de un hombre inteligente puede haber gérmenes de... es decir, el poeta puede incluso ser un precursor de actividades que luego sean científicas. No diría yo la conversión en un sentido formal y mediato, pero sí como una derivación del proceso creador del hombre. Es decir, en la cosa imaginativa del poeta —que, para mí, dentro del arte es el que concentra más las ideas de las intuiciones—, el paso de esas ideas e intuiciones a actividades científicas también es posible.

M. A.: Bueno, quería preguntarle otra cosa. Buñuel tiene horror a las arañas; siendo como él es un entomólogo, es bastante curioso. Él se defiende diciendo que las arañas no son insectos.

J. P.: Esta es una apreciación muy personal, ya que la araña es, podríamos decir, un animal ladino en el sentido de la captación de sus presas que, generalmente, son insectos. Ahora, a su vez, la araña puede ser víctima de insectos como una avispa minúscula, que tiene un depósito de veneno que, cuando ataca a las arañas, las inmoviliza. De modo que, así como la araña tiene la capacidad de nutrirse de muchos insectos: moscas, mosquitos, otra clase de insectos, también hay insectos que atacan a las arañas inmovilizándolas, incluso sirviendo de pasto a las larvas de estos insectos aracnicidas. Así que, en la naturaleza, estos ciclos de pasar de ser atacantes o devoradores a ser víctimas y devorados es bastante frecuente. De modo que la aversión de Buñuel no me la explico, porque él debe saber esto que yo le estoy diciendo a usted. Que la araña es un animal que, dejando algunas especies que pueden ser ponzoñosas, en general es un animal que se dedica nada más que a tejer telarañas, es decir, a tejer cosas que son, en fin, la preocupación de las amas de casa. Pero, ya le digo, no creo que haya una explicación. A no ser que sean estos tipos de araña que son las tarántulas.

M. A.: No, no. Es la araña corriente.

EMILIO GARCÍA RIERA

E. G. R.: Creo que los personajes de Buñuel actúan, aparentemente, sin saber que son vistos. De alguna manera están tan llenos de subjetividad que no advierten el contexto en que su creador los coloca. De alguna manera, hay algo del gusto entomológico de Buñuel. O sea, la comparación de hombres con insectos tomada en cierto sentido empequeñecedor o minimizador sería absolutamente falsa, pero en un sentido experimentador creo que sí es cierta. Se sentirían como insectos si de pronto cobraran consciencia de que alguien los está examinando con una lupa. Creo que se molestarían mucho. *(Ríe).* Los personajes, de existir realmente, de poder salir de sus películas y de enterarse de que Buñuel los ha creado, creo que lo destrozarían. [...]

M. A.: Me parece muy bien.

E. G. R.: [...]. De igual manera que Buñuel podría encontrar un nuevo insecto —¡otra vez los insectos!—, podría ponerlo bajo su lente, pero necesitaría que el insecto tuviera su movimiento real. Lo pondría en un campo de acción para verlo; ya le inventaría el campo de acción, él lo propondría. Pero en ese campo de acción, el insecto tendría que moverse libremente, para que la relación de Buñuel con él fuera real y fuera moral. O sea, para mí, la moral de Buñuel está íntimamente ligada con su realismo.

Deporte

Yo no salgo. Me molesta viajar. Por mí, estaría en esa habitación toda la vida. He conocido Acapulco, Tuxpan y Guanajuato por el cine. Por el trabajo. Tampoco me gusta leer libros gruesos. Me aburren. O, por lo menos, ya no me gustan.

Pues de joven, en la Residencia, no te gustaba quedarte en una habitación. Hacías deporte.

Sí, llegué a tirar bastante bien la jabalina.

¿Es verdad que una vez casi matas a uno?

Cuentos. Se escondió detrás de un árbol. Yo estaba a metro y medio y lancé la jabalina contra el tronco, que era bastante grueso. Sin contar que la punta de la jabalina estaba roma.

Roma, ¿eh?

De verdad, cuando era joven, yo era muy bruto. Una vez (tenía nueve años) desafié por escrito a los hermanos Fernando y Diego Madrazo a pegarme con los dos, y le dieron el papelito al prefecto, y este se lo mandó a mi padre con las notas del mes, que, por otra parte, eran muy buenas. «*Tú ere mu bruto*», me repetía siempre Federico. Y era verdad. A mí, en la Residencia, solo me gustaba hacer deporte. Todos los deportes.

RAFAEL MARTÍNEZ NADAL

R. M.: [...]. Ahora, de Buñuel yo sé más, aunque parezca extraño, por otro ángulo, yo sé más de él a través de los deportistas. Cuando Buñuel era boxeador y tomó parte en el Campeonato de España de boxeo, quedó, si no recuerdo mal, como semifinalista, boxeando con mi hermano mayor en Madrid.

M. A.: Ganó tu hermano.

R. M.: Sí, lo dejó K.O. Y recuerdo su comentario: «Este Buñuel es fuerte, es bruto y no sabe una palabra de boxeo». Me acuerdo que boxeó también con Coronado, César Palomino y con otro boxeador, todos ellos señoritos. Esos son recuerdos que yo tengo realmente de Buñuel. Esto sería aproximadamente por el año 1926 o 1927, me parece, no estoy seguro. Es posible que sea anterior. Eso fue cuando era boxeador, pero, si te interesa, te puedo dar la fecha exacta porque mi hermano está precisamente ahora en Europa y le puedo preguntar. Me dirá la fecha y con quién boxeó.[66] Me acuerdo que boxeó con Coronado y con otro boxeador, todos ellos señoritos.

M. A.: ¿Dónde?

R. M.: En Madrid.

M. A.: Pero, ¿dónde?

R. M.: Me parece que fue en la Gimnástica Española, en el campo de la Gimnástica, al aire libre

M. A.: ¿En qué peso?

R. M.: Me parece que era medio, peso medio, pero los detalles seguros los puedo dar. ¡Caray! Sí, fue muy pintoresco, muy simpático, porque el ambiente que había alrededor era muy pequeño en esos años. La diferencia de seis o siete años de edad es enorme, y yo asistía al campeonato de boxeo y a ver boxear a mi hermano. Era muy gracioso ver un ambiente de señoritos boxeadores, aquella cosa de los aristócratas que boxeaban, de estos grupos de señoritos que boxeaban y al lado ya empezaba también el obrero. El obrero

---

66 Es entonces cuando se pone en contacto con su hermano y este le envía la carta que publicamos al final de esta conversación, en la que se aclara la fecha del combate, julio de 1921, y otros datos.

que quería boxear también, y el público que acompañaba a algunos de los boxeadores. Era un público tosco, duro, de barrio bajo, y el que acompañaba, por ejemplo, al público de mi hermano era distinto. Y la presencia de Buñuel llevó de pronto a todo un sector de la Residencia y de sus hermanos allí, lo que era un ambiente completamente extraño. Eso es todo lo que recuerdo en estos momentos.

* * *

Carta de Rafael Martínez Nadal a Max Aub

(17 de mayo de 1970)

Querido Max:

Al fin, carta de mi hermano referente al famoso combate de boxeo. Te copio los párrafos pertinentes:

Y ahora voy a informarte sobre el encuentro pugilístico Buñuel-Nadal. ¡¡De julio 1921!! Me ha hecho reír el trasnochado amor propio del gran Buñuel. Al final de los cuatro rounds, el juez, no los jueces (el árbitro lo fue Piña), decidió por un round *más. ¿Por qué iba a prevalecer la supuesta petición mía de un solo* round *y no la de los diez* rounds *de Buñuel? En los combates de amateurs (y en muchos profesionales) no se llega a tal límite. Ni él ni yo intervinimos en el señalamiento de prórroga alguna. La decisión fue del árbitro, y él dispuso que fuese de un* round *más. Todo eso me hace sonreír. No sé si tú recordarás la verdad sobre aquel campeonato organizado por el periódico —que fue de corta duración—* La Jornada. *En el mes de junio llevaba un mes sin entrenamiento, pues a últimos de mayo, Gus Rhoder, sobrino de Jack Johnson, creo que estaba por San Sebastián. Con él solía boxear diariamente en la Gimnástica Española. En julio, los amigos del gimnasio se empeñaron en que representase a la Real Sociedad. El día anterior al encuentro sufrí en la mano derecha una lesión en los ligamentos del pulgar. Nuestro hermano Adolfo me recomendó que no asistiese, pero a pesar de no contar con los golpes decisivos de tal mano, me aventuré confiando en los* jabs *de la izquierda,*[67] *y solo con la izquierda gané a Buñuel, tocándole solamente con la derecha —y en ello veía las estrellas— para los efectos de acumular puntos. Y la final contra Cobos, estudiante según me dijeron de medicina, más fuerte que Buñuel —pero más bajo—, le gané en las mismas condiciones. Admiro a Buñuel por su genio cinematográfico y creo que nos reiríamos mucho si nos volviéramos a ver —yo casi no le conocía— recordando la juventud deportiva, y hasta podríamos hacer un* round*, ¡ahora solo uno!, para volver a empatar. Tenemos la misma edad, más o menos, y como sigo*

---

67 En boxeo, el *jab* es un golpe rápido de largo alcance.

haciendo mi gimnasia sueca, estimo que con otro anciano como yo —y ambos de buen humor— podría hacer ¡todavía! decente papel.

Verás que mi querido hermano tampoco está exento de cierto amor propio. Sin embargo, creo que su versión es la que más se acerca a la verdad. En vista de que no me contestaba, escribí a unos amigos de España, y uno de ellos, gran deportista, me remite la copia xerox de la reseña que hizo el deportista Félix Pomés.

Si ves a Canedo, dile que sigo sin recibir la carta prometida.

Cariñosos recuerdos de Jacinta y míos para tu mujer, y para ti un fuerte abrazo.

Hipnosis

¿Has tenido alguna relación con el hipnotismo?

De los veinte a los veintitrés años, mucha. Una vez, en no sé qué teatro, había un hipnotizador que invitó a quien quisiera del público a subir al escenario para hipnotizar a cualquiera de los que estaban ahí. Subimos otra persona y yo, y, efectivamente, miré a una de las personas que estaban allí, la apunté con el dedo y le dije: «Duérmete». Y se durmió. Luego hice muchas experiencias y muchas cosas de hipnotismo y de transmisión del pensamiento. Entonces estudiaba yo para ingeniero y me reunía en Fornos[68] con un grupo de estudiantes de Medicina. Muchos de ellos viven todavía. En mis viajes he visto a algunos y he sabido de otros. La mayoría son médicos de mi edad; alguno, farmacéutico. A quien más he visto es al doctor Martín Urquijo. Sé que Sebastián Córdoba está en San Sebastián. Me acuerdo de los hermanos Ontañón —creo que eran de Santander—, de Pepe Arenal, de Víctor Urrutia, que era la *coqueluche*[69] de las niñas que paseaban por la Castellana, él, en su motocicleta... Tenía yo veinte años. Pero lo grande, referente al hipnotismo y cosas de este tipo, era en [los burdeles de] la calle de la Reina. Me sucedió una cosa curiosa. Teresita era la más guapa, y yo la hipnotizaba, la dormía, con cierto trabajo, pero lo curioso es que su hermana, que era muy fea, con un párpado colgando, horrible, y que trabajaba al lado, en la cocina, era una médium estupenda, y cuando yo quería dormir a Teresita, la que

---

68 El café de Fornos (llamado a partir de mayo de 1909 Gran Café) fue un establecimiento de ocio abierto en Madrid en 1870, famoso por sus tertulias y por ser asidua de él la *crema* de la intelectualidad.

69 La 'favorita'.

recibía los efectos inmediatos era Rafaela. Porque la hermana se llamaba Rafaela.

Supongo que hace mucho tiempo que no has contado eso, y seguramente Breton no lo sabía por los años 40, cuando os veíais en Nueva York, porque de otro modo le hubiese sacado punta relacionando a la triste Rafaela con Brauner.[70]

Es posible. Evidentemente, estaba enamorada de mí. Era una muchacha callada, fea. Luego murió en un hospital. No sé si me lo contó Usandizaga[71] o Pepe Arenal. Calle de la Reina, número 22... Una noche, en la Residencia, dormí al cajero. Fue muy fácil. Le hice abrir la caja y que me diera el dinero. Luego quise despertarlo, pero no pude. Me asusté mucho. Lo subí a mi cuarto, creo que con Centeno. Allí estuvimos hablando en voz baja hasta que a la media hora empezó a moverse y le mandé que se despertara. Lo hizo en seguida. «¡Ay, señor Buñuel! ¡Ay, señor Buñuel! ¡Cómo será usted!». Le di el dinero y se fue corriendo. Hicimos muchos experimentos en el estudio de Camino Galicia.

Sería pariente de León Felipe.[72]

A Emilio le dormí muchas veces; a Federico, no. Se resistía. Luego me asusté y lo dejé estar.

Curioso. No hay trazas de ello en tus películas.

Era la época en que Vicens quería convertirme a la teosofía. Leí muchos libros de una cosa y de otra. Siempre me han interesado las relaciones de los escritores con este tipo de comunicaciones. [...] Un aragonés es capaz de mucho. Un mozo de mi pueblo se vestía de cura en Semana Santa, se subía al tranvía, sacaba un pan relleno de chorizo o longaniza o jamón serrano y se ponía a devorarlo, ante la indignación de las mujeres. «En el convento lo hacemos todos», decía con la boca llena. [...] Entre los amigos, en el grupo de la Residencia, estábamos divididos entre los vegetarianos, que seguían a Juan Vicens, el cual era naturista extremista, y los que estaban conmigo, que éramos alcohólicos. Les gastábamos unas bromas bastante feroces, sobre todo con el té. Porque se pasaban el día bebiendo té,

---

70 Victor Brauner (1903-1966) fue un pintor y escultor rumano, vinculado con el grupo surrealista, muy interesado en temas relacionados con el hipnotismo. Una de sus obras más conocidas se titula *Rupture hypnotique*.

71 Seguramente se refiere al compositor y pianista español José María Usandizaga (1887-1915), aunque por las fechas podría no tratarse de él.

72 El verdadero nombre de León Felipe era Felipe Camino Galicia de la Rosa.

y les llegábamos a poner unas marcas en el bote señalando hasta dónde llegaba o había llegado la riada del té. El ron era nuestra bebida favorita, además del té.

Déjate de cosas. Tú también tuviste tu época vegetariana de rábanos y lechugas.

Sí, es verdad, fue la influencia de Vicens, por el 19 o el 20. Vicens era vegetariano, masón y teósofo. Una vez quiso hacerme ingresar en una logia. A mí me parecía muy bien. A mí todas esas cosas de tipo romántico me entusiasman. Era una logia que se llamaba Fuerza Numantina. Entramos e hicimos los toques, pero cuando vio mi cédula dijo que no podía ser, que tenía veinte años y que se necesitaba tener veintiuno para ingresar. No volví nunca.

Cosa curiosa, a mí me pasó lo mismo. También fui una vez, para ver de qué se trataba. [...].

MARÍA BUÑUEL

M. A.: Y cuando le dio por hipnotizar a la gente, ¿no hipnotizó a nadie de la familia?

M. B.: Era mi hermano Alfonso el que hipnotizaba.

M. A.: Pero Luis también hipnotizaba, hipnotizó a algunos amigos en París.

M. B.: No, no. A Luis yo no lo he visto nunca hipnotizar.

M. A.: ¿Aquí no?

M. B.: No, nunca. A Alfonso, sí.

M. A.: Y Alfonso, ¿a quién hipnotizó de la familia?

M. B.: Alfonso, de la familia, a nadie. A un amigo suyo sí lo hipnotizaba mucho, mucho. Lo dejó hipnotizado completamente.

M. A.: ¿Luego no podría despertarle o qué?

M. B.: Le costó despertarle. Al final lo despertó, pero le costó bastante.

RAFAEL ALBERTI

M. A.: ¿No sabes nada de su afición al hipnotismo?

R. A.: No, no. Yo, de espiritismo y de hipnotismo, solo he hecho sesiones con Fernando Villalón,[73] que era otro hipnotizador genial. Ese era extraordinario, y ese me hipnotizaba a mí. Porque en la época en que yo era flaco, era un buen médium. Cuando engordé ya dejé de serlo. Los flacos son unos médiums formidables, que ven visiones rápidamente. A veces me hipnotizaba con una

73 Fernando Villalón-Daoíz y Halcón (1881-1930), conde de Miraflores de los Ángeles, fue un poeta español.

facilidad enorme, y Villalón me ha hecho hacer cosas extraordinarias, ejercicios de pulso. Por ejemplo, dormirme y estar en una habitación al lado con los ojos vendados, y ellos meter un papel debajo de la estera, en un hotel en Sevilla, y en medio un aspa así, hecho con lápiz, un signo de multiplicar pequeñísimo y darme a mí un alfiler y venir yo, con los ojos vendados e hipnotizado, arrodillarme en el centro de la habitación y clavar el alfiler a través de la estera, en el centro del aspa de multiplicar, que estaba en el papel debajo de la estera. Eso lo he hecho yo en esa época. Creo que es más importante que las cosas que hacía Buñuel. *(Ríe).*

M. A.: No, Buñuel, sobre todo, lo que hizo fue hipnotizar a la mujer y a la cuñada de Vicens.

R. A.: ¿Tú crees? ¡Ah, eso sería extraordinario, porque habría que ver a Vicens! *(Ríe).* ¿Cuál? ¿A la Ernestina [de Champourcín]?

M. A.: Sí.

R. A.: ¡Ah! ¡Qué genial!

M. A.: Sí, y no poder despertarla, y cosas de estas.

MARCELLE AUCLAIR

AUCLAIR: En Madrid asistía a una sesión de hipnotismo, hipnotizaba a una chica y hasta quiso hipnotizar al escribiente de la Residencia que llegó a cobrarle miedo». Eso es todo lo que dice de Buñuel, pero es divertido.

AUB: Sí, esto ya lo tengo apuntado.

FERNANDO REY

M. A.: No sé si sabes que una de las mayores ocupaciones de Luis, durante toda su juventud, de los veinte a los treinta y cinco años, era el hipnotizar a la gente.

F. R.: Ajá. Luego ocurre una cosa también curiosa. A veces, Luis procura quedarse corto en lo que él sabe mejor, pero le noto a veces como cierto miedo a llegar a ciertas situaciones límite, a las que, sin embargo, llega impensadamente. Pero tiene miedo a pasarse; siempre está con el temor de que las cosas vayan un poco demasiado lejos y trata de tener una cierta prudencia, cosa curiosa que el espectador quizás no suponga.

Índice